化验员手册

李华昌　符　斌　主编

HUAYANYUAN SHOUCE

化学工业出版社
·北京·

内容提要

《化验员手册》是一部实用、简明的化验员工具书。全书共 19 章，内容包括化验室通用器皿和设备、取样与试样制备、试样分解、化学试剂及溶液、实验操作技能、重量分析与滴定分析、原子光谱分析、分子光谱分析、色谱分析、质谱分析、电化学分析、专用分析仪器、实验室安全、标准方法与标准物质、分析结果的数据处理、各领域分析的特点、物理定理定律及公式、数学常用公式、基本常数与计量单位。

本书旨在为广大分析工作者提供一部涵盖领域较广的，既有理论知识又有实验技术的参考书。本书编写特别关注了"化验员"和"手册"两个关键词，其编写风格介于百科全书与手册之间，语言通俗，简洁易懂，实用性强。本书可作为科研、生产、实验一线广大化验员的日常工作用书，也可以作为工程技术人员和大专院校相关师生的参考用书。

图书在版编目（CIP）数据

化验员手册/李华昌，符斌主编. —北京：化学工业
出版社，2020.7（2023.1重印）
ISBN 978-7-122-37261-1

Ⅰ.①化… Ⅱ.①李…②符… Ⅲ.①化验员-技术
手册 Ⅳ.①TQ016-62

中国版本图书馆 CIP 数据核字（2020）第 104066 号

责任编辑：成荣霞	文字编辑：林 丹 张瑞霞
责任校对：宋 夏	装帧设计：王晓宇

出版发行：化学工业出版社（北京市东城区青年湖南街 13 号 邮政编码 100011）
印　　装：涿州市般润文化传播有限公司
787mm×1092mm 1/16 印张 27 字数 664 千字 2023 年 1 月北京第 1 版第 5 次印刷

购书咨询：010-64518888 售后服务：010-64518899
网　　址：http://www.cip.com.cn
凡购买本书，如有缺损质量问题，本社销售中心负责调换。

定　　价：198.00 元

《化验员手册》编写人员名单

主　　编　李华昌　符　斌

编写人员　冯先进　李华昌　唐凌天　符　斌　章连香

核　　校　符　斌

前言

质量事关经济社会发展全局，事关人民群众切身利益，在我国大力实施质量强国战略过程中，分析测试是一项十分重要的科技基础性工作，在科研、生产、贸易中发挥着十分重要的作用。而分析测试的核心在于人才队伍，据不完全统计，我国分析测试从业人数超百万。基于此，我们编写了《化验员手册》，为相应的从业人员、大专院校师生提供有益的参考。

本手册有以下几方面特点：

① 内容比较全面，涵盖了化学分析、仪器分析、取制样、样品前处理、数据处理、操作技能、实验室安全等多方面知识，满足化验员学习和工作所需的知识要求。

② 重点突出，在内容选择上，没有面面俱到，而是突出了化验员应掌握的重点理论知识和实验技能。

③ 实用性强，无论是理论知识，还是实验技能，本着有利于化验员掌握实验技术和技能的原则，以便应用于日常工作中。

④ 数据翔实，化验员日常工作中所需要的数据基本上都可以在本手册中查到，数据的选择经过严格甄别，力求做到准确可靠。

⑤ 通俗易懂，在书稿编纂中，力求做到文字简练，语言通俗，以利于读者阅读和使用。

本书共 19 章，内容包括化验室通用器皿和设备、取样与试样制备、试样分解、化学试剂及溶液、实验操作技能、重量分析与滴定分析、原子光谱分析、分子光谱分析、色谱分析、质谱分析、电化学分析、专用分析仪器、实验室安全、标准方法与标准物质、分析结果的数据处理、各领域分析的特点、物理定理定律及公式、数学常用公式、基本常数与计量单位。

本书可作为科研、生产、实验一线广大化验员的日常工作用书，也可以作为工程技术人员和大专院校相关师生的参考用书。

北矿检测技术有限公司、北京矿冶研究总院、北京市金属矿产资源评价与分析检测重点实验室、北京钢研纳克检测技术有限公司的专家为本书的编写付出了辛勤劳动；本书的编写得到了国家"十三五"重点研发计划、北京市重点实验室研发基金等项目的支持。在此对参与编写的专家以及关心、支持本书编写的单位表示深深的谢意。

由于水平所限，书中定有不少欠妥之处，敬请读者和同行指正。

《化验员手册》编写组

目录

1 化验室通用器皿和设备

1.1 化验室常用的玻璃仪器和器皿

玻璃是一种由纯碱、石灰石、石英等原料加热成熔融状态再经冷却而制成的质地硬而脆的、透明的无定形固体，各构成化学成分之间没有恒定的比例关系。主要原料是某些元素的氧化物，例如：SiO_2、Al_2O_3、Fe_2O_3、CaO、MgO、Na_2O、K_2O、PbO、B_2O_3、P_2O_5 等。

玻璃仪器价格低廉，具有很高的化学稳定性、热稳定性，很好的透明度、一定的机械强度和良好的绝缘性能，且有易清洗的特点，是化学实验中最常用的仪器。它种类繁多，用途广泛。

1.1.1 玻璃仪器分类

由于玻璃仪器品种繁多，用途广泛，形状各异，而且不同专业领域的分析实验室还要用到一些特殊的专用玻璃仪器，因此，很难将所有玻璃仪器详细进行分类。目前国内一般将化学分析实验室中常用的玻璃仪器按它们的用途和结构特征，分为以下 9 类。

（1）烧器类

烧器类是指那些能直接或间接地进行加热的玻璃仪器，如烧杯、烧瓶、试管、锥形瓶、蒸发器、曲颈甑等。如图 1-1 所示。

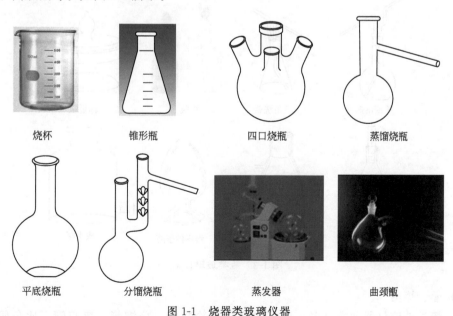

| 烧杯 | 锥形瓶 | 四口烧瓶 | 蒸馏烧瓶 |

| 平底烧瓶 | 分馏烧瓶 | 蒸发器 | 曲颈甑 |

图 1-1　烧器类玻璃仪器

（2）量器类

量器类是指用于准确测量或粗略量取液体容积的玻璃仪器，如量杯、量筒、容量瓶、滴定管、移液管等。如图1-2所示。

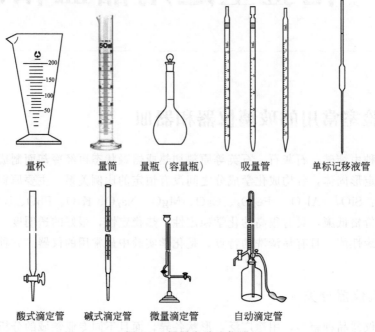

| 量杯 | 量筒 | 量瓶（容量瓶） | 吸量管 | 单标记移液管 |

| 酸式滴定管 | 碱式滴定管 | 微量滴定管 | 自动滴定管 |

图1-2　量器类玻璃仪器

（3）瓶类

瓶类是指用于存放固体或液体化学药品、化学试剂、水样等的容器，如试剂瓶、广口瓶、细口瓶、称量瓶、滴瓶、洗瓶等。如图1-3所示。

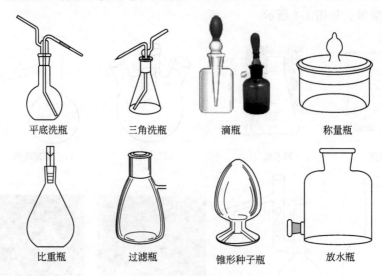

| 平底洗瓶 | 三角洗瓶 | 滴瓶 | 称量瓶 |

| 比重瓶 | 过滤瓶 | 锥形种子瓶 | 放水瓶 |

图1-3　瓶类玻璃仪器

（4）管、棒类

管、棒类玻璃仪器种类繁多，按其用途分有冷凝管、分馏管、离心管、比色管、虹吸管、连接管、调药棒、搅拌棒等。管类玻璃仪器如图 1-4 所示。

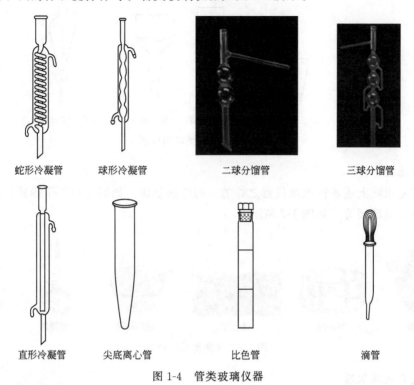

| 蛇形冷凝管 | 球形冷凝管 | 二球分馏管 | 三球分馏管 |

| 直形冷凝管 | 尖底离心管 | 比色管 | 滴管 |

图 1-4　管类玻璃仪器

（5）有关气体操作使用的仪器

有关气体操作使用的仪器是指用于气体的发生、收集、贮存、处理、分析和测量等的玻璃仪器，如气体发生器、洗气瓶、气体干燥瓶、气体的收集和贮存装置、气体处理装置和气体的分析、测量装置等。如图 1-5 所示。

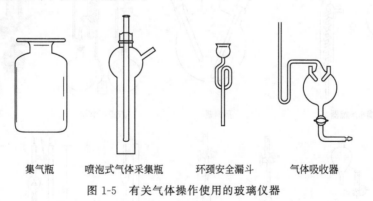

| 集气瓶 | 喷泡式气体采集瓶 | 环颈安全漏斗 | 气体吸收器 |

图 1-5　有关气体操作使用的玻璃仪器

（6）加液器和过滤器类

主要包括各种漏斗及与其配套使用的过滤器具，如普通漏斗、分液漏斗、布氏漏斗、砂芯漏斗等。如图 1-6 所示。

（7）标准磨口玻璃仪器类

标准磨口玻璃仪器类是指那些具有磨口和磨塞的单元组合式玻璃仪器。上述各种玻璃仪器根据不同的应用场合，可以具有标准磨口，也可以具有非标准磨口。

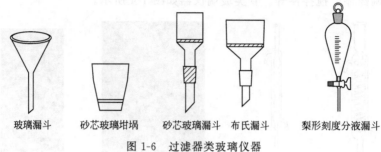

| 玻璃漏斗 | 砂芯玻璃坩埚 | 砂芯玻璃漏斗 | 布氏漏斗 | 梨形刻度分液漏斗 |

图 1-6　过滤器类玻璃仪器

（8）其他类

其他类是指除上述各种玻璃仪器之外的一些玻璃制皿，如酒精灯、干燥器、结晶皿、表面皿、研钵、玻璃阀等。如图 1-7 所示。

| 干燥器 | 结晶皿 | 表面皿 | 玻璃研钵 | 酒精灯 | 玻璃阀 |

图 1-7　其他类玻璃仪器

（9）成套玻璃仪器

成套玻璃仪器如图 1-8 所示。

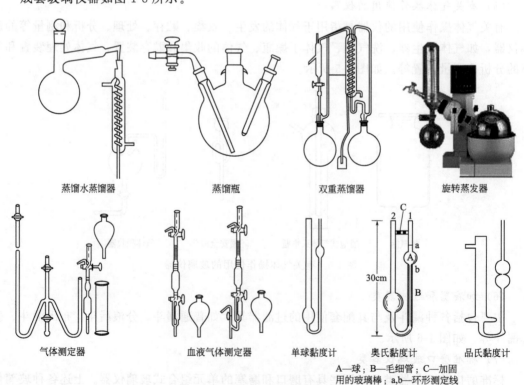

| 蒸馏水蒸馏器 | 蒸馏瓶 | 双重蒸馏器 | 旋转蒸发器 |

| 气体测定器 | 血液气体测定器 | 单球黏度计 | 奥氏黏度计 | 品氏黏度计 |

A—球；B—毛细管；C—加固
用的玻璃棒；a,b—环形测定线

图 1-8　成套玻璃仪器

1.1.2　玻璃仪器常见问题的解决

玻璃仪器在使用过程中，经常会遇到有些磨口塞或试剂瓶黏连等现象，遇到这种问题时应注意：

① 打开黏住的磨口塞时可以采取三种方法：a. 木器敲击；b. 加热；c. 加渗透性液体。

② 凡士林等油状物体黏住活塞，用电吹风或微火慢慢加热，用木棒轻敲塞子。

③ 尘土黏住用水泡。

④ 碱性物质黏住活塞，在水中加热至沸，再用木棒轻敲塞子。

⑤ 试剂瓶塞打不开时，若瓶内是腐蚀性试剂（如浓 H_2SO_4）等，要在瓶外放好桶以防破裂，戴有机玻璃面罩，操作时不要使脸部离瓶口太近。打开有毒蒸气的瓶口要在通风橱内操作。具体操作：可用木棒轻敲，也可用洗瓶吹一点蒸馏水润湿磨口，再轻敲瓶盖。

⑥ 因盐沉积及强碱黏住的瓶塞，可把瓶口泡在水或稀盐酸中，经过一段时间可能会打开。

⑦ 也可利用超声波清洗机的超声波震动和渗透作用打开活塞。

1.1.3　石英玻璃与玛瑙仪器

(1) 石英玻璃仪器的特点与应用

石英玻璃是以含二氧化硅的物质，如水晶、硅石、四氧化硅等为原料高温熔制而成的。其二氧化硅含量比普通玻璃高得多，一般石英玻璃二氧化硅含量在 99.999%。

石英玻璃是良好的耐酸材料，除氢氟酸和 300℃ 以上的热磷酸外，在高温下，它能耐硫酸、硝酸、盐酸、王水、中性盐类、碳和硫等的侵蚀，其化学稳定性相当于耐酸陶瓷的 30 倍，相当于镍铬合金和陶瓷的 150 倍，它耐高温，耐热震，热膨胀系数特别小。所以，石英玻璃经常被用来作实验器皿。常用的如玻璃棒、烧杯、锥形瓶、滴定管、移液管等等。

石英玻璃仪器外表上与玻璃仪器相似，无色透明，但比玻璃仪器价格贵、更脆、易破碎，使用时须特别小心，通常与玻璃仪器分别存放，妥善保管。

使用透明石英玻璃仪器应注意的事项：

a. 石英玻璃制品，在使用前必须用去离子水认真清洗或用酒精擦洗干净，清洗后严禁用手直接接触和防止落上灰尘，否则会使玻璃失去高纯度性而直接影响使用寿命。

b. 虽然石英玻璃的耐急热性能均非常好，但和其他物质一起使用，必须考虑到其他物质的膨胀系数，否则就会造成破损。

(2) 玛瑙仪器

玛瑙是天然石英的一种，属贵重矿物，主要成分是二氧化硅，另外，还含有少量铝、铁、钙、镁、锰的氧化物。玛瑙的特点是硬度大，性质稳定，与大多数试剂不发生作用，一般很少带入杂质。实验室常用玛瑙制作研钵，这种研钵是研磨各种高纯物质的极好器皿。在一些精度要求高的分析中，常用它研磨样品。

玛瑙研钵在使用时应注意的事项：

a. 玛瑙研钵不能受热，不能在烘箱中烘烤，不能用力敲击，也不能与氢氟酸接触。

b. 玛瑙研钵价格昂贵，使用时要特别小心。

c. 玛瑙研钵用毕应用水洗净。必要时可用稀盐酸洗涤或放入少许氯化钠研磨，然后用水冲净后自然干燥。

1.2　常用的非玻璃器皿

1.2.1　瓷器皿

瓷器皿力学性能较强，且价格便宜，因此应用较广。化验室所用瓷器皿，实际上是上釉的陶器，它的熔点（1410℃）较高，可耐高温灼烧，如瓷坩埚可以加热至1200℃，灼烧后其质量变化很小，故常用于灼烧与称量沉淀。常用于化学实验室的有瓷坩埚、蒸发皿、燃烧舟、研钵等。

使用瓷器皿时应注意的事项：化验室所用的厚壁瓷器皿在高温蒸发和灼烧操作中，应避免温度的突然变化和加热不均匀的现象，以防破裂。瓷器皿对酸、碱等化学试剂的稳定性比玻璃器皿好，但同样不能和氢氟酸接触。瓷坩埚均不耐苛性碱和碳酸钠的腐蚀，尤其不能将它们进行熔融操作。用一些不与瓷作用的物质如 MgO、碳粉作为填充剂，在瓷坩埚中用定量滤纸包住碱性熔剂熔融处理硅酸盐试样，可部分代替铂制品。

1.2.2　刚玉器皿

刚玉的化学成分是 Al_2O_3。天然的刚玉几乎是纯的氧化铝。人造刚玉是由纯的氧化铝经高温烧结而成，它耐高温，熔点为2045℃，硬度大，对酸碱有相当的抗腐蚀能力。

使用刚玉坩埚时应注意的事项：

刚玉坩埚可用于某些碱性熔剂的熔融和烧结，但温度不宜过高，且时间要尽量短，在某些情况下可代替镍、铂坩埚，但在测定铝和铝对测定有干扰的情况下不能使用。

1.2.3　石墨器皿

石墨器皿的优点是质地致密，透气性小，极耐高温，即使在2500℃时也不熔化，而且在高温下其强度不减。耐急冷、急热性。化学性质不活泼，耐腐蚀，与酸（高氯酸除外）、碱等不易反应。

常用的石墨器皿有石墨坩埚与石墨电极，石墨坩埚可代替一些贵金属坩埚进行熔融操作，使用时最好外罩上一个瓷坩埚。石墨坩埚在使用前，应先在王水中浸泡10h后，用纯水冲净，再于105℃的烘箱中干燥10h。使用后在10%的盐酸溶液中煮沸浸泡10min，然后洗净烘干。

1.2.4　金属器皿

化验室中常用到的金属器皿除铂器皿外，还有金、银、镍、铁、锆等材料制成的器皿。

1.2.4.1　铂器皿

铂又称白金，是一种比黄金还要贵重的软质金属。铂的熔点高达1774℃，可耐1200℃的高温。化学性质稳定，在空气中灼烧不发生化学变化，也不吸收水分。能耐包括氢氟酸在内的大多数化学试剂的侵蚀，能耐氢氟酸和熔融的碱金属碳酸盐的腐蚀是铂有别于玻璃、瓷等的重要性质，但是，王水对铂器皿是致命的。

实验室中常见的铂器皿有铂坩埚、铂蒸发皿、铂舟、铂丝、铂电极及铂铑热电偶等。

铂坩埚适于灼烧及称量沉淀，用于碱（Na_2CO_3）熔融法分解样品及用氢氟酸从样品中

除去 SiO_2 的实验。

铂器皿的使用应遵守的规则：

① 对铂的领取、使用、消耗和回收都要制定严格的制度。

② 铂质地软，即使含有少量铑铱的合金也较软，所以拿取铂器皿时勿太用力，以免其变形。在脱熔块时，不能用玻璃棒等尖锐物体从铂器皿中刮取，以免损伤内壁；也不能将热的铂器皿骤然放入冷水中，以免发生裂纹。已变形的铂坩埚或器皿可用其形状相吻合的木模进行校正（但已变脆的碳化铂部分要均匀用力矫正）。

③ 铂器皿在加热时，不能与其他任何金属接触，因为在高温下铂易与其他金属生成合金，所以，铂坩埚必须放在铂三脚架上或陶瓷、黏土、石英等材料的支持物上灼烧，也可放在垫有石棉板的电热板或电炉上加热，但不能直接与铁板或电炉丝接触。所用的坩埚钳子应该包有铂头，镍或不锈钢的钳子只能在低温时方可使用。

④ 下列物质不能直接侵蚀或与其他物质共存下侵蚀铂，在使用铂器皿时应避免与这些物质接触：

a. 易被还原的金属、非金属及其化合物，如银、汞、铅、铋、锑、锡和铜的盐类在高温下易被还原成金属，可与铂形成低熔点合金；硫化物和砷、磷的化合物可被滤纸、有机物或还原性气体还原，生成脆性磷化铂及硫化铂。

b. 固体碱金属的氧化物和氢氧化物、氧化钡、碱金属的硝酸盐、亚硝酸盐和氰化物等，在加热或熔融时对铂有腐蚀性。碳酸钠、碳酸钾和硼酸钠可以在铂器皿中熔融，但碳酸锂不能。

c. 卤素及可能产生卤素的混合溶液，如王水、溴水、盐酸与氧化剂（高锰酸钾、铬酸盐和二氧化锰等）的混合物、三氯化铁能与铂发生作用。

d. 碳在高温时，能与铂作用形成碳化铂。铂器皿若放在碳硅棒电炉内，应有必要的通气装置；用火焰加热时，只能用不发光的氧化焰，不能与带烟或发黄光的还原火焰接触，亦不准接触蓝色火焰，以免形成碳化铂而变脆。在铂器皿中灰化滤纸时，不可使滤纸着火。

e. 成分和性质不明的物质不能在铂器皿中加热或处理。

f. 铂器皿应保持内外清洁和光亮。经长久灼烧后，由于结晶关系，外表可能变灰，必须及时注意清洁，否则日久后杂质会深入内部而使铂器皿变脆而破坏。

由于铂价格昂贵，代用品例如用难熔氧化物制成的刚玉（Al_2O_3）坩埚、二氧化锆坩埚，可以在较高温度（800～900℃）使用，二氧化锆坩埚可以耐过氧化钠的腐蚀，因此，在许多地方可以代替铂坩埚。

1.2.4.2 金器皿

在分析实验室常用的有金坩埚和金蒸发皿，因为价格比铂便宜，所以主要是作为铂坩埚和铂蒸发皿的代用品。金器皿不受碱金属氢氧化物和氢氟酸的侵蚀，但它的熔点较低（1063℃），故不能耐高温灼烧，一般需在700℃下使用。

硝酸铵对金器皿有明显的侵蚀作用，王水也不能与金器皿接触。金坩埚和金蒸发皿的使用注意事项和主要规格与同类铂器皿基本相同。

1.2.4.3 银器皿

分析实验室中所用的银器皿主要有银坩埚和电化学分析用电极（如银-氯化银参比电极）。因为银的价格低廉，同时不受氢氧化钠（钾）的侵蚀，在熔融此类物质时仅在接近空气的边缘处略有腐蚀，所以分析实验室常用银坩埚进行碱熔法分解试样。银坩埚的主要规格有 30mL、100mL、250mL 等数种。

银坩埚在使用时应注意：

① 由于银的熔点（960℃）低，所以不能在火上直接加热，只能在电炉和高温炉中使用，熔样温度不得超过 700℃，时间以不超过 30min 为宜。

② 刚从高温中取出的银坩埚不能立即用冷水冷却，以防产生裂纹。

③ 银易与硫作用，生成硫化银，故不能在银坩埚中分解和灼烧含硫的物质，不许使用碱性硫化试剂，使用过氧化钠熔剂时，只宜烧结，不宜熔融，不可用来熔融硼砂。

④ 银坩埚不可用于盛放熔融状态的铝、锌、锡、铅、汞等金属盐类，因为这些金属盐类能使银坩埚变脆。

⑤ 浸取银坩埚内熔融物不可使用酸，特别是不能用浓酸，最好是用热水浸出。

⑥ 清洗银器皿时，可用微沸的稀盐酸（1+5），但不宜将器皿放在酸内长时间加热。

⑦ 银坩埚灼烧后质量会发生变化，故不适于沉淀的称量。

1.2.4.4　镍坩埚

镍的熔点为 1450℃，在空气中灼烧易被氧化，所以镍坩埚不能用于灼烧和称量沉淀。镍具有良好的抗碱性物质侵蚀的性能，故在化验室中主要用于碱性熔剂的熔融处理。

使用镍坩埚时应注意：

① 氢氧化钠、碳酸钠等碱性熔剂可在镍坩埚中熔融，其熔融温度一般不超过 700℃；氧化钠也可在镍坩埚中熔融，但温度要低于 500℃，时间要短，否则侵蚀严重，使带入溶液的镍盐含量增加，成为测定中的杂质。

② 焦硫酸钾、硫酸氢钾等酸性熔剂和含硫化物的熔剂不能用于镍坩埚；若要熔融含硫化合物，应在有过量过氧化钠的氧化环境下进行；熔融状态的铝、锌、锡、铅等的金属盐能使镍坩埚变脆；银、汞、钒的化合物和硼砂等也不能在镍坩埚中灼烧；镍易溶于酸，浸取熔块时不可用酸。

③ 新的镍坩埚在使用前应在 700℃灼烧数分钟，以除去油污并使其表面生成氧化膜，延长使用寿命，处理后的坩埚应呈暗绿色或灰黑色。以后，每次使用前用水煮沸洗涤，必要时可滴加少量盐酸稍煮片刻，然后再用蒸馏水洗涤，烘干使用。

1.2.4.5　铁坩埚

铁坩埚的使用与镍坩埚相似，它没有镍坩埚耐用，但价格便宜，较适用于过氧化钠熔融，可代替镍坩埚。

铁坩埚或低硅钢坩埚在使用前都应进行钝化处理，先用稀盐酸浸泡，然后用细砂纸轻擦，并用热水冲洗，接着放入硫酸（5%）＋硝酸（1%）混合溶液中浸泡数分钟，再用水洗净，干燥，于 300～400℃灼烧 10min。

1.2.5　塑料器皿

实验室常见的塑料器皿是聚乙烯材料。聚乙烯是热塑性塑料，短时间内可使用到 100℃。耐一般酸、碱腐蚀，但能被氧化性酸（浓 HNO_3、H_2SO_4）慢慢侵蚀；室温下不溶于一般有机溶剂，但与脂肪烃、芳香烃、卤代烃等长时间接触溶胀。低相对密度（$d=0.92$）聚乙烯熔点为 108℃，其加热温度不能超过 70℃；高相对密度（$d=0.95$）聚乙烯熔点为 135℃，加热温度不能超过100℃。

塑料具有绝缘、耐化学腐蚀、不易传热、强度较好、耐撞击等特点。在实验室中可作为金属、木材、玻璃等的代用品。

塑料器皿有以下特点：

① 聚乙烯制品，耐一般酸碱腐蚀，能被氧化性酸慢慢侵蚀。

② 聚丙烯制品，除强氧化剂外与大多数介质均不作用。

③ 塑料对试剂有渗透性，吸附杂质的能力强。

④ 聚四氟乙烯耐热性好，最高工作温度250℃，除熔融态钠和液态氟外，能耐一切浓酸、浓碱、强氧化剂的腐蚀。但须特别注意的是在415℃以上急剧分解，并放出有毒的全氟异丁烯气体。

1.3 器皿的洗涤与干燥

1.3.1 分析器皿的洗涤

在分析工作中，洗净实验器皿是一个必须做的实验前准备工作，也是一个技术性的工作。器皿洗涤是否符合要求，对化验工作的准确度和精密度均有影响。洗涤器皿的一般步骤：

① 对于新的实验器皿，先用水浸泡或用毛刷与洗涤剂清洗，晾干后，再用洗液浸泡数小时，洗净。

② 检验员做完实验，将所用实验器皿内残留的溶液倒掉，并用水将其洗净，放在水池边标有"待清洗实验器皿"字样的区域。注意若主要成分为非水溶性物质或难溶于水的物质，使用完毕的实验器皿应放在下层。

③ 检验员应将各自使用过的待清洗实验器皿随时清洗。

④ 洗净的仪器倒置时，水流出后容器内壁应不挂水珠。

⑤ 强酸、强碱、琼脂等能腐蚀、阻塞管道的物质不能直接倒在洗涤槽内，必须倒在废物缸内。

一般的器皿都可用去污粉、肥皂或配成5%的热肥皂水来清洗。油脂很重的器皿应将油脂擦去。沾有煤膏、焦油及树脂类物质时，可用浓硫酸或氢氧化钠溶液（400g/L）或洗液浸泡；沾有蜡或油漆物时，可加热使之熔融后揩去，或用有机溶剂（苯、二甲苯、汽油、丙酮、松节油等）揩去。

洗涤容器应根据器皿的不同材料选择合适的方法。

1.3.1.1 玻璃器皿的清洗

① 用自来水和毛刷刷洗容器上附着的尘土和水溶物。不能用有腐蚀作用的化学试剂，也不能使用比玻璃硬度大的物品来擦拭玻璃器皿；新的玻璃器皿应用盐酸（2+98）溶液浸泡数小时，用水充分洗干净。

② 用去污粉（或洗涤剂）和毛刷刷洗容器上附着的油污和有机物质，若仍洗不干净，可用热碱液洗；容量仪器不能用去污粉和毛刷刷洗，以免磨损器壁，使体积发生变化。

③ 用还原剂洗去氧化剂如二氧化锰。

④ 进行定量分析实验时，即使少量杂质也会影响实验的准确性，这时可用洗液清洗容量仪器。

1.3.1.2　铂器皿的洗涤

若铂器皿有了斑点，可先用盐酸或硝酸单独处理；如果无效，可用焦硫酸钾于铂器皿中在较低温度熔融 $5\sim10min$，把熔融物倒掉后，再将铂器皿在盐酸溶液中浸煮；若仍无效，可再试用碳酸钠熔融处理，也可用潮湿的细砂（通过 $0.14mm$ 筛孔）轻轻摩擦处理。由于铂器皿质地柔软，不能用玻璃棒或其他硬物刮剥铂器皿内附着物，以防刮伤。

1.3.2　常用洗涤液

不同的分析工作对玻璃仪器有不同的洗涤要求，因此所采用的洗涤液也是不同的。应用于玻璃仪器的洗涤液一般有以下几种：

1.3.2.1　强酸氧化剂洗液

强酸氧化剂洗液是用重铬酸钾（$K_2Cr_2O_7$）和浓硫酸（H_2SO_4）配成的，$K_2Cr_2O_7$ 在酸性溶液中有很强的氧化能力，对玻璃仪器又极少有侵蚀作用，所以这种洗液在实验室内使用最广泛。配制浓度各有不同，从 $5\%\sim12\%$ 的各种浓度都有。配制方法大致相同：取一定量的 $K_2Cr_2O_7$，先用约 $1\sim2$ 倍的水加热溶解，稍冷后，将所需体积的工业品浓 H_2SO_4 徐徐加入 $K_2Cr_2O_7$ 溶液中，边倒边用玻璃棒搅拌，并注意不要溅出，混合均匀，待冷却后，装入洗液瓶备用。新配制的洗液为红褐色，氧化能力很强。当洗液用久后变为黑绿色，即说明洗液无氧化洗涤力。

使用洗液时要注意以下几点：

① 用洗液前最好先用水或去污粉将容器洗一下。

② 使用洗液前应尽量把容器内的水去掉，以免将洗液稀释。

③ 洗液用后应倒入原瓶内，可重复使用。

④ 不要用洗液去洗涤具有还原性的污物（如某些有机物），这些物质能把洗液中的重铬酸钾还原为硫酸铬（洗液的颜色则由原来的深棕色变为绿色）。

⑤ 洗液具有很强的腐蚀性，会灼伤皮肤和破坏衣物。如果不慎将洗液洒在皮肤、衣物和实验桌上，应立即用水冲洗。

⑥ 因重铬酸钾严重污染环境，应尽量少用洗液。用上述方法洗涤后的容器还要用水洗去洗涤剂，并用蒸馏水再洗涤三次。

1.3.2.2　碱性洗液

碱性洗液用于洗涤有油污物的仪器，用此洗液是采用长时间浸泡法，或者浸煮法。从碱洗液中捞取仪器时，要戴乳胶手套，以免烧伤皮肤。常用的碱洗液有：碳酸钠（Na_2CO_3，即纯碱）液，碳酸氢钠（$NaHCO_3$，小苏打）液，磷酸钠（Na_3PO_4，磷酸三钠）液，磷酸氢二钠（Na_2HPO_4）液等。

1.3.2.3　碱性高锰酸钾洗液

用碱性高锰酸钾作洗液，作用缓慢，适合用于洗涤有油污的器皿。配法：取 $4g$ 高锰酸钾（$KMnO_4$）加少量水溶解后，再加入 $100mL$ 氢氧化钠（$NaOH$，$100g/L$）。

1.3.2.4　纯酸纯碱洗液

根据器皿污垢的性质，直接用浓盐酸（HCl）或浓硫酸（H_2SO_4）、浓硝酸（HNO_3）浸泡或浸煮器皿（温度不宜太高，否则浓酸挥发刺激人）。纯碱洗液多采用 $100g/L$ 以上的浓烧碱（NaOH）、氢氧化钾（KOH）或碳酸钠（Na_2CO_3）液浸泡或浸煮器皿（可以煮沸）。

1.3.2.5　有机溶剂

带有脂肪性污物的器皿，可以用汽油、甲苯、二甲苯、丙酮、乙醇、三氯甲烷等有机溶剂擦洗或浸泡。但用有机溶剂作为洗液浪费较大，能用刷子洗刷的大件仪器尽量采用碱性洗液。只有无法使用刷子的小件或特殊形状的仪器才使用有机溶剂洗涤，如活塞内孔、移液管尖头、滴定管尖头、滴定管活塞孔、滴管、小瓶等。

1.3.2.6　洗消液

检验致癌性化学物质的器皿，为了防止对人体的侵害，在洗刷之前应使用对这些致癌性物质有破坏分解作用的洗消液进行浸泡，然后再进行洗涤。在食品检验中经常使用的洗消液有：10g/L或50g/L的次氯酸钠（NaClO）溶液、HNO_3（1+4）和20g/L的$KMnO_4$溶液。

1.3.3　玻璃仪器的干燥与保存

1.3.3.1　玻璃仪器的干燥

做实验经常要用到的玻璃仪器应在每次实验完毕后洗净干燥备用。用于不同实验对干燥有不同的要求，一般定量分析用的烧杯、锥形瓶等玻璃仪器洗净即可使用，而用于油品分析和精密分析的玻璃仪器很多要求是干燥的，有的要求无水痕，有的要求无水。应根据不同要求对玻璃仪器进行干燥。

① 晾干。不急用的要求一般干燥的玻璃仪器可在蒸馏水涮洗后在无尘处倒置控去水分，然后自然干燥，也可在带有透气孔的玻璃柜中放置。

② 烘干。烘干是最常用的干燥方法。将洗净的玻璃仪器控去水分，放在电烘箱或红外干燥箱中烘干，烘箱温度为105～120℃，烘1h左右，有的烘箱还可以利用鼓风驱除湿气。烘干的玻璃仪器一般都在空气中冷却，但称量瓶等用于精确称量的玻璃仪器则应在干燥器中冷却和保存。厚壁玻璃仪器烘干时要注意使烘干箱温度慢慢上升，不能直接置于温度高的烘箱内，以免烘裂。任何量器均不得用烘干法干燥。

③ 吹干。急待干燥又不便于烘干的玻璃仪器，可以使用电吹风机吹干。各种比色管、离心管、试管、三角烧瓶、烧杯等均可用吹干方法迅速干燥，电吹风机可吹冷风和热风，一些不宜高温烘烤的玻璃仪器，如移液管、滴定管、比重瓶等也可用电吹风机或玻璃仪器气流烘干器吹干。

如果玻璃仪器带水量大，通常用少量乙醇、丙酮（或最后再用乙醚）倒入已控去水分的仪器中摇洗，然后用电吹风机吹，开始用冷风吹1～2min，当大部分溶剂挥发后吹入热风至完全干燥，再用冷风吹去残余蒸气，不使其又冷凝在容器内。此法要求通风好、防止中毒、避免接触明火。

④ 烤干。少量小件玻璃仪器如硬质试管，也可用酒精灯和红外线灯加热烤干。烤干时，应从玻璃仪器底部烤起，将管口向下，以免水珠倒流把试管炸裂，烤到无水珠后把试管口向上赶净水汽。

1.3.3.2　玻璃仪器的保存

对于化验室中常用玻璃仪器应本着方便、实用、安全、整洁的原则进行保存。

① 建立购进、借出、破损登记制度。

② 仪器应按种类、规格顺序存放，并尽可能倒置，既可自然控干，又能防尘。例如，

烧杯等可直接倒扣于实验柜内，锥形瓶、烧瓶、量筒等可在柜子的隔板上钻孔，将仪器倒插于孔中或插在木钉上。

③ 实验后玻璃仪器要及时洗净干燥，放回原处。

④ 移液管洗净后置于防尘的盒中或移液管架上。

⑤ 滴定管用毕后，倒去内装溶液，用蒸馏水冲洗之后，注满蒸馏水，上盖玻璃短试管或塑料套管，也可倒置于滴定管架的夹上。

⑥ 比色皿用毕洗净，倒放在铺有滤纸的小磁盘中，晾干后放在比色皿盒中。

⑦ 带磨口塞的仪器，如容量瓶、比色管等最好在清洗前用细线或橡皮筋把瓶塞拴好，以免磨口混错而漏水。需要长期保存的磨口玻璃设备要在塞间垫一片纸，以免日久黏住。

⑧ 成套设备用毕后应立即洗净，放在专用的包装盒中保存。

1.4 天平

天平是精确测定物体质量的重要计量仪器。

1.4.1 天平的分类及工作原理

按构造原理分为机械天平（杠杆天平）和电子天平，分别采用杠杆原理和电磁力平衡原理制作而成。机械天平（杠杆天平）又分为双盘等臂天平和单盘不等臂天平。

按精密度分为高精密天平（Ⅰ级，特种准确度精密天平）、精密天平（Ⅱ级，高准确度）、商用天平（Ⅲ级，中准确度）和普通天平（Ⅳ级，普通准确度）。

按称样量分为超微量天平［最大称量是 $2\sim5g$，其标尺分度值小于（最大）称量的 10^{-6}］、微量天平［最大称量一般在 $3\sim50g$，其分度值小于（最大）称量的 10^{-5}］、半微量天平［最大称量一般在 $20\sim100g$，其分度值小于（最大）称量的 10^{-5}］、常量天平［最大称量一般在 $100\sim200g$，其分度值小于（最大）称量的 10^{-5}］。图1-9为各种类型天平。

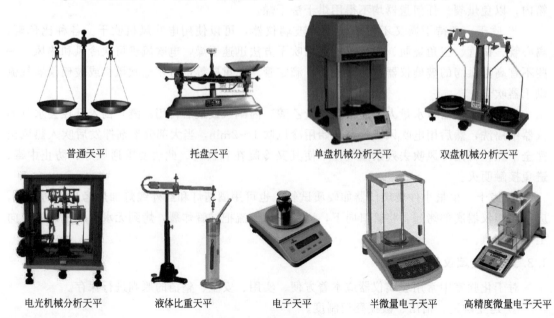

| 普通天平 | 托盘天平 | 单盘机械分析天平 | 双盘机械分析天平 |

| 电光机械分析天平 | 液体比重天平 | 电子天平 | 半微量电子天平 | 高精度微量电子天平 |

图1-9　各种类型天平

1.4.2　分析天平的使用及维护

在了解天平技术参数和特点的基础上，根据称量要求的精度及工作特点正确选择天平。选择的原则是不能超载、精度足够，也不应滥用高精度天平造成不必要的浪费。由于机械天平已基本被各实验室淘汰，故此处仅介绍电子天平的使用及维护。

用电磁力平衡来称物体质量的天平称为电子天平。

电子天平的特点：①数字显示，使用寿命长，性能稳定，灵敏度高，操作方便；②称量速度快，精度高；③称量范围和读数精度可变，一机多用；④一般具有内部校正功能；⑤高智能化；⑥具有质量电信号输出功能。

电子天平的使用方法：

① 使用前检查水平。

② 称量前通电预热 30min。

③ 校准（首次使用、移地、使用一段时间后）。

④ 称量。按下显示屏的开关键，待显示稳定的零点后，将物品放在秤盘上，关上防风门，显示稳定后即可读取称量值，操纵相应的按键可以实现"去皮""增重""减重"等称量功能。

⑤ 清洁。

使用中应注意的事项：

① 安装后称量前或移动位置必须校准。

② 开机后必须预热一段时间（至少 30min）方可使用。

③ 长时间不用应每隔一段时间通电一次。

④ 稳定性检测器表示达到要求的稳定性时的读数。

⑤ 积分时间（测量或周期时间）无特殊要求不必调整。

1.4.2.1　分析天平的称量方法

天平的称量方法可分为直接称量法（简称直接法）和递减称量法（简称减量法）。

① 直接称量法。用于准确称取一定质量的试样，要求称取不易吸水、在空气中性质稳定的物质，如称量金属或合金试样。

② 递减称量法。此法用于称取粉末状或容易吸水、氧化、与二氧化碳反应的物质。

③ 挥发性液体试样称量时须用安瓿吸取挥发性试样，熔封后称量。

1.4.2.2　分析天平的称量误差

天平的称量误差产生的原因有被称物、天平和砝码、称量操作等几方面，从而也就可能产生系统、偶然、过失误差等。

① 被称物情况变化的影响：a.被称物表面吸附水分（称量速度要快）；b.试样能吸收、放出水分或试样本身具有挥发性（称量速度要快）；c.被称物温度与天平温度不一致（相同的冷却时间）。

② 天平和砝码的影响：a.砝码定期检定；b.称量试样较少时，应设法不更换克组大砝码。

③ 环境因素影响：影响天平称量最主要的环境因素是震动、气流、温度、湿度等。

④ 空气浮力影响（可忽略）。

⑤ 操作者造成的误差。操作者粗心大意和操作失误容易造成过失误差，包括：

a.砝码、标尺读错，天平摆动未停就读数等。

b.开关天平用力过重、吊耳脱落、不在水平或静电等。

c.称量读数、记录不仔细等。

1.4.3 电子天平常见问题处理

① 称量示值偏差过大。一般电子天平的键盘上都有一个"CAL"键，可以尝试按一下此键，用天平自带的校准功能校准。

② 称量重复性误差过大。

a.检查被称物品材质，若材质是易吸潮或易挥发性的，则此类物品称量时应先找一带密封盖的玻璃或塑料器皿，去皮或记下器皿净重值，再把被称物放入器皿中称。

b.检查被称物品来源，若是从室外刚带来，则要注意温差变化，在冬季和夏季尤其要注意这点，应把被称量物放在天平室内的干燥器中 15～30min 以上，达到等温度后再进行称量操作。

c.检查天平刀刃是否发钝，或者在重力方向的球顶点是否满接触。

③ 零点示值不稳，按"去皮"键后仍有漂移，可能是预热时间不足，磁缸未达到热平衡。应将电子天平预热至少 0.5h 。

④ 称量示值结果变动量很大，示值稳定符号"△"不发亮。检查两边支撑座上的 3 个支撑柱与吊耳盘上过孔是否有干涉现象，吊重盘与吊耳盘上过孔是否有干涉现象。

⑤ 称量铁质物品，上、下端放置不同时显示值不同，注意铁质物品易带磁性，可制作简易支架来垫高或用下挂式秤盘方法，尽量使铁质物品远离天平传感器，也可置放在防磁器皿内称量减弱磁场影响。

⑥ 显示"－－－－－－"无数字。检查称盘转口内是否有污物或称盘是否装好，也可能是室温波动较大，有气流，若是超载则应立即移去载荷。

1.4.4 砝码的等级与规格

天平砝码有等级之分，等与级的区别在于：等是按照不确定度来分的，即等砝码有修正值；级是按照示值误差来分的，即级砝码没有修正值，只要其示值误差在此范围内都认为是合格的。

E1、E2、F1、F2、M1、M11、M2、M22、M3 是砝码的 9 个等级。天平砝码按材质分为：无磁不锈钢、非磁性不锈钢、铜镀铬、铁镀铬等几种；按形状区分为圆柱体、圆锥体、板形、片形、圈（环）形、骑形、条（棒）形等；天平砝码常规组合形式为 5、2、2、1，也可按用户需求任意组合；按精度等级分为一等（E2）、二等（F1 实差）、F1（三级允差）、F2（四级）、M1（五级）、M2（六级）。

砝码成套规格（按质量范围分）有：$20\sim10kg$、$10\sim1kg$、$5\sim1kg$、$2\sim1kg$、$2kg\sim1mg$、$1kg\sim1mg$、$500g\sim1mg$、$200g\sim1mg$、$100g\sim1mg$、$500\sim1mg$（片码）、$500\sim10mg$（圈码）、$50\sim1mg$（圈码）。

砝码单只规格（按标称值分）有：20kg、10kg、5kg、2kg、1kg、500g、200g、100g、50g、20g、10g、5g、2g、1g、500mg、200mg、100mg、50mg、20mg、10mg、5mg、2mg、1mg。

在使用砝码时应注意：①使用时，不能用手捏，只能用镊子夹或佩戴手套拿取。②严禁接触腐蚀性物质。③严防碰撞或坠落，避免碰伤或划伤。④在使用砝码时，要遵循"先大后小"的原则。

1.5 电热设备

1.5.1 电热恒温干燥箱

电热恒温干燥箱通常又称烘箱。用于烘干试样、试剂、器皿、沉淀以及测定湿存水等。加热元件是电热丝，使用温度可达200℃，但常用温度在100～150℃之间。灵敏度通常为±1℃。烘箱的型号很多，但基本结构相似，一般由箱体、电热系统和自动控温系统三部分组成。

其使用及注意事项总结如下：

① 烘箱应安放在室内水平和干燥处，防止振动和腐蚀。

② 要注意安全用电，根据烘箱耗电功率安装足够容量的电源闸刀。选用足够的电源导线，并应有良好的接地线。

③ 带有电接点水银温度计式温控器的烘箱应将电接点温度计的两根导线分别接至箱顶的两个接线柱上，另将一支普通水银温度计插入排气阀中（排气阀中的温度计是用来校对电接点水银温度计和观察箱内实际温度用的），打开排气阀的孔，调节电接点水银温度计至所需温度后紧固钢帽上的螺丝，以达到恒温的目的。但必须注意调节时切勿将指示线旋至刻度尺外。

④ 当一切准备工作就绪后方可将试品放入烘箱内，然后连接并开启电源，红色指示灯亮表示箱内已加热。当温度达到所控温度时，红灯熄灭绿灯亮，开始恒温。为了防止温控失灵，还必须照看。

⑤ 放入试品时应注意排列不能太密。散热板上不应放试品，以免影响热气流向上流动。禁止烘焙易燃、易爆、易挥发及有腐蚀性的物品。

⑥ 当需要观察工作室内样品情况时，可开启外道箱门，透过玻璃门观察，但箱门以尽量少开为好，以免影响恒温。特别是当工作在200℃以上时，开启箱门有可能使玻璃门骤冷而破裂。

⑦ 有鼓风的烘箱，在加热和恒温的过程中必须将鼓风机开启，否则影响工作室温度的均匀性和损坏加热元件。

⑧ 工作完毕后应及时切断电源，确保安全。

⑨ 烘箱内外要保持干净。

⑩ 使用时，温度不要超过烘箱的最高使用温度。

⑪ 为防止烫伤，取放试品时要用专门工具。

1.5.2 高温炉

分析实验室常用的高温炉有马弗炉、管式炉和高频炉。按发热元件不同又可将其分为电阻丝式、硅碳棒式及高频感应式等几种。

高温炉用于灼烧试样、坩埚和沉淀，亦用于试样碱熔等操作。使用较广的是箱式电阻炉。箱式高温炉也叫马弗炉。电阻丝式马弗炉的发热元件为炉内的电阻丝，最高使用温度为1000℃，常用工作温度为950℃以下。

硅碳棒式马弗炉发热元件是炉内的硅碳棒，最高工作温度为1350℃，常用工作温度为1300℃。

高温炉使用注意事项：

① 应放在平整的地面或水泥台上；炉底座最好垫上石棉板、防止台面受热后温度过高；温控器应避免震动，放置位置与电炉不宜太近，防止过热使电子元件不能正常工作；搬动温控器时应将电源开关置"关"状态。

② 按高温炉的额定电压，配置功率合适的插头、插座、保险丝等；炉体外壳和控制器外壳接好地线，在高温炉前的地面上铺一块厚橡皮板，以避免危险，保证安全；热电偶应插入炉膛中央，孔与热电偶之间的空隙用石棉绳填塞，最好用补偿导线（或绝缘铜芯线）连接热电偶和控制器，注意正负极不要接错。

③ 高温炉首次使用或长期停用后再次使用时，须预先烘炉；高温炉的型号不同，烘炉时间也不相同；使用时炉温不得超过额定温度。

④ 在高温炉内进行试样的灼烧或熔融时，必须将试样置于耐高温的瓷坩埚或瓷皿中，并严格控制操作条件，以防温度过高而发生样液飞溅、腐蚀和黏结炉膛；炉膛底可放一块石棉板，并应及时清除石棉板上的熔渣、金属氧化物或其他杂质，以保护炉膛的平整清洁。

⑤ 高温箱式电阻炉所用硅碳棒使用过程中自然老化，可逐级调挡至最高，发热量极不足（即功率达不到额定值）时，应更换新的硅碳棒。

⑥ 将坩埚、坩埚架等物品放入炉膛时，要轻拿轻放，切勿碰及热电偶，因为伸入炉膛热电偶的热接点在高温下很容易折断。

⑦ 灼烧完毕，应立即切断电源，但不能立即打开炉门，以免炉膛因突然受冷而碎裂。一般是先开一条小缝，使炉温很快下降，然后再打开炉门，用坩埚钳取出被烧物件；使用完毕，切断电源，关闭炉门，以避免炉膛受潮气侵蚀。

⑧ 搬运马弗炉时，注意避免严重共振，放置时远离易燃、易爆、水等物品，更不能在炉膛内灼烧有爆炸危险的物品；严禁抬炉门，避免炉门损坏。

1.5.3　电炉及电热板

1.5.3.1　电炉

电炉是把炉内的电能转化为热量对工件加热的加热炉，又名电热器，是实验室常用的一种加热设备。它是靠一根镍铬合金电阻丝通电产生热量的，这条电阻丝通常称为电炉丝。根据电炉的构造和功能可将其分为普通电炉和万用电炉两种。

（1）普通电炉

将一根电炉丝镶嵌在用耐火泥制成的圆形炉盘凹槽中，炉盘被固定在机械强度良好且耐热的圆形铁盘座上，电阻丝的两头套上许多小瓷管连接到接线柱上，接线柱与电源线相连，即构成普通的圆盘式电炉。用薄钢板将电炉丝完全盖严的圆盘式电炉叫作暗式电炉，用于不能用明火加热的试验。若电炉上标明"220V，1000W"字样，表示该电炉的电源电压为220V时，它的电功率为1000W。

（2）万用电炉

万用电炉亦称调节电炉，是一种能调节发热量的加热设备。分单联、双联、四联、六联等几种。炉壳的前面板上装有选温标牌和调温旋钮，并附有电镀铁杆及夹持器具，供固定仪器用。炉盘下方安装了一个单刀多位开关，此开关由调温旋钮来控制。多位开关上有几个接触点，每两个接触点之间装有一段附加电阻，附加电阻用许多节小瓷管套起来，以避免相互接触而发生短路，或者与电炉外壳接触而漏电伤人。多位开关是借滑动金属片的转动来改变和电炉丝串联的附加电阻的大小，以调节通过电炉丝的电流强度，达到调节电炉发热量的目的。

使用电炉时应注意：①电炉不得超温运行，否则会缩短设备的使用寿命。②电炉使用时操作人员不得擅自离开岗位，必须随时注意电炉的工作状况是否正常。③电炉在进行装卸工件时，必须先切断加热元件电源，以保证操作人员的安全。④电阻丝经使用后，就不得碰撞拗折，以免断裂。

1.5.3.2 电热板

电热板是用电热合金丝作发热材料，用云母软板作绝缘材料，外包薄金属板（铝板、不锈钢板等）进行加热的设备。

使用时应注意：①所装位置接触面应平整无凹凸现象。②应放置干燥处，避免浸水以影响它的绝缘性能。③安装时应先检查安装位置与电热元件规格是否相符，使用电压是否一致。

1.5.4 微波炉

微波是频率在 300MHz～300GHz 的电磁波，即波长在 100cm 至 1mm 范围内的电磁波，也就是说波长在远红外线与无线电波之间。实验室常用的有微波消解仪等，微波消解仪利用微波对介质进行加热产生高压，使样品快速消解。主要包括磁控管、波导管、微波炉腔、样品架、排风系统等基本部件。

微波消解仪主要用于固体、液体样品的微波消解，消解后的液体可用原子荧光光谱仪、原子吸收光谱仪分析其 Hg、Cd、Pb、As、Se 等痕量重金属元素的含量。

1.5.5 电热恒温水浴

电热恒温水浴用于 100℃ 以下的低温加热实验。如控制温度的化学反应或易燃有机溶剂的加热等。一般有箱式、圆筒式两种。其热源为电热管，直接浸入水中。温度控制系统以双金属片为热控元件调节控制温度。恒温水浴加热温度一般不超过 95℃，控温误差 ±1℃，高档次恒温水浴控温误差不大于 ±0.05℃。

电热恒温水浴使用注意事项：

① 用前必须先加入清水，最低水位不得低于电热管以上 1cm。水位过低会导致电热管表面温度过高而烧毁；随时观察水浴锅有无渗漏现象。

② 加水前切勿接通电源，以防电热管烧坏。

③ 温度调节控制器不要轻易拆卸，因出厂时已调好灵敏度；拆卸一次需重新调整。

④ 不得随意卸下控制箱侧门或改变电器线路，加水时切勿使控制箱内电器部件受潮，以防漏电或损坏。

⑤ 电源电压必须与水浴锅要求的电压相符，电源插座要采用三孔安全插座，并在插座的粗孔接好地线。

1.6 其他实验室设备

1.6.1 超低温冰箱

超低温冰箱又称超低温冰柜、超低温保存箱。主要用于电子器件、特殊材料的低温试验及保存血浆、生物材料、疫苗、试剂、生物制品、化学试剂、菌种、生物样本等必须低温保存的材料。

使用时应注意：

① 室内温度：5～32℃，相对湿度 80%/22℃；注意散热对冰箱非常重要，要保持室内通风和良好的散热环境，环境温度一般不能超过 30℃。

② 落地四脚平稳，水平；距离地面＞10cm。海拔 2000m 以下。

③ 强酸及腐蚀性的样品不宜冷冻。

④ 存取样品时门开得不要过大，存取时间要尽量短。经常检查外门的封闭胶条。

⑤ 一般制冷温度设置在－60℃；夏天把设定温度调到－70℃，注意平时设定也不要太低。

⑥ 供电电压 220V（AC）要稳定，供电电流要保证至少在 15A（AC）以上；当有断电提示时，按下停止鸣叫按钮；当发生停电事故时，必须关闭冰箱后面的电源开关和电池开关，等到恢复正常供电时先把冰箱后面的电源开关打开，然后再打开电池开关。

⑦ 要除霜只能切断冰箱电源并且把门打开，当冰和霜开始融化时必须在冰箱内每一层放上干净和易吸水的布把水吸收且擦干净（注意水会很多）。

1.6.2　纯化酸设备

酸纯化器，即酸蒸馏器，用于提纯优化酸的质量。酸纯化器是利用热辐射原理，保持液体温度低于沸点温度蒸发，再将其酸蒸气冷凝从而制备高纯试剂，广泛应用于样品处理及分析中。酸纯化器蒸馏出的高纯酸，可以满足 ICP-AES、ICP-MS 极低的检测限需要，为苛刻的分析应用提供实验室级超纯酸。

使用时应注意：①使用前先用酸进行清洗。②加酸前必须做好个人防护。如防溅眼镜、防酸手套等。

2 取样与试样制备

2.1 取样方法

分析结果必须能代表全部物料的平均组成。一般地说，采样误差常大于分析误差。如果采样和制样方法不正确，即使分析工作做得再仔细和正确，也毫无意义，有时甚至给生产和科研带来很严重的后果。不同种类的物料，采样方法是不同的。

2.1.1 固体样品

固体样品包括矿石、合金、盐类、金属锭、土壤等。

(1) 金属或金属制品试样的采取

① 片、丝状的均匀金属或金属制品，随意剪一部分即可。

② 钢锭、铸铁等不均匀物体，表面清洗后再用钻在不同部位深度钻取，碎屑混匀。

③ 极硬的白口铁、硅钢，需用钢锤砸碎，放入钢钵中捣碎，取一部分。

(2) 粉状或松散物的采取

盐类、化肥、农药、精矿等，较均匀，取样点少且量小。

(3) 组成很不均匀试样的采取

对一些颗粒大小不均匀，成分混杂不齐，组成极不均匀的试样，如矿石、煤炭、土壤等。选取具有代表性的均匀试样是一项较为复杂的操作。

根据经验，不同部位，依据颗粒大小、物料性质，按取样量公式(2-1)取样。

$$Q = Kd^a \tag{2-1}$$

式中，Q 为采取的最小质量，kg；d 为最大颗粒直径，mm；a、K 是经验常数，由物料平均程度、易破碎程度而定。

a 通常为 $1.8 \sim 2.5$，如地质部门规定 $a=2$，故 $Q=Kd^2$。

K 通常为 $0.02 \sim 1$，样品均匀时，$K=0.05$；不均匀时 $K=0.1$；极不均匀时 $K=0.2$；当样品中含有粗金时 $K=0.4 \sim 0.8$。

2.1.2 水样

供一般分析用的水样有 2L 即可；采集工业废水样品时要根据废水的性质、排放情况及分析项目的要求，采用下列 4 种采集方式：

(1) 间隔式平均采样

若连续排出水质稳定，可以间隔一定时间采取等体积的水样，混匀装瓶。

(2) 平均采样或平均比例采样

对几个性质相同的生产设备排出的废水，分别采集同体积的水样，混匀后装瓶；对性质不同的生产设备排出的废水，先测定流量，按比例采集水样，混匀后装瓶。最简单的办法是在总废水池中采集混合均匀的废水。

（3）瞬间采样

对通过废水池停留相当时间后继续排出的工业废水，可以一次性采取。

（4）单独采样

某些工业废水，如油类和悬浮性固体分布很不均匀，很难采到具有代表性的平均水样，而且在放置过程中水中一些杂质容易浮于水面或沉淀，则可单独采样，进行全量分析。

2.1.3　液体样品

组成比较均匀的化工产品可以任意取一部分为分析试样。若是大容器内的物料，可在上、中、下不同高度处各取部分试样，然后混匀；如果物料是分装在多个小容器（如瓶、袋、桶等）内，则可从总体物料单元数（N）中按下述方法随机抽取数件（S）。

① 总体物料单元数小于 500 的，推荐按表 2-1 的规定确定采样单元数。

表 2-1　采样单元数的选取

总体物料单元数	选取的最小取样单元数	总体物料单元数	选取的最小取样单元数
1～10	全部单元	182～216	18
11～49	11	217～254	19
50～64	12	255～296	20
65～81	13	297～343	21
82～101	14	344～394	22
102～125	15	395～450	23
126～151	16	451～512	24
152～181	17		

② 总体物料单元数大于 500 的，推荐按总体物料单元数立方根的 3 倍数确定采样单元数，如遇小数时，则进为整数。

③ 样品量：在一般情况下，样品量应至少满足 3 次全项重复检测的需要、满足保留样品的需要和制样预处理的需要。

2.1.4　气体试样

① 采取静态气体试样：大气中采取气样，常用双连球取样。

② 采取动态气体试样：即从管道中流动的气体中取样时，应注意气体在管道中流速的不均匀性。位于管道中心的气体流速比管壁处要大。为了取得平均气样，取样管应插入管道 1/3 直径深度，取样管口切成斜面，面对气流方向。

③ 采气体温度过高试样：取样管外应装上夹套，通入冷水冷却。如果气体中有较多尘粒，可在取样管中放一支装有玻璃棉的过滤筒。

④ 对常压气体，一般打开取样管旋塞即可取样。如果气体压力过高，应在取样管与容器间接一个缓冲器。如果是负压气体，可连接抽气泵，通过抽气泵取样。

⑤ 测定气体中微量组分时，一般需采取较大量试样，这时采样装置要由取样管、吸收瓶、流量计和抽气泵组成。在不断抽气的同时，欲测组分被吸收或吸附在吸收瓶内的吸收剂中，流量计可记录所采试样的体积。

2.2　试样制备

采集的原始平均试样，对一整批物料来说应具有足够的代表性。对组分不均匀的物料，必须经过一定程序的加工处理，才能制备成供分析用的分析试样。制备试样一般可分为破碎、过筛、混匀、缩分4个步骤。

2.2.1　破碎和过筛

粒度较大的固体试样的制备程序一般如下：样品破碎和过筛，用机械或人工方法把样品逐步破碎，大致可分为粗碎、中碎和细碎等阶段。

① 粗碎：把大颗粒试样压碎至通过 $4750\sim3350\mu m$ 筛。

② 中碎：把粗碎后的试样磨碎至通过 $830\mu m$ 筛。

③ 细碎：进一步磨碎，必要时再用研钵研磨，直至通过所要求的筛孔为止。

由于同一物料中难破碎的粗粒与易破碎的细粒的成分往往不同，故每次破碎后过筛时应将未通过筛孔的粗粒进一步破碎，直到全部通过筛子为止。绝不可将未通过筛的粗粒随意丢弃。

2.2.2　试样的混合与缩分

样品破碎过筛后，经过混合使样品达到均匀。在保证样品均匀可靠的前提下，为减少后续破碎的工作量或原始样品的运输量，加快样品的加工速度，就应该对样品进行缩分处理。样品缩分是化学分析等样品加工的步骤之一，是按一定的要求，将破碎到一定颗粒直径的样品，分为若干份具有同等可靠性的样品，或在加工、破碎以前对原始样品进行缩减的操作过程。

样品每进行一次缩分前，均需将样品充分混匀。缩分后所得样品的重量，必须大于当时颗粒直径情况下所要求的样品最小可靠重量。

在条件允许时，最好使用分样器进行缩分。如果没有分样器，可以采用四分法或棋盘法进行人工缩分。四分法是将物料堆成圆锥体，如图 2-1(a) 所示，用平板自堆顶向下将物料堆压成厚度均匀的圆台形平堆，如图 2-1(b) 所示，然后通过平堆的圆心将平堆分成四个相等的扇形体，如图 2-1(c) 所示，弃去其中相对的两个扇形体，留下两个扇形体，继续进行破碎、掺和、缩分。

棋盘法是将物料摊成一定厚度的均匀薄层，如图 2-2 所示，用薄平板将其切割成若干个长度都为 25～30mm 的小方块，再用平底小方铲每间隔一个小方块铲出一个小方块，将铲出的物料弃去或保存。剩下的物料混合后，则继续进行破碎、掺和和缩分。四分法对大量和少量物料的缩分均适用，棋盘法仅适用于少量物料的缩分。

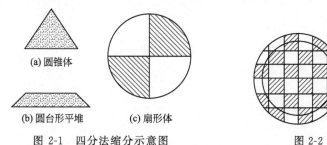

图 2-1　四分法缩分示意图　　　　　图 2-2　棋盘法缩分示意图

2.2.3 样品中水分的干燥

样品采集以后，如果不是必须要直接用鲜样检测的，在进行分析之前，必须先将试样进行干燥。受热易分解的试样采用风干或真空干燥的方法干燥。有些物质遇热易爆炸，则只能在室温下放在保干器中降去水分。对于湿存水的含量，可另取烘干前的试样测定。样品干燥常用的方法有风干、常压恒温干燥法、减压干燥法和蒸馏法，其中用得最多的常压恒温干燥法。

（1）风干

为了样品的保存和工作方便，从野外采回的土样或矿石样品等都要先风干。风干一般在风干室中进行，风干室要通风良好、整洁、无尘、无易挥发性化学物质。但在风干过程中，有些成分如低价铁、铵态氮、硝态氮等会起很大变化，这些成分的分析一般均用新鲜样品。

（2）常压恒温干燥法

该方法准确度较高，适用于不含易热解和易挥发成分样品的干燥；生物样品采集结束以后，一般很少采用风干，因为生物在脱离母体以后还会有一些生命活动，因此，一般采取常温恒压干燥；但幼嫩植物组织和含糖、干性油或挥发性油的样品不适用。

（3）减压干燥法

水有固态、液态、气态三种态相。如食品的真空冷冻干燥，是在水的三相点以下，即在低温低压下，使食品中冻结的水分升华而脱去。适用于含易热解成分的样品，但含有易挥发性油样品时不适用。

（4）蒸馏法

是利用一种与水不混溶并能与水形成恒沸混合物的或沸点在100℃以上的有机液体作为水的载体，与含水的样品一起蒸馏，将馏出的水和载体的混合蒸汽冷凝，并收集在有刻度的接收器内，待水相与有机相分开后，即可读取蒸馏出水的体积，适用于含有挥发油和干性油的样品，更适合于含水较多的样品，如水果和蔬菜等。

（5）微波真空干燥法

微波真空干燥是将微波技术和真空技术有机地结合，充分发挥微波加热快和均匀、真空条件下水汽化点低的特点，适合于热敏性食品的干燥。

另外，还有红外干燥法、冷冻干燥法、微波衰减法、中子法等。

3 试样分解

在一般分析工作中，通常先要将试样分解制成溶液，再进行测定。因此试样的分解是分析工作的重要步骤之一。这对制订快速而准确的分析方法具有重要意义。

分析工作对试样的分解的一般要求有：

① 试样应分解完全。要得到准确的分析结果，试样必须分解完全，处理后的溶液不应残留原试样的细屑或粉末。

② 试样分解无待测成分挥发损失。

③ 分解过程中不应引入被测组分和干扰物质。在超纯物质分析时，应当用超纯试剂处理试样，若用一般分析试剂，则可能引入含有数十倍甚至数百倍的被测组分。

3.1 常用试样的分解方法

试样的分解方法有溶解法和熔融法两种。溶解法是将试样直接溶于水、酸、碱或其他溶剂中。熔融法是将试样与适宜的熔剂混合，在高温下熔融，使待测组分转变为可溶性化合物，然后再以水或酸浸取熔块。一般地说，溶解是最简便的试样分解方法，凡是能用溶解方法分解试样，就不必用熔融法。在实际工作中，有时还需将两种分解方法结合起来，即将试样先用酸处理，不溶残渣再以适当熔剂进行熔融，然后浸出溶液与主液合并。近年来，发展了压力溶样和微波溶样新技术，成功地用于分解难溶化合物。

3.1.1 常用酸碱分解法

直接溶解法，常指用酸或碱作为溶剂分解试样的方法，通常也称"湿法"分解。

(1) 盐酸分解

在无机物的分解方法中，盐酸是最常用的一种溶剂。在金属电位序中，氢以前的金属或其合金都能溶于盐酸。许多金属的氧化物、氢氧化物、多种碳酸盐矿物都可以溶于盐酸。除银、铅等少数金属外，多数金属的氯化物易溶于水。由于 Cl^- 具有一定的还原作用和与某些金属离子（如 Fe^{3+} 等）的络合作用，所以盐酸是软锰矿（MnO_2）、赤铁矿（Fe_2O_3）、辉锑矿（Sb_2S_3）等矿物的良好溶剂。

当用硝酸分解硫化物矿样时，会析出大量单质硫，常将矿样包藏起来，妨碍分解。如先加入盐酸，使部分硫化物与 HCl 作用生成 H_2S 挥发逸出，再加入硝酸使试样分解完全，可以避免上述现象。

盐酸与某些氧化剂组成混合溶剂。如盐酸-硝酸（王水，类王水）、$HCl-Br_2$、$HCl-H_2O_2$ 都是很强的溶剂。王水由三体积浓盐酸与一体积浓硝酸混合而成，它的主要作用如下：

$$HNO_3 + 3HCl \longrightarrow NOCl + Cl_2 + 2H_2O$$

由于反应生成的新生态氯和亚硝酰氯（NOCl）都是强氧化剂，因此它的溶解能力更强，可溶解铂、金等贵金属及硫化汞等。$HCl-H_2O_2$、$HCl-Br_2$ 也具有强溶解能力，常用于分解铜合金及硫化物矿石等试样。

盐酸中加入某些络合剂，有时能有效地增强盐酸的溶解能力。例如，加入硼酸能促进萤石（CaF_2）溶解，$ZrOCl_2$ 和 $AlCl_3$ 也有同样的作用；加入酒石酸能促进 Sb_2S_3 精矿溶解；加入柠檬酸能促进正磷酸盐溶解。

用盐酸溶解时，As(Ⅲ)、Sb(Ⅲ)、Ge(Ⅳ)、Se(Ⅳ) 的氯化物容易从盐酸溶液中损失，特别是在加热时。Hg(Ⅱ)、Sn(Ⅳ)、Re(Ⅶ) 的氯化物也会损失，但只有在盐酸溶液蒸发到最后阶段时，才会出现这种情况。

（2）硝酸分解

硝酸具有氧化性，除金和铂族元素外，绝大多数金属都能溶于硝酸，几乎所有的硝酸盐都易溶于水，但钨、锡、锑等金属溶于硝酸时，则生成难溶性的钨酸（H_2WO_4）、锡酸（H_2SnO_3）和锑酸（$HSbO_3$）。由于其氧化性，一些金属如铝、铬及其含铬合金材料等在硝酸中形成氧化膜而钝化，阻止了溶解作用的进行，可滴加盐酸助溶。钢铁分析中，常用硝酸分解碳化物。

硝酸除了以 1∶3（体积比）的比例与盐酸混合组成王水外，还可以不同比例组成类王水。王水可用于溶解金、铂、钯等贵金属，也可用于溶解许多金属和合金。

硝酸与氢氟酸混合，对溶解硅、钛、铌、钽、锆、铪、钨及其合金特别有效。也可用来溶解铼、锡及锡合金，各种碳化物及氮化物，铀及钨矿石，硫化物矿石及各种硅酸盐。

用硝酸分解试样后，溶液中将含有 HNO_2 和氮的其他低价氧化物，常能破坏有机显色剂和指示剂，可加入尿素使其分解，也可煮沸溶液使之挥发除去。

（3）硫酸分解

稀硫酸不具有氧化性，贱金属溶于硫酸，同时释出氢。浓硫酸会使许多单质氧化，本身被还原为 SO_2、S 或 H_2S。

虽然碱土金属和铅的硫酸盐溶解度较小，其他硫酸盐的溶解度也常比相应的氯化物或硝酸盐小，但硫酸仍是重要的溶剂，其特点是沸点高。热的浓硫酸具有强的氧化性和脱水能力，可用于分解独居石（Ce、La、Th）PO_4、萤石（CaF_2）和含铀、钍、钛、锰、钒等元素的矿物，破坏试样中的有机物。HNO_3、HCl、HF 等低沸点酸的阴离子对分析有干扰时，常加入硫酸蒸发至冒 SO_3 白烟，使低沸点酸挥发除去。

稀硫酸可溶解铁、钴、镍、锌、铬等金属及其合金。对于含硅高的试样（如硅铁），用稀硫酸溶解，硅不易呈硅酸析出。测定磷的试样不能单独使用硫酸分解，因为磷在硫酸溶液中易生成 PH_3 而损失。硫酸若是与其他酸或氧化剂（例如 HNO_3、$HClO_4$、$H_2O_2-MnO_2$、$KMnO_4$）联用，可增强其分解能力。

（4）磷酸分解

磷酸属中等强酸，具有较强的络合能力。W(Ⅳ)、Mo(Ⅵ)、Fe^{3+} 等在酸性溶液中，都能与 H_3PO_4 形成无色络合物，在钢铁分析中，常用 H_3PO_4 作某些合金钢的溶剂。许多难溶性矿石，如铬铁矿 $FeCr_2O_4$、铌铁矿（Fe、Mn）Nb_2O_6、钛铁矿 $FeTiO_3$ 等，都能被磷酸分解。磷酸特别适于分解氧化物，主要是利用它的难挥发性和强络合性。磷酸在高温时发生缩合反应生成焦磷酸和聚磷酸，由于其强络合作用，可大大地促进样品的分解。

H_3PO_4-HF 或 $H_3PO_4-NH_4F$ 是溶解硅酸盐矿物的有效溶剂。但这种溶剂对玻璃有侵蚀作用。H_3PO_4-$SnCl_2$ 是一种强还原剂，能快速从黄铁矿及其他硫化物中释放 H_2S，成功地应用于测定标准岩石样品中少量硫。使用 H_3PO_4-H_2SO_4（2+1）混合酸也是一种良好的溶剂。可分解电气石、黑云母、石榴石等难溶矿物。

（5）高氯酸分解

高氯酸是强酸。热浓高氯酸是强氧化剂和脱水剂。

除 K、Rb、Cs 等少数金属外，一般金属的高氯酸盐均溶于水。高氯酸用于分解不锈钢、耐热合金、铬铁矿等，能把铬氧化为 $Cr_2O_7^{2-}$，钒氧化为 VO_3^-，硫氧化为 SO_4^{2-}。用高氯酸氧化铬为 $Cr_2O_7^{2-}$，再滴加盐酸（或 NaCl）时，能将 $Cr_2O_7^{2-}$ 转化为 CrO_2Cl_2（氯化铬酰）挥发除去。此外，As、Sb、Sn 等元素在高氯酸或其混合酸溶解时也产生挥发性物质。

高氯酸分解试样时，用它蒸发赶掉低沸点酸后，残渣易溶于水，而用硫酸蒸发后残渣则常不易溶解，这是使用高氯酸的优点。重量法测定硅时，用高氯酸脱水优于硫酸及盐酸，一次脱水即可，所得 SiO_2 较纯净。

热浓高氯酸遇有机物时由于激烈的氧化作用常会引起爆炸，所以处理有机物试样时，应先用浓硝酸破坏有机物，然后再加入高氯酸。金属铋遇高氯酸会发生爆炸。

（6）氢氟酸分解

氢氟酸为弱酸，它之所以是一种有效溶剂在于它的络合性。它能与许多金属离子形成非常稳定的络合物。

氢氟酸与其他酸（如硫酸、高氯酸、硝酸等）混合使用，能分解硅酸盐矿石、硅铁、铬铁矿、含硅高的合金及含钨、铌、锆的合金钢和特殊合金（如镍基合金）等。

矿石材料用氢氟酸分解后，Fe^{3+}、Al^{3+}、Ti^{4+}、Zr^{4+}、W(Ⅵ)、Nb(Ⅴ)、Ta(Ⅴ) 等形成氟络合物进入溶液，Ca^{2+}、Mg^{2+}、稀土、Th(Ⅳ) 和 U(Ⅳ) 形成氟化物沉淀，SiO_2 形成 SiF_4 挥发。

用氢氟酸分解试样需要用铂皿。若采用聚四氟乙烯烧杯和坩埚，可在 250℃ 以下用氢氟酸、王水、高氯酸分解试样。但应注意，这种塑料高于 250℃ 时开始分解，产生有毒的含氟丁烯气体。

氢氟酸对人体有毒性和腐蚀作用，使用时应注意安全，避免与皮肤接触（应戴上乳胶手套），务必在通风橱中进行。

（7）混合酸溶法

① 王水：硝酸与盐酸按 1:3 体积比混合。硝酸的氧化性和盐酸的配位性使其具有更好的溶解能力。能溶解 Pb、Pt、Au、Mo、W 等金属和 Bi、Ni、Cu、Ga、In、U、V 等的合金，也常用于溶解 Fe、Co、Ni、Bi、Cu、Pb、Sb、Hg、As、Mo 等的硫化物和含 Se、Sb 元素的矿石。

② 逆王水：硝酸与盐酸按 3:1 体积比混合。可分解 Ag、Hg、Mo 等金属及 Fe、Mn、Ge 的硫化物。浓盐酸、浓硝酸、浓硫酸的混合物称为硫王水，可分别溶解含硅量较大的矿石和铝合金。

③ 氢氟酸+硫酸+高氯酸可分解 Cr、Mo、W、Zr、Nb、Tl 等金属及其合金，也可分解硅酸盐、钛铁矿、粉煤灰及土壤等样品。

④ 氢氟酸+硝酸常用于分解硅化物、氧化物、硼化物和氮化物等。

⑤ 硫酸+过氧化氢+水。硫酸:过氧化氢:水按 2:1:3 的体积比混合，可用于油料、粮食、植物等样品的消解。若加入少量的 $CuSO_4$、K_2SO_4 和硒粉作催化剂，可使消解更为

快速完全。

⑥ 硝酸＋硫酸＋高氯酸（少量）常用于分解铬矿石及一些生物样品，如动植物组织、尿液、粪便和毛发等。

⑦ 盐酸＋$SnCl_2$ 主要用于分解褐铁矿、赤铁矿及磁铁矿等。

（8）氢氧化钠溶液溶解

NaOH 溶液（200～300g/L）能剧烈分解铝及其合金。

$$2Al+2NaOH+2H_2O \longrightarrow 2NaAlO_2+3H_2 \uparrow$$

反应可在银质或聚乙烯烧杯中进行。试样中的铁、锰、铜、镍和镁等形成金属残渣析出，铝、锌、锡和部分硅形成含氧酸根进入溶液中，可将溶液用硝酸、硫酸酸化，并用此酸溶解残渣后测定各组分。

3.1.2 熔融分解法

熔融分解法是利用酸性或碱性熔剂，在高温下进行复分解反应，使试样中的组分转化成易溶于水或酸的化合物。熔融分解又称"干法"分解。熔融时，反应物的浓度和温度比"湿法"溶解要高得多，分解能力也强得多。但熔融时要加入大量熔剂（一般为试样量的 6～12 倍），带入熔剂本身的离子和其中的杂质，以及熔融时坩埚材料的腐蚀，都会污染试液。常用熔剂有以下几种：

（1）焦硫酸钾（$K_2S_2O_7$）

$K_2S_2O_7$ 是酸性熔剂，熔融时，$K_2S_2O_7$ 在 300℃ 开始熔化，在 420℃ 以上开始分解产生 SO_3，对矿石试样有分解作用。

$K_2S_2O_7$ 与碱性或中性氧化物混合熔融时，发生复分解反应。例如金红石（TiO_2）与 $K_2S_2O_7$ 反应为：

$$TiO_2+2K_2S_2O_7 \longrightarrow Ti(SO_4)_2+2K_2SO_4$$

铁、铝、钛、锆、铌、钽的氧化物矿石，中性和碱性耐火材料，都可用 $K_2S_2O_7$ 熔融分解。用 $K_2S_2O_7$ 熔融分解试样时，可在瓷坩埚中进行。也可使用铂皿，但对铂皿稍有腐蚀。

用 $K_2S_2O_7$ 熔融，温度不宜过高，时间不宜过长，以免 SO_3 大量挥发和使硫酸盐分解为难溶性的氧化物。熔融后，将熔块冷却，用稀硫酸浸取。有时要加入酒石酸或草酸等络合剂，以防止某些金属离子［如 Nb(V)、Ta(V) 等］水解而析出沉淀。

$KHSO_4$ 加热放出水蒸气，得到 $K_2S_2O_7$：

$$2KHSO_4 \Longrightarrow K_2S_2O_7+H_2O$$

故可用 $KHSO_4$ 代替 $K_2S_2O_7$ 作为熔剂。

（2）碳酸钠（Na_2CO_3）或碳酸钾（K_2CO_3）

碳酸钠（Na_2CO_3）和碳酸钾（K_2CO_3）是碱性熔剂，熔点分别为 850℃ 和 890℃，它们的混合物称为碳酸钠钾（$KNaCO_3$），熔点为 700℃ 左右。通常用 Na_2CO_3 或 K_2CO_3 作熔剂来分解矿石试样。例如分解钠长石（$NaAlSi_3O_5$）和重晶石（$BaSO_4$），在 900℃ 左右熔融时，空气中的 O_2 可起氧化作用。为了分解含硫、砷、铬的矿样，可加入少量的 KNO_3 或 $KClO_3$，将它们氧化为 SO_4^{2-}、AsO_4^{3-}、CrO_4^{2-}。

Na_2CO_3+S 是一种硫化熔剂，用来分解含砷、锑、锡的矿石，使它们转化为可溶性的硫代酸盐。例如分解锡石（SnO_2）时的反应为；

$$2SnO_2 + 2Na_2CO_3 + 9S \longrightarrow 2Na_2SnS_3 + 3SO_2 + 2CO_2$$

用碳酸钠或碳酸钾熔融时，宜在铂皿中进行，但含硫的混合熔剂会腐蚀铂皿。

（3）过氧化钠（Na_2O_2）

Na_2O_2 是强氧化性、强腐蚀性的碱性熔剂，能分解很多难溶性的物质，如铬铁、硅铁、绿柱石 $Be_3Al(SiO_3)_6$、锡石、独居石、铬铁矿、黑钨矿（Be,Mn）WO_4、辉钼矿（MoS_2）和硅砖等。Na_2O_2 对坩埚腐蚀严重，通常用铁坩埚在 600℃ 左右熔融，也可用刚玉或镍坩埚。锆坩埚能抗 Na_2O_2 的腐蚀。

用 Na_2O_2 熔融后以水浸取时，Fe(Ⅲ)、Co(Ⅲ)、Ni(Ⅱ)、Ti(Ⅳ)、Mn(Ⅳ)、Mg(Ⅱ)、Zr(Ⅳ)、Th(Ⅳ) 及稀土等形成氢氧化物，定量地析出沉淀；Al(Ⅲ)、As(Ⅴ)、Sb(Ⅴ)、Si(Ⅳ)、P(Ⅴ)、W(Ⅵ)、V(Ⅴ) 等形成含氧酸根离子而进入溶液。当 Ca^{2+}、Mg^{2+} 的含量高时，有些含氧酸盐也会析出沉淀，例如 $CaWO_4$、$Ca_3(PO_4)_2$ 等。

（4）氢氧化钠和氢氧化钾（NaOH 和 KOH）

NaOH 和 KOH 都是低熔点的强碱性熔剂，常用于分解铝土矿、硅酸盐等试样。在用 Na_2CO_3 熔融时，加入 NaOH 可以降低熔点并稍能提高分解试样的能力。在分解难熔性物质时，可用 NaOH 与少量 Na_2O_2 混合，或将 NaOH 与少量 KNO_3 混合，作为氧化性的碱性熔剂。将锌粉与 NaOH 作混合熔剂，也可以分解锡石：

$$SnO_2 + Zn + 4NaOH \longrightarrow Na_2SnO_2 + Na_2ZnO_2 + 2H_2O$$

熔块用盐酸浸取后，可用碘量法直接滴定 Sn(Ⅱ)；而 As(Ⅲ)、Sb(Ⅲ) 已于熔融时挥发逸出，不干扰测定。

NaOH 或 KOH 熔融，常在铁、银或镍坩埚中进行。

3.1.3 烧结分解法

烧结法又称半熔法，是在低于熔点的温度下，使试样与固体试剂发生反应。烧结法温度低，但加热时间较长，不易损坏坩埚，可在瓷坩埚中进行。

（1）Na_2CO_3-ZnO 烧结法

以 Na_2CO_3 和 ZnO 作熔剂，于 800℃ 左右用半熔法分解试样，常用于矿石或煤中全硫量的测定。其中 Na_2CO_3 起熔剂作用。ZnO 起疏松通气作用，使空气中的 O_2 将硫化物氧化为 SO_4^{2-}。用水浸取熔块时，由于可析出 $ZnSiO_3$ 沉淀，能除去大部分的硅酸。

若试样中含游离硫，加热时易挥发损失，应在混合熔剂中加入少量 $KMnO_4$ 粉末，并缓慢地升高温度，使游离硫氧化为 SO_4^{2-}。

（2）$CaCO_3$-NH_4Cl 烧结法

常用于测定硅酸盐中的 K^+、Na^+。以分解钾长石为例：

$$2KAlSi_3O_8 + 6CaCO_3 + 2NH_4Cl \longrightarrow 6CaSiO_3 + Al_2O_3 + 2KCl + 6CO_2\uparrow + 2NH_3\uparrow + H_2O$$

烧结温度为 750～800℃，反应后的混合物仍为粉末状，但 K^+、Na^+ 已转化为可被水浸取的氯化物。

3.1.4 高压分解法

样品在密闭的容器内于高温和高压下分解是一种新的分解方法。将样品和溶剂置于密闭的容器中加热，随温度的增加，容器内部的压力也增加。在较高的温度和压力下无机酸的酸性增强，分解过程加快，于是难溶的物质被分解。至今常用的高压分解法主要有两种：一种是在密闭的硬质玻璃管中分解；另一种是将聚四氟乙烯（PTFE）制成的反应容器封装在耐高压的金属罐中，俗称高压罐，也称压热器。

（1）在封闭的玻璃管中分解

这种方法是将溶剂和样品密封在硬质玻璃管内，玻璃管置于敞口或密封的钢筒里，加热使样品分解。可在钢筒里放置某些物质，加热时形成气体，在玻璃管与钢壳之间的空隙产生一定的压强。这个压强可控制与玻璃管内部物质反应形成的压强近似相等。

若管内压强不超过 2MPa（1 标准大气压＝$1.013×10^5$Pa），玻璃管外不必衬金属外套。若内部压力较高，为安全起见，还是放在敞口或密封的钢筒内。加热时形成气体，压强随温度升高呈直线增加，以抵消玻璃管内反应形成的压强。

该法已成功地用于某些铂族金属，特别是铑、铱及其含铂合金的分解。它们在常压下即使长时间与王水反应也难以分解，用氯化法或熔融法也不能分解。高压分解法，使用氯、溴、HCl＋$NaClO_3$、王水等可成功地将它们制成溶液。此外，在封闭玻璃管里的硫酸或盐酸，可分解碳化硼、氮化铝以及锡石、尖晶石、铬铁矿、铬镁矿等。

封闭玻璃管法的优点：分解方法简单，不需复杂装置；容易达到并允许保持在较高工作温度（可高达 300℃）和 10.1MPa 高压，有处理大批样品的能力；在惰性气氛的密封装置里溶液稳定性好，可使离子保持在指定价态；不易发生溶液中离子与瓶壁间的氧化还原反应。其主要缺点是：有部分碱金属离子、硅胶和硼酸进入溶液，玻璃中的其他成分也可能进入溶液。因此不适于分析上述成分，更不能用 HF 作溶剂。

（2）聚四氟乙烯压力罐分解

使用聚四氟乙烯内衬的钢高压罐在 20 世纪 50 年代后被广泛用于分析实践。这种高压分解技术已成功地用于分解地质岩矿、贵金属、石英砂、炉渣、土壤等。例如，用氢氟酸＋硫酸混酸可分解许多矿物，如电石、斧石在 240℃加热 3～4h 可完全分解。对于钛铁矿、铬铁矿、铌铁矿、钽铁矿的单晶则反应 4～8h 可被完全分解。在氢氟酸＋高氯酸混酸中，在 250℃反应 1h，绿柱石、蓝晶石、十字石、黄铁矿、磁黄铁矿等均可完全分解。

在分析铂族金属的矿石和精矿以及在配制相应的标准溶液时也可采用高压分解方法。含铱和含锇矿石及其产品，在氢氟酸＋盐酸混酸（1+10）中于 250℃加热 3h 即可分解。某些在常规条件下难分解的铂族金属，在高压罐里用盐酸和硝酸则容易分解。例如，在 180℃加热 0.5g Rh、0.25g Ir 或 0.25g Pt-Rh-Ir 三元合金可被分解。在再生催化剂的分析中，这种分解方法也是成功的。

超纯分析中的分解过程是产生污染误差的主要原因，而采用聚四氟乙烯压力容器分解可避免环境污染试剂。用氢氟酸＋硝酸分解高纯二氧化硅、高纯硅，用盐酸＋硝酸分解高纯锗等。近年来发展的气相压力溶样，即利用酸蒸气分解样品，分解用酸置于容器底部，样品置于聚四氟乙烯容器的筛板上。用这种新技术对高纯物料分解可获得满意的结果。

聚四氟乙烯高压罐使用温度限于 250℃以下。有时即使延长反应时间也达不到样品完全分解的目的。于是曾有人用金、铂或 Pt-Ir 合金（80％Pt，20％Ir）制作内衬，加热温度可提高到 400℃。在 Pt-Ir 合金罐内，用氢氟酸可使锆石样品 99％分解。

3.1.5 微波分解法

微波是指频率在 300～$3×10^5$MHz 的高频电磁波，工业和科研用的微波频率（MHz）

有 (915±25)MHz、(2450±13)MHz、(5800±75)MHz 和 (22125±123)MHz，其中最常用的频率为 (2450±13)MHz。一般民用微波炉输出功率为 600～700W，可在 5min 之内提供 $180×10^3$J 的热能。微波可以穿透玻璃、塑料、陶瓷等绝缘体制成的容器。微波辅助酸消解法就是利用酸与试样混合液中极性分子在微波电磁场作用下，迅速产生大量热能，促进酸与试样之间更好地接触和反应，从而加速样品的溶解。其反应速度大大地高于传统的样品处理技术。微波消解技术早期工作大都是生物样品的湿法消解，后来发展用于无机物料分析。

(1) 增压微波溶样法

增压微波溶样法即在密闭容器中通过微波加热使样品进行消解的方法。这一方法兼有微波加热和高压消解罐技术两者的优点，但消解罐所用的材料必须能透过微波。由于反应罐密封，罐内样品与试剂受到微波加热作用而使温度迅速提高。试液发生汽化并产生气体反应产物，又使罐内压力上升，提高了试液的沸点，使一些在常压下不能或很难用酸分解的试样能很快地被分解。其优点是速度快，一般在 20min 内即可完成；减少或避免易挥发元素的损失；减少试剂用量，降低空白值；减少环境污染。

增压微波溶样法可以用于金属材料、合金、煤飞灰、沉积物以及矿石、矿渣等的消解。有人用密闭的聚四氟乙烯罐及市售微波炉，用硝酸-盐酸-高氯酸体系消解处理硫化物原矿、尾矿和精矿样品，经微波加热分解 3min 后可测定 Ni 和 Cu 等。有人采用聚碳酸酯消解瓶，用硝酸-氢氟酸混酸，微波加热消解处理岩石、沉积物、硫矿石、土壤等 51 个地质标样，用 ICP-AES 法测定，大多数元素回收率均＞95％。但对一些难分解样品如刚玉、金红石等则不易分解完全。该技术亦广泛地应用于生物样品的消解工作，如用硝酸处理面粉、米粉、牛肝、牡蛎、人尿等。

(2) 常压微波溶解法

对大多物料可在微波炉内用敞口的常压消解法加热消解。与增压法相比，常压法具有样品容量大、安全性能好等特点。为了防止消解过程酸侵蚀电子元件，可在反应瓶外罩上耐热的有机玻璃箱，或消解瓶直接放在真空干燥器内。现代生产的专用微波炉则在炉腔内喷涂防腐涂料，并可在操作过程中不断地排出酸雾。利用常压微波消解技术已成功地处理了牛肝、果叶、树叶、面粉、鱼、虾等生物样品。国内发展了一种微波技术和传统电热板加热技术相结合的溶样方法。即先将样品在敞口容器中用混酸于微波炉中消解一段时间，然后于电热板上做进一步处理或将样品蒸至近干。这种方法对几种生物样品的消解都取得满意结果。微波技术在分析样品预处理方面具有广阔的应用前景。

3.2　试样分解方法的选择

要得到准确的分析结果，试样首先必须分解完全。试样分解是一个复杂问题，应当考虑试样的种类、化学组成、结构及有关性质等选用适宜的分解方法。例如某些碱金属化合物、氯化物（除银、亚汞、铅的氯化物外）、硝酸盐（除锡、锑的硝酸盐外）、硫酸盐（除钙、锶、钡、铅的硫酸盐外）等可用水溶解；电极电位位于氢以前的金属，可以非氧化性的强酸分解；电极电位位于氢以后的金属，可用氧化性的强酸或混合酸来溶解；如试样为化合物状态，则酸性试样用碱溶（熔）法；碱性试样可用酸性溶（熔）剂来分解。有时虽然化学组成相同，但由于晶体结构不同，所选择的分析方法也不同。如试剂 Al_2O_3 可溶于盐酸中，但天然的 Al_2O_3（如刚玉之类）则不溶于盐酸，需用熔融法或高压法分解。试样中若含水解的元素，如 Ti(IV)、Th(IV)、Zr(IV)、Fe(III)、Sn(IV)、Sb(IV) 等，分解后的溶液必须保持在酸性介质中。而 Nb(V)、Ta(V) 则需在氢氟酸、酒石酸或草酸等络合剂存在下方能保持在溶液中。

试样中难分解的组分，如钢样中含有钛和铝，其中有以金属钛、氮化钛和金属铝、氮化铝以及氧化钛和氧化铝的形式存在，必须把握试样的分解方法。分析钛时，须经高氯酸或硫酸冒烟处理，使钛及钛化物全部分解，否则结果偏低。分析铝时，所用分解酸不同，测得的酸溶铝含量也不同。其结果按大小次序排列为：

高氯酸＞王水（蒸干）＞王水＞稀硫酸

分解试样还应当考虑试样中待测组分的性质。一般地说，一个试样经分解后可测定多种组分，但有时同一个试样中的几种待测组分必须采用不同的分解方法。即使测定同一组分，由于测定方法不同，选择分解试样的方法也不同。同时，在试样分解过程中常引进阴离子或金属离子，因此在选择分解方法时要考虑对后续测定的影响。

加速溶解。为了加快溶解样品的过程，有时可借助催化剂和使用超声波搅拌。用催化剂如铂、CuO、Co_3O_4 等，可加速溶液中的氧化反应。少量铂（IV）的存在，有助于贱金属溶于酸，同时逸出氢；金属铂沉积在贱金属表面上，降低了氢的超电压，从而有利于氢逸出。汞盐同样能加速金属铝在酸中的溶解。超声波搅拌也有助于样品的溶解。把盛有样品和试剂的烧杯置于超声场内，几分钟后它们就会充分地混合。用这种方法，铅-锡合金就能迅速地与 $HNO_3＋HBF_4$ 反应，氯化银与氨也能很快地反应。

以上仅讨论选择试样分解方法的一些原则。在实际工作中，需要根据具体情况，对各种因素进行综合考虑。

3.3 溶解过程的损失和污染

在溶解过程中，必然会发生待测元素的损失和混入杂质的现象。对于共存元素，尤其是干扰元素的损失是可以利用的，希望它发生的，然而对于待测元素来说则应避免。就混入或沾污而言，即使是无害元素也应尽量避免。从这个意义上来说，熔融法本身就意味着引入大量碱。所以能用酸溶法的尽量不使用熔融法。高压溶样法具有避免易挥发元素损失和外界污染的优点，因此越来越受到人们的重视。

溶解过程的损失主要来自操作上的机械失误和反应的挥发损失。与酸反应时若生成挥发性化合物就可能发生待测元素的挥发损失。表 3-1 列举了向氢氟酸中加高氯酸加热蒸发时各元素的损失情况。

表 3-1　HF-$HClO_4$ 溶液蒸发时元素的损失率

元素	损失率(w)/%	元素	损失率(w)/%
As	100	Re	不定
B	100	Sb	＜10
Cr	不定	Se	不定
Ce	＜10	Si	100
Mn	＜2		

加热挥发损失以单体形式释放出来的有氢、氧、氮、氯、溴、碘、汞等；以氢化物形式的有碳、硅、氮、磷、砷、锑、硫、硒、碲等；以氧化物形式的有碳、硫、氮、铼、锇、钌等；以氯化物或溴化物形式的有锗、锑、锡、汞、硒、砷等；以氟化物形式的有硼、硅等；

以羟基卤化物形式的有铬、硒、碲等。这些都与所用的酸种类和加热温度有关。

此外，在与酸反应过程中有时会生成难溶化合物，有些待测元素会被共沉淀而损失。在酸处理过程中以卤化物形式沉淀的元素有银、铅、铊等；以硫酸盐形式沉淀的有钙、锶、钡、镭、铅等，以磷酸盐形式沉淀的有钛、锆、铪、钍等；以含氧酸盐形式沉淀的有硅、铌、钽、锡、锑、钨等。这些沉淀能否生成与所用酸的种类和是否有蒸发过程有关。被这些沉淀吸附、包藏、固溶的待测元素，必须采用有效的分离方法或用残渣处理法回收。

在干灰化或熔剂熔融分解过程中，总是存在着一些组分与坩埚表面发生反应的危险。如果反应产物是微溶的，一些微粒就会附着在坩埚壁上而造成损失，其损失的程度，取决于灰化和熔融分解的温度，以及坩埚材料和样品的组成。在痕量分析中，这种损失尤为严重（表3-2）。

表 3-2 酸和容器材质造成的元素损失

酸	材质	元素损失/10^{-7}%										
		Al	Fe	Ca	Cu	Mg	Mn	Ni	Pb	Ti	Cr	Sn
HF	特氟隆	3	3	1	<0.04	<3	0.1	<0.4	<0.1	0.1	<0.4	—
	白金	10	10	10	0.4	10	0.2	0.3	0.5	1	0.5	—
HCl	特氟隆	<4	3	5	0.2	3	0.1	—	<0.4	—	—	—
	白金	2	2	10	1	6	0.2	0.6	<0.4	0.4	Tr	<0.4
	石英	10	10	60	1	10	0.4	2	0.5	2	0.6	0.4
HNO$_3$	特氟隆	2	8	4	<0.01	7	0.1	—	—	—	—	—
	白金	20	20	30	0.4	20	0.6	Tr	1	0.8	—	—
	石英	20	20	60	0.1	20	0.6	—	1	0.3	—	—

注：—表示未检出；Tr表示未作定量评价；特氟隆（PTFE，聚四氟乙烯）。

沾污主要来自环境、试剂、容器。尤其是在痕量元素的分析中，沾污影响相当严重。净化实验室、试验台，使用高纯试剂，采用石英和PTFE容器等可减轻沾污。

4 化学试剂及溶液

4.1 化学试剂

4.1.1 化学试剂的分级和规格

对于试剂质量，我国有国家标准或行业标准，规定了各级化学试剂的纯度及杂质含量，并规定了标准分析方法。根据纯度及杂质含量的多少，化学试剂分为四个等级，表 4-1 列出了我国化学试剂的分级。

表 4-1 化学试剂的分级

级别	等级与代号	标签颜色	附注
一级品	保证试剂优级纯(GR)	绿色	纯度高,杂质极少,主要用于精确分析和科学研究
二级品	分析试剂分析纯(AR)	红色	纯度略低于优级纯,适用于重要分析及一般性研究工作
三级品	化学试剂化学纯(CP)	蓝色	纯度较分析纯差,适用于工厂、学校一般性的分析工作
四级品	实验试剂(LR)	黄色	纯度比化学纯差,但比工业品高,主要用于一般化学实验,不能用于分析工作

现以化学试剂重铬酸钾的国家标准为例加以说明。

① 优级纯、分析纯的 $K_2Cr_2O_7$ 含量不少于 99.8%，化学纯含量不少于 99.5%。

② 杂质最高含量（以百分含量计）见表 4-2。

表 4-2 重铬酸钾试剂中杂质最高含量　　　　　　单位：%

名称	优级纯	分析纯	化学纯	名称	优级纯	分析纯	化学纯	名称	优级纯	分析纯	化学纯
水不溶物	0.003	0.005	0.01	硫酸盐(SO_4^{2-})	0.005	0.01	0.02	铁	0.001	0.002	0.005
干燥失重	0.05	0.05	—	钠	0.02	0.05	0.1	铜	0.001	—	—
氯化物(Cl^-)	0.001	0.002	0.005	钙	0.002	0.002	0.01	铅	0.005	—	—

化学试剂除上述四个等级外，尚有其他特殊规格的试剂，见表 4-3。

表 4-3 特殊规格的化学试剂

规　格	代　号	用　途	备　注
高纯物质	EP	配制标准溶液	包括超纯、特纯、高纯
基准试剂		标定标准溶液	已有国家标准,标签为浅绿色
pH 基准缓冲物质		配制 pH 标准缓冲溶液	已有国家标准
色谱纯试剂	GC	气相色谱分析专用	
	LC	液相色谱分析专用	
指示剂	Ind.	配制指示剂溶液	
生化试剂	BR	配制生物化学检验试液	标签为咖啡色
生物染色剂	BS	配制微生物标本染色液	标签为玫瑰红色
光谱纯试剂	SP	用于光谱分析	

注：EP——特纯（extra pure）；GC——气相色谱分析（gas chromatography）；LC——液相色谱分析（liquid chromatography）；Ind.——指示剂（indicators）；BR——生物化学试剂（biochemical reagent）；BS——生物染色剂（biological stains）；SP——光谱纯（spectral pure）。

4.1.2 化学试剂的包装及标志

化学试剂的包装及标志可参见 GB 15346。化学试剂的包装单位，是指每个包装容器内盛装化学试剂的净重（固体）或体积（液体）。它是根据化学试剂的性质、用途、使用要求和经济价值来决定的。根据产品的性质和使用要求，按表 4-4 的规定选择适当的包装单位。在保证贮存、运输安全的原则下，可以采用适当的包装单位。对密度较大或包装单位较小不易计量的液体产品，如汞等，可按质量计量。

表 4-4 化学试剂的包装单位

类别	固体产品包装单位/g	液体产品包装单位/mL
1	0.1,0.25,0.5,1	0.5,1
2	5,10,25	5,10,20,25
3	50,100	50,100
4	250,500	250,500
5	1000,2500,5000,25000	1000,2500,3000,5000,25000

采购时可根据实际工作中的需要量决定化学试剂的购买量。如一般无机盐类以 500g、有机溶剂以 500mL 包装的较多。而指示剂、有机试剂多购买小包装，如 5g、10g、25g 等。

所有试剂、溶液以及样品的包装瓶上必须有标签，并在标签外面涂上一层薄蜡。标签要完整、清晰，标明试剂的名称、规格、质量。溶液除了标明品名外，还应标明浓度、配制日期等。产品标签内容一般包括：

a. 品名（中、英文）；

b. 化学式或示性式；

c. 原子量或分子量；

d. 质量级别；

e. 技术要求；

f. 产品标准号；

g. 生产许可证号；

h. 净含量；

i. 生产批号或生产日期；

j. 生产厂厂名及商标；

k. 危险品按 GB 13690 的规定给出标志图形，并标注"向生产企业索要安全技术说明书"；

l. 简单性质说明、警示和防范说明；

m. 要求注明有效期的产品应注明有效期。

4.1.3 化学试剂的选用与使用注意事项

在分析工作中，必须本着需要和节约的原则，根据不同的分析要求，包括分析任务、分析方法和结果的准确度等，来选用不同等级的试剂。如进行痕量分析要选用高纯或优级纯试剂，以降低空白值和避免杂质干扰，同时，对所有的纯水的制取方法和玻璃仪器的洗涤方法也应有特殊要求。一般工业控制分析可选用分析纯或化学纯试剂；某些无机或有机制备实验、冷却浴或加热浴的可选用工业品；在滴定分析中，进行络合滴定，最好用分析纯试剂和去离子水，否则因试剂或水中的杂质金属离子封闭指示剂而使滴定终点难以观察。等级不同的化学试剂价格往往相差甚远，在要求不是很高的分析中使用纯度很高的试剂，会造成资金浪费。

有些试剂由于包装或分装不良，或放置时间太长，可能变质，使用前应做检查。

分析工作人员应熟悉常用化学试剂的性质，如市售酸碱的浓度、试剂的溶解性、有机溶剂的沸点和燃点、试剂的腐蚀性和毒性等。

在工作中要注意保护试剂瓶的标签，使其完整无缺。一旦标签脱落，应及时补贴。绝对不允许在容器内装入与标签不相符的物品。不能使用的化学试剂要慎重处理，不能随意乱倒。

分装试剂时，固体试剂应装在易于拿取的广口瓶中；液体试剂应盛放在易倒取的细口瓶或滴瓶中；见光易分解的试剂应装在棕色试剂瓶中，并保存于暗处；盛放碱液的试剂瓶要用橡皮塞。

为了保证试剂不受污染，应当用清洁的牛角勺或不锈钢小勺从试剂瓶中取出试剂，绝不可用手抓取。若试剂结块，可用洁净的玻璃棒或专用不锈钢铲将其捣碎后取出。取出试剂后，应立即盖紧瓶塞，以防搞错瓶塞。液体试剂可用洗干净的量筒倒取，不要用吸管伸入原瓶试剂中吸取液体。从试剂瓶内取出的、没有用完的剩余试剂，不可倒回原瓶。打开易挥发的试剂瓶塞时，不可把瓶口对准自己脸部或对着别人。不可用鼻子对准试剂瓶口猛吸气。如果需嗅试剂的气味，可将瓶口远离鼻子，用手在试剂瓶上方扇动，使空气流吹向自己而闻其味道。

4.1.4 常用酸、碱的一般性质

表 4-5 列出了化验室常用酸、碱的一般性质。

表 4-5 常用酸、碱的一般性质

名称 化学式 分子量	沸点/℃	密度/(g/mL)	浓度		一般性质
			w_B/%	c_B/(mol/L)	
盐酸 HCl 36.463	110	1.18~1.19	36~38	约 12	无色液体，发烟。与水互溶。强酸，常用的溶剂
硝酸 HNO₃ 63.016	122	1.39~1.40	约 68	约 15	无色液体，与水互溶。受热、光照时易分解，放出 NO_2 变成橘红色。强酸，具有氧化性，溶解能力强，速度快
硫酸 H₂SO₄ 98.08	338	1.83~1.84	95~98	约 18	无色透明油状液体，与水互溶，并放出大量的热，故只能将硫酸慢慢地加入水中，否则会因暴沸溅出伤人。强酸，具有强氧化性、强脱水能力，能使有机物脱水炭化
磷酸 H₃PO₄ 98.00	213	1.69	约 85	约 15	无色浆状液体，极易溶于水中。强酸，低温时腐蚀性强，200~300℃时腐蚀性很强。强络合剂，很多难溶矿物均可被其分解。高温时脱水形成焦磷酸和聚磷酸
高氯酸 HClO₄ 100.47	203	1.68	70~72	12	无色液体，易溶于水。弱酸，能腐蚀玻璃、瓷器。触及皮肤时能造成严重灼伤，并引起溃烂。对 3 价、4 价金属离子有很强的络合能力。与其他酸(如 H_2SO_4、HNO_3、$HClO_3$)混合使用时，可分解硅酸盐
乙酸 CH₃COOH (简记为 HAc) 60.054		1.05	99 (冰乙酸) 36.2	17.4 (冰乙酸) 6.2	无色液体，有强烈的刺激性酸味。与水互溶，是常用的弱酸。当浓度达 99% 以上时称为冰乙酸，对皮肤有腐蚀作用
氨水 NH₃·H₂O 35.048		0.91~0.90	25~28 (NH₃)	约 15	无色液体，有刺激臭味。易挥发，加热至沸时，NH_3 可全部逸出。常用弱碱

名称 化学式 分子量	沸点/℃	密度/(g/mL)	浓度		一般性质
			w_B/%	c_B/(mol/L)	
氢氧化钠 NaOH 40.01		1.53	商品溶液 50.5	19.3	白色固体,呈粒、块、棒状。易溶于水,并放出大量热。强碱,有强腐蚀性,对玻璃也有一定的腐蚀性,故宜贮存于带胶塞的瓶中。易溶于甲醇、乙醇中
氢氧化钾 KOH 56.104		1.535	商品溶液 52.05	14.2	

注：表中的"密度""浓度"是对市售商品试剂而言。

4.2 滤纸、滤膜与试纸

4.2.1 滤纸

滤纸主要分为定性滤纸和定量滤纸两种,可参考 GB/T 1914《化学分析滤纸》。定量滤纸经过盐酸和氢氟酸处理,灰分很少,小于 0.1mg,适用于定量分析。定性滤纸灰分较多,供一般的定性分析和分离使用,不能用于定量分析。此外还有用于色谱分析的层析滤纸。

定性滤纸按照滤水速度分为三种型号:

a. 101 型——快速定性滤纸;

b. 102 型——中速定性滤纸;

c. 103 型——慢速定性滤纸。

定量滤纸按照滤水速度分为三种型号:

a. 201 型——快速定量滤纸;

b. 202 型——中速定量滤纸;

c. 203 型——慢速定量滤纸。

定性滤纸的规格分为方形和圆形两种,方形滤纸尺寸为 600mm×600mm、300mm×300mm。圆形滤纸直径为 55mm、70mm、90mm、110mm、125mm、150mm、180mm、230mm、270mm。定量滤纸为圆形滤纸,直径为 55mm、70mm、90mm、110mm、125mm、150mm、180mm、230mm、270mm。亦可根据订货合同要求生产其他规格的产品。

定性滤纸分为优等品、一等品、合格品,其技术指标应符合表 4-6 的规定或订货合同规定。

表 4-6 定性滤纸技术指标

项目		要求								
		优等品			一等品			合格品		
		快速 101	中速 102	慢速 103	快速 101	中速 102	慢速 103	快速 101	中速 102	慢速 103
定量	g/m³	80±4.0			80±4.0			80±5.0		
分离性能(沉淀物)	—	氢氧化铁	硫酸铅	硫酸钡(热)	氢氧化铁	硫酸铅	硫酸钡(热)	氢氧化铁	硫酸铅	硫酸钡(热)
滤水时间	s	≤35	>35～≤70	>70～≤140	≤35	>35～≤70	>70～≤140	≤35	>35～≤70	>70～≤140
断裂长度 ≥	km	1.50	1.90	1.90	1.50	1.90	1.90	1.50	1.90	1.90
湿耐破度 ≥	mmH₂O	130	150	200	120	140	180	120	140	180
灰分 ≤	%	0.11			0.13			0.15		

项目		要求									
		优等品			一等品			合格品			
		快速 101	中速 102	慢速 103	快速 101	中速 102	慢速 103	快速 101	中速 102	慢速 103	
水抽提液 pH	—	6.0～8.0									
亮度 ≥	%	85.0									
≥0.2～0.3mm² 尘埃度	个/m²	70			80			90			
≥0.3～0.7mm² 尘埃度	个/m²	8			10			12			
>0.7mm² 尘埃度	个/m²	不应有			不应有			不应有			
交货水分	%	7.0±3.0									

注：1mmH₂O=9.80665Pa。

定量滤纸分为优等品、一等品、合格品，其技术指标应符合表 4-7 的规定或订货合同规定。

表 4-7 定量滤纸技术指标

项目		要求								
		优等品			一等品			合格品		
		快速 201	中速 202	慢速 203	快速 201	中速 202	慢速 203	快速 201	中速 202	慢速 203
定量	g/m³	80±4.0			80±4.0			80±5.0		
分离性能(沉淀物)	—	氢氧化铁	硫酸铅	硫酸钡(热)	氢氧化铁	硫酸铅	硫酸钡(热)	氢氧化铁	硫酸铅	硫酸钡(热)
滤水时间	s	≤35	>35～≤70	>70～≤140	≤35	>35～≤70	>70～≤140	≤35	>35～≤70	>70～≤140
断裂长度 ≥	km	1.50	1.90	1.90	1.50	1.90	1.90	1.50	1.90	1.90
湿耐破度 ≥	mmH₂O	130	150	200	120	140	180	120	140	180
灰分 ≤	%	0.009			0.010			0.011		
水抽提液 pH	—	5.0～8.0								
亮度 ≥	%	85.0								
≥0.2～0.3mm² 尘埃度	个/m²	70			80			90		
≥0.3～0.7mm² 尘埃度	个/m²	8			10			12		
>0.7mm² 尘埃度	个/m²	不应有			不应有			不应有		
交货水分	%	7.0±3.0								

注：1mmH₂O=9.80665Pa。

4.2.2 滤膜

滤膜是由醋酸纤维、硝酸纤维或聚乙烯、聚酰胺、聚碳酸酯、聚丙烯、聚四氟乙烯等高分子材料制作而成的。聚四氟乙烯滤膜耐热、耐碱、耐有机溶剂，性能最好。用滤膜代替滤纸过滤水样，有如下优点：

① 孔径较小，且均匀；

② 孔隙率高，流速快，不易堵塞，过滤容积大；

③ 滤膜较薄，是惰性材料，过滤吸附少；

④ 自身含杂质少，对滤液影响较小。

目前，国际上通常采用孔径为 0.45μm 的滤膜作为分离可过滤态与颗粒态（不可过滤态）的介质。能通过孔径为 0.45μm 滤膜的，定义为可过滤态，它包括水样中的真溶液和部分胶体成分。被阻留在滤膜上的部分，定义为颗粒态。试验表明，国产滤膜的性能与国外产品性能无显著差异。滤膜一般呈圆形，其直径有 2cm、5cm、7cm、9cm 等。表 4-8 列出了常用滤膜的材料、规格、性质。

表 4-8　常用滤膜的材料、规格、性质

型号	材料	规格/μm	性质
AX Celotate	醋酸纤维素	0.2～1.00	耐酸、耐碱,细菌过滤,可加热消毒
MF WX	混合纤维素	0.5～5.0	耐稀酸、稀碱,适于水溶液、油类等
FM SM118	硝酸纤维素	0.2～0.8 0.01～12.0	耐烃类,适于水溶液、油类等
	聚碳酸酯	0.5～1.2	耐酸、部分有机溶剂和水溶液
	聚乙烯		耐酸、碱,不耐温
4 Fp 3 Fluoropore	聚四氟乙烯	30 0.2～3.0	耐酸、碱,耐热
F-66	尼龙-66	0.2～2.0	耐任何溶剂

4.2.3　试纸

在化验分析中经常使用试纸来代替试剂，这能给操作带来很大的便利。通常使用的试纸有 pH 试纸、指示剂试纸及试剂试纸。本节重点介绍 pH 试纸。

国产 pH 试纸分为广域 pH 试纸和精密 pH 试纸两种，见表 4-9 和表 4-10。

表 4-9　广域 pH 试纸

pH 值变色范围	显色反应间隔	pH 值变色范围	显色反应间隔
1～10	1	1～14	1
1～12	1	9～14	1

表 4-10　精密 pH 试纸

pH 值变色范围	显色反应间隔	pH 值变色范围	显色反应间隔	pH 值变色范围	显色反应间隔
0.5～5.0	0.5	1.7～3.3	0.2	7.2～8.8	0.2
1～4	0.5	2.7～4.7	0.2	7.6～8.5	0.2
1～10	0.5	3.8～5.4	0.2	8.2～9.7	0.2
4～10	0.5	5.0～6.6	0.2	8.2～10.0	0.2
5.5～9.0	0.5	5.3～7.0	0.2	8.9～10.0	0.2
9～14	0.5	5.4～7.0	0.2	9.5～13.0	0.2
0.1～1.2	0.2	5.5～9.0	0.2	10.0～12.0	0.2
0.8～2.4	0.2	6.4～8.0	0.2	12.4～14.0	0.2
1.4～3.0	0.2	6.9～8.4	0.2		

4.3　溶液及其配制

4.3.1　水的重要常数

4.3.1.1　水的离子积（K_w）

不同温度下水的离子积（K_w）见表 4-11。

表 4-11 不同温度下水的离子积 (K_w)

温度/℃	$-\lg K_w$	K_w	温度/℃	$-\lg K_w$	K_w
0	14.9435	1.139×10^{-15}	50	13.2617	5.474×10^{-14}
5	14.7338	1.846×10^{-15}	55	13.1369	7.296×10^{-14}
10	14.5346	2.290×10^{-15}	60	13.0171	9.614×10^{-14}
15	14.3463	4.505×10^{-15}	65	12.90	1.26×10^{-13}
20	14.1669	6.809×10^{-15}	70	12.80	1.58×10^{-13}
24	14.0000	1.000×10^{-14}	75	12.69	2.0×10^{-13}
25	13.9965	1.008×10^{-14}	80	12.60	2.5×10^{-13}
30	13.8330	1.469×10^{-14}	85	12.51	3.1×10^{-13}
35	13.6801	2.089×10^{-14}	90	12.42	3.8×10^{-13}
40	13.5348	2.919×10^{-14}	95	12.34	4.6×10^{-13}
45	13.3960	4.018×10^{-14}	100	12.26	5.5×10^{-13}

4.3.1.2 水的密度

不同温度下水的密度见表 4-12。

表 4-12 不同温度下水的密度

温度/℃	密度/(g/mL)	温度/℃	密度/(g/mL)	温度/℃	密度/(g/mL)
0	0.99987	30	0.99567	65	0.98059
3.98	1.00000	35	0.99406	70	0.97781
5	0.99999	38	0.99299	75	0.97489
10	0.99973	40	0.99224	80	0.97183
15	0.99913	45	0.99025	85	0.96865
18	0.99862	50	0.98807	90	0.96534
20	0.99823	55	0.98573	95	0.96192
25	0.99707	60	0.98324	100	0.95838

4.3.1.3 水的沸点

不同压力下水的沸点见表 4-13。

表 4-13 不同压力下水的沸点

压力/kPa	沸点/℃	压力/kPa	沸点/℃	压力/kPa	沸点/℃
93.100	97.714	97.755	99.067	102.410	100.366
93.765	97.910	98.420	99.255	103.075	100.548
94.430	98.106	99.085	99.443	103.740	100.728
95.095	98.300	99.750	99.630	104.405	100.908
95.760	98.493	100.415	99.815	105.070	101.087
96.425	98.686	101.080	100.000	105.735	101.264
97.090	98.877	101.745	100.184	106.400	101.441

4.3.2 溶液浓度的表示方法

溶液浓度常用的表示方法见表 4-14。

表 4-14 溶液浓度常用的表示方法

量的名称和符号	定义	常用单位	应用实例	备注
物质 B 的浓度,物质 B 的物质的量浓度,c_B	物质 B 的物质的量除以混合物的体积 $c_B = \dfrac{n_B}{V}$	mol/L mmol/L	$c_{HCl} = 0.1000 \text{mol/L}$	一般用于标准滴定溶液,基准溶液

量的名称和符号	定 义	常用单位	应用实例	备 注
物质 B 的质量浓度, ρ_B	物质 B 的质量除以混合物的体积 $\rho_B = \dfrac{m_B}{V}$	g/L mg/L mg/mL μg/mL ng/mL	$\rho_{NaCl} = 50\text{g/L}$ $\rho_{Cu} = 2\text{mg/mL}$ $\rho_{Pb} = 10\mu\text{g/mL}$ $\rho_{Au} = 1\text{ng/mL}$	一般用于元素标准溶液及基准溶液,亦可用于一般溶液
溶质 B 的质量摩尔浓度, b_B	物质 B 的物质的量除以溶剂 K 的质量 $b_B = \dfrac{n_B}{m_K}$	mol/kg	$b_{NaCl} = 0.020\text{mol/kg}$,表示 1kg 水中含有 0.020mol NaCl	浓度不受温度影响,化学分析用得不多
滴定系数, $f_{B/A}$	单位体积的标准溶液 A 相当于被测物质 B 的质量	g/mL mg/mL	$f_{Ca/EDTA} = 3\text{mg/mL}$,即 1mL EDTA 标准溶液相当于 3mg Ca 的质量	用于标准滴定溶液
物质 B 的质量分数, w_B	物质 B 的质量与混合物质量之比 $w_B = \dfrac{m_B}{m}$	无量纲量	$w_{NaCl} = 10\%$,即表示 100g 该溶液中含有 10g NaCl	常用于一般溶液
物质 B 的体积分数, φ_B	物质 B 的体积除以混合物的体积	无量纲量	$\varphi_{HCl} = 5\%$,即表示 100mL 该溶液中含有 5mL 盐酸	常用于溶质为液体的一般溶液
体积比浓度, $V_1 + V_2$	两种溶液分别以体积 V_1 与体积 V_2 相混合,或体积 V_1 的特定溶液与体积 V_2 的水相混合	无量纲量	HCl(1+2),即 1 体积浓盐酸与 2 体积的水相混合;盐酸+硝酸=1+3,即表示 1 体积的浓盐酸与 3 体积的浓硝酸相混合	常用于溶质为液体的一般溶液,或两种一般溶液相混合时的浓度表示

4.3.3 溶液浓度间的换算

溶液浓度间的换算,包括浓溶液的稀释和各类浓度表示方法之间的换算。

4.3.3.1 质量百分浓度的稀释方法

可用交叉图解法(又称对角线图式法)进行质量百分浓度的溶液稀释和配制的计算。其原理是基于混合前后溶质的总量不变。

设两种欲混合溶液浓度分别为 a 和 b,取 a 溶液 x 份,b 溶液 y 份,混合。混合后溶液浓度为 c,则:

$$ax + by = c(x+y)$$

或

$$(a-c)x = (c-b)y$$

当 $x = c-b$ 时,则 $y = a-c$。

式中,a 为浓溶液的浓度;b 为稀溶液的浓度(如果稀溶液是水,则 $b=0$);c 为混合后溶液的浓度;x 为应取浓溶液的份数;y 为应加入稀溶液(或水)的份数。

若用图解法表示:

$$a \diagdown \quad x = c-b$$
$$\quad c$$
$$b \diagup \quad y = a-c$$

计算时,a、b、c 单位必须相同。

例:用 50% NaOH 溶液与 20% NaOH 溶液混合,配制成 30% NaOH 溶液。

解:用图解法

① 画出交叉图

$$50 \diagdown \; x=30-20$$
$$30$$
$$20 \diagup \; y=50-30$$

② 算出 x、y

$$x=c-b=30-20=10$$
$$y=a-c=50-30=20$$

取 50％ NaOH 溶液 10 份和 20％ NaOH 溶液 20 份，混合后即得到 30％ NaOH 溶液 30 份。

③ 如果要配制总体积为 1000mL 的 30％ NaOH 溶液，则按下式计算出应取浓、稀溶液的体积。

$$V_1=\frac{x}{x+y}\times V$$
$$V_2=V-V_1$$

式中，x、y 分别为应取浓、稀溶液的份数；V_1 为应取浓溶液体积，mL；V_2 为应取稀溶液体积，mL；V 为混合后（即要配制的）溶液总体积，mL。

$$V_1=\frac{10}{10+20}\times 1000=333(\text{mL})$$
$$V_2=1000-333=667(\text{mL})$$

量取 333mL 50％ NaOH 溶液和 667mL 20％ NaOH 溶液，混匀，即得 30％ NaOH 溶液 1000mL。

例：配制 18％硫酸 480g，需要用多少克 96％的浓硫酸稀释得到？

解：根据交叉图算出应取浓硫酸与水的份数：

$$96 \diagdown \; 18=18-0$$
$$18$$
$$0 \diagup \; 78=96-18$$

把 18 份质量的浓硫酸和 78 份质量的水相混合，可得 18％ 硫酸。现要配制 480g 18％硫酸，需要 96％浓硫酸的质量为：

$$480\times\frac{18}{96}=90(\text{g})$$

需要水的质量为：

$$480-90=390(\text{g})$$

将 90g 浓硫酸慢慢加到盛有 390g 水的烧杯中，混匀，即配成 480g 18％ 硫酸。

4.3.3.2　物质的量浓度的稀释方法

加水稀释溶液时，溶液的体积增大，浓度相应降低，但溶液中溶质的物质的量并没有改变。根据溶液稀释前后溶质的量相等的原则，可以得到稀释规则：

$$c_{\text{B1}}V_1=c_{\text{B2}}V_2$$

式中，c_{B1}、c_{B2} 分别代表浓溶液和稀溶液的物质的量浓度，mol/L；V_1、V_2 分别代表浓溶液和稀溶液的体积，mL。

例：用浓度为 18mol/L 的浓硫酸溶液配制 500mL 3mol/L 的稀硫酸溶液，需浓硫酸多少毫升？怎样配制？

解：根据稀释规则：

$$c_{B1}V_1 = c_{B2}V_2$$
$$18 \times V_1 = 3 \times 500$$
$$V_1 = 83.3(\text{mL})$$

取 83.3mL 18mol/L 浓硫酸溶液慢慢加到水中，使总体积为 500mL，即配成 500mL 3mol/L 硫酸溶液。

4.3.3.3 质量百分浓度与质量摩尔浓度间的换算

例：求 60% 硫酸溶液的质量摩尔浓度。

解：60% 硫酸溶液即每 100g 溶液中含 H_2SO_4 60g，含水 40g。

$$b_{H_2SO_4} = \frac{H_2SO_4\ \text{的物质的量(mol)}}{\text{溶剂的质量(kg)}} = \frac{60/98}{100-60} \times 1000 = 15.3(\text{mol/kg})$$

60% 硫酸溶液的质量摩尔浓度为 15.3mol/kg。

4.3.3.4 质量浓度与物质的量浓度间的换算

例：试问 100g/L 的 NaOH 溶液的物质的量浓度 c_{NaOH} 为多少？

解：

$$c_{NaOH} = \frac{NaOH\ \text{的物质的量(mol)}}{\text{体积(L)}} = \frac{100/40}{1} = 2.5(\text{mol/L})$$

100g/L NaOH 溶液的物质的量浓度为 2.5mol/L。

4.3.3.5 质量浓度与体积浓度间的换算

质量浓度与体积浓度换算时，必须有一个媒介——溶液的密度，借助于密度可以得到溶液的质量和体积的关系。

例：市售硫酸密度 $\rho = 1.84$g/mL，质量百分浓度为 98%，求其物质的量浓度 $c_{H_2SO_4}$。

解：1L 硫酸中含 H_2SO_4 的质量为：$1.84 \times 1000 \times 98\% = 1803$(g)

1L 硫酸中含 H_2SO_4 的物质的量为：$1803 \div 98 = 18.4$(mol)

市售硫酸的物质的量浓度为 18.4mol/L。

4.3.3.6 各类溶液浓度之间的换算公式

常用溶液浓度之间的换算公式列于表 4-15。

表 4-15　常用溶液浓度之间的换算公式

浓度	A_m	ρ_B	b_B	c_B
质量百分浓度 A_m	—	$\dfrac{\rho_B}{10\rho}$	$\dfrac{100b_BM}{1000+b_BM}$	$\dfrac{c_BM}{10\rho}$
物质 B 的质量浓度 ρ_B	$10A_m\rho$	—	$\dfrac{1000\rho b_BM}{1000+b_BM}$	c_BM
物质 B 的质量摩尔浓度 b_B	$\dfrac{1000A_m}{M(100-A_m)}$	$\dfrac{1000\rho_B}{M(1000\rho-\rho_B)}$	—	$\dfrac{1000c_B}{1000-c_BM}$
物质 B 的物质的量浓度 c_B	$\dfrac{10\rho A_m}{M}$	$\dfrac{\rho_B}{M}$	$\dfrac{1000\rho b_B}{1000+Mb_B}$	—

注：表中 ρ 代表溶液的密度，g/mL；M 代表溶质的摩尔质量，g/mol；A_m 以% 表示；ρ_B 的单位为 g/L；b_B 的单位为 mol/kg；c_B 的单位为 mol/L。进行换算时，只需代入各自字母表示的数值，如 20% 只代入 20 即可。

4.3.4　常用酸、碱试剂的密度与浓度

常用酸、碱试剂的密度与浓度见表 4-16。

表 4-16　常用酸、碱试剂的密度与浓度

试剂名称	化学式	分子量	相对密度	质量百分浓度/%	物质的量浓度 c_B
硫酸	H_2SO_4	98.08	1.84	96	18
盐酸	HCl	36.46	1.19	37	12
硝酸	HNO_3	63.01	1.42	70	16
磷酸	H_3PO_4	98.00	1.69	85	15
冰乙酸	CH_3COOH	60.05	1.05	99	17
高氯酸	$HClO_4$	100.46	1.67	70	12
氨水	$NH_3 \cdot H_2O$	17.03	0.90	28	15

注：c_B 以化学式为基本单元。

4.3.5　缓冲溶液

几种标准缓冲溶液的 pH 值见表 4-17，乙酸-乙酸钠缓冲溶液见表 4-18，氨水-氯化铵缓冲溶液见表 4-19，常用缓冲溶液的配制见表 4-20。

表 4-17　几种标准缓冲溶液的 pH 值

$t/℃$	缓冲溶液				
	A	B	C	D	E
0		4.003	6.984	7.534	9.464
5		3.999	6.951	7.500	9.395
10		3.998	6.923	7.472	9.332
15		3.999	6.900	7.448	9.276
20		4.002	6.881	7.429	9.225
25	3.557	4.008	6.865	7.413	9.180
30	3.552	4.015	6.853	7.400	9.139
35	3.549	4.024	6.844	7.389	9.102
38	3.548	4.030	6.840	7.384	9.081
40	3.547	4.035	6.838	7.380	9.068
45	3.547	4.047	6.834	7.373	9.038
50	3.549	4.060	6.833	7.367	9.011
55	3.554	4.075	6.834		9.985
60	3.560	4.091	6.836		8.962
70	3.580	4.126	6.845		8.921
80	3.609	4.164	6.859		8.885
90	3.650	4.205	6.877		8.850
95	3.674	4.227	6.886		8.833

注：A 代表酒石酸氢钾（在 25℃下的饱和溶液）；B 代表邻苯二甲酸氢钾（0.05mol/kg）；C 代表 KH_2PO_4（0.025mol/kg）-Na_2HPO_4（0.025mol/kg）；D 代表 KH_2PO_4（0.008695mol/kg）-Na_2HPO_4（0.03043mol/kg）；E 代表 $Na_2B_4O_7$（0.01mol/kg）。

表 4-18　乙酸-乙酸钠缓冲溶液

pH 值	乙酸-乙酸钠溶液混合体积比例	
	0.1mol/L NaAc	0.1mol/L HAc
3.52	1.0	16.0
4.10	1.0	4.0
4.65	1.0	1.0
4.96	2.0	1.0

pH 值	乙酸-乙酸钠溶液混合体积比例	
	0.1mol/L NaAc	0.1mol/L HAc
5.26	4.0	1.0
5.85	16.0	1.0
6.00	24.5	1.0

表 4-19　氨水-氯化铵缓冲溶液

pH 值	氨水-氯化铵溶液混合体积比例	
	0.1mol/L NH$_3$	0.1mol/L NH$_4$Cl
7.90	1.0	24.5
8.05	1.0	16.0
8.65	1.0	4.0
8.95	1.0	2.0
9.26	1.0	1.0
9.81	4.0	1.0
10.39	16.0	1.0

表 4-20　常用缓冲溶液的配制（按 pH 值排列）

缓冲溶液组成	缓冲溶液 pH 值	缓冲溶液配制方法
一氯乙酸-NH$_4$Ac	2.0	取 0.1mol/L 一氯乙酸 100mL，加 0.1mol/L NH$_4$Ac 10mL 混匀
氨基酸-HCl	2.3	取氨基乙酸 150g 溶于 500mL 水中，加浓盐酸 480mL，用水稀释至 1L
H$_3$PO$_4$-柠檬酸盐	2.5	取 Na$_2$HPO$_4$·12H$_2$O 113g 溶于 200mL 水后，加柠檬酸 387g 溶解，过滤，用水稀释至 1L
一氯乙酸-NaOH	2.8	取 2g 一氯乙酸溶于 200mL 水中，加 NaOH 40g，溶解后，稀释至 1L
一氯乙酸-NaAc	3.5	取 2mol/L 一氯乙酸 250mL 加 1mol/L NaAc 500mL，混匀
NH$_4$Ac-HAc	4.5	取 NH$_4$Ac 77g 溶于 200mL 水中，加冰醋酸 59mL，稀释至 1L
NH$_4$Ac-HAc	5.0	取 NH$_4$Ac 250g 溶于水中，加冰醋酸 25mL，稀释至 1L
六次甲基四胺-HCl	5.4	取六次甲基四胺 40g 溶于 200mL 水中，加浓盐酸 10mL，稀释至 1L
NH$_4$Ac-HAc	6.0	取 NH$_4$Ac 600g 溶于水中，加冰醋酸 20mL，稀释至 1L
NaAc-H$_3$PO$_4$ 盐	8.0	取无水 NaAc 50g 和 Na$_2$HPO$_4$·12H$_2$O 50g 溶于水中，稀释至 1L
Tris-HCl(盐酸三羟甲基氨甲烷)	8.2	取 25g Tris 试剂溶于水中，加浓盐酸 18mL，稀释至 1L
NaOH-Na$_2$B$_4$O$_7$	12.6	取 10gNaOH 和 10g Na$_2$B$_4$O$_7$ 溶于水中，稀释至 1L

注：1.缓冲液配置后可用 pH 试纸检查。如 pH 值不对，可用共轭酸或共轭碱调节。欲精确调节 pH 值时，可用 pH 计调节。

2.若需增加或减少缓冲液的缓冲容量，可相应增加或减少共轭酸碱对的物质的量，再调节之。

4.4　分析用纯水

4.4.1　分析实验室用水规格、贮存和使用

分析实验室用水规格如表 4-21 所列。

表 4-21　分析实验室用水规格

指标	一级	二级	三级
pH 值范围(25℃)	—	—	5.0～7.5
电导率(25℃)/(mS/m)	≤0.01	≤0.10	≤0.50
可氧化物质含量(以 O 计)/(mg/L)	—	≤0.08	≤0.4

指标	一级	二级	三级
吸光度(254nm,1cm 光程)	≤0.001	≤0.01	—
蒸发残渣[(105±2)℃]含量/(mg/L)	—	≤1.0	≤2.0
可溶性硅(以 SiO_2 计)含量/(mg/L)	≤0.01	≤0.02	—

注：1.由于在一级水、二级水的纯度下，难以测定其真实的 pH 值，因此，对一级水、二级水的 pH 值范围不做规定。

2.由于在一级水的纯度下难以测定可氧化物质和蒸发残渣，对其限量不做规定。可用其他条件和制备方法来保证一级水的质量。

经过各种纯化方法制得的各级别的分析实验室用水，纯度越高要求贮存的条件越严格，成本也越高，应根据不同分析方法的要求合理选用。表 4-22 中列出了国家标准中规定的各级水的制备方法、贮存条件及使用范围。

表 4-22　分析实验室用水的制备方法、贮存条件及使用范围

级别	制备方法与贮存条件	使用范围
一级水	可用二级水经过石英设备蒸馏或离子交换床处理后，再经 $0.2\mu m$ 微孔滤膜过滤摄取。 不可贮存，使用前制备	有严格要求的分析试验，包括对颗粒有要求的试验，如高效液相色谱分析用水
二级水	可用多次蒸馏或离子交换等方法制取。 贮存于密闭的、专用聚乙烯容器中	无机痕量分析等试验，如原子吸收光谱分析用水
三级水	可用蒸馏或离子交换等方法制取。 贮存于密闭的、专用聚乙烯容器中，也可使用密闭的、专用玻璃容器贮存	一般化学分析试验

贮存水的新容器在使用前需用盐酸溶液（2+8）浸泡 2～3d，再用待贮存的水反复冲洗，然后注满，浸泡 6h 以上方可使用。

4.4.2　分析用纯水的制备

分析实验室用水的原水应为饮用水或适当纯度的水。一级水可用二级水经过石英装置蒸馏或离子交换床处理后，再经 $0.2\mu m$ 微孔滤膜过滤来制取。二级水可采用蒸馏、反渗透或电渗析后离子交换等方法制取。三级水可用蒸馏或离子交换等方法制取。下面就几种常用的水的制备技术作简单介绍。

（1）蒸馏法

天然水经蒸馏器蒸发、冷凝得到较纯的水，称为蒸馏水。大部分金属离子、矿物质在蒸馏时不挥发，因而蒸馏水一般可达到三级水或二级水标准。

纯水用量不太大的中小型化学分析室可用电热蒸馏水器制备蒸馏水。

电热蒸馏水器由铝、紫铜、不锈钢等材质制造。一般规格为 5000～20000mL/h，功率为 4.5～15kW。

将蒸馏水再次蒸馏，称为二次蒸馏水，一般可达到实验室一级用水标准。第二次蒸馏通常用玻璃蒸馏器或石英蒸馏器。石英蒸馏器所得水质更纯。为了获得纯度更高的纯水，可用石英亚沸蒸馏器。

蒸馏法制纯水的优点是操作简单、成本低、效果好（可除去离子杂质和非离子杂质），适用于中小厂矿化验室。目前，已有多种蒸馏水器商品供应。由于蒸馏法制纯水的产量低，水质电阻率较低，对用水量大、水的纯度要求较高的分析工作，可以采用离子交换法制取纯水，或者蒸馏法与离子交换法联合使用。

（2）电渗析法

电渗析法是膜分离技术的重要分支。电渗析设备由阴离子交换膜、阳离子交换膜和浓缩室、稀释室交替排列组成隔室。

在外加直流电场作用下，水中阴离子向正极方向移动，阳离子向负极方向移动。由于离子膜所具有的选择渗透性，稀释室的阳离子向负极并通过阳膜进入相隔的浓缩室，阳离子在浓缩室被另一面的阴膜阻挡，留在浓缩室内。稀释室的阴离子移向正极并通过阴膜进入另一端相隔的浓缩室，阴离子在浓缩室被阳膜阻挡留在浓缩室。各浓缩室两边进入的阴、阳离子配对而浓缩，稀释室的水得到纯化。

电渗析法的脱盐率在 95%～99%，出水水质可达三级标准。电渗析器处理水的能力较大，纯水产量为 0.5～20t/h。适于大中型实验室或工业生产使用。在实验室中通常把电渗析作为离子交换水的前处理，以延长离子交换树脂的使用周期。

（3）离子交换法

离子交换法制取纯水，一般选用强酸性阳离子交换树脂（R—M）和强碱性阴离子树脂（R—OH）。已经除去悬浮物及胶体的自来水通过交换柱，水中阳离子（例如 Na^+）与阳离子交换树脂中的 H^+ 交换，阴离子（例如 Cl^-）与阴离子树脂中的 OH^- 交换。阳、阴离子交换到树脂上，树脂就成为钠型阳离子交换树脂和氯型阴离子交换树脂。进入水中的 H^+ 和 OH^- 又结合成水，水得到纯化。当树脂大多数转成钠型和氯型后，就失去了纯化水的功能，这时要分别用 HCl 和 NaOH 处理，使树脂再转化为氢型和氢氧型，称为树脂的再生。

离子交换柱多用有机玻璃制成圆柱形。阳离子交换树脂和阴离子交换树脂分别装入柱中，将两个或两个以上的交换柱串联起来，称为"复床"。串联的柱越多，所得水的纯度越高。将阳、阴离子交换树脂混合装在一个柱中称为"混床"。通常用一个阴柱、一个阳柱和一个混合柱（图 4-1）即可。

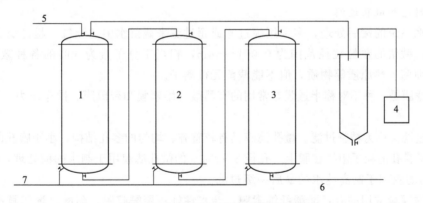

图 4-1　离子交换纯化水装置示意图

1—阴床；2—阳床；3—混合床；4—真空泵；5—原水；6—纯化水；7—再生酸碱溶液

离子交换得到的纯水可达二级或一级标准，离子交换纯水装置的出水量一般从 0.1t/h 至 4t/h，适合于大中型实验室制取纯水。

离子交换制纯水的方法有复床法、混床法和联合法等几种。复床法由阳树脂单床和阴树脂单床串联组成。它操作简单、经济，再生方便，但水的纯度较低，电阻率较低（0.5MΩ·cm），带微碱性（pH 8～10）。混床法是将阳离子交换树脂和阴离子交换树脂按总交换容量相等配比混合（一份重质量的阳树脂和两份重质量的阴树脂混合），装于一个交换柱中。该法占地少、流速大、水的纯度高，可以间歇操作，利于小型化验室应用。阳树脂单床＋阴树脂单床＋阳阴树脂混床的联合法是更合理的系统，综合了前两法的优点，所得水的纯度高、质量稳定，电阻率可达 $10\sim15M\Omega\cdot cm$，pH 值为 7，水中硅含量低于 0.01×10^{-6}，金属杂质含量在 0.001×10^{-6} 以下。

（4）亚沸法

一般的沸腾蒸馏方法由于沸腾的水泡破裂，使蒸气中带入微粒。另外，未蒸馏的液体沿器壁爬行，使蒸馏水受到明显的污染。亚沸蒸馏是在液体不沸腾的条件下蒸馏，完全消除了由沸腾带来的污染。

亚沸蒸馏是纯化高沸点酸最常用的方法，也是高纯水及高纯酸制备的标准方法。美国国家标准局已采用了 20 余年，我国一些分析方法通则的国家标准中要求使用亚沸蒸馏法纯化高纯酸。

（5）反渗透

在对溶剂有选择性透过功能的膜两侧放置浓度不同的溶液，当两侧静压力相等时，由于溶液浓度不相等，渗透压不相等，溶剂会从稀溶液侧透过膜到浓溶液侧，这种现象称为渗透现象。当膜两侧的静压差大于浓缩液的渗透压差时，溶剂会从浓溶液的一侧透过膜流到稀溶液的一侧，这种现象称为反渗透现象。反渗透也是一种膜分离技术。

反渗透分离物质的粒径在 $0.001\sim0.01\mu m$，一般为分子量小于 500 的低分子。操作压力为 $1\sim10MPa$。反渗透膜一般是表面与内部构造不同的非对称膜，有无机膜（玻璃中空纤维素膜）、有机膜（醋酸纤维素膜及非醋酸纤维膜，如聚酰胺膜等）。在纯水制备技术中，广泛采用反渗透作为预脱盐的主要工序，它的脱盐率在 90％ 以上，可减轻离子交换树脂的负荷，反渗透能有效地去除细菌等微生物及铁、锰、硅等无机物，因而可减轻这些杂质引起的离子交换树脂的污染。其缺点是装置的价格较贵，需要高压泵及高压管路，源水只有 50％～75％ 被利用。

（6）超滤和微孔过滤

高纯水系统的端后处理，多采用膜过滤或超过滤来截留水中的颗粒。超过滤是一种筛孔分离过程，截留的颗粒粒径范围为 $0.001\sim5\mu m$，相当于分子量为 500 的各种微粒、胶体、有机物、细菌、热原质等物质，但不能截留无机离子。

超过滤膜是一种不对称半透膜，常用的有醋酸纤维素膜和聚砜膜。操作压力一般为 $0.2\sim0.4MPa$。

微孔过滤又称为精密过滤。微孔滤膜具有较整齐、均匀的多孔结构，小于膜孔的粒子通过滤膜，大于膜孔的粒子阻挡在膜上。孔径 $3\sim20\mu m$ 的微孔滤膜用于制水的前处理，$0.22\mu m$ 及 $0.45\mu m$ 的滤膜用于制高纯水的最后一级过滤。

微孔滤膜最常用的有：醋酸纤维素膜，亲水性好；聚酰胺膜，耐酸；聚四氟乙烯膜，耐高温、耐强碱及各种溶剂，强憎水性。

（7）活性炭吸附

活性炭是水纯化中广泛使用的吸附剂，有粒状和粉状两种结构，在活化过程中，晶格间生成很多微细孔，比表面积 $500\sim1500m^2/g$，吸附能力很强。活性炭能吸附相当多的无机和有机物质，氯比有机物更易被活性炭吸附。活性炭对有机物的吸附有选择性，易于吸附的有机物有：芳香溶剂、氯代芳香烃、酚和氯酚、CCl_4、农药、高分子染料等。

在高纯水的制造过程中，活性炭吸附柱可放在阳离子交换柱之前使用，用于除去氧化性物质和有机物，保护离子交换床。要防止活性炭粉末污染纯水系统，在后面要加微孔过滤器。

活性炭的使用方法：粉状活性炭清水浸泡清洗，装柱，用 3 倍体积的 2％ HCl 和 4％ NaOH 动态交替处理 1～3 次（流速 18～21m/h），每次处理后均淋洗至中性。进水应先除去悬浮物和胶体。失效后可以在 540～960℃再生。

（8）紫外线杀菌

微生物能污染纯水系统，因此应经常进行杀菌以防止微生物生长。灭菌的方法有加药（如甲醛、次氯酸钠、双氧水等）、紫外线照射和臭氧等。紫外线照射可以抑制细菌繁殖并可杀死细菌，杀菌速度快，效率高，效果好，在高纯水制备中已广泛应用。

紫外线杀菌装置采用低压汞灯，石英套管。低压汞灯的辐射光谱能量集中在杀菌力最强的 253.7nm。在杀菌器后安装滤膜孔径≤0.45μm 的过滤器可以滤除细菌尸体。因绝大部分细菌或细菌尸体的直径大于 0.45μm。

4.4.3　水质的检验

水中电解质包括可溶性无机物、有机物及带电的胶体离子等。

由于电解质杂质的存在，水的电导率增加。测量水的电导率可以反映天然水中电解质杂质的含量。

电导率为电阻率的倒数，单位为西门子每厘米（S/cm）。水的电阻率是指某一温度下，边长为 1cm 的立方体水的电阻，单位为欧姆·厘米（Ω·cm）。

通过测量水的电导率再换算出水的总溶解性盐类的含量的方法，虽需做某些假设且带有一定的经验性及误差，但仍具有实用价值。表 4-23 给出了水的电导率、电阻率与溶解固体含量的关系，可供制备纯水时参考。

表 4-23　水的电导率、电阻率与溶解固体含量的关系

电导率(25℃)/(μS/cm)	电阻率(25℃)/Ω·cm	溶解固体含量/(mg/L)	电导率(25℃)/(μS/cm)	电阻率(25℃)/Ω·cm	溶解固体含量/(mg/L)
0.056	18×10^6	0.028	20.00	5.00×10^4	10
0.100	10×10^6	0.050	40.00	2.50×10^4	20
0.200	5×10^6	0.100	100.0	1.00×10^4	50
0.500	2×10^6	0.250	200.0	5.00×10^3	100
1.00	1×10^6	0.5	400.0	2.5×10^3	200
2.00	0.5×10^6	1	1000	1.0×10^3	500
4.00	0.25×10^6	2	1666	0.6×10^3	833
10.00	0.100×10^6	5			

物理检验是利用电导仪或兆欧表测定水的电阻率，它是最简便而实用的方法。水的电阻率越高，表示其中的离子越少，即水的纯度越高。通常，离子交换水的电阻率在 0.5～1MΩ·cm 以上时，即可满足日常化学分析的要求，对于要求较高的分析工作，水的电阻率应更高。

各级水的电阻率如表 4-24 所示。

表 4-24　各级水的电阻率

水的类型	电阻率(25℃)/Ω·cm	水的类型	电阻率(25℃)/Ω·cm
自来水	1900	复床离子交换水	2.5×10^5
水试剂	5×10^5	混床离子交换水	12.5×10^6
一次蒸馏水（玻璃）	3.5×10^5	活性炭吸附剂、混床交换树脂和膜滤器制水	$(15\sim18)\times10^6$
三次蒸馏水（石英）	1.5×10^6	绝对水（理论最大电阻率）	18.3×10^6
28 次蒸馏水（石英）	16×10^6		

分析实验室用水的化学检验分为标准方法和一般检验方法。

（1）pH 值范围

量取 100mL 水样，用 pH 计测定 pH 值（详见 GB/T 9724《化学试剂 pH 值测定通则》）。

或者采用指示剂法检验 pH 值：取水样 10mL，加甲基红 pH 指示剂（甲基红指示剂的变色范围 pH＝4.2～6.3，红→黄。称取甲基红 0.100g 于研钵中研细，加 18.6mL 0.02mol/L 氢氧化钠溶液，研至完全溶解，加纯水稀释至 250mL）2 滴不显红色。另取水样 10mL，加溴麝香酚蓝 pH 指示剂（溴麝香草酚蓝指示剂变色范围 pH＝6.0～7.6，黄→蓝。称取溴麝香草酚蓝 0.100g，加入 8.0mL 0.02mol/L 氢氧化钠溶液，同上法操作，加纯水稀释至 250mL）5 滴不显蓝色即符合要求。

（2）电导率

用电导仪测定电导率。一、二级水测定时，配备电极常数为 0.01～0.1cm^{-1} 的"在线"电导池，使用温度自动补偿。若电导仪不具温度补偿功能，可装"在线"热交换器，使测定水温控制在（25±1）℃。或记录水温，按下式换算为 25℃时的电导率 K_{25}，数值以 mS/m 表示：

$$K_{25}=k_t(K_t-K_{p.t})+0.00548$$

式中，k_t 为换算系数；K_t 为 t℃时各级水的电导率，mS/m；$K_{p.t}$ 为 t℃时理论纯水的电导率，mS/m；0.00548 为 25℃时理论纯水的电导率，mS/m。

理论纯水的电导率和换算系数列于表 4-25。

表 4-25　理论纯水的电导率和换算系数

t/℃	K_t/(mS/m)	$K_{p.t}$/(mS/m)	t/℃	K_t/(mS/m)	$K_{p.t}$/(mS/m)
0	1.7975	0.00116	26	0.9795	0.00578
1	1.7550	0.00123	27	0.9600	0.00607
2	1.7135	0.00132	28	0.9413	0.00640
3	1.6728	0.00143	29	0.9234	0.00674
4	1.6329	0.00154	30	0.9065	0.00712
5	1.5940	0.00165	31	0.8904	0.00749
6	1.5559	0.00178	32	0.8753	0.00784
7	1.5188	0.00190	33	0.8610	0.00822
8	1.4825	0.00201	34	0.8475	0.00861
9	1.4470	0.00216	35	0.8350	0.00907
10	1.4125	0.00230	36	0.8233	0.00950
11	1.3788	0.00245	37	0.8126	0.00994
12	1.3461	0.00260	38	0.8027	0.01044
13	1.3142	0.00276	39	0.7936	0.01088
14	1.2831	0.00292	40	0.7855	0.01136
15	1.2530	0.00312	41	0.7782	0.01189
16	1.2237	0.00330	42	0.7719	0.01240
17	1.1954	0.00349	43	0.7664	0.01298
18	1.1679	0.00370	44	0.7617	0.01351
19	1.1412	0.00391	45	0.7580	0.01410
20	1.1155	0.00418	46	0.7551	0.01464
21	1.0906	0.00441	47	0.7532	0.01521
22	1.0667	0.00466	48	0.7521	0.01582
23	1.0436	0.00490	49	0.7518	0.01650
24	1.0213	0.00519	50	0.7525	0.01728
25	1.0000	0.00548			

三级水测定时，配备电极常数为 0.1～1cm^{-1} 的电导池，并具有温度自动补偿功能。若电导仪不具备温度补偿功能，可装恒温水浴槽，使待测水样温度控制在（25±1）℃。或记录水温，按上述方式换算。

（3）可氧化物质

量取1000mL二级水（或200mL三级水）置于烧杯中，加入5.0mL硫酸（20%）（三级水加入1.0mL硫酸），混匀。加入1.00mL高锰酸钾标准滴定溶液$[c_{(1/5KMnO_4)}=0.01mol/L]$，混匀，盖上表面皿，加热至沸并保持5min，溶液粉红色不完全消失。

（4）吸光度

将水样分别注入1cm和2cm吸收池中，于254nm处，以1cm吸收池中的水样为参比，测定2cm吸收池中水样的吸光度。若仪器灵敏度不够，可适当增加测量吸收池的厚度。

（5）蒸发残渣

量取1000mL二级水（三级水取500mL），分几次加入旋转蒸发器的500mL蒸馏瓶中，于水浴上减压蒸发至剩约50mL转移至一个已于（105±2）℃质量恒定的玻璃蒸发皿中，用5~10mL水样分2~3次冲洗蒸馏瓶，洗液合并入蒸发皿，于水浴上蒸干，并在（105±2）℃的电烘箱中干燥至质量恒定。残渣质量不得大于1.0mg。

（6）可溶性硅

试剂：①二氧化硅标准溶液，0.01mg SiO$_2$/mL；②钼酸铵溶液，5g(NH$_4$)Mo$_7$O$_{24}$·4H$_2$O，加水溶解，加入20mL H$_2$SO$_4$（20%）稀释至100mL；③草酸溶液，50g/L；④对甲氨基酚硫酸盐（米吐尔）溶液，取0.20g对甲氨基酚硫酸盐，加20.0g焦亚硫酸钠，溶解并稀释至100mL，摇匀。有效期两周。以上四种溶液均贮于聚乙烯瓶中。

测定：量取520mL一级水（二级水取270mL），注入铂皿中，在防尘条件下亚沸蒸发至约20mL，加1.0mL钼酸铵溶液，摇匀，放置5min后，加1.0mL草酸溶液，摇匀，再放置1min后，加1.0mL对甲氨基酚硫酸盐溶液，摇匀，转移至25mL比色管中，稀释至刻度。于60℃水浴中保温10min，目视比色，溶液所呈蓝色不得深于0.50mL SiO$_2$标准溶液（0.01mg/mL）用水稀释至20mL经同样处理的标准比对溶液。

（7）阳离子的检验

取水样10mL于试管中，加入2~3滴氨缓冲液（54g氯化铵溶于200mL水中，加入350mL浓氨水，用水稀释至1L，pH=10），2~3滴铬黑T指示剂（0.5g铬黑T加入20mL三乙醇胺，以95%乙醇溶解并稀释至1L。也可在铬黑T指示剂溶液中每100mL加2~3mL浓氨水，试验中免去加氨缓冲溶液），如水呈现蓝色，表明无金属阳离子（含有阳离子的水呈现紫红色）。

（8）氯离子的检验

取水样10mL于试管中，加入数滴硝酸银水溶液（1.7g硝酸银溶于水中，加浓硝酸4mL，用水稀释至100mL），摇匀，在黑色背景下看溶液是否变白色混浊，如无氯离子应为无色透明。（注意：如硝酸银溶液未经硝酸酸化，加入水中可能出现白色或变为棕色沉淀，这是氢氧化银或碳酸银造成的。）

4.4.4　对树脂的处理

在对树脂预处理时，取阳离子交换树脂4kg放于塑料盆内，用自来水反复漂洗，除去其中色素、水溶性杂质及其他夹杂物，直至用水清洗无泡沫，并用纯水浸泡4h。再用盐酸溶液（5+95）浸泡树脂（以没过树脂为宜）4h，适当搅拌。然后，将盐酸溶液排尽，以纯水反复洗至pH 3~4为止。

取阴离子交换树脂8kg放于塑料盆内，同样用水反复漂洗直至水清无泡沫，并用纯水浸泡 4h。再用 50g/L 氢氧化钠溶液浸泡 4h，适当搅拌。然后将氢氧化钠溶液排尽，以纯水反复洗至 pH 8~9 为止。

树脂的再生分为单床的再生和混床的再生。

（1）单床的再生

阳树脂单床：由高位水槽经进水口注入盐酸溶液（5+95）8000mL（对 4kg 树脂而言）于交换柱中，控制流速，使在 30min 左右流完，再用水洗至出水 pH 值达 3~4 为止。

阴树脂单床：由高位水槽经进水口注入 50g/L 氢氧化钠溶液 15000mL（对 8kg 树脂而言）于交换柱中，控制流速，使在 1h 左右流完，再用纯或经阳树脂流出的水淋洗至出水 pH 值达 8~9 为止。

（2）混床的再生

① 碱洗。将混床中的水位放到与树脂面相平。由高位水槽经进水口注入 50g/L 氢氧化钠溶液 15000mL，控制流速，使在 1h 左右流完。

② 逆洗分层。自柱下部的出水口通入水，经上部的进水口流出，控制进水量，使全部树脂处于运动状态而又不至流失，逆洗约 1h，使出水 pH 值达 8~9 为止。逆洗后，阴阳树脂因密度不同而分层，阴树脂在上，阳树脂在下。

③ 酸洗。放水至阴阳树脂的交界面，从交换柱侧面的进酸口（位于树脂交界面处）通入盐酸溶液（5+95）8000mL，经阳树脂自出水口流出，控制流速，使在 30min 左右通完，再自进酸口通入水淋洗阳树脂至出水 pH 值达 3~4 为止。要注意酸液和淋洗液不应超过树脂交界面，否则会影响阴树脂。

④ 混合。加水于柱内使水面高出树脂面约 20cm，用鼓风机由混床底部压入空气混合 3~5min，使阴阳树脂混合均匀，然后通水使用。

⑤ 阴阳树脂分别再生处理。交换柱上若无进口，则可以先用自来水逆洗使阴阳树脂分层，再用真空泵将上层阴离子交换树脂通过胶管抽入再生柱内，分别按阳、阴树脂单床进行再生处理。

对于较小的混床，因柱小而不便在柱内再生，可以在塑料盆内进行静态再生处理。首先将树脂倒入塑料盆内，排去水后，加 200g/L 氯化钠溶液，浸过树脂面，搅拌，使阴阳树脂分层。然后，将阴阳树脂分别用 50g/L 氢氧化钠溶液和盐酸溶液（5+95）再生处理。

4.5 基准物质

常用基准物质的干燥条件和应用见表 4-26。

表 4-26 常用基准物质的干燥条件和应用

基准物质		干燥后组成	干燥条件，t/℃	标定对象
名称	化学式			
碳酸氢钠	$NaHCO_3$	Na_2CO_3	270~300	酸
碳酸钠	$Na_2CO_3 \cdot 10H_2O$	Na_2CO_3	270~300	酸
硼砂	$Na_2B_4O_7 \cdot 10H_2O$	$Na_2B_4O_7 \cdot 10H_2O$	放在含 NaCl 和蔗糖饱和液的干燥器中	酸
碳酸氢钾	$KHCO_3$	$KHCO_3$	270~300	酸
草酸	$H_2C_2O_4 \cdot 2H_2O$	$H_2C_2O_4 \cdot 2H_2O$	室温空气干燥	碱或 $KMnO_4$
邻苯二甲酸氢钾	$KHC_8H_4O_4$	$KHC_8H_4O_4$	110~120	碱
重铬酸钾	$K_2Cr_2O_7$	$K_2Cr_2O_7$	140~150	还原剂
溴酸钾	$KBrO_3$	$KBrO_3$	130	还原剂

基准物质		干燥后组成	干燥条件,$t/℃$	标定对象
名称	化学式			
碘酸钾	KIO_3	KIO_3	130	还原剂
铜	Cu	Cu	室温干燥器中保存	还原剂
三氧化二砷	As_2O_3	As_2O_3	室温干燥器中保存	氧化剂
草酸钠	$Na_2C_2O_4$	$Na_2C_2O_4$	130	氧化剂
碳酸钙	$CaCO_3$	$CaCO_3$	110	EDTA
锌	Zn	Zn	室温干燥器中保存	EDTA
氧化锌	ZnO	ZnO	900~1000	EDTA
氯化钠	$NaCl$	$NaCl$	500~600	$AgNO_3$
氯化钾	KCl	KCl	500~600	$AgNO_3$
硝酸银	$AgNO_3$	$AgNO_3$	280~290	氯化钾
氨基磺酸	$HOSO_2NH_2$	$HOSO_2NH_2$	在真空 H_2SO_4 干燥中保存48h	碱
氟化钠	NaF	NaF	铂坩埚中 500~550℃下保存 40~50min 后,于 H_2SO_4 干燥器中冷却	

4.6 标准溶液的制备

4.6.1 微量元素测定用标准溶液的制备

表 4-27 列出了一些仪器分析法(光度法、原子光谱法、电化学分析法等)常用的标准储备液的配制方法。

表 4-27 标准储备液(1000μg/mL)的配制方法

元素或离子	配制方法
Ag	(1)将 1.5748g $AgNO_3$ 溶于水并稀释至 1L (2)将 1.0000g Ag 溶于 10mL HNO_3,稀释至 1L
Al	(1)将 1.0000g Al 丝溶于最小量的 2mol/L HCl,稀释至 1L (2)将 17.5821g $KAl(SO_4)_2 \cdot 12H_2O$ 溶于水,稀释至 1L
As	将 1.3203g As_2O_3 溶于 3mL 8mol/L HCl,并稀释至 1L;或用 2g NaOH 和 20mL 水处理 As_2O_3,溶解后稀释至 200mL,用 HCl 中和至微酸性,然后再稀释至 1L
Au	在逐滴加入 HCl 的条件下将 1.0000g Au 溶于 10mL 热 HNO_3,煮沸除去氮氧化物和氯,然后稀释至 1L
B	将 5.6262g H_3BO_3 溶解,并稀释至 1L
Ba	(1)将 1.7787g $BaCl_2 \cdot 2H_2O$(新鲜晶体)溶于水,并稀释至 1L (2)将 1.5163g $BaCl_2$(在 250℃干燥 2h)溶于水,并稀释至 1L (3)用 300mL 水处理 1.4370g $BaCO_3$,缓缓加入 10mL HCl,搅拌除去 CO_2 后,稀释至 1L
Be	(1)将 1.9652g $BeSO_4 \cdot 4H_2O$ 溶于水,加 5mL HCl(或 HNO_3),然后稀释至 1L (2)将 1.0000g Be 溶于 25mL 2mol/L HCl,然后稀释至 1L
Bi	将 1.0000g Bi 溶于 8mL 10mol/L HNO_3,缓缓煮沸以驱除棕色烟雾,稀释至 1L
Br	将 1.4893g KBr(或 1.2877g NaBr)溶于水,并稀释至 1L
Ca	将 2.4973g $CaCO_3$ 放入盛有 300mL 水的容量瓶中,小心加入 10mL HCl;搅拌放出 CO_2 后,稀释至 1L
Cd	(1)将 1.0000g Cd 溶于 10mL 2mol/L HCl,稀释至 1L (2)将 2.0314g $CdCl_2 \cdot 2.5H_2O$ 溶于水,稀释至 1L
Ce	将 4.5145g $(NH_4)_4Ce(SO_4)_4 \cdot 2H_2O$ 溶于 500mL 水,向其中加入 30mL H_2SO_4,冷却,稀释至 1L
Cl	将 1.6484g NaCl(400~450℃灼烧至恒重)溶于水并稀释至 1L
CN^-	将 2.5028g KCN 溶于 20mL 100g/L NaOH 中,并稀释至 1L,准确浓度应用标准 $AgNO_3$ 溶液标定
CO_3^{2-}	将 105~140℃下干燥至恒重的 Na_2CO_3 1.7662g 溶于不含 CO_2 的水中,并稀释至 1L

元素或离子	配制方法
Co	(1)将 1.0000g Co 用 1∶1HNO$_3$ 加热溶解,稀释至 1L (2)将 4.7699g CoSO$_4$·7H$_2$O 用 20mL 9mol/L H$_2$SO$_4$ 溶解,稀释至 1L
Cr	(1)将 2.8289g K$_2$Cr$_2$O$_7$ 溶于水,并稀释至 1L (2)将 1.0000g Cr 溶于 10mL HCl,并稀释至 1L
Cs	将 1.2667g CsCl 溶解并稀释至 1L。标定:将 25mL 最终溶液转移至铂盘上,加一滴 H$_2$SO$_4$,蒸发至干,在 ≤800℃ 加热至恒重。Cs(μg/mL)=40×0.734×残渣重
Cu	(1)将 3.9292g CuSO$_4$·5H$_2$O 新鲜晶体溶解,并稀释至 1L (2)将 1.0000g Cu 溶于 10mL HCl,加 5mL 水,向其中滴加 HNO$_3$(或 30%H$_2$O$_2$),直至溶解完全。煮沸,以除去氮氧化物和氯,然后稀释至 1L
Dy	将 1.1477g Dy$_2$O$_3$ 溶于 50mL 2mol/L HCl,稀释至 1L
Er	将 1.1435g Er$_2$O$_3$ 溶于 50mL 2mol/L HCl,稀释至 1L
Eu	将 1.1579g Eu$_2$O$_3$ 溶于 50mL 2mol/L HCl,稀释至 1L
F	将 2.2101g NaF(110~120℃ 下干燥至恒重)溶于水,稀释至 1L
Fe	将 1.0000g 铁丝溶于 20mL 5mol/L HCl,稀释至 1L
Ga	将 1.0000g Ga 溶于 20mL 1∶1HCl 中,并加几滴 HNO$_3$,加热溶解后,稀释至 1L
Gd	将 1.1526g Gd$_2$O$_3$ 溶于 50mL 2mol/L HCl,稀释至 1L
Ge	将 1.4407g GeO$_2$ 和 50g 草酸溶于 100mL 水,稀释至 1L
Hf	将 1.0000g Hf 移入铂盘,加入 10mL 9mol/L H$_2$SO$_4$,然后缓缓滴加 HF,直至溶解完全,用 10% H$_2$SO$_4$ 稀释至 1L
Hg	(1)将 1.0000g Hg 溶于 10mL 5mol/L HNO$_3$,稀释至 1L (2)将 1.6631g Hg(NO$_3$)$_2$·1/2H$_2$O 溶于 20mL 25% HNO$_3$,稀释至 1L
Ho	将 1.1455g Ho$_2$O$_3$ 溶于 50mL 2mol/L HCl,稀释至 1L
I	将 1.3081g KI 溶于水,并稀释至 1L
In	将 1.0000g In 溶于 50mL 2mol/L HCl,稀释至 1L
Ir	(1)将 2.4655g Na$_3$IrCl$_6$ 溶于水,并稀释至 1L (2)将 1.0000g 海绵状 Ir 移入一只玻璃管,加 20mL HCl 和 1mL HClO$_4$,将此玻璃管密封,放入 300℃ 烘箱中 24h,冷却,砸开玻璃管,将溶液转移到一只容量瓶中,稀释至 1L。砸开玻璃管时,要遵守一切安全预防措施
K	将 1.9068g KCl(400~450℃ 灼烧至恒重)溶于水,并稀释至 1L
La	将 1.1728g La$_2$O$_3$(经 110℃ 干燥过的)溶于 50mL 5mol/L HCl,稀释至 1L
Li	(1)将 5.3228g Li$_2$CO$_3$ 放入 300mL 水中制成淤浆,加 15mL HCl 使之溶解,搅拌除去 CO$_2$,然后稀释至 1L (2)将 6.1077g LiCl 溶于水,并稀释至 1L
Lu	将 1.6079g LuCl$_3$ 溶于水,稀释至 1L
Mg	(1)将 1.0000g Mg 溶于 50mL 1mol/L HCl,稀释至 1L (2)将 1.6582g MgO 溶于 20mL 1∶1HCl 中,并用水稀释至 1L
Mn	(1)将 1.0000g Mn 溶于 10mL HCl,加 1mL HNO$_3$,稀释至 1L (2)将 3.0765g MnSO$_4$·H$_2$O(在 105℃ 干燥 4h)溶于水,稀释至 1L (3)将 1.5824g MnO$_2$ 在良好的通风橱中溶于 10mL HCl,缓缓蒸发至干,将残渣溶于水,稀释至 1L
Mo	(1)将 2.0431g(NH$_4$)$_2$MoO$_4$ 溶于水,稀释至 1L (2)将 1.5003g MoO$_3$ 溶于 100mL 2mol/L 氨水,稀释至 1L
N	将 3.8200g 100~105℃ 干燥至恒重的 NH$_4$Cl 溶于水,并用水稀释至 1L
NH$_4^+$	将 2.9654g 100~105℃ 干燥至恒重的 NH$_4$Cl 溶于水,并用水稀释至 1L
NO$_2^-$	将 1.4997g NaNO$_2$ 溶于水,并用水稀释至 1L
NO$_3^-$	将 1.6306g 120~130℃ 下干燥至恒重的 KNO$_3$ 溶于水,并用水稀释至 1L
Na	将 2.5421g NaCl(500~600℃ 烧至恒重)溶于水,稀释至 1L
Nb	将 1.0000g Nb(或 1.4305gNb$_2$O$_5$)移入铂盘,加 20mL HF,缓缓加热至完全溶解,冷却,加 40mL H$_2$SO$_4$ 蒸发至冒出 SO$_3$ 烟雾,冷却并用 8mol/L H$_2$SO$_4$ 稀释至 1L
Nd	将 1.7374g NdCl$_3$ 溶于 100mL 1mol/L HCl 并稀释至 1L
Ni	将 1.0000g Ni 溶于 10mL HNO$_3$,冷却,稀释至 1L
Os	将 2.3079g(NH$_4$)$_2$OsCl$_6$ 用 1mol/L HCl 溶解,并用 1mol/L HCl 稀释至 1L

元素或离子	配制方法
P	将 4.2635g $(NH_4)_2HPO_4$ 溶于水,稀释至 1L
Pb	(1)将 1.5985g $Pb(NO_3)_2$ 溶于水,加 10mLHNO$_3$,稀释至 1L (2)将 1.0000g Pb 溶于 10mL HNO$_3$,并稀释至 1L
Pd	将 1.0000g Pd 溶于 10mL HNO$_3$,向此热溶液中滴加 HCl 使溶解完全,然后稀释至 1L
Pr	将 1.1703g Pr_2O_3 溶于 50mL 2mol/L HCl,稀释至 1L
Pt	将 1.0000g Pt 溶于 40mL 热王水,蒸发至近干,加 10mL HCl,重蒸至呈湿渣状,加 10mL HCl,稀释至 1L
Rb	将 1.4148g RbCl 溶于水,标定方法同铯(Cs),Rb(μg/mL)=40×0.320×残渣重
Re	在冰浴中将 1.0000g Re 溶于 10mL 8mol/L HNO$_3$,待初始反应平静下来以后,稀释至 1L
Rh	(1)用 Ir 项下所述密封管法将 1.0000g Rh 溶解 (2)将 2.034g RhCl$_3$ 用 1:1 HCl 20mL 溶解,稀释至 1L
Ru	将 1.3166g RuO_2 溶于 15mL HCl,稀释至 1L
S	将 4.1209g $(NH_4)_2SO_4$ 溶于水,稀释至 1L
S^{2-}	将 7.5g $Na_2S \cdot 9H_2O$ 溶于水,并用水稀释至 1L;使用前用碘量法标定
SO_3^{2-}	将 1.5743g Na_2SO_3 溶于水,并用水稀释至 1L;使用前用碘量法标定
SO_4^{2-}	将 1.4786g 105℃ 下干燥过的 Na_2SO_3 溶于水,并用水稀释至 1L
$S_2O_3^{2-}$	将 2.2134g $Na_2S_2O_3 \cdot 5H_2O$ 溶于水,并用水稀释至 1L
SCN^-	将 1.3106g NH$_4$SCN 溶于水,并用水稀释至 1L
Sb	将 1.0000g Sb 溶于:(1)10mL HNO$_3$,加 5mL HCl,当溶解完全后稀释至 1L;或(2)18mL HBr,加 2mL 液体 Br$_2$,当溶解完全后,加 10mL HClO$_4$,在通风橱中加热并搅拌,直至发烟,继续搅拌数分钟,赶尽 HBr,然后冷却并稀释至 1L
Sc	将 1.5338g Sc_2O_3 溶于 50mL 2mol/L HCl,稀释至 1L
Se	(1)将 1.4053g SeO_2 溶于水并稀释至 1L,或将 1.0000g Se 溶于 5mL HNO$_3$,然后稀释至 1L (2)将 1.0000g Se 溶于 20mL 1:1 HCl,加热溶解,并用水稀释至 1L
Si	(1)将 2.1393g SiO_2 与 4.60g Na_2CO_3 一起熔融,在铂坩埚中保持熔融 15min,冷却,溶于温水中,稀释至 1L (2)将 10.1191g $Na_2SiO_3 \cdot 9H_2O$ 用水溶解,并稀释至 1L
Sm	将 1.1596g Sm_2O_3 溶于 50mL 2mol/L HCl,稀释至 1L
Sn	将 1.0000g Sn 溶于 15mL 温热 HCl,稀释至 1L
Sr	将 1.6849g $SrCO_3$ 在 300mL 水中的淤浆用小心滴入 10mL HCl 的方法溶解,搅拌除去 CO$_2$ 后,稀释至 1L
Ta	将 1.0000g Ta(或 1.2210g Ta_2O_5)移至铂皿中,加 20mL HF,缓缓加热至完全溶解,冷却,加 40mL H_2SO_4 并蒸至冒出 SO$_3$ 浓烟,冷却,用 50% H_2SO_4 稀释至 1L
Tb	将 1.6692g TbCl$_3$ 溶于水,加 1mL HCl 稀释至 1L
Te	(1)将 1.2508g TeO_2 溶于 10mL HCl,稀释至 1L (2)在逐滴加入 HNO$_3$ 的情况下将 1.0000g Te 溶于 10mL 温热 HCl,然后稀释至 1L
Th	将 2.3794g $Th(NO_3)_4 \cdot 4H_2O$ 溶于水,加 HNO$_3$,稀释至 1L
Ti	在逐滴加入 HNO$_3$ 的情况下将 1.0000g Ti 溶于 10mL H_2SO_4,然后用 5% H_2SO_4 稀释至 1L
Tl	将 1.3034g TlNO$_3$ 溶于水,并稀释至 1L
Tm	将 1.1421g Tm_2O_3 溶于 50mL 2mol/L HCl,稀释至 1L
U	将 2.1095g $UO_2(NO_3)_2 \cdot 6H_2O$(或 1.7734g 二水合乙酸双氧铀)溶于水,并稀释至 1L
V	将 2.2963g NH$_4$VO$_3$ 溶于 100mL 水,加 10mL HNO$_3$,稀释至 1L
W	将 1.7942g $Na_2WO_4 \cdot 2H_2O$ 溶于水,稀释至 1L
Y	将 1.2699g Y_2O_3 溶于 50mL 2mol/L HCl,稀释至 1L
Yb	将 1.6146g YbCl$_3$ 溶于水,稀释至 1L
Zn	将 1.0000g Zn 溶于 10mL 2mol/L HCl,稀释至 1L
Zr	将 3.5325g $ZrOCl_2 \cdot 8H_2O$ 溶于 50mL 2mol/L HCl,稀释至 1L

4.6.2 标准滴定溶液的配制与标定

4.6.2.1 标准滴定溶液的一般规定

GB/T 601 对标准滴定溶液的一般规定如下:

① 配制标准滴定溶液所用试剂纯度应在分析纯以上，实验用水应不低于三级水规格。

② 标准滴定溶液标定、直接配制和使用时所用分析天平、砝码、滴定管、容量瓶、单标线吸管等均须定期校准。

③ 在标定和使用标准滴定溶液时，滴定速度一般应在 $6\sim8mL/min$。

④ 称量基准试剂的质量数值小于 0.5g 时，按精确至 0.01mg 称量，数值大于 0.5g 时，按精确至 0.1mg 称量。

⑤ 配制标准滴定溶液的浓度值应在规定浓度值的 ±5% 范围内。

⑥ 标准滴定溶液的标定须两人进行实验，分别各做四平行，每人四平行测定结果极差的相对值（测定结果的极差值与浓度平均值的比值）不得大于重复性临界极差 $[C_rR_{95}(4)]$ 的相对值（重复性临界极差与浓度平均值的比值）0.15%，两人共八平行测定结果极差的相对值不得大于重复性临界极差 $[C_rR_{95}(8)]$ 的相对值 0.18%。取两人八平行测定结果的平均值为测定结果。在运算过程中保留五位有效数字，浓度值报出结果取四位有效数字。

⑦ 标准滴定溶液浓度平均值的扩展不确定度一般不应大于 0.2%。

⑧ 标定所用试剂一般使用基准试剂，当对标准滴定溶液浓度值的准确度有更高要求时，可使用二级纯标准物质或定值标准物质进行标定或直接配制，并在计算标准滴定溶液浓度值时，将质量分数代入计算式中。

⑨ 标准滴定溶液的浓度小于等于 0.02mol/L 时，应于临用前将浓度高的标准滴定溶液用煮沸并冷却的水稀释，必要时重新标定。

⑩ 除另有规定外，标准滴定溶液在常温（15～25℃）下保存时间一般不超过两个月。当溶液出现浑浊、沉淀、颜色变化等现象时，应重新配制。

⑪ 贮存标准滴定溶液的容器，其材料不应与溶液起理化作用，壁厚最薄处不小于 0.5mm。

4.6.2.2　常用标准滴定溶液的配制与标定

常用标准滴定溶液的配制与标定见表 4-28。

表 4-28　常用标准滴定溶液的配制与标定

标准滴定溶液名称及浓度	配制方法	标定方法	计算方法
氢氧化钠标准溶液，$c(NaOH)=1mol/L$	称取 110g 氢氧化钠，溶于 100mL 无二氧化碳的水中，摇匀，注入聚乙烯容器中，密闭放置至溶液清亮，用塑料管吸取上层清液 54mL，用无二氧化碳的水稀释至 1000mL，摇匀	称取 105～110℃ 干燥至恒重的邻苯二甲酸氢钾基准试剂 7.5g，加无二氧化碳的水 80mL 溶解，加 2 滴酚酞指示剂(10g/L)，用配制好的氢氧化钠溶液滴定至溶液呈粉红色，并保持 30s。同时做空白试验	$$c(NaOH)=\frac{m\times1000}{(V_1-V_2)M}$$ 式中，m 为邻苯二甲酸氢钾的质量，g；V_1 为滴定消耗氢氧化钠溶液的体积，mL；V_2 为空白试验消耗氢氧化钠溶液的体积，mL；M 为邻苯二甲酸氢钾的摩尔质量，g/mol，$M(KHC_8H_4O_4)=204.22g/mol$
盐酸标准溶液，$c(HCl)=1mol/L$	量取 90mL 盐酸，注入 1000mL 水中，摇匀	称取于 270～300℃ 高温炉中干燥至恒重的无水碳酸钠基准试剂 1.9g，溶于 50mL 水中，加 10 滴溴甲酚绿-甲基红指示液，用配制好的盐酸溶液滴定至溶液由绿色变为暗红色，煮沸 2min，冷却后继续滴定至溶液再呈暗红色。同时做空白试验	$$c(HCl)=\frac{m\times1000}{(V_1-V_2)M}$$ 式中，m 为无水碳酸钠的质量，g；V_1 为滴定消耗盐酸溶液的体积，mL；V_2 为空白试验消耗盐酸溶液的体积，mL；M 为无水碳酸钠的摩尔质量，g/mol，$M\left(\frac{1}{2}Na_2CO_3\right)=52.994g/mol$

标准滴定溶液名称及浓度	配制方法	标定方法	计算方法
硫酸标准溶液，$c\left(\frac{1}{2}H_2SO_4\right)=1\text{mol/L}$	量取 30mL 硫酸，缓缓注入 1000mL 水中，冷却摇匀	称取于 270～300℃高温炉中干燥至恒重的无水碳酸钠基准试剂 1.9g，溶于 50mL 水中，加 10 滴钾酚绿－甲基红指示液，用配制好的硫酸溶液滴定至溶液由绿色变为暗红色，煮沸 2min，冷却后继续滴定至溶液再呈暗红色。同时做空白试验	$c\left(\frac{1}{2}H_2SO_4\right)=\dfrac{m\times1000}{(V_1-V_2)M}$ 式中，m 为无水碳酸钠的质量，g；V_1 为滴定消耗硫酸溶液的体积，mL；V_2 为空白试验消耗硫酸溶液的体积，mL；M 为无水碳酸钠的摩尔质量，g/mol，$M\left(\frac{1}{2}Na_2CO_3\right)=$ 52.994g/mol
碳酸钠标准溶液，$c\left(\frac{1}{2}Na_2CO_3\right)=1\text{mol/L}$	称取无水碳酸钠 53g，溶于 1000mL 水中，摇匀	量取 35.00～40.00mL 配制好的碳酸钠溶液，加 50mL 水，加 10 滴溴酚绿－甲基红指示液，用 1mol/L 盐酸标准滴定溶液滴定至溶液由绿色变为暗红色，煮沸 2min，冷却后继续滴定至溶液再呈暗红色。同时做空白试验	$c\left(\frac{1}{2}Na_2CO_3\right)=\dfrac{V_1c_1}{V}$ 式中，V_1 为滴定消耗盐酸标准滴定溶液的体积，mL；c_1 为盐酸标准滴定溶液的浓度，mol/L；V 为碳酸钠溶液的体积，mL
重铬酸钾标准溶液，$c\left(\frac{1}{6}K_2Cr_2O_7\right)=0.1\text{mol/L}$	方法一：称取 5g 重铬酸钾，溶于 1000mL 水中，摇匀	量取 35.00～40.00mL 配制好的重铬酸钾溶液，置于碘量瓶中，加 2g 碘化钾及 20mL 硫酸溶液(20%)，摇匀，于暗处放置 10min，加 150mL 水(15～30℃)，用硫代硫酸钠标准滴定溶液[$c(Na_2S_2O_3)=0.1\text{mol/L}$]滴定，近终点时加 2mL 淀粉指示剂(10g/L)，继续滴定至溶液由蓝色变为亮绿色。同时做空白试验	$c\left(\frac{1}{6}K_2Cr_2O_7\right)=\dfrac{(V_1-V_2)c_1}{V}$ 式中，V_1 为滴定消耗硫代硫酸钠标准滴定溶液的体积，mL；V_2 为空白试验消耗硫代硫酸钠标准滴定溶液的体积，mL；c_1 为硫代硫酸钠标准滴定溶液的浓度，mol/L；V 为重铬酸钾溶液的体积，mL
	方法二：称取 4.90g±0.20g 已在 120℃±2℃ 的电烘箱中干燥至恒重的重铬酸钾基准试剂，溶于水，移入 1000mL 容量瓶中，稀释至刻度	—	$c\left(\frac{1}{6}K_2Cr_2O_7\right)=\dfrac{m\times1000}{VM}$ 式中，m 为重铬酸钾基准试剂的质量，g；V 为重铬酸钾溶液的体积，mL；M 为重铬酸钾的摩尔质量，g/mol，$M\left(\frac{1}{6}K_2Cr_2O_7\right)=$49.031g/mol
硫代硫酸钠标准溶液，$c(Na_2S_2O_3)=0.1\text{mol/L}$	称取 26g 硫代硫酸钠($Na_2S_2O_3\cdot5H_2O$)(或 16g 无水硫代硫酸钠)，加 0.2g 无水碳酸钠，溶于 1000mL 水中，慢慢煮沸 10min，冷却。放置两周后过滤	称取于 120℃±2℃ 干燥至恒重的重铬酸钾基准试剂 0.18g，置于碘量瓶中，溶于 25mL 水，加 2g 碘化钾及 20mL 硫酸溶液(20%)，摇匀，于暗处放置 10min。加 150mL 水(15～20℃)，用配制好的硫代硫酸钠溶液滴定，近终点时加 2mL 淀粉指示液(10g/L)，继续滴定至溶液由蓝色变为亮绿色。同时做空白试验	$c(Na_2S_2SO_3)=\dfrac{m\times1000}{(V_1-V_2)M}$ 式中，m 为重铬酸钾的质量，g；V_1 为滴定消耗硫代硫酸钠溶液的体积，mL；V_2 为空白试验消耗硫代硫酸钠溶液的体积，mL；M 为重铬酸钾的摩尔质量，g/mol，$M\left(\frac{1}{6}K_2Cr_2O_7\right)=$49.031

标准滴定溶液名称及浓度	配制方法	标定方法	计算方法
溴标准溶液，$c\left(\dfrac{1}{2}Br_2\right)=0.1mol/L$	称取 3g 溴酸钾及 25g 溴化钾，溶于 1000mL 水中，摇匀	量取 35.00～40.00mL 配制好的溴溶液，置于碘量瓶中，加 2g 碘化钾及 5mL 盐酸溶液（20%），摇匀，于暗处放置 5min。加 150mL 水（15～20℃），用硫代硫酸钠标准滴定溶液 $[c(Na_2S_2O_3)=0.1mol/L]$ 滴定，近终点时加 2mL 淀粉指示液（10g/L），继续滴定至溶液蓝色消失。同时做空白试验	$c\left(\dfrac{1}{2}Br_2\right)=\dfrac{(V_1-V_2)c_1}{V}$ 式中，V_1 为滴定消耗硫代硫酸钠标准滴定溶液的体积，mL；V_2 为空白试验消耗硫代硫酸钠标准滴定溶液的体积，mL；c_1 为硫代硫酸钠标准滴定溶液的浓度，mol/L；V 为溴溶液的体积，mL
溴酸钾标准溶液，$c\left(\dfrac{1}{6}KBrO_3\right)=0.1mol/L$	称取 3g 溴酸钾，溶于 1000mL 水中，摇匀	量取 35.00～40.00mL 配制好的溴酸钾溶液，置于碘量瓶中，加 2g 碘化钾及 5mL 盐酸溶液（20%），摇匀，于暗处放置 5min。加 150mL 水（15～20℃），用硫代硫酸钠标准滴定溶液 $[c(Na_2S_2O_3)=0.1mol/L]$ 滴定，近终点时加 2mL 淀粉指示液（10g/L），继续滴定至溶液蓝色消失。同时做空白试验	$c\left(\dfrac{1}{6}KBrO_3\right)=\dfrac{(V_1-V_2)c_1}{V}$ 式中，V_1 为滴定消耗硫代硫酸钠标准滴定溶液的体积，mL；V_2 为空白试验消耗硫代硫酸钠标准滴定溶液的体积，mL；c_1 为硫代硫酸钠标准滴定溶液的浓度，mol/L；V 为溴酸钾溶液的体积，mL
碘标准溶液，$c\left(\dfrac{1}{2}I_2\right)=0.1mol/L$	称取 13g 碘及 35g 碘化钾，溶于 100mL 水中，用水稀释至 1000mL，摇匀，贮存于棕色瓶中	方法一：称取 0.18g 预先在硫酸干燥器中干燥至恒重的三氧化二砷基准试剂，置于碘量瓶中，加 6mL 氢氧化钠标准滴定溶液 $[c(NaOH)=1mol/L]$ 溶解，加 50mL 水溶解，加 2 滴酚酞指示剂（10g/L），用硫酸标准滴定溶液 $\left[c\left(\dfrac{1}{2}H_2SO_4\right)=1mol/L\right]$ 滴定至溶液无色，加 3g 碳酸氢钠及 2mL 淀粉指示液（10g/L），用配制好的碘溶液滴定至溶液呈浅蓝色。同时做空白试验	方法一计算方法：$c\left(\dfrac{1}{2}I_2\right)=\dfrac{m}{(V_1-V_2)}\times\dfrac{M(1/4As_2O_3)}{1000}$ 式中，m 为三氧化二砷的质量，g；V_1 为滴定消耗碘溶液的体积，mL；V_2 为空白试验消耗碘溶液的体积，mL；$M(1/4As_2O_3)$ 为以 1/4 As_2O_3 为基本单元的摩尔质量，g/mol，$M(1/4As_2O_3)=49.460$
		方法二：量取 35.00～40.00mL 配制好的碘溶液，置于碘量瓶中，加 150mL 水（15～20℃），用硫代硫酸钠标准滴定溶液 $[c(Na_2S_2O_3)=0.1mol/L]$ 滴定，近终点时加 2mL 淀粉指示液（10g/L），继续滴定至溶液蓝色消失。同时做水所消耗碘的空白试验：取 250mL 水（15～20℃），加 0.05～0.20mL 配制好的碘溶液及 2mL 淀粉指示液（10g/L），用硫代硫酸钠标准滴定溶液 $[c(Na_2S_2O_3)=0.1mol/L]$ 滴定至溶液蓝色消失	方法二计算方法：$c\left(\dfrac{1}{2}I_2\right)=\dfrac{(V_1-V_2)c_1}{V_3-V_4}$ 式中，V_1 为滴定消耗硫代硫酸钠标准滴定溶液的体积，mL；V_2 为空白试验消耗硫代硫酸钠标准滴定溶液的体积，mL；c_1 为硫代硫酸钠标准滴定溶液的浓度，mol/L；V_3 为碘溶液的体积，mL；V_4 为空白试验中加入的碘溶液的体积，mL

标准滴定溶液名称及浓度	配制方法	标定方法	计算方法
碘酸钾标准溶液，$c\left(\dfrac{1}{6}KIO_3\right)=0.1mol/L$	方法一：称取 3.6g 碘酸钾，溶于1000mL水中，摇匀	量取 35.00～40.00mL 配制好的碘酸钾溶液，置于碘量瓶中，加2g碘化钾，加 5mL 盐酸溶液(20%)，摇匀，于暗处放置 5min。加150mL水(15～20℃)，用硫代硫酸钠标准滴定溶液 $[c(Na_2S_2O_3)=0.1mol/L]$ 滴定，近终点时加2mL淀粉指示液(10g/L)，继续滴定至溶液蓝色消失。同时做空白试验	$c\left(\dfrac{1}{6}KIO_3\right)=\dfrac{(V_1-V_2)c_1}{V}$ 式中，V_1为滴定消耗硫代硫酸钠标准滴定溶液的体积，mL；V_2为空白试验消耗硫代硫酸钠标准滴定溶液的体积，mL；c_1为硫代硫酸钠标准滴定溶液的浓度，mol/L；V为碘酸钾溶液的体积，mL
	方法二：称取 3.57g±0.15g已在 180℃±2℃的电烘箱中干燥至恒重的碘酸钾基准试剂，溶于水，移入 1000mL 容量瓶中，稀释至刻度	—	$c\left(\dfrac{1}{6}KIO_3\right)=\dfrac{m\times1000}{VM}$ 式中，m为碘酸钾基准试剂的质量，g；V为碘酸钾溶液的体积，mL；M为碘酸钾的摩尔质量，g/mol，$M\left(\dfrac{1}{6}KIO_3\right)=35.667$
草酸标准溶液，$c\left(\dfrac{1}{2}H_2C_2O_4\right)=0.1mol/L$	称取 6.4g 草酸($H_2C_2O_4\cdot2H_2O$)，溶于1000mL水中，摇匀	量取 35.00～40.00mL 配制好的草酸溶液，加100mL硫酸(8+92)，用高锰酸钾标准滴定溶液 $\left[c\left(\dfrac{1}{5}KMnO_4\right)=0.1mol/L\right]$ 滴定，近终点时加热至约 65℃，继续滴定至溶液呈粉红色，并保持30s。同时做空白试验	$c\left(\dfrac{1}{2}H_2C_2O_4\right)=\dfrac{(V_1-V_2)c_1}{V}$ 式中，V_1为滴定消耗高锰酸钾标准滴定溶液的体积，mL；V_2为空白试验消耗高锰酸钾标准滴定溶液的体积，mL；c_1为高锰酸钾标准滴定溶液的浓度，mol/L；V为草酸溶液的体积，mL
高锰酸钾标准溶液，$c\left(\dfrac{1}{5}KMnO_4\right)=0.1mol/L$	称取 3.3g 高锰酸钾，溶于1050mL水中，缓缓煮沸 15min，冷却，于暗处放置两周，用已处理过的 4号玻璃滤埚过滤，贮存于棕色瓶中。玻璃滤埚的处理是指玻璃滤埚在同样浓度的高锰酸钾溶液中缓缓煮沸 5min	称取于 105～110℃电烘箱中干燥至恒重的草酸钠基准试剂 0.25g，溶于 100mL 硫酸溶液(8+92)中，用配制好的高锰酸钾溶液滴定，近终点时加热至约 65℃，继续滴定至溶液呈粉红色，并保持30s。同时做空白试验	$c\left(\dfrac{1}{5}KMnO_4\right)=\dfrac{m\times1000}{(V_1-V_2)M}$ 式中，m为草酸钠基准试剂的质量，g；V_1为滴定消耗高锰酸钾溶液的体积，mL；V_2为空白试验消耗高锰酸钾溶液的体积，mL；M为草酸钠的摩尔质量，g/mol，$M\left(\dfrac{1}{2}Na_2C_2O_4\right)=66.999$
硫酸亚铁铵标准溶液，$c[(NH_4)_2Fe(SO_4)_2]=0.1mol/L$	称取 40g 硫酸亚铁铵 $[(NH_4)_2Fe(SO_4)_2\cdot6H_2O]$，溶于 300mL 硫酸溶液(20%)中，加 700mL 水，摇匀	量取 35.00～40.00mL 配制好的硫酸亚铁铵溶液，加 25mL 无氧的水，用高锰酸钾标准滴定溶液 $\left[c\left(\dfrac{1}{5}KMnO_4\right)=0.1mol/L\right]$ 滴定至溶液呈粉红色，并保持30s。临用前标定	$c[(NH_4)_2Fe(SO_4)_2]=\dfrac{V_1c_1}{V}$ 式中，V_1为滴定消耗高锰酸钾标准滴定溶液的体积，mL；c_1为高锰酸钾标准滴定溶液的浓度，mol/L；V为硫酸亚铁铵溶液的体积，mL
硫酸铈(或硫酸铈铵)标准溶液，$c[Ce(SO_4)_2]=0.1mol/L$、$c[2(NH_4)_2SO_4\cdot Ce(SO_4)_2]=0.1mol/L$	称取 40g 硫酸铈 $[Ce(SO_4)_2\cdot4H_2O]$ 或 67g $[2(NH_4)_2SO_4\cdot Ce(SO_4)_2\cdot4H_2O]$，加 30mL 水及 28mL 硫酸，再加 300mL 水，加热溶解，再加 650mL 水，摇匀	称取于 105～110℃电烘箱中干燥至恒重的草酸钠基准试剂 0.25g，溶于 75mL 水中，加 4mL 硫酸溶液(20%)及 10mL 盐酸，加热至 65～70℃，用配制好的硫酸铈(或硫酸铈铵)溶液滴定至溶液呈浅黄色。加入 0.10mL 1,10-菲咯啉-亚铁指示液使溶液变为橘红色，继续滴定至溶液呈浅蓝色。同时做空白试验	$c=\dfrac{m\times1000}{(V_1-V_2)M}$ 式中，m为草酸钠基准试剂的质量，g；V_1为滴定消耗硫酸铈(或硫酸铈铵)溶液的体积，mL；V_2为空白试验消耗硫酸铈(或硫酸铈铵)溶液的体积，mL；M为草酸钠的摩尔质量，g/mol，$M\left(\dfrac{1}{2}Na_2C_2O_4\right)=66.999$

标准滴定溶液名称及浓度	配制方法	标定方法	计算方法
乙二胺四乙酸二钠标准溶液，$c(\text{EDTA})=0.1\text{mol/L}$	称取 40g 乙二胺四乙酸二钠 40g，加 1000mL 水，加热溶解，冷却，摇匀	称取于 800℃±50℃ 的高温炉中灼烧至恒重的氧化锌基准试剂 0.3g，用少量水湿润，加 2mL 盐酸溶液(20%)溶解，加 100mL 水，用氨水溶液(10%)调节溶液 pH 值至 7～8，加 10mL 氨-氯化铵缓冲溶液(pH≈10)及 5 滴铬黑 T 指示液(5g/L)，用配制好的乙二胺四乙酸二钠溶液滴定至溶液由紫色变为纯蓝色。同时做空白试验	$$c(\text{EDTA})=\frac{m\times1000}{(V_1-V_2)M}$$ 式中，m 为氧化锌基准试剂的质量，g；V_1 为滴定消耗乙二胺四乙酸二钠溶液的体积，mL；V_2 为空白试验消耗乙二胺四乙酸二钠溶液的体积，mL；M 为氧化锌的摩尔质量，g/mol，$M(\text{ZnO})=81.39$
氯化锌标准溶液，$c(\text{ZnCl}_2)=0.1\text{mol/L}$	称取 14g 氯化锌，溶于 1000mL 盐酸(1+2000)溶液中，摇匀	称取经硝酸镁饱和溶液恒湿器中放置 7d 后的乙二胺四乙酸二钠基准试剂 1.4g，溶于 100mL 热水中，加 10mL 氨-氯化铵缓冲溶液(pH≈10)，用配制好的氯化锌溶液滴定，近终点时加 5 滴铬黑 T 指示液(5g/L)，继续滴定至溶液由蓝色变为紫红色。同时做空白试验	$$c(\text{ZnCl}_2)=\frac{m\times1000}{(V_1-V_2)M}$$ 式中，m 为乙二胺四乙酸二钠基准试剂的质量，g；V_1 为滴定消耗氯化锌溶液的体积，mL；V_2 为空白试验消耗氯化锌溶液的体积，mL；M 为乙二胺四乙酸二钠的摩尔质量，g/mol
氯化镁(或硫酸镁)标准溶液，$c(\text{MgCl}_2)=0.1\text{mol/L}$ $c(\text{MgSO}_4)=0.1\text{mol/L}$	称取 21g 氯化镁($\text{MgCl}_2\cdot6\text{H}_2\text{O}$)［或 25g 硫酸镁($\text{MgSO}_4\cdot7\text{H}_2\text{O}$)］，溶于 1000mL 盐酸溶液(1+2000)中，放置 1 个月后，用 3 号玻璃滤埚过滤	称取经硝酸镁饱和溶液恒湿器中放置 7d 后的乙二胺四乙酸二钠基准试剂 1.4g，溶于 100mL 热水中，加 10mL 氨-氯化铵缓冲溶液(pH≈10)，用配制好的氯化镁(或硫酸镁)溶液滴定，近终点时加 5 滴铬黑 T 指示液(5g/L)，继续滴定至溶液由蓝色变为紫红色。同时做空白试验	$$c=\frac{m\times1000}{(V_1-V_2)M}$$ 式中，m 为乙二胺四乙酸二钠基准试剂的质量，g；V_1 为滴定消耗氯化镁(或硫酸镁)溶液的体积，mL；V_2 为空白试验消耗氯化镁(或硫酸镁)溶液的体积，mL；M 为乙二胺四乙酸二钠的摩尔质量，g/mol
硝酸铅标准溶液，$c[\text{Pb}(\text{NO}_3)_2]=0.05\text{mol/L}$	称取 17g 硝酸铅，溶于 1000mL 盐酸溶液(1+2000)中，摇匀	量取 35.00～40.00mL 配制好的硝酸铅溶液，加 3mL 乙酸(冰醋酸)及 5g 六次甲基四胺，加 70mL 水及 2 滴二甲酚橙指示液(2g/L)，用乙二胺四乙酸二钠标准滴定溶液［$c(\text{EDTA})=0.05\text{mol/L}$］滴定至溶液呈亮黄色	$$c[\text{Pb}(\text{NO}_3)_2]=\frac{V_1c_1}{V}$$ 式中，V_1 为滴定消耗乙二胺四乙酸标准滴定溶液的体积，mL；c_1 为乙二胺四乙酸标准滴定溶液的浓度，mol/mL；V 为硝酸铅溶液的体积，mL
氯化钠标准溶液，$c(\text{NaCl})=0.1\text{mol/L}$	方法一：称取 5.9g 氯化钠，溶于 1000mL 水中，摇匀	量取 35.00～40.00mL 配制好的氯化钠溶液，加 40mL 水、10mL 淀粉溶液(10g/L)，以 216 型银电极作指示电极，217 型双盐桥饱和甘汞电极作参比电极，用硝酸银标准滴定溶液［$c(\text{AgNO}_3)=0.1\text{mol/L}$］滴定	$$c(\text{NaCl})=\frac{V_0c_1}{V}$$ 式中，V_0 为滴定消耗硝酸银标准滴定溶液的体积，mL；c_1 为硝酸银标准滴定溶液的浓度，mol/L；V 为氯化钠溶液的体积，mL

标准滴定溶液名称及浓度	配制方法	标定方法	计算方法
氯化钠标准溶液，$c(NaCl)=0.1mol/L$	方法二：称取 5.84g±0.30g 已在 550℃±50℃ 的高温炉中灼烧至恒重的氯化钠基准试剂，溶于水，移入 1000mL 容量瓶中，稀释至刻度，摇匀	—	$$c(NaCl)=\frac{m\times1000}{VM}$$ 式中，m 为氯化钠基准试剂的质量，g；V 为氯化钠溶液的体积，mL；M 为氯化钠的摩尔质量，g/mol，$M(NaCl)=58.442$
硫氰酸钠（或硫氰酸钾或硫氰酸铵）标准溶液，$c(NaSCN)=0.1mol/L$ $c(KSCN)=0.1mol/L$ $c(NH_4SCN)=0.1mol/L$	称取 8.2g 硫氰酸钠（或 9.7g 硫氰酸钾或 7.9g 硫氰酸铵），溶于 1000mL 水中，摇匀	方法一：称取于硫酸干燥器中干燥至恒重的硝酸银基准试剂 0.6g，溶于 90mL 水中，加 10mL 淀粉溶液（10g/L）及 10mL 硝酸溶液（25%），以 216 型银电极作指示电极，217 型双盐桥饱和甘汞电极作参比电极，用配制好的硫氰酸钠（或硫氰酸钾或硫氰酸铵）溶液滴定	$$c=\frac{m\times1000}{V_0M}$$ 式中，m 为硝酸银基准试剂的质量，g；V_0 为滴定消耗硫氰酸钠（或硫氰酸钾或硫氰酸铵）溶液的体积，mL；M 为硝酸银的摩尔质量，g/mol，$M(AgNO_3)=169.87$
		方法二：量取 35.00～40.00mL 配制好的硝酸银标准滴定溶液［$c(AgNO_3)=0.1mol/L$］，加 60mL 水、10mL 淀粉溶液（10g/L）及 10mL 硝酸溶液（25%），以 216 型银电极作指示电极，217 型双盐桥饱和甘汞电极作参比电极，用配制好的硫氰酸钠（或硫氰酸钾或硫氰酸铵）溶液滴定	$$c=\frac{Vc_1}{V_0}$$ 式中，V 为硝酸银标准滴定溶液的体积，mL；c_1 为硝酸银标准滴定溶液的浓度，mol/L；V_0 为滴定消耗硫氰酸钠（或硫氰酸钾或硫氰酸铵）溶液的体积，mL
硝酸银标准溶液，$c(AgNO_3)=0.1mol/L$	称取 17.5g 硝酸银，溶于 1000mL 水中，摇匀。溶液贮存于棕色瓶中	称取于 500～600℃ 的高温炉中灼烧至恒重的氯化钠基准试剂 0.22g，溶于 70mL 水中，加 10mL 淀粉溶液（10g/L），以 216 型银电极作指示电极，217 型双盐桥饱和甘汞电极作参比电极，用配制好的硝酸银溶液滴定	$$c(AgNO_3)=\frac{m\times1000}{V_0M}$$ 式中，m 为氯化钠基准试剂的质量，g；V_0 为滴定消耗硝酸银溶液的体积，mL；M 为氯化钠的摩尔质量，g/mol，$M(NaCl)=58.442$
亚硝酸钠标准溶液，$c(NaNO_2)=0.1mol/L$	称取 7.2g 亚硝酸钠、0.1g 氢氧化钠、0.2g 无水碳酸钠，溶于 1000mL 水中，摇匀	称取于 120℃±2℃ 的电烘箱中干燥至恒重的无水对氨基苯磺酸基准试剂 0.6g，加 2mL 氨水溶解，加 200mL 水及 20mL 盐酸，按永停滴定法安装好电极和测量仪表。将装有配制好的亚硝酸钠溶液的滴定管下口插入溶液内约 10mm 处，在搅拌下于 15～20℃ 进行滴定，近终点时，将滴定管的尖端提出液面，用少量水淋洗尖端，洗液并入溶液中，继续慢慢滴定，并观察检流计读数和指针偏转情况，直至加入滴定液搅拌后电流突增，并不再回复时为滴定终点。临用前标定	$$c(NaNO_2)=\frac{m\times1000}{VM}$$ 式中，m 为无水对氨基苯磺酸基准试剂的质量，g；V 为滴定消耗亚硝酸钠溶液的体积，mL；M 为无水对氨基苯磺酸的摩尔质量，g/mol，$M[C_6H_4(NH_2)(SO_3H)]=173.19$

标准滴定溶液名称及浓度	配制方法	标定方法	计算方法
高氯酸标准溶液，$c(HClO_4)=0.1mol/L$	量取 8.7mL 高氯酸，在搅拌下注入 500mL 乙酸（冰醋酸）中，混匀。滴加 20mL 乙酸酐，搅拌至溶液均匀。冷却后用乙酸（冰醋酸）稀释至 1000mL 水中	称取于 105～110℃的电烘箱中干燥至恒重的邻苯二甲酸氢钾基准试剂 0.75g，置于干燥的锥形瓶中，加入 50mL 乙酸（冰醋酸），温热溶解。加 3 滴结晶紫指示液(5g/L)，用配制好的高氯酸溶液滴定至溶液由紫色变为蓝色（微带紫色）。临用前标定	$c(HClO_4)=\dfrac{m\times1000}{VM}$ 式中，m 为邻苯二甲酸氢钾基准试剂的质量，g；V 为滴定消耗高氯酸溶液的体积，mL；M 为邻苯二甲酸氢钾的摩尔质量，g/mol，$M(KHC_8H_4O_4)=204.22$。 使用高氯酸标准滴定溶液的温度应与标定时的温度相同，如不同，应按下式修正： $c_1(HClO_4)=\dfrac{c}{1+0.001(t_1-t)}$ 式中，c 为标定温度下高氯酸标准滴定溶液的浓度，mol/L；t_1 为使用时高氯酸标准滴定溶液的温度，℃；t 为标定高氯酸标准滴定溶液的温度，℃；0.001 为高氯酸标准滴定溶液每改变 1℃时的体积膨胀系数
氢氧化钾-乙醇标准溶液，$c(KOH)=0.1mol/L$	称取 8g 氢氧化钾，置于聚乙烯容器中，加少量水（约 5mL）溶解，用乙醇(95%)稀释至 1000mL，密闭放置 24h，用塑料管虹吸上层清液至另一聚乙烯容器中	称取于 105～110℃的电烘箱中干燥至恒重的邻苯二甲酸氢钾基准试剂 0.75g，溶于 50mL 无二氧化碳的水中，加 2 滴酚酞指示液(10g/L)，用配制好的氢氧化钾-乙醇溶液滴定至溶液呈粉红色，同时做空白试验。临用前标定	$c(KOH)=\dfrac{m\times1000}{(V_1-V_2)M}$ 式中，m 为邻苯二甲酸氢钾基准试剂的质量，g；V_1 为滴定消耗氢氧化钾-乙醇溶液的体积，mL；V_2 为空白试验消耗氢氧化钾-乙醇溶液的体积，mL；M 为邻苯二甲酸氢钾的摩尔质量，g/mol，$M(KHC_8H_4O_4)=204.22$

4.6.2.3 不同温度下标准滴定溶液的体积的补正值

不同温度下标准滴定溶液的体积的补正值见表 4-29。

表 4-29 不同温度下标准滴定溶液的体积的补正值

温度/℃	水及 0.05mol/L 以下的各种水溶液	0.1mol/L 及 0.2mol/L 的各种水溶液	盐酸溶液，$c(HCl)=0.5mol/L$	盐酸溶液，$c(HCl)=1mol/L$	硫酸溶液，$c\left(\frac{1}{2}H_2SO_4\right)=0.5mol/L$；氢氧化钠溶液，$c(NaOH)=0.5mol/L$	硫酸溶液，$c\left(\frac{1}{2}H_2SO_4\right)=1mol/L$；氢氧化钠溶液，$c(NaOH)=1mol/L$	碳酸钠溶液，$c\left(\frac{1}{2}Na_2CO_3\right)=1mol/L$	氢氧化钾-乙醇溶液，$c(KOH)=0.1mol/L$
5	+1.38	+1.7	+1.9	+2.3	+2.4	+3.6	+3.3	
6	+1.38	+1.7	+1.9	+2.2	+2.3	+3.4	+3.2	
7	+1.36	+1.6	+1.8	+2.2	+2.2	+3.1	+3.0	
8	+1.33	+1.6	+1.8	+2.1	+2.2	+3.0	+2.8	
9	+1.29	+1.5	+1.7	+2.0	+2.1	+2.7	+2.6	
10	+1.23	+1.5	+1.6	+1.9	+2.0	+2.5	+2.4	+10.8
11	+1.17	+1.4	+1.5	+1.8	+1.8	+2.3	+2.2	+9.6
12	+1.10	+1.3	+1.4	+1.6	+1.7	+2.0	+2.0	+8.5
13	+0.99	+1.1	+1.2	+1.4	+1.5	+1.8	+1.8	+7.4
14	+0.88	+1.0	+1.1	+1.2	+1.3	+1.6	+1.5	+6.5
15	+0.77	+0.9	+0.9	+1.0	+1.1	+1.3	+1.3	+5.2
16	+0.64	+0.7	+0.8	+0.8	+0.9	+1.1	+1.1	+4.2

温度/℃	水及0.05mol/L以下的各种水溶液	0.1mol/L及0.2mol/L的各种水溶液	盐酸溶液，$c(\mathrm{HCl})=0.5\mathrm{mol/L}$	盐酸溶液，$c(\mathrm{HCl})=1\mathrm{mol/L}$	硫酸溶液，$c\left(\frac{1}{2}\mathrm{H_2SO_4}\right)=0.5\mathrm{mol/L}$；氢氧化钠溶液，$c(\mathrm{NaOH})=0.5\mathrm{mol/L}$	硫酸溶液，$c\left(\frac{1}{2}\mathrm{H_2SO_4}\right)=1\mathrm{mol/L}$；氢氧化钠溶液，$c(\mathrm{NaOH})=1\mathrm{mol/L}$	碳酸钠溶液，$c\left(\frac{1}{2}\mathrm{Na_2CO_3}\right)=1\mathrm{mol/L}$	氢氧化钾-乙醇溶液，$c(\mathrm{KOH})=0.1\mathrm{mol/L}$
17	+0.50	+0.6	+0.6	+0.6	+0.7	+0.8	+0.8	+3.1
18	+0.34	+0.4	+0.4	+0.4	+0.5	+0.6	+0.6	+2.1
19	+0.18	+0.2	+0.2	+0.2	+0.2	+0.3	+0.3	+1.0
20	0.00	0.0	0.0	0.0	0.0	0.0	0.0	0.0
21	−0.18	−0.2	−0.2	−0.2	−0.2	−0.3	−0.3	−1.1
22	−0.38	−0.4	−0.4	−0.5	−0.5	−0.6	−0.6	−2.2
23	−0.58	−0.6	−0.7	−0.7	−0.8	−0.9	−0.9	−3.3
24	−0.80	−0.9	−0.9	−1.0	−1.0	−1.2	−1.2	−4.2
25	−1.03	−1.1	−1.1	−1.2	−1.3	−1.5	−1.5	−5.3
26	−1.26	−1.4	−1.4	−1.4	−1.5	−1.8	−1.8	−6.4
27	−1.51	−1.7	−1.7	−1.7	−1.8	−2.1	−2.1	−7.5
28	−1.76	−2.0	−2.0	−2.0	−2.1	−2.4	−2.4	−8.5
29	−2.01	−2.3	−2.3	−2.3	−2.4	−2.8	−2.8	−9.6
30	−2.30	−2.5	−2.5	−2.6	−2.8	−3.2	−3.1	−10.6
31	−2.58	−2.7	−2.7	−2.9	−3.1	−3.5		−11.6
32	−2.86	−3.0	−3.0	−3.2	−3.4	−3.9		−12.6
33	−3.04	−3.2	−3.3	−3.5	−3.7	−4.2		−13.7
34	−3.47	−3.7	−3.6	−3.8	−4.1	−4.6		−14.8
35	−3.78	−4.0	−4.0	−4.1	−4.4	−5.0		−16.0
36	−4.10	−4.3	−4.3	−4.4	−4.7	−5.3		−17.0

注：本表数值是以 20℃为标准温度以实测法测出的。表中带有"+""−"号的数值以 20℃为分界。室温低于 20℃的补正值为"+"，高于 20℃的补正值为"−"。本表的用法：如 1L 硫酸溶液 $\left[c\left(\frac{1}{2}\mathrm{H_2SO_4}\right)=1\mathrm{mol/L}\right]$ 由 25℃换算为 20℃时，其体积补正值为 −1.5mL，故 40.00mL 换算为 20℃时的体积为：$V_{20}=40.00-\dfrac{1.5}{1000}\times40.00=39.94(\mathrm{mL})$。

5 实验操作技能

5.1 化学分析操作

5.1.1 容量瓶的操作

5.1.1.1 试漏

容量瓶使用前应先检查瓶塞是否漏水，标线距离刻线是否太近，如果瓶塞漏水或标线距离瓶口太近，则不宜使用。试漏的方法是在瓶中加自来水至标线附近，盖好瓶塞，一手用食指按住瓶塞，其余手指拿住瓶颈标线以上部分，另一只手用指尖托住瓶底边缘，将瓶倒立 2min，如图 5-1 所示，观察瓶塞四周是否有水渗出。如不漏水，将瓶直立，把瓶塞旋转 180°后，再倒立试一次。

为了防止瓶塞丢失、污染或搞错，操作时用食指与中指（或中指与无名指）夹住瓶塞的扁头，如图 5-2 所示。也可用橡皮圈或细绳将瓶塞系在瓶颈上，细绳应稍短于瓶颈，同时要注意避免瓶颈外壁对瓶塞的污染，操作结束后，应随手将瓶塞盖上。如果是平顶塑料盖，可将其倒置在分析台上，绝不允许将扁头玻璃磨口塞放在分析台上，以免沾污或搞错。

5.1.1.2 转移

用固体物质配制一定体积的标准溶液时，先将准确称取的固体物质置于小烧杯中。用水或其他溶剂将其溶解。然后再将溶液定量转移到预先洗净的容量瓶中，转移溶液的操作方法如图 5-3 所示。一手将一根玻璃棒伸入容量瓶内，使其下端靠着瓶颈内壁，并尽可能地接近标线，上部不碰瓶口。另一手拿着烧杯，让烧杯嘴贴紧玻璃棒，慢慢倾斜烧杯，使溶液沿着玻璃棒和容量瓶内壁流入。待溶液流完后，将烧杯沿玻璃棒轻轻上提，同时将烧杯直立，使附在玻璃棒和烧杯嘴之间的液滴流回到烧杯中，再将玻璃棒放回烧杯。残留在烧杯内的少许溶液，可

图 5-1 试漏和摇匀

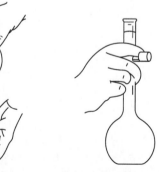

图 5-2 容量瓶的夹持

图 5-3 溶液转入容量瓶的操作

用洗瓶以少量蒸馏水将玻璃棒和烧杯内壁冲洗 5 次以上，再按上述方法将洗涤液全部转移合并到容量瓶中以完成定量转移。操作时，切勿使溶液流到烧杯或容量瓶外壁而引起损失。

5.1.1.3 定容

将溶液定量转入容量瓶后，加蒸馏水，稀释到容量瓶的 3/4 体积时，用右手食指和中指夹住瓶塞的扁头，把容量瓶拿起，按水平方向旋摇几周，使溶液大体混匀，这样可避免溶液混合后体积的改变。然后继续加蒸馏水至距离标线约 1cm 处，放置 1～2min，使附在瓶颈内壁的溶液流下后，再用细而长的滴管滴加蒸馏水至弯月面下缘与标线相切为止，盖紧瓶塞。无论溶液有无颜色，一律按照这个标准操作。即使溶液颜色比较深，但最后所加的蒸馏水位于溶液的最上层，而尚未与有色溶液混匀，所以弯月面下缘仍然非常清楚，不会有碍观察。观察时，视线应与标线的最低点相切。

若用容量瓶稀释溶液，则用移液管移取一定体积的浓溶液放入容量瓶中，再按上述方法稀释至标线。

5.1.1.4 摇匀

盖紧瓶塞，用一只手的食指按住瓶塞上部，其余四指拿住瓶颈标线以上部分。用另一只手的指尖托住瓶底边缘将容量瓶倒转，使气泡上升到顶部，同时将容量瓶振荡数次后使其正立如图 5-1 所示，待溶液完全流下至标线处，再次倒转过来进行振荡，如此反复多次，将溶液混合均匀。最后将容量瓶放正，打开瓶塞，使瓶塞周围的溶液流下后，重新盖紧瓶塞，再倒转过来振荡 1～2 次，使溶液全部混合均匀。

5.1.1.5 注意事项

① 不要把容量瓶当作试剂瓶使用，配制好的溶液应转移到清洁、干燥的磨口试剂瓶中保存。

② 若容量瓶内有未溶固体时，绝不能用加热的方法来加快容量瓶内固体溶质的溶解。不能将洗净的容量瓶放在烘箱中干燥，以免由于容积变化而影响测量的准确度。

③ 容量瓶用完后应立即用水冲洗干净，若长期不用，磨口塞处应衬有纸片，以免放置时间过久，塞子打不开。

④ 稀释溶液时，热溶液应先冷却至室温，然后再转入容量瓶中定容，否则，易造成体积误差。需要避光的溶液应使用棕色容量瓶配制。

5.1.2 移液管和吸量管的操作

移液管和吸量管都是用来准确移取一定体积溶液的量器。移液管是一根细长而中间膨大的玻璃管，在管的上端有一环形标线，膨大部分标有它的容积和标定时温度，表示在一定温度下（一般为 20℃）移出液体的体积，如图 5-4(a) 所示。

吸量管是具有分刻度的玻璃管，两头直径较小，中间管身直径相同，用以转移不同体积的液体，如图 5-4(b) 所示。

5.1.2.1 吸取溶液

洗净的移液管第一次移取溶液前，应先用吸水纸或滤纸将其尖端内外的水吸净，然后用待吸溶液将移液管洗涤 2～3 次，以保证移取的溶液浓度不变。

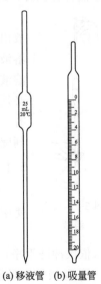

(a)移液管 (b)吸量管

图 5-4 移液管和吸量管

图 5-5 吸取溶液

吸取溶液时，一般用右手的大拇指和中指拿住移液管管颈标线以上处，将移液管的下口插入待吸溶液液面以下 1～2cm 处，并使移液管尖端随液面下降而下降，左手拿洗耳球，将食指或拇指放在球体上方，先把球内空气压出，然后把球的尖端接到移液管的上管口，慢慢松开手指，溶液逐渐吸入管内，如图 5-5 所示。先吸入移液管容积的 1/3 左右，迅速移去洗耳球，用右手食指按住上管口，将移液管由待吸溶液中取出后横持，左手扶住管的下端，慢慢松开右手食指，一边转动管子，一边降低上管口，使溶液接触到标线以上部位，布满全管内壁，以置换内壁上的水分。然后将吸取的溶液从移液管的下口放出并弃去，如此 2～3 次后，才可将溶液吸至标线以上。吸取溶液时，移液管不要插入太浅或太深。太浅会因液面下降后产生吸空，把溶液吸到洗耳球内而被污染；太深会使管外壁黏附溶液过多，影响量取溶液体积的准确性。

5.1.2.2　调节液面

当液面上升到标线以上时，移去洗耳球，立即用右手的食指按住管口，大拇指和中指拿住移液管标线的上方，左手改拿盛待吸溶液的容器，将移液管提出液面，并将管下部伸入溶液的部分沿待吸液容器内壁轻转两圈，以除去管外壁上的溶液。然后使容器倾斜成约 45°，移液管尖端紧靠在容器的内壁上，并保持管身垂直，此时微微放松右手食指，并用拇指和中指轻轻转动移液管，让溶液缓慢流出，使液面平稳下降，直到溶液的弯月面与标线相切时，立即用食指压紧管口，取出移液管，插入承接溶液的器皿中。

5.1.2.3　放出溶液

把吸有一定体积溶液的移液管插入承接溶液的容器中时，左手则改拿接收容器，并将接收容器倾斜，移液管保持垂直，使移液管尖端紧贴接收容器内壁，松开右手食指，让管内溶液自然地全部沿器壁流下，如图 5-6 所示。待液面下降到管尖时，再等 15s 后取出移液管。除特别注明需要吹的移液管以外，管尖最后留有的少量溶液不能吹入接收容器中，因为在校正移液管容积时，这部分溶液没计算进去。

图 5-6　放出
溶液

用吸量管吸取溶液、调节液面至最上端标线的操作方法与移液管相同。放出溶液时，用右手食指控制管口，使管内液面沿接收器内壁慢慢下降，至溶液的弯月面与所需刻度线相切时，立刻按紧管口，取出吸量管，移入接收溶液的容器中。如吸量管分刻度标到管尖，且管口上标有"吹"字，使用时必须使管内的溶液全部流出，末端的溶液也必须从管口吹出，不许保留。还有一种吸量管，分刻度标到离管尖尚差 1～2cm 处，使用时不要使液面降到刻度线以下，即刻度线以下的少量溶液不应放出。

5.1.2.4　注意事项

① 在同一试验中，应尽可能地使用同一支吸量管的同一段，并且尽量使用吸量管的上端部分，而不用末端收缩部分。

② 若短时间内不用移液管或吸量管吸取溶液时，应立即用自来水和蒸馏水依次冲洗干净，放在移液管架上。

③ 移液管和吸量管都是量器，不允许放在烘箱中烘干。移液管和容量瓶一般应配合使用，因此，使用前应做相对容积的校准。

④ 为了减小测量误差，使用吸量管吸取溶液时，每次都应以最上方的刻度为起始点，往下放出所需的体积。

5.1.3 滴定管的操作

5.1.3.1 滴定管的准备

（1）酸式滴定管的准备

① 涂油。为了使滴定管旋塞转动灵活并克服漏水现象，应在玻璃活塞上涂抹一薄层凡士林或真空油脂。酸式滴定管涂油的操作方法如图 5-7 所示，将活塞取出，用滤纸或干净的小卷把活塞和活塞槽内壁的水擦干，将滴定管横置，以免滴定管壁上的水再流入活塞槽。用手指蘸取少量油脂，在活塞的两头均匀地涂一薄层，或者用手指蘸取少量油脂，在活塞的大头涂抹一圈，另用玻璃棒或火柴梗将少量油脂涂抹在活塞槽的小口内侧。不论采用哪种方法，都不要将油脂涂在活塞孔上下两侧，以免旋转时堵塞活塞孔。油脂涂得太多，会堵塞活塞孔；涂得太少，活塞转动不灵活，易漏水。

涂油后，将活塞径直插入活塞槽，使活塞孔与滴定管平行，然后向同一方向旋转活塞柄，直到活塞和活塞槽上的油膜均匀透明、没有纹络为止。最后用小橡皮圈套住活塞，将其固定在活塞槽内，以防止活塞脱落打碎。

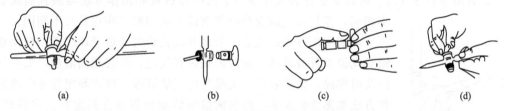

(a)　　　　　　　(b)　　　　　　　(c)　　　　　　　(d)

图 5-7　酸式滴定管涂油操作示意图

② 试漏。酸式滴定管使用前，应先检查活塞转动是否灵活，然后检查活塞处是否漏水。试漏的操作方法是先将活塞关闭，在滴定管内装入蒸馏水至"0"刻度以上，把滴定管垂直固定在滴定管架上，静置约 2min，观察下管口有无水滴滴下，活塞两端缝隙中是否有水渗出。然后将活塞转动 180°，静置 2min，再观察一次，若前后两次均无漏水现象，而且活塞转动灵活，即可使用。否则，须将活塞取出，重新涂油并试漏合格后再使用。

③ 装溶液和赶气泡。准备好的滴定管即可装入标准溶液。装入前应将试剂瓶中的标准溶液摇匀，使凝结在瓶内壁的水珠混入溶液，这在天气较热、室温变化较大时更为必要。为了除去滴定管内壁残留的水分，确保标准溶液浓度不变，用摇匀后的标准溶液将滴定管润洗2~3次，每次约用5~10mL。操作时，先从下口放出少量溶液，以冲洗活塞下面的尖嘴部分。然后关闭活塞，两手平端滴定管，慢慢转动，使溶液接触全管内壁 1~2min，以便与原来残留的溶液混合均匀，最后关闭活塞，将溶液从上管口倒出弃去，尽量倒净后再进行第 2次润洗，每次都要打开活塞冲洗尖嘴部分，如此润洗 3 次后，方可装入标准溶液至"0"刻度以上。

装入标准溶液时，应将试剂瓶内的标准溶液直接倒入滴定管中，不得借用其他器皿如漏斗、烧杯等来转移，以免标准溶液浓度改变或造成污染。操作时，用左手前三指持滴定管上部无刻度处，并稍微倾斜，右手拿住细口瓶往滴定管中倒溶液。小试剂瓶可以用手握住瓶身，大试剂瓶则应放在分析台上，手拿瓶颈使瓶身慢慢倾斜，让溶液沿着滴定管内壁慢慢流下。

装好标准溶液后，应注意检查滴定管尖端内有无气泡，酸式滴定管尖嘴及活塞部分透明，气泡容易看见，但在活塞孔中暗藏的气泡则不容易看出，只有从出口管放出溶液时才能看见。如有气泡，应及时排除。为了赶除气泡，使溶液充满出口管，应用右手拿住酸式滴定管上部无刻度处，并使滴定管倾斜约30°，在其下面放一承接溶液的烧杯，用左手迅速打开活塞，使溶液很快冲出，将气泡带走。若气泡仍未能排出，可重复操作。如仍不能将溶液充满出口管，则可能因出口管未洗干净，必须重新洗涤。

排除气泡后，再加入标准溶液，使之在"0"刻度以上，并调节液面在"0"刻度处，备用。

（2）碱式滴定管的准备

① 试漏。装配碱式滴定管时，应首先选择配套的玻璃珠和乳胶管，玻璃珠过大则不易操作，过小又容易漏水。然后将选好的玻璃珠放在乳胶管内，把乳胶管、尖嘴管和滴定管主体连接起来。装配好后，要检查滴定管是否漏水，液滴能否灵活控制，如不符合要求，则应重新装配。

碱式滴定管试漏的方法是在滴定管内装入蒸馏水至"0"刻度线上，把滴定管垂直夹在滴定管架上，静置2min，仔细观察刻度线上的液面是否下降，滴定管下端的尖嘴上有无水滴滴下。如漏水，则应调换胶管内的玻璃珠，选择一个大小合适而且比较圆滑的玻璃珠配上再试，直到符合要求为止。

② 装溶液和赶气泡。碱式滴定管装入标准溶液的操作过程和操作方法与酸式滴定管基本相同，但检查气泡及赶除气泡的方法与酸式滴定管却不相同。

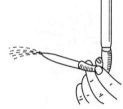

碱式滴定管中的气泡一般藏在乳胶管内的玻璃珠附近，使用前必须对光检查乳胶管或尖嘴管内是否有气泡，是否充满溶液，如有气泡应及时排除，使乳胶管、尖嘴管内充满溶液。碱式滴定管赶气泡的操作方法如图5-8所示，将装满溶液的滴定管垂直固定在滴定管架上，用左手拇指和食指捏住玻璃珠所在部位稍上处，使乳胶管向上弯曲，尖嘴管倾斜向上，用力往一旁挤捏乳胶管，使溶液从管口喷出，一边挤捏乳胶管，一边将乳胶管放直，待乳胶管放直后，才能松开左手拇指和食指，否则尖嘴管内仍会有气泡。

图5-8　赶气泡

5.1.3.2　滴定操作

进行滴定操作时，应将滴定管垂直夹在滴定管架上，用左手滴定，右手摇瓶，滴定最好在锥形瓶中进行，必要时也可在烧杯中进行。滴定前，应将滴定管液面调节到0.00mL刻度处或记下滴定管液面的初读数，在一干净烧杯内壁靠近引流悬在滴定管尖端的液滴，滴定时，应使滴定管尖嘴部分伸入锥形瓶口或烧杯口下1~2cm处。

使用酸式滴定管的滴定操作如图5-9(a)所示，用左手控制滴定管的活塞，大拇指在前，食指和中指在后，轻轻向内扣住活塞，无名指和小拇指向手心弯曲，贴着尖嘴管，手心空握，切勿使手心顶着活塞，以免活塞松动或将活塞顶出，造成漏水。但也不要过分往里扣，以免造成活塞转动困难，不能操作自如。右手握持锥形瓶，边滴边摇动（或搅动），使瓶内溶液混合均匀，有利于滴定反应进行。摇动时，应微动腕关节，向同一方向做圆周旋转，而不能前后振动，以免将溶液溅出，且勿使瓶口接触滴定管。刚开始滴定时，溶液滴出的速度可以稍快些，滴定速度一般以3~4滴/秒为宜。临近滴定终点时，滴定速度应减慢，要一滴一滴地加入，每加入一滴，即摇几下，并用洗瓶吹入少量蒸馏水冲洗锥形瓶内壁，使附着在瓶内壁的溶液全部流下，然后再摇动锥形瓶，最后，应半滴半滴地加入，直至准确到达滴定终点为止。

使用碱式滴定管的滴定操作如图 5-9（b）所示，用左手无名指和小拇指夹住尖嘴管，大拇指在前，食指在后，捏住胶皮管内玻璃珠所在部位，往一旁捏挤乳胶管，使乳胶管和玻璃球之间形成一条缝隙，溶液即从缝隙处流出。操作时应注意不要用力捏玻璃珠，不能使玻璃珠上下移动；不能捏到玻璃珠下部的乳胶管，以免空气进入形成气泡；停止滴定时，应先松开大拇指和食指，然后再松开无名指和小拇指。

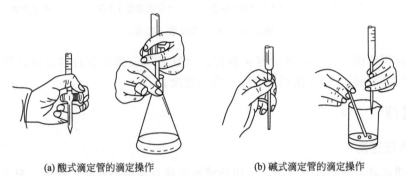

(a) 酸式滴定管的滴定操作　　　　　　　(b) 碱式滴定管的滴定操作

图 5-9　滴定操作

无论使用哪一种滴定管，都必须掌握下面三种滴加溶液的操作技能：a. 逐滴连续滴加；b. 只加一滴；c. 使液滴悬而未落，即加半滴。半滴的滴法是控制活塞转动，使半滴溶液悬于管口，将锥形瓶内壁与管口接触，使溶液流出，并以蒸馏水冲下。

5.1.3.3　滴定管的读数

由于水溶液附着力和内聚力的作用，滴定管内的液面呈弯月形。无色水溶液的弯月面比较清晰，有色溶液的弯月面清晰程度较差，因此，两种情况的读数方法稍有不同。为了正确读数，应遵守下列规则。

① 装入或放出溶液后，必须等 $1\sim2\mathrm{min}$，使附着在内壁的溶液流下来，再进行读数。如果放出溶液的速度较慢，如临近滴定终点，每次只加半滴溶液时，只用等待 $0.5\sim1\mathrm{min}$，即可读数。每次读数前都要检查一下管内壁是否挂有液滴，管尖是否有气泡。

② 读数时，滴定管可以夹在滴定管架上，也可以用手拿住滴定管上部无刻度处，无论采用哪一种方法，均应使滴定管保持垂直。

③ 对于无色或浅色溶液，应读取弯月面下缘实线的最低点，为此，读数时视线应与弯月面下缘实线的最低点相切，即视线与弯月面下缘实线的最低点在同一水平面上，如图 5-10（a）所示。对于有色溶液，如 $KMnO_4$、I_2 溶液等，应读取液面两侧的最高点，读数时，视线应与液面两侧的最高点相切，如图 5-10（b）所示。初读和终读应采用同一标准。

④ 对于蓝线衬背滴定管，装无色溶液时，应读取蓝线上下两尖端的相交点，读数时，视线应与蓝线上下两尖端的相交点在同一水平面上，如图 5-10（c）所示。若装有色溶液，在读数时视线应与液面两侧的最高点相切。

⑤ 为了便于读数，可采用读数卡。对无色或浅色溶液，可以用黑色读数卡作为背景，读数时，将读数卡放在滴定管背后，使黑色部分在弯月面下约 1mm 处，此时弯月面的反射层全部成为黑色，然后读取与此黑色弯月面下缘的最低点相切的刻度，如图 5-10（d）所示。对于深色溶液，可以用白色读数卡作为背景，读取与液面两侧最高点相切的刻度。

⑥ 滴定时，每次都应从 0.00mL 开始或从接近 "0" 刻度的任一刻度开始，这样可以固

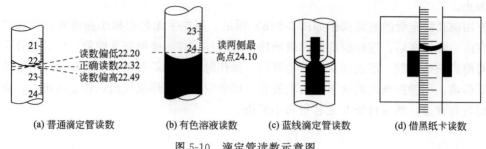

(a) 普通滴定管读数　　(b) 有色溶液读数　　(c) 蓝线滴定管读数　　(d) 借黑纸卡读数

图 5-10　滴定管读数示意图

定在某一段体积范围内滴定，减少测量误差。读数必须读到小数后第二位，即要求估计到 0.01mL，估计读数时，应考虑到刻度线本身的宽度。

5.1.4　过滤

5.1.4.1　常压过滤

常压过滤是最简便的过滤方法，所用的滤器是贴有滤纸的漏斗，滤纸一般选用粗滤纸或定性滤纸，漏斗应选用内角 60°的普通玻璃漏斗，常压过滤装置如图 5-11 所示。过滤操作分为以下几步（亦可详见 6.1.1.4 节相关内容）。

（1）滤纸的折叠和安放

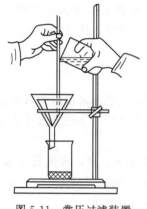

图 5-11　常压过滤装置

将滤纸对折两次（若滤纸不是圆形，则对折两次后应剪成扇形），拨开一层即成圆锥形，内角呈 60°（若漏斗内角不标准，则应改变滤纸折叠角度，使之能配合所用的漏斗），一面是三层，一面是一层，在三层的一面撕去一个小角，然后把这个圆锥形滤纸放入干燥的漏斗中，三层的一面应放在漏斗颈末端短的一边，使滤纸与漏斗壁靠紧。用左手食指按住滤纸，右手持洗瓶吹出（或挤出）少量蒸馏水将滤纸浸湿，再用手指或玻璃棒轻压滤纸四周，使其紧贴在漏斗壁上。此时滤纸与漏斗应当密合，其间不应留有空气泡，滤纸边一般应低于漏斗边 3～5mm。

（2）过滤水柱的制作

滤纸放入漏斗后，用手按紧使之密合，然后用洗瓶加水润湿全部滤纸，用手指轻压滤纸赶去滤纸与漏斗壁间的气泡，然后加水至滤纸边缘，此时漏斗颈内应全部充满水，形成水柱。滤纸上的水已全部流尽后，漏斗颈内的水柱应仍能保持，这样，由于液体的重力可起抽滤作用，加快过滤速度。若形不成水柱，可用手指堵住漏斗下口，稍掀起滤纸的一边，用洗瓶向滤纸和漏斗间的空隙内加水，直到漏斗颈及锥体的一部分被水充满，然后边按紧滤纸边慢慢松开堵住出口的手指，此时水柱应该形成。如仍不能形成水柱，或水柱不能保持，而漏斗颈确已洗净，则是因为漏斗颈太大，应更换漏斗。

（3）过滤和洗涤

① 将准备好的漏斗放在漏斗架上（放在固定于铁架台上的铁圈上），把接收滤液的干净烧杯放在漏斗下面，并使漏斗管末端长的一边紧靠烧杯内壁，这样，滤液可以顺着烧杯壁流下，不致外溅。

② 采用倾泻法过滤。过滤前，尽量使烧杯内溶液中的沉淀下降，过滤时，不要搅动沉

淀，先将沉淀上面的清液小心地沿玻璃棒流入滤纸上。玻璃棒下端应对着三层滤纸的一边，并尽可能地接近滤纸，但不能与滤纸接触。倾入漏斗中的溶液液面应低于滤纸上缘约5mm，切勿超过滤纸边缘。

③ 待上层清液过滤完后，在盛有沉淀的烧杯中加入少量的蒸馏水，搅拌混合，然后将沉淀连同溶液一起倾入漏斗中。用洗瓶吹入少量蒸馏水，洗涤烧杯和玻璃棒2~3次。将洗涤液也倾入漏斗中。

④ 待洗涤液过滤完后，再用洗瓶吹出少量蒸馏水，在漏斗中洗涤滤纸和沉淀1~2次，直到洗涤液过滤完为止。

倾泻法过滤能够防止沉淀物堵塞滤纸的滤孔而减慢过滤速度。

5.1.4.2 减压过滤

减压过滤不仅可以加快过滤速度，还可以把沉淀抽吸得比较干燥。它的原理是水泵有一狭窄口，当水急剧流经这一狭窄口时，空气即被水带出而使吸滤瓶内的压力减小，造成负压，大大加快过滤的速度（其装置见图5-12）。安全瓶的作用是防止水泵中的水倒流入吸滤瓶，布氏漏斗是瓷质的，中间是有许多小孔的瓷板，以便使溶液通过滤纸从小孔流出。

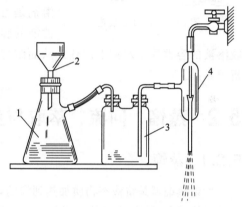

图 5-12　抽气过滤装置
1—吸滤瓶；2—布氏漏斗；3—安全瓶；
4—水压真空抽气泵

（1）吸滤操作及注意事项

① 检查安全瓶的长管是否与水泵相接，短管是否与吸滤瓶相接，布氏漏斗的颈口是否与吸滤瓶的支管相对，全部装置是否严密、不漏气。

② 贴好滤纸。滤纸的大小应剪得比布氏漏斗的内径略小，以恰好能盖住布氏漏斗瓷板上所有小孔为宜。把滤纸放入漏斗内，用洗瓶吹出少量蒸馏水将滤纸润湿，微开水泵，使滤纸紧贴在漏斗的瓷板上，然后才能开始过滤。

③ 过滤时，应采用倾泻法。先将澄清的溶液沿玻璃棒倒入漏斗中，注意倾入漏斗中的溶液不应超过漏斗容量的2/3，待溶液滤完后，再将沉淀移入滤纸的中间部分，并将其在漏斗中铺平，继续抽吸，至沉淀比较干燥为止。

④ 过滤时，吸滤瓶内的滤液面不能达到支管的水平位置，否则滤液将被水泵抽出。因此，当滤液快上升到吸滤瓶的支管处时，应拔去吸滤瓶支管上的橡皮管，取下漏斗。从吸滤瓶的上口倒出滤液后，再继续吸滤。须注意，从吸滤瓶的上口倒出滤液时，吸滤瓶的支管必须向上。

⑤ 在吸滤过程中，不得突然关闭水泵。如欲取出滤液或需要停止吸滤，应先将吸滤瓶支管上的橡皮管拆下，然后再关上水泵。否则，水将倒灌，进入安全瓶。

⑥ 为了尽量抽干漏斗上的沉淀，最后可用一个干净平顶试剂瓶塞挤压沉淀。应选择管壁较厚的橡皮管连接吸滤瓶、安全瓶和水泵，否则，连接管可能被大气压扁而影响抽气。

⑦ 过滤完毕，应先将吸滤瓶支管上的橡皮管拆下，关闭水泵，再取下漏斗，将漏斗的颈口向上，轻轻敲打漏斗边缘，即可使沉淀脱离漏斗，落入预先准备好的滤纸上或容器中。

（2）在布氏漏斗内洗涤沉淀

在布氏漏斗内洗涤沉淀时，应先拔掉吸滤瓶支管上的橡皮管，关闭水泵，停止吸滤。加

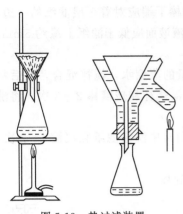

图 5-13　热过滤装置

入少量的洗涤液润湿沉淀，然后再接上橡皮管，慢慢打开水泵，稍微抽吸，使洗涤液慢慢通过全部沉淀，最后开大水泵，抽吸干燥。如沉淀需洗涤多次，则重复以上操作，直至达到要求为止。

5.1.4.3　热过滤

对于过滤过程中随着温度的降低容易在滤纸上析出结晶的热溶液，可采用热过滤装置，如图 5-13 所示。热过滤是把玻璃漏斗套在一个金属制的热水漏斗里，套的两壁之间充满热水。如果溶剂是水，可直接加热热水漏斗的侧管。如果溶剂是可燃性有机物，则不能用明火加热，可将漏斗和接收滤液的容器在低于溶剂沸点的温度下预先加热，也可以把接收溶液的容器置于水浴上加热，从而维持热溶液的温度，防止热溶液在过滤时因温度降低而析出结晶。

5.2　蒸馏、回流、萃取与重结晶

5.2.1　蒸馏

所谓蒸馏就是将液态物质加热到沸腾，使其变为蒸气，再将蒸气冷却重新变为液体的这两个过程的联合操作。如把沸点差别很大的液体混合物蒸馏时，沸点低的先蒸出，沸点高的后蒸出，不挥发的留在蒸馏器内，这样，可达到分离和提纯的目的。显然，通过蒸馏可将易挥发的和不挥发的物质分离开来，也可利用液体混合物中各组分在沸点上的差异而将它们分离，所以，蒸馏是提纯物质和分离混合物的一种常用方法。这种操作技术可以在常压、减压下进行。

5.2.1.1　常压蒸馏装置

常压蒸馏装置如图 5-14 所示，由温度计、蒸馏烧瓶、冷凝管和接收器组成。

（1）温度计

温度计用于测量蒸馏烧瓶内蒸气的温度。温度计量程的选择，一般较被蒸馏液体的沸点高出 10～20℃（当蒸馏混合液体时，温度计应以沸点高的组分为准），不宜高出过多，因为温度计的测量范围越大，则精确度就越差。在蒸馏过程中，温度计的水银球应全部浸没于蒸气中，安装时，水银球与毛细管的结合点恰好在蒸馏烧瓶支管的中心轴线上。

（2）蒸馏烧瓶

蒸馏烧瓶用来盛放和加热被蒸馏的液体，一般应选用具有支管的圆底烧瓶。液体在烧瓶内受热气化，蒸气经支管进入冷凝管，支管与冷凝管靠单孔软木塞子相连，支管伸出塞子外约 2～3cm。

如果在普通圆底烧瓶瓶口配一双孔软木塞，一孔插入温度计，另一孔插入蒸气导出管，亦可作蒸馏烧瓶用。常用的圆底烧瓶有长颈式和短颈式两种，长颈式蒸馏烧

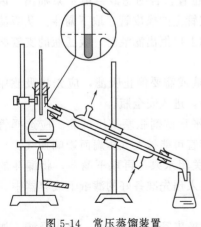

图 5-14　常压蒸馏装置

瓶适用于蒸馏沸点较低的液体化合物，短颈式蒸馏烧瓶适用于蒸馏沸点较高（120℃以上）的液体化合物。

（3）冷凝管

冷凝管用来把蒸气冷凝成液体，当液体蒸馏物的沸点在150℃以下时，应选用直形冷凝管，用冷水冷却最为适宜。直形冷凝管的长短和粗细一方面取决于液体蒸馏物沸点的高低，即沸点越低，蒸气越不易冷凝，应选择较长、较粗的冷凝管；相反，沸点越高，蒸气越容易冷凝，应选择较短和较细的冷凝管。另一方面取决于液体蒸馏物量的多少，蒸馏物的量越多，蒸馏烧瓶的容量就越大，烧瓶的受热面积也相应地增加，单位时间内从蒸馏烧瓶中排出的蒸气量也就越多，选择的冷凝管也应当长一些，粗一些。

在蒸馏大量的低沸点液体时，为加快蒸馏速度，可选用蛇形冷凝管进行冷却。但使用时，需要垂直装置，切不可斜装，以防止冷凝液停留在蛇形冷凝管内，阻塞通路，使蒸馏烧瓶内压力增大而发生事故。

当液体蒸馏物的沸点在150℃以上时，必须采用空气冷凝管。空气冷凝管的粗细和大小，也视蒸馏物的沸点及蒸馏烧瓶的容积而定。如果没有空气冷凝管，可用直径在0.7~1cm、长度40cm以上的玻璃管代替。

（4）接收器

接收器由接液管和锥形瓶组成，因其口小，蒸发面小，易于加塞，同时也易于放置。接液管和锥形瓶之间不可用塞子塞住，而应与外界大气相通。如果蒸馏易挥发的有毒物质，则全过程应在通风橱内进行。

5.2.1.2　常压蒸馏操作

（1）加料

将待蒸馏液通过玻璃漏斗或直接沿着面对支管口的瓶颈壁小心倒入蒸馏瓶中。要注意不能使液体从支管流出，液体加入量应为烧瓶容量的1/2~2/3，超过此量，在沸腾时溶液雾滴有被蒸气带至接收系统的可能，同时，沸腾剧烈时，液体容易冲出。

加入数粒止暴剂（助沸剂）如素烧瓷片、沸石或一端封闭的毛细管等，以防止加热蒸馏时因过热而出现暴沸现象，使蒸馏瓶内压力突然增大，轻则将液体冲出接收系统，重则使蒸馏烧瓶炸裂。

将配有温度计的塞子塞入蒸馏瓶口后，再一次仔细检查装置是否稳妥正确，各仪器之间的连接是否紧密，有无漏气现象。

（2）加热

用冷水冷却蒸气时，在加热蒸馏之前，先由冷凝管下口缓缓地通入冷水，再把上口流出的水引入水槽中。然后开始加热，最初宜用小火，以免蒸馏烧瓶因局部过热而破裂。慢慢增大火力使烧瓶内的液体逐渐沸腾，蒸气逐渐上升，当蒸气顶端到达温度计和水银球部位时，温度计读数急剧上升，此时，应调节火焰或调整加热电炉的电压，使蒸馏速度以每秒钟从接液管滴1~2滴馏液为宜。在整个蒸馏过程中，应使温度计水银球上常有被冷凝的液滴，此时温度计的读数就是液体（馏出液）的沸点。

（3）观察沸点和收集馏液

蒸馏前，至少应准备两个接收器，因为在达到需要物质的沸点之前，常有沸点较低的液体先蒸出，这部分馏液称为"前馏分"。前馏分蒸完，温度趋于稳定后，蒸出的就是较纯的物质，这时应更换一个洁净而干燥的接收器接收馏液。记下这部分液体开始馏出时和最后一滴流出时的温度，即为该馏分的沸程。

在所需要的馏分蒸出后，若维持原来的加热温度，就不会再有馏液蒸出，温度计读数会急剧下降，这时就应停止蒸馏。即使杂质含量较少，也不要蒸干，以免蒸馏瓶破裂而发生意外事故。

（4）蒸馏完毕，应先停火，然后停止通水，拆下仪器

其程序和装配时相反，即依次取下接收器、接液管、冷凝管和蒸馏烧瓶等。将拆下的仪器洗净，干燥，以备下次再用。

5.2.1.3　常压蒸馏过程中应注意的事项

在常压蒸馏过程中，除遵照有关的防火防爆措施外，还应注意以下两点：

① 蒸馏液体有机物时，应当选用适当的加热浴进行间接加热。液体的沸点在 85℃ 以下，可以用水浴或水蒸气浴；液体的沸点在 85～200℃，可以用油浴；沸点超过 200℃ 时，可选择沙浴或其他热浴。蒸馏烧瓶在加热浴中应浸入至接近蒸馏液面，烧瓶底部与加热浴底部应保持一定的距离，测量加热浴温度的温度计水银球应浸于加热浴介质的一半深度处，加热浴的温度必须高于蒸馏液的沸点，但一般不能比蒸馏液沸点高出 30℃，否则，会因蒸馏速度太快，导致烧瓶炸裂，甚至引起燃烧爆炸等事故，同时蒸馏物也因过热而发生分解。

② 蒸馏低沸点液体（沸点接近室温）时，通过冷凝管的水必须经冰水冷却，并将接收器浸在冰浴内。沸点在 70℃ 以下时，冷水通过冷凝管的速度要快；沸点在 100℃ 上下时，通过冷凝管的水流中等；沸点在 100～120℃ 时，通过冷凝管的水流应减慢，太冷和太快的水流，可能导致冷凝管的炸裂；沸点在 120～150℃ 时，通过冷凝管的水流应当很慢，以冷凝管外壳微温为宜；沸点接近 150℃ 时，可考虑改用空气冷凝管。

5.2.2　回流

在需要较长时间加热的反应或放热反应中，为了防止液体挥发损失，常常在反应烧瓶上竖直地加设直形冷凝管或球形冷凝管。操作低沸点的物质如乙醚、甲醇等，用冷水冷凝，对于高沸点的液体物质则用空气冷凝。

常用的回流装置如图 5-15 所示。

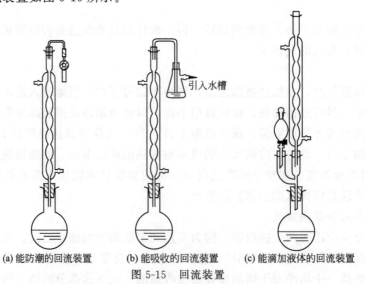

(a) 能防潮的回流装置　　(b) 能吸收的回流装置　　(c) 能滴加液体的回流装置

图 5-15　回流装置

回流加热前，应加入沸石、瓷片等助沸剂，以防止烧瓶内液体暴沸。热源可根据反应烧瓶内液体沸腾时的温度选用水浴、油浴、石棉网等间接加热方式或直接加热方式。回流的速度应控制在液体蒸气浸润不超过两个球为宜。安装回流装置时，首先应根据热源的高低，用铁夹夹住圆底烧瓶的瓶颈，垂直固定于铁架台上。铁架台正对分析台面，不能歪斜，否则，重心不一致，装置不稳。然后把配置有软木塞的球形冷凝管下端正对烧瓶口，用铁夹垂直固定在烧瓶上方。再放松铁夹，将冷凝管放下，把附在冷凝管下端的软木塞塞入烧瓶口，塞紧后，再将铁夹旋紧，固定好冷凝管，铁夹一般夹在冷凝管的中部偏上一些。最后按图5-15(a)在冷凝的顶端装干燥管。

5.2.3 萃取

用适宜的溶剂把指定物质从固体或液体混合物中提取出来的操作叫作萃取。在萃取分离法中，目前应用最广泛的是液-液萃取分离法，亦称溶剂萃取分离法。这种方法是用一种与水不相溶的有机溶剂和试液一起混合振荡，然后搁置分层。这时，一些组分进入有机溶剂中，另一些组分仍留在试液中，从而达到分离的目的。

5.2.3.1 萃取溶剂的选择

萃取溶剂的选择必须根据被萃取物质在此溶剂中的溶解度而定，被萃取的物质在萃取溶剂中的溶解度越大，则萃取效率越高。一般水溶性较小的物质可用石油醚萃取，水溶性较大的物质可用苯或乙醚萃取，水溶性极大的物质可用乙酸乙酯萃取。第一次萃取时使用溶剂的量常常要比以后几次多一些，主要是为了补充由于它稍溶于水而引起的损失。

萃取溶剂不但要能很好地溶解被萃取的物质，而且对杂质的溶解度要小，和水的密度差别要大，黏度要小，便于分层，有利操作。同时其挥发性及毒性要小，而且不易燃烧，具有一定的化学稳定性。

5.2.3.2 萃取装置

选择一个比萃取溶液体积大1～2倍的分液漏斗，置于固定在铁架台上的铁圈中，在其下面放一清洁干燥的烧杯，并使漏斗末端的脚口与烧杯壁紧贴。通常使用60～125mL的梨形分液漏斗，如图5-16所示。

（1）分液漏斗的作用

① 分离两种互不相溶的分层液体。

② 用有机溶剂从水溶液中萃取有机物。

③ 代替滴液漏斗，用来滴加某种试剂。

④ 用水、酸、碱等溶液洗涤某种产品。

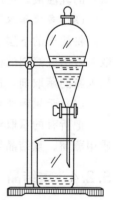

图5-16 萃取装置

（2）使用分液漏斗时应注意的事项

① 使用前必须检查玻璃塞和活塞是否紧密，有无漏水现象。若活塞漏水，应将活塞取下，用纸或干布擦干净，薄薄地涂一层润滑脂，注意不要涂入活塞孔中，插上活塞后转动数圈，使润滑脂均匀分布，活塞呈透明时，方可使用，漏斗上端的玻璃塞不可涂润滑脂。

② 不能把活塞上涂有润滑脂的分液漏斗放在烘箱中干燥。不能用手拿分液漏斗的下端。不能用手拿住分液漏斗的膨大部分进行萃取操作。

③ 分液时，先打开上端的玻璃塞，再开启下端的活塞。上层的液体应从漏斗的上口倒出，不能从分液漏斗下端的脚口放出。

5.2.3.3 萃取操作

目前应用最广泛的萃取方法是单效萃取法，也称间歇萃取法。

（1）萃取

移取一定体积的被萃取物质的水溶液和萃取溶剂，依次自上口倒入分液漏斗中，塞紧玻璃塞后，取下分液漏斗，用右手按住漏斗上端的玻璃塞，左手握住漏斗下端的活塞，倾斜倒置如图 5-17(a) 所示。上下轻轻振荡数次，开启活塞，朝无人处放出因振荡而产生的过量气体，以解除分液漏斗内的压力，这种操作称为"放气"，如图 5-17(b) 所示。放气后，关闭活塞，继续振荡。如此重复操作，直至放气时只有很小的压力，然后再剧烈振摇 2～3min，使两种液体充分接触，提高萃取效率。

(a) 倾斜装置　　　　　　　　　　　　(b) 放气

图 5-17　萃取操作

（2）分液

将分液漏斗静置于铁圈上，当溶液分成两层后，先打开漏斗上端的玻璃塞，再缓缓旋开下端的活塞，使下层的水溶液慢慢流入烧杯中。分液时，一定要尽可能地分离干净，不能让被萃取的物质损失，也不要让其他的干扰组分混入。在两种液体的交界处，有时会出现一层絮状的乳浊液，也应同时放去。然后将上层液体从漏斗上口倒入另一干净的容器中。

（3）多次萃取

将放出的下层水溶液倒回分液漏斗中，加入新的萃取剂，用同样的方法进行第二次萃取。若萃取溶剂的密度大于水溶液的密度，则在第一次萃取后，将上层水溶液仍留漏斗内，加入新的萃取剂，进行第二次萃取，萃取的次数一般为 3～5 次。

（4）干燥和纯化

把所有的萃取液合并，加入合适的干燥剂干燥，蒸去溶剂。再把萃取所得的物质视其性质用蒸馏、重结晶等方法纯化。

5.2.4　重结晶

重结晶是分离和提纯固体化合物的一种重要方法。是利用混合物中各组分在某种溶剂中溶解度的不同而使它们互相分离，全部操作过程可概括为首先选择适当的溶剂，在其沸点或接近沸点的温度下，将需要纯化的固体物质溶解于热溶剂中，制成热饱和溶液。接着趁热过滤，以除去溶液中的不溶性杂质。然后，冷却滤液或蒸发溶剂，使被提纯物质的溶解度降低，溶液变成过饱和溶液而析出结晶。对溶解度较大、溶解量较少的杂质，还未达到过饱和程度，则仍留在母液中。最后抽气过滤分离母液，洗涤并分出结晶予以干燥，从而达到分离提纯的目的。

对于溶解度随着温度的升高而增大的物质，可以采用冷却热饱和溶液使溶质重结晶的方法进行分离提纯，那些温度对溶解度影响不大或者溶解度随温度升高而降低的物质，应采用蒸发溶剂、浓缩溶液、使溶质重结晶的方法进行分离提纯。

重结晶法只适用于纯化杂质含量在 5％以下的固体化合物。对于杂质含量较高的固体物质，必须先用其他的方法进行初步提纯，例如萃取、水蒸气蒸馏、减压蒸馏等，然后用重结晶法提纯。

5.2.4.1　溶剂的选择

在进行重结晶时，选择理想的溶剂是一个关键，否则，将达不到纯化的目的。作为理想溶剂，必须具备下列条件：

① 与要提纯的物质不起化学反应。

② 在较高的温度下能溶解较多的被提纯物质，而在室温或更低的温度下只能溶解少量的被提纯物质。

③ 对杂质的溶解度非常小时，则杂质在热溶剂中不溶，趁热过滤时被除去。对杂质的溶解度非常大时，则杂质在冷溶液中易溶，保留在母液中不随被提纯的物质一同析出。

④ 容易挥发、易与结晶分离除去。但沸点不宜过低，否则，溶解度改变不大，操作也不容易。

⑤ 对要提纯的物质能生成较整齐的晶体。

常用的溶剂有水、乙醇、丙酮、苯、乙醚、氯仿、乙酸、乙酸乙酯等。

5.2.4.2　固体（粗晶体）的溶解

将固体物质置于三角瓶中，加入较需要量稍少的适宜溶剂，边加入边搅拌，同时加热至微沸，若未完全溶解，可再分次逐渐加入溶剂，每次加入后仍需加热使溶液沸腾，直至固体物质完全溶解。要使重结晶得到的产品纯净和回收率高，溶剂的用量是个关键，一般用量可比需要量多加 20％左右。

为了避免溶剂的挥发、可燃溶剂着火或有毒溶剂中毒，应在三角烧瓶上装回流冷凝管，添加溶剂可由冷凝管上端加入。同时，应根据溶剂的沸点和易燃性，选择适当的热浴加热。若溶液中含有色杂质可先移去热源，使溶液冷却，然后加入活性炭，继续煮沸 5～10min，即可脱色。

5.2.4.3　热溶液的过滤

热溶液中的不溶性杂质一般可采用热过滤法来除去。常用的热过滤装置如图 5-13 所示。热过滤操作及其注意事项为：

① 为了加快过滤，应选用一颈短而粗的玻璃漏斗，以避免在过滤操作中晶体在漏斗颈部析出而造成阻塞。

② 过滤前，应把漏斗和接收滤液的锥形瓶放在烘箱中预热，待过滤时方可取出。漏斗可直接放在锥形瓶上，锥形瓶用小火直接加热，产生的热蒸气能维持漏斗内热溶液的温度。接收滤液的容器一般用锥形瓶，只有水溶液才用烧杯收集。

③ 过滤易燃溶剂的热溶液时，可将接收滤液的锥形瓶置于水浴上加热，或用预先烧热的热水漏斗过滤，切不可用明火直接加热。

④ 过滤前，应在漏斗内放好折叠滤纸，折叠滤纸向外突出的棱边应紧贴在漏斗内壁并先用少量的热溶剂湿润滤纸，以免干滤纸吸收溶液中的溶剂，使结晶析出堵塞滤纸孔。

⑤ 过滤时，应用表面皿盖在漏斗上，以减少溶剂的挥发。如过滤进行得顺利，滤纸上只有少量的结晶析出，若此结晶在热溶剂中的溶解度很大，则可用热溶剂冲洗下去，也可以弃去。如结晶较多，则必须用刮刀刮回到原来的瓶中，再加适量溶剂溶解并过滤。滤后，把盛有滤液的锥形瓶用洁净的木塞塞住，放置一旁冷却。

⑥ 对热饱和溶液进行常压过滤时，由于温度的下降和溶剂的蒸发，总会有一部分结晶在滤纸或漏斗中析出。为此，除了采用热过滤装置来维持热溶液的温度外，还可以适当地增加溶剂的用量，制备稀溶液，趁热过滤后再加以浓缩。

5.2.4.4 结晶的析出

将盛有滤液的容器浸到冷水浴中或冰浴中迅速冷却并剧烈搅动，可得到颗粒很小的晶体，晶体内包含的杂质较少，但因其总表面积较大而吸附了较多的杂质，所以冷却滤液时不宜过快，若希望得到均匀而较大的晶体，可将滤液在室温或将盛滤液的容器置于温浴中静置使之缓慢冷却，但冷却滤液也不宜太慢，否则，将形成过大的晶粒，也会因晶粒内包含有较多的母液而影响晶体的纯度。搅拌溶液、摩擦器壁有利于结晶的生成，静置溶液有利于大晶体的生成，特别是加入一小粒晶种时，更有利于晶体的生成。所以当滤液冷却至室温时，若仍不见晶体析出，可用玻璃棒轻轻摩擦容器内壁以形成粗糙面，因为溶质在粗糙面上形成结晶的过程比在平滑面上迅速。或者向滤液中投入极少量的晶种（同一物质的晶体），并用玻璃棒将其小心地拨到接近液面的容器内壁上，供给定型晶核，使晶体迅速形成。还可以将滤液加热浓缩，重新在室温下冷却。

5.2.4.5 晶体的滤集与干燥

为了使析出的晶体与母液有效地分离开来，通常采用布氏漏斗进行抽气过滤，同时用倒置的洁净平顶玻璃塞或玻璃棒挤压晶体，以尽量"榨干"母液。晶体表面上的母液可用少量的冷溶剂淋洗，待晶体被溶剂浸透后再进行抽滤，如此重复数次，即达目的。

抽滤和洗涤后的结晶，表面上还吸附有少量的溶剂，因此尚需用适当的方法进行干燥。固体的干燥方法很多，可根据重结晶所用的溶剂及结晶的性质来选择。常用的方法有以下几种：

① 空气晾干。将抽干的晶体连同滤纸一并取出，置于表面皿上铺成薄薄的一层，再用一张滤纸覆盖以免被灰尘污染，然后在室温下放置。一般要经过几天后才能彻底干燥。

② 烘干。热稳定性较好的固体化合物可以在低于该化合物熔点的温度下进行烘干。由于溶剂的存在，晶体可能在较其熔点低很多的温度下就开始熔化了，因此必须注意控制温度并经常翻动晶体。

③ 用滤纸吸干。若晶体吸附的溶剂在过滤时很难抽干，此时，可将晶体放在二三层滤纸上，再用滤纸挤压以吸出溶剂。这种方法的缺点是晶体上易附着一些滤纸纤维。

经干燥的晶体应小心地抖落到干净的器皿中待检。

5.3 自己动手加工实验用品

5.3.1 几种常用试剂的提纯方法

几种常用试剂的提纯方法见表5-1。

5.3.2 实验器具的加工

5.3.2.1 瓷坩埚和玻璃器具的编号技巧

① 用火柴棍蘸约10g/L的氯化铁水溶液（可加少许氯化钴），在洗净的瓷坩埚上写号，待干燥灼烧后即留下红色字迹。

表 5-1　几种常用试剂的提纯方法

试剂名称	提纯方法
盐酸	(1)恒沸蒸馏法 　　用离子交换水将一级盐酸按盐酸＋水＝7＋3 的体积比稀释。取 1.5L 倒入 2L 的石英或硬质玻璃蒸馏瓶中,用调压变压器调节温度,控制馏速为 200mL/h,弃去前段馏出液 150mL,取中段馏出液 1L 为产品。所得纯盐酸浓度为 6.5~7.5mol/L,Fe、Al、Ca、Mg、Cu、Pb、Zn、Co、Ni、Mn、Cr、Sn 的质量分数在 5×10^{-6}%~2×10^{-7}%以下。 　　如需除 As,蒸馏前如下处理:按体积加入 2.5% HNO_3(或 H_2O_2),或加 $KMnO_4$ 0.2g/L,放置 15min 后,按上法进行蒸馏(馏速控制在 100mL/h)。所得产品砷质量分数在 1×10^{-6}%以下。 (2)等温扩散法 　　在直径为 30cm 的玻璃干燥器中(内壁应涂敷白蜡以防止沾污),加入一级盐酸 3L,在瓷托板上放置盛有 300mL 离子交换水的聚乙烯或石英广口容器。盖好干燥器,在室温下放置 7~10d,所得产品浓度约为 9~10mol/L。Fe、Al、Ca、Mg、Cu、Pb、Zn、Co、Ni、Mn、Cr、Sn 的质量分数在 2×10^{-7}%以下
硝酸	在 2L 硬质玻璃蒸馏器中,加入一级硝酸 1.5L,以 200mL/h 的馏速进行蒸馏。弃去初馏分 150mL,收集中间馏分 1L。取 2L 中间馏分,放入 3L 石英蒸馏器中,置石蜡浴中进行蒸馏(馏速 100mL/h),弃初馏分 150mL,收集中间馏分 1.6L。Fe、Al、Ca、Mg、Cu、Pb、Zn、Co、Ni、Mn、Cr、Sn 的质量分数在 2×10^{-7}%以下。 　　欲制取不含卤素的硝酸,蒸馏前向蒸馏瓶中加少量 $AgNO_3$。欲制取不含硫的硝酸,则在蒸馏前加少量 $Ba(NO_3)_2$,放置 4h,倾出清液进行蒸馏
氢氟酸	(1)除去金属杂质 　　在铂蒸馏器中,加入一级氢氟酸 2L,以甘油浴加热,借可变调压器调节加热器温度,控制馏速为 100mL/h。弃去初馏分 200mL,用聚乙烯瓶收集中间少量 $AgNO_3$ 馏分 1.6L,按上述手段再蒸馏一次,弃去初馏分 150mL,收集中间馏分 1.25L 为产品。Fe、Al、Ca、Mg、Cu、Pb、Zn、Co、Ni、Mn、Cr、Sn 的质量分数在 1×10^{-6}%~2×10^{-7}%以下。 (2)除硅 　　在铂蒸馏器中,加入一级氢氟酸 750mL,加 NaF 0.5g,控制馏速为 100mL/h 进行蒸馏,弃初馏分 80mL,用聚乙烯瓶收集中间馏分 400mL 为产品。硅质量分数在 1×10^{-4}%以下。 (3)除硼 　　于铂蒸馏器中,加甘露醇 2g,一级氢氟酸 2L,控制馏速为 50mL/h 进行蒸馏。弃初馏分 200mL,收集中间馏分 1.6L,加 2g 甘露醇再蒸馏一次,弃初馏分 150mL,收集中间馏分 1.25L,产品含硼质量分数<10^{-9}%
氢溴酸	向双重硬质玻璃蒸馏器的第一级蒸馏瓶中加入 1.5L 氢溴酸,在石墨电炉上加热,控制馏速为 150~200mL/h,弃去 115℃以前的馏出液。当温度升至 115℃时,使第一级馏出液流入第二级蒸馏瓶。第二级蒸馏瓶中馏出液体积达 1L 时,开始加热第二级蒸馏瓶(控制馏速 150~200mL/h),弃初馏分 100mL,收集中间馏分。将第二套石英蒸馏器连接于第一套玻璃蒸馏器之后,进行第三次和第四次蒸馏。产品中 Fe、Al、Ca、Mg、Cu、Pb、Zn、Co、Ni、Mn、Cr、Sn 的质量分数在 1×10^{-6}%~3×10^{-7}%以下。 　　如需除硫,可向石英蒸馏器中(盛有 1.5L 玻璃蒸馏瓶馏出液)加入 0.2g 氯化钡和 0.2mL 经提纯的溴。控制馏速为 100mL/h 进行蒸馏,弃去初馏分,直至馏出液无色时,使馏出液流入第二级蒸馏瓶,当体积达 1L 时进行第二级蒸馏。弃前段馏出液 100mL,收集中间馏分备用。产品中硫质量分数<2×10^{-6}%
高氯酸	在 500mL 硬质玻璃蒸馏瓶中,加入 250~300mL 二级高氯酸试剂。将蒸馏瓶放到硫酸浴上并接好冷凝管和接收瓶。硫酸浴放在可以密闭的石墨电炉上,并用调压器节加热温度。当酸浴温度达 60~80℃时,开始用机械真空泵抽真空,当系统中的压力约 2.67~3.33kPa 时,继续升高硫酸浴温度,达到 140℃时高氯酸开始蒸出。浴温维持在 140~160℃,蒸馏速度为 40~50mL/h。当蒸出的高氯酸约 200mL 时,切断电源。将系统逐渐恢复为常压,取下接收瓶,将提纯的高氯酸置于石英瓶中保存和使用
氨水	(1)蒸馏吸收法 　　将约 3L 二级氨水倾入 3L 硬质玻璃烧瓶中,加入少量 10g/L 高锰酸钾溶液至微红紫色,连接回流冷凝管,冷凝管的上端与三个洗气瓶连接(第一个洗气瓶盛 10g/L EDTA 溶液,其余两个均盛离子交换水)。第三个洗气瓶与接收瓶连接,接收瓶为有机玻璃瓶置于混合食盐和冰块的水槽内,瓶内盛有 1.5L 离子交换水。用调压变压器控制温度,当温度升至 40℃时,氨气通过洗气瓶后被接收瓶中的水吸收。当大部分氨挥发后,升温至 80℃使氨全部挥发。接收瓶中的氨水质量分数稍低于 25%。

试剂名称	提纯方法
氨水	（2）等温扩散法 将约 2L 二级氨水倾入洗净的大干燥器（液面勿触及瓷托板）中，瓷托板上放置 3～4 个分盛 200mL 离子交换水的聚乙烯或石英广口容器，从托板小孔加入 2～3g 氢氧化钠，迅速盖上干燥器，每天摇动一次，5～6d 后氨水质量分数可达 10%～12%
溴	将 500mL 溴（分析纯）放入 1L 分液漏斗中，加入 100mL 离子交换水并剧烈振荡 2min，分层后将溴移入另一个 1L 分液漏斗中，再用稀硝酸（1+9）100mL 以同法洗涤两次，最后再用离子交换水洗涤两次。 将上述洗好的溴移入蒸馏器中，加入 400g/L 溴化钾溶液 100mL，水浴加热蒸馏，保持水浴温度为 60～67℃，使蒸馏速度维持在 100mL/h 左右，接收瓶中应事先加入少量高纯水，使之淹没冷凝管口，减少溴的挥发（溴蒸气有毒，操作应注意安全）。弃去最初馏出的 50mL 溴，收集中段馏分 300～350mL。将蒸馏装置洗净后，不加溴化钾再蒸一次，收集中间馏分 200～250mL，备用
钼酸铵	将 150g 分析纯钼酸铵溶解于 400mL 温度为 80℃的水中，加氨水至溶液出现氨味，加热溶液并用蓝带定量滤纸过滤，滤液滴入盛有 300mL 纯制乙醇的烧杯中。冷却滤液至 10℃并保持 1h。用布氏漏斗抽滤析出的结晶，弃去母液。用纯制乙醇洗涤结晶 2～3 次，每次用 20～30mL。在空气中干燥或干燥器中用硅胶干燥，也可以在真空干燥箱中于 50～60℃、6.67～8.00kPa 条件下干燥。 如果要除去试剂中的磷酸根，则在钼酸铵的氨性溶液中加入少量硝酸镁，使之生成 $Mg(NH_4)PO_4$ 沉淀过滤除去。然后再按上述步骤结晶、过滤、洗涤、干燥提纯钼酸铵。不过此时产品中有 Mg^{2+} 和 NO_3^-，但是用于微量硅、磷、砷的比色测定，少量 Mg^{2+} 和 NO_3^- 并不干扰
重铬酸钾	将 100g 分析纯重铬酸钾溶解于 200～300mL 热的离子交换水中，用 2 号玻璃滤器抽滤，将溶液蒸发至 150mL 左右，在强烈搅拌下把溶液倒入一个被冷水冷却的大瓷皿中，使之形成一薄层，以取得小粒结晶。用布氏漏斗抽滤得到的结晶，并用少量冷水洗净。按上法重结晶一次。将洗过的二次结晶于 100～105℃干燥 2～3h，然后将温度升至 200℃继续干燥 10～12h。此法提纯的产品重铬酸钾含量几乎为 100%，光谱定性分析中仅检测了微量镁、铋和痕量铝，可以作为基准物质使用
硫代硫酸钠	将 700g 五水硫代硫酸钠溶解于 300mL 热水中，过滤后，在不断搅拌下冷至 0℃以制得较细的结晶。析出的盐（约 450g）在布氏漏斗上抽滤后，再在同样条件下重结晶一次，所得产品一般为分析纯。 将重结晶提纯过的盐与乙醇一起研细，倒在滤器上使乙醇流尽，用无水乙醇和乙醚洗涤，然后覆盖制剂并放置 24h，盛于干燥容器中。此法所得产品含 99.99% 五水硫代硫酸钠
草酸	将待提纯草酸 60g 置于 500mL 烧杯中，加入高纯水 100mL 溶解，并加热至 40～50℃，溶解完全后，加入活性炭 10g 并搅拌 20min。趁热用布氏漏斗抽滤，在电炉上浓缩滤液至 50mL（温度不宜过高），取下冷却。在不断搅拌下使结晶析出，在真空干燥箱中 30～40℃下干燥 30min，搅拌一次，至不粘勺时为止，取出，贮存于有磨口塞的试剂瓶中
乙二胺四乙酸二钠	① 首先制备 EDTA 二钠的室温下饱和溶液（100mL 水中约溶解 10g）。向溶液中缓缓加入乙醇至出现沉淀，过滤，析出的沉淀弃去。向滤液中加入等体积乙醇并真空过滤析出的沉淀，用丙酮洗数次，然后用乙醚洗 2～3 次，将沉淀放于滤纸上，室温下于空气中干燥。 ② 将 EDTA 二钠盐溶于少量热水中，趁热过滤，向冷滤液中加入等体积甲醇和丙酮混合物（1+1），搅拌。在布氏漏斗上抽滤析出的沉淀，并用甲醇和丙酮混合物洗涤。沉淀置于表面皿或平底瓷皿上，摊成薄层，于 80～90℃干燥
二乙基二硫代氨基甲酸钠（铜试剂）	铜试剂可以用氯仿萃取其水溶液后用重结晶法提纯。也可以用合成法制得少量纯品：取 3mL 重蒸馏的二乙胺与 10mL $CHCl_3$ 混合，加入 1mL 重蒸馏的二硫化碳然后进行减压浓缩，过滤出白色结晶，用少量乙醇洗涤，干燥后即得纯品
双硫腙	双硫腙 0.2g 溶于 50mL 三氯甲烷中，用玻璃砂芯坩埚过滤除去不溶物。加入 2% 氨水萃取至水相不呈红色为止。弃去有机相，合并水相，以纯四氯化碳洗去水相中的双硫腙氧化物至四氯化碳不呈黄红色为止。水相用纯盐酸（1+1）酸化至微酸性（即析出双硫腙沉淀），然后加入纯三氯甲烷或四氯化碳将双硫腙萃取至有机相中，用少量纯水洗涤有机相两次。经提纯的双硫腙三氯甲烷或四氯化碳溶液保存于棕色瓶中，上面覆盖一层提纯的 100g/L 盐酸羟胺溶液，以防止空气将其氧化，放在暗处保存备用。如需制得固体时，将上述析出的双硫腙沉淀用 3 号玻璃砂芯坩埚过滤，用纯水冲洗一次，其沉淀于干燥器中或电烘箱 40℃以下干燥，密封保存

试剂名称	提纯方法
正丁醇和异戊醇	将分析纯正丁醇或异戊醇用无水 K_2CO_3 或无水 $CaSO_4$ 干燥,滤出干燥剂并将醇注入硬质玻璃蒸馏器内,在油浴上进行常压蒸馏。蒸馏正丁醇时收集116.5~118℃的馏分;蒸馏异戊醇时收集130~131℃的馏分。 在进行减压蒸馏时,在蒸馏器和真空泵之间接上一高效吸附柱和洗气装置,防止机械泵油被醇蒸气所污染。 欲制得纯度较高的异戊醇时,蒸馏前用 EDTA 二钠溶液萃取洗除金属杂质,用 $KMnO_4$ 稀溶液萃取洗除醛等还原性物质,再用稀的亚铁溶液和离子交换水除去 $KMnO_4$,经 CaO 或 K_2CO_3 干燥后蒸馏之
乙醇	① 取 1L 95% 乙醇置于 2L 的圆底烧瓶中,加入 250g 新经过灼烧并于干燥器中冷却的 CaO,盖上带有 $CaCl_2$ 干燥管的塞子,放置 2d,并经常摇动。然后在水浴上回流 30~40min 除去醛,并用分馏柱分馏,即得到无水乙醇。 ② 在 1L 99.5% 的乙醇中加入 25g 金属钙,盖好带 $CaCl_2$ 干燥管的盖子,放置 2d,然后将乙醇注入蒸馏瓶中蒸馏。即可得到纯度达 99.95% 绝对乙醇
苯	在 1L 分液漏斗中,加入苯 600mL 和浓硫酸 90mL,摇动数分钟(除去噻吩)并静置,分层后弃去下部酸,同法重复操作 2~3 次后,用水洗两次,再用 100g/L Na_2CO_3 溶液 50~60mL 洗涤一次,离子交换水洗两次,加入氯化钙干燥数小时,过滤后在水浴上进行蒸馏,收集沸点为 80~81℃ 的馏出液作为成品
甲苯	甲苯内所含的主要杂质为甲基噻吩。甲苯的提纯方法与苯相似,但因甲苯比苯容易磺化,为了减少损耗,分离磺化甲基噻吩时应在较低温度下进行。在油浴上分馏时收集 110~120℃ 的馏分
甲基异丁基甲酮环己酮	甲基异丁基甲酮与环己酮均可用蒸馏法提纯,都用减压蒸馏法。其压力和沸点的关系如下: <table><tr><td rowspan="3">沸点 $t/℃$</td><td>压力 p/kPa</td><td>0.1</td><td>1.3</td><td>5.3</td><td>13.3</td><td>53.3</td><td>101.3</td></tr><tr><td>环己酮</td><td>1.4</td><td>38.7</td><td>67.8</td><td>90.4</td><td>132.5</td><td>155.6</td></tr><tr><td>甲基异丁基甲酮</td><td>—</td><td>13.0</td><td>—</td><td>58.2</td><td>—</td><td>115.5</td></tr></table>在压力为 2.67~6.67kPa 下减压蒸馏时可用水浴加热。欲制取无水环己酮,可用无水硫酸钠干燥后再进行蒸馏
乙酸乙酯	乙酸乙酯(95%~98%的试剂)中含有少量游离酸(乙酸)、乙醇和水等杂质,可用下述方法加以纯化: ① 加入无水 K_2CO_3 脱水,放置几天,过滤后蒸馏,弃去前段馏分,收集沸程为 76~77℃ 的馏出液; ② 用 50g/L 的 Na_2CO_3 水溶液洗涤后再按①处理; ③ 在 1L 乙酸乙酯中加入 100mL 乙酸酐和 10 余滴浓硫酸,在水浴上加热回流数小时,分馏出乙酸乙酯后,按①处理
磷酸三丁酯	磷酸三丁酯中的有机杂质可用浓 NaOH 溶液洗涤,再经无水 Na_2SO_4 脱水,然后以减压蒸馏等方法加以纯化。磷酸三丁酯的沸点和压力间的关系如下: <table><tr><td>压力 p/kPa</td><td>0.8</td><td>2.0</td><td>101.3</td></tr><tr><td>沸点 $t/℃$</td><td>128~140</td><td>160~162</td><td>289(分解)</td></tr></table>减压蒸馏时,加热使用砂浴或硫酸浴,冷凝管中不通水,即采用空气冷凝。除去低沸点馏分 30~50mL。在压力为 2.67~6.67kPa 下蒸馏,沸点约为 180℃,蒸馏速度为 1~2 滴/s。 也可以用水蒸气蒸馏法加以提纯,在磷酸三丁酯中加入少量 4g/L NaOH 水溶液,用水蒸气蒸馏,将蒸馏出来的磷酸三丁酯用水洗至中性,即得纯品
三氯甲烷	三氯甲烷中的杂质有水、乙醇、光气(有毒)和游离 Cl_2。在分液漏斗中用酚钠洗除光气,用高纯水洗除乙醇,也可以用硫酸洗涤。在分液漏斗中用高纯水(每次用量为三氯甲烷体积的一半)洗涤 5~6 次,或用硫酸(每次用量为三氯甲烷体积的 5%)洗涤两次。然后用稀 NaOH 溶液洗两次,高纯水洗 2~3 次。经无水氯化钙(或无水硫酸钠、碳酸钾等)脱水后,进行蒸馏,馏速为 1~2 滴/s,收集馏程为 60~62℃ 的馏出液,保存于棕色试剂瓶中。对于蒸馏法仍不能除去的有机杂质可用活性炭吸附纯化
四氯化碳	四氯化碳可用直接蒸馏法提纯,或经盐酸羟胺洗涤之后蒸馏提纯,收集沸程 76~77.5℃ 的馏出液。 四氯化碳中含有少量的 CS_2,可用下法除去: ① 在圆底烧瓶中加入四氯化碳和氢氧化钾-乙醇溶液(体积为 CCl_4 的 1.5 倍),在 50~60℃ 下振摇 30min,然后移入分液漏斗中,用水洗涤除醇,再用少量浓硫酸洗至酸层无色,最后用高纯水洗涤两次,经过无水氯化钙干燥后蒸馏。氢氧化钾-乙醇溶液的配制:将 KOH 60g 溶于 100mL 乙醇和 60mL 水的混合液中。 ② 在四氯化碳中加入 5% 的 NaOH 溶液,回流 1~2h,水洗,干燥后蒸馏之。 ③ 加入金属汞回流除去硫化物,用稀氢氧化钠溶液和水洗涤,干燥后蒸馏

② 在要写字的玻璃处刷上蜂蜡或地蜡，用针写上字，滴上 50％～60％ 的氢氟酸或用浸过氢氟酸的纸片敷在刻痕上放置约 10min，也可用下面两个配方：a.加少许氟化钙粉末，滴一滴浓硫酸；b.硫酸钡 10g、氟化铵 10g、氢氟酸 12g 混匀涂于刻痕上，以得出毛玻璃状刻痕。以上刻蚀方法作用几分钟到 20min 即可，然后用水洗去腐蚀剂，除去蜡层。用水玻璃调和一些锌白或软锰矿粉涂上可使刻痕着色易见。

5.3.2.2　玻璃管的切割

加工前把玻璃管洗净、干燥。切割玻璃管的方法有以下两种：

（1）冷割

直径小于 25mm 的玻璃管均可采用。先用扁锉或三角锉、砂轮片划一稍深痕（不要来回锯划）或用金刚钻划一细痕，并用手指蘸水或用湿布擦一下，两手迅速握紧玻璃管向两边及向下拉折，即可折断。为防止扎破手可垫布进行。注意体会划痕情况及拉力方向以获得平整截面。截面边沿很锋利，必须在火中烧熔使之光滑。可将玻璃管呈 45°角度，在氧化焰边缘边烧边转动，直至平滑。

（2）热爆

适用于管径粗、管壁较厚及切割长度短的玻璃管。用玻璃棒点料热爆的方法是：在需要切割的玻璃处划痕，取一段直径 3～4mm 玻璃棒，一端在小火焰中烧成熔珠状，迅速放在划痕一端，待熔珠硬化，立即以嘴吹气，使之骤冷，玻璃管即可爆裂。

此外还可用铁板夹扁火，使玻璃划痕处局部受热，然后吹气使之爆裂或用电阻丝加热再骤冷切割粗玻璃管。

5.3.2.3　滴管、毛细管及弯管的拉制

初学者首先要练习旋转玻璃管的方法：用左手手心向下握住玻璃管，用拇指向上、食指向下推动玻璃管，右手与左手相反，向上托住玻璃管，并做同方向转动。

拉制滴管方法：截取直径 8mm 左右的管子一段，在要拉细处先用文火预热，然后加大火焰，并不断转动玻璃管，当玻璃管发黄变软时，移离火焰，向两边缓慢地边拉边旋转至所需长度，直至玻璃完全变硬方能停转。拉出的细管要和原粗管在同一轴上，然后截断（可用油石），在锥形处再在火上烧软，拉成所需的锥形，最后截取所需长度，管尖略烧平滑。玻璃管另一头烧成卷边，以便于安胶帽。卷边的方法是将玻璃管口在火焰上烧熔，用拍板将管口轻轻拍厚，再继续烧熔并用灯工钳插入管内张开，左手旋转玻璃管即可。

毛细管拉制方法：取一根直径 10mm、壁厚 1mm 左右的玻璃管，同上法在火焰上加热。当烧至变软时，离开火焰，两手同时握玻璃管做同方向来回转动，水平方向向两边拉开，开始慢些，然后加快，拉成直径 1mm 左右的毛细管，将合格的毛细管截成小段，两端在火焰边缘用小火烧封（成 45°角边烧边转），冷却后存于试管内，用时从中间截开。将不合用的毛细管或玻璃管在火焰中反复对折熔拉几十次后再拉成 1～2mm 粗细，截成小段，存于瓶中，可在蒸馏时防暴沸用。

弯管拉制方法：将一段玻璃管在鱼尾灯上加热，使受热部位达 5～8cm 长，没有鱼尾灯头可用两块小耐火砖置于火焰上方，夹扁火焰，或斜置玻璃管并略移动玻璃管来增大受热面积，当玻璃管软化后从火中取出，随着玻璃管中段软化向下弯曲，两手轻轻向上弯曲至所需角度。如一次加热达不到所需角度，常需分几次弯。弯好的玻璃管应在同一平面上，弯出的管子要求内侧不瘪，两侧不鼓，角度正确，不偏歪。稍粗的玻璃管最好在弯曲的同时从一端

吹气（另一端事先用塞子堵住）。这时火焰宽度不要超过玻璃管直径的 2 倍。如弯曲处有折瘪，可加热局部轻微吹气来矫正。弯管在截取所需长度后，两端要在火焰边缘处一边烧一边来回转动使其平滑，不应烧得太久，以免管口缩小。

5.3.2.4　玻璃棒的加工

　　将玻璃棒截成所需长度，把截端放在火上烧圆即成搅拌棒，注意大小不同的烧杯应配以长短、直径相适当的搅拌棒。搅拌棒长度一般为烧杯高度的 1.5 倍。如要做小平铲，可把玻璃棒一端烧软，同时将平口钳的钳口加热，把玻璃棒移离火焰，用平口钳轻夹即成。如要做成药匙同时加以弯曲即可。将玻璃棒一端烧红后在石棉网上轻按可做成平头玻璃棒，用于压碎样品。

5.3.2.5　玻璃磨口塞的修配

　　有时买来的滴定管或容量瓶等的磨口塞漏水，可以自己再进行磨口配合。把塞子和塞孔洗净，沾上水，涂以很细的金刚砂（顺序用 300 号和 400 号金刚砂，禁止用粗颗粒的，因为它擦出的深痕以后很难去掉），把塞子插入塞孔，用力不断转动，使其互相研磨，经过一定时间取出检查是否磨配合适。磨好的塞子不涂润滑油也不应漏水，接触处几乎透明。

6 重量分析与滴定分析

6.1 重量分析

重量分析法通常是通过物理或化学反应将试样中待测组分与其他组分分离，以称量的方法称得待测组分本身或含有待测组分的具有确定组成的化合物的质量，计算出待测组分在试样中的含量。其核心问题是将样品中的待测组分与其他共存组分分离，常用的分离方法有沉淀法、挥发法、萃取法和电重量法。

重量分析法直接称量试样和沉淀来获得分析结果，不需要基准物质和容量仪器，是一种绝对的方法，所以引入的误差小，准确度高。对于常量组分的测定，相对误差一般为 $0.10\%\sim0.20\%$。对高含量的硅、磷、钨、稀土元素等试样的精确分析，至今仍常使用重量分析法。但重量分析法的不足之处是操作较烦琐、费时，不适于生产中的控制分析，对低含量组分的测定误差较大。

6.1.1 沉淀重量法

沉淀法是使待测组分与一种试剂（通常称作沉淀剂）形成难溶化合物，经过滤并洗涤，使沉淀与其他共存组分分离。沉淀可以在适当的温度下烘干或灼烧成具有确定组成的化合物，然后称量，计算待测组分的含量。所选沉淀剂应具有较好的选择性，即要求沉淀剂只能和待测组分生成沉淀，与试液中的其他组分不起作用。此外，在沉淀中或滤液中的过量沉淀剂应易挥发或灼烧除去。

6.1.1.1　沉淀的形式

重量分析是根据沉淀的质量来计算待测组分的含量，所以对形成沉淀的形式必须有一定的要求。一般说来，沉淀分为沉淀形式和称量形式两种。被沉淀剂沉淀下来未经干燥或灼烧的沉淀称为沉淀形式；经过干燥或灼烧后的沉淀称为称量形式。沉淀形式和称量形式可以相同，也可以不同。这是由于在干燥或灼烧过程中，有的沉淀发生了化学反应。例如 Ba^{2+} 的测定，其沉淀形式和称量形式都是 $BaSO_4$，没有发生化学变化；但 Al^{3+} 的测定，沉淀形式是 $Al(OH)_3$，而称量形式是 Al_2O_3，两者不同。

$$Al^{3+} \xrightarrow{\text{沉淀}} Al(OH)_3 \xrightarrow{\text{灼烧}} Al_2O_3$$

$$Ba^{2+} \xrightarrow{\text{沉淀}} BaSO_4 \xrightarrow{\text{灼烧}} BaSO_4$$

待测组分　　　　沉淀形式　　　　称量形式

重量分析对沉淀形式的要求：

① 沉淀的溶解度必须很小，保证待测组分沉淀完全。通常要求沉淀溶解损失不应大于

分析天平的称量误差（0.1mg）。

② 沉淀纯度要高，杂质应尽可能少，或在洗涤、灼烧时杂质易于除去。

③ 沉淀易于过滤和洗涤。为此，希望尽量获得粗大的晶形沉淀，使吸附杂质少（因颗粒大的沉淀比同质量的小颗粒沉淀具有较小的总表面积），容易洗涤。对于非晶形沉淀，如 $Fe(OH)_3$、$Al(OH)_3$ 等，体积庞大疏松，总表面积大，吸附杂质较多，过滤费时且不易洗净。这类沉淀必须选用适当的沉淀条件，使沉淀的结构尽可能紧密。

④ 沉淀要便于转化为合适的称量形式。

重量分析对称量形式的要求：

① 称量形式必须有确定的化学组成，否则无法计算分析结果。

② 称量形式必须十分稳定，不受空气中水分、CO_2 和 O_2 等的影响。如测定钙时，将沉淀形式 $CaC_2O_4 \cdot H_2O$ 转化为 CaO 就不如转化为 $CaCO_3$ 好，因为后者不受空气中水分和 CO_2 的影响。

③ 称量形式的分子量要大，在称量形式中待测组分的含量要小。这样可使称量误差及其他操作误差对分析结果的影响较小。例如在铝的测定中，用 Al_2O_3 及 8-羟基喹啉铝 $(C_9H_6NO)_3Al$ 为称量形式分别进行测定时，如果铝量均为 0.1000g，则分别可得到 0.1888g 的 Al_2O_3 和 1.7040g 的 $(C_9H_6NO)_3Al$，因为分析天平的称量误差一般为 0.0001g，所以称量 Al_2O_3 和 $(C_9H_6NO)_3Al$ 两种称量形式的称量相对误差分别为 $\pm0.005\%$ 和 $\pm0.0006\%$。

由此可见，后者比前者称量准确度提高了 9 倍。因此，选择分子量大的化合物作为称量形式，可以提高分析的准确度。

在实际工作中，应选择合适的沉淀剂。正确掌握沉淀条件，以满足重量分析对沉淀的要求。对于重量分析中所用的沉淀剂，选择性要高，与待测离子形成沉淀的溶解度要小，而沉淀剂本身的溶解度要大，而且最好是挥发性的物质，便于灼烧除去，避免引起分析误差。

6.1.1.2 溶解度和溶度积

当水溶液中存在难溶化合物 MA 时，则 MA 将有部分溶解，当其达到饱和状态时，则会出现如下平衡：

$$MA_{(固)} \rightleftharpoons MA_{(水)} \rightleftharpoons M^+ + A^-$$

当溶解达到平衡时，则 MA（固）的溶解度 S 为：

$$S = [MA_{(水)}] + [M^+] = [MA_{(水)}] + [A^-]$$

式中，$[MA_{(水)}]$ 为难溶化合物分子溶解度或固有溶解度，其值一般较小，在计算溶解度时，通常可以忽略。

根据以上平衡，视活度系数为 1，则溶度积 K_{sp} 的计算式可表示如下：

$$K_{sp} = [M^+][A^-] \tag{6-1}$$

溶解度 S 为：

$$S = [M^+] = [A^-] = \sqrt{K_{sp}} \tag{6-2}$$

对 M_mA_n 型沉淀：

$$M_mA_n \rightleftharpoons mM^+ + nA^-$$

设溶解度为 S，则，$[M^+] = mS$，$[A^-] = nS$

$$K_{sp} = [M^+]^m[A^-]^n = (mS)^m(nS)^n$$

$$S = \sqrt[m+n]{\frac{K_{sp}}{m^m n^n}} \tag{6-3}$$

利用沉淀反应进行重量分析时，要求沉淀反应进行得越完全越好。沉淀反应是否完全，可以根据反应达到平衡时，溶液中未被沉淀的待测组分的量来衡量，也就是说，可以根据沉淀溶解度的大小来判断。一般要求沉淀因溶解而损失的量不超过 0.1mg，即小于允许的称量误差，可认为沉淀反应完全。因此，沉淀完全与否与沉淀溶解度大小有关。溶解度小，沉淀完全；溶解度大，沉淀不完全。

溶度积常数在分析化学上有着多种应用：

① 借助溶度积数据，可以判断某个或某些元素能否通过沉淀进行分离，对这些元素的沉淀是否完全。

② 利用溶度积数据，可以计算相关难溶化合物的溶解度，而溶解度的大小是选择适宜沉淀剂的重要依据。

③ 根据溶度积数值，可以推测几种不同元素能否借助沉淀进行分离。

6.1.1.3　影响沉淀纯度的因素

影响沉淀纯度的因素有共沉淀和后沉淀。共沉淀是在沉淀重量法中引起沉淀不纯的主要原因，也是重量分析中误差的主要来源之一。共沉淀是由表面吸附、吸留或生成混晶所引起。后沉淀是指沉淀析出以后，溶液中的一些可溶性杂质逐渐在沉淀表面上又沉淀出来的现象。后沉淀大多数发生在这些杂质离子的过饱和溶液中。

影响沉淀纯度的主要因素是共沉淀。为了减小共沉淀的影响，提高沉淀的纯度，一般可采取下述措施：

① 选择适当的分析程序。溶液中同时存在含量相差很大的两种离子，需要沉淀分离，为了防止含量少的离子因共沉淀而损失，应先沉淀含量少的离子。

② 降低易被吸附的杂质离子浓度。对于易被吸附的杂质离子，必要时应先分离除去或加以掩蔽。如 Fe^{3+} 易被吸附，可预先将 Fe^{3+} 还原为比较不易被吸附的 Fe^{2+}，或加入掩蔽剂使 Fe^{3+} 生成稳定的络离子。

③ 洗涤沉淀。因为吸附是个可逆过程，所以通过洗涤沉淀，可以逐渐将沉淀表面吸附的杂质洗去。

④ 必要时进行再沉淀（或称二次沉淀）。将沉淀过滤洗涤之后，再重新溶解，使沉淀中残留的杂质进入溶液，然后再次进行沉淀。第二次获得的沉淀夹带的杂质就大为减少。

6.1.1.4　沉淀的过滤、洗涤及烘干、灼烧

（1）沉淀

将试样分解制成溶液，在适宜的条件下，加入适当的沉淀剂以进行沉淀。加沉淀剂时，右手持玻璃棒搅拌；左手拿滴管添加沉淀剂溶液，滴管口要接近液面，以免溶液溅出。在尽可能充分的搅拌下，勿使玻璃棒碰到烧杯壁或烧杯底，以免划损烧杯使沉淀附着在烧杯上。

如果在热溶液中沉淀，应在水浴或电热板上进行。沉淀剂加完之后，还应检查沉淀是否完全。检查的方法是：将溶液静置，待沉淀下沉后，于上层清液中加一滴沉淀剂，观察滴落处是否出现浑浊现象，如果不出现浑浊即表示已沉淀完全；如果有浑浊出现应再补加沉淀剂，如此检查直至沉淀完全为止。然后盖上表面皿，必要时放置陈化。

当用较浓溶液沉淀时，应在充分搅拌下，比较快地加入沉淀剂，以得到较为紧密的沉淀。

（2）沉淀的过滤与洗涤

过滤沉淀是使沉淀和母液分离的过程。在实验室里，一般采用滤纸或微孔玻璃滤器过

滤。对于需要灼烧的沉淀常用滤纸过滤；而对于过滤后只需烘干即可进行称量的沉淀，则可采用微孔玻璃漏斗（坩埚）过滤。

① 滤纸的选择。在重量分析中过滤沉淀，应当采用定量滤纸，这种滤纸的纸浆经过盐酸及氢氟酸处理，每张滤纸灼烧后的灰分在 0.1mg 以下，小于天平的称量误差（0.2mg），故其重量可以忽略不计，因此，又称无灰滤纸。

定量滤纸一般为圆形，按其孔隙大小，分为快速、中速和慢速三种。使用时根据沉淀的不同类型选用适当的滤纸。对于非晶形沉淀，如 $Fe(OH)_3$、$Al(OH)_3$ 等，这种沉淀往往不易过滤，选用比较疏松的滤纸（快速）以免过滤太慢；粗大的晶形沉淀，如 $Mg(NH_4)PO_4$ 等，可用较紧密的中速滤纸；而对于较细的晶形沉淀，如 $BaSO_4$ 等，因易穿透滤纸，所以应选用最紧密的慢速滤纸。现将常用的滤纸规格列于表 6-1。

表 6-1　常用定量滤纸规格

指标	快速	中速	慢速
灰分/%	0.01 以下	0.01 以下	0.01 以下
滤速/(s/mL)	10～30	31～60	61～120
应用实例	$Fe(OH)_3$	$Mg(NH_4)PO_4$	$BaSO_4$

滤纸按直径大小分为 7cm、9cm、11cm、12.5cm、15cm 等；应根据沉淀多少来选择滤纸的大小，过滤时沉淀不可超过滤纸容积的一半。通常晶形沉淀常用直径 7～9cm 的滤纸；疏松的非晶形沉淀可用直径 11cm 的滤纸。此外，滤纸的大小还应和漏斗相适应，一般滤纸应比漏斗边缘低 1cm 左右。

② 漏斗。用于重量分析的漏斗应该是长颈的，一般颈长 15～20cm，漏斗的锥体角度应为 60°。颈的直径要小些，常为 3～5mm，若太粗则不易保住水柱。出口处磨成 45°角，如图 6-1 所示。

③ 滤纸的折叠。一般采用四折法，先将滤纸对折，然后再对半折成直角，如图 6-2 所示。打开形成圆锥体后（半部一层，另半部三层），放入漏斗中，检查其与漏斗壁贴合是否紧密，如果漏斗的锥体角度不恰为 60°，则滤纸与漏斗壁便不能密合，于是漏斗颈中便不能保留液柱而影响过滤速度。应改变滤纸折叠的角度，直到两者密合；为了使漏斗与滤纸之间贴紧而无气泡，可将三层厚的外层撕下一小块，避免过滤时有气泡由此处缝隙通过而影响颈内水柱。撕下来的滤纸角应保存在干净的表面皿上，以备擦拭烧杯中残留沉淀之用。

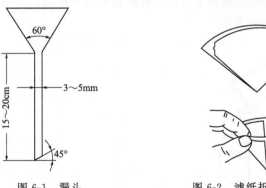

图 6-1　漏斗　　　　　图 6-2　滤纸折叠示意图

将正确折叠好的滤纸放入漏斗中，放时三层的一边应在漏斗颈出口短的一边。用手按紧三层的一边，然后用洗瓶加入少量水润湿滤纸，轻压滤纸赶去气泡。再加水至滤纸边缘，让水全部流尽，漏斗颈内应全部被水充满。若不能形成完整的水柱，可用手指堵住漏斗下口，稍掀起滤纸的一边，用洗瓶向滤纸和漏斗的空隙处加水，使漏斗颈和锥体的大部分被水充满，最后，压紧滤纸边，放开堵住出口的手指，此时水柱即可形成。如仍不能形成水柱，则可能是漏斗颈太大或滤纸与漏斗没有密合等原因。

将准备好的漏斗放在漏斗架上，下面放一洁净烧杯承接滤液，漏斗出口长的一边紧靠杯壁，漏斗位置的高低以过滤过程中漏斗颈的出口部分接触滤液为度。

④ 过滤。过滤一般分为三个阶段：第一阶段用倾泻法尽可能把上层清液过滤去，并进行初步洗涤；第二阶段是把沉淀转移到漏斗上去；第三阶段是清洗烧杯。

所谓倾泻法，即先将上层清液倾入漏斗中，让沉淀尽可能地留在烧杯内。这种过滤方法可以避免沉淀堵塞滤纸小孔，使过滤较快地进行。倾入溶液时，应让溶液沿着玻璃棒流入漏斗中，玻璃棒应直立，下端对着三层厚的滤纸一边，并尽可能接近滤纸，但不要与滤纸接触，如图6-3(a)所示。倾入的溶液液面应低于滤纸边缘0.5cm以下，以免沉淀浸到漏斗上。

当倾泻暂停时，烧杯沿着玻璃棒慢慢向上提，再立即放正烧杯，将玻璃棒放入烧杯中。这样可以避免烧杯嘴上的液体流到杯外壁上。同时玻璃棒不要放到烧杯嘴处，以免烧杯嘴处的少量沉淀粘在玻璃棒上。当清液倾泻完毕后，即可进行初步洗涤。洗涤时，用洗瓶沿杯壁加入洗液10～20mL，使黏附在烧杯壁上的沉淀洗下。用玻璃棒充分搅拌，放置澄清，再倾泻过滤。如此重复洗涤3～4次。

初步洗涤之后，即可进行沉淀转移，向盛有沉淀的烧杯中加入少量洗涤液，搅动混合，立即将沉淀和洗涤液倾入漏斗中，反复多次，直到将沉淀尽可能都转移到滤纸上，如黏附在烧杯壁上的沉淀仍未转移完全，则可按图6-3(b)所示的方法进行清洗。将烧杯斜放在漏斗上方，杯嘴向漏斗，用左手食指按住架在烧杯嘴上的玻璃棒上方，其余手指拿住烧杯，玻璃棒下端对准三层滤纸处。右手持洗瓶冲洗烧杯壁上所黏附的沉淀，使沉淀同洗液一起流入漏斗中。注意勿使溶液溅出。如烧杯仍有少许沉淀，可用原撕下来的滤纸角擦拭，最后将擦过的滤纸角放在漏斗中。必要时则用擦棒（图6-4）擦洗烧杯上的沉淀。擦棒是将一段质量较好的橡皮管套在玻璃棒一端，开口处用胶封，将玻璃棒取出后，以擦棒擦拭杯壁，直至将烧杯洗净后，再将擦棒置于漏斗上方用水冲洗净。

⑤ 沉淀的洗涤。当沉淀转移时，经初步洗涤，已基本纯净了，若还未纯净或沉淀附在滤纸上部，则用洗瓶冲洗滤纸边沿稍下部位，按螺旋形向下移动，如图6-5所示，使沉淀集中于滤纸底部，直到沉淀洗净为止。

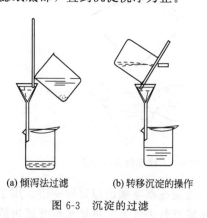

(a) 倾泻法过滤　　(b) 转移沉淀的操作

图 6-3　沉淀的过滤

图 6-4　擦棒

图 6-5　漏斗中沉淀的洗涤

沉淀洗净与否，应当根据具体情况进行检查。例如，用 H_2SO_4 沉淀 $BaCl_2$ 中的 Ba^{2+} 时，则应洗到滤液中不含 Cl^- 为止。可用洁净的表面皿接取少许滤液，加 HNO_3 酸化后，用 $AgNO_3$ 溶液检查，若无白色沉淀，说明沉淀洗涤干净，否则还需再洗涤。

洗涤的目的是洗去沉淀表面吸附的杂质和残留的母液，获得纯净的沉淀；但洗涤又不可避免地要造成部分沉淀溶解。因此，洗涤沉淀时应采用适当的洗涤方法以提高洗涤效率，又要选择合适的洗涤液尽可能地减少沉淀的溶解损失。

为了提高洗涤效率，同体积的洗涤液应尽可能分多次洗涤，每次使用少量洗涤液，而且每次加入洗涤液前，应使前次洗涤液流尽，通常称为"少量多次"的洗涤原则。洗涤液的选择，根据沉淀的性质来确定。晶形沉淀一般用冷的沉淀剂稀溶液作洗液，以减少沉淀溶解的损失。如果沉淀剂是不挥发性物质，就不能用沉淀剂溶液作洗液。溶解度很小，但又不易生成胶体的沉淀，可用蒸馏水作洗液进行洗涤。胶体沉淀用热的含有少量电解质的水溶液作洗液，以防胶溶。易水解的沉淀用有机溶剂作洗液，如洗涤氟硅酸钾沉淀，用冷的含有氯化钾（50g/L）的乙醇溶液（1+1）作洗液，以防止沉淀水解并降低其溶解度。

用微孔玻璃坩埚（或漏斗）进行过滤时，将微孔玻璃器皿安置在具有橡皮垫圈或孔塞的抽滤瓶上，用抽水泵进行减压过滤。过滤结束时，先去掉过滤瓶上的橡皮管，然后关闭水泵，以免水泵中的水倒吸入抽滤瓶中。转移沉淀和洗涤沉淀的方法与用滤纸过滤法相同。

（3）沉淀的烘干与灼烧

用微孔玻璃坩埚过滤的沉淀，只需烘干除去沉淀中的水分和可挥发性物质，即可使沉淀成为称量形式。把微孔玻璃坩埚中的沉淀洗净后，放入烘箱中，根据沉淀的性质在适当的温度下烘干，取出稍冷后，放入干燥器中冷却至室温，进行称量。再放入烘箱中烘干，冷却、称量。如此反复操作，直至恒量（前后两次重量之差不超过 0.2mg）。

干燥器是一种具有磨口盖子的厚质玻璃器皿，如图 6-6 所示。磨口上涂有一薄层凡士林，使其更好地密合。底部放适当的干燥剂，如变色硅胶、无水氯化钙等，上搁一带孔瓷板，坩埚放在瓷板的孔内。开启干燥器时，左手按住干燥器下部，右手握住盖的圆顶，向前推开器盖，如图 6-6(a) 所示；加盖时也应当拿住盖上圆顶推着盖好。当放入热的坩埚时，先将盖留一缝隙，稍等几分钟再盖严。通常沉淀放置半小时即可称量。

挪动干燥器时，不应只端下部，而应按住盖子挪动，如图 6-6(b) 所示，以防盖子滑落。

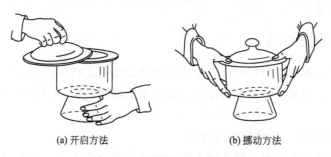

(a) 开启方法　　　　　　　(b) 挪动方法

图 6-6　干燥器的开启与挪动

用滤纸过滤的沉淀，通常在坩埚中烘干、炭化、灼烧之后，进行称量。各步操作如下：

① 坩埚的准备。应用最多的为瓷坩埚，使用时先将坩埚洗净、晾干，用蓝墨水或硫酸亚铁溶液在坩埚和盖子上写明编号，在灼烧沉淀的温度下，于马弗炉中灼烧至恒重；也可将坩埚放置在泥三角上，用煤气灯的氧化焰灼烧至恒重。

② 沉淀的包法。晶形沉淀一般体积较小，可按下述方法进行，如图6-7所示。

图 6-7　晶形沉淀的包法

用清洁的药铲或尖头玻璃棒将滤纸的三层部分掀起，再用手将带沉淀的滤纸取出；将滤纸打开成半圆形，自1/3半径处向左折起；自上向下折，再自右向左卷成小卷；将滤纸包卷层数较多的一面向上，放入已恒重的坩埚中。

对于胶状沉淀，一般体积较大，不宜用上述方法包卷。可用扁头玻璃棒将滤纸边挑起，向中间折叠，将沉淀全部盖住，如图6-8所示。然后，再转移到已恒重的坩埚中，仍使三层滤纸部分向上。

③ 沉淀的烘干与滤纸的炭化。将放有沉淀的坩埚按图6-9所示的放法放置好，再将酒精灯的火焰先放在A处，利用热空气把滤纸和沉淀烘干。然后移至B处加热，使滤纸炭化，炭化时如果着火，可用坩埚盖盖住，使火焰熄灭，切不可吹灭，以免沉淀飞溅。继续加热至全部灰化，使碳元素全部变成二氧化碳而除去。

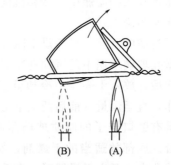

图 6-8　胶状沉淀的包法　　图 6-9　沉淀的烘干（A）与滤纸的炭化（B）

④ 沉淀的灼烧。炭化后，将坩埚直立，盖好盖子，移入马弗炉中灼烧至恒重。若以煤气灯灼烧，则将坩埚直立于泥三角上，盖好坩埚盖，在氧化焰上灼烧后，移入干燥器中冷却、恒重后称其重量。

6.1.2　电解重量分析法

利用电解原理，控制适当的电压，使待测组分在电极上析出，然后称量电极的增重，求得待测组分的含量。例如，电解法测定铜合金中铜的含量，在Pt阴极上析出Cu：

$$Cu^{2+} + 2e^- \Longrightarrow Cu \downarrow$$

称量Pt电极增加的质量，以求出铜的含量。

电解重量法是建立在电解过程基础上的一种电化学分析方法，此法中待测金属离子以一定组成的金属状态在阴极析出，或以一定组成的氧化物形态在阳极析出，从析出的重量可得出溶液中金属离子的含量。在待测溶液中插入两个电极，通以直流电，流过恒定的电流，或加以固定的电压，使待测成分以金属单质或氧化物在阴极上或阳极上析出，然后称其重量。电解分析法可分为恒电流电解法和控制电位电解法。

除上述分离方法外，目前在矿石、冶金分析中还有金银分析的火试金（分离）重量法。

6.1.3 挥发重量法

利用物质的挥发性质，通过加热或其他方法使试样中待测组分挥发逸出，然后根据试样质量的减少计算该组分的含量；或当该组分逸出时，选择适当吸收剂将它吸收，然后根据吸收剂质量的增加计算该组分的含量。也叫气化法、失重法、减重法。

例如，氯化钡晶体（$BaCl_2 \cdot 2H_2O$）中结晶水的测定，可将一定重量的氯化钡试样加热，使水分逸出，根据氯化钡重量的减轻算出试样中结晶水的含量。或者用吸湿剂（如高氯酸镁）吸收逸出的水分，根据吸湿剂重量的增加计算出结晶水的含量。

$$BaCl_2 \cdot 2H_2O \xrightarrow{105\sim110\text{℃}} BaCl_2 + 2H_2O \uparrow$$

$$W_{H_2O} = \frac{\text{试样加热前后的质量差}}{\text{试样质量}} \times 100\%$$

挥发重量法可分为两种方法：直接法和间接法。

（1）直接法

当被测组分逸出时，用适宜的吸收剂将其吸收，然后测定吸收剂增加的重量来计算该组分的含量。

例：碳酸岩石中碳酸盐含量的测定。

将盐酸加入试样中，再加热，用碱石灰管吸收 CO_2，测量碱石灰管在实验前后的重量变化，可知 CO_2 的重量，进而计算碳酸盐的百分含量。

（2）间接法

被测组分挥发逸出，然后根据试样减轻的重量，计算试样中该组分的含量。

例：测定试样含水量。先测定试样重量，灼烧使水挥发后，再称重。试样减少的量是水的重量，代入公式计算百分含量。

药品检验中"干燥失重"的测定与之相似。

矿石中二氧化硅的重量法测定也是一种间接挥发重量法。试样经碱熔分解后，用盐酸酸化，并蒸发至湿盐状，在浓盐酸溶液中，加动物胶使硅胶凝聚，过滤，沉淀灼烧称量。此时为不纯的二氧化硅，然后用氢氟酸、硫酸处理，使硅呈四氟化硅逸去，灼烧称量，求其减量即为二氧化硅的含量。其主要反应式如下：

$$H_2SiO_3 \xrightarrow{\text{灼烧}} SiO_2 + H_2O$$

$$SiO_2 + 4HF \longrightarrow SiF_4 \uparrow + 2H_2O$$

6.1.4 萃取重量法

利用待测组分在互不相溶的溶剂中分配比不同，通过多次萃取操作，使待测组分定量转入萃取剂中，将萃取剂挥发干至恒重，称重计算待测组分重量，计算百分含量。

例：冰硼散中冰片含量测定。

冰硼散的主要成分是冰片、硼砂。取本品约 2.5g，精密称定，置离心管中，用无水乙醚提取三次（每次 6mL、3mL、2mL），每次用细玻璃棒搅拌，置离心机中，以 2000r/min 的转速离心约 5min，合并上清醚液，置已称重的蒸发皿中，于 15～25℃放置 1h，称重，即得。蒸发皿增加的重量即是提取出的冰片的重量。

6.1.5　重量分析结果计算

在重量分析中，通常按下式计算待测组分的含量 w_B：

$$w_B = \frac{\text{被测组分 B 的质量}}{\text{试样的质量}} = \frac{m_B}{m_S}$$

式中，m_B、m_S 分别为待测组分的质量、试样的质量。

① 若沉淀的称量形式与被测组分的形式相同，设称量形式的质量为 m'，则 $m_B = m'$，

$$w_B = \frac{m_B}{m_S} = \frac{m'}{m_S}$$

② 若沉淀的称量形式与被测组分的形式不同，则被测组分的质量 $m_B =$ 称量形式的质量 $m' \times$ 换算因数 F，即 $m_B = Fm'$，此时

$$w_B = \frac{m_B}{m_S} = \frac{Fm'}{m_S}$$

$$F = \frac{a \times \text{被测组分的摩尔质量}}{b \times \text{沉淀称量形式的摩尔质量}} = \frac{aM_{\text{被测组分}}}{bM_{\text{称量形式}}}$$

式中，a、b 是使分子和分母中所含主体元素的原子个数相等时需乘以的系数。

a、b 的确定：①找出被测组分与沉淀称量形式之间的关系式；②关系式中被测组分的系数为 a，沉淀称量形式的系数为 b。例：

被测组分	称量形式	换算因数
S	$BaSO_4$	$F = \dfrac{M_S}{M_{BaSO_4}} = 0.1374$
Cl	$AgCl$	$F = \dfrac{M_{Cl}}{M_{AgCl}} = 0.2474$
MgO	$Mg_2P_2O_7$	$F = \dfrac{2M_{MgO}}{M_{Mg_2P_2O_7}} = 0.3622$
Cr_2O_3	$BaCrO_4$	$F = \dfrac{M_{Cr_2O_3}}{2M_{BaCrO_4}} = 0.3000$
Fe_3O_4	Fe_2O_3	$F = \dfrac{2M_{Fe_3O_4}}{3M_{Fe_2O_3}} = 0.9666$

由此可见，待测组分的质量等于沉淀称量形式的质量乘以换算因数。在计算换算因数时，必须使待测组分的原子数目和称量形式的待测组分分子、原子数目相等。

最后称量的沉淀物并不一定是被测定的成分，而是要经过转换计算被测定成分的含量。以钢中硫含量的测定为例，我们得到的是硫酸钡沉淀的质量。233.4g $BaSO_4$ 中含 S 32.07g，称得沉淀的质量为 x g，则硫的质量为：

$$m_S = x \times 32.07/233.4 = x \times 0.1374$$

从这个例子可以看出，待测成分的量等于 2 个数值的乘积，其中一个数值是分析中测得的沉淀的质量，是随所取样品数量而定的一个变量；另一个是被测成分的原子量（或分子量）与称量形式沉淀分子量的比值，是一个常数。与样品的称样量无关，这一比值通常称为 换算因数。也就是说被测成分的质量等于测得沉淀的质量乘以换算因数，可以很方便地从测得沉淀的质量计算出被测成分含量。

比如称取 20.000g 试样，测得 $BaSO_4$ 的质量为 0.0502g，计算样品中硫的含量：

$$w_S = \frac{0.0502 \times 0.1374}{20.000} \times 100\% = 0.034\%$$

【例 6-1】有一重为 0.5000g 的含镁试样，经处理后得到 $Mg_2P_2O_7$ 沉淀，烘干后称重为 0.3515g，求试样中 Mg 的质量和质量分数。

解：

$$m = m'F = 0.3515 \times \frac{2 \times 24.31}{222.55} = 0.07679(g)$$

$$w_{Mg} = \frac{m}{m_S} = \frac{0.07679}{0.5000} \times 100\% = 15.36\%$$

【例 6-2】称取试样 0.5000g，经一系列步骤处理后，得到纯 NaCl 和 KCl 共 0.1803g。将此混合氯化物溶于水后，加入 $AgNO_3$ 沉淀剂，得 AgCl 0.3904g，计算试样中 NaO 的质量分数。

分析：先求纯 NaCl 的质量，然后再根据纯 NaCl 的质量求 NaO 的质量分数。

解：设 NaCl 的质量为 xg，则 KCl 的质量为 $(0.1803-x)$g

$$\frac{M_{AgCl}}{M_{NaCl}} \times x + \frac{M_{AgCl}}{M_{KCl}} \times (0.1803-x) = 0.3904$$

$$\frac{143.35}{58.44} \times x + \frac{143.35}{74.55} \times (0.1803-x) = 0.3904$$

解得：$x = 0.08249g$

$$w_{Na_2O} = \frac{\frac{M_{Na_2O}}{2M_{NaCl}} \times x}{m_S} = \frac{\frac{61.98}{2 \times 58.44} \times 0.08249}{0.5000} \times 100\% = 8.75\%$$

6.2 滴定分析

滴定分析法是以化学反应为基础的分析方法。通常用于测定常量组分，准确度较高，在一般情况下，测定的误差不高于 0.2%，且操作简便、快速，所用仪器简单、价格便宜。因此，滴定分析法是化学分析中很重要的一类方法，具有较高的实用价值。所谓"滴定"就是将已知浓度的标准溶液（滴定剂）从滴定管中滴到含待测物质的溶液中，直到滴入的滴定剂与溶液中待测物质按化学计量正好定量反应完全为止。根据消耗标准溶液的体积，按化学反应的计量关系，计算溶液中待测物质的含量。由于这种方法是以测量溶液体积为基础，故又称为容量分析法。滴定法主要应用于中、高含量（>1%）组分的分析，对微量成分分析来说，误差较大。

滴定法可分为酸碱滴定法、络合滴定法、氧化还原滴定法和沉淀滴定法四类。

滴定所加标准溶液与待测物质正好按化学计量关系定量反应完全时的这一点称为理论终点。实际滴定中，人们通常使用指示剂来指示滴定终点。由于指示剂不一定恰好在理论终点变色，同时指示剂变色与人们观察这种变色的能力之间不尽一致，所以滴定终点与理论终点不一定完全吻合，其差别称为终点误差，又叫滴定误差。终点误差是滴定分析误差的主要来源之一，其大小取决于化学反应的完全程度和指示剂的选择。另外也可以采用仪器分析方法来确定滴定终点。

根据我国法定计量单位的有关规定，滴定分析采用"物质的量浓度"和"等物质的量规则"来计算。"等物质的量规则"可以表述为：在化学反应中，消耗的两种反应物的物质的量相等。即

$$n_B = n_T \qquad\qquad (6\text{-}4)$$

或
$$c_B V_B = c_T V_T \qquad\qquad (6\text{-}5)$$

或
$$\frac{m_B}{M_B} = c_T V_T \qquad\qquad (6\text{-}6)$$

式中，n_B、n_T 为待测物质和滴定剂的物质的量；c_B、V_B 为待测物质的物质的量浓度和体积，$c_B V_B = n_B$；c_T、V_T 为标准溶液（滴定剂）的物质的量浓度和体积，$c_T V_T = n_T$；m_B、M_B 为待测物质的质量和摩尔质量，$m_B/M_B = n_B$。

例如：碘量法测定铜，在 pH 为 3.5～4 的缓冲介质中，Cu^{2+} 与碘化钾反应析出碘，然后用硫代硫酸钠标准溶液滴定。其反应式如下：

$$2Cu^{2+} + 4I^- \Longleftrightarrow Cu_2 I_2 \downarrow + I_2$$
$$I_2 + 2S_2 O_3^{2-} \Longleftrightarrow 2I^- + S_4 O_6^{2-}$$

两式相加并简化后得：

$$2Cu^{2+} + 2I^- + 2S_2 O_3^{2-} \Longleftrightarrow Cu_2 I_2 \downarrow + S_4 O_6^{2-}$$

由此可见，$2Cu^{2+}$ 与 $2S_2 O_3^{2-}$ 相当，按等物质的量规则，终点时则有

$$c_{2Cu^{2+}} V_{2Cu^{2+}} = c_{2S_2 O_3^{2-}} V_{2S_2 O_3^{2-}}$$

由于浓度是含有物质的量的一个导出量，因此说到浓度时，必须指明"基本单元"，上式中 $2Cu^{2+}$ 和 $2S_2 O_3^{2-}$ 分别为待测物质和标准溶液的基本单元。

6.2.1 滴定的主要方法和滴定方式

（1）主要滴定分析法

根据滴定反应的特点通常将滴定分析法分为四类：

① 酸碱滴定法。利用酸碱反应进行滴定分析的方法，也称中和法，是广泛应用的滴定分析方法之一。

② 氧化还原滴定法。

③ 络合滴定法。

④ 沉淀滴定法。

（2）主要滴定方式

① 直接滴定法。这是最常用、最简单的滴定方式，它是直接用滴定剂滴定被测物质。

适用这种方式的反应，应当完全满足上述滴定分析对化学反应的要求条件。如用氢氧化钠滴定溶液中的硫酸，在 pH＝10 时用 EDTA 直接滴定钙、镁含量等。

② 返滴定法。先加入过量的滴定剂与被测物质充分反应完全后，再用另一种滴定剂去滴定剩余（过量）的前一种滴定剂，从而达到测定的目的。这种滴定方式叫返滴定法，或叫回滴法。用于那些反应慢或反应物是固体时的反应。例如，用 EDTA 滴定铝，由于此反应缓慢，故通常是加入过量的 EDTA，并加热以加速反应完全，然后再用锌盐（或铅盐、铜盐）返滴过量的 EDTA。在分析实践中，这种滴定方式颇多。

③ 置换滴定法。对于一些不能直接滴定的物质，可以利用它与另一种物质的置换反应，置换出另一种可被滴定剂滴定的物质，再滴定这种置换产物从而达到测定之目的，这种方法

叫置换滴定，也叫取代滴定或释放滴定。例如：Ag^+ 与 EDTA 的配合物不稳定，不能用 EDTA 直接滴定，可将含 Ag^+ 试液加到过量的 $Ni(CN)_4^{2-}$ 溶液中，再用 EDTA 滴定置换出来的与 Ag^+ 等量的 Ni^{2+}。此外，如 F^- 释放 EDTA 测定铝的方法等也属此类。

④ 间接滴定法。被测物质不能直接与滴定剂反应时，可另外加一种物质使之与被测物质反应，然后再用滴定法测定这一反应产物，从而达到测定的目的，这种方法叫间接滴定法。

如用酸碱滴定法测定高硅的氟硅酸钾法、间接碘量法滴定草酸钙沉淀中的草酸从而测定钙的方法等。

使用滴定管将一种已知准确浓度的试剂溶液（通常为标准溶液）滴加到被测物质的溶液中，直到所加的试剂与被测物质定量反应为止，然后根据试剂溶液的浓度和所消耗的体积，计算出被测组分的质量分数。

6.2.2　酸碱滴定法

酸碱滴定法是以质子传递反应为基础的滴定法。一般酸、碱以及能与酸、碱直接或间接发生质子转移反应的物质几乎都可以用酸碱滴定法直接或间接地进行测定。

6.2.2.1　酸碱指示剂

酸碱指示剂是结构比较复杂的有机弱酸或弱碱，其共轭酸碱对不同的结构能呈现不同的颜色。当溶液的 pH 值改变时，指示剂会失去或得到质子，其结构就发生变化，引起溶液颜色的变化。以 HIn 表示指示剂的酸色型，In^- 表示共轭碱型，即碱色型，在溶液中有下列离解平衡：

$$HIn \rightleftharpoons H^+ + In^- \tag{6-7}$$

指示剂质子转移反应的平衡常数式为：

$$K_{HIn} = \frac{[H^+][In^-]}{[HIn]} \tag{6-8}$$

式中，K_{HIn} 为指示剂酸离解常数，简称指示剂常数。

对于一定的指示剂来说，在一定温度下，K_{HIn} 是一个常数，因此溶液中酸式与碱式浓度的比值只与 $[H^+]$ 有关。在一般情况下，当两种颜色的浓度之比在 10 或 10 以上时，我们看到的是浓度大的那种颜色，如当 $\frac{[In^-]}{[HIn]} \geqslant 10$，即 $pH \geqslant pK_{HIn} + 1$ 时，我们看到的是碱式色；当 $\frac{[In^-]}{[HIn]} \leqslant \frac{1}{10}$ 时，即 $pH < pK_{HIn} - 1$ 时，看到的是酸式色；当 $\frac{[In^-]}{[HIn]} = 1$ 时，表示溶液中有 50％酸式、50％碱式，溶液呈现指示剂的中间过渡色，此时 $pH = pK_{HIn}$，这一点称为指示剂的理论变色点。当溶液中 pH 由 $pK_{HIn} - 1$ 改变到 $pK_{HIn} + 1$ 时，能明显看到指示剂由酸式色变为碱式色，故 $pH = pK_{HIn} \pm 1$ 称为指示剂的变色范围。实际上这个变色范围不能单纯由计算得出，因为人眼对各种颜色的感觉敏锐程度不同，实际观察结果与理论计算结果之间是有差别的，故指示剂的变色范围应从实验中测得。如甲基橙（$pK_{HIn} = 3.4$）的变色范围应为 pH 2.4～4.4，但因人眼对红色敏感，故实际变色范围为 pH 3.1～4.4。表 6-2 为常用的酸碱指示剂。

6.2.2.2　混合指示剂

表 6-2 中所列指示剂都是单一指示剂，它们的变色范围一般都比较宽，有的在变色过程中还出现难以辨别的过渡色。而混合指示剂则具有变色范围窄、变色敏锐等优点。混合指示

表 6-2　常用的酸碱指示剂

指示剂	变色范围 pH 值	颜色变化	pK_{HIn}	浓度	用量/(滴/10mL 试液)
百里酚蓝	1.2~2.8	红→黄	1.7	1g/L 的乙醇溶液(1+4)	1~2
	8.0~9.6	黄→蓝	8.9		1~4
甲基黄	2.9~4.0	红→黄	3.3	10g/L 的 90%乙醇溶液	1
甲基橙	3.1~4.4	红→黄	3.4	0.05%的水溶液	1
溴酚蓝	3.0~4.6	黄→紫	4.1	1g/L 的 20%乙醇溶液(或其钠盐的水溶液)	1
甲基红	4.4~6.2	红→黄	5.0	1g/L 的 60%乙醇溶液(或其钠盐的水溶液)	1
溴百里酚蓝	6.2~7.6	黄→蓝	7.3	1g/L 的 20%乙醇溶液(或其钠盐的水溶液)	1
中性红	6.8~8.0	红→橙黄	7.4	1g/L 的 60%乙醇溶液	1
酚酞	8.0~10.0	无→红	9.1	1g/L 的 90%乙醇溶液	1~3
百里酚酞	9.4~10.6	无→蓝	10.0	1g/L 的 90%乙醇溶液	1~2
溴甲酚绿	4.0~5.6	黄→蓝	常用混合酸碱	1g/L 的 20%乙醇溶液(或其钠盐的水溶液)	1~3

剂主要是利用颜色之间的互补作用,而使它的指示性能得到改善。常用混合指示剂的配制方法有以下两种。

（1）由两种或两种以上指示剂混合而成

例如 0.1%溴甲酚绿（变色范围 3.8~5.4）和 0.2%甲基红（变色范围 4.4~6.2）以 3:1 的体积比混合,呈现颜色的示意图如下:

在 pH 5.1 时,由于绿色和橙色互补,溶液呈灰色,颜色变化明显。

（2）由一种指示剂和一种惰性染料混合而成

所谓惰性染料是指它的颜色不随溶液的 pH 值变化而改变,如亚甲基蓝、靛蓝二磺酸钠等。

在甲基橙中加入靛蓝二磺酸钠,即可得这种混合指示剂。呈现颜色的示意图如下:

当 pH 值增大时,溶液由紫色→灰色→绿色,灰色的范围很窄,颜色变化明显,即使在灯光下也容易辨别。

常用的酸碱混合指示剂见表 6-3。

6.2.2.3　酸碱滴定中氢离子浓度的变化、滴定曲线和指示剂的选择

表 6-4 为 0.1000mol/L NaOH 溶液滴定 20.00mL 0.1000mol/L HCl 溶液时,溶液中 H^+ 浓度、pH 值变化的情况以及理论终点的 pH 值。如以 pH 值为纵坐标、中和百分数（或加入标准溶液体积）为横坐标,绘出的曲线称为滴定曲线,如图 6-10 所示。

表 6-3　常用的酸碱混合指示剂

指示剂溶液的组成	变色时 pH 值	颜色		备注
		酸色	碱色	
一份 1g/L 甲基橙水溶液 一份 2.5g/L 靛蓝水溶液	4.1	紫	黄绿	
三份 1g/L 溴甲酚绿乙醇溶液 一份 2g/L 甲基红乙醇溶液	5.1	酒红	绿	
一份 2g/L 中性红乙醇溶液 一份 1g/L 亚甲基蓝乙醇溶液	7.0	蓝紫	绿	pH＝7.0 紫蓝
一份 0.1g/L 溴甲酚绿乙醇溶液 一份 0.25g/L 靛蓝水溶液	4.3	橙	蓝绿	pH＝3.5 黄 4.05 绿,4.3 浅绿
一份 0.1g/L 百里酚蓝 50％乙醇溶液 一份 0.1g/L 酚酞 50％乙醇溶液	9.0	黄	紫	从黄到绿再到紫
一份 0.1g/L 酚酞甲醇溶液 一份 0.1g/L 百里酚酞乙醇溶液	9.9	无	紫	pH＝9.6 玫瑰红,10 紫
二份 0.1g/L 百里酚酞乙醇溶液 一份 0.1g/L 茜素黄 R 乙醇溶液	10.2	黄	紫	
三份 0.1g/L 甲基红 60％乙醇溶液 一份 0.1g/L 亚甲基蓝水溶液		紫蓝	绿	用于 HCl 滴定 NaOH 十分灵敏(20mL 试液 4 滴)

表 6-4　0.1000mol/L NaOH 溶液滴定 20.00mL 0.1000mol/L HCl 溶液时 pH 值变化情况

加入 NaOH 体积 /mL	中和百分数 /％	剩余 HCl 体积 /mL	过量 NaOH 体积 /mL	$[H^+]$ $c/(mol/L)$	pH 值
0.00	0.00	20.00		1.00×10^{-1}	1.00
18.00	90.00	2.00		5.26×10^{-3}	2.28
19.80	99.00	0.20		5.02×10^{-4}	3.30
19.96	99.80	0.04		1.00×10^{-4}	4.00
19.98	99.90	0.02		5.00×10^{-5}	4.31
20.00	100.0	0.00		1.00×10^{-7}	7.00
20.02	100.1		0.02	2.00×10^{-10}	9.70
20.04	100.2		0.04	1.00×10^{-10}	10.00
20.20	101.0		0.20	2.00×10^{-11}	10.70
22.00	110.0		2.00	2.10×10^{-12}	11.70
40.00	200.0		20.00	3.00×10^{-13}	12.50

（突跃范围：pH 4.31～9.70）

　　这是强碱滴定强酸的滴定曲线。从图 6-10 中可以看出，在滴定开始时曲线比较平坦，而在理论终点附近，滴加 1 滴氢氧化钠溶液就引起了溶液 pH 值的急剧变化，形成滴定曲线的突跃部分，称为"滴定突跃"。突跃所在的 pH 值范围称为滴定的突跃范围。此后若继续加入 NaOH 溶液，则进入强碱的缓冲区，溶液的 pH 值变化逐渐减小，曲线又比较平坦。

　　指示剂的选择主要以滴定突跃为依据，如果所选指示剂的变色范围位于滴定突跃范围内，则滴定误差通常在±0.1％以内。滴定突跃的大小与酸、碱溶液的浓度有关。酸、碱溶液的浓度各增加 10 倍，滴定突跃就增加两个 pH 值。若溶液浓度太稀，滴定突跃会太小，指示剂的选择将受限制；若溶液浓度太高，理论终点附近加入一滴溶液的物质的量较

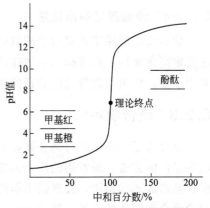

图 6-10　0.1000mol/L NaOH 滴定
0.1000 mol/L HCl 的滴定曲线

大，引入的误差也会较大。故在酸碱滴定中一般不采用高于 1mol/L 和低于 0.01mol/L 的溶液。另外，酸碱溶液的浓度也应相近。

在强酸弱碱（或强碱弱酸）滴定中，由于其盐类的水解作用，理论终点的 pH 值不是 7，具体的 pH 值随弱碱（或弱酸）的离解常数和浓度而变，计算式为：

$$pH = 7 - \frac{1}{2}pK_b - \frac{1}{2}\lg c$$

或

$$pH = 7 + \frac{1}{2}pK_a + \frac{1}{2}\lg c$$

式中，pK_b（或 pK_a）为待测弱碱（或弱酸）离解常数的负对数；c 为理论终点时溶液中盐的浓度。

如用强碱或强酸滴定 0.1mol/L HAc 或 0.1mol/L $NH_3 \cdot H_2O$，则理论终点时 pH 值分别为 8.9 或 5.1。如被滴定的弱碱（或弱酸）的 cK_b（或 cK_a）小于 10^{-8}，则滴定曲线的突跃范围很窄，利用一般的酸碱指示剂颜色已无法确定它的滴定终点，不能直接滴定。故通常以 cK_b（或 cK_a）$\geqslant 10^{-8}$ 作为判断弱碱（或弱酸）能否进行准确滴定的界限。对于不符合 cK_b（或 cK_a）$\geqslant 10^{-8}$ 的弱碱（或弱酸）可采用其他途径，如电位滴定或改变溶剂、强化弱碱（或弱酸）等进行测定。

由于弱酸弱碱的滴定反应的理论终点前后没有明显的 pH 突跃，所以不能准确滴定。

多元酸的滴定，由于各 H^+ 是逐级离解的，每一级离解平衡有一个平衡常数，多元酸能否分步滴定，应选择何种指示剂可根据下列条件进行判断：

① 若某一级酸的 $cK_a \geqslant 10^{-8}$，则这一级离解的 H^+ 可被滴定。若 $cK_a < 10^{-8}$，则这一级离解的 H^+ 在滴定曲线上已不出现突跃，如碳酸的第二级离解就不能进行滴定。

② 相邻两级离解常数 K_a 值相差 10^4 倍以上，则第一级离解的 H^+ 先被滴定，形成第一个突跃；第二级离解的 H^+ 后被滴定，是否有第二个突跃取决于 cK_a 是否 $\geqslant 10^{-8}$。

③ 若相邻两级的 K_a 值之比小于 10^4，滴定时两个突跃将合在一起，形成一个突跃。在实际工作中，通常选择在理论终点附近变色的指示剂指示滴定终点。

多元碱的滴定与此类似。

对于在理论终点前后 pH 值突跃较小的滴定，利用 pH 计判断终点比用指示剂的效果好。

6.2.2.4 酸碱滴定的间接法

酸碱滴定法除了直接用于酸碱测定外，还可间接用于测定其他元素。例如：用氟硅酸钾法测定高含量硅，是将样品中的硅转化为硅酸，然后定量生成氟硅酸钾沉淀。氟硅酸钾在热水中水解，析出与硅等物质的量的氢氟酸，以酚酞为指示剂，用氢氧化钠标准溶液滴定。

6.2.3 络合滴定法

络合滴定法是根据待测金属离子与络合剂形成络合物来进行测定的方法。它是滴定法中应用最广的方法。最常用的络合滴定剂是 EDTA。在滴定反应中，金属离子与 EDTA 两个配位基形成环状结构，故有的书籍把这类络合滴定称作螯合滴定。下面以 EDTA 为滴定剂，讨论络合滴定法的有关问题。

6.2.3.1 EDTA 与金属离子络合反应的特点

① EDTA 含有氨氮和羧氧两种络合能力很强的配位基，因此它能与大部分金属离子络

合，形成具有五元环结构的络合物。

② 不论金属离子是几价的，它们与 EDTA 反应多数形成 1∶1 的络合物，因此在滴定曲线上只有一个理论终点。其反应式如下：

$$M^{2+}+H_2Y^{2-} \rightleftharpoons MY^{2-}+2H^+ \tag{6-9}$$

$$M^{3+}+H_2Y^{2-} \rightleftharpoons MY^{-}+2H^+ \tag{6-10}$$

$$M^{4+}+H_2Y^{2-} \rightleftharpoons MY+2H^+ \tag{6-11}$$

③ EDTA 与金属离子络合物的稳定性和溶液的酸度有关。

④ EDTA 与大多数金属离子的络合反应极快，符合滴定分析的要求。但 EDTA 与 Fe^{3+}、Al^{3+}、Cr^{3+} 等在室温下反应较慢，加热可使反应加速。

⑤ EDTA 与金属离子的络合物均能溶于水。

6.2.3.2　络合物在溶液中的离解平衡

（1）络合物的稳定常数

金属离子与 EDTA 形成的络合物的稳定性，可用该络合物的稳定常数表示：

$$M+Y \rightleftharpoons MY \tag{6-12}$$

$$K_{MY}=\frac{[MY]}{[M][Y]} \tag{6-13}$$

K_{MY} 又称作绝对稳定常数。表 6-5 列出了一些常见金属离子和其 EDTA 络合物的 $\lg K_{MY}$ 值。

表 6-5　EDTA-金属离子络合物的绝对稳定常数（$\lg K_{MY}$）

离子	$\lg K_{MY}$	离子	$\lg K_{MY}$	离子	$\lg K_{MY}$	离子	$\lg K_{MY}$	离子	$\lg K_{MY}$
Ag^+	7.2	Al^{3+}	16.13	Gd^{3+}	17.37	Cu^{2+}	18.80	Sc^{3+}	23.10
UO_2^{2+}	7.4	Co^{2+}	16.31	Tb^{3+}	17.67	Er^{3+}	18.85	Th^{4+}	23.20
Ba^{2+}	7.76	Pr^{3+}	16.40	Pb^{2+}	18.04	Tm^{3+}	19.07	In^{3+}	24.90
Sr^{2+}	8.63	Cd^{2+}	16.46	Y^{3+}	18.09	Hf^{4+}	19.10	Fe^{3+}	25.10
Mg^{2+}	8.69	Zn^{2+}	16.50	VO_2^+	18.10	Yb^{3+}	19.51	U^{4+}	25.50
Ca^{2+}	10.96	Nd^{3+}	16.60	Dy^{3+}	18.30	Lu^{3+}	19.83	V^{3+}	25.90
Mn^{2+}	14.04	Pm^{3+}	16.75	Pd^{2+}	18.50	Ga^{3+}	20.30	Bi^{3+}	27.94
Fe^{2+}	14.33	Sm^{3+}	17.14	Ni^{2+}	18.62	Ti^{3+}	21.30	ZrO^{2+}	29.50
La^{3+}	15.50	TiO^{2+}	17.30	Ho^{3+}	18.74	Hg^{2+}	21.80	Co^{3+}	36.00
Ce^{3+}	15.98	Eu^{3+}	17.35	VO^{2+}	18.77	Sn^{2+}	22.11	Tl^{3+}	37.80

（2）副反应系数

在络合滴定中，络合剂 Y 与金属离子 M 之间的反应是主反应。此外，还可能存在一些副反应。例如：H^+ 与络合剂的反应，掩蔽剂、缓冲溶液中的络合剂以及 OH^- 与金属离子的反应均属副反应。反应物（Y、M）发生的副反应不利于主反应进行，而反应产物（MY）发生的副反应则有利于主反应进行。

6.2.3.3　络合滴定的指示剂

络合滴定中采用的指示剂是对金属离子浓度的改变十分敏感的物质。它通常是一种有机染料，称为金属指示剂（表 6-6）。

（1）金属指示剂的变色原理

其原理是金属指示剂与金属离子作用能生成一种与指示剂本色不同的有色络合物。

$$M+In \rightleftharpoons MIn \tag{6-14}$$

$$（甲色）\qquad（乙色）$$

表 6-6　常用络合滴定指示剂

指示剂	pH 值范围	游离色[①]	络合色[②]	直接滴定离子	指示剂制备
铬黑 T	7~10	蓝色	红色	$pH=10$,Mg^{2+}、Zn^{2+}、Cd^{2+}、Pb^{2+}、Mn^{2+}、RE	10g/L NaCl
二甲酚橙	<6	黄色	红色	$pH<1$,ZrO^{2+} $pH=1$~3,Bi^{3+}、Th^{4+} $pH=5$~6,Zn^{2+}、Cd^{2+}、Pb^{2+}、Hg^{2+}、RE	5g/L 水溶液
1-(2-吡啶偶氮)-2-萘酚(PAN)	2~12	黄色	红色	$pH=2$~3,Bi^{3+}、Th^{4+}	1g/L 乙醇溶液
酸性铬蓝 K	8~13	蓝色	红色	$pH=10$,Mg^{2+}、Zn^{2+} $pH=13$,Ca^{2+}	10g/L NaCl
钙指示剂	10~13	蓝色	红色	$pH=12$~13,Ca^{2+}	10g/LNaCl
磺基水杨酸		无色	紫色	$pH=1.5$~3、Fe^{3+}	20g/L 水溶液

①指示剂颜色；②金属指示剂络合物颜色。

在被测溶液中加入指示剂后，溶液呈现 MIn 的颜色（乙色），在滴定过程中随着滴定剂的加入，滴定剂逐渐与金属离子络合，当滴定到理论终点附近时，金属离子浓度很低，滴定剂夺取 MIn 中的 M，使指示剂游离出来，溶液呈现指示剂本身的颜色（甲色）。溶液颜色由乙色变为甲色，表明到达终点。

$$MIn + Y \Longrightarrow MY + In \tag{6-15}$$
$$\text{（乙色）} \qquad \text{（甲色）}$$

（2）金属指示剂应具备的条件

① 金属指示剂与金属离子的显色反应要灵敏、迅速，金属与指示剂的络合物应具有与指示剂本身明显不同的颜色。因指示剂多为有机弱酸，在不同 pH 值时，颜色不同，故须控制合适的 pH 值范围。

② 金属-指示剂络合物应有适当的稳定性，若 K_{MIn} 太小，会使终点过早出现，颜色变化不敏锐，一般要求 K_{MIn} 大于 10^4。

③ K_{MIn} 也不能太大，即 MIn 稳定性太高，将使终点拖后或使显色失去可逆性，得不到滴定终点。为了在滴定终点时能使 EDTA 从 MIn 中夺得离子，一般要求 K_{MY} 比 K_{MIn} 大两个数量级。

$$\lg K_{MY} - \lg K_{MIn} \geqslant 2 \tag{6-16}$$

有些指示剂与某些金属离子形成的络合物稳定性很高或显色反应为不可逆，在滴定这些离子时，即使过量很多 EDTA，也不能释放出指示剂，使终点拖长或不变色。这种现象称为指示剂的封闭现象。比如 Fe^{3+}、Co^{2+}、Ni^{2+}、Cu^{2+}、Al^{3+} 对铬黑 T 和钙指示剂有封闭作用；Fe^{3+}、Ni^{2+}、Al^{3+}、Ti^{4+} 对二甲酚橙有封闭作用。如果封闭现象是由共存离子引起的，可加入掩蔽剂消除干扰，如加入 F^- 可掩蔽 Al^{3+}，三乙醇胺可掩蔽 Al^{3+}、Fe^{3+} 等。如果封闭现象是由被测离子引起的，则可采用反滴定法加以避免。

④ 金属-指示剂络合物应易溶于水。有的指示剂与金属离子形成的络合物在水中的溶解度很小，终点时与 EDTA 置换缓慢，使终点拖长，这种现象称为指示剂的僵化。解决的办法是加热或加入有机溶剂以增加它们的溶解度。如使用 PAN 作指示剂测定 Cu^{2+}、Bi^{3+}、Pb^{2+}、Hg^{2+}、Sn^{2+} 等离子时，常需加入乙醇等有机试剂，并适当加热，才能加快变色过程。

⑤ 指示剂应比较稳定，便于贮存和使用。

6.2.3.4 提高络合滴定选择性的方法

EDTA 几乎能与所有多价金属离子生成稳定的络合物，因此 EDTA 滴定本身缺乏选择性，但是，控制适当的滴定条件——酸度、温度和采用必要的掩蔽技术或分离手段是可以提高选择性的。

① 控制溶液的酸度消除干扰。例如测定金属离子 M 时，若存在干扰离子 N，当 M 与 N 浓度相等时，为使滴定 M 而不受 N 的干扰，要求其稳定常数差 5 个数量级以上。即

$$K_{MY}/K_{NY} \geqslant 10^5$$

或
$$\lg K_{MY} - \lg K_{NY} \geqslant 5 \tag{6-17}$$

这样，就可以根据式（6-16）选择并控制合适的酸度从而实现滴定 M 而不受 N 的干扰的问题。

② 当 $\lg K_{MY}$ 和 $\lg K_{NY}$ 相差不足 5 时，则应采用加入掩蔽剂降低干扰元素浓度的方法，消除其干扰。例如，用 EDTA 测定锌时，共存铜离子可在滴定前加入硫代硫酸钠掩蔽消除其干扰。

③ 选择另一种适当的滴定剂。例如：钙、镁共存时，只要将溶液 pH 值缓冲为 7.8 ± 0.2，用 EGTA 滴定钙，镁就没有影响。

④ 在多种干扰离子共存时，有时应考虑适当的分离方法。

⑤ 选择专属性较好的指示剂。

⑥ 变换滴定方式。如反滴定、置换滴定、间接滴定在络合滴定中有广泛的应用。在用 EDTA 测定 Al^{3+} 时，因 Al^{3+} 与 EDTA 反应很慢，通常加入过量 EDTA 标准溶液，加热煮沸，使其络合完全。冷却后，以二甲酚橙为指示剂，用锌标准溶液滴定过量的 EDTA。

6.2.4 氧化还原滴定法

氧化还原滴定法是利用氧化还原反应进行滴定分析的方法。氧化还原反应的实质是电子的得失。在氧化还原反应中，无论是氧化剂还是还原剂都有两种形态——氧化态和还原态。

例如：

$$Cr_2O_7^{2-} + 6Fe^{2+} + 14H^+ \Longrightarrow 2Cr^{3+} + 6Fe^{3+} + 7H_2O \tag{6-18}$$

氧化态　　还原态　　　　　还原态　　氧化态

6.2.4.1 氧化还原电对的电位

氧化剂和还原剂的强弱，可以用有关电对的电极电位来衡量。电对的电位越高，其氧化态的氧化能力越强；电对的电位越低，其还原态的还原能力越强。电对的电位可由能斯特公式求得：

$$E = E^{\ominus} + \frac{RT}{nF} \ln \frac{\alpha_{Ox}}{\alpha_{Red}} \tag{6-19}$$

式中，E 为电对的电位；$E^{\ominus}$ 为电对的标准电位；α_{Ox}、α_{Red} 分别为氧化态和还原态的活度；R 为摩尔气体常数；T 为热力学温度；F 为法拉第常数；n 为电极反应中电子转移数。

在 25℃时，式（6-19）变为：

$$E = E^{\ominus} + \frac{0.059}{n} \ln \frac{\alpha_{Ox}}{\alpha_{Red}} \tag{6-20}$$

在实际工作中，离子活度难以求得，若以浓度代替活度进行计算则误差较大。如果有条

件电位（以前称克式量电位）数据，则计算就比较简单，也比较符合实际情况。例如，盐酸溶液中 Fe^{3+}/Fe^{2+} 体系的电位按下式计算：

$$E = E^{\ominus'} + 0.059 \lg \frac{c_{Fe^{3+}}}{c_{Fe^{2+}}} \tag{6-21}$$

式中，$E^{\ominus'}$ 称为条件电位。它是在特定条件下，氧化态和还原态的浓度均为 1mol/L 时的实际电位。它在条件不变时为一常数。如果上述盐酸溶液的浓度为 1mol/L，我们从分析化学手册中可以查到 $E^{\ominus'}$（$Fe^{3+} + e^- \longrightarrow Fe^{2+}$，1mol/L HCl）为 0.700V，而 $c_{Fe^{3+}}$ 和 $c_{Fe^{2+}}$ 是容易知道的，这样就能算出接近实际的电极电位 E。当缺乏相同条件的条件电位数据时，采用条件近似的条件电位数据，也能减小误差。

6.2.4.2 影响氧化还原滴定反应速度的因素

作为一个滴定反应，速度必须足够快，否则不能使用。影响反应速度的因素有：

（1）氧化剂和还原剂的性质

不同的氧化剂和还原剂，反应速度有很大不同，这与其电子层结构、条件电极电位之差、反应历程等因素有关，多靠实践判断。

（2）反应物的浓度

一般说来，增加反应物浓度，能加快反应速度，对于有 H^+ 参加的反应，提高酸度也能增加反应速度。此外，在滴定过程中，由于反应物浓度不断降低，反应速度也逐渐减慢，临近理论终点，反应速度更慢。故在氧化还原滴定中，应注意控制滴定的速度与反应速度相适应。

（3）溶液的温度

升高溶液温度能使反应速度加快，但在加热以提高反应速度时，应考虑可能引起的不利因素。例如用 MnO_4^- 滴定 $C_2O_4^{2-}$ 时，温度过高，$H_2C_2O_4$ 可能分解；对某些易挥发的物质（如 I_2），加热溶液会引起挥发损失；有些还原性物质（如 Sn^{2+}、Fe^{2+}），在加热时会促使它们被空气中的氧所氧化而引起误差。故需根据具体情况，确定滴定的最适宜的温度。

（4）催化剂

加入催化剂可使某些氧化还原反应速度加快。如在 MnO_4^- 滴定 $C_2O_4^{2-}$ 的反应中，即使温度升高，$KMnO_4$ 褪色仍很慢，加入少许 Mn^{2+}，反应即能很快进行。

（5）诱导反应

在酸性溶液中 MnO_4^- 氧化 Cl^- 的反应速度很慢，但若有 Fe^{2+} 同时存在，则 MnO_4^- 氧化 Fe^{2+} 的反应速度加快，这种由于一个氧化还原反应的发生促使另一氧化还原反应进行的现象，称为诱导作用。

在氧化还原滴定法的实际应用中，常用强氧化剂（如硫酸铈、高锰酸钾、重铬酸钾等）和较强的还原剂（如硫酸亚铁铵、硫代硫酸钠等）作滴定剂。因此，反应定量完全这个要求较容易达到。但是强氧化剂和强还原剂并非都能用于滴定分析，因为有些反应进行较慢；有些反应机理较复杂，反应并不按照反应式进行；有些反应除主反应外还伴随有副反应；有时介质对反应有很大影响。这些都是在实际工作中应注意的问题。

6.2.4.3 氧化还原指示剂

在氧化还原滴定中常用的指示剂（表 6-7）为具有氧化还原性的有机化合物，并且其氧化态和还原态有不同的颜色。每种指示剂都有其标准电位，因此选择指示剂时，要求指示剂的标准电位接近理论终点电位，落在电位突跃范围内，并且颜色变化明显。

表 6-7　常用氧化还原指示剂

指示剂	分子式	颜色变化		$E^{\ominus}$ ([H$^+$]=1mol/L)/V	配制方法
		氧化型	还原型		
亚甲基蓝		蓝	无色	0.36	0.05%水溶液
二苯胺	$C_{12}H_{11}N$	紫	无色	0.76	1g 溶于 100mL 2% 的 H_2SO_4 中
二苯胺磺酸钠	$C_{12}H_{10}O_3NSNa$	紫红	无色	0.85	0.8g 加 Na_2CO_3 2g 加水稀释至 100mL
邻苯氨基苯甲酸	$C_{13}H_{11}NO_2$	紫红	无色	1.08	0.107g 溶于 20mL 5% 的 Na_2CO_3 溶液中,用水稀至 100mL
邻二氮菲[①]	$C_{12}H_8N_2 \cdot H_2O$	浅蓝	红	1.06	1.485g 及 0.965g $FeSO_4$ 溶于 100mL 水中
5-硝基邻二氮菲	$C_{12}H_7O_2N_3$	浅蓝	紫红	1.25	1.608g 及 0.695g $FeSO_4$ 溶于 100ml 水中

①或称 0.83g 邻二氮菲硫酸亚铁盐溶于适量水中,然后加水稀至 1000mL,配成的溶液为 0.025mol/L。

此外,用高锰酸钾作滴定剂时,它自身的红色就可指示终点。在碘量法中,常用对碘有特效反应的淀粉溶液作指示剂。用三氯化钛滴定 Fe^{3+} 时,SCN^- 是适宜的指示剂。

氧化还原滴定除用氧化还原指示剂确定终点外,还可用电位法确定终点。

6.2.5　沉淀滴定法

沉淀滴定法是以沉淀反应为基础的滴定法。沉淀滴定的反应,除应具有滴定分析的一般要求外,还要求沉淀不吸附杂质,而且有适当的指示剂,因此符合滴定分析要求的沉淀反应并不多。沉淀滴定法主要用于测定卤族元素和 SCN^- 等。应用较广的是生成难溶银盐的反应,称作银量法。例如:

$$Ag^+ + Cl^- \rightleftharpoons AgCl \downarrow$$
$$Ag^+ + SCN^- \rightleftharpoons AgSCN \downarrow$$

银量法根据指示剂的不同,又分为摩尔法(以铬酸钾作指示剂)、佛尔哈德法(以硫酸铁铵作指示剂)、法扬司法(采用荧光黄、曙红等吸附指示剂,参见表 6-8)。

表 6-8　吸附指示剂

名称	应用范围	颜色变化 溶液-沉淀(如果没有说明其他的形式)	配置方法
二苯胺	在 0.25~2.5 mol/L H_2SO_4 中用 Ag^+ 滴定 Cl^-、Br^-	绿色沉淀→紫色溶液	1g 溶于 100mL H_2SO_4,用 0.017mol/L $K_2Cr_2O_7$ 氧化
酚藏花红	用 Ag^+ 滴定 Cl^-、Br^-,用 Br^- 滴定 Ag^+	红色沉淀→蓝色沉淀 红色沉淀→蓝色沉淀	0.2g 溶于 100mL 水中
荧光黄	用 Ag^+ 滴定 Cl^-、Br^-、I^-、SCN^-、$SeCN^-$、$Fe(CN)_6^{4-}$ (pH≈7)	黄绿→粉红	0.2g 溶于 100mL 钠盐水溶液
二氯(R)荧光黄	用 Ag^+ 滴定 Cl^-、Br^-、I^- (pH=4)	黄绿→红	0.1g 溶于 100mL 钠盐水溶液
四溴(R)荧光黄	用 Ag^+ 滴定 Br^-、I^-、SCN^-;有 Cl^- 存在下用 Ag^+ 滴定 I^- (pH=1)	黄橙→红紫	0.5g 溶于 100mL 钠盐水溶液
二氯(P)四碘(R)荧光黄	在 $(NH_4)_2CO_3$ 存在下,有 Cl^- 共存时用 Ag^+ 滴定 I^-	红→紫	0.5g 溶于 100mL 钾盐水溶液
溴酚蓝	用 Ag^+ 滴定 Cl^-	黄绿→绿→蓝	0.1g 溶于 100mL 钠盐水溶液

另外,比较重要的沉淀滴定法有钍盐或锆盐测定氟离子的滴定方法。

有些沉淀滴定,如用铅盐滴定 MoO_4^{2-}、WO_4^{2-} 或 SO_4^{2-} 等,也可以用交流示波极谱滴定指示终点。

6.2.6 电化学滴定法

从严格的分类来讲,电化学滴定法不能称为一类滴定法,它只是指示终点和滴定剂加入方式不同而已,其基础仍然是各种类型的滴定反应。但随着现代分析化学向自动化、智能化方向发展,电化学滴定法的应用日渐广泛,因此在此单独介绍。

用指示剂确定滴定终点简单方便,但不适合在有色溶液或有沉淀的溶液中滴定,用电位滴定、电导滴定、电流滴定、交流示波极谱滴定和光度滴定等仪器分析方法确定滴定终点则可以克服上述不足,且这些仪器分析方法对酸碱滴定、络合滴定、氧化还原滴定和沉淀滴定均适用。其中电位滴定法是最常用的电化学滴定方法。

在被测溶液中插入指示电极和参比电极,由于滴定过程中待测离子与滴定剂发生化学反应,离子活度发生变化,引起指示电极电位改变。在化学计量点附近,离子活度的变化可能达几个数量级,出现电位突跃,由此可确定滴定终点。图 6-11 是用 $0.1000mol/L$ $AgNO_3$ 溶液滴定 $2.433mmol$ Cl^- 的滴定曲线,图 6-11(a) 为电动势 E 对体积 V 的曲线。

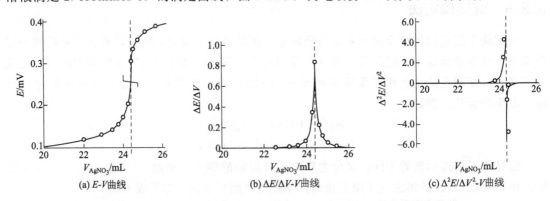

(a) E-V曲线   (b) $\Delta E/\Delta V$-V曲线   (c) $\Delta^2 E/\Delta V^2$-V曲线

图 6-11   用 $0.1000mol/L$ $AgNO_3$ 滴定 $2.433mmol$ Cl^- 的电位滴定曲线

如果电位突跃不明显,可采用一次微分法 [图 6-11(b)],以 $\Delta E/\Delta V$ 对 V 作图,图中极大点即为终点。也可以绘制二次微分曲线,以 $\Delta^2 E/\Delta V^2$ 对 V 作图 [图 6-11(c)],$\Delta^2 E/\Delta V^2$ 等于零即为终点。

滴定终点也可以根据滴定至终点时的电动势值来确定。此时,先滴定标准试样获得经验化学计量点的电动势,以此值为依据,可进行自动电位滴定。

电位滴定法具有如下特点:

① 准确度高。

② 能用于有色溶液或浑浊溶液滴定。

③ 适合于非水滴定指示终点。许多有机物的滴定在非水溶液中进行,难以找到合适的指示剂,可采用电位滴定。

④ 能连续滴定,同时测定多组分,也可以自动滴定,并适用于微量分析。

用电位滴定法进行物质含量测定时,应根据滴定反应类型选用不同的指示电极。酸碱滴定常用 pH 玻璃电极作指示电极。氧化-还原滴定用 Pt 电极等零类电极(由惰性金属与含有氧化还原电对的溶液组成,如 Pt | Ce^{4+},Ce^{3+} 体系)作指示电极。沉淀滴定要根据不同的沉淀反应选用指示电极,例如用硝酸银滴定卤离子时可用银电极作指示电极,以碘离子选择性电极作指示电极,可用硝酸银连续滴定氯、溴和碘离子。在络合滴定中,可采用两种类型

的指示电极，一种是应用于个别反应的指示电极，如用 EDTA 滴定 Fe^{3+} 时，加入 Fe^{3+} 后用 Pt 电极作指示电极；另一种是能够指示多种金属离子浓度的电极，在试液中加入 Cu-EDTA 络合物，用铜离子选择性电极作指示电极，当向溶液中滴加 EDTA 时，溶液中游离 Cu^{2+} 浓度随溶液中游离 EDTA 浓度的改变而变化，引起铜离子电极电位发生变化，可间接反映待测金属离子浓度的变化。

7 原子光谱分析

原子光谱是以原子为基本粒子所发生的电磁辐射，它是基于原子核外（内层或外层）电子能级的跃迁，呈线状光谱。原子光谱分析主要是建立原子光谱信号与待测组分含量的函数关系，研究与原子光谱谱线有关的特征物理参数——波长与强度。光谱谱线的波长是定性分析的基础，光谱谱线的强度是定量分析的依据。根据原子激发方式及光谱的检测方法进行分类，从原理上可将原子光谱法分为原子发射光谱法（AES）、原子吸收光谱法（AAS）、原子荧光光谱法（AFS）及 X 射线荧光光谱法（XRF）。

7.1 原子发射光谱分析

原子发射光谱分析法（atomic emission spectroscopy，AES）是根据处于激发态的待测元素原子回到基态时发射的特征谱线对待测元素进行分析的方法。

原子发射光谱法包括三个主要的过程，即：

① 由光源提供能量使样品蒸发，形成气态原子，并进一步使气态原子激发而产生光辐射；

② 将光源发出的复合光经单色器分解成按波长顺序排列的谱线，形成光谱；

③ 用检测器检测光谱中谱线的波长和强度。

由于待测元素原子的能级结构不同，因此发射谱线的特征不同，据此可对样品进行定性分析；而根据待测元素原子的浓度不同，因此发射强度不同，可实现元素的定量测定。这种方法可对约 70 多种元素（包括金属元素及磷、硅、砷、碳、硼等非金属元素）进行分析。

原子发射光谱分析方法根据激发光源的不同主要可分为：火焰发射光谱法、火花光源/电弧发射光谱法（Spark/Arc- AES）、电感耦合/微波等离子体发射光谱法（ICP/MP-AES）、辉光放电发射光谱法（GD-AES）、激光诱导击穿光谱法（LIBS）。各种方法的特点如表 7-1 所示。

表 7-1 各种原子发射光谱法的特点

名称	测定对象	测定范围	常用定量方法
火焰发射光谱法	溶液中碱金属元素	少量及主量元素	①②
电弧发射光谱法	金属/固体粉末中元素	微量元素	①②④
火花光源发射光谱法	金属中元素	微量及少量元素	①④⑤
电感耦合/微波等离子体发射光谱法	溶液中金属元素	微量、少量及主量元素	①②③
辉光放电发射光谱法	成分分析和深度分析	微量元素	①
激光诱导击穿光谱法	金属/固体粉末中元素溶液、气体中元素成分分析和深度分析	微量、少量及主量元素	①②④

注：①标准曲线法；②标准加入法；③内插法；④内标法；⑤浓度直读法。

7.1.1 原子发射光谱基础

7.1.1.1 原子发射光谱的产生

在通常的情况下，原子处于能量最低的基态。当基态原子受热、辐射或与其他粒子碰撞而吸收足够的能量后，其外层电子就从低能级跃迁到较高能级上，此时原子的状态称为激发态。激发态原子是不稳定的，其平均寿命约为 10^{-8} s，即使没有外因的诱导，也会自发地跃回到低能态，并以光的形式放出多余的能量，从而产生原子发射光谱。通过光谱仪，采用摄影，便可将光谱记录在底板上，得到线状的发射光谱图。

设高能级的能量为 E_2，低能级的能量为 E_1，则释放出的能量 ΔE 与发射光谱波长的关系为：

$$\Delta E = E_2 - E_1 = h\nu = h\frac{c}{\lambda} = h\sigma c$$

即
$$\lambda = hc/(E_2 - E_1) \tag{7-1}$$

式中，h 为普朗克常量，6.626×10^{-34} J·s；c 为光速，2.997925×10^{10} cm/s。

原子的外层电子由低能级激发到高能级时所需要的能量称为激发电位，以电子伏特（eV）表示。原子的光谱线各有其激发电位。这些激发电位可在元素谱线表中查到。具有最低激发电位的谱线称为共振线，通常是由基态与最低能量激发态之间的跃迁产生的，这种共振跃迁所发射的谱线称为共振发射线。由于其激发电位最低，共振线往往是元素光谱中最强的谱线。这个最低的激发电位称为共振电位。

原子的外层电子在获得足够能量后，有可能发生电离。使原子电离所需要的最低能量称为电离电位。原子失去一个电子，称为一次电离，再失去一个电子，称为二次电离，依次类推。元素的电离电位可从有关手册中查到。离子外层电子跃迁时发射的谱线称为离子线。每条离子线都有相应的激发电位。这些离子线激发电位的大小与电离电位的高低无关。

通常用罗马数字Ⅰ表示原子发射的谱线，Ⅱ表示一次电离离子发射的谱线，Ⅲ表示二次电离离子发射谱线。例如，Na（Ⅰ）589.5923nm 表示原子线，Mg（Ⅱ）280.2700nm 表示一次电离线。原子或离子的外层电子数相同时，具有相似的谱线，如 Na（Ⅰ）、Mg（Ⅱ）、Al（Ⅲ）的谱线很相似。同理，周期表中同族元素通常也具有相似的谱线。

光谱图上出现谱线的数目与样品中被测元素的含量有关系。含量高时，同时出现的谱线数目比较多，含量低时则比较少，如果含量（或浓度）不断降低，强度弱的谱线就从光谱图上消失，接着是次强的谱线消失，当含量降至一定值后，就只剩下坚持到最后的谱线，称为最后线或最灵敏线。最后线通常是元素谱线中最易激发或激发能较低的谱线，如元素的第一共振线。各元素最后谱线的波长，可从专门的元素光谱波长表中查得。由于工作条件不同和存在自吸收，元素的最后线不一定就是最强的线。

对于每种元素，可选择一条或几条谱线作为定性或定量测定所用的谱线，这种谱线称为分析线。

7.1.1.2 谱线的自吸与自蚀

在激发光源高温条件下，以气体形式存在的物质为等离子体（plasma）。在物理学中，等离子体是气体处在高度电离状态，其所形成的空间电荷密度大体相等，使得整个气体呈电中性。在光谱学中，等离子体是指包含分子、原子、离子、电子等各种粒子电中性的集合体。

等离子体有一定的体积，温度与原子浓度在其各部位分布不均匀，中间部位温度高，边缘低。其中心区域激发态原子多，边缘处基态与较低能级的原子较多。元素的原子从中心发射某一波长的电磁辐射，必然要通过边缘到达检测器，这样所发射的电磁辐射就可能被处在边缘的同一元素基态或较低能级的原子吸收，接收到的谱线强度就减弱了。这种原子在高温发射某一波长的辐射，被处在边缘低温状态的同种原子所吸收的现象称为自吸。

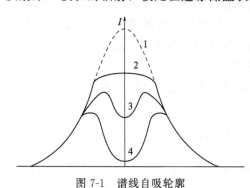

图 7-1　谱线自吸轮廓

1—无自吸；2—有自吸；3—自蚀；4—严重自蚀

自吸对谱线中心处强度影响大。当元素的含量很低时，不表现自吸，当含量增大时，自吸现象增加。当达到一定含量时，由于自吸严重，谱线中心强度都被吸收了，完全消失，好像两条谱线，这种现象称为自蚀。在谱线表上，r 表示有自吸的谱线，R 表示自蚀。基态原子对共振线的自吸最为严重，并且常产生自蚀，不同光源类型，自吸情况不同，直流电弧由于蒸气云厚度大，自吸现象常比较明显。图 7-1 为谱线自吸轮廓。

由于自吸现象影响谱线强度，在定量分析中是一个必须注意的问题。

7.1.1.3　谱线强度与元素含量的关系

当激发能和激发温度一定时，谱线强度 I 与试样中被测元素的浓度 c 呈正比，即

$$I = ac \tag{7-2}$$

式中，a 是与谱线性质、实验条件有关的常数。式(7-2) 在低浓度时成立，浓度较大时，处于激发光源中心的原子所发射的特征谱线被外层处于基态的同类原子所吸收，使谱线的强度减弱，这种现象叫作自吸收。此时，式(7-2) 应修正为：

$$I = ac^b \quad 或 \quad \lg I = b \lg c + \lg a \tag{7-3}$$

式中，b 为自吸常数。浓度较低时，自吸现象可忽略，b 值接近于 1。随着浓度的增加，b 逐渐减小，当浓度足够大时，b 接近于零，此时谱线强度几乎达到饱和。式(7-3) 是原子发射光谱法定量分析的基本公式。

7.1.1.4　原子发射光谱的激发光源

原子发射光谱法通常按激发光源分类，常用的激发光源有化学火焰、电弧光源、火花光源、电感耦合等离子体光源和辉光放电光源等。

表 7-2 列出了一些光源的性能特点。

表 7-2　几种光源性能及应用比较

光源	蒸发能力	激发温度/K	稳定性	应用范围
化学火焰	略低	1000～3000	好	碱金属、碱土金属、溶液
直流电弧	高（阳极）	4000～7000	较差	矿物、纯物质、难激发元素定量和定性分析
交流电弧	中	4000～7000	中	低含量组分定量分析
火花	低	5000～10000	好	金属、合金、难激发元素定量分析
ICP	很高	6000～8000	很好	各种元素，从低含量到大量溶液

（1）化学火焰

用火焰作光源的发射光谱方法称为火焰发射光谱分析法，其仪器称为火焰分光光度计，常与火焰原子吸收分光光度计合二为一。常用的火焰有乙炔-空气、丙烷-空气、乙炔-氧化亚

氮等，激发温度为 1000～3000K。

（2）直流电弧

电源用 200～380V 直流电，电流为 5～30A。点燃电弧的方式有两种，一种是先使上下电极接触，接触点的电阻把电极灼热，然后慢慢拉开上下电极，电弧就点燃了。另一种是用高频火花发生器引燃，引燃后，阴极端热电子发射，在电场作用下，高速穿过电极间隙射向阳极，电子与间隙中的分子、原子、离子碰撞，使气体电离，电离的阳离子飞向阴极，引起阴极电子再次发射，反复进行，电流持续，电弧不灭。

（3）交流电弧

交流电弧随时间进行周期性变化，不像直流电弧那样，一次点火就能连续燃弧，而需要高频点火装置配合使用。通常每半周点火一次，以保持弧焰不断。

交流电弧具有直流电弧放电的一般特性。但由于交流电弧间隙放电，电极头温度较低，蒸发能力差，灵敏度不如直流电弧，电弧的稳定性优于直流电弧，分析的重现性、精密度较好，适用于定量分析；交流电弧的电流具有脉冲性，电流密度比直流电弧大，因此电弧温度高，激发能力强。

（4）火花光源

火花放电是在两个电极间施加高压电和相对较低的电流而产生的间歇性周期的振荡放电。达到击穿电压时，电极尖端迅速放电，产生电火花。其中一个电极由待测样品组成，另一个一般由钨制成。高压火花光源的特点是：激发能力很强，一般产生离子谱线，这是由于放电时瞬间释放能量很大，放电间隙电流密度很高，使激发温度达到 10000K 以上。放电稳定性好，因此重现性好，宜作定量分析光源。缺点是由于放电间歇时间长，蒸发能力较低，绝对灵敏度低。在紫外区背景较大。火花光源适用于金属合金分析和难激发元素的分析。

（5）等离子体光源

等离子体光源是 20 世纪 60 年代发展起来的一类新型发射光谱分析用光源。除 ICP 外，还有直流等离子体（direct current plasma，DCP）、微波等离子体（microwave plasma，MP），其中 ICP 因其突出的优点而在分析中获得广泛应用。

（6）辉光放电光源

辉光放电光源属于低压下的气体放电光源，历史上就作为一种有效的原子化和激发光源用于光谱分析。辉光放电光源可作为原子光谱的激发源和质谱的离子源，现已成功用于 AAS、AES、AFS、MS 分析中。只要采取适当的工作方式，可以分析各种样品，但其最大的优势是可直接分析固体样品，可进行表面深度分析。

7.1.1.5 原子发射光谱分析方法

（1）定性分析

原子发射光谱定性分析是通过识别元素的特征光谱来鉴别元素的存在。

光谱定性分析的依据为：元素不同→电子结构不同→发射的原子光谱不同→每种原子各有其特征光谱谱线。根据特征谱线的波长，便可以识别不同原子的存在，从而可以达到定性分析的目的。

元素的特征光谱可分为元素的灵敏线、最后线和分析线。

元素的灵敏线一般是指强度较大的一些谱线，通常具有较低的激发能和较大的跃迁概率。元素的灵敏线多是一些共振线，而激发能最低的共振线通常是理论上的最灵敏线。

最后线是当样品中某元素含量逐渐减小时最后消失的谱线。以此可以估计某元素存在的大致含量。

分析线是在进行光谱分析时选用的谱线。光谱分析中并不需要找出元素的所有谱线，一般只需找出一根或几根灵敏线即可，所用的灵敏线，即称为分析线。

分析手册上有按元素符号排列的元素灵敏线波长及其强度的表和按波长排列的元素灵敏线及其强度的表可供查用。

灵敏线的波长取决于参与辐射跃迁的高低能级的能量差，越易激发的元素，其灵敏线的波长越长，越难激发的元素，其灵敏线的波长越短。对于多数易激发元素，其灵敏线多分布于近红外及可见光区，难激发非金属元素灵敏线多分布于远紫外区，而绝大多数具有中等激发能的元素，其灵敏线则分布于近紫外区。

实验证明，碱金属和除碱土金属外的其他主族元素，其灵敏线多为原子线；而碱土金属和除了铜分族及锌分族外的过渡元素，其灵敏线既可以是原子线，亦可以是一级离子线，甚至后者比前者更为灵敏；而铜分族和锌分族元素的原子线一般比离子线灵敏。

在实际发射光谱分析工作中，需根据欲分析元素灵敏线所在光谱区域，正确选择最适宜的光谱仪及相应的检测装置。通过对发射光谱谱线波长的确定，可以判断它是由哪个元素发射的。光谱定性分析便是通过对发射谱线波长的确定，来判断试样中含有哪些元素或是否含有待定的元素，并粗略估计其大致的含量。以前采用看谱法或摄谱法，根据试样中出现光谱线的情况来确定样品中存在哪些元素，现在的光电直读仪器可以通过谱线的波长扫描或全谱记录，很方便地确定样品中存在的元素，根据谱线的强度估计存在元素的大致含量。

在中阶梯光栅及棱镜双色散系统的光电直读仪器上，由于具有多谱线同时测定的功能，在仪器上预先引入单元素的标准，计算机锁定各元素谱线的精确位置与含量，并存储工作曲线。对试样在一次曝光之后可以同时记录下所含元素所发射的谱线，通过计算机软件的谱线识别功能，可以对所含元素进行识别和半定量。

（2）半定量分析

光谱半定量分析介于定性分析和定量分析之间，可以给出试样中某元素的大致含量。发射光谱的半定量分析以谱线波长及谱线强度为依据，常用的方法有谱线强度比较法、谱线呈现法、均称线对法和加权因子法。

① 谱线强度比较法。将试样中某元素的谱线强度与已知的参考强度进行比较，以确定该元素的含量。鉴于所采用的参考类型不同，比较法可分为标样光谱比较法、标准黑度比较法和内标光谱比较法。

② 谱线呈现法。根据试样中分析元素的含量达到检出限时，在光谱中开始出现该元素的最灵敏线，随着分析元素含量的增加，一些次灵敏线和弱线相继出现而建立起来的一种方法。

③ 均称线对法。选用一条或数条分析线与一些内参比线组成若干个均称线组，将分析样品按确定的条件摄谱后，观察所得光谱中分析线与内参比线的黑度（或强度），找出黑度（或强度）相等的均称线对，即可确定样品中分析元素的含量。

④ 加权因子法。由于某一元素的谱线强度与蒸气云中该元素的原子浓度成正比，后者又由试样中该元素的相对含量所决定，因此，在相同的工作条件下，某一元素的谱线强度是试样中该元素相对含量的函数，可用经验式表示为：

$$c_i = \frac{F_i(R_i^2)}{\sum\limits_{i=1}^{n} R_i} \qquad (7\text{-}4)$$

式中，c_i 为试样中元素 i 的相对含量；R_i 为元素 i 的特征谱线的相对强度；$\sum_{i=1}^{n} R_i$ 为所有待测元素谱线相对强度的总和；F_i 为分析元素的加权因子。

在确定的条件下，某元素的某一谱线的加权因子为一常数。通过事先对标样的试验，可以确定各个待测元素的加权因子。在分析试样时，只需测出试样光谱中各元素分析线的相对强度，利用加权因子即可算出其相对含量。

（3）定量分析

元素原子光谱的谱线强度与试样中相应元素原子的含量有一定的函数关系。谱线强度与元素含量的关系见 7.1.1.3。公式（7-3）是原子发射光谱法定量分析的基本公式。

① 标准曲线法是光谱定量分析中最基本和最常用的一种方法。即采用含有已知分析物浓度的标准样品制作校准曲线，然后由该曲线读出分析结果。由于标准样品与试样的光谱测量在同一条件下进行，避免了光源、检测器等一系列条件的变化给分析结果带来的系统误差，从而保证了分析的准确度。

② 标准加入法是在试样中加入一定量的待测元素，以求出试样中的未知含量。该法无需制备标准样品，可最大限度避免标准样品与试样组成不一致造成的光谱干扰，对微量元素的测定尤为适用。

由光谱定量公式 $I=ac^b$ 可知，当自吸收系数 $b \approx 1$ 时，$I=ac$，设样品中原始浓度为 c_x，加入量 Δc 为 c_{K1}、c_{K2}、c_{K3}、…

加入"标准"后：

$$I=\frac{I_x}{I_R}=ac=a(c_x+\Delta c)=ac_x+a\delta c \qquad (7-5)$$

以 I 对 c 作图，可得一直线，将其外推与 c 轴相交（$I=0$ 处），则其截距的绝对值即为 c_x。

此法仅适用于纯物质中低含量组分的测定。对于较高含量组分的测定，因自吸现象存在，b 不等于 1，外推法的结果不够准确。

③ 浓度直读法是在光电光谱分析中，根据所测电压值的大小来确定元素的含量。在含量较低时，分析物浓度与电压的关系可用下式表示：

$$c=\alpha+\beta V+\gamma V^2 \qquad (7-6)$$

式中，c 为元素浓度；V 为积分电容器电压的读数；α、β、γ 为待定常数，可通过实验用三个以上标准样品来确定。

在实际分析时，只要测出各样品中分析物的 V 值及干扰值，便可通过曲线回归和自动校准干扰，直接读出分析物的浓度，并由打印机自动打印出分析结果。此法的主要特点是分析速度快、精密度好、自动化程度高。

7.1.2 火花源原子发射光谱分析

发射光谱分析光源中，常用电火花是经典光源，其基本原理是利用在电极之间发生火花放电所产生的能量，使被分析物蒸发、原子化并激发，从而发射出不同元素的特征谱线，进行光谱分析。火花源原子发射光谱的主要特点是使用灵活、性能可靠、稳定性好、操作简单，特别是对金属等易导电样品更是方便。仪器的检测限低，分析精密度高，结果准确。光谱仪的分析速度快，一般在 20～30s 即可完成，运行成本较低。其维护方便，故障率低，抗环境干扰能力较强。因此，尽管从 20 世纪 60 年代以来原子光谱分析技术不断发展，出现了原子吸收光谱法和电感耦合等离子体发射光谱法，研究出各种新光源，推出了性能优越的原子光谱仪器，但是由于火花原子发射光谱法在直接分析固体样品方面的独特优势，至今仍是金属材料成分分析、冶金分析的主要手段。

在火花光源中，导电的金属固体可以直接作为一极，非导体的试料可以粉状物或溶液充填于石墨或金属电极上作为另一极，通电进行激发。

火花光源则是通过电容放电的方式，在两个导电的电极之间产生电火花，火花在电极间击穿时，在电极之间产生放电通道，呈现高电流密度和高温，电极被强烈灼烧，使电极物质迅速蒸发，形成高温喷射焰炬而激发。由于火花放电可以在两个导体之间发生，导体材料可以将样品作为一个电极，由难熔的导电体如钨和石墨作为对电极，可以很方便地对金属材料进行分析。

为了适应实验室对不同样品分析及其不同分析目的的要求，充分利用火花光源的有利特性，在现代直读光谱仪中普遍采用具有多功能的火花光源、将数种放电特性组合在一起的复合光源，以发挥火花激发源的优异特性，实现交直流、高低压、振荡型与脉冲型等功能在同一放电装置中进行互换。在放电特性方面，复合光源多是通过数种放电特性进行组合，形成特定的放电，以实现预定的分析特性。如直流脉冲放电与高（低）压火花放电进行组合，振荡放电与高（低）压火花放电进行组合等。

7.1.3 火花源光电直读光谱仪

随着火花源光电直读光谱仪器整体技术的不断进步，这其中包括高性能、高稳定性光源的研制，光学器件（光栅、透镜）等新型检测器件的开发，远紫外区灵敏谱线的应用，仪器加工精度的提高，标准物质/样品研制能力和样品制备水平的进步等，火花放电光谱分析技术及其仪器自身的发展也取得了很大的进步。在超低含量（微量、痕量）元素和金属中气体成分的测定，非金属夹杂物的分布分析和定量测定方面都有新技术出现，显现了很好的应用前景。在当今工业快速发展的社会，在铸造、冶金、理化实验室、制药、机械、航空航天、汽车配件、贵金属饰品等很多领域都有着广泛的应用。从制样到测定结果的全自动化分析，固体检测器多谱线同时分析、仪器超小型化等方面都取得了很大进展。

7.1.3.1 火花源光电直读光谱仪的工作原理

火花源原子发射光谱分析主要用于导电的金属及合金材料元素组成的分析。通常是将金属试样制成样块，样品本身作为一个电极，用另一金属钨（或银）作为对电极，置于电极架上（又称火花台），设置好火花源的工作参数，接通火花发生器的电路，对样品进行激发，所发射的光谱经色散系统进行分光，在不同波长位置上由光电转换元件对其谱线的强度进行测量，由数据处理系统直接读出结果，实现对试样中待测元素进行定量分析。

7.1.3.2 火花源光电直读光谱仪的基本结构

火花源光电直读光谱仪由火花光源、电极架、分光系统、检测系统、电子控制系统及数据处理系统六个部分组成。典型仪器的结构如图 7-2 所示。

（1）火花光源

火花光源是两个电极间施加高压电和相对较低的电流，从而产生间歇性周期的振荡放电。其中一个电极由待测样品组成，另一个一般由钨（或银）制成［图 7-3（a）］。

火花放电是在通常气压下，两电极间加上高电压，达到击穿电压时，在两极间尖端迅速

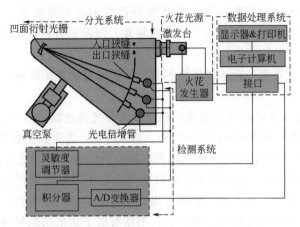

图 7-2　火花源光电直读光谱仪结构图

放电，产生电火花。放电沿着狭窄的发光通道进行，并伴随有爆裂声。日常生活中，雷电即是大规模的火花放电。火花光源分低压火花光源和高压火花光源两种类型，前者电容量小，后者电容量大。这两种性能略有差异的光源可应用于不同试样、不同分析元素中。仅以高压火花光源为例，其基本电路如图 7-3(b) 所示。电源电压经 R 进行适当的调节，通过升压变压器 T，使次级产生约 15kV 高压，向电容 C 充电，当电容器两极间电压超过分析间隙 G 的击穿电压时，电容 C 就向 G 放电。G 被击穿产生火花放电。在交流电下半周时，电容 C 又重新充电、放电。这一过程重复不断，维持火花放电而不熄灭。

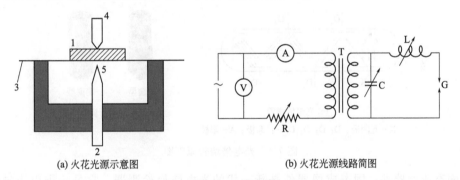

(a) 火花光源示意图　　　　　　　　　　(b) 火花光源线路简图

图 7-3　火花光源

1—导电样品电极；2—钨（或银）对电极；3—样品孔穴（由绝缘材料制成）；4—电源连接体；5—分析间歇；
A—安培表；V—交流电压表；R—可变电阻；T—升压变压器；C—可变电容；L—可变电感；G—分析间隙

置于电极上的试样在高压电场中主要靠高速运动的电子轰击而蒸发和激发。在多数情况下，试样原子在电场中先电离成离子后，再被激发。

早期的火花光源采用单脉冲放电，随后发展了各种性能更好的激发光源，如高速火花光源、高能预燃火花光源、高压可控波光源和类弧火花光源等。这些新型的光源提高了分析速度和分析精度，提高了样品的蒸发量，使其应用范围从常量元素分析扩展到高含量元素分析和痕量元素分析。

（2）分光系统

分光系统是火花放电原子发射光谱仪的核心，其作用是把不同波长的复合光进行色散变成单色光，并用光电转换器件采集单色光的强度。目前均以衍射光栅为主要分光元件，将入射狭缝、准光镜、光栅、成像物镜和出射狭缝等部件构成光栅装置，组成光谱仪的分光系统。按照光学面形状的不同，可分为平面光栅装置、凹面光栅装置及平场光栅装置。

（3）检测系统

光谱仪检测系统是光谱分析达到定性和定量分析结果的显示部分，由光电转换器件和测量装置组成。

① 光电转换器件。光电转换及测量系统通过由分光器色散后的单色光，将光的强度转换为电的信号，然后经测量→转移→放大→转换→送入计算，进入数据处理，进行定性、定量分析。目前广泛用于火花源原子发射光谱仪的光电转换器件有光电倍增管及固态成像器件。

a. 光电倍增管（PMT）：光电倍增管是根据二次电子倍增现象制造的光电转换器件，即外光电效应所释放的电子打在物体上能释放出更多的电子的现象称为二次电子倍增。它由一个表面涂有一层光敏物质的光阴极、多个表面都涂有电子逸出功能材料的打拿极和一个阳极组成，如图 7-4 所示，每一个电极保持比前一个电极高得多的电压（如 100V）。当入射光照射到光阴极而释放出电子时，电子在高真空中被电场加速，打到第一打拿极上。一个入射电子的能量传给打拿极上的多个电子，从打拿极表面发射出多个电子。二次发射的电子又被加速打到第二打拿极上，发射电子数目再度被二次发射过程倍增，如此逐级进一步倍增，直到电子聚集到管子阳极为止，电子放大系数（或称增益）可达 10^8 以上。通常光电倍增管约有 12 个打拿极，这种增益可达 $10^{10} \sim 10^{13}$ 数量级。因此，特别适合于对微弱光强的测量，发射光谱的谱线强度通过光电倍增管的转换便可以输出足够大的光电流进行测量，一直为传统光谱仪器所采用。

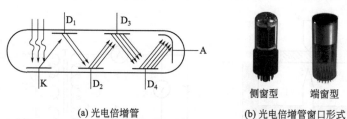

(a) 光电倍增管　　　　　(b) 光电倍增管窗口形式

K—光阴极；D_1, D_2, D_3, D_4—打拿极；A—阳极

图 7-4　光电倍增管原理图

b. 固态成像器件：固态成像器件是新一代的光电转换检测器，它是一类以半导体硅片为基材的光敏元件制成的多元阵列集成电路式的焦平面检测器。属于这一类的成像器件，目前应用较多的是电荷注入器件（charge-injection detector，CID）和电荷耦合器件（charge-coupled detector，CCD）。CCD 分为线阵式和面阵式两种，目前已有的商品仪器火花光谱仪使用的 CCD 为线阵式。

② 光电转换测光方式。火花光谱信号测量从原理上讲，常用的测光方式主要有：模拟积分测光、脉冲分布分析测光和模拟积分后数字变换处理测光（即所谓单火花技术）三种方式。在上述三种方式的基础上，现代仪器还发展了时间分解测光法和原位分布分析法等创新技术。

③ 火花放电光谱分析的测量技术。在火花光谱商品仪器中，各主要厂家分别开发的峰值积分法（PIM）、峰辨别分析（PDA）、单火花评估分析（SSE）和单火花激发评估分析法（SEE）以及单次放电数字解析技术（single discharge analysis，SDA）等新的火花分析技术，在相应的仪器硬件和软件中使用，可以明显地提高复杂样品的分析灵敏度和准确度。

7.1.3.3 仪器的使用与维护

（1）仪器日常使用的核查

火花源光电直读光谱仪日常使用需要核查的主要项目如下：

① 安全性能的核查：在未接通电源时，打开仪器开关，用兆欧表测量电源进线端（相线或中线）与机壳间的绝缘电阻。

② 波长示值误差的核查：仪器开机后，读取基准波长峰位置（鼓轮刻度）读数，在峰位置两侧各取 5～8 个点，逐点激发某个元素含量较高的标准样品，读取代表元素的谱线强度，找出峰位置（鼓轮刻度）读数，分别与基准波长的峰位置进行比较，计算其偏差。

③ 检出限的核查：在仪器正常工作条件下，连续 10 次激发纯铁（空白）光谱分析标准物质，以 10 次空白值标准偏差 3 倍对应的含量为检出限。

④ 重复性的核查：在仪器正常工作条件下，连续激发 10 次测量某个低合金钢光谱分析标准物质中代表元素的含量，计算 10 次测量值的相对标准偏差（RSD）为重复性。

⑤ 稳定性的核查：仪器开机稳定后，激发某个低合金钢光谱分析标准物质，对代表性元素进行测量。在不少于 2h 内，间隔 15min 以上，重复 6 次测量。计算 6 次测量值的相对标准偏差（RSD）为稳定性。

（2）仪器维护

仪器各个系统和部件的日常维护一般如下：

① 清理火花台。每次换班前都应该清理火花台，以保持其清洁，避免残留物（沉积物）的干扰。如果不及时清理可能会造成电极与火花台间的短路。打开火花台盖板，用随机带的软毛刷，扫除火花台里的残留物（沉积物），之后盖上火花台盖板，并用大流量氩气吹扫 2min 以上。

② 电极的维护。每次激发后要用电极刷对电极进行旋转清理，以保证电极的 90°锥角，保证电极放电时没有异常。当使用频繁导致电极尖钝时，则需要换电极头。

③ 清洗透镜。由于激发样品时会产生电离态的粉尘附着在聚光镜上，从而降低透光率，所以要进行清洗。光强降低时，最好每月一次。用脱脂棉沾上无水乙醇轻轻擦拭透镜。如果透镜有附着物，用丙酮或无水乙醇浸泡 15min，然后再擦拭。最后用洗耳球吹干。注意不要划伤。

④ 光路校准（描迹）。由于温度变化及其他因素的影响，可能引起谱线漂移，为保证谱线和出射狭缝稳定重合，应定期用描迹的方法进行调整，使所有出射狭缝调整到较理想的位置上。光室中的光学器件安装在金属底座上，而环境等因素会使光室中的金属发生位移，所以需要不定期进行描迹，从而保证各个光学器件在最佳位置工作。描迹的方法因不同的仪器会有所不同，有些仪器安装自动光路校准系统，所以不需要手动描迹。在描迹的过程中要求激发的样品为基体的高含量，如铁基最好采用纯铁，如果没有也可以采用分析元素含量较低的样品进行描迹。

在全谱型光谱仪中是不需要描迹的。因为全谱型光谱仪能够接收全谱的谱图，那么就可以从软件上来校正环境因素对光路的影响，保证了光路的完全固定。

⑤ 清理尾气过滤系统。尾气管变黑时需更换尾气管，以保证气路的畅通与清洁。

⑥ 真空系统或充气系统的维护。测定紫外元素如 C、P、S 等需保持光室的真空状态，最好每月抽一次真空。有的仪器具有实时抽真空功能，其真空系统不需要维护。

⑦ 氩气净化系统的维护。氩气纯度决定测量结果的准确度，氩气净化系统用于排除氩气中的水分子和氧分子，以提高氩气的纯度，尤其是在分析铸铁时必须用氩气净化系统。最

好每年维护一次氩气净化系统，更换交换柱或者采用自净化功能。

⑧ 软件的维护。由于不同仪器的软件使用方法不同，要定期对仪器分析软件的曲线组进行备份，最好存入其他的计算机、U盘或刻录成光碟，防止因仪器操控计算机的损坏而造成不必要的损失。

7.1.4 电弧原子发射光谱分析

7.1.4.1 电弧原子发射光谱分析法概况

电弧激发光源与火花放电激发光源是应用最早的电激发光源，在20世纪40年代便成为原子发射光谱分析的主流。电弧光源的电极温度较高，蒸发能力强，分析的绝对灵敏度较高，很早就用于物质的定性研究及定量分析。在非导体材料，特别是难熔无机氧化物、地质矿物样品中多元素微量成分的快速测定方面具有独特的优越性。因此，尽管从20世纪60年代以来随着原子光谱分析技术不断发展，出现了各种新光源和新型光谱仪器，电弧光谱分析方法至今仍是固体材料中痕量成分不可或缺的检测手段，且在相关行业中还被保留为标准分析方法使用。

电弧发射光谱分析法在应用上长期停留在采用干板照相的摄谱法进行分析，因其弧焰的不稳定性和容易发生谱线自吸现象等特性，使其在推广应用上受到了一定的限制。随着分析仪器的发展，电弧直读光谱仪器不断得到改进，新型仪器不断推出，已可以和火花放电直读仪器一样，应用于粉末样品的快速测定，得到很好的应用。

7.1.4.2 电弧光源的光谱分析特点

电弧由两个固体电极之间的低电压高电流放电所形成。一个电极可以是样品或者是电极上装填样品，与另一个对电极进行激发。适合于大多数元素的定性鉴定和痕量成分的定量分析。

① 电弧光源的特点是电极温度高，蒸发能力强，光谱分析的绝对灵敏度相对较高。优点是可以直接激发导体和非导体粉末材料。

② 电弧激发时弧焰易呈飘忽状，被蒸发物的浓度较高且有分馏效应，使其定量的精密度变差。因此对装样电极的形状及结构有一定的要求，并需要添加载体和缓冲剂，以提高电弧放电的稳定性，保证测定的精密度。

③ 设备相对于火花光源要简单和容易操作。适用于未知物的定性分析，适用于非导电性固体粉末中痕量成分的多元素快速测定。当前仍为难熔金属粉末、玻璃、陶瓷及有色金属杂质成分快速分析的有效方法之一。

7.1.4.3 电弧光谱分析的定量方式

（1）摄谱法

采用照相干板记录发射的谱线信息，经显影-定影等暗室操作，得到带有谱线黑度的相版后，用映谱仪观察谱线的波长做定性分析，在测微光度计上测出相应谱线的黑度值，进行定量分析。

分析时将标准样品与试样在同一块感光板上摄谱，得到一系列黑度值，由乳剂特性曲线求出 $\lg I$。再将 $\lg R$ 对 $\lg c$ 作校准曲线，进而求出未知元素含量。通常采用"三标准法"进行定量分析。

（2）光电直读法

采用光电转换元件作为检测器，将光谱辐射转变为电信号，经放大器及对数转换器，由数据处理器直接显示出测定结果。通常采用标准曲线法进行定量分析。

7.1.5 电弧发射光谱仪

电弧原子发射光谱仪与火花源原子发射光谱仪在结构上的主要区别是光源的不同。

7.1.5.1 电弧发射光谱摄谱装置

摄谱仪配用的分光装置多为一米或两米光栅摄谱仪，光栅刻线密度为 2400 条/mm，可以保证有足够的分辨率。采用照相干版记录光谱，用测微光度计测量谱线黑度，并按三标准试样法和内标法绘制标准曲线。图 7-5 所示为 WPS-1 型平面光栅摄谱仪光路系统。

图 7-5　WPS-1 型平面光栅摄谱仪光路系统

1—狭缝；2—反射镜；3—准直镜；4—光栅；5—成像物镜；6—相版；7—二次反射镜；8—光栅转动台

7.1.5.2 电弧直读光谱仪器

仪器结构与火花直读仪器结构相同，激发系统由电弧发生器光源、电弧架及装填分析样品的石墨电极组成，分光部分现多采用多道型或双色散系统的全谱型装置。仪器的组成结构如图 7-6 所示，适合于粉末样品的直接分析。

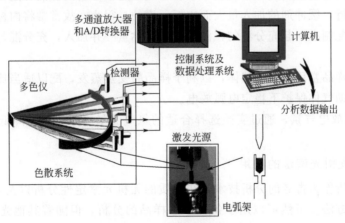

图 7-6　电弧直读仪器结构图

7.1.5.3 目前已有的电弧直读光谱仪器

现有的商品仪器型号及主要技术指标简列于表 7-3。

表 7-3 现有商品仪器的型号及其主要技术指标

仪器公司	仪器型号	主要技术指标
美国热电公司	AtomComp 2000 DC ARC 直流电弧全谱直读型仪器	中阶梯-棱镜双色散光学结构 CID 检测器,波长范围 190~900nm,直流电弧发生器,时序分析功能、实时背景校正
美国利曼-徕伯斯仪器公司	Prodigy DC Arc 直流电弧全谱直读型仪器	中阶梯-棱镜双色散光学结构-L-PAD（CID）检测器,波长范围 175~900nm,直流电弧发生器,紫外区驱气式,时序分析功能、实时背景校正
聚光科技仪器公司	E5000 全谱电弧直读型仪器	Paschen-Runge 光学结构-线阵式 CCD 检测器,波长范围 190~680nm,焦距 500mm,数控电弧光源,自动对准电极夹,具有时序分析功能
北京北分瑞利分析仪	AES-7100（直流电弧）高纯金属专用多道型仪器	Paschen-Runge 光学结构-光电倍增管检测器,波长范围 200~500nm,焦距 750mm,刻线密度 2400 条/mm,交直流电弧发生器,电流 2~20A,水冷电极夹,自动描迹、分段积分功能
	AES-7200（交流电弧）地质样品专用多道型仪器	
	AES-8000 交直流电弧全谱直读型仪器	1m 平面光栅,Ebert-Fastic 光学系统及三透镜光路,紫外波段灵敏 CMOS 检测器

7.1.5.4 电弧直读法分析的误差来源及注意事项

电弧法因是粉状样品直接测定,误差的来源除与仪器的操作条件设定及光谱分析本身的谱线干扰有关外,还与粉状样品本身的均匀性及光谱载体内标元素选用直接相关。

① 粉末试样与缓冲剂及内标元素混合的均匀性。电弧法采用粉末样品,必须预先将样品粉碎并磨制成具有一定粒度的粉状试样,粉碎粒度要均匀,需要加入缓冲剂,内标元素要按比例称量,两次称量均要准确。而且混匀时一定要充分,装填于电极杯中的紧密程度要一致。

② 选择合适的装样电极。通常装样电极由石墨电极棒车制,制成不同形状的电极,控制电极温度的纵向分布,保证粉末样品被测元素的有效蒸发。可将载体蒸馏法、直接燃烧法和电弧浓缩法合理组合,达到多元素分组连续测定的目的。

③ 光谱缓冲剂和内标元素的加入。电弧法分析测定时,选择合适的载体或缓冲剂加入试样中,对于提高分析准确度、精密度和改善检出限是很必要的。而且这一过程通常与添加内标元素一起进行,缓冲剂的加入量大而内标元素的量很小,故常常将内标元素的化合物预先与光谱缓冲剂配制在一起充分混匀,添加时准确称量一并加入,充分混匀,确保了内标元素的准确加入。

导电性差的样品常用炭粉为载体,以利于样品的受热蒸发,配以适当比例的缓冲剂,在大气下或适当辅助气体保护下稳定电弧放电。

④ 控制电弧放电气氛,通过实验选择合适的氩气流量气氛,可以降低背景,得到最佳信噪比。

7.1.5.5 电弧发射光谱法的应用

电弧光谱分析作为古老的分析技术,在物质的无机元素定性分析以及半定量分析方面,仍是最为有效的方法。虽然可以用于各种形态样品的分析,但随着其他光谱分析技术的出现,至今仍保有最具优势的应用在于:非导电性的固体物料中多种痕量成分的同时测定,如陶瓷和玻璃,金属氧化物如氧化钨、氧化钼,碳化物、硼化物以及氮化物,难溶粉末如 SiC,贵金属及其他高纯金属,石墨粉末,地质矿物、土壤、淤泥,核原料如氧化铀、氧化钇,煤灰、耐火材料等物料中低含量成分的快速测定,填补了火花放电直读光谱仪不能有效解决的应用领域。可以避免难溶（熔）固体样品的分解难题，适用于国土资源调查、地质勘探大量样品的定量定性分析，适用于高纯金属中多个痕量元素的同时测定，适用于固体无机材料中杂质元素的快速分析。

7.1.6　电感耦合等离子体原子发射光谱法

目前 ICP-AES 是光谱分析中应用范围最为广泛的分析技术之一，已在冶金、地质、能源、化工、水质、环境、食品、生物、医药等行业，以及材料科学、生命科学等领域得到广泛应用。由于 ICP 光源等离子体的高温及其等离子体焰炬的结构，有利于试样蒸发-原子/离子化，能分析绝大多数元素，具有很高的激发效率，因而具有很好的分析性能，可以对大多数元素实现同时测定。ICP 光源自吸现象小，线性动态范围宽达 5～6 个数量级，有可接受的分析精度和准确度，不改变操作条件即可进行主、次、痕量元素的同时或快速顺序测定，同时测定试样中高、中、低含量及痕量组分。适用于固、液、气态样品分析，溶液进样技术所需样品前处理工作量少，有利于标准校正曲线的绘制，使测定结果具有可溯源性，适合于作为标准分析方法使用。

7.1.6.1　ICP 光谱的分析特点

ICP 光谱分析特点如下：

① 测定元素范围广，从原理上讲，它可用于测定除氩以外的所有元素。

② 线性分析范围宽。分析物在温度较低的中间通道内电离和激发，由于外围温度高，这就消除了一般发射光谱法的自吸现象。在一定高浓度（一般元素数百微克每毫升溶液浓度）范围内，其工作曲线仍能保持直线；而低含量（$0.00X\mu g/mL$ 以下）时由于检出限低，又可使工作曲线向下延长。因此，工作曲线的直线范围可达 5～6 个数量级，对于 ICP 直读光谱法，主量、低量和痕量元素可同时进行分析。

③ 大多数元素都有良好的检出限。ICP 炬的高温和环状结构，使分析物在一个直径约 1～3mm 狭窄的中间通道内充分地预热去溶、挥发、原子化、电离和激发；致使元素周期表内绝大多数元素在水溶液中的检出限达 0.1～100ng/mL，若用质量表示约为 0.01～10$\mu g/g$（当溶质浓度为 10mg/mL 时），与经典光谱法相近。但对于难熔元素和非金属元素，ICP-AES 比经典光谱法具有较好的检出限。

④ 可供选择的波长多。每个元素都有好几个供测定的、灵敏度不同的波长，因此 ICP-AES 适用于超微量成分到常量成分的测定。

⑤ 分析精密度高。分析物由载气带入中间通道内，相当于在一个静电屏蔽区中进行原子化、电离和激发，分析物组分的变化不会影响到等离子体能量的变化，保证了具有较高的分析精密度。当分析物浓度大于等于检测限的 100 倍时，测定的相对标准偏差（RSD）一般在 1%～3% 的范围内。在相同情况下，一般电弧、火花光源的 RSD 为 5%～10%，因而优于经典电弧和火花光谱法，故可用于精密分析和高含量成分的分析。

⑥ 干扰较少。在 Ar-ICP 光源中，分析物在高温和氩气气氛中进行原子化、激发，基本上没有什么化学干扰和电离干扰，基体效应也较小，因此在许多情况下可用人工配制的校准溶液。在一定条件下，可以减少参比样品严格匹配的麻烦，一般亦可不用内标法。Ar-ICP 光源电离干扰小，即使分析样品中存在容易电离的 K 或 Na，参比样品也不用匹配 K 或 Na 的成分。而火焰原子吸收光谱法在分析 Na 时，需要添加大量的 K 来抑制 Na 的电离干扰。低的干扰水平和高的分析准确度，是 ICP 光谱法最主要的优点之一。

⑦ 同时或顺序多元素测定能力强。同时多元素分析能力是发射光谱法的共同特点，非ICP 发射法所特有。但是由于经典光谱法因样品组成影响较严重，欲对样品中多种成分进行同时定量分析，参比样品的匹配、参比元素的选择都会遇到困难，同时由于分馏效应和预燃效应，造成谱线强度-时间分布曲线的变化，无法进行顺序多元素分析。而 ICP 光谱法由于具有低干扰和时间分布的高度稳定性以及宽的线性分析范围，因而可以方便地进行同时或顺序多元素测定。进行多元素同时测定，如多道光谱仪在短短的 30s 内就能完成 30～40 种元素的分析，而只消耗 0.5mL 试液。

ICP-AES 的局限性和不足之处是，其设备费用和操作费用较高，样品一般需预先转化为溶液，有的元素（如铷）的灵敏度相当差；基体效应仍然存在，光谱干扰仍然不可避免，氩气消耗量大。

7.1.6.2 ICP 光源

ICP 光源是高频感应电流产生的类似火焰的激发光源。仪器主要由高频发生器、等离子炬管、雾化器等三部分组成。高频（射频）发生器的作用是产生高频磁场供给等离子体能量。频率多为 27～50MHz，最大输出功率通常是 2～4kW。

ICP 的主体部分是放在高频线圈内的等离子炬管，是一个三层同心的石英管，感应线圈 S 为 2～5 匝空心铜管。

等离子炬管分为三层。最外层通氩气作为冷却气，沿切线方向引入，可保护石英管不被烧毁。中层管通入辅助气体氩气，用以点燃等离子体。中心层以氩气为载气，把经过雾化器的试样溶液以气溶胶形式引入等离子体中。

图 7-7 是作为发射光谱分析光源的 ICP 焰炬示意图，高频发生器（频率 7～50MHz，功率 1～10kW）通过感应线圈把能量耦合给等离子体。I 为高频电流，H 为高频电流所产生的磁场。石英炬管是由三层石英管制成的同心型结构。有三股氩气流分别进入炬管。由于在常温下气体是不导电的，高频能量不会在气体中产生感应电流，因而也就不会形成 ICP 焰炬。但经火花发生器［特斯拉（Tesla）线圈］触发，氩气就部分电离，产生的带电粒子（电子和离子）以密闭的环形线路流动，氩气流在此刻起变压器中只有一匝闭路的次级线圈的作用，它与铜管线圈发生耦合。从高频发生器输入了大量的能量，使带电粒子高速运动与气体发生碰撞，形成了越来越多的电子和离子并产生热量，这一过程像雪崩一样瞬时完成，电子和离子各在相反方向上在炬管内沿闭合回路流动，形成涡流，在管口形成火炬状的稳定的等离子焰炬。等离子体所需的能量则需要通过上述的耦合作用从高频发生器源源不断地获得。

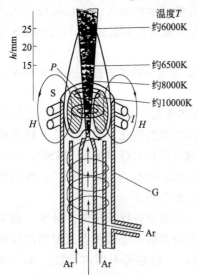

图 7-7　ICP 光源结构图

H—交变磁场；I—高频电流；P—涡电流；
S—感应线圈；G—等离子炬管

进入等离子体的气溶胶微滴或细微粉末通过辐射、对流和传导可以间接地被加热。当样品粒子到达线圈上方的 15～20mm 的观测高度时，它们在 5500～8000K 温度范围内停留约 0.002s，但样品却经历了蒸发、分解、原子化、激发和电离几个阶段，被测物已基本上完全原子化了。

三股气流中，最外层的气流称为等离子体气流（又称为冷却气），从切线方向引入，流量一般为 10～15L/min，它的作用是把等离子体炬和石英管隔离开，以免烧熔石英炬管，由于它的冷却作用使等离子体的扩大受到抑制而被"箍缩"在外管内。从切向进气所产生的涡流使等离子体炬保持稳定。中间管气流是点燃等离子体时通入的，称为辅助气流，其作用是使等离子体火焰高出炬管。火焰点燃后可以保留，也可切断。内管气流称为载气或进样气，流量约为 1～1.5L/min，主要作用是在等离子体中打通一条通道，并载带试样气溶胶进入等离子体。

等离子焰炬外观像火焰，但它不是化学燃烧火焰而是气体放电。它分为三个区域（如图7-7 所示）：

① 焰心区。感应线圈区域内，白色不透明的焰心，高频电流形成的涡流区，温度最高达 10000K，电子密度也很高。它发射很强的连续光谱，光谱分析应避开这个区域。试样气溶胶在此区域被预热、蒸发，又称预热区。

② 内焰区。在感应圈上 10～20mm 左右处，淡蓝色半透明的炬焰，温度约为 6000～8000K。试样在此停留约 0.002s，经历原子化、激发、电离过程，然后发射很强的原子线和离子线。这是光谱分析所利用的区域，称为观测区。测光时在感应线圈上的高度称为观测高度。该区间光谱背景低，分析元素可获得最高的信背比。

③ 尾焰区。在内焰区上方，无色透明，温度低于 6000K，只能发射激发电位较低的谱线。

7.1.6.3　ICP-AES 分析的主要干扰及其消除

由于 ICP 的高温和具有很高的电子密度，所以化学干扰是微不足道的。只有当易电离元素大量存在时，才需考虑电离干扰。ICP 光谱分析中存在的主要干扰为光谱干扰和基体效应。

（1）光谱干扰

光谱干扰概括为三种情况：①谱线直接重叠；②谱线部分重叠；③背景漂移。前两种干扰的消除可采取另选谱线的办法或者用元素间的数学校正系数进行校正。而背景漂移需要在谱线两边测背景，进行背景的校正。目前生产的 ICP 光谱仪，通过实验后设置参数，都可自动进行校正。

数学校正是通过干扰实验，求出干扰元素对被干扰元素的干扰系数，来校正光谱线的重叠干扰。

如 A 元素受 B 元素的谱线干扰，可列式子为：

$$C_A = C_A' - KC_B \tag{7-7}$$

式中，C_A 为 A 元素的真实浓度；C_A' 为 A 元素的表观浓度；C_B 为干扰元素 B 的实际浓度；K 为 B 元素对 A 元素的干扰系数。

在实验过程中，如果 K 值取得正确，输入计算机后，干扰元素浓度 C_B 被准确测出时，就可得到准确的 C_A 浓度。

但是对于纯金属的杂质分析，如果纯金属基体对某痕量杂质元素有干扰，则该方法的使用将受到限制，因为 C_B 的测定浓度很大，超过线性范围；如果降低 C_B 的浓度，则痕量元素浓度又受到检出限的限制，因此，只能在一定范围内使用。在测定系数 K 时，B 元素的纯度要高，特别不能含有被干扰元素 A。

（2）基体效应

它是因基体成分的变化而引起的干扰效应，基体效应有两种类型：

① 基体成分的增加使雾化率降低。当溶液中所含酸的浓度以及溶解固体量增加时，溶液的密度、黏度、表面张力也增大，使雾化率降低，分析元素测定的信号强度也随之降低。

各种无机酸的影响按以下次序递增：

$$HCl < HNO_3 < HClO_4 < H_2SO_4 < H_3PO_4$$

因此在制备 ICP 分析溶液时一般都不用磷酸和硫酸作 ICP 分析的介质，而以盐酸和硝酸或高氯酸为宜。

② 基体成分的变化影响分析元素的激发过程，从而影响其信号输出。例如大量钾、钠、镁和钙的存在能使背景增加，使其他分析元素的信号受到抑制。其基体效应按下列次序增加：

$$K < Na < Mg < Ca$$

总的来说，ICP 光谱分析的基体效应相对较小。克服基体效应最有效的办法是使标准溶液与试样溶液进行基体匹配。内标法也是一种好办法。

（3）非光谱干扰

ICP 非光谱干扰主要有化学干扰、电离干扰和物理干扰。化学干扰和电离干扰较小，非光谱干扰主要是溶液的物理性质不同所致。非光谱干扰的减小和消除，可以通过正确选择操作参数——功率、载气流速、观测高度等来补偿，以及分析溶液的基体匹配加以消除。

7.1.7　电感耦合等离子体原子发射光谱仪

电感耦合等离子体原子发射光谱仪，简称 ICP-AES 仪或 ICP-OES 仪。

7.1.7.1　光谱仪的工作原理

将被测定的溶液通过进样系统送入雾化系统，并在其中转化成气溶胶，一部分细微颗粒被氩气载入等离子体的环形中心，另一部分颗粒较大的则被排出。进入等离子体的气溶胶在高温作用下经历蒸发、干燥、分解、原子化和电离的过程，所产生的原子和离子被激发，并发射出各种特定波长的光，这些光经光学系统通过入射狭缝进入光谱仪照射在光栅上，光栅对光产生色散使之按波长的大小分解成光谱线。所需波长的光通过出射狭缝照射在光电倍增管或固体检测器上产生电信号，此信号输入电子计算机后与标准的电信号相比较，从而计算试液的浓度。

7.1.7.2　ICP 光谱仪的基本结构

ICP-AES 仪器由以下五个部分组成（见图 7-8）。

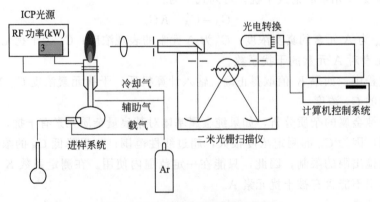

图 7-8　ICP-AES 仪器装置示意图

① 进样系统。将溶液样品转换为气溶胶，使之进入 ICP 火焰。它包含雾化器、雾室、炬管、等离子气、辅助气、载气以及各种气路装置系统。

② 高频（RF）发生器。提供 ICP 光谱仪的能源。

③ 分光系统。将复合光转化为单色光装置。

④ 检测系统。由光电转换装置将分光后的单色光转换为电流，积分放大后交计算机处理。

⑤ 计算机系统完成程序控制、实时控制、数据处理三部分工作，还包括操作系统、谱线图形制作、工作曲线制作、背景定位与扣除、光谱干扰校正系数制作与储存、基体干扰校正系数制作与储存等各种软件，以及内标法、标准加入法、管理样或标准样的插入法和称样校正、金属氧化物的计算等各种类型数据处理系统。

当前使用的商品化 ICP 光谱仪有三种类型：

第一类是由凹面光栅分光装置和光电倍增管或固体检测器组成的多道型 ICP 光谱仪。它可以同时进行多元素分析。

第二类是由平面光栅装置和光电倍增管或固体检测器组成的顺序扫描型 ICP 光谱仪，它可以进行从短波段至长波段连续不间断的谱线测定，可以得到全波段高分辨率的光谱。

第三类是由中阶梯光栅双色散系统和固体检测器组成所谓"全谱型"ICP 光谱仪，既具有多道型 ICP 光谱仪多元素同时测定能力，又具有多谱线同时分析的灵活性。

在 ICP 光谱分析中，样品导入等离子体的方法可分为溶液气溶胶进样系统、气相样品进样系统和固态粉末直接进样系统。每一类进样方式中又有许多结构、方法、方式不同的装置。

① 液体进样系统。将液体雾化，以气溶胶的形式送进等离子体焰炬中。

气动雾化器：包括不同类型同心雾化器、垂直交叉雾化器、高盐量的 Babington 式雾化器。

超声波雾化器：包括去溶的超声波雾化器和不去溶的超声波雾化器。

高压雾化器：这种雾化器比通常的雾化装置能承受更高的气体压力。

微量雾化器：包括进样量少的雾化器和循环雾化器。

耐氢氟酸的雾化器：由特殊材料（例如铂、铑或聚四氟乙烯等）制作，该装置材料不易被氢氟酸腐蚀。

② 固体进样系统。将固体试样直接气化，以固态微粒的形式送进等离子体焰炬中。火花烧蚀进样器：采用火花放电将样品直接烧蚀产生的气溶胶引入 ICP 焰炬中。

激光烧蚀进样器：采用激光直接照射在试样上，使产生的气溶胶引入 ICP 焰炬中，包括激光微区烧蚀进样。

电加热法进样器：可进液体样品与胶状物样品，类似于 AA 石墨炉进样装置方式、钽片电加热进样装置。

悬浮液进样器：可将具有悬浮物的液体试样引入 ICP 火焰。

插入式进样器：石墨杯（Horlick 式）进样装置见后面介绍。

③ 气体进样系统。将气态样品直接送进等离子体焰炬中。

除了气体直接进样装置外，通过氢化物发生装置，将生成的气态氢化物送进等离子体焰炬中，也属气体进样方式。

溶液气溶胶进样系统是目前最常用的方法，这里只介绍经常使用的几种进样装置。

（1）雾化装置

雾化装置的作用是利用载气流将液体试样雾化成细微的气溶胶状态并输入等离子体中。雾化装置由雾化器和雾室两部分组成。

① 雾化器。最常用的雾化器有气动雾化器和超声波雾化器。

a. 同心气动雾化器。又叫作迈恩哈德（Meinhard）雾化器（图 7-9），它是由硼硅酸盐玻璃吹制而成的，该雾化器利用通过小孔的高速气流产生的低压提升液体，并将其粉碎成微细的雾

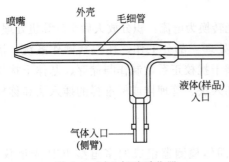

图 7-9 同心气动雾化器

滴。这种雾化器的氩气流量约为 1L/min，线性压力比大气压高 300kPa，水的提升量为 1.6mL/min（指不接毛细管且没有水头压力下工作），雾化率（已提升的溶液注入等离子体的比例）为 1%～3%。

同心气动雾化器是一种常用的雾化器。液体的提升可直接自吸喷雾，也可以利用蠕动泵输入。用此雾化器喷雾阳离子质量浓度小于 4mg/mL 的稀水溶液，可以长期保持稳定。但溶液盐类浓度过大时易产生"盐析"而导致部分堵塞。为避免"盐析"可采取两个措施，一是以水湿润氩气载气，二是每个试样之间喷雾 10～20s 的 1mol/L HCl 溶液。待测溶液一定要经过滤（最好用薄膜过滤器）才能测定。耐氢氟酸腐蚀的雾化器系由聚三氟氯化乙烯制成外管，由铂-铱合金制成毛细管，雾化器装在聚四氟乙烯制的雾室中。

b. 直角型气动雾化器。其成雾机理与同心气动雾化器相同。该雾化器耐氢氟酸、高盐溶液不易堵。但一般说来性能不如同心气动雾化器。

c. 高盐雾化器——Babington 雾化器。商品化的 Babington 式雾化器是 Labtest Equipment Company 生产的高盐雾化器，称为 GMK 型雾化器。其结构如图 7-10 所示。其雾化效率可达 2%～4%，比一般气动雾化高。即便试液含盐量很高，如试液中钠浓度为 2.5～100g/L，其进样效率也变化不大。它在盐类浓度最高为 250g/L 的 NaCl 试液中还可以工作。

GMK 型雾化器检出限比气动雾化器要低，测量精密度与气动雾化器相似。同时它记忆效应比气动雾化器小，分析样品之间清洗时间缩短，是一种性能优秀的雾化装置。

d. 双铂栅网雾化器。它是另一种改型 Babington 式雾化器，其结构见图 7-11。雾化器的主体用聚四氟乙烯材质制成，溶液试样的进样管从垂直方向进入，雾化气喷口为 0.17mm，从水平方向进气，雾化原理与 Babington 式雾化器一样。它的改动是在喷口处前加入两层可以调节距离的铂网，其网孔为 100 目，当载气从小孔喷出，将试液雾化时，经过已调节最佳距离的双层铂网，使雾化的气溶胶更加细化，这种双铂栅网雾化器具有耐高盐的能力，而且降低分析检出限，是一种很好的雾化器。

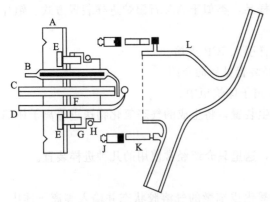

图 7-10 GMK 型雾化器

A—基座；B—进样管；C—进气管；D—碰击球；
L—雾室罩；E，F，G，J，K—连接及紧固件；
H—O 形垫圈

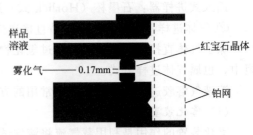

图 7-11 双铂栅网雾化器

e.超声波雾化器。超声波雾化器是利用超声波振动的空化作用将溶液雾化,形成高密度的气溶胶,其雾化效率可达 10%,使用这种雾化器在分析时检出限下降 $1\sim1.5$ 个数量级,个别元素可下降 2 个数量级。

f.电子雾化器。该雾化器可以通过薄膜形成直径不大于 $6\mu m$ 的均匀小液滴的连续流,这些均匀的小液滴可以更快速地雾化、干燥和电离。大大提高了测定稳定性,优化了检出限,比其他样品引入系统灵敏 $2\sim4$ 倍的检出限。Perkin-Elmer 公司推出的 eNeb 属于该种雾化器。

② 雾室。ICP 的进样系统的雾室有双筒雾室和带撞击球的锥形雾室及目前常见的旋流雾室。

雾室的作用是将较大的液滴(直径大于 $10\mu m$)从细微的液滴中分离出来,且阻止它们进入等离子体中。各种气动雾化器产生的液滴,其直径在 $0.1\sim100\mu m$ 的范围内,较大液滴进入等离子焰炬会使等离子体发射信号的噪声非常大,并且能引入很多的水分而致使等离子体过分冷却。雾室可以使载气突然改变方向,让比较小的液滴跟随气流一起进入等离子体,而较大的液滴由于惯性较大,不能迅速转向而撞击在雾室壁上,聚集在一起向下流,并通过最低点处的管道排出。

雾室容积一般为 $100\sim200cm^3$,传统的式样为双管雾室和带撞击球的锥形雾室〔图 7-12(a)、(b)〕,后者利用气溶胶与撞击球的碰撞使大液滴变小。

目前商品仪器采用较多的是旋流雾室〔图 7-12(c)〕,雾室呈两头尖的圆锥形,容积较小,雾化气从圆锥体中部的切线方向喷入雾化室,气溶胶沿切线方向在雾室中盘旋,由顶部中央小管直接进入炬管。在雾室中这种旋流运动产生的离心力作用在雾滴上,从而将大雾滴抛向器壁,形成液滴汇聚于底部的废液管排出,小雾滴则形成紧密的旋流气溶胶,由原来切线方向成同轴旋流向锥形雾室的顶部,通过小管进入炬管。旋流雾化室具有高效、快速和记忆效应小的特点,在现代 ICP 仪器中得到广泛的应用。

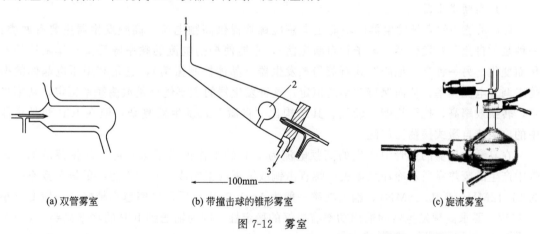

(a) 双管雾室　　　　　(b) 带撞击球的锥形雾室　　　　　(c) 旋流雾室

图 7-12　雾室

1—雾室出口（通向等离子炬管）；2—撞击头；3—排液管

通常雾室多采用硅质玻璃制成,不耐氢氟酸腐蚀。耐氢氟酸雾室则采用耐热耐腐蚀的聚氟塑料制成。

（2）等离子炬管

ICP 的炬管多为三管同心的石英管,有不同类型（图 7-13）,应用最广的是 Fassel 型炬管。

常规的炬管:

外管——内径 $18\sim20mm$,通冷却气 Ar $10\sim15L/min$;

中管——外径 $16\sim18mm$,通辅助气 Ar $0\sim1L/min$;

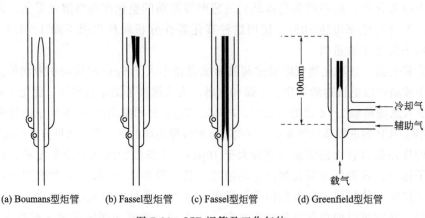

(a) Boumans型炬管　　(b) Fassel型炬管　　(c) Fassel型炬管　　(d) Greenfield型炬管

图 7-13　ICP 炬管及工作气体

内管——直径为 1~2mm，通载气 Ar 0.5~1L/min。

目前各仪器上配用的 ICP 炬管有可拆卸式和整体式，虽然一般总认为整体式精度要好些，但对炬管的清洗维护不便。可拆卸炬管则方便得多。由于有现代化装备，炬管的故障很少，除非机械损坏，或操作不当被等离子体的高温烧坏，一般情况下一个炬管可以使用很长时间。

一般的炬管工作气体大多数采用氩气，流量在 12~15L/min，近几年来也出现节气型的小炬管，Ar 消耗量仅为 5~6L/min，但分析性能仍不及普通炬管。

炬管的气体气路除了上述的冷却气、辅助气、载气之外，有的仪器还在内管下部样品气溶胶入口处加上切向进气（Ar）的护套气以改善分析性能，可以减少记忆效应，能正常分析 30%NaCl 溶液，并大大改善碱金属的检测下限（D. L.）。

（3）高频发生器

ICP 系统中的高频发生器的功能是向感应螺管提供高频电流。高频发生器主要有两类：一种是"自激"式发生器（电子管自激振荡），它能使振荡电流的频率随等离子体阻抗的变化而变化。另一种是"他激"式石英稳频发生器（晶体控制振荡），它是利用压电晶体的振荡来调节电流频率，从而保持频率的恒定。这种发生器的主要优点是振荡频率恒定，功率稳定，转换效率高，抗干扰能力较强。其结构比"自激"式发生器复杂，但在 ICP 商品仪器中的应用比自激式振荡器广泛。

在高频发生器的螺管中产生的高频电流为 ICP 的工作提供了必不可少的振荡磁场。螺管中产生的废热靠通水冷却来散失。螺管由铜或镀铜的银制成。高频发生器的振荡频率一般为 27.12MHz 或 40.68MHz，输出功率一般为 1~1.5kW。反射功率越小越好，一般要求小于 10W。要求高频发生器的输出功率有极好的稳定性，因为输送到 ICP 的功率只要有 0.1%的漂移，发射强度就能产生超过 1%的变化。因此，高频发生器的功率变化必须小于±0.05%。

珀金埃尔默仪器有限公司（Perkin-Elmer）采用两个圈状铝平板作等离子体感应盘，取代了传统的螺旋负载感应线圈，称为平板等离子体技术，见图 7-14。由于无需冷却，减少了氩气的消耗量。

（4）光谱仪

图 7-14　平板等离子体技术

ICP-AES 所用的光谱仪有三种类型：①元素顺序

测定的扫描单色仪；②多元素同时分析的多色仪（又称多通道光谱仪）；③全谱光谱仪。目前大多数 ICP-AES 仪都是全谱直读光谱仪。多通道光谱仪已在火花源光电直读光谱仪部分作了介绍，这里仅介绍顺序扫描单色仪与全谱光谱仪。

① 顺序扫描单色仪。该单色仪依靠计算机来控制波长的移动。计算机控制的步进电动机（变速）能使仪器高速传动到恰好比预选波长小的地方，然后，波长传动装置再一小步一小步地慢慢移动，跨越并超过预测的波峰位置，同时在每一点上进行短时间积分。再将数据拟合到峰形的特定数学模式中，即可算出波峰（如果有的话）的真实位置和最大强度。在波峰两侧的预选波长处可估算出波峰下面的光谱背景值。测量完毕后，单色仪转到为下一个元素确定的波长处，重复上述过程。

目前应用最广泛的光谱仪采用如图 7-15 所示的切尔厄-特尔纳（Czerny-Turner）装置的平面光栅。它是通过转动光栅来实现波长的回转和扫描的，使需要扫描的光谱依次通过出射狭缝，而光栅的转动是用步进电动机控制的，这种步进电动机的运转是极其精确的。但是，由于不可避免的机械不稳定性和热不稳定性，它还不足以精确到可以直接转到波峰上立即进行强度测定。有的厂家的单色仪是采用固定光栅，用计算机控制使光电倍增管在罗兰圆上移动来实现波长扫描。精确控制检测器到达每一选定波长位置，到达特定波长后，立即采集数据。直接峰值积分测量，无需旋转寻峰。具有与多道型 ICP 一样的精密度与准确度。有的采用高速扫描技术，115s 内可采集从 160nm 至 800nm 范围内的全部谱线。

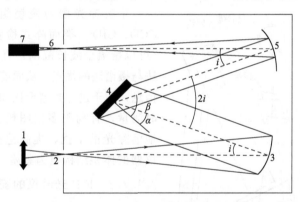

图 7-15　Czerny-Turner 扫描单色仪示意图

1—聚焦镜；2—入射狭缝；3—准直凹面镜；4—旋转平面光栅；5—照相凹面镜；6—出射狭缝；7—检测器

② 全谱直读光谱仪。传统的发射光谱直读仪器是采用衍射光栅，将不同波长的光色散并成像在各个出射狭缝上，光电倍增管（PMT）则安装于出射狭缝后面。为了使光谱仪能装上尽可能多的检测器，仪器的分光系统必须将谱线尽量分开，也就是说单色器的焦距要足够长，最初的达 3.2m。即使采用高刻线光栅，也需 0.5m 至 1.0m 长的焦距，才有满意的分辨率和装上足够多的检测器。而且，所有这些光学器件均需精确定位，误差不得超过几个微米；并且要求整个系统有很高的机械稳定性和热稳定性。由于振动和温湿度变化等环境因素导致光学元件的微小变形，将使光路偏离定位，造成测量结果波动。为减少这类影响，通常将光学系统放置在一块长度至少为 0.5m 以上的刚性合金基座上，整个单色系统必须恒温恒湿。这就是传统光谱仪庞大而笨重、使用条件要求高的原因。而且，由于传统的光谱仪是使用多个独立的 PMT 和电路测定被分析元素，分析一个元素至少要预先设置一个通道。新型分光系统和固体检测器的出现改变了这一局面。

a. 二维光谱的产生。当仅仅使用光栅进行分光时，产生的是一维光谱，在焦平面上形成线状光谱；中阶梯光栅与棱镜组合的色散系统可产生二维光谱，即棱镜产生的一维线状光谱又被中阶梯光栅分光一次，在焦平面上形成二维的点状光谱。

b. 固体检测器。目前全谱直读光谱仪中已被采用的固态检测器——电荷转移器件（CTDs：charge transfer devices）主要有 CCD、CID 及 SCD：

CCD（charge-coupled detector），电荷耦合检测器。二维检测器，每个 CCD 检测器包含 2500 个像素，将 22 个 CCD 检测器环形排列于罗兰圆上，可同时分析 120～800nm 波长范围的谱线。

CID（charge-injection detector），电荷注入式检测器，二维阵列，28mm×28mm 的芯片共有 512×512（262144）个检测单元，覆盖 167～1050nm 波长范围。

SCD（subsection charge-coupled detector），分段式电荷耦合检测器，面阵检测器，面积：13mm×19mm，有 6000 个感光点，有 5000 条谱线可供选择。

CCD、CID 等固体检测器作为光电元件具有暗电流小、灵敏度高、信噪比较高的特点，具有很高的量子效率，接近理想器件的理论极限值。而且是超小型的、大规模集成的元件，可以制成线阵式和面阵式的检测器，能同时记录成千上万条谱线，并大大缩短了分光系统的焦距，使直读光谱仪的多元素同时测定功能大为提高，而仪器体积又可大为缩小，焦距可缩短到 0.4m 以下，正在成为 PMT 器件的换代产品。

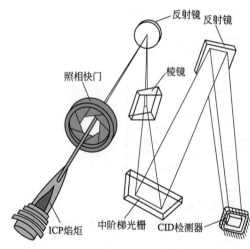

图 7-16　全谱直读 ICP 光谱仪原理示意图

中阶梯光栅与棱镜组合的色散系统采用 CCD、CID 一类面阵式检测器，就组成了全谱（可以覆盖全波长范围）直读光谱仪，兼具光电法与摄谱法的优点，从而能更大限度地获取光谱信息，便于进行光谱干扰和谱线强度空间分布同时测量，有利于多谱图校正技术的采用，有效地消除光谱干扰，提高选择性和灵敏度，而且仪器的体积结构更为紧凑（图 7-16）。

7.1.7.3　ICP 光谱仪的安全操作与维护

（1）ICP 光谱仪的安全操作

① 光谱仪器运行期间要先开空调机、恒温换气机，以确保仪器室恒温（18～27℃）、防尘、防震。

② 开机前检查供电电压是否正常（单相 220V），开机时先开稳压器，等电压指示稳定在 220V 后方可向仪器送电。发生突然停电事故时，要关掉仪器面板上的开关、按钮，关掉电源总闸。

③ 点火前应检查供气系统压力是否正常：氩气输出压力 6kgf/cm² （1kgf/cm²＝98.0665kPa），二级稳压 0.5MPa，无漏气处，氩气上各流量仪表显示正常。

④ 点火前应先开抽风机、循环水系统，并关好等离子炬柜门。

⑤ 仪器主机运行时，应先开主电源，预热 4h 以上，使光学系统达到恒温。点火前先预热高频发生器 5min 以上，方可点火。分析完毕关机时，熄火 5～15min 后再关高频发生器电源。

⑥ 仪器运行过程中出现故障时，应先熄火；出现紧急情况时，应关掉等离子体发生器电源，必要时再关掉气体总闸及电源总闸。

⑦ 使用高压气瓶应轻装轻卸，不得撞击、加热、烤火，瓶内气体不得用尽，必须留有余压。

⑧ 辅助设备发生故障不能自行排除时，不得擅自拆卸，要由专业人员检查修复。

⑨ 严格按仪器操作规程进行分析操作。仪器发生故障时不要擅自拆修，应及时报告仪器负责人，由专业人员进行检修。

⑩ 分析工作结束后，应进行安全检查。离开实验室时，应按仪器操作守则要求关断电、气、水等设备，并填写好仪器记录。

（2）ICP 光谱仪的维护

① 进样系统维护。试验人员应每天对进样系统维护，包括：泵管更换，炬管清洗，疏通雾化器（堵塞），雾室积液排除，废液排放和冷却循环水监视等。

② 冷却循环水维护。冷却循环水应根据情况进行维护，主要是定期更换冷却液。冷却液应保持无霉菌等微生物、不含腐蚀成分或含有防腐（缓蚀）成分、不结垢。

③ 气路系统维护。必须保证供应足够纯度的洁净氩气，氩气输出压力应维持在 0.7MPa，测试过程中避免断气熄火。

进行短波（<200nm）分析时：对光室应充分充气，保证紫外波段分析的稳定性。

半年至 1 年应检查一次气路：过滤器变脏与否，必要时需及时进行更换；检查气阀、压力表或流量计状态是否正常。

④ 光路系统维护。包括外光路和内光路的光路系统都要进行维护。光路系统的维护应由仪器维修工程师进行。建议每年对内光路进行维护 1 次。外光路维护相对频繁，尤其是内外光路的隔离窗体、外光路反光镜表面易沾污，应 3～6 个月清理 1 次。同时，外光路应根据各元素灵敏度情况及时进行准直。

⑤ 电控系统维护。电控系统维护应由专业的工程师完成，经验丰富人员可进行电路板的清洁维护。

⑥ 软件维护。工作软件是实验人员对仪器的控管工具，需对软件和数据进行控制和维护，以保障其功能正常、安全可靠。控制机应设有密码，禁止插入移动存储器。

7.1.8 微波等离子体原子发射光谱分析

微波等离子体原子发射光谱分析法（MP-AES）是以微波等离子体作为激发光源的光谱分析方法，是伴随着微波等离子体器件的发展而发展起来的一种原子光谱分析技术。

微波等离子体原子发射光谱法的基本原理与电感耦合等离子体光谱法相似，不同之处在于光源的不同。MP 等离子炬的温度约为 5000℃，比 ICP 等离子炬的温度低，因此元素一般被离解为原子态，不会被激发成离子，这样元素谱线中仅有原子线而无离子线，谱线数相对较少，但谱线干扰也相对减小。

7.1.9 微波等离子体原子发射光谱仪

微波等离子体原子发射光谱仪，简称 MP-AES 仪。科学家几乎在研制 ICP-AES 仪的同时就开始研制 MP-AES 仪。在 MP-AES 发展历史上先后曾经有多种商品化的以各种微波等离子体为光源的用于元素分析的原子发射光谱仪器，但最终真正取得成功，形成商品市场的为 2011 年由 Agilent 公司在市场上推出的 4100MP-AES 型千瓦级氮微波等离子体原子发射光谱仪。采用磁耦合微波等离子体作为激发光源，快速顺序扫描式光学结构，CCD 检测器，具有与 ICP-AES 相近的分析功能。可在氮气下工作，而且除碱金属和碱土金属元素外，还对贵金属和稀土元素及其他一些金属元素有良好的分析性能。

由浙江中控技术股份有限公司牵头，金钦汉教授任技术负责人的国家重大科学仪器设备开发专项《千瓦级微波等离子体炬发射光谱仪的开发和应用》获 2013 年"国家重大科学仪器设备开发专项"立项，取得了重大进展，现在已经组装了单通道顺序扫描型 MPT 光谱仪和全谱直读型 MPT 光谱仪样机各 1 台。

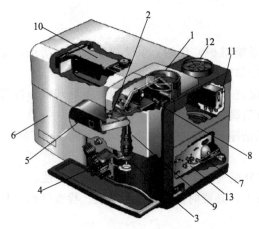

图 7-17　Agilent MP 4100 仪器结构图
1—仪器排气口；2—前置光路窗口；3—炬管装载器；
4—蠕动泵；5—等离子炬点火按钮；6—高压电源；
7—控制 PWB 的电路；8—前置光路；9—炬管（磁控管）；
10—采用 CCD 检测器的单色器；11—外气控制部件；
12—冷却空气入口；13—进气接口

7.1.9.1　MP 光谱仪的基本结构

Agilent MP 4100 型光谱仪与 ICP 光谱仪结构基本相似，结构图见图 7-17。由进样系统、等离子炬管、微波发生器、光谱仪和电子计算机等 5 部分组成。其进样系统、光路系统与 ICP 光谱仪相似，不同的是激发光源。

7.1.9.2　微波等离子体光源

微波等离子体光源是一类有较强激发能力的原子发射光谱光源，主要包括微波感生等离子体光源（MIP）、微波电容耦合等离子体光源及微波等离子体炬光源（CMP）。

低功率微波感生等离子体光源用于直接测定溶液中某些痕量金属元素是比较困难的，如 Pb、Hg、Se 等元素，但它已成功地与气相色谱联用用于测定 C、H、O、N、S 等难激发的非金属元素。

高功率磁场激发的氮-微波感生等离子体光源（N_2-MIP），允许使用通用玻璃同心雾化器产生湿试液气溶胶直接进入等离子体核心，等离子体能稳定运行，其分析性能近似于商用 ICP 光源，且运行费用低廉，是有发展前景的一种新型原子发射光谱光源。

微波导波发生器如图 7-18 所示。

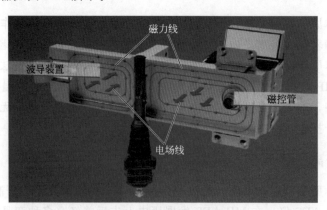

图 7-18　微波导波发生器

7.1.9.3　MP 光谱仪与其他原子光谱仪器性能比较

表 7-4 为 MP 光谱仪与其他原子光谱仪器性能比较。

表 7-4　几种原子光谱仪器的性能比较

性能	Flame AAS	GFAAS	MP-AES	ICP-OES	ICP-MS
测定范围	$10^{-6}\sim10\%$	$10^{-12}\sim10^{-9}$	$10^{-9}\sim10\%$	$10^{-9}\sim>10\%$	$10^{-12}\sim10^{-6}$
每个样品的元素数	1至几个	1	$1\sim10$	1至几十	1至几十
线性范围	3个数量级	3个数量级	5个数量级	6个数量级	>7个数量级
使用方便程度	简单	复杂	简单	较复杂	复杂
投资成本	低	中低	中低	中高	高
使用成本	低~中	中	低	中~高	中~高

7.1.10　激光诱导击穿光谱技术

激光诱导击穿光谱技术（LIBS）于 20 世纪 60 年代被 Brech 等提出，但是当时该技术并没有获得快速的发展和应用。由于 LIBS 具有原位、很少或不需样品制备、样品烧蚀量小及可远距离遥测分析等优点，直至 20 世纪 80 年代，随着激光技术渐趋成熟以及光谱仪器性能的提高，关于 LIBS 的基础理论、仪器装置与实际应用的研究工作才有了不断的发展和突破。在国内，近年来 LIBS 技术研究已经掀起研究热潮，在各行各业也开始得到应用。

7.1.10.1　基本原理

激光诱导击穿光谱法（laser induced breakdown spectroscopy 或 laser induced plasma spectroscopy）简称为 LIBS 或 LIPS，是一种最为常用的激光烧蚀光谱分析技术。激光经透镜聚焦在气态、液态或固态样品上，当激光脉冲的能量密度大于击穿门槛能量时，就会在局部产生等离子体，称作激光诱导等离子体。由于这种等离子体局部能量密度及温度相当高，因而可用于取样、原子化、激发及离子化等工作。用光谱仪直接收集样品表面等离子体产生的发射谱线信号，从理论上可以根据发射光谱的强度进行定量分析。

LIPS 发射谱线的形成过程可分为三个步骤（见图 7-19）：

① 第一步，高能量的激光加热并蒸发少量的样品，由于多光子电离与样品表面热量散发使部分电子获得能量，这些电子从同一激光脉冲中进一步吸收光子并通过加速运动互相撞击将能量转移给等离子体羽中的原子。等离子体羽温度迅速上升至几千度，从而产生更多的带电离子。该过程中激光的波长尤为重要，原因在于电子对光子的吸收主要取决于 λ^2。

② 第二步，韧致辐射与电子-离子复合导致宽带发射，主要为等离子体中各元素的电离线形成的连续背景谱线，该过程需几百纳秒。

③ 第三步，形成等离子体中各元素的原子发射谱线，谱线强度与元素浓度成正比。该过程通常持续几微秒，是进行元素定量分析的重要环节。

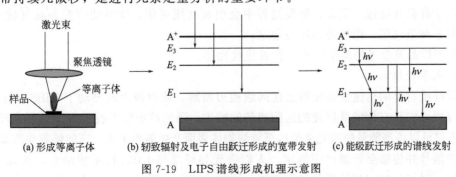

(a) 形成等离子体　　(b) 韧致辐射及电子自由跃迁形成的宽带发射　　(c) 能级跃迁形成的谱线发射

图 7-19　LIPS 谱线形成机理示意图

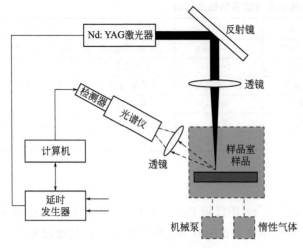

图 7-20　LIBS 仪器装置图

7.1.10.2　LIBS 仪器结构

LIBS 通常由用于产生等离子体的激光器、聚焦光路、对等离子体光信号分光及检测系统、对等离子体光信号收集及传输光学系统（如光纤、透镜及反射镜等）、计算机及电子控制系统、控制激光脉冲的触发、光信号采集延时器及谱图存储等几部分组成。样品室及样品盒可依据分析需求设计，样品室中通入氩气可以提高分析灵敏度，仪器各部分的连接见图 7-20。

（1）激光器

激光器是产生激光输出的装置，通常对激光的波长并无特殊要求，只要求具有相对高的能量，可以取样并完成离解、原子化、激发等任务即可。满足上述要求的商用激光器通常包括固体激光器（如 Nd：YAG 及红宝石激光器）、气体激光器（如 CO_2 和 N_2 激光器）及准分子激光器。

其中，红宝石激光器不能在高脉冲重复频率下工作，产生的信号稳定性较差；而大多数金属表面对 CO_2 激光器产生的波长具有高反射。因此，LIBS 中较为常用的是 Nd：YAG（$\lambda=1064nm$）及 Nd：YAG 二倍频（$\lambda=532nm$）、Nd：YAG 三倍频（$\lambda=355nm$）的激光系统，其产生的信号相对较为稳定。

近年来，使用 Nd：YAG 四倍频紫外激光器（$\lambda=266nm$）逐渐成为一种新的趋势。与红外激光源（$\lambda=1064nm$）相比，紫外激光源在提高空间分辨率、提高物质吸收率、改善精密度上都获得了重大改进。

此外，准分子 ArF（$\lambda=193nm$）的深紫外激光系统在降低基体效应的性能方面更为优越，但需要非常稳定的光学系统和更严格的操作与维护。

（2）烧蚀池

尽管激光诱导等离子体在普通大气压条件下就可产生，但由于不同的环境气体与压强对等离子体寿命及光谱强度的影响极大，因此应将样品放置于密闭的微体积烧蚀池中。烧蚀池可由玻璃（石英）、不锈钢或高分子聚合物等材料制成，池内的缓冲气体通常是惰性气体、N_2 或空气。烧蚀池的设计应考虑到以下几方面因素：

a. 光谱线范围可延伸至远紫外区域以便测定钢铁中的 C、P、S 等短波元素；

b. 由于样品在烧蚀、蒸发、激发过程会引起气压变化，烧蚀池应配备载气输入/输出装置以便于调节气压，保持池内压强稳定；

c. 便于样品及参考物质的更换，位置重现性佳。

（3）光导纤维

光导纤维材料的迅速发展使得上述问题迎刃而解，从而极大地推动了 LIBS 技术在工业领域的应用。它具有低能量损耗的远距离传输能力、强的抗电磁干扰能力及对恶劣环境的适应性，不仅可以将高能量的激光束传送至待测物体表面产生等离子体，还能够收集等离子体产生的光谱信号并传输至光谱仪中测定。人们将光导纤维与 LIBS 技术相结合，实现了高温、恶劣条件下对材料的实时分析及远程控制，同时也避免了辐射、有毒样品对人体的损害。

（4）分光系统与检测器

用于 LIBS 的主要检测器件有光电倍增管（PMT）、光电二极管阵列（PDA）、电荷耦合器件（CCD）和电荷注入器件（CID）。PMT 灵敏度高，线性范围可达到 10^6 数量级，但不具有空间分辨能力，若检测不同的波长，只能选择时间分辨的办法或使用多个 PMT；PDA 波长覆盖范围窄（一般为 10nm 左右），灵敏度比 PMT 低，噪声和暗电流较大；CCD 和 CID 检测器具有灵敏度高、线性响应范围宽、噪声和暗电流低等特点。

7.1.10.3　LIBS 的主要优缺点

与传统的光谱分析手段如电感耦合等离子体发射光谱法（ICP-AES）、电感耦合等离子体发射质谱法（ICP-MS）、火花源发射光谱法（spark-AES）相比较，LIBS 具有不可比拟的优势：

① 分析简便、快速；

② 无须烦琐的样品前处理过程，避免了样品被污染或损失的可能；

③ 适用于各种形态的固体（导体或非导体）、液体或气体；

④ 对样品尺寸要求不严格，且样品量消耗极低（约 $0.1\mu g \sim 0.1mg$，通常被称为无损检测）；

⑤ 可测定难溶解的高硬度材料；

⑥ 同时进行多元素测定；

⑦ 原位微区分析空间分辨率可达 $1 \sim 100\mu m$；

⑧ 可通过光导纤维进行远程分析；

⑨ 适于恶劣条件（如高温）下进行测定；

⑩ 适于现场分析。

虽然近年来 LIBS 的发展极快，但作为常规分析方法，激光光谱法仍有较多困难需克服：

① 仪器成本较高，也较为复杂；

② 难以获得基体完全匹配的标准参考物质；

③ 基体效应大，激光散射背景干扰大；

④ 检出限比传统光谱技术高 $1 \sim 100$ 倍；

⑤ 准确性、精确性受样品的均匀性及激光器激发特性影响较大；

⑥ 高能量的激光脉冲对视力的损害较大。

7.1.10.4　LIBS 进行定量分析时的影响因素

① 激光器的能量输出及传递到样品表面的能量是否稳定一致。

② 激光的聚焦点是否一致。

③ 激光光斑大小是否一致。

④ 光谱仪的采样延时是否准确一致。

⑤ 仪器中光学组件的调校是否稳定可靠。

⑥ 定标曲线的建立是否合理（标样是否能覆盖足够宽的含量范围、标样数量是否足够）。

⑦ 和"Matrix 基体"形态相关的影响因素：

a. 不同物质的烧蚀效果不同；

b. 物质气化量会有所不同；

c. 等离子体的化学反应在不同基体上表现不同。

在其他参数不变的条件下，不同物质在形成气溶胶之后的变化过程几乎是一样的。

7.1.10.5　LIBS 的应用

自从 LIBS 技术问世以来，该技术就被公认为是一种前景广阔的新技术，将为分析领域带来众多的创新应用。LIBS 作为一种新的材料识别及定量分析技术，既可以用于实验室，也可以应用于工业现场的在线检测。其主要特点为：

① 快速直接分析，几乎不需要样品制备。

② 可以检测几乎所有元素。

③ 可以同时分析多种元素。

④ 基体形态具有多样性，可以检测几乎所有固态样品。

⑤ LIBS 弥补了传统元素分析方法的不足，尤其在微小区域材料分析、镀层/薄膜分析、缺陷检测、珠宝鉴定、法医证据鉴定、粉末材料分析、合金分析等应用领域优势明显，同时，LIBS 还广泛适用于地质、煤炭、冶金、制药、环境、科研等不同领域的应用。

⑥ 除了传统的实验室的应用，LIBS 还是为数不多的可以做成手持便携装置的元素分析技术，更是目前为止被认为唯一可以做在线分析的元素分析技术。这将使分析技术从实验室领域极大地拓展到户外、现场甚至生产工艺过程中。

随着技术的不断突破，例如稳定可靠的激光器、高分辨率光谱仪以及分析软件技术等的进展，LIBS 的产业化在近十年中有了快速的发展，使其成为可以真正应用于实验室甚至工业现场的实用分析仪器。

7.2 原子吸收光谱法

原子吸收光谱（atomic absorption spectrometry，AAS）又称为原子吸收分光光度（法）（atomic absorption spectrophotometry）。它是基于从光源辐射出待测元素的特征光谱，通过样品的蒸气时，被蒸气中待测元素的基态原子所吸收，根据吸收的程度来测定试样中该元素含量的分析方法。原子吸收光谱法按所用的原子化方法不同，分为：

① 火焰原子吸收光谱法（FAAS），以化学火焰为原子化器；

② 石墨炉原子吸收光谱法（GFAAS），以电热石墨炉为原子化器；

③ 石英炉原子吸收光谱法，以石英炉为原子化器，在较低温度下原子化，因此又称低温原子吸收光谱法，包括冷蒸气（汞）原子化法、氢化物原子化法（氢化物发生原子吸收光谱法，HG-AAS）和挥发物原子化法。表 7-5 列出了各种原子吸收光谱法的特点。

表 7-5　各种原子吸收光谱法的特点

方法	测定对象	适宜测定范围	常用定量方法
FAAS	溶液中的金属元素	微量及少量元素	①②③
GFAAS	溶液/固体粉末中的金属元素	痕量及微量元素	①②③
HG-AAS	溶液中 As、Sb、Bi、Se、Te、Ge、Sn、Pb	痕量及微量元素	①②③
冷蒸气 AAS	Hg	痕量及微量元素	①

①准曲线法；②标准加入法；③内插法。

7.2.1　原子吸收光谱技术基础

7.2.1.1　原子吸收光谱的产生

当辐射投射到原子蒸气上时，如果辐射波长相应的能量等于原子由基态跃迁到激发态所需要的能量，则会引起原子对辐射的吸收，产生吸收光谱，通过测量气态原子对特征波长（或频率）的吸收，便可获得有关组成和含量的信息。原子吸收光谱通常出现在可见光区和紫外区。

原子吸收光谱是原子发射光谱的逆过程。基态原子只能吸收频率为 $\nu=(E_2-E_1)/h$ 的光，跃迁到高能态 E_2。因此，原子吸收光谱的谱线也取决于元素的原子结构，每一种元素有其特征的吸收光谱线。与共振跃迁相反的过程的谱线称为共振吸收线。原子吸收测量采用的是共振吸收线，即相当于最低激发态和基态间的跃迁谱线。原子吸收线的基本特征常以谱线波长、谱线轮廓及谱线强度来描述。

原子的电子从基态激发到最接近于基态的激发态，称为共振激发。当电子从共振激发态跃迁回基态时，称为共振跃迁。这种共振跃迁所发射的谱线称为共振发射线，与此过程相反的谱线称为共振吸收线。元素的共振吸收线一般有许多条，其测定灵敏度也不同。在测定时，一般选用灵敏线，但当被测元素含量较高时，也可采用次灵敏线。

（1）原子吸收线

与发射谱线一样，吸收谱线的波长取决于原子核外价电子产生跃迁的两个能级的能量差。显然，原子的共振吸收线与其共振发射线应具有相同的波长，对大多数元素来说符合这一情况，但某些元素的共振吸收线和发射线的轮廓不一样，因而最灵敏的发射线不一定就是最灵敏的吸收线。例如，Co 的最灵敏吸收线的波长是 240.7nm，最灵敏发射线的波长是 352.7nm。

在原子吸收分析中，仅考虑由基态产生的跃迁。理论证明，共振吸收线的数目 N_{abs} 为 $N_{abs}=\sqrt{2N_{em}}$，而发射线的数目为 $N_{em}=\dfrac{n(n-1)}{2}$。式中，n 为原子的总能级数。可见吸收线的数目比发射线的数目少得多。

原子吸收线并非几何学意义上的线，而是有一定宽度。描述原子吸收线轮廓的值是吸收线的中心波长 λ_0 和吸收线的半宽 $\Delta\lambda$（或 $\Delta\nu$）。中心波长的位置由原子能级分布特性决定。原子吸收线的半宽受多种因素影响。

① 自然宽度。由激发态原子的平均寿命所决定的光谱线的宽度称为自然宽度，一般约为 5~10nm，然而，谱线的自然宽度比之其他因素引起的谱线宽度要小得多，在大多数情况下，谱线的自然宽度可以忽略不计。

② 多普勒变宽。多普勒（Doppler）变宽即热变宽，是由原子相对于观测器的杂乱无章的热运动引起的。这种变宽用下式描述：

$$\frac{\Delta\lambda_D}{\lambda_0}=\frac{\Delta\nu_D}{\nu_0}=7.16\sqrt{\frac{T}{A_\tau}} \tag{7-8}$$

式中，$\Delta\lambda_D$、$\Delta\nu_D$ 表示谱线多普勒变宽；λ_0 或 ν_0 为谱线的中心波长或频率；T 为热力学温度；A_τ 为原子量。

吸收线的多普勒半宽度还受到原子化器内吸收原子随机热运动的影响。多普勒半宽度正比于温度的平方根。在通常的火焰原子化条件下，$\Delta\lambda_D$ 值为 $5\times10^{-5}\sim5\times10^{-4}$nm 量级，比谱线自然宽度大约两个数量级。原子吸收线宽度主要由多普勒宽度决定。

③ 压力展宽。原子蒸气中吸收原子与其他粒子（分子、原子、离子、电子等）相互碰撞也将引起谱线展宽，称之为压力展宽。通常，压力展宽随原子区内气体压力增加而增大。

压力展宽可分为两种，即洛伦兹展宽和赫尔兹马克展宽。前者是被测元素原子与其他粒子碰撞引起的展宽，而后者是指同种原子碰撞引起的展宽。

④ 自吸。光源辐射共振线被光源周围较冷的同种原子所吸收的现象，称为"自吸"，严

重的谱线自吸收就是谱线的"自蚀"。自吸现象使谱线强度降低，同时导致谱线轮廓展宽。

⑤ 同位素展宽。同一种元素存在多种同位素，其各自具有一定宽度的谱线。观察到的谱线是组合谱线。这种展宽并不小于多普勒及洛伦兹展宽。

另外，外界磁场或磁场的作用也将引起谱线展宽，称为场致展宽，不过场致展宽很小，可忽略不计。

谱线强度是指单位时间、单位体积内基态原子吸收辐射能的总量。其大小取决于单位体积内的基态原子数、单位时间内基态原子的跃迁概率及谱线的频率。在一定条件下，吸收谱线强度与单位体积内的基态原子数成正比。

（2）吸收强度与分析物质浓度的关系

原子蒸气对不同频率的光具有不同的吸收率，因此，原子蒸气对光的吸收是频率的函数。但是对固定频率的光，原子蒸气对它的吸收与单位体积中的原子的浓度成正比并符合朗伯-比尔定律。当一条频率为 ν、强度为 I_0 的单色光透过长度为 l 的原子蒸气层后，透射光的强度为 I_ν，令比例常数为 K_ν，则吸光度 A 与试样中基态原子的浓度 N_0 有如下关系：

$$A = \lg \frac{I_0}{I_\nu} = K_\nu l N_0 \qquad (7\text{-}9)$$

在原子吸收光谱法中，原子池中激发态的原子和离子数很少，因此蒸气中的基态原子数目实际上接近于被测元素总的原子数目，与试样中被测元素的浓度 c 成正比。因此吸光度 A 与试样中被测元素浓度 c 的关系如下：

$$A = Kc \qquad (7\text{-}10)$$

式中，K 为吸收系数。

只有当入射光是单色光，上式才能成立。由于原子吸收光谱的频率范围很窄（0.01nm以下），只有锐线光源才能满足要求。

在原子吸收光谱分析中，由于存在多种谱线变宽的因素，例如自然变宽、多普勒（热）变宽、同位素效应、洛位兹（压力）变宽、场变宽、自吸和自蚀变宽等，引起了发射线和吸收线变宽，尤以发射线变宽影响最大。谱线变宽能引起校正曲线弯曲，灵敏度下降。

（3）原子吸收光谱的测量

① 积分吸收。所谓积分吸收就是吸收线所包括的总面积，积分吸收与火焰中基态原子的浓度在一定条件下成线性关系，这种关系与产生吸收线轮廓的方法以及与被测元素原子化的手段无关。如果能够测得积分吸收值，就可以计算出待测原子的浓度。然而，在实际工作中，积分吸收值的测定很难实现，主要有以下两个原因：a.积分吸收对单色光的纯度要求很高，一般光源不能满足；b.对仪器的分辨率要求太高，普通仪器不能满足。

② 峰值吸收。由于积分吸收测量的困难，通常以测量峰值吸收代替测量积分吸收。锐线光源是空心阴极灯中特定元素的激发态，在一定条件下发出半宽度只有吸收线五分之一的辐射光，见图7-21。当两者的中心频率或中心波长恰好相重合时，发射线的轮廓就相当于吸收线中心的峰值频率吸收，吸收程度很大，故可以进行峰值吸收测量。

实现峰值吸收测量的条件是光源发射线的半宽度应小于吸收线的半宽度，且通过原子蒸气的发射线的中心频率恰好与吸收线的中心频率 ν_0 相重合。

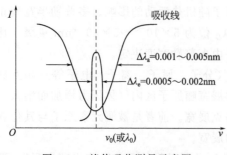

图 7-21　峰值吸收测量示意图

目前原子吸收仍主要采用空心阴极灯等特制光源来产生锐线发射。

7.2.1.2 原子化方法

原子吸收光谱分析中原子化方法一般有四种：火焰原子化法、石墨炉（或称电热）原子化法、氢化物发生原子化法、冷蒸气发生原子化法。

（1）火焰原子化法

火焰原子化法的过程大致如下：溶液-雾化（吸喷雾化)→脱溶剂→熔融→升华→蒸发→离解→还原→基态原子。

该过程分为两个主要阶段：①从溶液雾化至蒸发为分子蒸气的过程。主要依赖于雾化器的性能、雾滴大小、溶液性质、火焰温度和溶液的浓度等。②从分子蒸气至离解成基态原子的过程。主要依赖于被测物形成分子的键能，同时还与火焰的温度及气氛相关。分子的离解能越低，对离解越有利。就原子吸收光谱分析而言，离解能小于 3.5eV 的分子，容易被离解，当大于 5eV 时，离解就比较困难。

（2）石墨炉原子化法

样品置于石墨管内，用大电流通过石墨管，产生 3000℃ 以下的高温，使样品蒸发和原子化。为了防止石墨管在高温下氧化，在石墨管内、外部用惰性气体保护。石墨炉加温阶段一般可分为：

① 干燥。此阶段是将溶剂蒸发掉，加热的温度控制在溶剂的沸点左右，但应避免暴沸和发生溅射，否则会严重影响分析精度和灵敏度。

② 灰化。这是比较重要的加热阶段。其目的是在保证被测元素没有明显损失的前提下，将样品加热到尽可能高的温度，破坏或蒸发掉基体，减少原子化阶段可能遇到的元素间干扰，以及光散射或分子吸收引起的背景吸收，同时使被测元素变为氧化物或其他类型物。

③ 原子化。在高温下，把被测元素的氧化物或其他类型物热解和还原（主要的）成自由原子蒸气。

（3）氢化物发生原子化法

在酸性介质中，以硼氢化钾（KBH_4）作为还原剂，使锗、锡、铅、砷、锑、铋、硒和碲还原生成共价分子型氢化物的气体，然后将这种气体引入火焰或加热的石英管中，进行原子化。

$$AsCl_3 + 4KBH_4 + HCl + 8H_2O \longrightarrow AsH_3 + 4KCl + 4HBO_2 + 13H_2$$
$$2AsH_3 \longrightarrow 2As + 3H_2 \uparrow$$

（4）冷蒸气发生原子化法

将汞化合物转变为汞原子蒸气。

化学反应原理：

$$HgCl_2 + SnCl_2 \longrightarrow Hg^0 + SnCl_4$$

7.2.1.3 火焰

（1）火焰的种类

原子吸收光谱分析中常用的火焰有：空气-乙炔、空气-煤气（或丙烷）和一氧化二氮-乙炔等火焰。

① 空气-乙炔。这是最常用的火焰。此焰温度高（2300℃），乙炔在燃烧过程中产生的半分解物 C^*、CO^*、CH^* 等活性基因，构成强还原气氛，特别是富燃火焰，具有较好的原子化能力。

② 空气-煤气（或丙烷）。此焰燃烧速度慢、安全、温度较低（1840～1925℃），火焰稳定透明。火焰背景低，适用于易离解和干扰较少的元素，但化学干扰多。

③ 一氧化二氮-乙炔。由于在一氧化二氮中含氧量比空气高，所以这种火焰有更高的温度（约3000℃）。在富燃火焰中，除了产生半分解物 C^*、CO^*、CH^* 外，还有更强还原性的成分 CN^* 及 NH^* 等，这些成分能更有效地抢夺金属氧化物中的氧，从而达到原子化的目的。这就是空气-乙炔火焰不能测定的硅、铝、钛、铼等特别难离解的元素，在一氧化二氮-乙炔火焰中就能测定的原因。

（2）火焰的类型

① 化学计量火焰。又称中性火焰，这种火焰的燃气及助燃气基本上是按照它们之间的化学反应式提供的。对空气-乙炔火焰，空气与乙炔之比约为4∶1。火焰是蓝色透明的，具有温度高、干扰少、背景发射低的特点。火焰中半分解产物比贫燃火焰高，但还原气氛不突出，对火焰中不易形成单氧化物的元素，除碱金属外，采用化学计量火焰进行分析为好。

② 贫燃火焰。当燃气与助燃气之比小于化学反应所需量时，就产生贫燃火焰。其空气与乙炔之比为（4∶1）～（6∶1）。火焰清晰，呈淡蓝色。由于大量冷的助燃气带走火焰中的热量，所以温度较低。由于燃烧充分，火焰中半分解产物少，还原性气氛低，不利于较难离解元素的原子化，不能用于易生成单氧化物元素的分析。但温度低对易离解元素的测定有利。

③ 富燃火焰。燃气与助燃气之比大于化学反应所需量时，就产生富燃火焰。空气与乙炔之比为4∶（1.2～2.5）或更大，由于燃烧不充分，半分解物浓度大，具有较强的还原气氛。温度略低于化学计量火焰，中间薄层区域比较大，对易形成单氧化物难离解元素的测定有利，但火焰发射和火焰吸收及背景较强，干扰较多，不如化学计量火焰稳定。

（3）火焰结构

空气-乙炔火焰结构与温度分布如图7-22所示。正常的火焰由预热区、第一反应区、中间薄层区和第二反应区组成。

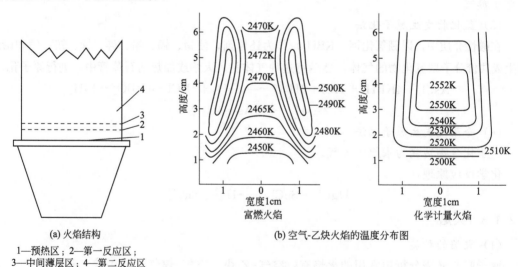

(a) 火焰结构
1—预热区；2—第一反应区；
3—中间薄层区；4—第二反应区

(b) 空气-乙炔火焰的温度分布图

图7-22 空气-乙炔火焰结构与温度分布

① 预热区，又称干燥区。其特点是燃烧不完全，温度不高，试液在此区被干燥，呈固态微粒。

② 第一反应区，又称蒸发区。它是一条清晰的蓝色光带。其特点是燃烧不充分，半分

解产物多，温度未达到最高点。干燥的固态微粒在此区被熔化、蒸发或升华。这一区域很少作为吸收区，但对易原子化、干扰少的碱金属可进行测定。

③ 中间薄层区，又称原子化区。其特点是燃烧完全，温度高，被蒸发的化合物在此区被原子化。此层是火焰原子吸收光谱法的主要应用区。

④ 第二反应区。燃烧完全，温度逐渐下降，被离解的基态原子开始重新形成化合物。因此这一区域不能用于实际原子吸收光谱分析。

进行原子吸收光谱分析时，燃烧器高度的选择也就是火焰区域的选择。

7.2.1.4 干扰及消除

原子吸收光谱分析的干扰通常有 5 种类型：化学干扰、物理干扰、电离干扰、光谱干扰及背景干扰等。

（1）化学干扰

化学干扰是原子吸收光谱分析中经常遇到的。产生化学干扰的主要原因是被测元素形成稳定或难熔的化合物不能完全离解。它又分为阳离子干扰和阴离子干扰。在阳离子干扰中，有很大一部分属于被测元素与干扰离子形成的难熔混晶体，如铝、钛、硅对碱土金属的干扰；硼、铍、铬、铁、铝、硅、钛、铀、钒、钨和稀土元素等，易与被测元素形成不易挥发的混合氧化物，使吸收降低；也有增敏（增感）效应的，如锰、铁、钴、镍对铝、镍、铬的影响。阴离子的干扰更为复杂，不同的阴离子与被测元素形成不同熔点、沸点的化合物而影响其原子化，如磷酸根和硫酸根会抑制碱土金属的吸收。其影响的次序为：

$$PO_4^{3-} > SO_4^{2-} > Cl^- > NO_3^- > ClO_4^-$$

消除化学干扰最常用的方法：

① 利用温度效应和火焰气氛。如在空气-乙炔火焰中测定钙时，PO_4^{3-} 和 SO_4^{2-} 对其有明显的干扰，但在一氧化二氮-乙炔火焰中可以消除。测定铬时，用富燃的空气-乙炔火焰可得到较高的灵敏度；在一氧化二氮-乙炔火焰的红羽毛区，干扰现象就大大地减少。

② 加入释放剂。释放剂是指能与干扰元素形成更稳定或更难挥发的化合物而释放被测元素的试剂。如加入锶盐或镧盐，可以消除 PO_4^{3-}、铝对钙、镁的干扰。

③ 加入保护络合剂。保护络合剂与被测元素或干扰元素形成稳定的络合物。如加入 EDTA 可以防止 PO_4^{3-} 对钙的干扰。8-羟基喹啉与铝形成络合物，可消除铝对镁的干扰。加入 F^- 可防止铝对铍的干扰。

④ 加入助熔剂。氯化铵对很多元素有提高灵敏度的作用，当有足够的氯化铵存在时，可以大大提高铬的灵敏度。

⑤ 改变溶液的性质或雾化器的性能。在高氯酸溶液中，铬、铝的灵敏度较高；在氨性溶液中，银、铜、镍等有较高的灵敏度。使用有机溶液喷雾，不仅改变化合物的键型，而且改变火焰的气氛，有利于消除干扰，提高灵敏度。使用性能好的雾化器，雾滴更小，蒸发加快，可降低干扰。

⑥ 预先分离干扰物。如采用有机溶剂萃取、离子交换、共沉淀等方法预先分离干扰物。

⑦ 采用标准加入法。此法不但能补偿化学干扰，也能补偿物理干扰。但不能补偿背景吸收和光谱干扰。

（2）物理干扰

当溶液的物理性质（黏度、表面张力等）发生变化时，吸入溶液的速度和雾化率也发生变化，因而影响吸收的强度。为了克服物理干扰，采用稀释试液或在标准溶液中加入与试液相同的基体的办法或采用标准加入法。

（3）电离干扰

当火焰温度足够高时，中性原子失去电子而变成带正电的离子，使火焰中的中性原子数目逐渐减小，导致测定灵敏度降低，工作曲线向吸光度坐标方向弯曲。这种现象存在于碱金属和碱土金属等电离势较低的元素。为了消除电离干扰，一方面适当控制火焰的温度（采用富燃火焰），另一方面在标准溶液和样品溶波中加入大量容易电离的元素，如钾、钠、铷、铯，以抑制被测元素的电离。

（4）光谱干扰

它是由于光源、样品或仪器使某些不需要的辐射光被检测器测量所引起的。它能使灵敏度降低，工作曲线弯曲，也会引起测定结果偏高等。一般采用较窄的光谱通带、提高光源的发射强度、选择其他的分析线，预先分离干扰物等方法消除。

（5）背景干扰

这里所指的背景干扰主要是背景吸收。它包括光散射、分子吸收和火焰吸收。可采用邻近非吸收线或邻近低灵敏度的吸收线（与分析线相差在 10nm 内）、连续光源（如氘灯、碘钨灯）、塞曼效应和自吸等方式进行校正。火焰吸收可用调零的方法进行校正。

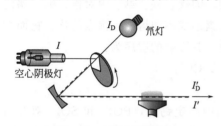

图 7-23　氘灯校正背景

I—空心阴极灯发出的共振线的强度；

I'—通过火焰后吸收线的强度；

I_D—氘灯发出的连续光谱的强度；

I'_D—连续光谱通过背景吸收后的强度

① 氘灯连续光谱背景校正。氘灯连续光谱背景校正是简便常用的方法，其原理如图 7-23 所示。

旋转斩光器交替使氘灯提供的连续光谱和空心阴极灯提供的共振线通过火焰。氘灯连续光谱通过时，测定的为背景吸收 A_G（此时的共振线吸收相对于总吸收可忽略）；锐线光源通过时，测定总吸收 A_T。差值为有效吸收（$\Delta A = A_T - A_G$）。氘灯连续光谱背景校正适宜的范围为 190～350nm。

② 塞曼效应背景校正法。这种校正方法将一磁场加在光源或原子化器上进行调制，使共振发射线或吸收线分裂成波长不变而偏振方向不同的组分：一条 π 线和两条 ±σ 线。根据 π 线对平行偏振光的吸收，得到原子吸收和背景吸收；而 σ 线对垂直偏振光的吸收仅为背景吸收。因此两者的差值即为扣除背景后的原子吸收值。

7.2.1.5　原子吸收光谱分析中的灵敏度与检出限

在原子吸收光谱法中，习惯于用 1% 吸收灵敏度，也叫作特征浓度。特征浓度（C_c）定义为能产生 1% 吸收（即吸光度值为 0.0044）信号时所对应的被测元素的浓度。

$$C_c = \rho_s \times 0.0044/A \qquad (7-11)$$

式中，ρ_s 为待测元素的质量浓度，$\mu g/mL$；A 为试液的吸光度值。

石墨炉原子吸收法常用绝对量表示，特征质量（m_c）定义为能产生 1% 吸收（即吸光度值为 0.0044）信号时所对应的被测元素的质量，计算公式为：

$$m_c = 0.0044\rho_s V/A \qquad (7-12)$$

式中，V 为试液进样体积，mL。

特征浓度和特征质量愈小，表示方法愈灵敏。

原子吸收的最佳分析范围是使其产生的吸光度落在 0.1～0.5 之间，这时测量的准确度较高。根据灵敏度的定义，当吸光度 A 在 0.1～0.5 时，其浓度为灵敏度的 25～125 倍。由于各种元素的灵敏度不同，所以其适宜的测定浓度也不同，应根据实验确定。

检出限是指待测元素能产生 3 倍于标准偏差（此标准偏差由接近于空白的标准溶液进行至少 10 次以上平行测定而求得，用 s 表示）时的浓度，用 $\mu g/mL$ 表示，计算式为：

$$D_1 = \frac{3s}{\overline{A}} \times c \qquad (7-13)$$

式中，c 为测试溶液的浓度，$\mu g/mL$；D_1 为待测元素的检出限，$\mu g/mL$；$\overline{A}$ 为测试溶液的平均吸光度；s 为吸光度的标准偏差。

$$s = \sqrt{\frac{\sum_{i=1}^{n}(A_i - \overline{A})^2}{n-1}} \qquad (7-14)$$

式中，n 为测定次数，$n \geqslant 10$；A_i 为单次测定的吸光度。也可用空白溶液测定 s。

检出限与待测元素的性质有关，也与仪器的工作情况和质量有关。检出限与灵敏度相关，一般说来，检出限越低，灵敏度越高。但它们是完全不同的两个概念，灵敏度与仪器的工作稳定性或测量的重现性（精密度）没有相关性，只有高的灵敏度，没有好的稳定性或精密度，则检出限也不会低。所以，低的检出限必定要求高的灵敏度和好的精密度，这是它们之间的关系。精密度可用标准偏差 s 或相对标准偏差 RSD（%）表示。

7.2.2　原子吸收光谱仪

使待测元素原子化，进而测量待测元素的基态原子对该元素特征谱线的吸收强度来测定试样中被测元素的含量的方法为原子吸收光谱法（atomic absorption spectrometry，AAS）。其仪器即为原子吸收光谱仪。

7.2.2.1　原子吸收光谱仪的工作原理

光源发出的待测元素的共振线被原子化器中的基态原子吸收，经单色器分光后由检测器接收，并记录下来。

样品在原子化器中经历干燥、蒸发、分解和原子化，形成样品蒸气。从光源辐射出待测元素的特征光谱（锐线光束），通过样品的蒸气时，被蒸气中待测元素的基态原子所吸收，由辐射光强度减弱的程度，可以求出样品中待测元素的含量，待测元素基态原子蒸气的浓度越大，光被吸收量越大，其透过量越小。

原子吸收光谱法遵循朗伯-比尔定律，根据这种关系，可将已知浓度的待测元素标准溶液对光的吸收值与试样对光的吸收值进行比较，就可求出试样中待测元素含量。因此原子吸收光谱法是一种相对比较测量方法。

7.2.2.2　原子吸收光谱仪的基本结构

原子吸收光谱仪的结构由 5 部分组成，分别为激发光源、原子化器、分光器（分光系统）、检测与控制系统、数据处理系统，此外还有仪器背景校正系统。基本构造见图 7-24。

图 7-24(a) 为单通道单光束型仪器。光源发出来的待测元素的共振线（锐线光束）被原子化器中的基态原子吸收，经单色器分光后由检测器接收，并记录下来。此类仪器结构简单，但会因光源不稳定而引起基线漂移。

图 7-24(b) 是双光束型原子吸收光谱仪简图，光源发出的光经调制后被切光器分成两束光：一束为测量光，另一束为参比光（不经过原子化器）。两束光交替地进入单色器。由于两束光均来自同一光源。通过参比光束的作用，克服了因光源不稳定而造成的漂移的影响。

图 7-24(c) 是连续光源原子吸收光谱仪简图，仪器采用高压短弧氙灯作光源，高分辨单色器 DEM ON 分光系统和线阵 CCD 检测器作检测器，与传统的锐线光源 AAS 相比，在分析性能等方面具有独特的优势。

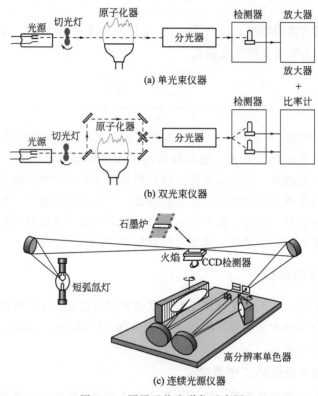

图 7-24 原子吸收光谱仪示意图

（1）光源

光源的功能是发射被测元素的特征共振辐射。对光源的基本要求是：

a. 发射的共振辐射的半宽度要明显小于吸收线的半宽度；

b. 辐射强度大、背景低，低于特征共振辐射强度的 1%；

c. 稳定性好，30min 之内漂移不超过 1%；噪声小于 0.1%；

d. 使用寿命长于 5A·h。

① 空心阴极灯（HCL）。这种灯是目前应用最普遍的光源，由一个钛、锆、钽或其他材料制作的阳极和一个内含有待测元素的金属或合金的空心圆柱形阴极组成。两极密封于充有低压惰性气体氖或氩（压强为 2~10mmHg）且带有窗口的玻璃管中。接通电源后，在空心阴极

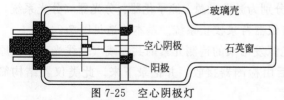

图 7-25 空心阴极灯

上发生辉光放电而辐射出阴极所含元素的共振线。空心阴极灯的结构如图 7-25 所示。

空心阴极灯放电是一种特殊形式的低压辉光放电，放电集中于阴极空腔内。当在两极之间施加几百伏电压时，便产生辉

光放电。在电场作用下，电子在飞向阳极的途中，与载气原子碰撞并使之电离，放出二次电子，使电子与正离子数目增加，以维持放电。正离子从电场获得动能，如果正离子的动能足以克服金属阴极表面的晶格能，当其撞击在阴极表面时，就可以将原子从晶格中溅射出来。除溅射作用之外，阴极受热也要导致阴极表面元素的热蒸发。溅射与蒸发出来的原子进入空腔内，再与电子、原子、离子等发生第二类碰撞而受到激发，发射出相应元素的特征的共振辐射。

空心阴极灯常采用脉冲供电方式，以改善放电特性，同时便于使有用的原子吸收信号与原子化池的直流发射信号区分开，称为光源调制。在实际工作中，应选择合适的工作电流。使用灯电流过小，放电不稳定；灯电流过大，溅射作用增加，原子蒸气密度增大，谱线变宽，甚至引起自吸，导致测定灵敏度降低，灯寿命缩短。

由于原子吸收分析中每测一种元素需换一个灯，很不方便，现亦制成多元素空心阴极灯，但发射强度低于单元素灯，且如果金属组合不当，易产生光谱干扰，因此，使用尚不普遍。

② 高强度空心阴极灯。高强度空心阴极灯（high-intensity hollow cathode lamp）在普通空心阴极灯一个阴极和一个阳极的基础上，增加了一个能产生热电子发射的辅助灯丝和一个辅助阳极。其结构如图 7-26 所示。

空心阴极的供电和常规原子吸收一样，辅助灯丝和辅助阳极间放电电流是恒定的，其作用是将阴极溅射出而位于阴极端口的原子云受到辅助激发。由于辅助放电的电压很低，只能激发低激发能的原子谱线，所产生的共振谱线较之普通空心阴极灯辐射强度提高几倍至十几倍。改善了信噪比和分析的检出限，提高了测定灵敏度，扩大了校正曲线的线性动态范围。

这种高强度空心阴极灯的缺陷是供电电源复杂，除了主阴极和主阳极的电流控制，还有辅助灯丝的电流也需要控制，辅助灯丝和辅助阳极之间也需要经过起辉和恒流两个过程。

③ 无极放电灯。对于砷、锑等元素的分析，为提高灵敏度，亦常用无极放电灯作光源。无极放电灯由一个数厘米长、直径 5～12cm 的石英玻璃圆管制成。管内装入数毫克待测元素或挥发性盐类，如金属、金属氯化物或碘化物等，抽成真空并充入压力为 67～200Pa 的惰性气体氩或氖，制成放电管，将此管装在一个高频发生器的线圈内，并装在一个绝缘的外套里，然后放在一个微波发生器的同步空腔谐振器中（图 7-27）。这种灯的强度比空心阴极灯大几个数量级，没有自吸，谱线更纯。

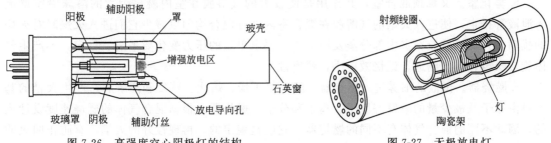

图 7-26　高强度空心阴极灯的结构　　　　图 7-27　无极放电灯

④ 氙灯。在连续光源高分辨原子吸收光谱仪（CS-HR AAS）中，用短弧氙灯连续光源替代传统原子吸收光谱仪 AAS 的空心阴极灯。这种短弧氙灯在热斑（hot-spot）模式下工作，电极距离<1mm，发光点只有 200μm，有非常高的色温（10000K），并在整个光谱范围内（190～900nm）产生连续辐射，能量比一般氙灯大 10～100 倍，可满足 190～900nm 波长内所有元素的原子吸收测定需求，并可以选择任何一条谱线进行分析。另外，也能测定一

些具有锐线分子光谱（PO，CS，...）的非金属元素。

（2）原子化器

原子化器的作用是使试样中的待测元素转变为气态的基态原子。入射光在这里被基态原子吸收，可视为"吸收池"。试样的原子化是原子吸收分析的一个关键问题。元素测定的灵敏度、准确性乃至干扰，在很大程度上取决于原子化的状况。因此，要求原子化器有尽可能高的原子化效率，且不受浓度的影响，稳定性和重现性好，背景和噪声小。原子化器主要有两大类：火焰原子化器和非火焰原子化器。

① 火焰原子化器。火焰原子化器由喷雾器、雾化室和燃烧器三大部分组成。图 7-28 为喷雾-燃烧器的示意图。

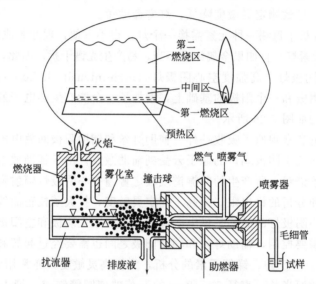

图 7-28　混合型燃烧器及其火焰示意

a.雾化器（喷雾器）。是关键部件，其作用是将试液雾化，变为细小的雾滴，并使其与气体混合成为气溶胶。要求其有适当的提升量（一般为 4～7mL/min），高雾化率（10%～30%）和耐腐蚀，喷出的雾滴小、均匀、稳定，使之形成直径为微米级的气溶胶。

b.雾化室。又称预混合室，其作用是使较大的气溶胶在室内凝聚为大的溶珠沿室壁流入泄液管排走，使进入火焰的气溶胶在混合室内充分混合均匀以减少它们进入火焰时对火焰的扰动，并让气溶胶在室内部分蒸发脱溶。它要求里面的压力变化要平滑、稳定，不产生气体旋转噪声，排水畅通，记忆效应小，耐腐蚀。

c.燃烧器。试液的细雾进入燃烧器，经火焰干燥、熔化、蒸发和离解后，产生大量的基态自由原子及极少量的激发态原子、离子和分子。燃烧器是根据混合气体的燃烧速度设计成的，因此不同的混合气体有不同的燃烧器。它应是稳定的、再现性好的火焰，有防止回火的保护装置，抗腐蚀，受热不变形，在水平和垂直方向能准确、重复地调节位置。背景发射和噪声低、燃烧安全。一般以钛或钛钢制品为好。目前，广泛应用的是不锈钢制成的缝式燃烧器，有单缝与三缝两种，它的规格随所用助燃气体不同而异。通过空气-乙炔或氢气单缝燃烧器的狭缝长约 10～11cm，宽 0.5～0.6mm。

② 非火焰原子化器。

a.石墨炉原子化器。由石墨炉、加热电源、惰性气体保护系统和冷却水系统组成，结构如图 7-29（a）所示。其工作原理是，试样以溶液（5～100μL）或固体（几个毫克）形式，从石墨管壁上侧小孔进入由 Ar 或 N_2 保护的石墨管内，管两端加以低电压（10～25V）、大电流（可达 500A），产生高温（3000K），使试样原子化。升温加热分干燥、灰化、原子化和净化四步，按试样组成和分析元素的不同，选择各步的温度、温度保持时间和升温方式（阶跃式和斜坡式）。原子化时温度最高，净化是除去残留物，消除记忆效应。与火焰原子化产生的信号不同，石墨炉原子化得到峰形的瞬态信号，分析元素的量与峰高或峰面积成正比。与火焰原子化相比，石墨炉原子化样品消耗少，特别适用于分析非常少量的试样，对悬浮样、乳浊样、有机物、生物材料等样品可直接进样。灵敏度高，其绝对灵敏度可达 10^{-14}～10^{-12}g。其缺点是分析结果精密度比火焰原子化法差，基态效应、化学干扰多，记忆效应严重。

b. 石墨平台。又称里沃夫平台，它是将全热解石墨片置于石墨管炉中，以改进石墨炉原子化器。由于石墨平台与管壁紧密接触，如图 7-29（b）所示，加热石墨管时，平台由管壁辐射间接加热，产生滞后效应，置于平台上的试样也因此而滞后加热。与管壁蒸发相比较，平台上蒸发的蒸气进入温度更高且稳定的气相中，被测元素的原子化更充分，伴生组分的干扰下降。石墨平台技术的采用，改善了基体干扰，提高了高挥发元素的测定精密度和灵敏度，延长了石墨管的使用寿命。

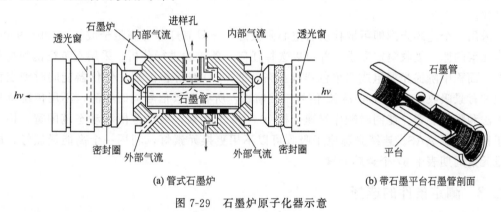

(a) 管式石墨炉　　　　　　　　　(b) 带石墨平台石墨管剖面

图 7-29　石墨炉原子化器示意

③ 低温原子化器。低温原子化法将气态分析物引入石英炉内，在室温至摄氏几百度的条件下使其原子化，因此又称石英炉原子化法。主要有汞的冷原子化法和氢化物原子化法。

a. 冷原子化器。汞的沸点为 357℃，室温下有很高的蒸气压，因此将汞化合物分解为 Hg^{2+}，用氯化亚锡还原为汞原子，并用气流如 N_2、空气等将汞蒸气送入吸收池内测量吸光度。检出限可达 0.2ng/mL。

b. 氢化物原子化器。对于 As、Se、Te、Sn、Ge、Pb、Sb、Bi 等元素，可在一定酸度下，用 $NaBH_4$ 或 KBH_4 还原成易挥发、易分解的氢化物，如 AsH_3、SnH_4 等，然后由载气（氩气或氮气）送入置于吸收光路中的电热石英管内，氢化物分解为气态原子，测定其吸光度。其检出限比火焰法低 1～3 个数量级，选择性好，干扰少，灵敏度高，操作简便，但 As、Bi、Pb 等元素的氢化物毒性较大，要注意发生器的质量并在良好的通风条件下操作。这种氢化物发生的气体注入进样技术也可用于 ICP-AES 的测量。

生成氢化物是一个氧化还原过程，所生成的氢化物是共价分子型化合物，沸点低、易挥发分离分解。以 As 为例，反应过程可表示如下：

$$AsCl_3 + 4NaBH_4 + HCl + 8H_2O \longrightarrow AsH_3\uparrow + 4NaCl + 4HBO_2 + 13H_2$$

AsH_3 在热力学上是不稳定的，在 900℃温度下就能分解析出自由 As 原子，实现快速原子化。

（3）分光系统

分光系统由入射和出射狭缝、反射镜和色散元件组成，其作用是将所需要的共振吸收线分离出来。分光系统的关键部件是色散元件，现在商品仪器都是使用光栅。原子吸收光谱仪对分光系统的分辨率要求不高，曾以能分辨开镍三线 Ni 230.003nm、Ni 231.603nm、Ni 231.096nm 为标准，后采用 Mn 279.5nm 和 279.8nm 代替镍三线来检定分辨率。光栅放置在原子化器之后，阻止来自原子化器内的所有不需要的辐射进入检测器。

（4）检测系统

原子吸收光谱仪中广泛使用的检测器是光电倍增管，最近一些仪器也采用 CCD 作为检测器。

（5）连续光源原子吸收光谱仪

连续光源原子吸收光谱仪采用高聚焦短弧氙灯作连续光源，石英棱镜和高分辨率的大面积中阶梯光栅组成双单色器分光系统，高性能 CCD 线阵检测器作检测系统，采样通常的火焰原子化器或石墨炉原子化器。德国耶拿公司已批量生产 contrAA 系列连续光源原子吸收光谱仪。

采用一个连续光源即可取代所有空心阴极灯，一只氙灯即可满足全波长（189～900nm）所有元素的原子吸收测定需求，并可以选择任何一条谱线进行分析。采用石英棱镜和高分辨率的大面积中阶梯光栅组成双单色器以及高性能 CCD 线阵检测器，使仪器能同时测定特征吸收和背景吸收，得到时间-波长-信号三维信息，所有背景信号同时扣除，不用传统背景校正方法和附加装置。能同时顺序快速分析 10～20 个元素，线性范围和动态范围宽，检出限优于锐线光源 AAS。连续光源原子吸收可以不用更换元素灯，利用一个高能量氙灯，即可测量元素周期表中 67 个金属元素。

7.2.3 测定条件的选择

原子吸收光谱分析中测定条件对测定结果的准确度和灵敏度影响很大。选择最适的仪器工作条件，能有效地消除干扰因素，可得到最好的测量结果和灵敏度。影响测定的测定条件较多，主要介绍以下几种。

7.2.3.1 吸收波长的选择

通常选用共振吸收线为分析线，测量高含量元素时，可选用灵敏度较低的非共振线为分析线。如测 Zn 时常选用最灵敏的 213.9nm 波长，但当 Zn 的含量高时，为保证工作曲线的线性范围，可改用次灵敏线 307.5nm 波长进行测量。As、Se 等共振吸收线位于 200nm 以下的远紫外区，火焰组分对其吸收明显，故用火焰原子吸收法测定这些元素时，不宜选用共振吸收线为分析线。测 Hg 时由于共振线 184.9nm 会被空气强烈吸收，只能改用此灵敏线 253.7nm 测定。

7.2.3.2 光路准直

调整空心阴极灯光的发射与检测器的接收位置为最佳状态，保证提供最大的测量能量。

7.2.3.3 狭缝宽度的选择

狭缝宽度影响光谱通带宽度与检测器接收的能量。调节不同的狭缝宽度，测定吸光度随狭缝宽度而变化，当有其他谱线或非吸收光进入光谱通带时，吸光度将立即减少。不引起吸光度减少的最大狭缝宽度，即为应选取的适合狭缝宽度。对于谱线简单的元素，如碱金属、碱土金属可采用较宽的狭缝以减少灯电流和光电倍增管高压来提高信噪比，增加稳定性。对谱线复杂的元素如铁、钴、镍等，需选择较小的狭缝，防止非吸收线进入检测器，来提高灵敏度，改善标准曲线的线性关系。

7.2.3.4 燃烧器的高度及与光轴的角度

锐线光源的光束通过火焰的不同部位时对测定的灵敏度和稳定性有一定影响，为保证测定的灵敏度高应使光源发出的锐线光通过火焰中基态原子密度最大的"中间薄层区"。这个区的火焰比较稳定，干扰也少，位于燃烧器狭缝口上方 20～30mm 附近。通过实验来选择适当的燃烧器高度，方法是用一固定浓度的溶液喷雾，再缓缓上下移动燃烧器直到吸光度达最大值，此时的位置即为最佳燃烧器高度。此外，燃烧器也可以转动，当其缝口与光轴一致时（•0），具有最高灵敏度。当欲测试样浓度高时，可转动燃烧器至适当角度以减少吸收的长度来降低灵敏度。

7.2.3.5 空心阴极灯工作条件的选择

① 预热时间：灯点燃后，由于阴极受热蒸发产生原子蒸气，其辐射的锐线光经过灯内原子蒸气再由石英窗射出。使用时为使发射的共振线稳定，必须对灯进行预热，以使灯内原子蒸气层的分布及蒸气厚度恒定，这样会使灯内原子蒸气产生的自吸收和发射的共振线的强度稳定。通常对于单光束仪器，灯预热时间应在 30min 以上，才能达到辐射的锐性光稳定。对双光束仪器，由于参比光束和测量光束的强度同时变化，其比值恒定，能使基线很快稳定。空心阴极灯使用前，若在施加 1/3 工作电流的情况下预热 0.5～1.0h，并定期活化，可增加使用寿命。

② 工作电流：灯工作电流的大小直接影响灯放电的稳定性和锐性光的输出强度。灯电流小，使能辐射的锐性光谱线窄、使测量灵敏度高，但灯电流太小时使透过光太弱，需提高光电倍增管灵敏度的增益，此时会增加噪声、降低信噪比；若灯电流过大，会使辐射的光谱产生热变宽和碰撞变宽，灯内自吸收增大，使辐射锐线光的强度下降，背景增大，使灵敏度下降，还会加快灯内惰性气体的消耗，缩短灯的使用寿命。空心阴极灯上都标有最大使用电流（额定电流，约为 5～10mA），对大多数元素，日常分析的工作电流应保持额定电流的40％～60％较为合适，可保证稳定、合适的锐线光强输出。通常对于高熔点的镍、钴、钛、锆等的空心阴极灯使用电流可大些，对于低熔点易溅射的铋、钾、钠、铷、锗、镓等的空心阴极灯，使用电流以小为宜。

7.2.3.6 光电倍增管工作条件的选择

日常分析中光电倍增管的工作电压一定选择在最大工作电压的 1/3～2/3 范围内。增加负高压能提高灵敏度，噪声增大，稳定性差；降低负高压，会使灵敏度降低，提高信噪比，改善测定的稳定性，并能延长光电倍增管的使用寿命。

7.2.3.7 火焰燃烧器操作条件的选择

进样量：选择可调进样量雾化器，可根据样品的黏度选择进样量，提高测量的灵敏度。进样量小，吸收信号弱，不便于测量；进样量过大，在火焰原子化法中，对火焰产生冷却效应，在石墨炉原子化法中，会增加除残的困难。在实际工作中，应测定吸光度随进样量的变化，达到最满意的吸光度的进样量，即为应选择的进样量。

7.2.3.8 原子化条件选择

（1）火焰原子化法

火焰类型和性质是影响原子化效率的主要因素。

火焰类型的选择原则：对低、中温元素（易电离、易挥发），如碱金属和部分碱土金属及易于硫化合的元素（如 Cu、Ag、Pb、Cd、Zn、Sn、Se 等）可使用低温火焰，如空气-乙炔火焰；对高温元素（难挥发和易生成氧化物的元素）如 Al、Si、V、Ti、W、B 等，使用氧化二氮-乙炔高温火焰。对分析线位于短波区（200nm 以下）的，使用空气-氢火焰；对其余多数元素，多采用空气-乙炔火焰（背景干扰低）。

火焰性质的选择：调节燃气和助燃气的比例，可获得所需性质的火焰。对于确定类型的火焰，一般来说呈还原性火焰（燃气量大于化学计量）是有利的。对氧化物不十分稳定的元素如 Cu、Mg、Fe、Co、Ni 等用化学计量火焰（燃气与助燃气的比例与它们之间的化学反应计量相近）或氧化性火焰（燃气量小于化学计量）。

（2）石墨炉原子化法

在石墨炉原子化法中，合理选择干燥、灰化、原子化及除残温度与时间是十分重要的。干燥应在稍低于溶剂沸点的温度下进行，以防止试剂飞溅。灰化的目的是除去基体和局外组分，在保证被测元素没有损失的前提下尽可能使用较高的灰化温度。原子化温度的选择原则是，选用达到最大吸收信号的最低温度作为原子化温度。原子化时间的选择应以保证完全原子化为准。在原子化阶段停止通保护气，以延长自由原子在石墨炉中的停留时间。除残的目的是消除残留物产生的记忆效应，除残温度应高于原子化温度。原子化时常采用氩气和氮气作为保护气，氩气比氮气更好。氩气作为载气通入石墨管中，一方面将已气化的样品带走，另一方面可保护石墨管不致因高温灼烧被氧化。通常仪器都采用石墨管内、外单独供气，管外供气是连续的且流量大，管内供气小并可在原子化期间中断。

最佳灰化温度常选择 100℃，最佳原子化干燥时间为 60s。灰化阶段为除去基体组分，以减少共存元素的干扰，通过绘制吸光度 A 与灰化温度 t 的关系来确定最佳灰化温度。在低温下吸光度 A 保持不变，当吸光度 A 下降时对应的较高温度即为最佳灰化温度，灰化时间约为 30s。原子化阶段的最佳温度也可通过绘制吸光度 A 与原子化温度 t 的关系来确定，对多数元素来讲，当曲线上升至平顶形时，与最大 A 值对应的温度就是最佳原子化温度。在每个样品测定结束后，可在短时间内使石墨炉的温度上升至最高，空烧一次石墨管，燃尽残留样品，以实现高温净化。

7.2.4 定量分析

原子吸收光谱分析是一种动态分析方法，用校正曲线进行定量。常用的定量方法有标准曲线法、标准加入法、简易加标法和浓度直读法。在这些方法中，标准曲线法是最基本的定量方法。

7.2.4.1 标准曲线法

原子吸收光谱分析是一种相对测量方法，不能由分析信号的大小直接获得被测元素的含量。需通过一个关系式将分析信号与被测元素的含量关联起来。校正曲线就是用来将分析信号（即吸光度）转换为被测元素含量（或浓度）的"转换器"，此转换过程称为校正。之所以要校正，是因为同一元素含量在不同的试验条件下得到的分析信号强度是不同的。校正曲线的制作方法是，用标准物质配制标准溶液系列，在标准条件下，测定各标准样品的吸光度

值 A_i，以吸光度值 A_i（$i=1,2,3,4,5$）对被测元素的含量 c_i（$i=1,2,3,4,5$）绘制校正曲线 $A=f(c)$，在同样条件下，测定样品的吸光度值 A_x，根据被测元素的吸光度值 A_x 从校正曲线求得其含量 c_i。校正曲线如图 7-30 所示。

校正曲线的质量直接影响校正效果和样品测定结果的准确度。正确制作一条高质量的校正曲线是非常重要的，为此需要：a. 合理地设计校正曲线；b. 分析信号的准确测定；c. 正确地绘制校正曲线。

7.2.4.2　标准加入法

标准系列与样品基体的精确匹配是制备良好校正曲线的必要条件，分析结果的准确度直接依赖于标准样品和未知样品物理化学性质的相似性。在实际的分析过程中，样品的基体、组成和浓度千变万化，要找到完全与样品组成相匹配的标准物质是很困难的，特别是对于复杂基体样品就更困难。试样物理化学性质的变化，引起喷雾效率、气溶胶粒子粒径分布、原子化效率、基体效应、背景和干扰情况的改变，导致测定误差的增加。标准加入法可以自动进行基体匹配，补偿样品基体的物理和化学干扰，提高测定的准确度。

标准加入法的操作如下：分取几份等量的被测试样，在其中分别加入 0、c_1、c_2、c_3、c_4、c_5 等不同量的被测定元素标准溶液，依次在标准条件下测定它们的吸光度值 A_i（$i=1,2,3,4,5$），制作吸光度值对加入量的校正曲线（见图 7-31），校正曲线不通过原点。加入量的大小，要求 c_1 接近于试样中被测元素含量 c_0 的两倍，c_2 是 c_0 的三到四倍，c_5 必须仍在校正曲线的线性范围内。从理论上讲，在不存在或校正了背景吸收的情况下，如果试样中不含有被测定元素，校正曲线理应通过原点。现在校正曲线不通过原点，说明试样中含有被测元素，其含量的多少与截距大小的吸光度值相对应。将校正曲线外延与横坐标相交，原点至交点的距离即为试样中被测元素的含量 c_x。

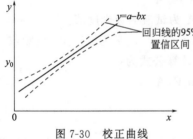

图 7-30　校正曲线

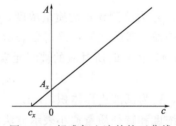

图 7-31　标准加入法的校正曲线

标准加入法所依据的原理是吸光度的加和性。从这一原理考虑，要求：①不能存在相对系统误差，即试样的基体效应不得随被测元素含量与干扰组分含量的比值改变而改变；②必须扣除背景和"空白"值；③校正曲线是线性的。

选择同一类样品中的一个作为基体配置一条校正曲线，同一类样品中的其他样品即可使用这条校正曲线，此即简易加标法。它的作用与标准加入法一样，能消除基体效应，特点是将一个样品配置一条校正曲线改变为同一类样品配置一条校正曲线。

7.2.4.3　浓度直读法

不少原子吸收光谱仪器都可进行浓度直读。浓度直读法的基础是标准曲线法。先用一个标样定标，由该定标点与原点绘制校正曲线，存于仪器内。以后测定试样时，仪器自动地根据测得的样品吸光度值由预存在仪器内的校正曲线换算为浓度值显示在仪器上。浓度直读法测定的准确度，直接依赖于校正曲线稳定性，且要求测得的试样吸光度值必须落在校正曲线上。前面已经提到，吸光度测量是一种动态测量，实验条件的变化不可避免地引起吸光度值的变化，因此测定的准确度不易保证。根据最小二乘线性回归原理，平均值所在的实验点 $(\overline{x}, \overline{A})$ 一定落在校正曲线上，试样中被测元素含量或浓度偏离校正曲线线性范围的平均值 $\overline{x}$ 越远，$\overline{A}$ 偏离校正曲线的可能性越大，测定结果的误差越大。由此可见，浓度直读法定量的准确度要逊于校正曲线法和标准加入法。浓度直读法的优点是快速。

7.2.5 原子吸收光谱法的实验技术

7.2.5.1 仪器性能测试

仪器技术性能的好坏直接影响分析结果的可靠性。无论是新购置的仪器还是经过长期使用的仪器，都必须进行全面的性能测试，并做出综合评价。以下是鉴定仪器的几项指标：

① 波长的准确性和重现性。实际调出的波长与理论波长允许相差不大于±0.5nm，重复测量波长的误差应小于 0.3nm。

② 基线稳定性。是指仪器在一定时间内基线漂移的情况。选择波长 Cu 324.7nm 和通带 0.2nm，把灯预热 30min，在不点燃火焰的情况下进行测量，要求吸光度漂移在 30min 内不能超 0.005，双光束仪器 0.004，使用过的仪器为 0.006，点燃火焰并吸入蒸馏水，在 10min 内不超过 0.006，使用过的仪器为 0.008。

③ 边缘能量。用铯的 852.1nm 谱线、砷的 193.7nm 谱线，采用实际使用的光谱通带记录谱线的强度。在 10min 内，瞬时噪声的吸光度小于 0.03，在上述两条谱线的±1.3 吸光度内，杂散光能量小于 2%。

④ 特征浓度。在原子吸收光谱法中，习惯于用 1%吸收灵敏度，也叫作特征浓度。特征浓度（C_c）定义为能产生 1%吸收（即吸光度值为 0.0044）信号时所对应的被测元素的浓度。

$$C_c = \rho_s \times 0.0044/A \tag{7-15}$$

式中，ρ_s 为待测元素的质量浓度，μg/mL；A 为试液的吸光度值。

石墨炉原子吸收法常用绝对量表示，特征质量（m_c）定义为能产生 1%吸收（即吸光度值为 0.0044）信号时所对应的被测元素的质量，计算公式为：

$$m_c = 0.0044\rho_s V/A \tag{7-16}$$

式中，V 为试液进样体积，mL。

特征浓度和特征质量愈小表示方法愈灵敏。

原子吸收的最佳分析范围是使其产生的吸光度落在 0.1～0.5 之间，这时测量的准确度较高。根据灵敏度的定义，当吸光度 A 在 0.1～0.5 时，其浓度为灵敏度的 25～125 倍。由于各种元素的灵敏度不同，所以其适宜的测定浓度也不同，应根据实验确定。

⑤ 检出限。检出限是指待测元素能产生 3 倍于标准偏差（此标准偏差由接近于空白的标准溶液进行至少 10 次以上平行测定而求得，用 s 表示）时的浓度，用 μg/mL 表示，计算式为：

$$D_1 = \frac{3s}{A} \times c \tag{7-17}$$

式中，c 为测试溶液的浓度，μg/mL；D_1 为待测元素的检出限，μg/mL；$\overline{A}$ 为测试溶液的平均吸光度；s 为吸光度的标准偏差。

$$s = \sqrt{\frac{\sum\limits_{i=1}^{n}(A_i - \overline{A})^2}{n-1}} \tag{7-18}$$

式中，n 为测定次数，$n \geqslant 10$；A_i 为单次测定的吸光度。也可用空白溶液测定 s。

检出限与待测元素的性质有关，也与仪器的工作情况和质量有关。检出限与灵敏度相关，一般说来，检出限越低，灵敏度越高。但它们是完全不同的两个概念，灵敏度与仪器的工作稳定性或测量的重现性（精密度）没有相关性，只有高的灵敏度，没有好的稳定性或精密度，则检出限也不会低。所以，低的检出限必定要求高的灵敏度和好的精密度，这是它们之间的关系。精密度可用标准偏差 s 或相对标准偏差 RSD（％）表示。

⑥ 仪器实际分辨率。在光谱通带为 0.2nm 时，能清楚分开锰三线（279.5nm、279.8nm、280.1nm），279.5nm 与 279.8nm 之间的波谷，透过率小于或等于 279.5nm 的发射强度的 40％。279.5nm 的背景透过率小于或等于 10％。其实际分辨率为 0.2nm。

能分开汞的 265.20nm、265.37nm、265.51nm 的谱线组，实际分辨率为 0.1nm；能分开汞的 365.0nm、365.5nm、366.3nm 的谱线组，实际的分辨率为 0.7nm。

⑦ 背景校正能力的测试。仪器的背景校正性能用背景校正能力来评价。国家标准 GB/T 21187—2007《原子吸收分光光度计》规定氘灯法在背景吸收近于 1.0Abs 时，仪器应具有 30 倍以上的背景校正能力；自吸背景校正法和塞曼效应背景校正法，在背景吸收值接近 1.0Abs 时，背景校正能力应不小于 60 倍。国家计量检定规程 JJG 694—2009《原子吸收分光光度计》中没有对背景校正方法做限制。

国标法采用铅空心阴极灯测试，国家计量检定规程中采用镉空心阴极灯测试。

a. 火焰法背景校正能力的检查。将仪器的各项参数调整到最佳状态（参考数据：光谱通带为 0.2nm，灯电流为 2～3mA），在镉 Cd 228.8nm 处寻峰，调零后将紫外区中性滤光片（能产生 1Abs 的吸收）插入光路，读取无背景校正时的吸光度 A_1。然后将仪器置于背景校正工作状态。调零后，再将中性滤光片插入光路，读出背景校正后的吸光度 A_2，计算 A_1/A_2 值，即为背景校正能力。

b. 石墨炉法背景校正能力的检查。将仪器的各项参数调整到最佳状态（参考数据：光谱通带为 0.2nm，灯电流为 2～3mA），在镉 Cd 228.8nm 处寻峰，用微量进样器向石墨炉注入氯化钠溶液，读出仪器无背景校正时的吸光度 A_1（溶液的注入量使 $A_1 \approx 1.0$Abs）。然后将仪器置于背景校正工作状态，再向石墨炉注入等量的氯化钠溶液，读出背景校正后的吸光度 A_2，计算 A_1/A_2 值，即为背景校正能力。

7.2.5.2 仪器的使用与维护

对一台从未使用过的仪器，在动手操作之前，必须认真阅读仪器使用说明书，详细了解和熟练掌握仪器各部件的功能，严格按照仪器说明书给出的方法操作。在使用仪器的过程中，最重要的是注意安全，避免发生人身、设备事故。使用火焰法测定时排放废液管必须有水封装置，要特别注意防止回火，特别注意点火和熄火时的操作顺序。点火时一定要先打开助燃气，然后再开燃气；熄火时必须先关闭燃气，待火熄灭后再关助燃气。新安装的仪器和长时间未用的仪器，千万不要忘记在点火之前检查气路是否有泄漏现象，使用石墨炉时，要特别注意先接通冷却水和氩气，确认冷却水和氩气正常后再开始工作。仪器的日常维护保养是不容忽视的。这不仅关系到仪器的使用寿命，还关系到仪器的技术性能，有时甚至直接影响分析数据的质量。仪器的日常维护与保养是分析人员必须承担的职责。这项工作，归纳起来大体上有如下几个方面：

① 对新购置的每只空心阴极灯，应进行扫描测试，记录发射线波长、强度及背景发射情况。实验结束待灯充分冷却后，从灯架上取下存放好，若长期不用，应定期点燃，以延长

灯的使用寿命。保持空心阴极灯灯窗清洁，不小心被污染时，可用酒精棉擦拭。

② 定期检查供气路是否漏气。检查时可在可疑处涂一些肥皂水，看是否有气泡产生，千万不能用明火检查漏气。

③ 在空气压缩机的送气管道上，应安装气水分离器，经常排放气水分离器中集存的冷凝水。冷凝水进入仪器管道会引起喷雾不稳定，进入雾化器会直接影响测定结果。

④ 雾化器喷嘴为铂铱合金毛细管，为防止被腐蚀，每次使用后要用去离子水冲洗，若发现堵塞，应及时疏通。对不锈钢雾化室，在喷过酸、碱溶液后，应立即用去离子水吸喷 5～10min 进行清洗，以防腐蚀；对全塑结构的雾化室也应定期清洗。

⑤ 对单缝或三缝燃烧器的喷火口应定期清除积炭颗粒，保持火焰正常燃烧；对由铜或不锈钢制作的燃烧器，应注意缝口是否因腐蚀变宽而发生回火；对钛合金燃烧器也应定期检查。燃烧器缝口积存盐类，会使火焰分叉，影响测定结果。遇到这种情况应熄灭，用滤纸插入缝口擦拭，也可以用刀片插入缝口刮除，必要时也可卸下燃烧头用水冲洗。

⑥ 测定溶液应经过过滤或彻底澄清，防止堵塞雾化器。金属雾化器的进样毛细管堵塞时，可用软细金属丝疏通。对于玻璃雾化器的进样毛细管堵塞，小心拆卸下来用水或稀酸清洗。

⑦ 单色器上的光学元件，严禁用手触摸或擅自调节。仪器中的光电倍增管严禁强光照射。检修时要关掉高压电源。对备用光电倍增管应轻拿轻放，严禁振动。不要用手触摸外光路的透镜。当透镜有灰尘时，可以用洗耳球吹去，必要时可用镜头纸擦净。

⑧ 单色器内的光栅和反射镜多为表面有镀层的器件，受潮容易霉变，故应保持单色器的密封和干燥。不要轻易打开单色器。当确认单色器发生故障时，应请专业人员处理。

⑨ 长期使用的仪器，因内部积尘太多有时会导致电路故障；必要时，可用洗耳球吹扫或用毛刷刷净。处理积尘时务必切断电源。

⑩ 长期不使用的仪器应保持其干燥，潮湿季节应定期通电。

⑪ 经常检查废液缸的水封是否破坏，防止发生回火。

⑫ 原子吸收光谱仪应安装在防震实验台上，燃气乙炔钢瓶应远离实验室，助燃气（空气）最好使用可放室内的小型空气压缩机，火焰燃烧产生的有害废气，应安装通风设备加以排除。

7.2.5.3 紧急情况处理

工作中如遇突然停电，应迅速熄灭火焰。用石墨炉分析，应迅速关断电源。然后将仪器的各部分恢复到停机状态，待恢复供电后再重新启用。

进行石墨炉分析时，如遇突然停水，应迅速停止石墨炉工作，以免烧坏石墨炉。

进行火焰法测定时，万一发生回火，千万不要慌张，首先要迅速关闭燃气和助燃气，切断仪器的电源。如果回火引燃了供气管道和其他易燃物品，应立即用二氧化碳灭火器灭火。发生回火后，一定要查明回火原因，排除引起回火的故障。在未查明回火原因之前，不要轻易再次点火。在重新点火之前，切记检查水封是否有效，雾室防爆膜是否完好。

7.3　原子荧光光谱分析法

原子荧光光谱分析法（AFS）是通过测量待测元素的原子蒸气在特定频率辐射能激发下所产生的荧光强度来测定待测元素含量的一种分析方法。它是一种新型的痕量分析技术，近年来有较快的发展，并且已有多种类型的商品原子荧光光谱仪问世。它与原子吸收、原子发射光谱分析技术相互补充，在冶金、地质、环境监测、生活和医学分析等领域得到了日益广泛的应用。

原子荧光光谱分析法（AFS）、原子发射光谱分析法（AES）与原子吸收光谱分析法（AAS）是关系密切的三种原子光谱分析方法，各有特点，在应用上是相互补充的。荧光光谱的激发过程类似于原子吸收光谱，发射过程则类似于原子发射光谱。其特点是：

① 谱线简单。光谱干扰少，原子荧光光谱仪器可以不要分光器。

② 检出限低。一般来说，对于分析线波长小于 300nm 的元素，AFS 有更低的检出限；对于分析线波长为 300～400nm 的元素，3 种原子光谱法具有相似的检出限；对于分析线波长大于 400nm 的元素，AFS 和 AAS 的检出限不如 AES 好。

③ 可同时进行多元素测定。

④ 校正曲线的线性范围宽。AFS 校正曲线的线性范围比 AAS 宽得多，可宽达 4～7 个数量级。

⑤ 蒸气发生-原子荧光光谱分析法（VG-AFS）适用元素的范围不如 AES 和 AAS 广泛。VG-AFS 目前多用于 As、Bi、Cd、Ge、Hg、Pb、Sb、Se、Sn、Te 和 Zn 等元素的测定。

7.3.1 原子荧光光谱法的基本原理

蒸气相中基态原子受到具有特征波长的光源辐射后，其中一些自由原子被激发跃迁到较高能态，然后去激发跃迁到某一较低能态（常常是基态）或邻近基态的另一能态，将吸收的能量以辐射的形式发射出特征波长的原子荧光谱线。各种元素都有特定的原子荧光光谱，根据原子荧光强度可测得试样中待测元素的含量，这就是原子荧光光谱法。

原子荧光光谱法与通常所说的"荧光分析法"比较，其主要的区别为荧光分析法是测量基态分子受激发而产生的分子荧光，可用于测定样品中的分子含量。而原子荧光光谱法是测量样品中基态原子受激发后产生的原子荧光，故用于测定样品中的原子含量。

7.3.1.1 原子荧光的产生与类型

当自由原子吸收了特征波长的辐射之后被激发到较高能态，接着又以辐射形式去活化，就可以观察到原子荧光。原子荧光可分为三类：共振原子荧光、非共振原子荧光与敏化原子荧光。其中，共振原子荧光最强，在分析中应用最广。

7.3.1.2 原子荧光的猝灭

处于激发态的原子寿命是十分短暂的，当它从高能级跃迁到低能级时将发射出荧光，也可能在原子化器中与其他分子、原子或电子发生非弹性碰撞而散失其能量，在后一种情况下，荧光将减弱或不产生，这种现象称荧光的猝灭。

荧光猝灭有下述几种类型：①与自由原子碰撞；②与分子碰撞，这是形成荧光猝灭的主要原因；③与电子碰撞；④与自由原子碰撞后，形成不同的激发态；⑤与分子碰撞后，形成不同的激发态；⑥化学猝灭反应。

上述荧光猝灭过程将导致荧光量子效率降低，荧光强度减弱，因而严重影响原子荧光分析。为了减小猝灭的影响，应当尽量降低原子化器中猝灭粒子的浓度，特别是猝灭截面大的粒子浓度。另外，还要注意减少原子蒸气中二氧化碳、氮和氧等气体的浓度。

7.3.1.3 荧光强度与分析物浓度间的关系

原子荧光强度 I_f 有以下关系：

$$I_f = \Phi I \tag{7-19}$$

根据朗伯-比尔定律：

$$I_f = \Phi I_0 I e^{-KLN} \tag{7-20}$$

式中，Φ 为原子荧光量子效率；I 为被吸收的光强；I_0 为光源辐射强度；K 为峰值吸收系数；L 为吸收光程；N 为单位长度内基态原子数。

按泰勒级数展开，当 N 很小时，则原子荧光强度 I_f 的表达式可简化为：

$$I_f = \Phi I_0 KLN \tag{7-21}$$

当所有实验条件固定时，原子荧光强度与能吸收辐射线的原子密度成正比，当原子化效率固定时，I_f 与试样浓度 c 成正比，即

$$I_f = Ac \tag{7-22}$$

上式的线性关系只在浓度低时成立。当浓度高时无论是连续光源或锐线光源，荧光强度会发生变化，由于自吸作用荧光信号发生变化，荧光谱线变宽，从而减小峰值强度。光源强度越高，测量线性工作范围越宽，线性的下端延至越来越低浓度值。因此，在痕量分析时，一般不会遇到曲线弯曲现象。

7.3.2 蒸气发生-非色散原子荧光光谱法

蒸气发生-非色散原子荧光光谱法（VG-AFS）是将蒸气发生法与非色散原子荧光光谱仪相结合的联用分析技术。是原子荧光光谱分析法中的一个重要分支，现已成为常规的原子光谱法中测定痕量或超痕量元素的分析方法之一。

7.3.2.1 方法的基本原理

蒸气发生-原子荧光光谱法的基本原理：利用蒸气发生技术将还原剂（KBH_4 或 $NaBH_4$）与酸性样品溶液产生化学反应，将生成的共价氢化物元素 As、Sb、Bi、Se、Te、Pb、Sn、Ge 等，蒸气态 Hg 原子、挥发性化合物元素 Zn 和 Cd，以及产生的氢气由载气（Ar）导入原子荧光光谱仪的低温石英炉原子化器形成的氩氢火焰中原子化，由氩氢火焰离解成被测元素的原子，受到激发光源特征光谱照射后，受激发至高能态而后去激发回到基态时辐射出原子荧光。这些不同波长的原子荧光信号通过光电倍增管将光信号转换为电信号，检测出被测样品中元素的含量。

它集中了蒸气发生法和非色散原子荧光光谱仪两者在分析技术上的优点：在蒸气发生过程中分析元素与基体分离并得到富集，一般不受原试样中存在的基体干扰，以及由于气体进样，因此进样效率很高；而氩氢火焰本身具有很高的荧光效率和较低的背景辐射，且待测元素的荧光谱线均位于紫外波段，而非色散原子荧光光谱仪的检测器对紫外波段（190～310nm）范围内最为灵敏，由于这些因素的结合，能获得很好的信噪比和很高的分析灵敏度。基于分析元素不同价态和形态的氢化物行为的差异，可分别测定分析元素的价态和形态。

7.3.2.2 方法的应用范围

蒸气发生-原子荧光光谱法的可测元素的应用范围，由蒸气发生法和非色散原子荧光光谱仪中两个条件所限定。

① 蒸气发生法中的待测元素必须能够生成气态共价氢化物或挥发性化合物，且生成物的稳定性必须满足导入原子化器，且能在原子化器中原子化。

② 采用非色散原子荧光光谱仪进行检测的要求是，被测元素产生的荧光谱线必须落在日盲光电倍增管检测器的紫外波段（190～310nm）范围内。

根据氢化物的物理性质，ⅠA、ⅡA族元素生成离子型氢化物，沸点高、无挥发性、生成热为负值、难以分解；而ⅦA族元素虽能生成低沸点的挥发性共价氢化物，但其氢化物生成热为负值，较为稳定，难以被氩氢火焰原子化，所以不能用于蒸气发生-原子荧光光谱法的检测。

周期表中ⅣA、ⅤA、ⅥA族的元素As、Sb、Bi、Se、Te、Pb、Sn、Ge可以生成挥发性共价氢化物，这些氢化物的生成热为正值，非常适用由载气（Ar）将其导入低温石英炉原子化器氩氢火焰中原子化；ⅡB族的Hg能生成气态汞原子，Zn、Cd能生成气态挥发性化合物，这些元素产生的荧光谱线都落在非色散原子荧光光谱仪检测器的紫外波段内。因此，上述元素非常适合于蒸气发生-原子荧光光谱法的测量。Hg和Cd也可采用低温蒸气（无火焰）原子荧光光谱法进行测定，可获得很高的分析灵敏度。

7.3.2.3 蒸气发生的基本方法

蒸气发生法（vapour generation method）是将被测元素通过化学反应转化为挥发性形态。它包括氢化物发生法（hydride generation method）、汞蒸气发生法（mercury vapour generation method）和挥发性化合物发生法（volatile compound generation method）。

（1）氢化物发生法

氢化物发生法利用某些能产生初生态还原剂或化学反应，将样品溶液中的分析元素还原为挥发性共价氢化物，然后借助载气流将其导入原子荧光光谱分析系统进行测量。对于As、Sb、Bi、Se、Te、Pb、Sn、Ge等元素，可在一定酸度下，用$NaBH_4$或KBH_4还原成易挥发、易分解的氢化物，如AsH_3、SnH_4等，然后由载气（氩气或氮气）送入电热石英管内，氢化物分解为气态原子，测量其荧光强度。

氢化物发生是一个氧化还原的反应过程，在反应过程中必须产生新生态氢。尽管氢化物发生方法较多，根据所利用的氧化-还原反应体系不同，氢化物发生的体系可归纳为，金属-酸还原和硼氢化钾（钠）-酸还原体系两类。

（2）汞蒸气发生法

汞蒸气发生法是将Hg化合物还原为金属汞蒸气，或者将Hg化合物转化为易于气化的形态Hg蒸气，且在室温时其蒸气压很高（20℃时约为0.0016mbar），基于这一独特性质，汞可以很容易被载气导入石英炉原子化器进行蒸气发生-原子荧光光谱法测定。汞的空心阴极灯作为激发光源，可辐射出很强的荧光特征谱线（253.65nm），这正好是非色散原子荧光光谱仪检测器的最灵敏区。因此，蒸气发生-原子荧光光谱法汞元素的测定具有很高的分析灵敏度。目前，蒸气发生-原子荧光光谱法测汞的分析技术，主要可以分为化学还原-低温蒸气法、化学还原-氩氢火焰法和金汞齐富集法三种。

（3）挥发性化合物发生法

挥发性化合物发生法通过化学反应将In、Tl、Zn、Cd、Au、Ag等转化为易分解的挥发性化合物，再导入石英炉原子化器进行原子化和检测。1982年Busheina等人发现用硼氢化钠（钾）作还原剂发生In氢化物是一种新的尝试，测定In的灵敏度为$0.3\mu g$，将挥发性的化合物元素扩展到第三主族取得了很好的效果。这一研究成果突破了过去蒸气发生测定元素周期表上第ⅣA、ⅤA、ⅥA族中的元素As、Sb、Bi、Pb、Sn、Ge、Se和Te等8个元素的局限。利用化学反应使待测物形成挥发的气体化合物是提高分析方法的灵敏度与选择性的有效途径，也是一种特殊进样技术。这种进样技术已成为当今分析化学中重要的研究方向之一。

7.3.3 蒸气发生–原子荧光光谱仪

7.3.3.1 蒸气发生–原子荧光光谱仪的基本结构

原子荧光分析仪分非色散型原子荧光分析仪与色散型原子荧光分析仪。两类仪器的主要区别是，色散型原子荧光光谱仪多一个分光系统（单色仪），而非色散原子荧光光谱仪可直接采用日盲光电倍增管作检测器，可检测紫外波段（160～320nm）范围内的分析元素。这两类仪器的结构基本相似，差别在于单色器部分。两类仪器的光路图分别如图 7-32(a) 和图 7-32(b) 所示。

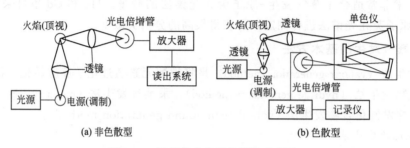

(a) 非色散型   (b) 色散型

图 7-32　原子荧光分析仪结构示意图

蒸气发生–原子荧光光谱仪的基本结构由激发光源、原子化器、蒸气发生系统、光学系统、检测系统及工作软件等部分组成，如果是全自动仪器则可增加一个自动进样器。由于当前国内外生产的蒸气发生–原子荧光光谱商品仪器都是采用的非色散系统原子荧光光谱仪，因此，在本节重点介绍有关蒸气发生–非色散原子荧光光谱仪器中主要部件的结构及原理。

（1）激发光源

激发光源是原子荧光光谱仪的重要组成部分，因为原子荧光光谱分析本质上是一种光激发光谱技术，在一定条件下，原子荧光强度与激发光源的发射强度成正比。所以，一个比较理想的激发光源应当具备下列条件。

① 发射谱线强度高，无自吸现象；

② 具有良好的长时间的稳定性，噪声小；

③ 发射的谱线窄，且纯度高；

④ 预热时间短，使用寿命长；

⑤ 能适用于大多数元素分析同类型商品化的元素灯；

⑥ 操作简便，不需要复杂的电源；

⑦ 光源及电源的成本低。

在原子荧光光谱分析发展过程中，人们在探索新光源方面做了大量的工作，也取得了一定的效果。国外曾相继研制成功的有金属蒸气放电灯、无极放电灯、空心阴极灯、高强度空心阴极灯、ICP 和激光等多种激发光源。我国在蒸气发生–原子荧光光谱商品仪器的发展过程中曾应用过的激发光源主要有无极放电灯、空心阴极灯和高性能（双阴极）空心阴极灯。而将激光作为原子荧光的激发光源是一种理想的光源，但是在商品仪器中尚未获得应用，还有待进一步研究和开发。

（2）蒸气发生系统

自从硼氢化钾（钠）-酸反应体系应用于氢化物发生以来，直接传输方法得到了迅速发展，蒸气发生反应的气态氢化物、挥发性化合物以及氢气，由载气（Ar）直接导入原子化器，得到广泛的应用。蒸气发生反应系统由进样装置和气液分离器两部分组成。

一个理想的用于原子荧光的蒸气发生反应系统应具有下列特点：

① 蒸气发生反应效率高；

② 记忆效应小，重现性好；

③ 气液分离效果好，消耗载气量少；

④ 自动化程度高；

⑤ 操作简便。

蒸气发生直接传输法可以分为间歇法（batch method）、连续流动法（continuous flow method）、断续流动法（intermittent flow method）、流动注射法（flow injection method）四类。蒸气发生直接传输法的分类见图 7-33。

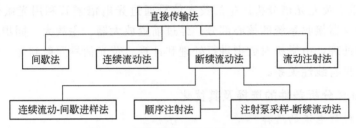

图 7-33　蒸气发生直接传输法的分类

目前我国在商品仪器中广泛应用的有连续流动-间歇进样法、顺序注射法和注射泵进样-断续流动法，连续流动法和流动注射法仅在个别的商品仪器中仍有使用。这些方法都是在断续流动法的基础上发展起来的，采用了不同类型的进样方式和气液分离器，因此各种方法的命名也不同，但是其基本原理都是属于断续流动法。

（3）原子化器

原子化器的重要作用是将样品中被分析元素转化为基态原子，而这个过程是原子荧光光谱仪器中最重要的关键步骤，它是直接影响仪器的分析灵敏度的重要因素。

我国在蒸气发生-原子荧光商品仪器中采用的是氩氢火焰石英炉原子化器，它的特点是：可直接利用硼氢化钾（钠）与酸性介质溶液蒸气反应过程中生成的氢化物、气态汞原子、挥发性化合物以及产生的氢气，由载气（Ar）导入开口式的石英炉原子化器，无需外加可燃气体，由周围空气的渗入，在石英管开口端即可点燃氩氢火焰。原子化器的结构比较简单，操作安全方便；同时形成的氩氢火焰原子化效率较高，在紫外区波段的辐射背景较低且传输效力高，物理和化学干扰小，记忆效应少，分析灵敏度高及重现性好等。在蒸气发生-原子荧光光谱法中是一种比较理想的原子化器。按照石英炉原子化器的预加热温度可以分为两类，即高温石英炉原子化器（图 7-34）和低温石英炉原子化器（图 7-35），由于低温石英炉原子化器比高温石英炉原子化器具有明显的优点，目前低温石英炉原子化技术得到了广泛的应用。

（4）光学系统

光学系统的作用是充分利用激发光源的能量和接收有用的荧光信号，减少和除去杂散光。色散系统对分辨能力要求不高，但要求有较大的集光本领，常用的色散元件是光栅。非色散型仪器的滤光器用来分离分析线和邻近谱线，降低背景。非色散型仪器的优点是照明立体角大，光谱通带宽，集光本领大，荧光信号强度大，仪器结构简单，操作方便。缺点是散射光的影响大。

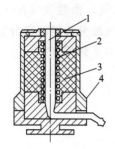

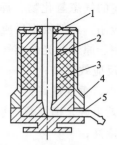

图 7-34　高温石英炉原子化器　　　　图 7-35　低温石英炉原子化器

1—石英管；2—高温炉丝；　　　　1—低温炉丝；2—红外加热；3—保温材料；

3—保温材料；4—金属炉壳　　　　　4—金属炉壳；5—石英炉管

（5）检测系统

蒸气发生-原子荧光光谱分析产生的荧光信号通过光电倍增管利用光敏效应将光信号转变为电信号，是仪器接收系统的核心部分。经过前置放大器、主放大、同步解调和积分器等系列信号接收和处理，由微机对数据进行处理和计算。荧光信号照射到光电倍增管上的光强度和光电流之间具有线性关系。

7.3.3.2　VG-AFS 分析条件的选择及其优化

（1）空心阴极灯电流的选择

① 个别元素灯（Pb、Sn、Ge）由于自身性质，灵敏度较低，需要采用高强度空心阴极灯。

② 一般情况下辅助电流不宜大于主电流，Se 灯除外。

③ Hg 灯的灯电流不宜超过 40mA，如开机不亮可用绸布或泡沫塑料在灯表面擦拭一下。

（2）负高压的选择

一般情况下负高压在 200～320V 范围内，负高压增加 20V，荧光信号强度提高一倍左右，如负高压太高则噪声增大。因此，在满足分析灵敏度的条件下，尽可能降低负高压和灯电流。同样，在选择负高压时应配合灯电流大小最佳条件，即稳定性最好为宜。

（3）原子化温度的选择

低温原子化技术的原子化内部温度一般是 200℃。因此，根据不同分析元素的最佳原子化温度进行选择。如：As、Bi、Se、Sn、Ge 选用室温自动点燃氩氢火焰；Sb、Te 选用低温（红外加热至 200℃），原子化器温度为 400℃。Hg 选用冷原子（无火焰），红外低温加热，进行测定。

（4）实验室环境要求

严禁与极谱分析在同一楼层。

（5）进样系统中的条件选择

断续流动或连续流动-间歇进样方式中都涉及注入时间、积分时间、延长时间和停泵时间的正确选择，才能获得更好的分析效果。

（6）光路对光

在光路中空心阴极灯发射出的光斑必须严格地调整到对光器的十字中心。如果偏离中心，则将直接影响分析灵敏度和重现性。汞灯的光斑为十分暗淡的浅蓝色光，因此应在较暗光线下调整。

（7）关于原子化器高度的调整

蒸气发生-原子荧光光谱法原子化器的高度一般都在 7～8mm。

7.3.3.3　仪器的日常保养与维护

为保证仪器始终处于正常工作状态，做好日常的保养与维护工作，是降低仪器故障率及延长使用寿命的有效途径。

（1）激发光源

① 在装卸空心阴极灯时必须小心谨慎，防止发生破裂导致漏气，致使空心阴极灯受损。

② 在使用空心阴极灯时，应当注意不要用手指直接触摸通光窗口，以免造成石英窗的透过率变小，使光源出射强度变弱。如发现通光窗口有油污或手指印，可用脱脂棉沾有酒精、乙醚混合液（比例1∶3）轻轻擦拭。

③ 灯在使用过程中不应有较大的震动，使用完毕后必须待灯管冷却后才能取下，以防空心阴极灯的阴极受损。

④ 空心阴极灯阳极的供电方式为较高的电压，因此，更换元素灯时一定要关机，必须断开电源以后安装元素灯，灯头管脚应正确插在灯座内。

⑤ 空心阴极灯因存放时间过长会产生漏气、气体吸附或释放等现象，导致灯不能点亮或不能正常工作，因此最好每隔3～4个月将不经常使用的灯点燃2～3h，以利于灯的正常使用。

⑥ 暂时不用的空心阴极灯，应及时放回相应的灯盒内存放。如不小心打碎灯壳，阴极物质暴露在外，则某些阴极材料如砷、镉、汞、铅等对人体健康有害，污染环境，不应随便丢弃，要按实验室规定处置有毒物质的方法进行处理。

（2）光学系统

① 透镜表面应保持清洁，切勿用手触摸，透镜表面存有手指印或污迹时，会降低透镜的透过率，影响仪器的分析灵敏度。

② 根据仪器的使用频率，在一个月或一个季度，旋下透镜前的保护盖，检查透镜是否存有雾气或污迹，确认需要清洗时，可用脱脂棉沾有酒精-乙醚（比例为1∶3）混合液，拧至半湿后轻轻擦拭。

③ 如透镜表面落有灰尘，用干净的洗耳球吹除即可。

（3）进样系统

在断续流动法的进样方式中较多采用的是蠕动泵进样系统或注射泵进样系统。

① 蠕动泵进样系统的维护。

a.目前商品仪器中有两种结构不同的蠕动泵，一种是弧形压块式，另一种是卡片式。无论采用哪种结构的蠕动泵，在使用时都应注意调节压块或卡片对泵管压力的松紧度，使液体的流速和流量保持平稳，必要时可以用有色溶液进行测验，以液体流出均匀且没有气泡为宜。

b.泵管具有较好的弹性及使用寿命，尽管如此，使用时应在泵管表面涂上少量的硅油使之润滑，以利于保护泵管，可有效地延长使用寿命。

c.泵管使用时间过长后，应检查泵管受压部分是否缺乏弹性或变形，必要时应将泵管进行更换。

d.在测量时蠕动泵启动前，应将吸液管放入相应的溶液或去离子水中，不要让泵管受压后空载运行，否则易使泵管受损。

e.测量工作完毕后，应注意及时将压块或卡片放松，防止泵管长时间受压变形致使无法使用。

② 注射泵进样系统的维护。

a.样品的进样系统由一个注射泵、三位阀和多位阀组成。目前商品仪器一般都是采用进口元器件，一般情况下，不要轻易拧动三位阀和多位阀之间连接管道的接口部分，以防止丝口变形产生漏液。

b.还原剂的进样系统由一个注射泵和三位阀组成。在工作状态时还原剂（KBH_4 或 $NaBH_4$）直接进入注射器内，由于还原剂长时期积存，极易产生沉淀或结晶使注射器严重磨损，致使产生漏液现象。因此，在仪器使用完毕后，应用去离子水取代还原剂溶液，启动仪器在工作状态多次清洗注射泵，以利于延长注射泵的使用寿命。

c.如果发现注射泵漏液现象，一般情况不要轻易拆卸注射针管，应请生产厂专业人员进行维修或更换。

（4）气液分离器

① 断续流动蒸气发生系统中的气液分离器，目前在商品仪器中有外力牵引式或流体力式气液分离器两种。这两种气液分离器都是由硬质玻璃制成。一般情况下不需要经常清洗，因此不要轻易拆卸以防破碎。

② 当测定未知样品中高含量汞时，气液分离器将会受到严重污染。此时必须将气液分离器拆下，用稀硝酸浸泡 24h 后，再用去离子水清洗干净后才能使用。

③ 测量工作完毕后，建议用去离子水由蠕动泵中的进样管连续进样数次，清洗管道与气液分离器中残存的样品溶液。

（5）石英炉原子化器

① 石英炉原子化器中的炉管由石英玻璃制成。无论是非屏蔽或屏蔽式的石英炉管，一般情况下都无需经常清洗，特别是采用"低温原子化技术"，基本上克服了某些被测元素的记忆效应。

② 测定未知高含量汞时使石英管受到严重的污染，必须将石英管拆下用硝酸溶液浸泡24h，再用去离子水清洗干净、晾干后才能使用。

③ 清洗后屏蔽式的石英管，在安装过程中应注意载气和屏蔽气与两根支管的连接位置不能接错。

④ 更换石英炉原子化器点火电炉丝时，必须采用原生产厂的配件，用户不能采用自行从市场购买的电炉丝任意更换，因为生产厂的电炉丝的材料与阻值有严格的规定。

（6）气路系统

① 阀式气路控制模块由多个电磁阀阵列所构成，每个电磁阀所控制流量均为确定值，通过电磁阀的不同组合可得到不同的流量。气路控制模块还具有稳压和低限压力检测能力。因此，无论是阀式气路控制模块，还是转子流量计，调节流量的阀芯都是非常精细的，容易发生固体微粒堵塞的现象。所以在仪器使用过程中，一定要保证气体入口以及气体管道的清洁，防止有灰尘堵塞气路。

② 为了防止有灰尘堵塞气路，目前有些厂家的仪器在气源出口或仪器气体入口，设有过滤装置，因此就要求使用者定期清洗或更换过滤网。

③ 使用氩气钢瓶作气源，应注意必须选择高纯度的氩气，一般纯度较低的氩气往往在瓶底有金属碎屑残存，有可能被带出堵塞气路，因此当瓶内氩气的压力很低时应停止使用。

④ 在仪器使用过程中，应严格按照操作规程操作，要先开氩气然后进行测试，以防止液体倒灌，测试完毕应及时排空管道内残留的液体，最后关闭氩气，避免酸液回流腐蚀气路。

⑤ 仪器使用多年以后，出厂时设定的气路流量有可能发生变化，可使用标准流量计对气路流量进行验证，如发现流量有较大变化时，应请生产厂家的专业人员进行维修，校准后才能使用。

（7）检测系统

光电倍增管一般置于屏蔽罩内，与入射透镜构成一体，且具有较好的密闭性，因此很少有可能进入灰尘。使用寿命很长，一般情况下可使十年以上都不易损坏，也较少见因使用时间较长而降低分析灵敏度。如无严重违规操作故障率极低。经检查确认光电倍增管受损，应由生产厂专业人员进行更换。

7.4　X射线荧光光谱分析

7.4.1　X射线荧光光谱基础

7.4.1.1　X射线的产生

X射线是由高能量粒子轰击原子所产生的电磁辐射，具有波、粒二象性，其波长为 $0.001 \sim 50nm$。对于化学分析来说，最感兴趣的X射线波段是在 $0.01 \sim 24nm$ 之间（ $0.01nm$ 附近代表超铀元素的K系谱线，$24nm$ 附近代表最轻元素Li的K系谱线）。

有三种办法可产生X射线：①用高能电子束轰击金属靶；②用初级X射线束照射物质以产生次级荧光X射线束；③放射源在衰变过程放出X射线。

由X射线管产生的射线叫作初级X射线。X射线管由一个热阴极（钨丝）和金属靶材料（Cu、Fe、Cr、Mo等重金属）制成的阳极所组成，管内抽真空到 $1.3 \times 10^{-4}Pa$。在两极之间加上几万伏的高压，加热阴极产生的电子被加速向阳极靶上撞击，此时电子的运动被突然停止，电子的能量大部分变成热能，小部分转变为波长在 $0.1nm$ 左右连续变化的电磁波，即连续X射线。当电子的能量大到某一数值时（所加电压大于或等于X射线管的阳极材料激发电势），不仅可以得到连续X射线，而且可以得到强度很高的单色X射线，即特征X射线。特征X射线光谱以叠加在连续谱之上的形式出现。

7.4.1.2　X射线荧光光谱法

X射线荧光光谱分析（X-ray fluorescence analysis，XRFA）是一种非破坏性的仪器分析方法。它是由X射线管发出的一次X射线激发样品，使样品所含元素辐射出特征X射线荧光，也就是二次X射线。根据谱线的波长和强度，对被测样品中元素进行定性和定量分析。X射线荧光光谱法也被称为X射线二次发射光谱法。

X射线荧光分析是对各种各样材料进行元素测定的一种现代化的通用分析方法，根据不同应用要求，其分析浓度范围可从 $0.1\mu g/g$ 高至 100%。

XRF分析具有以下的特点：

① 测定精度高，重现性好，分析速度快；

② 样品制备简单，试样形态多样性，可以对固体样品进行分析，也可以对溶液样品进行分析；

③ 测定时的非破坏性，即不需将样品分解或加工即可实现测定；

④ 测量的元素范围广，包括周期表中从 $F \sim U$ 的所有元素，一些较先进的X射线荧光分析仪器还可测定铍、硼、碳等超轻元素；

⑤ 对于有些用湿化学法不可靠的元素及非金属样品的分析尤其有用；

⑥ 在主要组分分析中，X 射线荧光法可与湿化学技术的精度相媲美，但在痕量分析中，它很难检测出低于 0.01% 的元素，在绝对量中的极限大约是 10ng。

现代 XRF 已发展成许多分支，除常规的波长色散 XRF（WDXRF）和能量色散 XRF（EDXRF）外，尚有全反射 XRF（TXRF）、同步辐射 XRF（SXRF）、偏振 XRF、粒子激发 XRF（PIXE）等。重点介绍波长色散和能量色散两种射线荧光光谱技术。

7.4.2　波长色散 X 射线荧光光谱分析

波长色散 X 射线荧光光谱法（wave disperse X ray fluorescence，WDXRF），以 X 射线管作为初级射线源，样品中元素的内部电子被高强度的 X 射线激发，产生代表各元素特征的 X 荧光。这种包含多种波长的 X 射线荧光经分光后成为各条独立的光谱线，只要测出这些谱线的波长，即可进行定性分析。测得谱线的强度，并与已知的标样强度进行比较，即可进行定量分析。

WDXRF 和 EDXRF 在定性、定量分析的原理、制样技术及应用等许多方面有共同之处。不同之点在于 WDXRF 是用分析晶体作为分光装置，按照波长顺序进行分离，而 EDXRF 是以脉冲高度分析器作为分光装置，按照光子能量的大小进行分离。WDXRF 是目前应用得最广泛的一种分析方法。

7.4.3　波长色散 X 射线荧光光谱仪

用 X 射线照射试样时，试样可以被激发出各种波长的荧光 X 射线，需要把混合的 X 射线按波长（或能量）分开，分别测量不同波长（或能量）的 X 射线的强度，以进行定性和定量分析，为此使用的仪器叫 X 射线荧光光谱仪。由于 X 射线具有一定波长，同时又有一定能量，因此，X 射线荧光光谱仪有两种基本类型：波长色散型和能量色散型（energy disperse X ray fluorescence，EDXRF）。波长色散型 X 射线荧光光谱仪示意图见图 7-36。

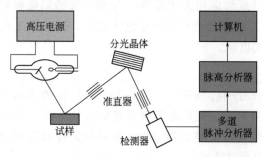

图 7-36　波长色散型 X 射线荧光光谱仪示意图

在波长色散光谱仪中，样品发出的各种波长的荧光 X 射线，在到达探测器之前，已由分光晶体按其波长大小在空间散开。因此，原则上说，探测器每次只接收一种波长。在 0.02～1.5nm 波段内，单晶是一种最有效的色散器，配合单道脉冲高度分析器，可以成功地消除高级衍射的干扰。对波长大于 1.5nm 的超软 X 射线，则往往采用面间距 d 较大的金属有机化合物晶体或人造多层薄膜晶体作为波长色散的晶体。

波长色散 X 射线荧光光谱法，以 X 射线管作为初级射线源，样品中元素的内部电子被高强度的 X 射线激发，产生代表各元素特征的 X 荧光。这种包含多种波长的 X 荧光经分光后成为各条独立的光谱线，只要测出这些谱线的波长，即可进行定性分析。测得谱线的强度，并与已知的标样强度进行比较，即可进行定量分析。

波长色散 X 射线荧光光谱仪分为扫描型（通用型）、多元素同时分析（多道）型谱仪和扫描型与固定元素通道组合在一起的组合型三大类。通用型波长色散 X 射线荧光光谱仪，是对试样中待测元素逐一进行角度扫描顺序进行测定的；多元素同时分析型波长色散 X 射线荧光光谱仪是每个元素预先配置一个固定的道，同时分析多个元素；所谓组合型有两种，一种以通用型为主，为节省测量时间对经常要测定的轻元素如硼或痕量元素使用固定通道，另一种是使用多元素同时分析型谱仪的同时，加一扫描道，为测定其他元素提供方便。但到了 20 世纪 90 年代中期，设计了一种新型波长色散 X 射线荧光光谱仪，每一待测的轻元素有一固定的分光晶体，但探测器则几个元素共享，这与早先固定道仪器每一待测元素有一测角仪（含准直器、晶体和探测器）是有很大差异的。

（1）顺序扫描型 X 射线荧光光谱仪

实际上是一种自动单道光谱仪。仪器可依编制的程序，按两种顺序方式操作。一种是试样顺序方式（常用型），即在测量了一个样品中全部分析元素后，再测量下一个样品；另一种是元素顺序方式，即测量所有试样的同一元素后，再测量各个试样中的下一个元素。另外，仪器还按程序自动地选择元素和适合于每条分析线的最佳分析条件，因而大大加速了日常的分析工作。顺序式平面晶体 X 射线荧光光谱仪的示意图见图 7-37。

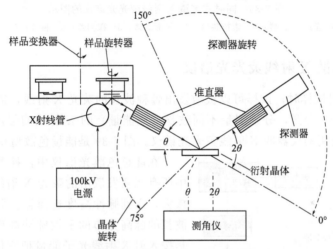

图 7-37　顺序式平面晶体 X 射线荧光光谱仪的示意图

（2）多道同时型 X 射线荧光光谱仪

实际上由许多单道光谱仪构成。每个通道有自己的准直器、晶体、探测器、计数定标或积分器，但样品和读数显示系统是公用的。每个通道的元件可按特定元素的最佳条件进行选择，能同时分析试样中的所有元素，节省分析时间和降低成本。同时式光谱仪适用于分析大量的同类样品，尤其适用于生产控制分析（图 7-38）。

7.4.4　能量色散 X 射线荧光光谱分析

能量色散 X 荧光光谱法（EDXRF）不采用晶体分光系统，而是利用半导体检测器的高分辨率并配以多道脉冲分析器，直接测量试样 X 射线荧光的能量，使仪器的结构小型化、轻便化。

与波长色散法相比，能量色散法的主要优点是：由于无需分光系统，检测器的位置可紧挨样品；检测灵敏度可提高 2～3 个数量级；也不存在高次衍射谱线的干扰；可以一次同时测定样品中几乎所有的元素，分析物件不受限制；仪器操作简便，分析速度快，适合现场分析。目前主要的不足之处是对轻元素还不能使相邻元素的 K_a 谱线完全分开，有的检测器必须在液氮低温下保存和使用，连续光谱构成的背景较大。

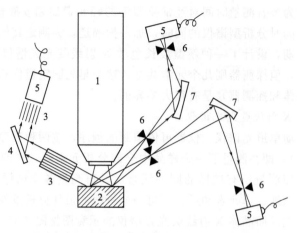

图 7-38　同时式多道 X 射线荧光光谱仪的图示

1—X 射线管；2—试样；3—索拉狭缝；4—平面晶体；5—探测器；6—狭缝；7—弯曲晶体

7.4.5　能量色散 X 射线荧光光谱仪

用 X 射线照射试样时，试样可以被激发出各种波长的荧光 X 射线，需要把混合的 X 射线按波长（或能量）分开，分别测量不同波长（或能量）的 X 射线的强度，以进行定性和定量分析，为此使用的仪器叫 X 射线荧光光谱仪。图 7-39 是能量色散型仪器的示意图。

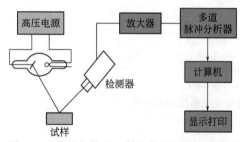

图 7-39　能量色散型 X 射线荧光光谱仪示意图

在能量色散光谱仪中，探测器同时接收样品中所有元素发散出的荧光 X 射线，然后输出，经放大，送到脉冲高度选择器。脉高选择器按各个波长的脉高分布的平均脉冲高度加以分离，也就是按入射 X 射线光子能量把它们分开。适当地设置基线和窗口，可以单独地测量每种能量分析线的脉冲分布，或适当地设置探测器电压和放大器增益，也可以把单个分析线的脉冲高度移到一个固定的窗宽之内。多道脉冲高度分析器可同时显示所有脉冲高度。

来自试样的 X 射线荧光依次被半导体检测器检测，得到一系列幅度与光子能量成正比的脉冲，经放大器放大后送到多道脉冲幅度分析器（1000 道以上）。按脉冲幅度的大小分别统计脉冲数，脉冲幅度可以用光子的能量来标度，从而得到强度随光子能量分布的曲线，即能谱图。

能量色散多道 X 射线荧光光谱仪包括高功率或低功率 X 射线管、二次发射体及放射性同位素、电子、质子或其他离子激发源、样品展示系统、Si（Li）探测器、多道分析器、计算机和记忆单元、打印显示单元等。仪器可自动按程序把每个试样送到分析位置，累积能谱，处理数据，打印结果。这种仪器用处很广，可用于测定 Na 以上的所有元素，分析方便迅速。

7.4.6　其他 X 射线荧光光谱分析技术

7.4.6.1　全反射 X 荧光分析

当 X 射线以很小的掠射角入射到一光滑的反射体平面时，就会发生全反射。全反射 X

荧光光谱法（total reflection X ray fluorescence，TRXRF）的激发与普通 XRF 不同，普通 XRF 通常是以入射角大约 45°的初级 X 射线激发样品，而 TRXRF 是以入射角＜0.1°的初级 X 射线激发样品。由于入射 X 射线从分析样品的光滑反射体表面的极浅层（约 $10\mu m$）发生反射，入射线几乎不被吸收，也不能进入样品，所以可以大大降低本来对痕量分析不利的 X 射线背景。样品置于载体上，初级 X 射线以全反射经过载体表面，激发出来的 X 射线荧光用 Si（Li）探测器检测。图 7-40 为常规 XRF（a）和 TXRF（b）的仪器配制，对比显示了这两种仪器激发和探测单元几何结构的不同。

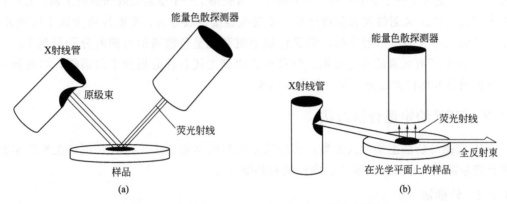

图 7-40　常规 XRF（a）和 TXRF（b）的仪器配制

全反射 X 射线荧光光谱仪的激发源主要有高功率的旋转阳极 X 射线管、普通 X 射线荧光用的 X 射线管、同步辐射光源，甚至有放射性核素源。探测器通常用 Si（Li）半导体探测器以及在能量色散 X 射线荧光光谱仪中的有关电子学线路和数据处理系统。

全反射 X 射线荧光光谱分析是一种灵敏度很高而操作又相当简便的分析技术，它具有如下特点：①灵敏度高，检出限低至 $10^{-9}\sim 10^{-12}$；②样品用量少，若测量 $10^{-6}g$ 水平的元素，取样量仅需微升级或微克级；③无基体效应，定量分析较简单；④液体试样制备简单，只需用一支微量移液管定量吸取微升级溶液滴于反射体上即可，即使溶液中含有悬浮物或微细颗粒也不必完全消化，只需加入内标元素与其混匀即可。

全反射 X 射线荧光光谱仪作为专业用仪器，成功地用于半导体硅片中表面污染分析、硅片上的超薄金属膜分析和硅片表面粗糙程度的测定等，是半导体工业中不可缺少的分析测试手段。此外，在环境、医药和生命科学中也获得广泛的应用。

7.4.6.2　同步辐射 X 荧光分析

同步辐射是由电子储存环中做相对圆周运动的电子发射出来的一种光辐射，其强度要比通常 X 射线管的强度高好几个数量级。用同步辐射源代替 X 射线管，作为 XRF 的一种新光源，可提高分析方法的灵敏度和准确度。采用同步辐射源（SR）的 XRF 称为 SXRF。SR 具有强度高、准直性好、背景低等独特的优点，引起分析家的极大兴趣。

7.4.6.3　偏振 X 射线荧光分析

用偏振 X 射线激发样品，可以显著地降低背景，提高峰背比。分析晶体可作单色器，同时也可作偏振器。要把晶体作为一个偏振的单色器，必须满足布拉格定律，即 $n\lambda = 2d\sin\theta$，同时又满足偏振条件，即 $\theta = 45°$。因此：

$$n\lambda = \sqrt{2}\,d \tag{7-23}$$

在偏振 X 荧光光谱装置中，X 射线源和作偏振器的单晶是可以更换的。样品置于样品支座上，探测器必须与激发样品的偏振 X 射线方向垂直，这样才没有散射辐射进入探测器中，只探测样品的特征辐射。分析低 Z（原子序数）元素用 Si（Li）探测器，分析高 Z 元素用 Ge（Li）探测器。

7.4.6.4 多核 X 射线分析

多核 X 射线分析技术，整合 WDXRF、EDXRF 和 X 衍射（XRD）技术于同一平台，使 X 射线光谱技术进入了一个新的里程，使分析工作者获得了一个全新高效的分析工具。在一台仪器上可实现扫描式 X 射线波长色散分析，X 射线能量色散分析，X 射线聚焦微小区域分析，专用游离氧化钙 X 射线衍射分析。波长色散通道和能量色散通道可同时分别得到 Be～Am 和 Na～Am 的所有元素的光谱数据。软件可以得到上述各种分析技术的谱图，可对同一样品得到由波谱和能谱同时分析统一的定量结果。

7.4.7 XRF 的定量分析方法

XRF 定量分析法主要有两大类：实验校正法和数学校正法。实验校正法主要以实验曲线进行定量测定，可分为外标法、内标法和其他方法。

7.4.7.1 外标法

该法是以试样中分析元素的分析线荧光强度与外部标准样品中已知含量的元素的同一谱线强度比较后来校正的或求出未知试样中分析元素的含量的方法。其中外部标准可以根据试样的特性，采用人工配制标样或经其他化学方法准确测定的和试样性质相似的样品来作标准样品。该法适用于试样基体变化不大的情况，因此，一些溶液及硼酸盐熔融的玻璃样片适用于此法。

（1）直接测定校正法

它是利用外部标准直接测定试样中分析元素的含量的最简单的方法。但它对分析条件的要求比较严格。试样中分析元素的含量范围变化较窄，基体成分变化与分析元素含量和分析线净强度之间呈圆滑单值曲线时才是正确的。直接测定时，与经验系数法相结合来校正基体效应，可获得较好的精度。

（2）稀释法

它是外标法中的常用方法。对于一个无限厚试样来说，在给定的分析元素及仪器条件下，分析线强度 $I_i = Kc_A / \overline{\mu_m}$，在 I_i-c_A 工作曲线中，斜率的变化取决于分母的联合质量衰减系数 $\overline{\mu_m}$。对于组成变化范围较大的试样来说，为了使 I_i-c_A 有较好的线性关系或保持为一条直线，必须根据测定的精度要求，使 $\overline{\mu_m}$ 值的相对变化降到 5% 以下。稀释法就是向试样中加入一定量的稀释剂来使 $\overline{\mu_m}$ 值趋于稳定。加入的稀释剂可以是大量的轻吸收剂，如碳粉、淀粉、石英粉末及其他有机类粉末。也可以用重吸收剂，如碳酸钡、氧化镧、氧化铁等。不管用何种稀释剂，为了使曲线斜率成为线性，稀释剂在 $\overline{\mu_m}$ 值中应占 95% 以上。

选用稀释剂时，应遵循：①使试样的 $\overline{\mu_m}$ 值通过稀释能稳定在一个水平上；②稀释剂中元素不应对分析线产生增强效应和谱线干扰；③稀释后的试样要保证分析元素有足够的强度，即分析元素的灵敏度不能有太大的降低；④在固体粉末中，由于稀释而引起的样品不均匀性要力求减少到最低限度，同时还应注意粒度的影响。

（3）薄样法

它是当一个均匀样品的厚度薄至临界厚度以下时，它的吸收-增强效应基本消失。也就是说，无论是对初级射线束还是荧光射线束，在穿透该薄膜厚度时，每个原子的吸收和激发与其他原子基本上无关。因此，对于一定厚度的薄膜试样来说，分析线的强度与分析元素的浓度成正比；对于成分恒定的薄膜来说，分析线的强度与薄膜的厚度成正比。就是说，当分析含有一种以上元素的薄样时，吸收-增强效应不必考虑，这也正是对已知成分的薄膜厚度测定方法的依据。

7.4.7.2 内标法

该法是向未知样品中加入一定比例且荧光特性与分析元素相似的某种元素，通过测定它们的强度比来进行定量分析。为了实现内标元素起补偿基体及第三元素影响的作用，内标元素的选择应具备以下条件：

① 原始样品中不能有加入的内标元素。

② 内标元素必须与分析线波长接近，使色散发生在同一反射级上。

③ 必须考虑样品组分对分析元素和对内标及基体元素之间可能发生的吸收和增强效应。

④ 分析线应尽量选择在不受化学态影响而由最内部能级激发后产生的谱线。

鉴于以上各点，原子序数为 Z 的分析元素，其内标元素一般选择 $Z\pm1$ 或 $Z\pm2$ 为最好。有时亦可选用 L-系线作 K-系线分析分析元素的内标。

在 XRF 分析中，本底内标法、靶线内标法和靶线康普顿散射线内标法也得到普遍应用。这些方法能有效地补偿元素间的吸收-增强效应以及长时间的仪器漂移而引起的测量误差。内标法同时还能部分补偿粉末样品的粒度变化而引起的误差。

7.4.7.3 增量法

该法是在试样内加入已知含量的分析元素 Δc_i，通过插值或计算方法利用加入前后荧光强度 I_1 和 I_2 来求得未知含量 c_i 值。必须注意，这种加入后含量范围同强度的关系必须在线性情况下方可应用。因此，该法一般限制在较低含量范围（通常在百分之几）内应用，当含量较高时，有时可作二次增量，以检查校正曲线是否仍保持线性关系。此法特别适用于复杂基体中单一元素的测量。其含量可用下式求出：

$$c_i = \frac{I_1}{I_2 - I_1} \times \Delta c_i \tag{7-24}$$

7.4.7.4 数学校正法

数学校正法是用数学方法处理测量数据并校正元素间的基体效应。数学校正法可分为经验系数法和基本参数法两类。

（1）经验系数法

具有简便、快速、准确的特点，近来市售 X 射线光谱仪普遍带有联机软件程序，这样更利于推广使用。常用的经验系数法有三元法、回归法和理论计算法，用来确定共存元素的影响系数 α，其中回归法应用得最多。应用经验系数法，已经建立了多种形式的校正方程。在经验系数法中，对于含量与强度关系的方程组，在确定了相互作用系数之后，都可以运用代数的方法，直接求出试样中各元素含量。

（2）基本参数法

是根据分析线的测量强度和三种基本参数（初级谱线强度分布、质量吸收系数、荧光产额）的数值，计算分析元素浓度的一种方法。根据基本激发方程推导出基本参数方程，测出试样和标样特征分析线强度，用迭代法计算出试样中分析元素的浓度。基本参数法的参数方程和计算都非常复杂，但目前上市的 X 射线光谱仪都备有基本参数法计算程序，只需调用程序即可。

7.4.8　X 射线荧光光谱分析样品的制备

在 XRF 分析中，试样的制备要求较高，因为 XRF 分析基本上是一种相对分析法，要求将标样和被测试样制备成相似的、可以重现的状态，所以被制备的样品应具备下列条件：①试样有足够的代表性。②各个试样之间、试样与标样之间尽可能有一致的物理性质和近似的化学组成；③固体粉末具有适宜的粒度和密度，块样表面的光洁度应有一个再现性好的表面。总之，要求制样手续简单、快速、成本低、重现性好，且尽可能减少制样引入的误差。

7.4.8.1　车削、切割、磨铣和抛光

金属试样及分布均匀的合金样品等，可用一般的机加工方法制成一定直径的金属圆片样品。如车床车制、飞轮切割等。如表面比较粗糙，通常再进行研磨抛光。但必须指出，抛光条纹会引起所谓的"屏蔽效应"，尤其当长波辐射线与磨痕垂直时，强度降低严重。为此，测量时应采取试样自转方式，消除试样取向的影响。但屏蔽效应仍然存在，因此，要求试样磨痕大小一致，且和标准试样相似，以抵消影响。对于某些韧性的多相合金，要防止磨料颗粒被污染。

7.4.8.2　研磨-压片法

粉末试样通常采用研磨法使其达到一定的粒度后，再压制成圆形样片。有时需要添加稀释剂或黏结剂，用研磨手段使样品均匀。采用粉末试样压片测定，试样粒度一般小于0.075mm，当分析元素的波长大于 0.25nm 时，则粒度要求在 0.044～0.037mm 之间或更细。在一般情况下，物料可在圆盘振动或棒磨机中研磨。

研磨需选择合适的磨具，以减少样品的污染。常用的磨具由玛瑙、碳化硼、碳化硅、碳化钨、不锈钢、高硬度的合金钢等制成。

压片操作容易掌握，重现性良好、表面平整且便于长期保存。目前在 XRF 分析中专用的电动压样机，可预选加压压力及达到预选压力后保持一定时间，以克服粉末样品存在的弹性，使压片密度相近，得到重现性良好的样片。

在粉末压片中，常用的黏结剂有淀粉、硼酸、甲基纤维素、聚乙烯粉末、石墨、石蜡粉等。

为了得到一个好的压片，磨具需要有很高的光洁度，一般用工具钢或磨具钢制成。

最常用压片的方法有：

① 粉末直接压片。这种方法要求试样量比较多，且具有一定的黏结性，试样可直接倒入钢模中加压成形。

② 金属环保护压片法。它是把粉末样品直接压入金属环中，对样片起保护作用。

③ 嵌镶压片法。为了制成更为坚固的样片，采用黏结剂做成基底和边套，能更好地保护被测试样不受破损。嵌镶用的黏结剂通常有硼酸、甲基纤维素或低压聚乙烯粉末。

7.4.8.3　转化成玻璃体的熔融制样技术

用研磨-压片制样方法不能完全消除颗粒度的影响和矿物效应。而熔融技术能使试样熔融分解并制成均匀的玻璃体，从而克服了上述影响。同时这种技术可以进行适当比例的稀

释，以降低基体效应，还可以同时加入内标元素一起熔融。根据需要可以比较容易地制备成分合适的标准样品，且比较容易保存。

熔融技术是灵活多变的，试样和熔剂间的比例、在熔剂中是否加入玻璃化试剂、脱模剂、氧化剂等，这要取决于试样的成分。

比较常用的熔剂有四硼酸钠（熔点740℃）、四硼酸锂（熔点930℃）、偏硼酸锂（熔点850℃）。比较常用的氧化剂有硝酸锂、硝酸钾、硝酸钠、二氧化钡、二氧化铈等，它们可以防止铂-金合金坩埚的损坏。比较常用的脱模剂有碘化钾、碘化铵、溴化钠、氟化锂、溴水和碘氢酸等。它们能使熔融物的玻璃体从坩埚中完全转移到铸模中，或使玻璃体与坩埚完全剥离，而不需清洗铂-金坩埚。但脱模剂不宜加入太多，否则使玻璃体产生结晶而破裂，或浇铸时形成球状，妨碍展平。常用的玻璃化熔剂有二氧化硅、氧化铝、二氧化锗。加入氟化钾、氟化钠、氟化锂等，能增加玻璃体的透明度及熔体的流动性。一般说来，增加氧化物，均能改善玻璃体的强度、稳定性、外观和抗湿性。

XRF用玻璃圆片的制样步骤有：

① 坩埚一般由非浸润性的合金制成，有85％Pt-5％Au-10％Rh，最常用的为95％Pt-5％Au的合金坩埚和浇铸盘。

② 通常制备直径为30mm的玻璃圆片，总质量（试样＋熔剂）以6～7g为宜。将磨细到0.075mm的试样和熔剂按预定质量比称量、混匀，转入熔融坩埚（如Pt-Au坩埚），置于马弗炉或高频感应炉中或丙烷气喷灯上，在950～1100℃熔融10min左右，中间应摇动1～2次。如要浇铸，应倒入预热的铸模内，冷却后取出圆片。该片一般可以直接用作测定，如遇试样面不平整或有裂痕，再熔一次，不平整可作抛光处理。

7.4.8.4 溶液法

对不均匀样品、不规则金属、合金、矿石和某些固体样品以及标样难以制备的试样来说，溶液法制样是一种简便而有效的方法。它完全消除了粉末样品、固体试样的不均匀性和粒度及矿物效应的影响。由于溶剂的稀释作用，试样与标样的组成就更为相似，大大地减轻了试样的吸收和增强效应。由于在溶液中易加入内标元素，能迅速使其分布均匀，因此，采用溶液内标法、稀释法、增量法等尤为简便、快速。但是当直接用溶液进行测定时，由于不能抽真空，且充氦的成本又昂贵，所以轻元素及低含量成分的测定受到限制。溶液所挥发的酸雾对仪器和分光晶体具有腐蚀性，使用时要小心防范。上照式X射线仪测定溶液时，液体因受热产生上升的气泡会影响测定的精度，应尽可能缩短测量的时间，以避免气泡的产生。

为避免溶液法不能抽真空以及可能存在的溶液泄漏的危险，也有报道采用凝胶法来制样，取得了较好的效果。

7.4.8.5 薄样技术

用薄样法测定时，分析线强度仅仅同分析元素浓度成正比，而与吸收和增强效应及样品组分无关，常用的方法如下：

① 拨样法。称取少量研磨得很细的粉末样品于铝盘中，加几滴乙醇后用针拨平，待乙醇干后即可测定。

② 抽滤法。称取少量研磨得很细的粉末样品，放入小烧杯中，加入乙醇，将试样搅成悬浮状，倒入特制的抽滤漏斗中，抽到定量滤纸上，干后进行测定。

③ 滤纸片法。一般采用成形滤纸点滴法（即四蜡脚滤纸片法）。将滤纸制成内外两个同

心圆，内外圆之间有 1mm 的缝隙，中间有 2mm 宽的四个支持桥脚，四脚被石蜡浸透，防止内圆中试液向外扩散。用微量移液管取 $20\sim100\mu L$ 试液点滴在岛状圆中心，自然干燥后进行 XRF 测定。这样就大大地改善了用滤纸片法制样的重现性。

④ 薄膜法。薄膜法由于背景低，可以降低检出限。在 $6\mu m$ 的 Mylar 膜上，先滴上几滴赛璐珞-丙酮溶液，自然晾干，使其表面形成沟陷状态，再将 1mL 稀土溶液（稀土总量小于 1mg）滴到 $\phi 30mm$ 的薄膜中部，任其扩散，以便于试液较牢固地附着其上。

此外，用离子交换纸制成薄样试样可供 XRF 测定，其效果也较好。

7.4.9　手持式 XRF 分析仪

手持式 X 荧光光谱仪是集中了光电子、微电子、半导体和计算机等多项技术而开发出的用于化学元素成分定量分析、定性检测的智能分析检测仪器。具有快速、准确、无损、方便的特点，无须烦琐的样品前处理，对分析样品或产品完全无损害等特点受到工业现场分析的青睐。应用于合金、矿样、地质、贵金属、废旧金属回收分析、土壤检测、电子消费品、玩具安全等的环保检测，特别用于"RoHS"（欧盟颁布的《关于电子电气设备中限制使用某些有害物质的指令》）检测等领域。智能化的仪器很好地解决了非化学分析专业领域里对专业人员的知识要求，使应用更便捷，使用人员范围更普及。随着新市场的出现及新应用的多样化，手持式 XRF 仪器也正在逐渐向高稳定性、多功能性及高性能化三个方向发展。

目前的手持式 XRF 分析仪基本上都是能量色散型 X 射线荧光光谱仪。EDXRF 放弃了体积庞大、价格昂贵的色散以及测角仪系统，取而代之地用半导体直接对样品的 X 荧光进行能量分辨。这样，探测器可以置于距离样品很近的位置，使其几何效率提高 $2\sim3$ 个数量级。由于没有了晶体色散系统，使用低功率激发源，使其价格大大降低，减轻了重量，提高了便携性，可以广泛地用在现场或在线快速测定。当然，所有这些是以牺牲一些性能为代价的：比如 EDXRF 的检出限虽然在目前的环境检测中已经能够满足要求，但是比 WDXRF 高出很多，分辨率也比 WDXRF 低一个数量级。然而在现场或在线分析方面以及适时获取多种数据方面，还难以用其他的分析方法代替。手持式 XRF 分析仪就是一种重量轻、体积小、便于携带、可在现场进行检测的 EDXRF 分析仪。

激发源：手持式 XRF 分析仪的激发源主要为小型 X 射线管，耗能很低，一般仅为 $40kV/50\sim80\mu A$，因此可以用锂电池供电，一般一块锂电池可连续工作 4h，充电也极为方便。

探测器：手持式 XRF 分析仪的探测器目前主要有以下类型：

Si-PIN 探测器，即纯硅探测器，配备电子制冷器，无须液氮冷却，价格较低。但该探测器不仅在技术上而且在性能上要比硅漂移探测器差整整一代。

Si（Li）探测器，也叫硅锂漂移探测器，其特点是灵敏层厚度可以做得相当大（$3\sim10mm$），因而探测器电容也比较小，探测效率高，但是必须在液氮冷却下保存和工作，一般说来其能量分辨、高计数率性能、使用方便性、体积和价格等性能都不如硅漂移探测器。

硅漂移探测器（SDD）的性能极为优异，噪声很低，并且可以快速地读出电子信号，是探测光、X 射线和带电粒子的最佳选择，其能量分辨本领和高计数率性能是所有半导体探测器中最好的，最好的能量分辨已经达到 127eV，远远好于 Si-PIN 探测器，也明显好于传统的 Si（Li）探测器，能谱采集的速度也比一般 Si（Li）探测器快 $5\sim10$ 倍，而且不需要液氮，是 Si-PIN 探测器和 Si（Li）探测器的换代产品。

测定元素范围：一般为 S～U 或 Mg～Th，可同时测定 25 种以上元素。

外观重量：手持式 XRF 分析仪体积小，最小的仅为 300mm×240mm×85mm，重量轻，一般仅有 1.3~1.8kg，外观小巧美观，便于携带，在金属废品库、野外、矿山等现场使用十分方便。

应用：手持式 XRF 分析仪在合金、矿物、环境、土壤和考古等领域都有广泛的应用。其主要应用行业有：废旧金属鉴别与分析，合金分类鉴定，RoHS 筛选分析/玩具铅检测，矿石勘探挖掘控制分析，土壤重金属检测等。

7.4.10 设备的维护与保养

7.4.10.1 X 射线管的使用与维护

X 射线管是仪器中较为昂贵又易损坏的部件，使用和保管中一定要注意：

① 避免碰撞。当射线管处于拆卸状态时，务必轻拿轻放。

② 不用手触摸 X 射线管窗口。Be 窗很薄，易损坏，氧化后的窗膜毒性很大。

③ 不宜采用低电压（<20kV）、高电流操作。因为在大电流的情况下，灯丝加热异常，有烧断的危险。在满足分析要求的情况下，尽可能使用较低电流，以延长 X 射线管的寿命；不宜经常关闭 X 射线管。

④ 新的或放置了较长时间（2 周以上）的 X 射线管，开机后必须进行老化处理。即从低电压低电流慢速交叉，每隔一定时间逐步升电压和电流到需要的工作状态，现代仪器都带有自动老化程序。

⑤ 射线管高压电缆头上的高压绝缘油脂需要定时更新，更新前必须把陈油脂全部擦干净。对传统高压变压器，X 射线管电缆头的变压器端浸在耐高压绝缘油内，定期检查油位，如低于允许范围需补充。

⑥ 存放 X 射线管时要把冷水抽干，窗口盖帽。尽量在干燥、真空条件下保存，存储温度不宜过低。

7.4.10.2 分光晶体的维护与修复

① 恒温。分光晶体对温度的变化较敏感，不同环境温度下，晶体面间距值的变化会引起谱线的位移，在实际工作中，要求晶体室温的变化在 ±0.5℃ 内，有些仪器对晶体局部控温在 ±0.1℃。

② 防潮。分光晶体要定期检查。一些晶体如 TAP、NaCl、LiF、PET，很容易吸水潮解，不用时应存放在干燥器中；晶体潮解后，X 射线强度会下降，分辨率也会降低。TAP、PET 等晶体发生潮解或劣化后表面产生白浊覆盖物。经过特殊的方法进行表面擦拭和研磨常能恢复原来的状态。但如果潮解后产生明显的龟裂纹就不宜做此处理。多层晶体有时也会发生吸潮现象，必须注意使用环境，尽可能保证它们在干燥无水汽的环境中。

分光室除了恒温，最好保持在真空状态；含吸附水的样品在分析前必须预先烘干。酸气等亦能劣化晶体，散发腐蚀性气体和低温时易挥发或升华的样品也不能直接放入真空室。

7.4.10.3 流气式正比计数器芯线的污染与清洗

流气正比计数器经长时间使用，其芯线（阳极丝）要被污染，造成能量分辨率下降，这时就必须清扫阳极丝，阳极丝的污染有由气体中的杂质带来的和淬灭气体（如 P10 气体中的甲烷）分解造成的两种情况。

阳极丝污染后约一个月就开始引起分辨率下降，三个月就会给分析带来误差。最新的仪器中都设有阳极丝清洁结构（阳极丝清洁器），这种结构可以在真空光路下很快地去除阳极丝的污染，使之恢复原有性能，得以稳定地进行轻元素的分析。

没有阳极丝清洁器时，必须拆卸流气正比计数器，用溶剂进行清洗。当用溶剂清洗无效时必须更换阳极丝。

7.4.10.4 常见故障及处理

X射线荧光光谱仪由于科技含量高，自动控制复杂，通常维修一般要求维修人员具有一定的专业技术和维修经验，做到能解决一般的故障。

（1）外循环水故障及处理方法

此种情况一般出现在仪器使用一段时间后，可能的原因是过滤器内、阀门内有微小的杂物，水泵的效率有所变化，水管布置的不合理或安装时外水的压力（流量）调节的不够。

注意：外水除冷却内循环水外，还要冷却光谱室。当光谱室温度高时，需要冷却，此时如两路阀门在瞬间同时打开，当外水流量不够时，就会出现外循环水报警，严重时会关闭X射线管。

处理方法：

① 检查水管的布置是否有所不妥。

② 更换或清洁外循环水的过滤器；排空外循环水，重新注入新水。

③ 适当调大外循环水的压力。

④ 微调外循环水流量传感器。

（2）内循环水电导率增加（或电阻率下降）

可适当加入或彻底更换新水，加入的新水一定要保证纯净度；更换新树脂。

（3）更换P10气体

更换P10气体时，可以不关闭仪器，但必须注意调节减压阀的出口压力，不要调节得太快。出口压力为0.025MPa，更换P10气体后，必须做能量描迹。

（4）高压发生器过滤网的清洁和更换

根据实验室环境，一般一个月清洁一次，一年更换一块。

（5）分子泵加油与更换

分子泵长时间（＞10000h）运行后，要给分子泵加油。按如下步骤进行：

① 将光谱室"放"为大气；

② 打开仪器前面板，断开分子泵和油泵的连接管；

③ 将分子泵底部的圆形塞取下；

④ 将油加入相应的孔中；

⑤ 运行相应的程序，检验效果。

注意：在操作过程中不要拔去分子泵的电源连接插头，如果在拔去插头的情况下启动分子泵，将损坏分子泵驱动电路！如更换新的分子泵，除了注意管道连接（不能漏气），还必须在大气下运行5~10min，才能在真空下工作。

（6）自动进样器故障

一般是机械故障，拥有一定专业知识及维修经验的维修人员可根据情况按照控制部分、驱动单元、执行机构、检测器件等顺序逐步检查，分析故障原因。

7.4.10.5 分析结果异常检查步骤

分析结果出现异常时，可以按下列顺序逐步检查：

① 测量一个已经确认的金属控制样品，与仪器正常时的分析值比较是否有变化。

② 作漂移校正。与原始强度和上一次的强度比较，是否有突变现象。

③ 检查漂移校正后，分析结果是否正常了。

④ 作能谱扫描。观察峰值位置是否正确。顺便看一下计数率和能量分辨率与调试时数据相比是否有变化。

⑤ 位置扫描。观察峰值位置是否正确。顺便看一下峰值、背景和分辨率与调试时数据相比有无变化。

⑥ 作短期精度试验。

⑦ 如果不是仪器的原因，则可能是：a. 样品本身的原因；b. 谱线条件不合适；c. 对于其他电子元件故障的维修，一般需要有相当维修经验的专业技术人员来进行。

8 分子光谱分析

分子光谱是分子从一种能态改变到另一种能态时的吸收或发射光谱（可包括从紫外到远红外直至微波谱）。分子光谱与分子绕轴的转动、分子中原子在平衡位置的振动和分子内电子的跃迁相对应。在分子中，电子态的能量比振动态的能量大 $50\sim100$ 倍，而振动态的能量又比转动态的能量大 $50\sim100$ 倍。因此在分子的电子态之间的跃迁中，总是伴随着振动和转动跃迁，因而许多光谱线就密集在一起而形成分子光谱。因此，分子光谱又叫作带状光谱。

测量由分子光谱产生的反射、吸收或散射辐射的波长和强度而进行分析的方法，称为分子光谱分析法，如紫外-可见分光光度法（UV-Vis）、红外光谱法（IR）、分子荧光光谱法（MFS）、分子磷光光谱法（MPS）、核磁共振与顺磁共振波谱（N）等。

8.1　紫外-可见吸收光谱法

研究物质在紫外-可见光区的分子吸收光谱的分析方法称为紫外-可见分光光度法或紫外-可见吸光光度法（ultraviolet and visible spectrophotometry，UV-VIS）。紫外-可见吸收光谱主要产生于价电子在电子能级间的跃迁，所以它是研究物质电子光谱的分析方法。

吸光光度法是采用分光器（棱镜或光栅）获得纯度较高的单色光，是基于物质对单色光的选择性吸收测定物质组分的分析方法。

吸光光度法具有灵敏度高、准确度和稳定性较好、操作简便快速、适用范围广、所需仪器简单价廉等特点。

① 灵敏度高。用于微量组分的测定，测定浓度下限可达 $10^{-5}\sim10^{-6}$ mol/L。若将微量组分预先富集，灵敏度可提高 $1\sim2$ 个数量级。

② 准确度和稳定性较好。尽管准确度不及滴定分析法和重量分析法，但采用精密仪器测量，相对误差可至 $1\%\sim2\%$。

③ 操作简便快速。该法主要包括试样的溶解，被测组分的显色和吸光度的测量三部分，特别是近年来高灵敏度、高选择性的显色剂和掩蔽剂不断出现，一般可不经分离直接测定。

④ 适用范围广。吸光光度法应用广泛，该法不仅可以测定大多数无机离子，也能测定具有共轭双键的有机混合物；不仅能测定微量组分，也能测定含量较高的组分（示差分光光度法或光度滴定法）；不仅能进行成分分析，还能进行配合物组成及酸碱离解常数的测定。

⑤ 所需仪器简单价廉。所采用的分光光度计是各实验室广泛使用的仪器，且仪器购置、维修和维护成本低。

8.1.1 光谱吸收曲线与摩尔吸光系数

8.1.1.1 光谱吸收曲线

吸收定律描述物质吸收辐射的定量关系，它可以朗伯-比耳定律表达，其数学表示式为：

$$A = \lg \frac{I_0}{I_t} = \varepsilon bc \tag{8-1}$$

式中，A 为吸光度；I_0 为入射辐射强度；I_t 为透过辐射强度；b 为吸收层厚度，cm；c 为吸收物的摩尔浓度，mol/L；ε 为摩尔吸光系数，L/(mol·cm)。$\frac{I_0}{I_t}$ 为透射比，用 T 表示，若以百分数表示，则 $T\%$ 称百分透光率；而（$1-T\%$）称为百分吸收率。此定律应用于许多领域，适用于所有电磁辐射和所有吸收物质，广泛地应用于紫外-可见-红外光谱区吸收测量。实际应用时，研究吸收与物质浓度的关系更为重要，因而习惯上简称为比耳定律。式(8-1) 以下列条件为前提：①入射辐射为单色辐射（单一波长辐射）；②吸收过程中各物质无相互作用，但各物质的吸光度具有加和性；③辐射与物质的作用仅限于吸收过程，没有荧光、散射和光化学现象；④吸收物是一种均匀分布的连续体系。实际工作中，如偏离以上任一条件，吸光度与浓度（或吸收层厚度）的线性关系将受到影响，从而影响分析结果的准确度。

如图 8-1 所示，当波长和吸收光程一定时，透光率（%）对浓度作图，得到一指数关系曲线，但吸光度对浓度作图，则可得一直线。由此可见，引入吸光度这一概念，对于用分光光度法作组分的定量测定，就极为方便，也便于研究分光光度法的准确度和精密度。还应指出，对给定物质而言，其摩尔吸光系数随波长、溶剂和温度而改变，而与吸收物质的浓度和吸收池的光程无关。摩尔吸光系数直接用于比较已知分子量的不同物质的吸收，当物质的分子量未知时，如分离出新的化合物，则以 g/L 表示浓度为宜，这时以 a 代替 ε，a 称作比吸光系数。

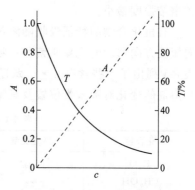

图 8-1　吸光度、透光率与浓度的
关系（波长和吸收光程一定）

8.1.1.2 摩尔吸光系数

摩尔吸光系数 ε_λ 是有色化合物的重要特性，也是鉴别光度法灵敏度的重要标志。它是吸光度对有色物质的物质的量浓度作图的曲线斜率：

$$\varepsilon_\lambda = \left(\frac{I_0}{I}\right) / (cl) = A/(cl) \tag{8-2}$$

式中，I_0 为入射光强度；I 为透过光强度；A 为吸光度；c 为溶液的浓度；l 为吸收皿厚度。

它与入射光的波长、溶液的性质和温度、仪器的质量有关，而与溶液的浓度和液层的厚度无关。在一定条件下它是一常数，可以表明有色溶液对某一特定波长光的吸收能力。ε 值越大，吸光光度法测定的灵敏度就越高。灵敏的光度法的摩尔吸光系数 ε 的值通常应在 $10^4 \sim 10^5$。

8.1.2 有机化合物的紫外-可见吸收光谱

在紫外和可见光区范围内，有机化合物的吸收带主要由 $\sigma \rightarrow \sigma^*$、$\pi \rightarrow \pi^*$、$n \rightarrow \sigma^*$、$n \rightarrow \pi^*$ 及电荷迁移跃迁产生。无机化合物的吸收带主要由电荷迁移和配位场跃迁（即 $d \rightarrow d$ 跃迁

和 f→f 跃迁）产生。各种跃迁情况如图 8-2 所示。

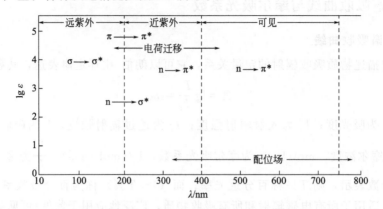

图 8-2　紫外与可见光谱区产生的吸收带类型

从图 8-2 可以看出，由于电子跃迁的类型不同，实现跃迁需要的能量不同，因而吸收光的波长范围也不相同，其中 σ→σ* 跃迁所需的能量最大，n→π* 及配位场跃迁所需能量最小，因此，它们的吸收带分别落在远紫外和可见光区。从图中纵坐标可知，π→π* 及电荷迁移跃迁产生的谱带强度最大，σ→σ*、n→π*、n→σ* 跃迁产生的谱带强度次之，配位跃迁的谱带强度最小。

有机化合物的特征吸收随溶剂和取代基的变化而改变，向长波方向移动的现象叫红移，向短波方向移动的现象叫紫移；吸收强度增加称为增色效应，吸收强度减弱称为减色效应，表 8-1 列出了一些含有 n→σ* 跃迁的饱和有机化合物的吸收带数据，从中可以看到，取代基和溶剂的变化对吸收带位置及其摩尔吸光系数的影响。

表 8-1　一些饱和有机化合物的紫外吸收带

化合物	跃迁类型	λ_{max}	ε_{max}	溶剂
H_2O	n→σ*	167	1480	蒸气态
CH_3OH	n→σ*	184	150	蒸气态
CH_3Cl	n→σ*	177	200	己烷
CH_3Br	n→σ*	173	200	己烷
CH_3I	n→σ*	202	264	庚烷
CH_3I		259	400	己烷
		257	378	庚烷
CH_3NH_2	n→σ*	174	2200	气态
$(CH_3)_2NH$	n→σ*	190.5	3300	气态
$(CH_3)_3N$	n→σ*	199	4000	气态
CH_3-S-CH_3	n→σ*	210	1020	乙醇
$C_2H_5-S-C_2H_5$	n→σ*	194	4600	己烷

8.1.2.1　生色团

生色团是指具有 π→π* 跃迁的不饱和基团，这类基团与不含非键电子的饱和基团成键后，使化合物的最大吸收位于 200nm 或 200nm 以上，摩尔吸光系数较大（一般不低于 5000）。简单的生色团由双键或三键组成，如：

$$\text{>C=C<}\qquad \text{>C=O}\qquad \text{—N=N—}\qquad \text{—C≡C—}\qquad \text{—C≡N}$$

有两个或更多孤立生色团（吸光基团）的分子吸收的光，波长与只含特定种类的一个生色团分子所吸收的基本相同。吸收强度与分子中存在的该类型生色团的数目成正比。

8.1.2.2 助色团

助色团可分为吸电子助色团和给电子助色团。吸电子助色团是一类极性基团，如硝基中氧的电负性比氮大，故氮氧键是强极性键，当—NO_2引入苯分子中，产生诱导效应和共轭效应，使苯环电子云密度向硝基方向移动，且环上各碳原子电子云密度分布不均，分子产生极性。给电子助色团是指带有未成键 p 电子的杂原子的基团，当它引入苯环中，产生 p-π 共轭作用，如氨基中的氮原子含有未成键的电子，它具有推电子性质，使电子移向苯环，同样使苯环分子中各碳原子电子云密度分布不均，分子产生偶极。因此，无论是吸电子基或给电子基，当它与共轭体系相连，都导致大键电子云流动性增大，分子中 $\pi \to \pi^*$ 跃迁的能级差减小，最大吸收向长波方向移动，颜色加深。

8.1.3 吸光光度法的测定方法

吸光光度法最常用的测定方依然是标准曲线法。此外，为提高吸光光度法的灵敏度和选择性，可选用以下几种方法：示差吸光光度法、双波长吸光光度法、导数吸光光度法、胶束增溶分光光度法等。

8.1.3.1 标准曲线法

以某一特定波长条件下由分光光度计分别测出测定一系列已知浓度 c 溶液（标准系列溶液）的吸光度 A，以吸光度 A 为纵坐标，相应的溶液浓度 c 为横坐标，在坐标纸上可作出一条吸光度与浓度成正比通过原点的直线，称作标准曲线。测得被测溶液的吸光度值 A'，即可在标准曲线上查出相应的浓度值 c'。

8.1.3.2 示差吸光光度法

示差吸光光度法是用一已知浓度的标准显色溶液与未知试样的显色溶液相比较，测量吸光度，从测得的吸光度求未知浓度。

设标准溶液的浓度为 c，试样溶液的浓度为 c_x，则

$$A_0 = -\lg \frac{I}{I_0} = abc$$

$$A_x = -\lg \frac{I_x}{I_0} = abc_x$$

$$\lg I_0 - \lg I + \lg I_x - \lg I_0 = abc - abc_x$$

$$\lg I_x - \lg I = ab(c - c_x)$$

$$A_{差} = -\lg(I_x/I) = ab(c - c_x) \tag{8-3}$$

以 $A_{差}$ 对 $(c - c_x)$ 作图，可以求出 $c - c_x$，c 为已知，则 c_x 可求得。

按所选择测量条件不同，示差吸光光度法有三种操作方法：

（1）高吸光度法

光电检测器未受光时，其透光度为零，光通过一个比试样溶液稍稀的参比溶液后照射到光电检测器上，调其透光度（T）为 100%，然后测量试样溶液的吸光度。此法适用于高含量测定。

（2）低吸光度法

先用空白溶液调透光度为 100%，然后用一个比试样溶液稍浓的参比溶液，调节透光度

为零，再测量试样溶液的吸光度。此法适用于痕量物质的测定。

（3）双参比法

选择两个组分相同而浓度不同的溶液作参比溶液（试样溶液浓度应介于两溶液浓度之间），调节仪器，使浓度较大的参比溶液的透光度为零，而浓度较小的参比溶液的透光度为100%，然后测量试样溶液的吸光度。

示差吸光光度法可以提高光度法的精确性，从而实现用吸光光度法对物质中某一含量较高或较低的组分的测定。例如，对高含量成分的测定，有时可达到与重量法、滴定法同等的精确度。其降低分析误差的主要依据就是对刻度标尺的放大作用。例如，假定用普通光度法测量参比溶液的透光度为10%，试样溶液的透光度为7%，仅相差3%。若用示差法，将参比溶液的透光度调到100%，则试样溶液的透光度为70%，两者之差增为30%，相当于放大读数标尺10倍。从而相对地增大了这种测量方法的精确性。

在示差吸光光度法的测量中，要求一个实际具有较高吸收的参比溶液的表观刻度读数为 $A=0$ 或 $T=100\%$，故所用的仪器必须具有出光狭缝可以调节、光度计灵敏度可以控制或光源强度可以改变等性能。

8.1.3.3 双波长吸光光度法

由于传统的单波长吸光光度测定法要求试液本身透明，不能出现混浊，因而当试液在测定过程中慢慢产生混浊时就无法正确测定。单波长测定法对于吸收峰相互重叠的组分或背景很深的试样，也难以得到正确的结果。此外，试样池和参比池之间不匹配，试液与参比液组成不一致均会给传统的单波长吸光光度法带来较大的误差。如果采用双波长技术，就可以从分析波长的信号中减去来自参比波长的信号，从而消除上述影响，提高方法的灵敏度和选择性，简化分析手续，扩大吸光光度法的应用范围。

双波长吸光光度法是将光源发射出来的光线，分别经过两个可以调节的单色器，得到两束具有不同波长（λ_1、λ_2）的单色光，利用斩光器使这两束光交替照射到同一吸收池，然后测量并记录它们之间吸光度的差值 ΔA。若使交替照射的两束单色光 λ_1、λ_2 强度都等于 I_0，则

$$-\lg(I_1/I_0)=A_{\lambda_1}=\varepsilon_{\lambda_1}bc+A_s$$
$$-\lg(I_2/I_0)=A_{\lambda_2}=\varepsilon_{\lambda_2}bc+A_s$$

A_s 为光散射或背景吸收，若 λ_1 和 λ_2 相距不远，A_s 可视为相等，则

$$-\lg(I_2/I_1)=A_{\lambda_2}-A_{\lambda_1}=\Delta A=(\varepsilon_{\lambda_2}-\varepsilon_{\lambda_1})bc \qquad (8\text{-}4)$$

上式说明，试样溶液在波长 λ_1 和 λ_2 处吸收的差值，与溶液中待测物质的浓度呈正比关系。这就是应用双波长吸光光度法进行测定的依据。

双波长测定法对混合组分分别定量时，一般是测量两个波长处的吸光度差，因此方法本身不能提高测定灵敏度。但是，用双波长法进行单组分测定时，如果选择显色剂的极大吸收波长和配合物的极大吸收波长作测定使用的波长对，由于形成配合物而降低的显色剂的吸收值直接加合在所形成的配合物的吸收上，使得配合物的表观摩尔吸光系数显著增加，这样使测定的灵敏度有所提高。

8.1.3.4 导数吸光光度法

在普通吸光光度法中，如果吸光度很小，就不能得到精度很好的信号。如果其他组分的吸收重叠在吸收峰上，测定就会受干扰。导数吸光光度法有可能克服这些困难。

其原理是因为吸光度和摩尔吸光系数为波长的函数，所以朗伯-比尔定律可以用下式表示：

$$A_\lambda = \varepsilon_\lambda cl$$

将上式对波长进行一次微分，得：

$$\frac{\mathrm{d}A_\lambda}{\mathrm{d}\lambda} = \frac{\mathrm{d}\varepsilon_\lambda}{\mathrm{d}\lambda} \times cl$$

若对波长进行 n 次微分，可得

$$\frac{\mathrm{d}^n A_\lambda}{\mathrm{d}\lambda^n} = \frac{\mathrm{d}^n \varepsilon_\lambda}{\mathrm{d}\lambda^n} \times cl \tag{8-5}$$

由此可知，吸光度对波长进行微分的微分值与吸收物质的浓度之间符合朗伯-比尔定律，因此它可以用于吸收物质的定量分析。

获得导数光谱的方法可分为光学微分法和电学微分法两类，后者已在多种类型的微机控制分光光度计中得到了应用，它通常可以获得一、二、三、四阶导数光谱。

导数光谱的测量有多种方法：

① 如果基线是平坦的，可以测量峰-谷之间的距离，这是最常用的方法。

② 在基线平坦的情况下，也可以测量峰-基线之间的距离，这时灵敏度虽有些降低，但精度较高。

③ 作两峰的连接线，测量两峰连线到谷的距离。只要基线是直线，不管它是否倾斜，总能得到正确的值。

④ 作峰顶与谷顶的切线，使其平行于基线，然后测量两平行线的距离。

关于导数吸光光度法提高灵敏度的规律，有人指出 n 阶（$n=1\sim4$）导数吸光光度法的灵敏度是按 $4.5n$ 倍增大的。

8.1.3.5 胶束增溶分光光度法

胶束增溶分光光度法，是利用表面活性剂胶束的增溶、增敏、增稳、褪色、析相等作用，以提高显色反应的灵敏度、对比度或选择性，改善显色反应条件，并在水相中直接进行光度测量的光度分析方法。简言之，胶束增溶分光光度法是指表面活性剂的存在提高了分光光度法测定灵敏度的一类方法。

8.1.4 吸光光度法条件的选择

8.1.4.1 显色条件的选择

选择反应条件，目的是使待测组分在所选择的反应条件下，能有效地转变为适于光度测定的化合物。

（1）显色剂的用量

为保证显色反应进行完全，一般需加入过量显色剂，但不是过量越多越好。在保持其他条件不变，仅改变显色剂用量的情况下，测量显色溶液的吸光度，吸光度大而又呈现平坦的区域，即是适宜的显色剂用量范围。

（2）反应体系的酸度

对于显色反应，溶液的酸度是最重要的条件，同时酸度的影响是多方面的。对某种显色体系，最适宜的 pH 范围与显色剂、待测元素以及共存组分的性质有关。目前，已有从有关平衡常数值估算显色反应适宜酸度范围的报道，但实践中，仍然是通过实验来确定。其方法是保持其他实验条件不变，分别测量不同 pH 条件下显色溶液和空白溶液相对于纯溶剂的吸光度，显色溶液和空白溶液吸光度之差最大而且平坦的区域，即为该显色体系最适宜的 pH 范围。

控制溶液酸度的有效方法是加入适宜的缓冲溶液。缓冲溶液的选择，不仅要考虑其缓冲 pH 范围和缓冲容量，还要考虑其缓冲溶液阴、阳离子可能引起的干扰效应。

（3）显色温度

一般情况下，显色反应都是在室温下进行的，温度的稍许变动影响不大。但有的显色反应需要在较高的温度才能较快完成，在这种情况下，要注意反应物和显色物的热分解问题。适宜的显色温度范围亦是通过实验来确定的。

（4）显色时间

各种显色反应速率不同，各种显色化合物的稳定性有差异，显色溶液达到颜色稳定、吸光度最大所需时间有长有短。因此，需通过实验，作一定温度下（如室温）的吸光度-时间曲线，以确定适宜的显色时间。同时，还要注意显色物吸光度的稳定时间，必须在显色溶液吸光度保持最大的时间内完成测定。

（5）溶剂

在选择显色反应适宜条件的同时，还要考虑溶剂对显色反应的影响。有时由于溶剂的不同生成的显色化合物颜色也不同，水溶液中加入有机溶剂会减少水的介电常数，从而降低配合物的离解度使测定灵敏度提高。如：在水溶液中大部分离解，加入等体积丙酮后，溶液显示配合物的天蓝色可用于钴的测定。有时加入有机溶剂可加快显色反应速率，如用氯代磺酚 S 测定铌，在水溶液中需显色几小时，加入丙酮后，只需 30min 反应就可显色完全。

8.1.4.2 测量条件的选择

为使测量结果具有较好的灵敏度和准确度，应合理选择吸光度的测量条件，一般从四方面考虑。

（1）测定波长

通常选择有色配合物的最大吸收波长为测定波长，以获得较高的灵敏度。但有时为避免干扰，亦可选用灵敏度稍低的波长来测定。表 8-2 列出了可见光度分析测定波长的选择范围。

表 8-2　可见光度分析测定波长的选择范围

溶液颜色	测定波长范围 λ/nm	互补色	溶液颜色	测定波长范围 λ/nm	互补色
黄绿	400～435	紫	紫	560～580	黄绿
黄	435～480	蓝	蓝	580～595	黄
橙	480～490	绿蓝	绿蓝	595～610	橙
红	490～500	蓝绿	蓝绿	610～750	红
红紫	500～560	绿			

（2）测定狭缝的选择

测定狭缝越窄，虽然得到的单色光波长范围越窄，分辨率越高，但入射光强度也越弱，势必过大地提高检测器的增益，仪器噪声增大，于测量不利。狭缝过宽，非吸收光的引入将导致测量灵敏度的下降和工作曲线线性关系的变差。特别是分析组分较复杂的样品时，可能引入干扰组分的吸收光谱，使选择性变差。不减小吸光度时的最大狭缝宽度，是合适的狭缝宽度。

（3）吸光度的测量范围

由于透过率 T 与待测溶液浓度呈负对数关系，因此相同 T 的读数误差所造成的浓度误差是不一样的。如果读数误差为 1%，要求浓度测量的相对误差小于 5%，则待测溶液的透过率应在 70%～10%（吸光度为 0.15～1.00）范围内。可以证明，当 $T=36.8\%$（$A=0.434$）时，测量的相对误差最小。实际工作中一般控制吸光度读数在 0.2～0.7 之间。为达到此目的，一是调节待测溶液浓度，包括称取试样量和稀释倍数；二是选用适当厚度的吸收池；三是在可能的情况下变化入射光波长。

（4）参比溶液的选择

① 当试液、显色剂及所用其他试剂在测定波长都无吸收时，可用纯溶剂（如蒸馏水）作参比溶液。

② 当试液无吸收，而显色剂或其他试剂在测定波长处有吸收时，可用不加试样的试剂空白作参比溶液。

③ 若待测溶液本身在测量波长处有吸收，而显色剂等无吸收，则采用不加显色剂的试样空白作参比溶液。

④ 如显色剂和试液在测量波长处都有吸收，可将一份试样溶液加入适当掩蔽剂，将待测组分掩蔽起来，使之不与显色剂反应，然后按相同步骤加入显色剂和其他试剂，所得溶液作为参比溶液。

8.1.5 紫外-可见分光光度法的应用

紫外-可见分光光度法不仅可以用来对物质进行定性分析及结构分析，而且可以进行定量分析及测定某些化合物的物理化学数据等，如分子量、络合物的络合比及稳定常数和电离常数等。

8.1.5.1 定性分析

有机物定性分析可以分为两类：一类是有机物结构分析，其任务是确定分子量、分子式、所含基团的类型和数量以及原子间的连接顺序、空间排列等，最终提出整个分子结构模型并进行验证；另一类是有机物的定性鉴定，即判断未知物是否是已知结构。有机物结构分析是一个十分复杂的任务，紫外光谱的作用主要是提供有机物共轭体系大小及与共轭体系有关的骨架。有机物的定性鉴别相对比较简单，尤其是有标准物质或标准谱图时可用比较法。即在相同条件下测定未知物和标准物的波谱图，然后进行比较；也可按标准谱图的测定条件测得未知物谱，然后与标准谱进行比较。如果两张谱图完全相同，则认为两个化合物结构相同。这种方法在质谱、核磁共振和红外光谱中可以得到肯定的结果，但用在紫外光谱中要特别小心。具有相同结构的两种分子，在相同条件下测得的紫外光谱完全相同，但反之，不同结构的两种分子，在相同的条件下测得的紫外光谱也可能完全相同。例如，异亚丙基丙酮与胆甾-4-烯-3-酮的紫外光谱非常接近，难以区别（图 8-3）。它们能产生相同紫外光谱的原因是它们都是 α,β-不饱和酮，且在共轭链上的取代情况也相同，而胆甾-4-烯-3-酮的其他部分是对紫外吸收没有贡献的饱和结构。尽管紫外光谱用于定性分析有较大的局限，但解决分子中有关共轭体系部分的结构时有其独特的优点，加之紫外光谱仪器价格相对低廉，易于普及，所以仍不失为定性分析的一种重要工具。

（1）紫外光谱用于定性分析的依据和一般规律

利用紫外吸收光谱定性分析应同时考虑吸收谱带的个数、位置、强度以及形状。从吸收谱带位置可以估计被测物结构中共轭体系的大小；结合吸收强度可以判断吸收带的类型，以便推测生色团的种类。而吸收带的形状主要是可以反映精细结构，因为精细结构是芳香族化

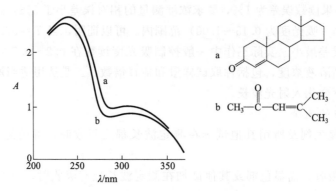

图 8-3　胆甾-4-烯-3-酮和异亚丙基丙酮的紫外光谱图

合物的谱带特征。其中吸收带位置（λ_{max}）和吸收强度（ε_{max}）是定性分析的主要参数。根据紫外光谱原理和吸收带波长经验计算方法，可以归纳总结出有机物紫外吸收与结构关系的一般规律如下：

如果在紫外谱图 220~250nm 处有一个强吸收带（ε_{max} 约 10^4），表明分子中存在两个双键形成的共轭体系，如共轭二烯烃或 α,β-不饱和酮，该吸收带是 K 带；300nm 以上区域有高强吸收带则说明分子中有更大的共轭体系存在。一般共轭体系中每增加一个双键，吸收带红移 30nm。

如果在谱图 270~350nm 区域出现一个低强度吸收带（$\varepsilon_{max}=10\sim100$），则应该是 R 带，可以推测该化合物含有带 n 电子的生色团。若同时在 200nm 附近没有其他吸收带，则进一步说明该生色团是孤立的，不与其他生色团共轭。

如果在谱图 250~300nm 范围出现中等强度的吸收带（ε_{max} 约 10^3），有时能呈现精细结构，且同时在 200nm 附近有强吸收带，说明分子中含有苯环或杂环芳烃。根据吸收带的具体位置和有关经验计算方法还可进一步估计芳环是否与助色团或其他生色团相连。

如果谱图呈现出多个吸收带，λ_{max} 较大，甚至延伸到可见光区域，则表明分子中有长的共轭链；若谱带有精细结构则是稠环芳烃或它们的衍生物。

若 210nm 以上检测不到吸收谱带，则被测物为饱和化合物，如烷烃、环烷烃、醇、醚等，也可能是含有孤立碳碳不饱和键的烯、炔烃或饱和的羧酸及酯。

利用这些一般规律可以预测化合物类型以限定研究范围，结合其他波谱方法或化学、物理性质进一步推测结构。

（2）紫外光谱用于定性分析实例

紫罗兰酮是重要的香料，稀释时有紫罗兰香气。它有 α-、β-两种异构体，其中，α-型异构体的香气比 β-型好，常用于化妆品中，而后者一般只用作皂用香精。用紫外光谱比其他波谱方法区别它们更有效。因为 α-型是两个双键共轭的 α,β-不饱和酮，其 K 吸收带 λ_{max}228nm，而 β-型异构体是三个双键共轭的 α,β-不饱和酮，λ_{max} 是 298nm。

α-紫罗兰酮　　　　　　　β-紫罗兰酮

8.1.5.2　定量分析

紫外光谱定量分析的依据是朗伯-比尔定律和吸光度加和性。物质在一定波长处的吸光度与它的浓度呈线性关系，因此通过测定溶液对一定波长入射光的吸光度，就可求出溶液中物质的浓度和含量。紫外光谱在定量分析中的应用远比定性分析中的应用广泛。它具有方法简便、样品用量少、准确程度高、既可做单组分分析又可做多组分分析等优点。

定量分析时，一般先测定待测物的紫外光谱，从中选择合适的吸收波长作为定量分析时所用的波长。选择的原则，一是吸收强度较大，以保证测定灵敏度；二是没有溶剂或其他杂质的吸收干扰。大部分情况是选择最大吸收波长 λ_{max} 作为定量分析的波长。如果试样的紫外光谱中有一个以上的吸收带，则选择强吸收带的 λ_{max}。

（1）单一组分的测定

a.绝对法。如果样品池厚度 l 和待测物的摩尔吸光系数 ε 是已知的，从紫外分光光度计上读出吸光度值 A，就可以根据朗伯-比尔定律直接计算出待测物的浓度 c_x：

$$c_x = A/(\varepsilon l) \tag{8-6}$$

由于样品池的厚度和待测物的摩尔吸光系数不易准确测定，采用文献上的摩尔吸光系数时，必须保证测定条件完全相同，所以这种方法实际较少使用。

b.直接比较法。采用一已知浓度 c_s 的待测化合物标准溶液，测得其吸光度 A_s。然后在同一样品池中测定未知浓度样品的吸光度。由于两次测定中摩尔吸光系数和样品池厚度均相同，根据朗伯-比尔定律：

$$A_s = \varepsilon c_s l$$
$$A_x = \varepsilon c_x l$$
$$A_s/c_s = A_x/c_x$$
$$c_x = (A_x/A_s)c_s \tag{8-7}$$

该法不需要测量摩尔吸光系数和样品池厚度，但必须有纯的或含量已知的标准物质配制标准溶液。

c.工作曲线法。首先配制一系列浓度不同的标准溶液，分别测量它们的吸光度，将吸光度与对应浓度作图（A-c 图）。在一定的浓度范围内，可得一条直线，称为工作曲线或标准曲线。然后，在相同的条件下测量未知溶液的吸光度，再从工作曲线上查得其浓度。

（2）多组分同时测定

以两组分为例作介绍。

a.两组分的吸收带互不重叠。如果混合物中X、Y两个组分的吸收曲线互不重叠，则相当于两个单一组分。可以用单一组分的测定方法，分别测得X、Y组分的含量。由于紫外吸收带很宽，吸收带互不重叠的情况很少。

b.两组分的吸收带相互重叠（图8-4）。如果混合物中X、Y两个组分的吸收曲线相互重叠，则可用多组分同时测定方法。首先在光谱

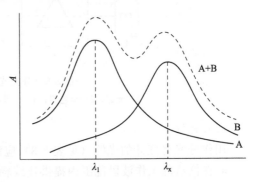

图 8-4　两组分吸收带相互重叠

图中选择用于定量分析的两个波长，根据吸光度加和性可以列出一个联立方程：

$$A_{总}^{\lambda_1} = A_X^{\lambda_1} + A_Y^{\lambda_1} = \varepsilon_X^{\lambda_1} c_X + \varepsilon_Y^{\lambda_1} c_Y \tag{8-8}$$

$$A_{总}^{\lambda_2} = A_X^{\lambda_2} + A_Y^{\lambda_2} = \varepsilon_X^{\lambda_2} c_X + \varepsilon_Y^{\lambda_2} c_Y \tag{8-9}$$

解此方程组就可得X和Y组分的浓度 c_X 和 c_Y。

这种建立联立方程的方法可以推广到两个以上的多组分体系。要测定 n 个组分的含量，就需要选择 n 个不同的波长，分别测量对应的吸光度值，然后建立 n 个方程。

c.差示光度法。要求较高的定量分析准确度时，常采用差示光度法。所谓差示法，就是用一已知浓度的标准溶液作参比溶液，测定未知试样溶液的吸光度值 $A_{相对}$。由朗伯-比尔定律可以证明：

$$A_{相对} = A_x - A_s = \varepsilon(c_x - c_s)l \qquad (8\text{-}10)$$

式中，c_x、c_s 分别为未知试样和标准溶液的浓度；A_x、A_s 是以溶剂为参比时未知试样和标准溶液的吸光度值，其余符号同前。由此式可计算出未知试样的浓度 c_x。

差示光度法对某些在溶液中不稳定或有背景干扰的试样比较适用。

d.物质纯度检查。作为定量分析的一个特殊类型，用紫外光谱法测定物质纯度有其独特的优点。因为含共轭体系的化合物有较高的紫外检测灵敏度，而饱和或某些含孤立双键的化合物没有紫外吸收，利用这种选择性，在下列两种情况下紫外光谱可方便地检查物质纯度。

一是需检查化合物在紫外区一定波长范围内没有吸收，而杂质在该波长范围内有特征吸收。如试剂级正己烷和环己烷中所含的微量或痕量苯就可以用这一方法直接测定。二是如果需检查的物质在近紫外或可见光区有吸收，杂质没有吸收，则可以通过比较等浓度的待测物和其纯物质的吸收强度确定被待测物的纯度。

8.1.6 紫外-可见分光光度计

8.1.6.1 分光光度计组件

分光光度计由光源、单色器、样品室、检测器、信号放大和测量系统、结果显示系统等六部分组成，其结构特征是六个部分按直线排列方式组合（见图 8-5）。从 1941 年世界上第一台分光光度计问世到现在，几十年来，随着光学和电子学技术的发展，这六个组件在不断更新和发展，使仪器的测量精度、功能和自动化程度不断提高，但其结构排列方式仍基本不变。

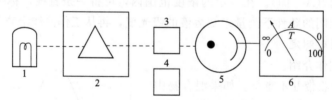

图 8-5 分光光度计组件排列方框图
1—光源；2—单色器；3,4—吸收池；5—检测放大系统；6—显示系统

（1）光源

用作分光光度计的光源（见表 8-3）应满足下列条件：

a.在仪器的工作波段范围内提供连续辐射，即光源可以发射连续光谱，以便记录一个完全的吸收光谱。

b.光源发射的辐射能量具有足够的强度，其能量随波长变化尽可能小。

c.具有较好的稳定性。

d.有较长的使用寿命。

紫外及可见光区的辐射能源有白炽光源和气体放电光源两类。

在可见和近红外区的常见光源为白炽光源，如钨灯和碘钨灯等。

表 8-3 光源

光源	波长范围/nm	光子输出强度
氢灯	185～375	弱,360nm 以上不能用
氘灯	185～400	中等强度(是氢灯的 3～5 倍)
卤(碘、溴)钨灯	250～2000	用玻璃灯壳时,320nm 以下无输出
钨灯	320～2500	最好输出为 400～1200nm
能斯特灯	1000～35000(1～35μm)	10μm 以上输出弱
碳化硅棒	1000～50000(1～50μm)	

紫外区主要采用低压和直流氢或氘放电灯。

氘灯是兼用的高强度连续光源,适用的波长范围为 180～1000nm,其缺点是价格较高且不够稳定。目前,氙灯已用作荧光分光光度计的激发光源。在分光光度计中,氙灯用于研究光化学反应和快速反应动力学的激发光源。

碳化硅棒和能斯特灯是红外光谱区的主要光源。碳化硅具有正的温度系数,用作红外光源的碳化硅棒长约 5cm,直径 0.5cm,在约 1200℃时发射 1～50μm 范围的连续辐射,是一种非常稳定的辐射源,为避免烧坏,需用水冷却。能斯特灯(丝)是由熔融的锆和钇的氧化物在加热到 1500℃时制成的空心棒,发射 1～35μm 的连续辐射,具有负的温度系数,但不如碳化硅棒稳定。

汞灯是利用电激发汞蒸气发射紫外和可见光谱的光源,它是一种线光源。根据汞蒸气压的不同,可分为低压汞灯(汞蒸气压为 1.33～133Pa)、高压汞灯[汞蒸气压为 (1～5)×10^{5}Pa]和超高压汞灯[汞蒸气压为 (5～500)×10^{5}Pa]。低压汞灯最强的谱线为 253.7nm,高压汞灯最强的谱线为 365nm、546nm 和 570nm,超高压汞灯除上述强谱线外,在 40～500μm 的远红外区产生连续光谱。在分光光度计中,汞灯可用于波长精确校正,商品仪器中,汞灯作为附件选购。

(2) 滤光片

分光光度计采用的一般是发射宽波段范围的连续辐射,但在实际测量中,我们需要采用窄谱带或单色光。因此,必须采用适当的装置将宽波段复合光分解为窄带或单色光,滤光片和单色器就是最常用的两种波长选择装置。

滤光片的作用是选择性地透过一定波长范围的光。常用滤光片有如下几种:

a. 中性滤光片。此种滤光片对一定范围的不同波长的光具有相同的吸光度。在分光光度计中,中性滤光片用来使光束强度均匀减弱,作衰减片用。

b. 截止滤光片。此种滤光片使波段一侧的光全部透过,而另一侧波段的光则几乎不能或仅有很小部分透过,在分光光度计中常用于截止杂射光或不需要的波长的光。

c. 通带滤光片。此种滤光片的作用是只让一定波长范围的光透过,一般由两块滤光片组成,一个使透光率按长波至短波方向增加,另一个则相反,因而有用的光谱区被限制在两块滤光片透光范围相互重叠的部分。在光栅分光光度计中,常用一组通带滤光片以除去高阶光谱。

d. 校正滤光片。用于校正分光光度计波长标度和吸光度标度,前者如钬-玻璃滤光片、错-钕滤光片;后者是精密制造的在某特定波长具有恒定吸光度的滤光片,故又称标准滤光片。

e. 干涉滤光片。用以获得狭窄光谱带的器件。其优点是透射光的波长范围窄,透光率高。

(3) 单色器

单色器是将光源发射的复合光分解为单色光并可从中分出任意波长单色光的光学装置。单色器是由入射狭缝、准直装置(透镜或反射镜)、色散元件(棱镜或光栅)、聚焦装置(透镜或凹面反射镜）和出射狭缝等五部分组成的完整色散系统，安装在一个不透光的暗盒里。色散元件是单色器的核心部件，其特性用色散率来描述，棱镜和光栅是最常用的色散元件。

a.棱镜。棱镜对不同波长的光的折射率不同，复合光通过棱镜后，不同波长的光产生不同的偏向角，从而将不同波长的光分开。在单色器中，通过转动棱镜的位置，将所需波长的光聚焦在出射狭缝上，棱镜对复合光的分辨取决于棱镜的色散特性。

b.光栅。较常用的光栅元件有透射光栅和反射光栅。透射光栅是在一块玻璃或其他透明材料上刻划一系列平行的等距离的刻线（凹槽），制造这种母光栅需要精密的光学机械设备，成本高昂；利用母光栅作模子而制得复制光栅则比较便宜，其性能虽不如母光栅好，但基本上可满足一般分光仪器的要求。反射光栅是在一抛光的金属表面上刻划一系列平行的等距离的刻线或在复制光栅表面喷镀一层铝薄膜而制成。反射光栅比透射光栅应用更广泛。

光栅的分辨率用下式表示：

$$R = \frac{\lambda}{\Delta\lambda} = mN \tag{8-11}$$

式中，m 是衍射级次（光谱级次）；N 是光栅的总刻线数。显然，总刻线数越多，光栅的分辨率越大。

目前，有些高质量的商品分光光度计的单色器已采用全息光栅代替机械刻制和复制光栅。

c.入射和出射狭缝。狭缝在单色器中作用很大，入射狭缝可限制进入色散元件的光能量，起光栅的作用，入射狭缝形状的变化也使谱线形状发生改变。因此，设计单色器时，对狭缝结构有严格的技术要求。单色器的狭缝通常是由两个具有锐刀口的金属片精密制作而成，两刀口的平行性很好，并处于同一平面。对单色器来说，狭缝过大，谱带单色性变差，不利于定性分析，也影响定量分析的工作曲线线性范围；狭缝过小，光通量太小，降低了信噪比，影响测量精密度。因此，大多数分光光度计的单色器装有狭缝调节机构。狭缝宽度有两种表示法：一种是以狭缝两刀口间的实际宽度来表示，表示的单位为毫米（mm）；另一种以谱带的有效带宽表示，表示的单位为纳米（nm）。由于棱镜色散是非线性的，为了得到恒定的有效带宽，在长波区必须用窄狭缝，短波区则用较宽的狭缝，而光栅的色散几乎是线性的，当狭缝固定时，改变波长对谱带的有效带宽无影响。

（4）样品室

设计的分光光度计样品室应能放置各种类型、不同光程吸收池和相应的池架附件，如恒温、低温、反射、荧光测定附件及长型池、流动池和微型池等。吸收池主要有石英池和玻璃池两种，在紫外区必须采用石英池，可见和近红外区最好用玻璃池，也可用石英池，有些塑料池可在可见光区使用。吸收池应具有光学洁净的一对相互平行并垂直于光束的光学窗，理想的吸收池本身不吸收辐射。实际上，各种材料对辐射有不同程度的吸收，一般只要求它们恒定而均匀地吸收。

（5）检测器

无论何种检测器，当它受辐射照射，吸收光子能量后都要转变为可测量物理量，如光谱板的黑度、电流或热量变化等。检测器产生的信号必须与射入检测器的辐射能有定量关系，检测器的"噪声"是指还没有从样品中透过的辐射到达检测器时产生的背景信号。一个灵敏度高而又稳定可靠的分光光度计必须有一个性能优良的检测系统，这些性能是：在测定的光谱范围内具有高的灵敏度，对辐射强度呈线性响应，响应快，适于放大，并且有高稳定性和低的"噪声"水平。

（6）信号放大和测量

测量检测器输出的电流或电压信号，一般采用运算放大器。

（7）结果显示

早期的单光束分光光度计的结果显示装置使用的是表头读数，读数的末尾数是目测估计数，当吸光度值较大时，读数误差较大；近年来分光光度计采用数字显示并连接打印装置，从而缩短了分析时间，提高了测量精度。20世纪80年代以来，又采用了屏幕显示，吸收光谱图、操作条件和结果都可在屏幕上显示出来，并利用微处理进行仪器自动化控制和结果处理，从而进一步提高了仪器的自动化程度和测量精度。

8.1.6.2　分光光度计类型

根据工作波段的不同，分光光度计可分为真空紫外分光光度计、可见分光光度计、近红外分光光度计，其工作波段分别为 $0.1 \sim 200nm$、$350 \sim 700nm$、$185 \sim 900nm$、$185 \sim 2500nm$；根据光度学和记录系统的不同，又可分为单光束手动式分光光度计和双光束自动记录式分光光度计；根据分光光度计在测量过程中同时提供的波长数可分为单波长分光光度计和双波长分光光度计等；近几年，又出现了电子计算机控制的分光光度计。

（1）单光束分光光度计

单光束分光光度计光路结构简单，示意图如前图8-6所示，一束经过单色器的光，轮流通过参比溶液和样品溶液，以进行光强度测量。早期的分光光度计都是单光束的。这种光度计结构简单，操作简便，价格低廉，是一种常规定量分析仪器，适于在给定波长测量吸光度或透光率。其缺点是由于光源强度的波动和检测系统的不稳定性而引起测量误差。为了改善单光束分光光度计的稳定性，可采用双光电管检测装置，第二光电管作参比光电管，以补偿钨灯光源输出的波动，并要求有一个性能很好的稳压电源。

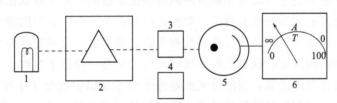

图 8-6　单光束分光光度计示意图

1—光源；2—单色器；3,4—吸收池；5—检测放大系统；6—显示系统

（2）双光束分光光度计

双光束分光光度计光路示意图如图8-7所示。经过单色器的光一分为二，一束通过参比溶液，另一束通过样品溶液，一次测量就可得到样品溶液的吸光度。双光束分光光度计是近20年来发展最快的一类分光光度计，其优点是由于两光束同时分别通过参照池和测量池，因而可以消除光源强度变化、放大器增益变化以及光学和电子元件对两条光路的影响。并且便于记录，可在较短的时间内（$0.5 \sim 2min$）获得全波段扫描吸收光谱，从而简化了操作手续。它特别适合于结构分析。其缺点是由于仪器的光路设计要求严格，价格较高。

（3）双波长分光光度计

双波长分光光度计原理示意如图8-8所示。由同一光源发出的光被分成两束，分别经过两个单色器，从而可以同时得到两个不同波长（λ_1 和 λ_2）的单色光。它们交替地照射同一溶液，然后经过光电倍增管和电子控制系统，这样得到的信号是两波长处吸光度之差 ΔA，

$\Delta A = A_{\lambda_1} - A_{\lambda_2}$。当两个波长保持 $1\sim2nm$ 间隔，并同时扫描时，得到的信号将是一阶导数光谱，即吸光度对波长的变化率曲线。

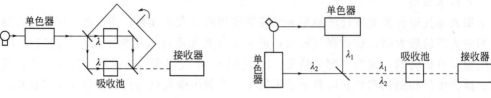

图 8-7　双光束分光光度计示意图　　　　　图 8-8　双波长分光光度计示意图

双波长分光光度计不仅能测定高浓度试样、多组分混合试样，而且能测定一般分光光度计不宜测定的混浊试样。双波长法测定相互干扰的混合试样时，不仅操作比单波长法简单，而且精确度高。

用双波长法测量时，两个波长的光通过同一吸收池，这样可以消除因吸收池的参数不同，位置不同，污垢以及制备参比溶液等带来的误差，使测定的准确度显著提高。另外，双波长分光光度计是用同一光源得到的两束单色光，故可以减少因光源电压变化产生的影响，得到高灵敏和低噪声的信号。

8.2　红外光谱分析法

利用红外光谱对物质分子进行分析和鉴定的方法称为红外光谱分析法。红外光谱可分为发射光谱和吸收光谱两类。

物体的红外发射光谱主要决定于物体的温度和化学组成，由于测试比较困难，红外发射光谱只是一种正在发展的新的实验技术，如激光诱导荧光。将一束不同波长的红外射线照射到物质的分子上，某些特定波长的红外射线被吸收，形成这一分子的红外吸收光谱。每种分子都有由其组成和结构决定的独有的红外吸收光谱，它是一种分子光谱。

红外光的能量比紫外光低，当红外光照射分子时不足以引起分子中价电子能级的跃迁，而能引起分子振动能级和转动能级的跃迁，所以红外光谱又称为分子振动光谱或转动光谱。通过谱图解析可以获取分子结构的信息。任何气态、液态、固态样品均可进行红外光谱测定，这是其他仪器分析方法难以做到的。由于每种化合物均有红外吸收，尤其是有机化合物的红外光谱能提供丰富的结构信息，因此红外光谱是有机化合物结构解析的重要手段之一。

当样品受到频率连续变化的红外光照射时，如果选择性地吸收某些波长的红外光，以波长 λ 或波数为横坐标，以透光率或吸光度为纵坐标所得到的关系曲线即为该物质的红外吸收光谱（infrared absorption spectrum，IR）。它是鉴别和确定物质分子结构的常用手段之一。对单一组分或混合物中各组分也可以进行定量分析，尤其是对一些较难分离并在紫外、可见光区没有明显特征峰的样品可以得到满意的定量分析结果。

红外光谱分析有以下优点：

① 应用范围广。红外光谱分析能测得所有有机化合物，而且还可用于研究某些无机物。因此在定性、定量及结构分析方面都有广泛的应用。

② 特征性强。每个官能团都有几种振动形式，产生的红外光谱比较复杂，特征性强。除了极个别情况外，有机化合物都有其独特的红外光谱，因此红外光谱具有极好的鉴别意义。

③ 提供的信息多。红外光谱能提供较多的结构信息，如化合物含有的官能团、化合物的类别、化合物的立体结构、取代基的位置及数目等。

④ 不受样品物态的限制。红外光谱分析可以测定气体、液体及固体，不受样品物态限制，扩大了分析范围。

⑤ 不破坏样品。红外光谱分析时样品不被破坏。

红外光谱分析的缺点是：

① 不适合分析含水样品，因为水中的羟基峰对测定有干扰。

② 定量分析时误差大，灵敏度低，故很少用于定量分析。

③ 在图谱解析方面主要靠经验。

8.2.1　红外光谱分析法的基本原理

8.2.1.1　红外光谱产生的基本条件

物质处于基态时，组成分子的各个原子在自身平衡位置附近做微小振动。当红外光的频率正好等于原子的振动频率时，就可能引起共振，使原有的振幅加大，振动能量增加，分子从基态跃迁到较高的振动能级，即

$$\nu_{\text{红外光}} = \nu_{\text{分子能级}}$$

换个角度说，如果红外光照射分子时，电磁波的能量与分子某能级差相等，就可能引起分子振动能级的跃迁。

$$E_{\text{红外光}} = \Delta E_{\text{分子振动}}$$

这就是红外吸收光谱产生的第一个条件。

红外吸收光谱产生的第二个条件是红外光与分子间有偶合作用，因此，分子振动时其偶极矩（μ）必须发生变化，即 $\Delta\mu \neq 0$。这个条件实际是保证红外光的能量能传递给分子。这种能量的传递是通过分子振动偶极矩的变化来实现的。电磁辐射的电场做周期性变化，处在电磁辐射中的分子中的偶极子经受交替的作用力而使偶极矩增加或减小（见图 8-9）。由于偶极子具有一定的原有振动频率，只有当辐射频率与偶极子频率相匹配时，分子才与电磁波发生相互作用（振动偶合）而增加它的振动能，使振幅加大，即分子由原来的基态振动跃迁到较高的振动能级。可见，并非所有的振动都会产生红外吸收，只有发生偶极矩变化（$\Delta\mu \neq 0$）的振动才能引起可观测的红外吸收谱带，我们称这种振动为红外活性的，反之则称为非红外活性的。

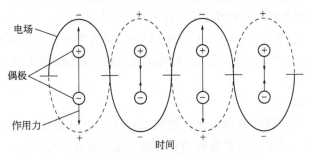

图 8-9　偶极子在交变电场中作用

常温条件下绝大部分分子处于基态（振动量子数 $\upsilon=0$），它们吸收红外光的能量后跃迁到第一振动激发态（振动量子数 $\upsilon=1$），是最重要的跃迁，产生的吸收频率称为基频。红外光谱中出现的绝大多数吸收峰是基频峰。由振动能级的基态跃迁到第二甚至第三激发态虽然

也能发生，但概率很小，产生的吸收峰称为倍频峰。

8.2.1.2 双原子分子的振动

（1）谐振子振动

将双原子看成是质量为 m_1 与 m_2 的两个小球，把连接它们的化学键看作质量可以忽略的弹簧，那么原子在平衡位置附近的伸缩振动，可以近似看成一个简谐振动。量子力学证明，分子振动的总能量为：

$$E_{振} = \left(\upsilon + \frac{1}{2}\right)h\nu \tag{8-12}$$

式中，υ 是振动量子数，$\upsilon = 1, 2, 3, \cdots$；$\nu$ 是振动频率。根据虎克定律：

$$\nu = \frac{1}{2\pi}\sqrt{\frac{k}{\mu}} \tag{8-13}$$

式中，μ 是原子的折合质量，$\mu = \dfrac{m_1 m_2}{m_1 + m_2}$；$k$ 是键力常数。根据式（8-12）和式（8-13）可得：

$$E_{振} = \frac{h}{2\pi}\sqrt{\frac{k}{\mu}}\left(\upsilon + \frac{1}{2}\right) \tag{8-14}$$

当极性分子吸收红外光发生从基态（$\nu = 0$）到第一激发态（$\nu = 1$）的跃迁（$\Delta\nu = 1$）时，产生基频峰，其能量的变化为：

$$\Delta E_{振} = \frac{h}{2\pi}\sqrt{\frac{k}{\mu}}(\Delta\upsilon) = \frac{h}{2\pi}\sqrt{\frac{k}{\mu}} \tag{8-15}$$

若用波数表示，即为

$$\sigma = \frac{1}{2\pi c}\sqrt{\frac{k}{\mu}} \tag{8-16}$$

非极性的同核双原子分子在振动过程中偶极矩不发生变化，$\Delta\nu = 0$，$\Delta E_{振} = 0$，故无振动吸收，为非红外活性。

从式中可以看出，化学键的力常数 k 越大，原子折合质量 μ 越小，则化学键的振动频率越高，吸收峰将出现在高波数区；相反，则出现在低波数区。例如，$>\!C\!-\!C\!<$，$>\!C\!=\!C\!<$，$-C\!\equiv\!C-$，这三种碳-碳键的原子质量相同，但键力常数的大小顺序是：三键＞双键＞单键，所以在红外光谱中，吸收峰出现的位置不同：$C\!\equiv\!C$（约 $2222\mathrm{cm}^{-1}$）＞$C\!=\!C$（约 $1667\mathrm{cm}^{-1}$）＞$C\!-\!C$（约 $1429\mathrm{cm}^{-1}$）。又如，$C\!-\!C$、$C\!-\!N$、$C\!-\!O$ 键力常数相近，原子折合质量不同，其大小顺序为 $C\!-\!C\!<\!C\!-\!N\!<\!C\!-\!O$，故这三种键的基频振动峰分别出现在 $1430\mathrm{cm}^{-1}$、$1330\mathrm{cm}^{-1}$ 和 $1280\mathrm{cm}^{-1}$ 左右。

（2）非谐振子振动

由于双原子分子并非理想的谐振子，因此用式（8-16）计算 H—Cl 的基频吸收带时，得到的只是一个近似值。从量子力学得到的非谐振子基频吸收带的位置 σ' 为：

$$\sigma' = \sigma - 2\sigma x \tag{8-16a}$$

从式（8-16a）可以看出，非谐振子的双原子分子的真实吸收峰位比按谐振子处理时低 $2\sigma x$ 波数。所以用式（8-16a）计算 H—Cl 的基频峰位，比实测值大。

量子力学证明，非谐振子的 $\Delta\nu$ 可以取 $\pm 1, \pm 2, \pm 3, \cdots$ 这样，在红外光谱中，除了可以观察到强的基频吸收带外，还可能看到弱的倍频吸收峰。

8.2.1.3 多原子分子的振动

对多原子分子来说，由于组成分子的键或基团和空间结构的不同，其振动光谱远比双原子分子复杂得多。

（1）振动的基本类型

多原子分子的振动包括双原子分子沿核-核的伸缩振动和键角参与的各种可能的变形振动。

伸缩振动时键长发生变化，键角不变。当两个相同的原子和一个中心原子相连时，其伸缩振动有两种方式：对称伸缩振动（ν_s）和反对称伸缩振动（ν_{as}）。对同一基团来说，反对称伸缩振动频率要稍高于对称伸缩振动频率。

变形振动又称为变角振动，振动时基团键角发生周期性变化而键长不变。变形振动又分为面内变形和面外变形振动。面内变形振动又分为剪式振动（δ_s）和平面摇摆振动（ρ）。面外变形振动又分为非平面摇摆（ω）和扭曲振动（τ）。亚甲基的各种振动形式如图8-10所示。由于变形振动的力常数比伸缩振动小，因此，同一基团的变形振动都在其伸缩振动的低频端出现。变形振动对环境变化较为敏感，通常由于环境结构的改变，同一振动可以在较宽的波段范围内出现。

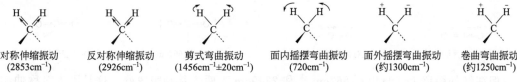

对称伸缩振动	反对称伸缩振动	剪式弯曲振动	面内摇摆弯曲振动	面外摇摆弯曲振动	卷曲弯曲振动
(2853cm⁻¹)	(2926cm⁻¹)	(1456cm⁻¹±20cm⁻¹)	(720cm⁻¹)	(约1300cm⁻¹)	(约1250cm⁻¹)

图 8-10 亚甲基的振动方式及振动频率

对于多原子的振动情况，也可用式（8-16）来粗略地计算其分子中双原子的振动频率。在举例说明前先将式（8-16）化简，根据两原子的折合质量 μ 与原子量 M 的关系（$M=\mu N$），N 为阿伏伽德罗常数 $=6.022\times10^{23}$，同时将 $c=3\times10^{10}$ cm/s 代入，化简式（8-16）得：

$$\sigma=4.12\sqrt{\frac{k}{M}} \tag{8-17}$$

例：计算碳氢化合物中 C—H 的伸缩振动频率，已知 $k=5\times10^5$ dyn/cm。

$$M=\frac{M_1 M_2}{M_1+M_2}=\frac{12}{13}=0.923$$

代入式（8-17）中，则

$$\sigma=4.12\sqrt{\frac{5\times10^5}{0.923}}=3032 \text{cm}^{-1}$$

实际上脂肪族化合物中的甲基吸收的伸缩振动频率在 2962cm⁻¹（反对称）、2872cm⁻¹（对称），而烯烃或芳香族中的 C—H 伸缩振动频率在 3030cm⁻¹ 附近。

例：计算 C＝O 双键的伸缩振动频率，已知 $k=12\times10^5$ dyn/cm。

$$M=\frac{M_1 M_2}{M_1+M_2}=\frac{12\times16}{12+16}=6.86$$

$$\sigma=4.12\sqrt{\frac{12\times10^5}{6.86}}=1723 \text{cm}^{-1}$$

羰基化合物实际上的伸缩振动频率：酮基 1715cm⁻¹，醛基 1725cm⁻¹，羧基 1760cm⁻¹。

（2）基本振动的理论数

一个双原子分子只有对称伸缩振动一种振动形式，而对一个多原子的有机化合物来说，则需用统计方法来计算其振动形式数目。确定一个原子在空间的位置需要三个坐标。对于 n 个原子组成的分子，要确定其空间位置需要 $3n$ 个坐标，分子有 $3n$ 个自由度。当所有原子同时朝一个方向运动时，分子并不发生振动而是平移，所以分子有三个平移的自由度。与此类似，非线形分子还有三个转动自由度，线形分子只有两个转动自由度。由此可见，非线形分子有 $3n-6$ 个振动自由度，即有 $3n-6$ 个基本振动，而线型分子有 $3n-5$ 个基本振动。从理论上说每一基本振动都能吸收与其频率相同的红外光，在红外图谱对应的位置上出现一个吸收峰。但实际上，绝大多数化合物在红外光谱图上出现的峰数，远小于理论上计算的振动数，这是由如下原因引起的：

a. 没有偶极矩变化的振动，不产生红外吸收；

b. 相同频率的振动吸收重叠，即简并；

c. 仪器不能区别那些频率十分接近的振动，或因吸收带很弱，仪器检测不出；

d. 有些吸收带落在仪器检测范围之外。

例如，线型分子 CO_2 理论上计算其基本振动数为：$3n-5=9-5=4$，其具体振动形式如下：

对称伸缩(无吸收峰)	反对称伸缩(2349cm^{-1})	面内变形(667cm^{-1})	面外变形(667cm^{-1})

但在红外图谱上，只出现 667cm^{-1} 和 2349cm^{-1} 两个基频吸收峰。这是因为对称伸缩振动偶极矩变化为零，不产生吸收。而面内变形和面外变形的吸收频率完全一样，发生简并。

8.2.2　红外吸收光谱仪

目前的红外光谱仪可分为色散型红外光谱仪和傅里叶变换红外光谱仪两大类。

8.2.2.1　色散型红外光谱仪

色散型仪器的特点是：

① 为双光束仪器。使用单光束仪器时，大气中的 H_2O、CO_2 在重要的红外区域内有较强的吸收，因此需要一参比光路来补偿，使这两种物质的吸收补偿到零。采用双光束光路可以消除它们的影响，测定时不必严格控制室内的湿度及人数。

② 单色器在样品室之后。由于红外光源的低强度，检测器的低灵敏度（使用热电偶时），故需要对信号进行大幅度放大。而红外光谱仪的光源能量低，即使靠近样品也不足以使其产生光分解。而单色器在样品室之后可以消除大部分散射光而不至于到达检测器。

③ 切光器转动频率低，响应速率慢，以消除检测器周围物体的红外辐射。

图 8-11 为色散型红外光谱仪的结构示意图。从光源发出的红外光被分为等强度的两束光，分别通过样品池和参比池，然后通过斩光器以一定的频率将两束光交替送入单色器并作用于检测器，转变为电信号。如果样品没有被吸收，两束光强度相等，检测器上只有稳定的电压，没有交变信号输出；当样品中某组分对一定频率的红外光有吸收时，两束光强不相等，检测器输出相应的交变信号，信号经放大后，驱动伺服马达带动记录笔和光楔同步上下移动进行光谱扫描，光楔用于调整参比光路的光能，记录笔在记录纸上画出吸收强度随频率（或

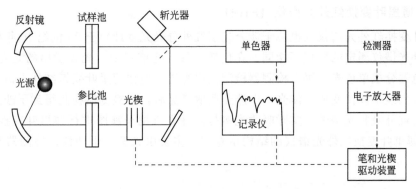

图 8-11　色散型红外吸收光谱仪结构示意图

波数）而变化的轨迹，即红外吸收光谱。色散型红外吸收光谱仪是扫描式仪器，完成一个图谱常需要 10min 左右，不能测定瞬间光谱的变化，也不能实现与色谱技术联用，而且由于分辨率较低，想获得 $0.1 \sim 0.2 \ cm^{-1}$ 的分辨率十分困难。

色散型仪器的主要不足是扫描速度慢，灵敏度低，分辨率低。因此色散型仪器自身局限性很大。

色散型红外光谱仪的主要部件有光源、色散系统、检测器、放大系统等。

（1）光源

目前常用的红外光源有硅碳棒和能斯特灯。硅碳棒由加有少量杂质的碳化硅烧结而成，一般为两端粗中间细的实心棒，中间为发光部分。其直径约 5mm，长约 50mm，工作温度 $1200 \sim 1400 ℃$。硅碳棒与能斯特灯比较，其优点是发光面积大，价格便宜，寿命长，使用波长范围长，操作方便；缺点是工作时电极接触部分需用水冷却。能斯特灯主要由混合的稀土金属（锆、钍、铈）氧化物制成，为直径 $1 \sim 3mm$、长 $20 \sim 50mm$ 的中空棒或实心棒，两端绕有铂丝作为导线。工作温度一般为 1750℃。能斯特灯使用寿命较长，稳定性较好，在短波范围使用比硅碳棒有利，但其价格较贵，操作不如硅碳棒方便。

（2）色散系统（单色器）

与紫外光谱仪一样，红外光谱仪的单色器也是由入射狭缝、准直装置（透镜或反射镜）、色散元件（棱镜或光栅）、聚焦装置（透镜或凹面反射镜）和出射狭缝等五部分组成的完整色散系统。色散元件中目前用得比较多的是光栅。

（3）检测器

检测器的作用是把照射在它上面的红外光产生的热效应转变成电信号加以测量。常用的检测器有真空热电偶、电阻测辐射热计和高莱池等，其中最常用的是真空热电偶检测器。

（4）放大系统

由于热电偶的电动势能极小，一般仅有 $0.4 \mu V$ 左右，信号易受外界电场、磁场和机械振动的干扰，因此必须在尽可能短距离用高压比变压器提高信号电压后进行前置放大，调制信号经主放大器放大，再进行解调后输出。其输出电压一般可达 10V，累计的放大倍数可达 10^8 倍。

常用的色散型红外光谱仪，大多数是双光束的。从光源发出的光束对称地分为两束，一束为样品光束，透过样品池；另一束为参比光束，透过参比池。两光束经半圆扇形镜调制后进入单色器，再交替落到检测器上。在光学零位系统里，只要两光的强度不等，就会在检测器上产生与光强差成正比的交流信号电压。

8.2.2.2 傅里叶变换红外光谱仪 （FTIR）

傅里叶变换红外光谱仪（也称干涉分光型红外分光光度计）于 20 世纪 70 年代问世，与色散型红外光谱仪测定的原理不相同。在色散型红外光谱仪中，光源发出的光先照射样品，然后经单色器分成单色光，再由检测器检测获得光谱。但在傅里叶变换红外光谱仪中，光源发出的光首先经干涉仪变成干涉光，干涉光照射样品后，经检测器检测得到干涉图，而不是我们常见的红外吸收光谱图，实际吸收光谱是由计算机把干涉图进行傅里叶变换后得到的。图 8-12 是傅里叶变换红外光谱仪的结构示意图，主要由光源、干涉仪、检测器和数据处理系统组成。

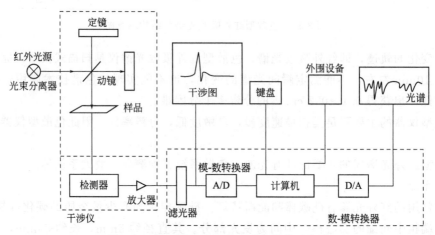

图 8-12　傅里叶变换红外光谱仪结构示意图

目前几乎所有的红外光谱仪都是傅里叶变换型的，傅里叶变换红外光谱仪没有色散元件，具有分辨率高、灵敏度高、波数精度高、扫描速度快和光谱范围宽等突出优点，特别适用于弱红外光谱的快速测定以及与色谱仪器联用，所以近年来得到了迅速的发展和广泛应用。

由图 8-12 可知，从光源发出的红外光，经光束分离器分为两束，分别经定镜和动镜反射后到达检测器并产生干涉现象。当动镜、定镜到达检测器的光程相等时，各种波长的红外光到达检测器时都具有完全相同的相位而彼此加强。如改变动镜的位置，形成一个光程差，不同波长的光落到检测器上得到不同的干涉强度。当光程差为 $\lambda/2$ 的偶数倍时，相干光相互叠加，相干光的强度有最大值；当光程差为 $\lambda/2$ 的奇数倍时，相干光相互抵消，相干光强度有极小值。当连续改变动镜的位置时，可在检测器得到一个干涉强度对光程差和红外光频率的函数图。将样品放入光路中，样品吸收了其中某些频率的红外光，就会使干涉图的强度发生变化。很明显，这种干涉图包含了红外光谱的信息，但不是我们能看懂的红外光谱。经过电子计算机进行复杂的傅里叶变换，就能得到吸光度或透光率随频率（或波数）变化的普通红外光谱图。

傅里叶变换红外光谱仪具有以下特点：

① 多路优点。傅里叶变换红外光谱仪不用狭缝，消除了狭缝对光通量的限制，大大提高了光能利用率，样品置于全部辐射波长下，因此全波长范围下的吸收必然改进信噪比，使测量灵敏度和准确度大大提高。

② 分辨率提高。分辨率取决于动镜的线性移动距离，距离增加，分辨率提高，一般可达 0.5cm^{-1}，高的可达 10^{-2}cm^{-1}。杂散光小于 0.01%，检出限为 $1.0\times10^{-9}\sim1.0\times10^{-12}\text{g}$，

标准偏差通常为 0.1% 左右。

③ 波数准确度高。由于引入激光参比干涉仪，用激光干涉条纹准确测定光程差，从而使波数更为准确。

④ 测定的光谱范围宽，可达 $10\sim10^4 cm^{-1}$。

⑤ 扫描速度极快，在不到 1s 时间里可获得图谱，比色散型仪器高几百倍。

8.2.2.3 红外吸收光谱仪的主要性能指标

① 波数精度。波数精度要求在 $4000\sim2000 cm^{-1}$ 范围内误差可以较大，$2000 cm^{-1}$ 以下误差要求较高。仪器的日常波数精度检查以及要求不高的仪器波数精度检查一般采用厚度约 $50\mu m$ 的聚苯乙烯薄膜。液体茚由于在整个波长范围有较多的吸收峰可做比较，因此常作校正之用。精细的波数精度测量可测定氨蒸气、水蒸气及二氧化碳等的精细光谱的吸收峰位置，以作校正。

② 波数重复性。对同一样品进行反复重叠扫描，测定波数重复性。重复性不好往往是由于扫描有方向间隙或光栅机构不好或其他机械因素引起。

③ 仪器分辨率。分辨率是指仪器能够清晰分离出两个峰的最小间隔波长的能力。一般仪器常以聚苯乙烯 $3000 cm^{-1}$ 左右的几个峰的分辨程度和峰的深度来衡量。较好的仪器应能分出 7 个峰。高分辨率的仪器可测定精细结构的分辨程度，如测定 HCl 气体在 $2900\sim3100 cm^{-1}$ 的峰分离情况或氨气在 $1012 cm^{-1}$ 附近的峰分离情况。

④ 基线平直性。在整个波数范围作 100% 线扫描，检查其平直程度，该项指标对仪器的工作状态的检查很有意义。光学系统的不平衡，特别是光源部分对平直的作用很大。仪器老化很易在该指标上表现出来，仪器的电平衡不好往往在大气二氧化碳和水蒸气吸收区表现出基线波动很大，在光栅及滤光片转换处容易显示出来。由于光谱两端的能量下降很多，因此 100% 线两端不易保持平直，仪器性能下降时更易暴露出来。

⑤ 透过率精度及其重现性。透过率精度的测量比较困难，问题是很难找到作为标准的物质。目前一般可采用两种测定方法。一种不甚精确的方法是用按一定比例打眼的筛网测定；另一种方法是用高速旋转的扇形片将样品光束挡去一部分，测定透过光，测定数据与标准扇形片的数值进行比较。一般需测定几种透过率，如 3%、25%、50%、70% 及 85%，测定其与读数值的误差。

利用准确的扇形片可测定光度计的线性，但绝对误差则较难测得。

透过率的重现性可以将一个有中等复杂程度吸收光谱的样品在同一条件下反复进行测定，从重叠的曲线上可以看出透过率（纵坐标）的重合情况。在低吸收处透过率的重现程度比较容易察觉。

⑥ 狭缝程序线性。由于仪器狭缝的大小是按照扫描时辐射能量的变化而进行调整，故在整个扫描范围内应保持能量恒定。检查方法是用单光束（样品光束关闭）在整个波长区间扫描大气中二氧化碳及水蒸气的吸收曲线，与加入的固定测试信号做比较。如果能量恒定，则基线基本保持平直。从基线的位置还可知道检测器的灵敏度下降程度。

⑦ 杂散光。非测定波长区的杂散光往往是由于仪器结构的不合理或光学元件质量的下降、散射光的增加和其他原因造成的。杂散光的增加使仪器透光率可测范围降低，不能保持吸收较大时的定量线性关系，并且造成吸收峰吸收值的比例不准，导致光谱失真。杂散光主要采用各种截止透过波长的红外透光材料进行测定。

⑧ 其他指标。为保证仪器的正常工作还应测定记录笔的响应速度（在临界阻尼状态）、基线噪声、光栅和滤光片切换时的跃阶、读数漂移等指标。

8.2.2.4　红外吸收光谱仪的使用与维护

红外吸收光谱仪属于精密光学仪器，仪器的所有光路部分一般暴露在空气中，宜放置在恒温、湿度较低、灰尘尽可能少、无腐蚀性气体的房间中。仪器对振动、外界电场及磁场都很敏感，应有稳定的电源、良好的屏蔽及专用符合要求的地线。红外吸收光谱仪正常工作条件如下：①环境温度 15～28℃；②室内相对湿度不得超过 65％；③室内应无腐蚀性气体与灰尘；④仪器不应受到影响使用的振动和电磁场的干扰；⑤供电电源：电压为（220±20）V，频率为（50±1）Hz。

由于有些热电偶的窗片易于吸潮，应保持热电偶处于高于室温的环境之中。许多仪器有专门的加热装置，使用完毕关闭仪器后仍可保持通电状态，以使热电偶部分保温，避免窗片潮解。

维修时应注意对于所有的光学元件均不可用任何材料擦拭，热电偶的处理更应小心，由于热电偶接收面积很小，整个光路系统非常精密，光路稍有偏移即可导致能量的大幅度下降，或造成光路的不平衡。

自从采用计算机控制仪器及数据处理技术以后，操作的容易程度和安全可靠性大为增加，但对精密度较高的仪器操作仍应具有一定的熟练程度。要得到质量好的图谱，实验技术是很重要的一个因素。

8.2.3　有机化合物的红外吸收光谱

8.2.3.1　红外光谱的分区

基团的振动频率主要取决于组成基团原子量（即原子种类）和化学键力常数（即化学键的种类）。因此处在不同化合物中的同种基团的振动频率相近，总是出现在某一范围内。根据这一规律，可以把红外光谱范围划分为若干个区域，每个区域对应一类或几类基团的振动频率，这样对红外光谱进行解析时就十分方便。红外光谱的范围很广，为 0.75～1000μm（13300～10cm^{-1}）。按应用波段不同，可划分为近红外区、中红外区和远红外区，如表 8-4 所示。

表 8-4　红外光谱区划分

区域	波长，λ/μm	波数/cm^{-1}	能级跃迁类型
近红外区（泛频区）	0.75～2.5	13300～4000	OH、NH 及 CH 键的倍频吸收区
中红外区（基本振动区）	2.5～25	4000～400	振动，伴随着转动
远红外区（转动区）	25～1000	400～10	转动

远红外光谱主要有小分子的转动能级跃迁产生的转动光谱。此外还包括离子晶体、原子晶体和分子晶体产生的晶格振动光谱以及原子量较大或键力常数较小分子的振动光谱。中红外光谱和近红外光谱是由分子振动能级跃迁产生的振动光谱。在各类分子中只有简单的气体或气体分子才产生纯转动光谱，而大量复杂的气、液、固态物质分子主要产生振动光谱。并且目前被广泛用于化合物定性、定量和结构分析以及其他化学过程研究的红外吸收光谱，主要是波长处于中红外区的振动光谱。

在红外光谱分析中，中红外区是应用最广泛的光谱区，可分为氢键区、叁键和累积双键区、双键区及单键区四个区域，对应的频率范围和涉及的基团和振动形式见表 8-5。

表 8-5 　中红外光谱的分区

区域名称	氢键区	叁键和累积双键区	双键区	单键区
频率范围	$4000\sim2500\mathrm{cm}^{-1}$	$2500\sim2000\mathrm{cm}^{-1}$	$2000\sim1500\mathrm{cm}^{-1}$	$1500\sim400\mathrm{cm}^{-1}$
基团及振动形式	O—H、C—H、N—H 等的含氢基团的伸缩振动	C≡C、C≡N、N≡N 等叁键和 C＝C＝C、N＝C＝O 等累积双键基团的伸缩振动	C＝O、C＝C、C＝N、NO$_2$、苯环等双键基团的伸缩振动	C—C、C—O、C—N、C—X(X 为卤素)等单键的伸缩振动及 C—H、O—H 等含氢基团的弯曲振动

　　$2.5\sim7.5\mu m$（$4000\sim1330\mathrm{cm}^{-1}$）称为特征谱带区。因为羟基、氨基、甲基、亚甲基、各类羰基和羧酸盐基等官能团的特征吸收峰都出现在这一区域，所以又称它为基团区。$7.5\sim15\mu m$（$1330\sim667\mathrm{cm}^{-1}$）称为指纹区，物质的红外吸收峰在这一区域特别多，像人的指纹一样稠密，又有一定的特征性，所以称为指纹区。它的特征性虽然比特征谱带区差些，但当物质分子结构有些细微变化时，就会引起它的光谱明显变化，因此在鉴定物质的官能团时，指纹区的一些吸收峰常用作旁证，这在结构分析中，尤其对同系物或异构体的鉴别特别有用。图 8-13 和图 8-14 分别为异丙基乙基酮和甲基丁基酮的红外光谱图。从图中可以看到，在特征频率区（$4000\sim1500\mathrm{cm}^{-1}$），两个谱图的峰位基本相同，而在指纹区（$1500\mathrm{cm}^{-1}$ 以下）差别比较大。

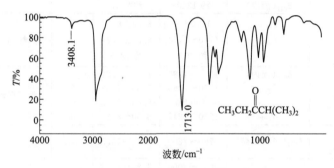

图 8-13　异丙基乙基酮的红外光谱图

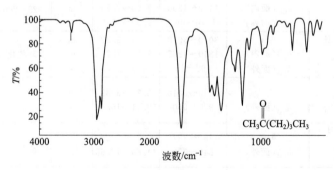

图 8-14　甲基丁基酮的红外光谱图

8.2.3.2　基团频率与特征吸收峰

　　物质的红外光谱是其分子结构的反映，谱图中的吸收峰，与分子中各基团的振动形式相对应。多原子分子的红外光谱与其结构的关系，一般是通过实验手段得到的，这就是通过比较大量已知化合物的红外光谱，从中总结出各种基团的吸收规律来。实验表明，组成分子的各种基团都有自己的特定的红外吸收区域，分子的其他部分对其吸收位置影响小。通常把这种能代表基团存在、并有较高强度的吸收谱带称为基团频率，其所在位置一般又称为特征吸收峰。

在红外光谱中，每种红外活性的振动都相应产生一个吸收峰，所以情况十分复杂。因此，用红外光谱来确定化合物是否存在某种官能团时，首先应该注意在官能团区它的特征峰是否存在，同时也应找到它们的相关峰作为旁证。这样，我们有必要了解各类化合物的特征吸收峰。表 8-6 列出了主要基团的特征吸收峰。

表 8-6　主要基团的特征吸收峰

化合物类型	基团	振动类型	波数 cm^{-1}	波长 μm	强度	备注
链状烷烃		ν_{CH}	3000~2800	3.33~3.57	m→s	
		δ_{CH}（面内）	1490~1335	6.70~7.41	m,w	
		ν_{C-C}（骨架）	1250~1140	8.00~8.77	m	
	—CH$_3$	$\nu_{as_{CH}}$	2960±10	3.38±0.01	s	特征：裂分为三个峰
		$\nu_{s_{CH}}$	2870±10	3.48±0.01	m→s	共振时裂分为两个峰
		$\delta_{as_{CH}}$（面内）	1450±20	6.90±0.1	m	
		$\delta_{s_{CH}}$（面内）	1375±5	7.27±0.03	s	
	—CH$_2$—	$\nu_{as_{CH}}$	2925±10	3.42±0.01	s	
		$\nu_{s_{CH}}$	2850±10	3.51±0.01	s	
		δ_{CH}（面内）	1465±10	6.83±0.1	m	
	—CH—	ν_{CH}	2890±10	3.46±0.01	w	
		δ_{CH}（面内）	约1340	约7.46	w	
	—CMe$_2$		1170±5	8.55±0.04	s	双峰强度相仿
		ν_{C-C}	1170~1140	8.55~8.77	s	
			约800	约12.5	m	
	—CMe$_3$	δ_{CH}（面内）	1395~1385	7.17~7.22	m	骨架振动
		δ_{CH}	1370~1365	7.30~7.33	s	
		ν_{C-C}	1250±5	8.00±0.03	m	
		ν_{C-C}	1250~1210	8.00~8.27	m	
	—(CH$_2$)$_n$—当 $n \geqslant 4$ 时	δ_{CH}（平面摇摆）	750~720	13.88~13.33	m,s	
烯烃		ν_{CH}	3095~3000	3.23~3.33	m,w	若是 C=C=C，则 ν_{C-H} 为 1925~2000cm^{-1}，中间有数段间隔
		ν_{C-C}	1695~1540	5.90~6.50	可变	
		δ_{CH}（面内）	1430~1290	7.00~7.73	m	
		δ_{CH}（面外）	1010~667	9.90~15.0	s	
	H C=C H（顺式）	ν_{CH}	3040~3010	3.29~3.32	m	环状化合物 650~850cm^{-1}
		δ_{CH}（面内）	1310~1295	7.63~7.72	m	
		δ_{CH}（面外）	690±15	14.50±0.3	s	
	H C=C H（反式）	ν_{CH}	3040~3010	3.29~3.32	m	
		δ_{CH}（面外）	970~960	10.31~10.42	s	
	C=C H（三取代）	δ_{CH}	1390~1375	7.20~7.27	w	
		δ_{CH}（面外）	840~790	11.89~12.66	s	
炔烃		ν_{CH}	约3300	约3.03	m	非特征
		$\nu_{C\equiv C}$	2270~2100	4.41~4.76	m	
		δ_{CH}（面内）	约1250	约8.00		
		δ_{CH}（面外）	645~615	15.50~16.25	s	
	—C≡C—H	ν_{CH}	3310~3300	3.02~3.03	m→s	特征
		δ_{CH}（组峰）	1300~1200	7.69~8.33	m,s	
		$\nu_{C\equiv C}$	2140~2100	4.67~4.76	w,vw	
	R—C≡C—R	$\nu_{C\equiv C}$	2260~2190	4.42~4.57	w	
		与 C=C 共振	2270~2220	4.41~4.51	m	
		与 C=O 共振	约2250	约4.44	s	

化合物类型	基团	振动类型	波数 cm^{-1}	波长 μm	强度	备注
芳烃		ν_{CH}	3040～3030	3.29～3.30	m	特征,高分辨呈多重峰(一般为3～4个峰)
		δ_{CH}(面外)的泛频峰	2000～1660	5.00～5098	w	特征,加大样品量可判断取代图式
		ν_{C-C}(骨架振动)	1600～1430	6.25～6.99	可变	高度特征,确定芳核存在的重要标志之一。由于取代基团的影响,个别可达到1615～1650cm^{-1}
		δ_{CH}(面内)	1225～950	8.16～10.53	w	因峰强度太弱,仅作为在区别三取代时,提供δ_{CH}(面外)的参考峰
		δ_{CH}(面外)	900～690	11.11～14.49	s	特征。确定取代位置最重要的峰
	取代类型	ν_{C-C}(骨架振动)	1600±5	6.25±0.02	可变	一般情况下,(1600±5)cm^{-1}峰稍弱,而(1500±25)cm^{-1}稍强,两者皆属于强峰共轭环
			1580±5	6.33±0.02	可变	
			1500±25	6.67±0.10	可变	
			1450±10	6.90±0.05	可变	
		δ_{CH}(面外)	770～730	12.99～13.70	v,s	五个相邻H
			710～690	14.08～14.49	s	
		δ_{CH}(面外)	770～735	12.99～13.61	v,s	四个相邻H
		δ_{CH}(面外)	860～800	11.63～12.50	v,s	二个相邻H
		δ_{CH}(面外)	810～750	12.35～13.33	v,s	三个相邻H
			725～680	13.79～14.71	m→s	三个相邻H
			900～860	11.12～11.63	m	一个孤立H
酮	—CH$_2$—C(O)—CH$_2$— (饱和链状酮)	$\nu_{C=O}$	1715±10	5.83±0.03	v,s	在CHCl$_3$中低10～20cm^{-1}
	—CH=CH—C(O)—R (α,β-不饱和酮)	$\nu_{C=O}$	1675±10	5.97±0.04	v,s	C=O与C=C共轭导致降低40cm^{-1}
	X—CH$_2$—C(O)—R (α-卤代酮)	$\nu_{C=O}$	1735±10	5.77±0.03	v,s	
	—C(O)—C(O)— (α-二酮)	$\nu_{C=O}$	1720±10	5.81±0.03	v,s	
	—C(O)—CH$_2$—C(O)— (β-二酮)	$\nu_{C=O}$	1700±10	5.88±0.03	v,s	
	—C(O)—C=C— OH (β-二酮烯醇式)	$\nu_{C=O}$	1640～1540	6.10～6.49	v,s	吸收峰宽而强(因共轭螯合非正常C=O峰)
醛	—C(O)H	ν_{CH}	2900～2700	3.46～3.70	w	一般为两个峰带
		$\nu_{C=O}$	1730±10	5.78±0.03	v,s	约2855cm^{-1}及约2740cm^{-1}
		ν_{C-C}	1440～1325	6.95～7.55	m	
		δ_{CH}(面外)	975～780	10.26～12.80	m	

化合物类型	基团	振动类型	波数 cm^{-1}	波长 μm	强度	备注
脂肪醛	—CH=C—C(=O)H	$\nu_{C=O}$	1690±10	5.92±0.03	v,s	ν_{CH},δ_{CH} 同上
酮	(α,β-不饱和酮)	$\nu_{C=O}$	1675±15	5.97±0.05	v,s	与环上取代基有关
酸	R—C(=O)—OH (饱和脂肪酸)	ν_{OH}	3000~2500	3.33~4.00	m	二聚体,宽峰
		$\nu_{C=O}$	1710±10	5.84±0.03	v,s	二聚体
		δ_{O-H}(面内)	1450~1410	6.90~7.10	w	二聚体(或 1440~1395cm^{-1})
		ν_{C-O}	1266~1205	7.90~8.30	m	二聚体
		δ_{O-H}(面外)	960~900	10.41~11.10	w	
	C=C—C(=O)—OH	$\nu_{C=O}$	1710±10	5.84±0.03	v,s	
	X—CH$_2$—C(=O)—OH (α-卤代酸酯)	$\nu_{C=O}$	1730±10	5.78±0.03	v,s	X=F 时,在 1760cm^{-1}
羧盐	—C(—O)(—O)	$\nu_{as\,COO-}$	1610~1550	6.21~6.45	v,s	特征
		$\nu_{s\,COO-}$	1400	7.15	v,s	特征
酯	R—C(=O)—O—R (饱和酯)	$\nu_{C=O}$(泛频)	约 3450	约 2.90	w	
		$\nu_{C=O}$	1820~1650	5.50~6.06	v,s	
		ν_{C-O-C}	1300~1150	7.69~8.70	s	
		$\nu_{C=O}$	1745±5	5.75±0.01	s	
	C=C—C(=O)—OR (α,β-不饱和酯)	$\nu_{C=O}$	1717~1730	5.78~5.82	v,s	
	—C(=O)—CH$_2$COR (β-酮酯)	$\nu_{C=O}$	1740~1730	5.75~5.78	v,s	$\nu_{C=C}$ 在 1630cm^{-1}
	—C(OH)=C—COR (烯醇型)	$\nu_{C=O}$	1650	约 6.07	v,s	
	—C(=O)—C(=O)—O—R (α-酮酯)	$\nu_{C=O}$	1755~1740	5.70~5.75	v,s	
	R—C(=O)—O—C=C (烯醇酯)	$\nu_{C=O}$	1780±20	5.62±0.03	v,s	有时高达 1715cm^{-1}
		$\nu_{C=C}$	1650~1690	5.92~6.06	s	
	R—C(=O)—O—Ar (苯基酯)	ν_{C-O-C}	1200±10	8.33±0.02	s	

化合物类型	基团	振动类型	波数 cm^{-1}	波长 μm	强度	备注
酸酐	R—C(O)—O—C(O)—R	$\nu_{C=O}$ $\nu_{C=O}$ ν_{C-O}	1820±20 1755±10 1170~1050	5.49±0.03 5.70±0.02 8.55~9.52	v,s v,s s	两羰基峰通常相隔60cm^{-1} 共轭使峰位降20cm^{-1}
	Ar—C(O)—O—C(O)—Ar	$\nu_{C=O}$	1785±5 1725±5	5.60±0.01 5.80±0.01	s v,s	两羰基峰通常相隔60cm^{-1}
酰胺类	R—C(O)—NH$_2$ 伯酰胺	ν_{NH} ν_{NH} $\nu_{C=O}$ δ_{NH}(面内)	约3500 约3400 约1690 约1650 1650~1620 1620~1590	约2.86 约2.94 约5.92 约6.06 6.06~6.17 6.17~6.29	m m s s s	呈双峰 液态有此峰 固态有此峰
	—C(O)—NH— 仲酰胺	ν_{NH}(游离) ν_{NH}(H键) $\nu_{C=O}$(固态) $\nu_{C=O}$(稀溶液)	3460~3400 3320~3140 1680~1630 1700~1670	2.89~2.94 3.01~3.19 5.95~6.14 5.88~5.99	m m s s	反式:3440~3420cm^{-1} 顺式:3180~3140cm^{-1}
	—C(O)—N< 叔酰胺	$\nu_{C=O}$	1670~1630	5.99~6.14		
醇		ν_{OH} δ_{OH}(面内) $\nu_{C=O}$ δ_{CH}(面外)	3700~3200 1410~1260 1250~1000 750~650	2.70~3.13 7.09~7.93 8.00~10.00 13.33~15.38	变 w s s	溶剂中含水时,水分子ν_{OH} 3760~3450cm^{-1} δ_{OH} 1640~1595cm^{-1} 样品压片形成的H键,水一般在ν_{OH} 3450cm^{-1} 液态有此峰
	羟基伸缩频率 游离 OH 分子间 H 键 分子间 H 键 分子内 H 键 分子内 H 键	ν_{OH} ν_{OH}(单桥) ν_{OH}(多聚体) ν_{OH}(单桥) ν_{OH}(整形物)	3650~3590 3550~3450 3400~6200 3570~3450 3200~2500	2.74~2.79 2.82~2.90 2.94~3.12 2.80~2.90 3.12~4.00	变 变 s 变 w	尖峰 尖峰 稀释移动 宽峰 尖峰 稀释无影响 宽峰
	—CH$_2$OH (伯醇)	δ_{OH}(面内) ν_{C-O}	1350~1260 约1050	7.41~7.93 约9.52	s s	
	>CH—OH (仲醇)	δ_{OH}(面内) ν_{C-O}	1350~1260 约1110	7.41~7.93 约9.01	s s	
	>C—OH (叔醇)	δ_{OH}(面内) ν_{C-O}	1410~1310 约1150	7.09~7.63 约8.70	s s	
酚		ν_{OH} δ_{OH}(面内) ν_{Ar-O}	3705~3125 1390~1315 1335~1165	2.70~3.20 7.20~7.60 7.50~8.60	s m s	
醚		ν_{C-O}	1210~1015	8.25~9.85	s	
	RCH$_2$—O—CH$_2$R	ν_{C-O}	约1110	约9.01	s	
	(CH$_2$=CH—O)$_2$	$\nu_{C=C}$	1640~1560	6.10~6.40	s	

化合物类型	基团	振动类型	波数 cm^{-1}	波长 μm	强度	备注
胺类		ν_{NH}	3500~3300	2.86~3.03	m	伯胺强、中;仲胺极弱
		δ_{NH}(面内)	1650~1550	6.06~6.45		
		ν_{C-N}(芳香)	1360~1250	7.35~8.00	s	
		ν_{C-N}(脂肪)	1235~1065	8.10~9.40	m,w	
		δ_{NH}(面外)	900~650	11.1~15.4		
	R—NH$_2$ (Ar) 伯胺	ν_{NH}	3500~3300	2.86~3.03	m	两个峰
		δ_{NH}(面内)	1650~1590	6.06~6.29	s,m	
		ν_{C-N}(芳香)	1340~1250	7.46~8.00	s	
		ν_{C-N}(脂肪)	1220~1020	8.20~9.80		
	—C—NH—C— 仲胺	ν_{NH}	3500~3300	2.86~3.03	m	一个峰
		δ_{NH}(面内)	1650~1550	6.06~6.45	v,w	
		ν_{C-N}(芳香)	1350~1280	7.41~7.81	s	
		ν_{C-N}(脂肪)	1220~1020	8.20~9.80	m,w	
	C—N(C)(C) 叔胺	ν_{C-N}(芳香)	1360~1310	7.35~7.63	s	
		ν_{C-N}(脂肪)	1220~1020	8.20~9.80	m,w	
不饱和含N化合物	R—CN	$\nu_{C\equiv N}$	2260~2240	4.43~4.46	s	饱和,脂肪族
	α,β-芳香氰	$\nu_{C\equiv N}$	2240~2220	4.46~4.51	s	
	α,β-不饱和脂肪氰	$\nu_{C\equiv N}$	2235~2215	4.47~4.52	s	
硝基与亚硝基化合物	R—NO$_2$	ν_{as}	1565~1543	6.39~6.47	s	用途不大
		ν_s	1385~1360	7.33~7.49	s	
			920~800	10.87~12.50	m	
		ν_{C-N}				
	Ar—NO$_2$	ν_{as}	1550~1510	6.45~6.62	s	
		ν_s	1365~1335	7.33~7.49	s	
			860~840	11.63~11.90	s	
		ν_{C-N}				

8.2.3.3 影响基团频率位移的因素

基团处于分子中某一特定的环境中,因此它的振动不是孤立的。基团确定后,组成该基团的原子量不会变,但相邻的原子或其他基团可以通过电子效应、空间效应等影响化学键的力常数,从而使其振动频率发生位移。

(1) 电子效应

① 诱导效应。由于取代基的不同电负性,通过静电诱导作用,使分子中电子云分布发生变化从而引起化学键力常数的变化,影响基团振动频率,这种作用称为诱导效应。例如在一些化合物中,羰基伸缩振动频率($\nu_{C=O}$)随着取代基电负性增大,吸电子诱导效应增加,使羰基双键性加大,$\nu_{C=O}$向高波数移动。

② 共轭效应。当两个或更多的双键共轭时,因π电子离域增大,即共轭体系中电子云密度平均化,使双键的键强降低,双键基团的振动频率随之降低,仍以$\nu_{C=O}$为例说明:

R—C(=O)—R′   R—C(=O)—C$_6$H$_5$ C$_6$H$_5$—C(=O)—C$_6$H$_5$

1715cm^{-1} 1690cm^{-1} 1665cm^{-1}

有时候诱导效应和共轭效应同时存在，应具体分析哪一种效应的影响更大。例如酰胺

$R-\overset{\displaystyle O}{\underset{\displaystyle \|}{C}}-NH_2$，氮原子上的孤对电子与羰基形成 p-π 共轭，使 $\nu_{C=O}$ 红移；氮的电负性比碳大，吸电子诱导效应使 $\nu_{C=O}$ 蓝移，因共轭效应大于诱导效应，总结果使 $\nu_{C=O}$ 红移到 1689cm^{-1} 左右，而在脂肪族酯中也同时存在共轭和诱导两种效应，但诱导效应占主导地位，所以酯的 $\nu_{C=O}$ 出现在较高频率处。

（2）空间效应

① 空间位阻。共轭体系具有共平面的性质，如果因临近基团体积较大或位置太近而使共平面偏离或破坏，就使共轭体系受到影响。原来因共轭效应而处于低频的振动吸收向高频移动，仍以 $\nu_{C=O}$ 为例，当苯乙酮的苯环邻位有甲基或异丙基存在时，$\nu_{C=O}$ 发生蓝移。

1663cm^{-1}　　　　　　1686cm^{-1}　　　　　　1693cm^{-1}

② 环的张力。环张力的大小会影响环上有关基团的振动频率。基本规律是随着环张力增大环外基团伸缩振动频率增加，而环内基团则振动频率反而下降。

③ 氢键。氢键的形成使参与氢键的原有化学键的力常数降低，吸收频率向低频移动。氢键形成程度不同，对力常数的影响不同，使吸收频率有一定范围，即吸收峰展宽。形成氢键后，相应基团振动时偶极矩变化增大，因此吸收度增大。以羧酸为例，当用其气体或非极性溶剂的极稀溶液测定时，可以在 1760cm^{-1} 处看到游离 C=O 伸缩振动的吸收峰；若测定液态或固态的羧酸，则只在 1710cm^{-1} 出现一个缔合的 C=O 伸缩振动吸收峰。这说明分子以二聚体的形式存在。

④ 振动耦合。振动耦合是指当两个化学键振动的频率相等或相近并具有一个公共原子时，由于一个键的振动通过公共原子使另一个键的长度发生改变，产生"微扰"，从而形成强烈的振动相互作用。这种相互作用的结果使振动频率发生变化，一个向高频移动，一个向低频移动。

振动耦合常常出现在一些二羰基化合物中。例如，在酸酐 $\overset{\displaystyle R-\overset{\displaystyle O}{\underset{\displaystyle \|}{C}}}{\underset{\displaystyle R^1-\underset{\displaystyle \|}{\underset{\displaystyle O}{C}}}{}}O$ 中，由于两个羰基的振动耦合，$\nu_{C=O}$ 的吸收峰分裂成两个峰，分别出现在 1820cm^{-1} 和 1760cm^{-1}。

⑤ 费米共振。当弱的倍频（或组合频）峰位于某强的基频吸收峰附近时，它们的吸收峰强度常常随之增加，或发生谱峰分裂，这种倍频（或组合频）与基频之间的振动耦合，称为费米共振。

例如，在正丁基乙烯基醚中，烯基 $\nu_{=CH}810\text{cm}^{-1}$ 处的倍频（约在 1600cm^{-1} 处）与烯基的 $\nu_{C=C}$ 发生费米共振，结果在 1640cm^{-1} 和 1613cm^{-1} 处出现两个强的谱带。

再如苯甲酰氯，其 C—Cl 的伸缩振动在 874cm^{-1}，相应倍频峰位于 1730cm^{-1} 左右，正好落在附近，发生费米共振从而使倍频峰增加，见图 8-15。

除了上述讨论的这些因素外，测定红外光谱时的制样方法等条件不同，也在某种程度上影响谱图的形状。

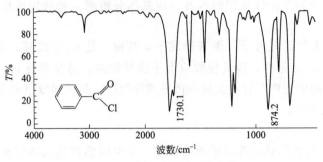

图 8-15　苯甲酰氯的红外光谱

8.2.3.4　影响谱带强度的因素

谱带强度与基团振动时偶极矩变化的大小有关。偶极矩变化越大，谱带强度越大。偶极矩没有变化，谱带强度为 0，即为红外非活性。而偶极矩的变化和分子（或基团）本身固有的偶极矩有关，极性较强的基团，振动中偶极矩变化较大，对应的吸收谱带也较强。例如 C＝O 和 C＝C 伸缩振动频率相差不大，都在双键区，但吸收强度差别很大，C＝O 的吸收很强，而 C＝C 的吸收较弱。

基团的偶极矩还与结构的对称性有关，对称性越强，振动时偶极矩的变化越小，吸收带越弱。例如 C＝C 双键在下面三种结构中，吸收强度差别明显（ε 为摩尔吸光系数）。

R—CH＝CH₂　（ε＝40）　　R—CH＝CH—R′　（顺式 ε＝10，反式 ε＝2）

端烯烃的对称性较差，顺式烯烃其次，反式烯烃的对称性最强，因此它们的 C＝C 吸收峰强度依次递减，在反式烯烃中几乎常常检测不到。

8.2.4　红外光谱测定中的样品处理技术

8.2.4.1　液体样品

① 液膜法。液体样品常用液膜法。该法适用于不易挥发（沸点高于 80℃）的液体或黏稠溶液。使用两块 KBr 或 NaCl 盐片，如图 8-16 所示。将液体滴 1～2 滴到盐片上，用另一块盐片将其夹住，用螺丝固定后放入样品室测量。若测定碳氢类吸收较低的化合物时，可在中间放入夹片（spacer，约 0.05～0.1mm 厚），增加膜厚。测定时需注意不要让气泡混入，螺丝不应拧得过紧以免窗板破裂。使用以后要立即拆除，用脱脂棉沾氯仿、丙酮擦净。

② 溶液法。溶液法适用于挥发性液体样品的测定。使用固定液池，将样品溶于适当溶剂中配成一定浓度的溶液 ［一般以 10％（质量分数）左右为宜］，用注射器注入液池中进行测定。所用溶剂应易于溶解样品；非极性，不与样品形成氢键；溶剂的吸收不与样品吸收重合。常用溶剂为 CS₂、CCl₄、CHCl₃ 等。

③ 调糊法。固体样品还可用调糊法（或重烃油法，Nujol 法）。将固体样品（5～10mg）放入研钵中充分研细，滴 1～2 滴重烃油调成糊状，涂在盐片上用组合窗板组装后测定。若重烃油的吸收妨碍样品测定，可改用六氯丁二烯。

④ 薄膜法。适用于高分子化合物的测定。将样品溶于挥发性溶剂后倒在洁净的玻璃板上，在减压干燥器中使溶剂挥发后形成薄膜，固定后进行测定。

8.2.4.2　气体样品

气体样品的测定可使用窗板间隔为 2.5～10cm 的大容量气体池，如图 8-17 所示。抽真空后，向池内导入待测气体。测定气体中的少量组分时使用池中的反射镜，其作用是将光路长增加到数十米。气体池还可用于挥发性很强的液体样品的测定。

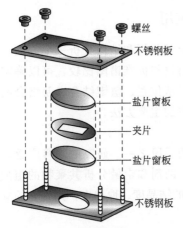

图 8-16　液膜法测定用的组合窗板

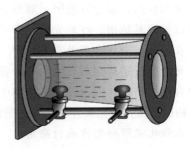

图 8-17　气体池

8.2.4.3　固体样品

固体样品可以采用溶液法、研糊法及压片法。

溶液法就是将样品在合适溶剂中配成浓度约 5％的溶液后测量。

研糊法即将研细的样品与石蜡油调成均匀的糊状物后，涂于窗片上进行测量。由于石蜡油的 C—H 吸收带对样品有干扰，则可用全氧烃油代替，因为它在 $2700 \sim 1500 cm^{-1}$ 及 $1300 \sim 800 cm^{-1}$ 透过性极好。此法虽方便，但不能获得满意的定量结果。

压片法是将约 1mg 样品与 100mg 干燥的溴化钾粉末研磨均匀，再在压片机上压成几乎呈透明状的圆片后测量。这种处理技术的优点是：干扰小，容易控制样品浓度，定量结果较准确，而且容易保存样品。

为了成功地测试固体样品，必须注意以下两点：

① 仔细研磨样品，使粉末颗粒均为 $1 \sim 2 \mu m$，否则，过大颗粒会使入射辐射的散射增强；

② 试样颗粒必须均匀分散，且没有水分存在。

8.2.4.4　制备样品时应注意的事项

① 样品浓度和厚度的选择。在红外光谱分析中，一般应使光谱中大部分吸收峰的透光率在 20％～70％的范围内。因此，应调整样品的浓度（或压片厚度）使之适应测量要求。样品浓度太稀或压片太薄会使光谱中许多小峰显示不出来。反之，样品浓度过高或压片太厚，会使光谱中某些强的吸收峰超过标尺，给读图带来麻烦。

② 样品中不应含有游离水。因为水在红外区有吸收，对样品峰有干扰。另外，水对窗片等元件有腐蚀作用。

③ 色散型红外光谱分析仪器的灵敏度较低。要求样品中含有的微量杂质不超出 0.1％～1％；若试样中含有的不纯物过高，杂质与组分的红外吸收峰将相互重叠，使谱图难以解析。因此，含杂质超过 1％的试样应预先进行适当的分离（如萃取、重结晶等）后再进行测量。在试样处理过程中要避免污染、变质（引起化学反应），以及相态结构的变化等。

④ 采用正确的样品制备方法，减少制备样品中产生的干扰。选择干扰较少的溶剂或介质。

⑤ 当操作易吸潮的样品池或窗片（如氯化钠或溴化钾）时，要戴上橡皮手套或指套，

以防手指上的水分使窗片受潮。

⑥ 当操作有毒的吸收池窗片（如 KRS-5 的组成为 TlBr、TlI）时，必须戴上手套或指套。

8.2.5 红外吸收光谱法在有机分析中的应用

红外光谱分析的应用，可概括为定性鉴别、定量分析和结构分析三个方面。红外光谱最重要的应用是中红外区有机化合物的结构鉴定。通过与标准谱图比较，可以确定化合物的结构；对于未知样品，通过官能团、顺反异构、取代基位置、氢键结合以及络合物的形成等结构信息可以推测其结构。红外光谱是分子结构研究的主要方法。

（1）在高聚物分析方面的应用

红外光谱分析是研究高聚物的一个很有成效的手段之一。研究的内容广泛，不仅可以鉴定未知聚合物的结构，剖析各种高聚物中添加剂、助剂和定量分析共聚物的组成，而且可以考察聚合物的结构，研究聚合物反应，测定聚合物的结晶度、取向度，判别它的立体构型等。

（2）在催化吸附研究方面的应用

红外光谱在催化剂表面结构、化学吸附、催化反应机理等方面的应用已相当广泛，是研究表面化学的一种重要工具。现以 CO 在催化剂上的吸附为例说明红外光谱在研究化学吸附方面的应用。CO 化学吸附在催化剂上意味着被吸附的 CO 分子与催化剂表面原子间形成吸收化学键。因为有新键形成，在红外光谱中就会出现新的谱带。例如气相 CO 在 $2110cm^{-1}$ 和 $2165cm^{-1}$ 处有双峰，当它吸附在铁上时，在 $1970cm^{-1}$ 附近出现一个宽峰。这种频率降低的现象是碳原子和金属铁表面原子成键后，使碳-氧键力常数降低的结果。

（3）在配位化合物研究方面的应用

红外光谱可以研究配合物的结构和性质。因为配位体和金属结合形成配合物后，原来自由配位体的基频谱带受金属原子（离子）的影响和其他配位体的振动耦合作用发生位移，位移的大小与配位数、键的性质有关，配合反应的结果也会有新谱带出现。

（4）在药物分析中的应用

红外光谱用于药物分析已有悠久的历史。由于核磁共振及有机质谱的应用，对化合物的结构测定，红外光谱显然是一种次要手段。但对药物的鉴别测定，红外光谱仍然是十分重要的手段，中国药典、英国药典及美国药典等所收录的许多品种，都以红外光谱作为鉴别药品的主要依据。

红外光谱除了可用于有机物结构分析之外，在化工、食品、医药、材料、环境及司法鉴定等众多领域有着广泛的应用，可对所测物质进行定性和定量分析。

8.2.5.1 解析红外吸收光谱

（1）了解样品的来源和性质

了解样品的来源，可帮助估计样品及杂质的范围。样品纯度需大于 98％，若不符合纯度要求则需精制或色谱分离，而后再用红外光谱定性。样品的沸点、熔点、折射率、旋光度等物理性质，可作为光谱解析的旁证。另外，分子式常常可提供许多的物质结构信息。用分子式可以计算其不饱和度，可以估计分子中是否有双键、三键、芳香化合物及饱和化合物等，并可验证光谱解析结果的合理性。

（2）计算化合物的不饱和度

解析之前由分子式计算出化合物的不饱和度（U），对推断未知物的结构非常有帮助。不饱和度即分子中距离达到饱和所缺一价元素的成对个数，每缺两个一价元素不饱和度为 1

个单位。若分子中只含一、二、三、四价元素（主要指 H、O、N、C 等），则不饱和度有：

$$U=\frac{2+2n_4+n_3-n_1}{2} \tag{8-18}$$

式中，n_1，n_3，n_4 分别为分子式中一、三、四价元素的数目。在计算不饱和度时，二价元素的数目无需考虑，因为它根据分子结构的不饱和情况以双键或单键来填补。

不饱和度值与物质结构有一定规律：$U=0$ 为链状饱和化合物；$U=1$ 为一个双键（$C=C$，$C=O$）或脂环化合物，结构中若含有双键或脂环则 $U \geq 1$；$U=2$ 为一个三键的化合物，结构中若含有三键则 $U \geq 2$；$U=4$ 为一个苯环化合物，结构中若含有六元芳环则 $U \geq 4$。

（3）识别特征区和指纹区红外光谱

光谱解析应遵循先简单后复杂，先特征区后指纹区，先强峰后弱峰，先粗查后细找，先否定后肯定的原则进行。

特征区光谱可确定化合物中的官能团，由第一强峰可预测化合物的类别；通过碳氢振动类型及是否存在芳环的骨架振动，判断化合物是芳香族、脂肪族饱和或不饱和化合物。ν_{C-H} 发生在 $3300 \sim 2800 \mathrm{cm}^{-1}$ 间，大体以 $3000 \mathrm{cm}^{-1}$ 为界，高于 $3000 \mathrm{cm}^{-1}$ 为不饱和，低于 $3000 \mathrm{cm}^{-1}$ 为饱和。芳香环的骨架振动（$\nu_{C=C}$）出现在 $1650 \sim 1430 \mathrm{cm}^{-1}$ 间，非共轭环出现 2 个峰，共轭环有 $3 \sim 4$ 个峰。其中以 $(1600 \pm 20) \mathrm{cm}^{-1}$ 和 $(1500 \pm 25) \mathrm{cm}^{-1}$ 为主要峰，是鉴别有无芳环存在的标志之一。

解析时先按待查吸收峰的峰位，查找红外光谱上九个重要区段表（表 8-7），初步了解吸收峰的起源（由何种振动引起）。而后再根据相关峰的峰位数据（查手册），仔细核对未知光谱，肯定第一强峰的归属，此步称为"细找"。同理识别特征区中强度依次减弱的吸收峰，有必要再解析指纹区光谱。

表 8-7 红外光谱的九个重要区段

波数/cm^{-1}	波长/μm	振动类型
3750～3000	2.7～3.3	ν_{OH}，ν_{NH}
3300～3000	3.0～3.4	$\nu_{\equiv CH} > \nu_{=CH} \approx \nu_{ArH}$
3000～2700	3.3～3.7	ν_{CH}（—CH$_3$，—CH$_2$—、—CH，—CHO）
2400～2100	4.2～4.9	$\nu_{C \equiv C}$，$\nu_{C \equiv N}$
1900～1650	5.3～6.1	$\nu_{C=O}$（酸酐、酰氯、酯、醛、酮、羧酸、酰胺）
1675～1500	5.9～6.2	$\nu_{C=C}$，$\nu_{C=N}$
1475～1300	6.8～7.7	δ_{CH}
1300～1000	7.7～10.0	ν_{C-O}（酚、醇、醚、酯、羧酸）
1000～650	10.0～15.4	$\gamma_{=CH}$（烯氢、芳氢）

指纹区的许多吸收峰与特征区吸收峰相关，可以作为化合物含有某一基团的旁证，并可确定化合物的细微结构，如推断芳香环上的取代基位置和一些化合物的几何异构体等。

对于简单光谱，一般解析一两组相关峰即可确定未知物的分子结构。对于复杂化合物的光谱，由于官能团间的相互影响，解析困难，可粗略解析后，再经与已知物光谱对照或查对标准光谱，或进行综合光谱解析（包括元素分析、UV、NMR、MS 等光谱）。

8.2.5.2　定性分析

红外光谱是物质定性的最重要方法之一。利用红外光谱法鉴定物质通常采用比较法。即把相同条件下测得的被测物质与标准纯物质的红外光谱图进行比较。一般来说，如果这两个物质的制样方法、测试光谱条件都相同，得到的红外光谱图的吸收峰位置、强度及吸收峰形状都一样，则此两物基本上是同一物质。

由于纯物质不易获得，因此这种比较更多地用于与红外标准谱图进行比较，但样品测试条件（如制样方法、溶剂、浓度及仪器工作参数等）应尽可能与标准谱图上标注的一致。目前的红外光谱仪大多带有标准谱库，所以首先可以通过计算机对所储存的标准谱库进行检索和比较。如果检测不到，再用人工查谱的方法进行分析。

对于没有标准物质及标准红外光谱图的未知样品，则需要借助于包括红外光谱在内的多种仪器分析方法才能推测其化学结构。

8.2.5.3 定量分析

红外定量分析主要研究样品的量（包括浓度和厚度）与吸收入射光之间的关系。与紫外光谱相似，在一定浓度范围内，红外光谱的谱峰强度与被测样品的含量符合朗伯-比耳定律。即在某一定波长的单色光作用下，吸光度与物质的浓度呈线性关系，可用如下公式表示：

$$A = \lg \frac{I_0}{I} = \varepsilon c L \tag{8-19}$$

式中，A 为吸光度；I_0 为入射光强度；I 为透过光强度；ε 为消光系数；c 为样品浓度；L 为样品厚度。

红外光谱图中吸收带很多，因此定量分析时特征吸收谱带的选择尤为重要，除应考虑 ε 较大之外还应注意以下几点：

① 谱带的峰形应有较好的对称性；

② 没有其他组分在所选特征谱带区产生干扰；

③ 溶剂或介质在所选特征谱带区域应无吸收或基本没有吸收；

④ 所选溶剂不应在浓度变化时对所选特征谱带的峰形产生影响；

⑤ 特征谱带不应在对二氧化碳、水蒸气有强吸收的区域。

谱带强度的测量方法主要有峰高测量和峰面积测量两种，而定量分析方法很多，可采用直接计算法、工作曲线法、吸光度比法和内标法等。

（1）直接计算法

此法适用于组分简单、特征吸收谱带不重叠，且浓度与吸收呈线性关系的样品，并要求先测出样品的厚度 L 及 ε 值，分析精度不高时可用文献报道的 ε 值。直接从谱图上读取吸光度值 A，再按式(8-19)算出组分浓度 c。

（2）工作曲线法

此法适用于组分简单、样品厚度一定（一般在液体样品池中进行）、特征吸收谱带重叠较少、浓度与吸光度呈线性关系的样品。

首先配制一系列浓度不同的标准溶液，在同一液体吸收池内测得需要的特征谱带，将吸光度与对应浓度作图（A-c 图）。由于工作曲线或标准曲线是从实际测定中获得，真实地反映了被测组分的浓度与吸光度的关系，因此即使被测组分在样品中不服从朗伯-比耳定律，只要浓度在所测的工作曲线范围内，也能得到比较准确的结果。

（3）吸光度比法

假如有两元组分 X 和 Y，根据式(8-19)，应存在下列关系：

$$A_X = \varepsilon_X c_X L_X$$
$$A_Y = \varepsilon_Y c_Y L_Y$$

由于吸光度 A_X 和 A_Y 由同一薄膜或压片测得，所以虽然不知其真实厚度，但是厚度是相同的，即 $L_X = L_Y$，则吸光度比 R 应为：

$$R = \frac{A_X}{A_Y} = \frac{\varepsilon_X c_X L_X}{\varepsilon_Y c_Y L_Y} = k\frac{c_X}{c_Y}$$

式中，k 为两组分在各自特征吸收峰处的吸收系数比。

如果配制一系列不同 $\frac{c_X}{c_Y}$ 的混合样作为标准样品，则可获得不同 $\frac{c_X}{c_Y}$ 值所对应的 R 值，以 R 对 $\frac{c_X}{c_Y}$ 作坐标图，就可得到一条斜率为 k 的直线。对于二元体系而言，$c_X + c_Y = 1$，

所以
$$c_X = \frac{R}{k+R} \qquad\qquad c_Y = \frac{k}{k+R}$$

只要测出未知样的 R 值，就可计算出二元组分的各自浓度 c_X 和 c_Y。这种方法简便适用，但前提是不允许含其他杂质。吸光度比法也适合于多元体系。

（4）内标法

此法首先选择一个合适的纯物质作为内标物。用待测组分标准品和内标物配制一系列不同比例的标样，测量它们的吸光度，并用公式(8-20)计算出吸收系数比 k。

根据朗伯-比耳定律：

待测组分 S 的吸光度 $\qquad\qquad A_S = \varepsilon_S c_S L_S$

内标物 I 的吸光度 $\qquad\qquad A_I = \varepsilon_I c_I L_I$

因内标物与待测组分的标准品配成标样后测定，故 $L_S = L_I$

$$k = \frac{\varepsilon_S}{\varepsilon_I} = \frac{A_S}{c_S L_S} \times \frac{c_I L_I}{A_I} = \frac{A_S}{A_I} \times \frac{c_I}{c_S} \tag{8-20}$$

在配制的标样中，c_S、c_I 都是已知的，c_S、c_I 可以从图谱中获得，故可求得 k 值。

然后，在样品中配入一定量的内标物，测量它们的吸光度，即可计算出待测组分的含量 c_S。

$$c_S = c_I \frac{A_S}{A_I} \times \frac{1}{k}$$

式中，k 值由标样求得；c_I 是配入样品的内标物量；A_S、A_I 可以从图谱中获得。

如果被测组分的吸光度与浓度不呈线性关系，即 k 值不恒定时，应先作出 c_S/c_I 与 c_S/c_I 工作曲线，在未知样品中测定吸光度比值后，就可以从工作曲线上得出相应的浓度比值。由于加入的内标物是已知的，因此就可求得未知组分的含量。

8.2.5.4 应用红外光谱分析应注意的问题

用红外光谱验证已知物最为方便，只要选择合适的样品制备方法，测绘其谱图，与纯物质的标准谱图相对照即可鉴别。在对照试样与纯物质的谱图（或标准谱图）时，应当注意下述问题：

① 物态相同：同一物质状态不同，红外光谱图会发生很大变化。例如，带有长次甲基链的聚乙烯，固态在 $730\sim720\mathrm{cm}^{-1}$ 区域出现双峰，而在熔融状态或溶液中只出现一个峰。峰的分裂主要是分子之间相互作用的结果。

② 晶形相同：结晶形状不同，其红外光谱也不完全一致。例如 β 型氮化硅有 $575\mathrm{cm}^{-1}$、$440\mathrm{cm}^{-1}$、$375\mathrm{cm}^{-1}$ 三个特征峰，而 α 型氮化硅则没有（见图 8-18）。

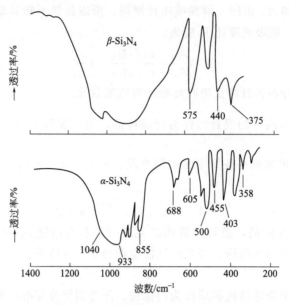

图 8-18　不同晶形的 Si_3N_4 红外光谱

③ 溶剂相同：制备样品时常使用不同的溶剂，特别是易和溶质相作用的极性溶剂，常使红外光谱发生变化。一般情况下极性基团的伸缩振动频率随溶剂极性的增大而降低。因此，在比较羰基、羟基、氨基等基团的化合物谱图时，尽可能采用同一溶剂，并尽量采用非极性溶剂。

④ 仔细判别：由于多种原因，在红外光谱中可能出现一些"杂峰"，在与标准谱图对照时，一定要仔细判别。例如：用溴化钾压片时，由于 KBr 易吸水而在 $3410\sim3300cm^{-1}$ 和 $1640cm^{-1}$ 处出现水的吸收峰，大气中的二氧化碳会在 $2350cm^{-1}$ 和 $667cm^{-1}$ 处出现吸收峰。总之，要验证的样品只有红外光谱图中吸收峰位置、数目和相对强度与标准谱图一一对应时，才能认定，否则两者不是同一物质或样品中含有杂质。

8.3　拉曼光谱

拉曼光谱分析法是基于印度物理学家 C. V. 拉曼（Raman）所发现的拉曼散射效应。1928 年，拉曼发现光通过透明溶液时，有一部分光被散射，其频率与入射光不同，为 $\upsilon_0\pm\Delta\upsilon$，频率位移与发生散射的分子结构有关。这种散射称为拉曼散射，频率位移称为拉曼位移。

拉曼光谱分析法是利用拉曼散射效应，对与入射光频率不同的散射光谱进行分析以得到分子振动、转动方面的信息，并应用于分子结构研究的一种分析方法。

8.3.1　拉曼光谱的产生

光照射到物质上发生弹性散射和非弹性散射。弹性散射的散射光是与激发光波长相同的成分，非弹性散射的散射光有比激发光波长长的和短的成分，统称为拉曼效应。

当光穿过透明介质，被分子散射的光发生频率变化，这一现象称为拉曼散射。在透明介质的散射光谱中，频率与入射光频率 υ_0 相同的成分称为瑞利散射；频率对称分布在 υ_0 两侧的谱线或谱带 $\upsilon_0\pm\Delta\upsilon$ 即为拉曼光谱，其中频率较小的成分 $\upsilon_0-\Delta\upsilon$ 又称为斯托克斯

（Stokes）线，频率较大的成分 $\upsilon+\Delta\upsilon$ 又称为反斯托克斯线。靠近瑞利散射线两侧的谱线称为小拉曼光谱；远离瑞利线的两侧出现的谱线称为大拉曼光谱。瑞利散射线的强度只有入射光强度的 10^{-3}，拉曼光谱强度大约只有瑞利线的 10^{-3}。小拉曼光谱与分子的转动能级有关，大拉曼光谱与分子振动-转动能级有关。图 8-19 为 CCl_4 的拉曼光谱。

从图 8-19 可见，拉曼光谱的横坐标为拉曼位移，以波数表示。$\Delta\overline{\upsilon}=\overline{\upsilon}_s-\overline{\upsilon}_0$，其中 $\overline{\upsilon}_s$ 和 $\overline{\upsilon}_0$ 分别为斯托克斯位移和入射光波数。纵坐标为拉曼光强。

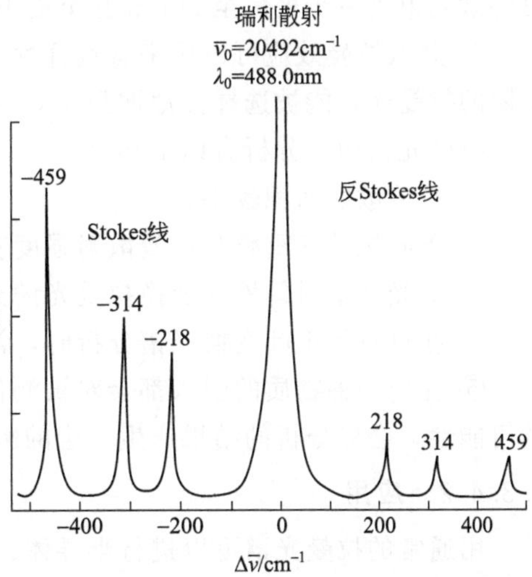

图 8-19 CCl_4 的拉曼光谱

8.3.2   共振拉曼

共振拉曼（resonance Raman scattering，RRS）以分析物的紫外-可见吸收光谱峰的邻近处作为激发波长。样品分子吸光后跃迁至高电子能级并立即回到基态的某一振动能级，产生共振拉曼散射。该过程很短，约为 10^{-14} s。而荧光发射是分子吸光后先发生振动松弛，回到第一电子激发态的第一振动能级，返回基态时的发光。荧光寿命一般为 $10^{-6}\sim10^{-8}$ s。

共振拉曼强度比普通的拉曼光谱法强度可提高 $10^2\sim10^6$ 倍，检测限可达 10^{-8} mol/L，而一般的拉曼光谱法只能用于测定 0.1 mol/L 以上浓度的样品。因此 RRS 法用于高灵敏度测定以及状态解析等，如低浓度生物大分子的水溶液测定。共振拉曼的主要不足是荧光干扰。

8.3.3   表面增强拉曼

表面增强拉曼（surface-enhanced Raman scattering，SERS）是用通常的拉曼光谱法测定吸附在胶质金属颗粒如银、金或铜表面的样品，或吸附在这些金属片的粗糙表面上的样品。尽管原因尚不明朗，但人们发现被吸附的样品其拉曼光谱的强度可提高 $10^3\sim10^6$ 倍。如果将表面增强拉曼与共振拉曼结合，光谱强度的净增加几乎是两种方法增强的和，检测限可低至 $10^{-9}\sim10^{-12}$ mol/L。表面增强拉曼主要用于吸附物种的状态解析等。

8.3.4   拉曼光谱的特点与应用

8.3.4.1   特点

拉曼光谱分析有以下优点：

提供快速、简单、可重复且无损伤的定性定量分析，它无需样品准备，样品可直接通过光纤探头或者通过玻璃、石英和光纤测量。

① 水的拉曼散射很微弱，拉曼光谱是研究水溶液中的生物样品和化学化合物的理想工具。

② 拉曼光谱一次可以同时覆盖 50～4000 波数的区间，可对有机物及无机物进行分析。

③ 拉曼光谱谱峰清晰尖锐，更适合定量研究、数据库搜索，以及运用差异分析进行定性研究。在化学结构分析中，独立的拉曼区间的强度和功能基团的数量相关。

④ 因为激光束的直径在它的聚焦部位通常只有 0.2～2nm，常规拉曼光谱只需要少量的样品就可以得到。这是拉曼光谱相对常规红外光谱一个很大的优势。而且，拉曼显微镜物镜

可将激光束进一步聚焦至 $20\mu m$ 甚至更小，可分析更小面积的样品。

⑤ 共振拉曼效应可以用来有选择性地增强大生物分子特别发色基团的振动，这些发色基团的拉曼光强能被选择性地增强 1000 到 10000 倍。

拉曼光谱用于分析有以下不足：

① 拉曼散射面积较小；

② 不同振动峰重叠和拉曼散射强度容易受光学系统参数等因素的影响；

③ 荧光现象对傅里叶变换拉曼光谱分析的干扰；

④ 在进行傅里叶变换光谱分析时，常出现曲线的非线性的问题；

⑤ 任何一种物质的引入都会对被测体系带来某种程度的污染，这等于引入了一些误差的可能性，会对分析的结果产生一定的影响。

8.3.4.2 应用

用通常的拉曼光谱可以进行半导体、陶瓷等无机材料的分析。如剩余应力分析、晶体结构解析等。拉曼光谱还是合成高分子、生物大分子分析的重要手段。如分子取向、蛋白质的巯基、卟啉环等的分析。直链 CH_2 碳原子的折叠振动频率可由下式确定：$v = 2400/N_C$（cm^{-1}）。N_C 为碳原子数。此外，拉曼光谱在燃烧物分析、大气污染物分析等方面有重要应用。

与分子红外光谱不同，极性分子和非极性分子都能产生拉曼光谱。激光器的问世，提供了优质高强度单色光，有力推动了拉曼散射的研究及其应用。拉曼光谱的应用范围遍及化学、物理学、生物学和医学等各个领域，对于纯定性分析、高度定量分析和测定分子结构都有很大价值。激光拉曼光谱法的应用有以下几种：

① 有机化学。拉曼光谱在有机化学方面主要是用作结构鉴定的手段，拉曼位移的大小、强度及拉曼峰形状是确定化学键、官能团的重要依据。利用偏振特性，拉曼光谱还可以作为顺反式结构判断的依据。

② 高聚物。拉曼光谱可以提供关于碳链或环的结构信息。在确定异构体（单体异构、位置异构、几何异构和空间立体异构等）的研究中拉曼光谱可以发挥其独特作用。电活性聚合物如聚吡咯、聚噻吩等的研究常利用拉曼光谱为工具。在高聚物的工业生产方面，如在受挤压线型聚乙烯的形态、高强度纤维中紧束分子的观测，以及聚乙烯磨损碎片结晶度的测量等研究中都采用了拉曼光谱。

③ 生物。拉曼光谱是研究生物大分子的有力手段，由于水的拉曼光谱很弱、谱图又很简单，故拉曼光谱可以在接近自然状态、活性状态下来研究生物大分子的结构及其变化。拉曼光谱在蛋白质二级结构的研究、DNA 和致癌物分子间的作用、视紫红质在光循环中的结构变化、动脉硬化操作中的钙化沉积等研究中的应用均有文献报道。利用 FT-Raman 消除生物大分子荧光干扰等，有许多成功的示例。

④ 表面和薄膜。拉曼光谱在材料的研究方面，在相组成界面、晶界等课题中应用广泛。拉曼光谱已成 CVD（化学气相沉积法）制备薄膜的检测和鉴定手段。

8.4 发光分析法

8.4.1 分子荧光分析

当某些物质吸收特定波长的光之后，除产生吸收光谱之外还会发射出比原来吸收波长更长的光，当激发光停止照射后，这种光线也随之很快地消失，这种现象称为光致发光。物质分子吸收光子能量而被激发，然后从激发态的最低振动能级返回基态时发射出的光称为荧光。根据物质的荧光谱线位置及强度进行物质鉴定和物质含量测定的方法称为荧光分析，简称荧光法。

8.4.1.1 分子荧光的产生

分子吸收辐射时可被激发至第一激发态（或更高激发态）的任一振动能级，在溶液中这种激发态分子很容易与溶剂分子发生碰撞，以热能形式损失其振动能后下降至第一电子激发态的最低振动能级（无辐射跃迁），然后再以光辐射形式跃迁到电子基态的任一振动能级，即产生荧光。并进一步以无辐射跃迁形式回到基态的最低振动能级，整个跃迁过程如图 8-20 所示。

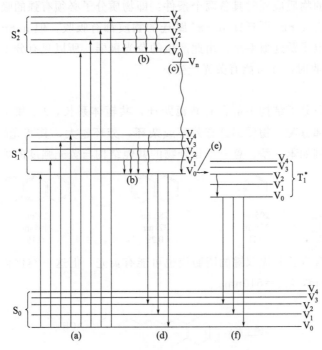

图 8-20　荧光与磷光产生示意图

8.4.1.2 激发光谱与发射光谱

荧光物质分子都有两个特征光谱，即激发光谱和发射光谱。

激发光谱是固定荧光波长，改变激发光波长，测定相应的荧光强度。以激发光波长为横坐标，荧光强度为纵坐标作图，便可得到荧光物质的激发光谱。若固定激发光波长，测定不同荧光波长相应的荧光强度，以荧光波长为横坐标，荧光强度为纵坐标作图，便可得到荧光光谱。

荧光物质的最大激发波长和最大荧光波长是鉴定物质的依据，也是定量测定时最灵敏的光谱条件。

如果将某一物质的激发光谱与它的荧光光谱进行比较，便可发现这两种光谱之间存在着密切的"镜像对称"关系。

8.4.1.3 荧光量子产率与分子结构的关系

物质分子结构与荧光的发生及荧光强度密切相关，根据物质的分子结构可判断物质的荧光特征。

物质分子并不是每吸收一个激发光量子就能发射一个荧光光量子。物质发射荧光的量子数与所吸收的激发光量子数的比值称为荧光效率或称荧光产率，用 Φ_f 表示。

$$\Phi_f = \frac{\text{发光荧光的量子数}}{\text{吸收激发光的量子数}} \tag{8-21}$$

荧光效率（Φ_f）的极大值为 1，即每吸收一个光量子就发射一个光量子。但大多数荧光物质的小于 1。例如，荧光素钠在水中 $\Phi_f = 0.92$；蒽在乙醇中 $\Phi_f = 0.30$；菲在乙醇中 $\Phi_f = 0.10$ 等。荧光效率低的物质虽然有强的紫外吸收，但所吸收的能量以无辐射跃迁的形式释放，内部淬灭和外部淬灭的速度很快，所以没有荧光发射。

8.4.1.4 荧光强度与分子结构的关系

能够发射荧光的物质应同时具备两个条件：即物质分子必须有强的吸收和一定的荧光效率。分子结构中具有 $\pi \to \pi^*$ 跃迁或 $n \to \pi^*$ 跃迁的物质都有吸收，但 $n \to \pi^*$ 跃迁引起的 R 带是一个弱吸收带，电子跃迁概率小，由此产生的荧光极弱。所以只有分子结构中存在 $\pi \to \pi^*$ 跃迁产生 K 带强吸收时，才可能有荧光产生。

（1）共轭效应

发生荧光的物质分子结构中都含有共轭跃迁，共轭体系长，λ_{ex} 和 λ_{em} 都将长移，荧光强度也会增大。大部分荧光物质都具有芳环或杂环，芳环越大，其荧光峰越移向长波方向，荧光强度也增强。例如苯、萘、蒽三个化合物的共轭结构与荧光强度的关系如下：

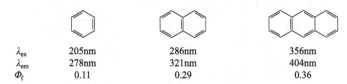

λ_{ex}	205nm	286nm	356nm
λ_{em}	278nm	321nm	404nm
Φ_f	0.11	0.29	0.36

除芳香烃外，含有长共轭双键的脂肪烃也可能有荧光，但这一类化合物不多。例如维生素 A，其 $\lambda_{ex} = 327\text{nm}$，$\lambda_{em} = 510\text{nm}$。

维生素A

（2）刚性结构和共平面效应

一般说来，荧光物质的刚性和共平面性增加，荧光效率 Φ_f 增大，并且荧光波长产生长移。例如芴与联二苯在相同的测定条件下荧光效率分别为 1.0 和 0.2。这主要是由于亚甲基使芴的刚性和共平面性增大。

芴　　　　　　　　　　　　　　联二苯

（3）取代基效应

荧光分子上的各种取代基对分子的荧光光谱和荧光强度都产生很大影响。取代基可分为三类：第一类取代基能增加分子的电子共轭程度，常使荧光效率提高，荧光波长长移，如—NH₂、—OH、—OCH₃、—NHR、—NR₂、—CN 等；第二类基团减弱分子的电子共轭性，使荧光减弱甚至熄灭，如—COOH、—NO₂、—C=O、—NO、—SH、—NHCOCH₃、—F、—Cl、—Br、—I 等；第三类基团对电子共轭体系作用较小，如—R、—SO₃H、—NH₃⁺ 等，对荧光的影响不明显。表 8-8 列出了部分基团对苯的荧光效率和荧光波长的影响。

表 8-8　苯环取代基的荧光相对强度[①]

化合物	分子式	荧光波长/nm	荧光的相对强度
苯	C_6H_6	270~310	10
甲苯	$C_6H_5CH_3$	270~320	17
丙基苯	$C_6H_5C_3H_7$	270~320	17
氟代苯	C_6H_5F	270~320	10
氯代苯	C_6H_5Cl	275~345	7
溴代苯	C_6H_5Br	290~380	5
碘代苯	C_6H_5I	—	0
苯酚	C_6H_5OH	285~365	18
酚离子	$C_6H_5O^-$	310~400	10
苯甲醚	$C_6H_5OCH_3$	285~345	20
苯胺	$C_6H_5NH_2$	310~405	20
苯胺离子	$C_6H_5NH_3^+$	—	0
苯甲酸	C_6H_5COOH	310~390	3
苯基氰	C_6H_5CN	280~360	20
硝基苯	$C_6H_5NO_2$	—	0

① 乙醇溶液。

8.4.1.5　影响荧光强度的外界因素

① 溶剂。同一种荧光物质的荧光光谱的位置和荧光强度，在不同溶剂中可能会有显著差异。一般情况下荧光波长随着溶剂极性的增大而长移，荧光强度也有所增强。溶剂黏度减小时，荧光强度也会随之减小。

② 温度。当温度升高时，分子间碰撞概率增加，使无辐射跃迁增加，从而降低了荧光强度。

③ pH 值。大多数含有酸性或碱性基团的荧光物质的荧光光谱，对溶液的 pH 值和氢键能力非常敏感，例如苯胺分子具有蓝色荧光，但其阳离子和阴离子都没有荧光，因此苯胺在 pH=7~12 的溶液中呈现蓝色荧光，但在 pH<2 和 pH>13 的溶液中无荧光。

④ 荧光熄灭剂的影响。卤素离子、重金属离子、氧分子以及硝基化合物、重氮化合物、羰基和羧基化合物等荧光熄灭剂都能引起荧光强度降低，从而使荧光分析产生测定误差。但在荧光强度的减小和荧光熄灭剂的浓度呈线性关系的情况下，可用于测定荧光熄灭剂的含量。

当荧光物质的浓度超过 1g/L 时，由于荧光物质分子间相互碰撞的概率增加，产生荧光自熄灭现象。溶液浓度越高，这种现象越严重。

⑤ 散射光的影响。散射光对荧光测定有干扰，尤其是波长比入射光波长更长的拉曼光，因其波长与荧光波长接近，对荧光测定的干扰更大，必须采取措施消除。选择适当的激发波长可消除拉曼光的干扰，表 8-9 为水、乙醇、环己烷、四氯化碳及氯仿五种常用溶剂在不同波长激发光照射下拉曼光的波长，可供选择激发波长或溶剂时参考。

表 8-9　在不同波长激发光下主要溶剂的拉曼光波长

溶剂	拉曼光波长/nm				
	248nm	313nm	365nm	405nm	436nm
水	271	350	416	469	511
乙醇	267	344	409	459	500
环己烷	267	344	408	458	499
四氯化碳	—	320	375	418	450
氯仿	—	346	410	461	502

8.4.1.6 荧光光谱仪

荧光光谱仪由光源、激发单色器、样品池、发射单色器、检测器及记录系统等组成，其基本部件如图 8-21 所示。

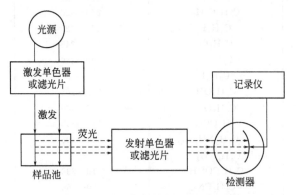

图 8-21　荧光光谱仪基本部件方框图

在该图中，由光源发出的光经激发单色器分光后得到特定波长激发光，然后入射到样品使荧光物质激发产生荧光，通常在 90°方向上进行荧光测量。因此，发射单色器与激发单色器互成直角，经发射单色器分光后使荧光到达检测器而被检测。此外，通常在激发单色器与样品池之间及样品池与发射单色器之间还装有滤光片架以备不同荧光测量时选择使用各种滤光片，滤光片的作用是消除或减小瑞利散射光及拉曼光等的影响。在更高级的荧光仪器中，激发和发射滤光片架同时也可安装偏振片以备荧光偏振测量时选用。仪器由计算机控制，并可进行固体物质的荧光测量及低温条件下的荧光测量等。

① 光源。常见的光源有氙灯和高压汞灯，常用的是氙灯，其功率一般在 100～500W 之间，有的荧光光谱仪中使用脉冲氙灯，其峰值功率可达 20kW，而平均功率仅 8W。

此外，激光器也可用作激发光源，它可提高荧光测量灵敏度。

② 单色器。现代仪器中单色器有激发单色器和发射单色器两种，激发单色器用于荧光激发光谱的扫描及选择激发波长；发射单色器用于扫描荧光发射光谱及分离荧光发射波长。

③ 样品池。荧光分析的样品池通常用石英材料做成，它与吸光分析法的液池的不同在于，荧光样品池的四面均为磨光透明面，同时一般仅有一种厚度为 1cm 的液池。

④ 检测器。现代荧光光谱仪中普遍使用光电倍增管作为检测器，新一代荧光光谱仪中使用了电荷耦合元件检测器，可一次获得荧光二维光谱。检测器的方向应与激发光的方向成直角，以消除样品池中透射光和杂散光的干扰。在现代的高级仪器中，光导摄像管用来作为光学多道分析器（简称 OMA）的检测器。它具有检测效率高、动态范围宽、线性响应好、坚固耐用和寿命长等优点。它的检测灵敏度虽不如光电倍增管，但却能同时接收荧光体的整个发射光谱。

⑤ 记录显示装置。荧光仪的读出装置有数字电压表或记录仪。现代仪器都配上计算机，进行自动控制和显示荧光光谱及各种参数。

8.4.2 磷光分析

磷光法的仪器与荧光法仪器一样，它添加了辐射断续器和提供了样品浸没在杜瓦瓶以达到液氮温度的装置。利用持续时间微秒级的脉冲光源代替较老式的旋转外壳断续器或孔口充分隔开的槽盘可显著改善时间分辨效果。使用脉冲辐射，可观测和记录低至毫秒级的磷光衰减时间。

为了获得较强的磷光，通常将被分析试样的乙醚、异戊烷和乙醇按 5：5：2 体积比的混合溶液（经常缩写为 EPA）置于液氮中，让其冷冻至澄清透明的玻璃状，另一种溶剂是异戊烷和甲基环己烷的（1：4）混合物。

与荧光分析法相似，磷光分析法在有机、生物、医药及临床检验等领域中得到了应用，它与荧光法互相补充，成为痕量有机分析的重要手段。

磷光分析仪器与荧光分析仪器同样由五个基本部件组成，但需要有一些特殊的配件，在比较好的荧光分析仪器上都配有磷光分析的配件，因此两种方法可以用同一仪器。磷光分析还需有装液氮的石英杜瓦瓶以及磷光镜。

（1）石英杜瓦瓶

对于溶液磷光的测定，常采用低温磷光分析法，即试样溶液需要低温冷冻。通常把试液装入内径约 1～3mm 的石英细管（液池）中，然后将液池插入盛有液氮的石英杜瓦瓶内。

激发光通过杜瓦瓶的没有镀银的部位照射到试样上，所产生的磷光经由直角方向上的类似部位投射到发射单色器后加以检测。

（2）磷光镜

有些物质会同时发射荧光和磷光，因此在测定磷光时，必须把荧光分离去。为此目的，可利用磷光寿命比荧光长的特点，在激发单色器和液池之间及在发射单色器和液池之间各装上一个载波片，并且由一个同步马达带动。这种装置称为磷光镜，它有转筒式［图 8-22（a）］和转盘式［图 8-22（b）］两种类型，尤以后者更为通用。

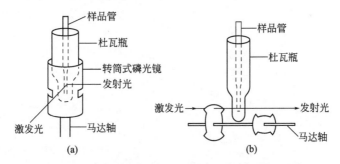

图 8-22　转筒式磷光镜（a）和转盘式磷光镜（b）

这两种类型的工作原理是一样的，现以转筒式磷光镜说明之。转筒式磷光镜是一个空心圆筒，在其周围的面上有两个以上的等向距的狭缝，当马达带动圆筒旋转时，来自激发单色器的入射光断续交替地射到样品池，由试样发射的光也是断续交替（但与入射光异相）地到达发射单色器的入口狭缝。而在磷光镜从遮断激发光转到磷光镜的出光狭缝对准发射单色器的入口狭缝的瞬间，由于散射光及荧光随着激发光被遮断而消失，检测器上便只检测到磷光的信号。此外，通过调节圆筒的转速，可以测出不同寿命的磷光。两斩波片可调节成同相或异相，当可转动的两斩波片同相时，测定的是荧光和磷光的总强度；异相时，激发光被斩断，因荧光寿命比磷光短，消失快，所以测定的就是磷光的强度。

8.4.3 化学发光分析

化学发光分析法的测量仪器比较简单，主要包括样品室、光检测器、放大器和信号输出装置（见图 8-23）。

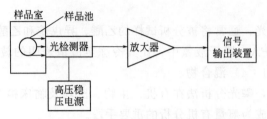

图 8-23 化学发光测试仪原理方框图

化学发光反应在样品室中进行，反应发出的光直接照射在检测器上，目前常用的是光电流检测器。样品和试剂混合的方式因仪器类型不同而各具特点，有不连续取样体系，加样是间歇的。将试剂先加到光电倍增管前面的反应池内，然后用进样器加入分析物。这种方式简单，但每次测定都要重新换试剂，不能同时测几个样品。有连续流动体系，反应试剂和分析物是定时在样品池中汇合反应，且在载流推动下向前移动，被检测的光信号只是整个发光动力学曲线的一部分，而以峰高来进行定量分析。连续流动的进样系统可以设计成连续流动分析仪器，这样在相同的体系中可以连续检测多个样品，此流动系统也可用作高效液相色谱的柱后检测系统。

9 色谱分析

色谱分析又称色层分析或层析分析，是一种物理化学分析方法。它利用不同溶质（样品）与固定相和流动相之间的作用力（分配、吸附、离子交换等）的差别，当两相做相对移动时，各溶质在两相间进行多次平衡，达到相互分离的目的。在色谱法中，静止不动的一相（固体或液体）称为固定相，运动的一相（一般是气体或液体）称为流动相。

色谱分析利用混合物中各组分不同的物理或化学性质来达到分离的目的。分离后的组分可以进行定性或定量分析，有时分离和测定同时进行，有时先分离后测定。色谱分析包括气相色谱分析和液相色谱分析等。

色谱分析自 20 世纪初，俄国植物学家茨维特（Tswett）在研究植物色素过程中提出概念以来，已有 100 多年的发展历史，根据使用条件、原理可进行不同的分类。不同的色谱方法利用了物质的各种物理和化学性质，因而各有特点和优势。

柱色谱向玻璃管（毛细管）中填入固定相，以流动相溶剂浸润后在上方倒入待分离的溶液，再滴加流动相，因为待分离物质对固定相的吸附力不同，吸附力大的固着不动或移动缓慢，吸附力小的被流动相溶剂洗下来随流动相向下流动，从而实现分离。

纸色谱以滤纸条为固定相，在纸条上点上待分离的混合溶液的样点，将纸条下端浸入流动相溶剂中悬挂，溶剂因为毛细作用沿滤纸条上升，从而分离样点中的溶质。

薄层色谱分析是应用非常广泛的色谱方法，这种色谱方法将固定相涂布在金属或玻璃薄板上形成薄层，用毛细管、钢笔或者其他工具将样品点染于薄板一端，之后将点样端浸入流动相中，依靠毛细作用令流动相溶剂沿薄板上行展开样品。薄层色谱分析成本低廉、操作简单，被用于对样品的粗测、对有机合成反应进程的检测等。常用固定相有石膏、氧化铝、蔗糖、淀粉等，常用流动相为水、苯等各种有机溶剂。

气相色谱（GC）和液相色谱（LC）是根据流动相不同进行分类的最常用的色谱分析方法，其分类见表 9-1。

表 9-1　气相色谱与液相色谱分析方法分类

类别	流动相	固定相	名称
气相色谱	气体	固体吸附剂	气-固色谱
		固定液＋载体	气-液色谱
液相色谱	液体	固体吸附剂	液-固色谱
		固定液＋载体	液-液色谱
		键合固体固定相	键合相色谱
		多孔惰性凝胶	凝胶色谱
		离子交换树脂	离子交换色谱
		固体吸附剂	薄层色谱(纸色谱)

近几十年色谱作为一种强大的分离技术与质谱（MS）等检测手段的联用得到了极大的发展，GC-MS、HPLC-MS 等在兴奋剂检测、食品安全分析等方面应用广泛，是成熟的分析方法。

9.1 色谱分析的基本原理

色谱分析的共同特点是：①色谱分离体系都有两个相，即流动相和固定相；②色谱过程中，流动相对固定相做连续的相对运动，流动相渗滤通过固定相；③被分离样品各组分，在色谱分析中称为溶质，与流动相和固定相具有不同作用力，一般为分子、离子间作用力。色谱过程就是多组分混合物在流动相带动下通过色谱固定相，实现各组分分离。

样品在色谱体系内运行有两个基本特点：①样品中不同组分通过色谱柱时移动速度不同。流动相以一定速度通过固定相，使样品中各组分在两相间进行连续多次的分配。由于组分与固定相和流动相作用力的差别，在两相中分配系数不同。在固定相上溶解或吸附力大的，即分配系数大的组分，迁移速度慢；在固定相上溶解或吸附力小，即分配系数小的组分，迁移速度快。结果是样品各组分同时进入色谱柱，而以不同的速度在色谱柱内迁移，导致各组分分离。组分通过色谱柱的速度，取决于各组分在色谱体系中的平衡分布。因此，影响平衡分布的因素，即流动相和固定相的性质、色谱柱温等影响组分的迁移速度。样品中不同组分的不同迁移速度表现在色谱图上就是不同组分有着不同的保留时间。②样品中同种组分分子沿色谱柱迁移过程中发生分子分布扩展或分子离散。同一组分分子在色谱柱入口处分布在一个狭窄的区带内，随着分子在色谱柱内迁移，分布区带不断展宽，同种组分分子的迁移速度不同，这种差别不是由于平衡分布不同，而是来源于流体分子运动的速率差异。同种组分分子运动的速率差异表现在色谱图上就是每一组分都是具有一定峰宽的色谱峰。

9.1.1 保留时间理论

保留时间是样品从进入色谱柱到流出色谱柱所需要的时间，不同的物质在不同的色谱柱上以不同的流动相洗脱会有不同的保留时间，因此保留时间是色谱分析法比较重要的参数之一。

保留时间由物质在色谱中的分配系数决定：

$$t_R = t_0(1 + KV_s/V_m) \tag{9-1}$$

式中，t_R 表示某物质的保留时间；t_0 表示色谱系统的死时间，即流动相进入色谱柱到流出色谱柱的时间，这个时间由色谱柱的孔隙、流动相的流速等因素决定；K 表示分配系数；V_s、V_m 表示固定相和流动相的体积。这个公式又叫作色谱过程方程，是色谱学最基本的公式之一。

9.1.2 塔板理论

塔板理论是色谱学的基础理论，塔板理论将一根色谱柱看作是一个分馏塔，由许多单级蒸馏的小塔板或小短柱组成，每一个单级蒸馏的小塔板或小短柱长度很小，组分在其中有足够的时间达到两相间的平衡。同精馏过程一样，这种假想的塔板或小短柱越小或越短，则在一个色谱柱上反复进行的平衡次数就越多，就有更高的分离效率。一根色谱柱所包容的塔板数 N 被称为色谱柱的"理论塔板数"，每一层塔板所占的长度或高度 H 被称为"理论塔板高度"。理论塔板数 N 和理论塔板高度 H 是衡量柱效的指标。

根据塔板理论，溶质进入柱入口后，即在两相间进行分配。对于正常的色谱柱，溶质在两相间达到分配平衡的次数在数千次以上，最后，"挥发度"最大（保留最弱）的溶质最先从"塔顶"（色谱柱出口）逸出（流出），从而使不同"挥发度"（保留值）的溶质实现相互分离。

理论塔板数 N 可以从色谱图中溶质色谱峰的有关参数计算，常用的计算公式有以下两式：

$$N = 5.54\left(\frac{t_R}{Y_{1/2}}\right)^2 \tag{9-2}$$

$$N = 16\left(\frac{t_R}{W}\right)^2 \tag{9-3}$$

式中，t_R 为保留时间；$Y_{1/2}$ 为半峰宽；W 为峰底宽（经过色谱峰的拐点所作三角形的底边宽）。

理论塔板高度 H 与理论塔板数 N 和色谱柱长 L 的关系如下：

$$H = \frac{L}{N} \tag{9-4}$$

9.1.3 速率理论

为了克服塔板理论的缺陷，范迪姆特（van Deemter）吸收了塔板高度的概念，并进一步把色谱分配过程与分子扩散和在流动相、固定相中的传质过程联系起来，建立了速率理论方程式，也叫范氏方程：

$$H = A + B/v + (C_m + C_s)v \tag{9-5}$$

式中，H 为塔板高度；v 为流动相平均线速度；A、B、C_m、C_s 为影响扩散的系数。

速率理论方程式表达了塔板高度 H 与流动相线速度 v 以及影响 H 的三项主要因素之间的关系。塔板高度越大，组分扩散越大，则峰形也越宽。因此，用这种理论对如何选择合适的操作条件具有一定的指导意义。A 为涡流扩散项，填充物的颗粒越小、越均匀，涡流扩散就越小；B 为分子扩散项，它与填充颗粒、组分在流动相中的扩散系数有关；C_m 为流动相传质阻力，组分在流动相中扩散系数越大，担体颗粒越小，流动相传质阻力就越小；C_s 为固定相传质阻力，液膜越薄，液相中扩散系数越大，液相传质阻力就越小。速率理论方程在气相色谱和液相色谱中得到了广泛应用，但不同色谱类型，决定方程各项系数（A、B、C）的色谱参数不完全相同。

速率理论充分考虑了溶质在两相间的扩散和传质过程，更接近溶质在两相间的实际分配过程。当溶质谱带向柱出口迁移时，必然会发生谱带展宽。谱带的迁移速率的大小取决于流动相线速度和溶质在固定相中的保留值。同一溶质的不同分子在经过固定相时，它们的迁移速率是不同的，正是这种差异造成了谱带的展宽。谱带展宽的直接后果是影响分离效率和降低检测灵敏度，所以，抑制谱带展宽就成了高效分离追求的目标。

9.2 色谱定性与定量方法

色谱的主要功能不仅是将混合有机物中的各种成分分离开来，而且还要对结果进行定性及定量分析。所谓定性分析就是确定分离出的各组分是什么有机物质，而定量分析就是确定分离组分的量有多少。

有机物进入色谱仪后得到两个重要的测试数据：色谱峰保留值和面积，这样色谱可根据这两个数据进行定性定量分析。色谱峰保留值是定性分析的依据，而色谱峰面积则是定量分析的依据。各种色谱分析方法的定性与定量分析的基本方法都是一样的。

9.2.1 定性分析

(1) 保留时间定性

色谱的保留值有保留时间和保留体积两种，现在大多数情况下均用保留时间作为保留值。在相同的仪器操作条件和方法下，相同的有机物应有同样的保留时间，即在同一时间出峰。但必须注意：有同样保留时间的有机物并不一定是同种有机物。

色谱保留时间定性分析方法就是将有机样品组分的保留时间与已知有机物在相同的仪器和操作条件下的保留时间相比较，如果两个数值相同或在实验和仪器容许的误差范围之内，就推定未知物组分可能是已知的比较有机物。但是，因为同一有机物在不同的色谱条件和仪器中保留时间有很大的差别，所以用保留时间值对色谱分离组分进行定性只能给初步的判断，绝对多数情况下还需要用其他方法做进一步的确认。一个最常用的确证方法是将可能的有机物加到有机样品中再进行一次色谱分析，如果有机样品中确含已知有机物的组分，则相应的色谱峰会增大。这样比较两次色谱图峰值的变化，就可以确定前期初步推断是否正确（参见图9-1）。

测定时只要在相同的操作条件下，分别测出已知物和未知样的保留值，比较二者的保留值是否相同，如相同，则两者为同一种物质。图9-1为用已知标准醇样与未知样品对照比较进行定性分析得到的色谱图，可看出未知样中含有甲醇、乙醇、正丙醇、正丁醇、正戊醇。

优点：简单；缺点：要有纯样，适用于已知物，操作条件要稳定。

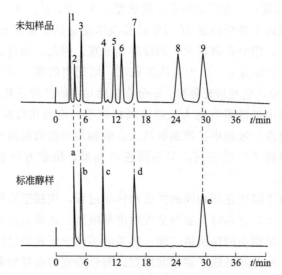

图 9-1　用已知标准醇样与未知样品对照比较进行定性分析

1～9—未知样品的色谱峰

a—甲醇峰；b—乙醇峰；c—正丙醇峰；d—正丁醇峰；e—正戊醇峰

(2) 利用不同的色谱方法定性

同一样品可以采用多种检测方法检测，如果待测组分和标准物在不同的检测器上有相同的响应行为，则可初步判断两者是同一种物质。在液相色谱中，还可通过二极管阵列检测器比较两个峰的紫外或可见光谱图。

(3) 保留指数定性

在气相色谱中，可以利用文献中的保留指数数据定性。保留指数随温度的变化率还可用来判断化合物的类型，因为不同类型化合物的保留指数随温度的变化率不同。

（4）柱前或柱后化学反应定性

在色谱柱后装 T 形分流器，将分离后的组分导入官能团试剂反应管，利用官能团的特征反应定性。也可在进样前将被分离化合物与某些特殊反应试剂反应生成新的衍生物，于是，该化合物在色谱图上的出峰位置或峰的大小就会发生变化甚至不被检测。由此得到被测化合物的结构信息。

（5）与其他仪器联用定性

将具有定性能力的分析仪器如质谱（MS）、红外（IR）、原子吸收光谱（AAS）、原子发射光谱（AES，ICP-AES）等仪器作为色谱仪的检测器即可获得比较准确的定性信息。

需要特别指出的是，以上的定性方法都有一定的局限性，在开发新的分析方法的时候，需要各种分析方法混用，以确保定性的准确，因为这是一切定量工作的基础。

9.2.2 定量分析

色谱定量分析的依据是被测物质的量与它在色谱图上的峰面积（或峰高）成正比。数据处理软件（工作站）可以给出包括峰高和峰面积在内的多种色谱数据。因为峰高比峰面积更容易受分析条件波动的影响，且峰高标准曲线的线性范围也较峰面积的窄，因此，通常的情况是采用峰面积进行定量分析。

（1）峰面积的测量

① 峰高（h）乘半峰宽（$Y_{1/2}$）法：近似将色谱峰当作等腰三角形。此法算出的面积（A）是实际峰面积的 0.94 倍：

$$A = 1.064 h Y_{1/2} \tag{9-6}$$

② 峰高（h）乘平均峰宽法：当峰形不对称时，可在峰高 0.15 和 0.85 处分别测定峰宽（$Y_{0.15}$ 和 $Y_{0.85}$），由下式计算峰面积：

$$A = h(Y_{0.15} + Y_{0.85})/2 \tag{9-7}$$

③ 峰高（h）乘保留时间（t_R）法：在一定操作条件下，同系物的半峰宽与保留时间成正比（系数为 b），对难于测量半峰宽的窄峰、重叠峰（未完全重叠），可用此法测定峰面积：

$$A = hbt_R \tag{9-8}$$

④ 自动积分和微机处理法。

（2）校正因子定量

绝对校正因子 f_i：某物质 i 的单位峰面积所对应的被测物质的浓度（或质量），即

$$f_i = \frac{C}{A} \tag{9-9}$$

样品组分的峰面积与相同条件下该组分标准物质的校正因子相乘，即可得到被测组分的浓度。绝对校正因子受实验条件的影响，定量分析时必须与实际样品在相同条件下测定标准物质的校正因子。

相对校正因子 f_i'：某物质 i 与选择的标准物质 S 的绝对校正因子之比。即

$$f_i' = \frac{f_i}{f_S} \tag{9-10}$$

相对校正因子只与检测器类型有关，而与色谱条件无关。

（3）归一化法

归一化法是将所有组分的峰面积 A_i 分别乘以它们的相对校正因子后求和，即所谓"归一"，

被测组分 X 的含量可以用下式求得：

$$X = \frac{A_x f_x}{\sum_{i=1}^{n} A_i f_i} \times 100\%$$ (9-11)

采用归一化法进行定量分析的前提条件是样品中所有成分都要能从色谱柱上洗脱下来，并能被检测器检测。归一化法主要在气相色谱中应用。

（4）外标法

直接比较法：将未知样品中某一物质的峰面积与该物质的标准品的峰面积直接比较进行定量。通常要求标准品的浓度与被测组分浓度接近，以减小定量误差。

标准曲线法：将被测组分的标准物质配制成不同浓度的标准溶液，经色谱分析后制作一条标准曲线，即物质浓度与其峰面积（或峰高）的关系曲线。根据样品中待测组分的色谱峰面积（或峰高），从标准曲线上查得相应的浓度。标准曲线的斜率与物质的性质和检测器的特性相关，相当于待测组分的校正因子。

（5）内标法

内标法是将已知浓度的标准物质（内标物）加入未知样品中去，然后比较内标物和被测组分的峰面积，从而确定被测组分的浓度。由于内标物和被测组分处在同一基体中，因此可以消除基体带来的干扰。而且当仪器参数和洗脱条件发生非人为的变化时，内标物和样品组分都会受到同样影响，这样消除了系统误差。当对样品的情况不了解、样品的基体很复杂或不需要测定样品中所有组分时，采用这种方法比较合适。

内标物要满足以下要求：a. 试样中不含有该物质；b. 与被测组分性质比较接近；c. 不与试样发生化学反应；d. 出峰位置应位于被测组分附近。

内标法的特点：

① 内标法的准确性较高，操作条件和进样量的稍许变动对定量结果的影响不大。

② 每个试样的分析，都要进行两次称量，不适合大批量试样的快速分析。

为了进行大批样品的分析，有时需建立校正曲线。具体操作方法是用待测组分的纯物质配制成不同浓度的标准溶液，然后在等体积的这些标准溶液中分别加入浓度相同的内标物，混合后进行色谱分析。以待测组分的浓度为横坐标，待测组分与内标物峰面积（或峰高）的比率为纵坐标建立标准曲线（或线性方程）。在分析未知样品时，分别加入与绘制标准曲线时同样体积的样品溶液和同样浓度的内标物，用样品与内标物峰面积（或峰高）的比值，在标准曲线上查出被测组分的浓度或用线性方程计算。

（6）标准加入法

标准加入法可以看作是内标法和外标法的结合。由于待测组分以及加入的标准溶液处在相同的样品基体中，因此，这种方法可以消除基体干扰。但是，由于对每一个样品都要配制三个以上的、含样品溶液和标准溶液的混合溶液，因此，这种方法不适于大批样品的分析。

现在的色谱工作站基本上对前 4 种的定量方法都能够自动计算。

9.3　气相色谱分析法

以气体作为流动相的色谱分析法为气相色谱法（gas chromatography，GC）。气相色谱一般用氮气、氦气、氩气等气体作流动相，气体黏度小，传质速率高，能获得很高的柱效。

根据所用固定相的不同可分为两类：固定相是固体的，称为气固色谱法；固定相是液体的则称为气液色谱法。前者用多孔型固体为固定相，常用的有活性炭、硅胶、活性氧化铝、分子筛、高分子多孔聚合物等。后者则用蒸气压低、热稳定性好、在操作温度下呈液态的有机或无机物质涂在惰性载体上（填充柱）或涂在毛细管内壁作为固定相，也称固定液。作为色谱分析的固定液种类繁多，它们具有不同的组成和性质。

气相色谱法的优点是：分析速度快，分离效能高，灵敏度高，应用范围广。其局限性在于不能用于热稳定性差、蒸气压低或离子型化合物等的分析。

9.3.1　气相色谱法的原理

在气相色谱的色谱柱中，不同的样品因为具有不同的物理和化学性质，与特定的柱填充物（固定相）有着不同的相互作用而被气流（载气，流动相）以不同的速率带动。当化合物从柱的末端流出时，它们被检测器检测到，产生相应的信号，并被转化为电信号输出。在色谱柱中固定相的作用是分离不同的组分，使得不同的组分在不同的时间（保留时间）从柱的末端流出。其他影响物质流出柱的顺序及保留时间的因素包括载气的流速、温度等。

一定量（已知量）的气体或液体分析物被注入柱一端的进样口中，当分析物在载气带动下通过色谱柱时，分析物的分子会受到柱壁或柱中填料的吸附，使通过柱的速率降低。分子通过色谱柱的速率取决于吸附的强度，它由被分析物分子的种类与固定相的类型决定。由于每一种类型的分子都有自己的通过速率，分析物中的各种不同组分就会在不同的时间（保留时间）到达柱的末端，从而得到分离。检测器用于检测柱的流出流，从而确定每一个组分到达色谱柱末端的时间以及每一个组分的含量。通常来说，人们通过物质流出柱（被洗脱）的顺序和它们在柱中的保留时间来表征不同的物质。

由于气体迁移速率高，气相色谱分析速度快，一般几分钟可完成一个分析周期，也有几秒、十几秒洗出色谱峰的快速分离的报道。

气相色谱具有高灵敏度的检测器，最低检出量达 $10^{-7} \sim 10^{-14}$ g，最低检出浓度为 10^{-9}，是目前灵敏度最高的一种色谱技术，适用于痕量分析。气相色谱样品用量少，一次进样量在 $10^{-1} \sim 10^{-3}$ mg。分析样品可以是气体、液体，只要在 $-190 \sim 500℃$ 温度范围内有 $26.7 \sim 1333$ Pa 蒸气压，且热稳定的物质，均可用气相色谱分析。气相色谱还可用来测定物理化学常数，如吸附剂比表面积、吸附热、活度系数等；气相色谱也用在工厂自动化流程的指示、控制及自动分析。

气相色谱分析中，组分与气体流动相分子间作用力小，分离主要取决于组分与固定相分子间作用力的差别，影响分离选择性的因素比液相色谱简单。分离在气相中进行，要求样品气化，不适用于分离沸点高、热不稳定的化合物。应用范围受温度限制。此外，色谱柱温高（与液相色谱比较），给分离选择性带来不利影响。

气相色谱分析技术、仪器设备已很成熟，仪器造价低，已普及到各种化学实验室。在高效液相色谱获得广泛应用的同时，气相色谱仍具有很重要的实用价值。

9.3.2　气相色谱技术

气相色谱的流动相种类很少，主要是惰性气体氮气或氦气，有时也用氩气或氢气。样品在固定相中的保留主要是吸附和分配机理。根据固定相（色谱柱）和样品气化方式的不同，气相色谱主要有以下几种分析技术。

9.3.2.1 填充柱气相色谱

填充柱气相色谱的柱管通常为长 1～3m、内径 2～3mm 的不锈钢管，为节省柱温箱空间而将柱管弯成环状。在管内壁涂渍液体物质（气-液色谱）或在管内填充固体吸附剂（气-固色谱）。

9.3.2.2 毛细管气相色谱

毛细管柱是用熔融二氧化硅拉制的空心管，也叫弹性石英毛细管。柱内径通常为 0.1～0.5mm，柱长 30～50m，绕成直径 20cm 左右的环状。用这样的毛细管作分离柱的气相色谱称为毛细管气相色谱或开管柱气相色谱，其分离效率比填充柱要高得多。

9.3.2.3 裂解气相色谱

裂解气相色谱是一种反应气相色谱，是在严格控制的操作条件下，使天然或合成高分子化合物进行高温热裂解，生成的低分子热裂解产物用气相色谱分离分析。因为裂解碎片的组成和相对含量与被测高分子的结构密切相关，所以，每种高分子的裂解色谱图都各有其特征，称热裂解"指纹"色谱图。

9.3.2.4 顶空气相色谱

顶空气相色谱是一种间接分析液体或固体中挥发性成分的气相色谱分析方法，也可以看作是一种气相色谱的进样方式。分静态和动态顶空气相色谱。

（1）静态顶空气相色谱

静态顶空气相色谱的典型装置如图 9-2 所示，将液体或固体样品置于一个恒温密闭的样品容器中，使其中的挥发性成分逸出，在达到气-液或气-固平衡后采集蒸气相进行气相色谱分析。

（2）动态顶空气相色谱

动态顶空气相色谱的典型装置如图 9-3 所示，把液体或固体样品置于样品管中，向样品管中通入惰性气体（N_2），将待测组分吹扫出来，并使其通过装有吸附剂的捕集管，被吸附剂吸附，然后将吸附剂加热，使被测组分脱附，再用载气将脱附的样品气体带入气相色谱仪中进行分析。因其操作过程中包括了吹扫和捕集两个主要环节，所以也叫吹扫-捕集（purge-trap）法。

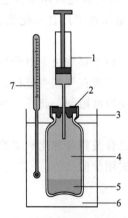

图 9-2 静态顶空气相色谱的典型装置
1—注射器；2—密封隔垫；3—螺帽；4—容器；
5—样品；6—恒温浴；7—温度计

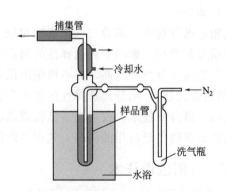

图 9-3 动态顶空气相色谱（吹扫-捕集）的典型装置

9.3.2.5 程序升温气相色谱

现代气相色谱仪都装有程序升温控制系统，是解决复杂样品分离的重要技术。恒温气相色谱的柱温通常恒定在各组分的平均沸点附近。如果一个混合样品中各组分的沸点相差很大，采用恒温气相色谱就会使低沸点组分出峰太快，相互重叠，而高沸点组分则出峰太晚，使峰形展宽和分析时间过长。程序升温气相色谱就是在分离过程中逐渐增加柱温，使所有组分都能在各自的最佳温度下洗脱。程序升温方式可根据样品组分的沸点采用线性升温或非线性升温。

9.3.3 气相色谱仪

9.3.3.1 气相色谱系统

气相色谱仪的部件大致可分为六个单元：

① 气路系统：携带试样通过色谱柱，提供试样在柱内运行的动力。

② 进样系统：引入试样，并使试样瞬间气化。

③ 分离系统：试样在柱内运行的同时得到所需要的分离。

④ 检测系统：对柱后已被分离的组分进行检测。

⑤ 数据处理系统：记录并处理由检测器输入的信号，给出试样定性、定量的结果。

⑥ 温控系统：控制并显示气化室、色谱柱柱箱、检测器及辅助部分的温度。

图 9-4 显示气相色谱仪基本单元和相互关系。

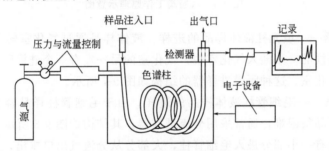

图 9-4 气相色谱仪组成流程图

（1）气路系统

图 9-5 是常用的双气路气相色谱仪的流程图。气相色谱仪的流动相多用高压气瓶做气源，经减压阀把气瓶中 15MPa 左右的压力减低到 0.2～0.5MPa，通过净化器〔一般为（20～25)cm×4cm（内径）的金属管或塑料管，内装 5A 分子筛〕除去载气中的水分和杂质，到稳压阀，保持气流压力稳定。样品在气化室变成气体后被载气带至色谱柱，各组分在柱中达

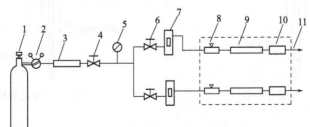

图 9-5 双气路填充气相色谱仪流程图

1—高压气瓶（载气）；2—减压阀（氢气表或氧气表）；3—净化器；4—稳压阀；5—压力表；

6—针阀或稳流阀；7—转子流速计；8—气化室；9—色谱柱；10—检测器；11—恒温箱

到分离后依次进入检测器。

毛细管气相色谱仪与填充柱气相色谱仪的不同之处是进样系统复杂，如在气化室中装分流/不分流系统，使用冷柱头进样系统。另外，在毛细管色谱柱末端进入检测器时还要增加一个补充气的管线以保证检测器正常工作。

（2）进样系统

① 阀进样器——气体样品的进样。通常用六通阀进样器，其结构如图9-6所示。在采样位置时，载气经1流入，直接从2流出，到达色谱柱，气体样品从进样口5流入接在通道3和6上的定量管7中，并从通道4流出。当六通阀从采样位置旋转60°至进样位置时，载气经1和6通道与定量管7连通，将定量管中的样品从通道3和2带至色谱柱中。

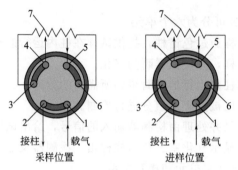

图9-6 六通阀工作原理示意图

② 隔膜进样器——填充柱液体样品的进样。液体样品通过气化室转化为气体后被载气带入色谱柱。色谱柱的一端插入气化室中，气化室的另一端有一个硅橡胶隔膜，注射器穿透隔膜将样品注入气化室。这种隔膜进样器的结构如图9-7所示。

③ 分流进样器——毛细管柱液体样品的进样。由于毛细管柱样品容量在纳升级，直接导入如此微量的样品很困难，通常采用分流进样器，其结构如图9-8所示。进入气化室的载气与样品混合后只有一小部分进入毛细管柱，大部分从分流气出口排出，分流比可通过调节分流气出口流量来确定，常规毛细管柱的分流比在（1∶50）～（1∶500）。

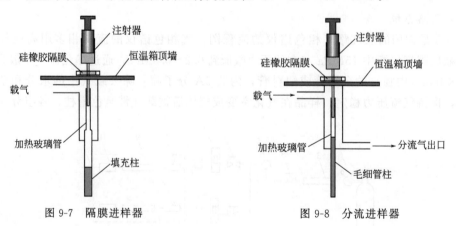

图9-7 隔膜进样器　　　　　　　　　　图9-8 分流进样器

（3）分离系统

分离系统包括色谱柱（心脏部分）、柱箱和恒温控制装置，色谱柱包括填充柱和空心毛细管柱两种。色谱柱放在恒温箱中：柱恒温箱控温范围一般为15～350℃，程序升温，温度自动控制。

填充柱：制备简单，可供使用的单体、固定液、吸附剂繁多，可解决各种分离分析问题。填充柱外形有 U 形、W 形和螺旋形三种，内径均为 2～6mm，长度在 1～10m 之间，通常 2～4m。材料一般为不锈钢、玻璃、聚四氟乙烯。

空心毛细管：分析速度快，内径为 0.1～0.5mm，长度为 50～300m，其外形多为螺旋形，材料一般为玻璃、尼龙、不锈钢。

（4）检测器

气相色谱法中可以使用的检测器有很多种，最常用的有火焰电离检测器（FID）与热导检测器（TCD）。这两种检测器都对很多种分析成分有灵敏的响应，同时可以测定一个很大范围内的浓度。TCD 从本质上来说是通用性的，可以用于检测除了载气之外的任何物质（只要它们的热导性能在检测器检测的温度下与载气不同），而 FID 则主要对烃类响应灵敏。FID 对烃类的检测比 TCD 更灵敏，但却不能用来检测水。由于 TCD 的检测是非破坏性的，它可以与破坏性的 FID 串联使用（连接在 FID 之前），从而对同一分析物给出两个相互补充的分析信息。其他的检测器要么只能检测出个别的被测物，要么可以测定的浓度范围很窄。

① 热导检测器（TCD）。结构简单、灵敏度适中、稳定性较好、线性范围宽，而且适用于无机气体和有机物，可用于常量分析或分析含有十万分之几以上的组分含量，是目前应用最广泛的一种检测器。

工作原理：热导检测器的工作原理是不同的物质具有不同的热导率，被测组分与载气混合后，混合物的热导率与纯载气的热导率大不相同，当通过热导池池体的气体组成及浓度发生变化时，就会引起池体上安装的热敏元件的温度变化，由此产生热敏元件阻值的变化，通过惠斯顿电桥进行测量，就可由所得信号的大小求出该组分的含量。

② 火焰电离检测器（氢火焰离子化检测器）（FID）。是一种高灵敏度（可检出 0.001μg/g 的微量组分）的检测器，适用于有机物的微量分析。氢火焰离子化检测器具有灵敏度高、响应快、定量线性范围宽、结构不太复杂、操作稳定等优点，已得到广泛应用。

工作原理：在外加 50～300V 电场的作用下，氢气在空气中燃烧，形成微弱的离子流。当载气（N_2）带着有机物样品进入燃烧着的氢火焰中时，有机物与 O_2 进行化学电离反应，化学电离产生的正离子被外加电场的负极（收集极）吸收；电子被正极（极化极）捕获，形成的微电流信号再通过高电阻取出电压信号，经微电流放大器放大，由工作站画出色谱峰图。

氢火焰离子化检测器是质量型检测器，不适于分析稀有气体、O_2、N_2、N_2O、H_2S、SO_2、CO、CO_2、COS、H_2O、NH_3、$SiCl_4$、$SiHCl_3$、SiF_4、HCN 等。

检测器结构：如图 9-9 所示，在喷嘴上加一极化电压，氢气从管道 7 进入喷嘴，与载气混合后由喷嘴逸出进行燃烧，助燃空气由管道 6 进入，通过空气扩散器 5 均匀分布在火焰周围进行助

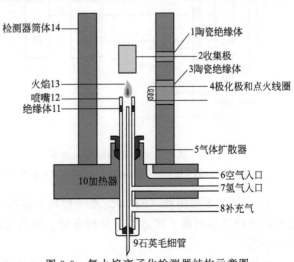

图 9-9　氢火焰离子化检测器结构示意图

燃，补充气从喷嘴管道底部 8 通入。

③ 热离子化检测器（TID）。是在氢火焰离子化检测器基础上发展起来的一种高选择性检测器，它对含杂原子（N、P 等）的有机化合物具有很高的灵敏度，也被称作氮磷检测器（NPD）。热离子化检测器（TID）结构简单、操作方便，应用愈来愈广泛。

工作原理：热离子化检测器内铷盐玻璃珠或陶瓷环上的 Rb^+，从加热电路中得到电子，生成中性铷原子，铷原子在冷氢焰中受热蒸发。当含 N、P 的化合物进入冷氢焰（700~900℃）后会分解产生电负性基团。这些电负性基团会和热离子源表面的铷原子蒸气作用，夺取其电子生成负离子。负离子在高压电场下移向正电子的收集极，产生电信号，而铷原子失去电子后重新生成正离子，回到热离子源表面循环。检测器使用的冷氢焰在火焰喷嘴处还不足以形成正常燃烧的氢火焰，因此烃类在冷氢焰中不产生电离，从而产生对 N、P 化合物的选择性检测。

检测器结构：热离子化检测器的结构与氢火焰离子化检测器完全相似，仅在极化极的火焰喷嘴上方与收集极之间安装一个铷盐玻璃珠（或陶瓷环）作电离源，配有加热电路。电离源加热至 700~900℃，使铷原子蒸发成气态，铷原子在玻璃珠表面与 N、P 化合物作用后生成 Rb^+。图 9-10 是热离子化检测器结构示意图。

④ 电子俘获检测器（ECD）。使用 β 放射线源（电子流）来测量样品对电子的俘获能力，是一种选择性检测器。它仅对具有电负性的物质有响应信号，电负性愈强，检测器的灵敏度愈高。特别适用于分析多卤化物、多硫化物、多环芳烃、金属离子的有机螯合物，在农药、大气及水质污染检测中得到广泛的应用。

工作原理：以 ^{63}Ni 或 ^3H 作放射源，当载气（如 N_2）通过检测器时，受放射源发射的 β 射线的激发与电离，产生一定数量的电子和正离子，在一定强度电场作用下形成一个背景电流（基流）。在此情况下，如载气中含有电负性强的样品，则电负性物质就会捕捉电子，从而使检测室中的基流减小，基流的减小与样品的浓度成正比。

检测器结构如图 9-11 所示，检测器的池体用作阴极，圆筒内侧装有放射源，阳极与阴极之间用陶瓷或聚四氟乙烯绝缘。在阴阳极之间施加恒流或脉冲电压。

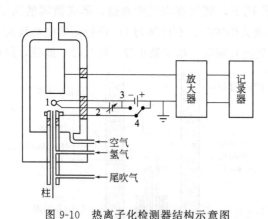

图 9-10 热离子化检测器结构示意图
1—电离源；2—加热系统；3—极化电压；4—喷嘴极性转换开关

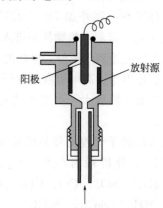

图 9-11 电子俘获检测器结构示意图

⑤ 火焰光度检测器（FPD）。是一种高灵敏度，而且仅对含硫、磷的有机物产生检测信号的高选择性检测器。其适用于分析含硫、磷的农药及在环境分析中监测微量含硫、磷的有机污染物。

工作原理：在富氢火焰中，含硫、磷有机物燃烧后分别发出特征的蓝紫色光（波长为

350～130nm，最大强度为 394nm）和绿色光（波长为 480～560nm，最大强度为 526nm），经滤光片（对硫为 394nm，对磷为 526nm）滤光，再由光电倍增管测量特征光的强度变化，转变成电信号，就可检测硫或磷的含量。磷、硫的机理有差异，相互间有一定干扰，所以使用火焰光度检测器测定硫和磷时，应选用不同的滤光片和不同的火焰温度。

⑥ 其他检测器。质谱检测器（MSD），有一些气相色谱仪与质谱仪相连接而以质谱仪作为它的检测器，这种组合的仪器称为气相色谱-质谱联用（GC-MS，简称气质联用）。有一些气质联用仪还与核磁共振波谱仪相连接，后者作为辅助的检测器，这种仪器称为气相色谱-质谱-核磁共振联用（GC-MS-NMR）。一些 GC-MS-NMR 仪器还与红外光谱仪相连接，后者作为辅助的检测器，这种组合叫作气相色谱-质谱-核磁共振-红外联用（GC-MS-NMR-IR）。但是必须指出，这种情况是很少见的，大部分的分析物用单纯的气质联用仪就可以解决问题。

除上述检测器外，还有下列检测器：放电离子化检测器（DID），它通过高压放电来产生离子；霍尔电导检测器（ElCD）；氦离子化检测器（HID）；光离子化检测器（PID）；脉冲放电检测器（PDD）。

9.3.3.2 气相色谱仪操作条件的选择方法

在固定相确定后，对一项分析任务，主要以在较短时间内，实现试样中难分离的相邻两组分的定量分离为目标来选择分离操作条件。

（1）载气及其流速的选择

由范氏方程可以看出，分子扩散项与载气流速成反比，而传质阻力项与流速成正比，所以必然有一最佳流速使板高 H 最小，柱效能最高。

最佳流速一般通过实验来选择。其方法是：选择好色谱柱和柱温后，固定其他实验条件，依次改变载气流速，将一定量待测组分纯物质注入色谱仪。出峰后，分别测出在不同载气流速下，该组分的保留时间和峰底宽。利用上述公式，计算出不同流速下的塔板数 n 值，并由 $H=L/n$ 求出相应的塔板高度。以载气流速 u 为横坐标，板高 H 为纵坐标，绘制出 H-u 曲线。

曲线最低点处对应的塔板高度最小，相应的载气流速为最佳载气流速。使用最佳流速虽然柱效高，但分析速度慢。因此实际工作中，为了加快分析速度，同时又不明显增加塔板高度，建议采用比 $u_{最佳}$ 稍大的流速进行测定。对一般色谱柱（内径 3～4mm）常用流速为 20～100mL/min。

关于载气的选择首先要考虑使用何种检测器。如果使用热导检测器，选用氢或氦作载气，能提高灵敏度。而使用氢火焰检测器则选用氮气作载气。然后再考虑所选的载气要有利于提高柱效能的分析速度，例如选用摩尔质量大的载气（如 N_2）。

（2）柱温的选择

柱温是气相色谱的重要操作条件，柱温直接影响色谱柱使用寿命、柱的选择性、柱效能和分析速度。柱温低有利于分配，有利于组分的分离；但柱温过低，被测组分可能在柱中冷凝，或者传质阻力增加，使色谱峰扩张，甚至拖尾。柱温高，虽有利于传质，但分配系数变小，不利于分离。一般通过实验选择最佳柱温。原则是：使物质既分离完全，又不使峰形扩张、拖尾。柱温一般选各组分沸点平均温度或稍低些。

当被分析组分的沸点范围很宽时，用同一柱温往往造成低沸点组分分离不好，而高沸点组分峰形扁平，此时采用程序升温的办法就能使高沸点及低沸点组分都能获得满意结果。在选择柱温时还必须注意：柱温不能高于固定液最高使用温度，否则会造成固定液大量挥发或流失。同时，柱温至少必须高于固定液的熔点，这样才能使固定液有效地发挥作用。

（3）气化室温度选择

合适的气化室温度既能保证样品迅速且完全气化，又不引起样品分解。一般气化室温度比柱温高 30～70℃或比样品组分中最高沸点高 30～50℃，就可以满足分析要求。温度是否合适，可通过实验来检查。检查方法是：重复进样时，若出峰数目变化，重现性差，则说明气化室温度过高；若峰形不规则，出现平头峰或宽峰则说明气化室温度太低；若峰形正常，峰数不变，峰形重现性好则说明气化室温度合适。

（4）进样量与进样时间

在进行气相色谱分析时，进样量要适当。若进样量过大，所得到的色谱峰峰形不对称程度增加，峰变宽，分离度变小，保留值发生变化，峰高、峰面积与进样量不成线性关系，无法定量。若进样量太小，又会因检测器灵敏度不够，不能检出。色谱柱最大允许进样量可以通过实验确定。方法是：其他实验条件不变，仅逐渐加大进样量，直至所出的峰的半峰宽变宽或保留值改变时，此进样量就是最大允许进样量。对于内径 3～4mm、柱长 2m、固定液用量为 15%～20%的色谱柱，液体进样量为 0.1～10μL。

进样时，要求速度快，这样可以使样品在气化室气化后随载气以浓缩状态进入柱内，而不被载气所稀释，因而峰的原始宽度就窄，有利于分离。反之若进样缓慢，样品气化后被载气稀释，使峰形变宽，并且不对称，既不利于分离也不利于定量。

为了使进样有较好的重现性，在进样时要注意以下操作要点：

① 用注射器取样时，应先用丙酮或乙醚抽洗 5～6 次后，再用被测试液抽洗 5～6 次，然后缓慢抽取一定量试液（稍多于需要量）。此时若有空气带入注射器内，可将针头朝上，待气泡排除后，再排去过量的试液，并用滤纸或擦镜纸吸去针杆处所沾的试液（千万勿吸去针头内的试液）。

② 取样后就立即进样。进样时要求注射器垂直于进样口，左手扶着针头防弯曲，右手拿注射器，迅速刺穿硅橡胶垫圈，平稳、敏捷地推进针筒（针头尖尽可能刺深一些，且深度一定，针头不能碰着气化室内壁），用右手食指平衡、轻巧、迅速地将样品注入，完成后立即拔出。

③ 进样时要求操作稳当、连贯、迅速。进针位置及速度、针尖停留和拔出速度都会影响进样重现性。一般进样相对误差为 2%～5%。

进样技术是气相色谱操作中最基本也是最重要的技术，必须十分重视，要反复操作练习达到熟练准确的程度。

9.3.3.3 气相色谱仪的使用和维护

气相色谱仪是结构比较复杂的分析仪器。使用时要分别控制气体流路的压力、流量参数和气化室、色谱柱箱和检测器室的温度参数；要使用多种进样技术；要控制和调节多种检测器的最佳检测条件，以获得快速、灵敏和准确的分析结果。

（1）气相色谱仪的使用规则

① 气相色谱仪应安置在通风良好的实验室中，对高档仪器应安装在恒温（20～25℃）空调实验室中，以保证仪器和数据处理系统的正常运行。

② 按仪器说明书要求安装好载气、燃气和助燃气的气源气路与气相色谱仪的连接，确保不漏气。配备与仪器功率适应的电路系统，将检测器输出信号线与数据处理系统连接好。

③ 开启仪器时，首先接通载气气路，打开稳压阀和稳流阀，调节至所需的流量。

④ 先打开主机总电源开关，再分别打开气化室、柱恒温箱、检测器室的电源开关，并将调温旋钮设定在预定数值。

⑤ 待气化室、柱恒温箱、检测器室达到设置温度后，可打开热导池检测器电源，调节好设定的桥流值，再调节平衡旋钮、调零旋钮至基线稳定，即可进行分析。

⑥ 若使用氢火焰离子化检测器，应先调节燃气氢气和助燃气空气的稳压阀和针形阀，达到合适的流量后，按点火开关，使氢焰正常燃烧；打开放大器电源，调基流补偿旋钮和放大器调零旋钮至基线稳定，即可进行分析。

⑦ 若使用碱焰离子化检测器（氮磷检测器）和火焰光度检测器，点燃氢焰后，调节燃气和助燃气流量的比例至适当值，其他调节与氢火焰离子化检测器相似。

⑧ 若使用电子捕获检测器，应使用超纯氮气并经 24h 烘烤后，使基流达到较高值再进行分析。

⑨ 每次进样前应调整好数据处理系统，使其处于备用状态，进样后由绘出的色谱图和打印出的各种数据而获得分析结果。

⑩ 分析结束后，先关闭燃气、助燃气气源，再依次关闭检测器桥路或放大器电源；气化室、柱恒温箱、检测器室的控温电源、仪器的总电源，待仪器加热部件冷至室温后，最后关闭载气气源。

（2）气相色谱仪的维护

① 气路系统的维护。

a. 气源至气相色谱仪的连接管线可使用铜管、尼龙管或聚四氟乙烯管，应定期用无水乙醇清洗，并用干燥氮气吹扫干净。

b. 气体自气源进入气相色谱仪前需通过的干燥净化管，管中活性炭、硅胶、分子筛应定期进行更换或烘干，以保证气体的纯度满足检测器的要求。

c. 稳压阀、针形阀、稳流阀的调节应缓慢进行。稳压阀不工作时，应顺时针放松调节手柄使阀关闭；针形阀不工作时，应逆时针转动手柄至全开状态；调节稳流阀时，应使阀针从大流量调至小流量，不工作时使阀针逆时针转至全开状态。切记稳压阀、针形阀、稳流阀皆不可作开关阀使用。各种阀的气体进、出口不能安装反。

d. 使用皂膜流量计校正气体流量时，应使用澄清的洗涤剂，用后洗净，晾干放置。

e. 定期清理气化室内的积炭结垢，对内衬管要清除污垢，洗净干燥后重新装入气化室，并及时更换进样口硅橡胶隔垫，保证密封不漏气。

f. 更换色谱柱时，要认真检查色谱柱与气化室接口和与检测器室的接口，保证密封不漏气。

② 电路系统的维护。

a. 对高档仪器要充分利用由微处理机控制的仪器自检功能，开机后，待自检显示正常后再调节控制参数。

b. 对气路系统和电路系统安装在一起的整体仪器，应将由检测器输出的信号线与由计算机控制的数据处理系统连接好，以保证绘图、打印功能的正常进行。

c. 对气路系统和电路系统分离开的组合式仪器，应注意连接好气化室、柱箱、检测器室的温度控制电路；控制热导池的电桥电路；FID 的放大器电路；检测器输出信号与数据处理系统的连接电路等。保证电路畅通。

d. 当电路系统发生故障时，应及时与仪器供应商联系进行维修。

（3）气相色谱分析测试常见问题及解决办法

气相色谱分析测试常见问题及解决办法列于表 9-2。

表 9-2 气相色谱分析测试常见问题及解决办法

问题	可能的原因	应采用的解决办法
（1）标定时有峰丢失	注射器有毛病	用新注射器验证。
	未接入检测器或检测器不起作用	检查设定值。
	进样温度太低	检查温度,并根据需要调整。
	柱箱温度太低	检查温度,并根据需要调整。
	无载气流	检查压力调节器,并检查泄漏,验证柱进样流速。
	柱断裂	如果柱断裂是在柱进口端或检测器末端,是可以补救的,切去柱断裂部分,重新安装
（2）前沿峰	柱超载	减少进样量。
	两个化合物共洗脱	提高灵敏度和减少进样量,使温度降低 10～20℃,以使峰分开。
	样品冷凝	检查进样口和柱温,如有必要可升温。
	样品分解	采用失活化进样器衬管或调低进样器温度。
（3）拖尾峰	进样器衬套或柱吸附活性样品	更换衬套。如不能解决问题,就将柱进气端去掉 1～2 圈,再重新安装。
	柱或进样器温度太低	升温(不要超过柱最高温度)。进样器温度应比样品最高沸点高 25℃。
	两个化合物共洗脱	提高灵敏度,减少进样量,使温度降低 10～20℃,以使峰分开。
	柱损坏	更换柱。
	柱污染	从柱进口端去掉 1～2 圈,再重新安装
（4）只有溶剂峰	注射器有毛病	用新注射器验证。
	不正确的载气流速(太低)	检查流速,如有必要,调整之。
	样品太稀	注入已知样品以得出良好结果,如果结果很好,就提高灵敏度或加大注入量。
	柱箱温度过高	检查温度,并根据需要调整。
	柱不能从溶剂峰中解析出组分	将柱更换成较厚涂层或不同极性。
	载气泄漏	检查泄漏处(用肥皂水)。
	样品被柱或进样器衬套吸附	更换衬套。如不能解决问题,就从柱进口端去掉 1～2 圈,并重新安装
（5）宽溶剂峰	由于柱安装不当,在进样口产生死体积	重新安装柱。
	进样技术差(进样太慢)	采用快速平稳进样技术。
	进样器温度太低	提高进样器温度。
	样品溶剂与检测相互影响(二氯甲烷/ECD)	更换样品溶剂。
	柱内残留样品溶剂	更换样品溶剂。
	隔垫清洗不当	调整或清洗。
	分流比不正确(分流排气流速不足)	调整流速
（6）假峰	柱吸附样品,随后解吸	更换衬管,如不能解决问题,就从柱进样口端去掉 1～2 圈,再重新安装。
	注射器污染	用新注射器及干净的溶剂试一试,如假峰消失,就将注射器冲洗几次。
	样品量太大	减少进样量。
	进样技术差(进样太慢)	采用快速平稳的进样技术
（7）过去工作良好的柱出现未分辨峰	柱温不对	检查并调整温度。
	不正确的载气流速	检查并调整流速。
	样品进样量太大	减少样品进样量。
	进样技术水平太差(进样太慢)	采用快速平稳进样技术

问题	可能的原因	应采用的解决办法
	柱流失或污染	更换衬套。如不能解决问题,就从柱进口端去掉1～2圈,并重新安装。
	检测器或进样器污染	清洗检测器和进样器。
	载气泄漏	更换隔垫,检查柱泄漏。
(8)基线不规则或不稳定	载气控制不协调	检查载气装置压力是否充足。如压力≤500psi,请更换气瓶。
	载气有杂质或气路污染	更换气瓶,使用载气净化装置清洁金属管。
	载气流速不在仪器最大/最小限定范围之内(包括FID用氢气和空气)	测量流速,并根据使用手册技术指标予以验证。
	检测器出毛病	参照仪器使用手册进行检查。
	进样器隔垫流失	隔垫老化,予以更换

9.3.4　气相色谱的应用

20世纪70年代至90年代初期,GC是最有效和应用最广泛的分析技术,现在,液相色谱技术的飞速发展,使GC不能分析的样品和相当一部分原来需用GC分析的样品,都可以很方便地用液相色谱分析,因此,GC已逐渐被液相色谱取代。尽管如此,对于那些具有挥发性的天然复杂样品以及需要高检测灵敏度的样品,GC仍然是最佳选择,尤其是GC与质谱的联用分析。GC的仪器不仅本身价格便宜,而且保养与使用成本也很低,仪器易于自动化,可以在很短的分析时间内获得准确的分析结果。GC的分离度和检测灵敏度比液相色谱高。正是因为GC的这些优势,才使得它在石油、化工、环境等许多应用领域仍然发挥着重要作用。

9.3.4.1　气相色谱分析的主要用途和应用领域

石油和石油化工分析:油气田勘探中的化学分析、原油分析、炼厂气分析、模拟蒸馏、油料分析、单质烃分析、含硫/含氮/含氧化合物分析、汽油添加剂分析、脂肪烃分析、芳烃分析。

环境分析:大气污染物分析、水分析、土壤分析、固体废物分析。如水样中芳香烃、杀虫剂、除草剂、水中锑形态等。

食品分析:农药残留分析、香精香料分析、添加剂分析、脂肪酸甲酯分析、食品包装材料分析。植物精炼油中各种烯烃、醇和酯,亚硝胺,香料中香味成分,人造黄油中的不饱和十八酸,牛奶中饱和和不饱和脂肪酸等。

药物和临床分析:雌三醇分析、儿茶酚胺代谢产物分析、尿中孕二醇和孕三醇分析、血浆中睾丸激素分析、血液中乙醇/麻醉剂及氨基酸衍生物分析,血液中汞形态、中药中挥发油。

法医学检验:血液中酒精,尿中可卡因、安非他命,奎宁及其代谢物,火药成分,纵火样品中的汽油。

生物分析:植物中萜类,微生物中胺类、脂肪酸类、脂肪酸酯类。

农药残留物分析:有机氯农药残留分析、有机磷农药残留分析、杀虫剂残留分析、除草剂残留分析等。

精细化工分析:添加剂分析、催化剂分析、原材料分析、产品质量控制,喷气发动机燃料中烃类,石蜡中高分子烃。

聚合物分析:单体分析、添加剂分析、共聚物组成分析、聚合物结构表征/聚合物中的杂质分析、热稳定性研究。

合成工业:方法研究、质量监控、过程分析。

9.3.4.2 分析实例

① 天然气常量分析：选用热导检测器，适用于城市燃气用天然气 O_2、N_2、CH_4、CO_2、C_2H_6、C_3H_8、$i\text{-}C_4H_{10}$、$n\text{-}C_4H_{10}$、$i\text{-}C_5H_{12}$、$n\text{-}C_5H_{12}$ 等组分的常量分析。

② 人工煤气分析：选用热导检测器、双阀多柱系统，自动或手动进样，适用于人工煤气中 H_2、O_2、N_2、CO_2、CH_4、C_2H_4、C_2H_6、C_3H_6 等主要成分的测定。

③ 液化石油气分析：选用热导检测器、填充柱系统、阀自动或手动切换，并配有反吹系统，适用于炼油厂生产的液化石油气中 $C_2 \sim C_4$ 及总 C_5 烃类组成的分析（不包括双烯烃和炔烃）。

④ 炼厂气分析：选用热导和氢焰离子化检测器，填充柱和毛细管柱分离，通过多阀自动切换，信号自动切换，实现一次进样，多维色谱分析，快速分析 H_2、O_2、N_2、CO_2、CO、$C_1 \sim C_4$ 烷烃、$C_2 \sim C_4$ 烯烃及 C_5 以上烃等组分。分析结果重复性好、操作方便。

⑤ 车用和航空汽油中苯及甲苯分析：选用热导检测器或氢焰离子化检测器，双柱串联，通过阀自动切换，并配有反吹系统，实现一次进样完成对汽油中苯及甲苯的定性及定量分析。

⑥ 汽油中某些醇类和醚类分析：选用氢焰离子化检测器，多柱系统，十通阀自动切换和反吹，一次直接进样分析汽油中某些醇类和醚类。特别适用于车用和航空汽油以及含乙醇的汽油中有关醇、醚的分析。

⑦ 蒸馏酒及配制酒卫生标准的气相色谱分析：采用氢焰离子化检测器，GDX-102 填充柱或 FFAP 大口径毛细管柱，外标法（峰面积）定量，分析白酒中的甲醇和杂醇油。

⑧ 食品用酒精采用 PEG-20M 毛细管柱，采用 FID 检测器，内标法完成对优质食用酒精中甲醇、杂醇油等微量组分的检测。

⑨ 白酒中有关醛、醇、酯的分析：采用氢焰离子化检测器，使用 20%DNP＋7% 吐温−80，或兰州化物所大口径 $\phi0.53mm$ 专用毛细管柱，完成浓香型白酒和清香型白酒中主要的醇、醛、酸、酯各个组分的分析。使用毛细管柱除提高了分析效率外，还能检出有机酸，为复杂的酿造发酵工艺提供了更多有价值的信息。

⑩ 植物油中残留溶剂的检测：可以按照国标 GB/T 5009.37—2003 用顶空气相色谱法对浸出油中 6 号溶剂残留量进行测定。采用氢焰离子化检测器，内装涂有 5%DEGS 固定液的填充柱，外标法标准曲线定量。也可以采用 DJ-200 型顶空进样器（可以放置 6 个顶空瓶，顶空瓶规格：2mL、10mL、20mL 任选）。采用顶空进样器确保了分析的可靠性，提高了分析效率，可加热的气密针套确保样品无稀释、无冷凝。

⑪ 室内空气检测分析：选用氢焰离子化检测器，配以热解吸进样器、填充柱或毛细管柱，按国标 GB 50325—2010 选用专用的色谱柱可完成对室内空气中苯、甲苯、二甲苯及总挥发性有机合物（TVOC）的检测。采用衍生气相色谱法，经 2,4-二硝基苯肼衍生，用环己烷萃取，以 OV-17 和 QF-1 混涂色谱柱分离，用电子俘获检测器（ECD）测定室内空气中的甲醛。与用比色法测定甲醛相比，具有灵敏、准确、无干扰、试剂易保存等优点。

⑫ 变压器油裂解产物气相色谱分析：采用氢焰离子化检测器和热导检测器，Ni 催化剂转换器、六通阀自动切换，无二次分流系统，使之对变压器油裂解产物（8 种组分气体）一次进样全自动分析，定量准确、灵敏度高。微机控制可实现 FID/TCD 的输出信号自动切换。可以选用振荡脱气的取样方式，也可以采用外购自动顶空进样器自动进样。

⑬ 食品添加剂及食品中农药残留分析：选用不同种类的检测器和色谱柱可完成对食品中

有机磷农药残留（GB/T 5009.20—2003），食品中有机氯农药多组分残留（GB/T 5009.19—2008），植物性食品中有机磷和氨基甲酸酯类农药多种残留（GB/T 5009.145—2003 和 GB/T 5009.104—2003）等的测定。

⑭ 烟草及烟草制品检测分析：选用 TCD、FID，配以专用色谱柱，可完成对烟气总粒相物中水分及尼古丁含量的检测，其方法是国际上普遍采用的一种快速、准确、先进的测试方法。对烟草、烟草制品中有机氯、有机磷、拟除虫菊酯等农药残留的测定，可采用 ECD、FPD、NPD 检测器配以不同的毛细管柱来完成。

⑮ 其他：除以上分析外，配合静态顶空进样装置可以完成血液中乙醇含量的测定以及药品中残留溶剂的分析。利用固相微萃取装置与顶空技术可以实现食品中的气味分析。利用吹扫-捕集进样技术实现废水中挥发性芳烃的分析以及饮用水中挥发性有机物的分析。PTV-GC/ECD、NPD 同时测定环境水中多种农药残留的色谱分析。

9.4 液相色谱分析法

液相色谱分析（liquid chromatography，LC）是以液体作为流动相的一种色谱分离分析技术，利用物质在两相中吸附或分配系数的微小差异达到分离的目的，简称液相色谱法。液相色谱的最大特点是分离不可挥发而具有一定溶解性的物质或者受热后不稳定的物质，这类物质在已知化合物有相当大的比例。

液相色谱法早在 1903 年就由俄国植物学家 Tswett 发明，但早期的液相色谱法（古典液相色谱）柱效低、分离时间长，难以解决复杂样品的分离。到了 20 世纪 60 年代中后期，粒度小而均匀、传质速率快的色谱填料相继出现，使柱效显著提高，高压输液泵的使用解决了流动相流速慢的问题。从此液相色谱有了飞跃的发展，为区别于古典液相色谱法而称高效液相色谱法（high performance liquid chromatography，HPLC），又称高压液相色谱法或高速液相色谱法。HPLC 是指具有操作简便、分离速度快、分离效率高和检测灵敏度高等优良性能的液相色谱体系。HPLC 几乎可以分离和分析任何物质，是最有效和应用最广泛的分离分析技术。

高效液相色谱与气相色谱相似，具有高效、高速的优点，灵敏度亦很高，样品用量少，应用范围更广。气相色谱只适合分析较易挥发且化学性质稳定的有机化合物，而 HPLC 则适合于分析那些用气相色谱难以分析的物质，如挥发性差、极性强、具有生物活性、热稳定性差的物质。现在，HPLC 的应用范围已经远远超过气相色谱，位居色谱法之首。

9.4.1 液相色谱法的原理

液相色谱使用的流动相种类较多，从有机溶剂到水溶液，既能用纯溶剂，也可用二元或多元混合溶剂。流动相的性质和组成对色谱柱效、分离选择性和组分的 k 值影响很大。改变流动相的性质和组成，是提高色谱系统分离度和分析速度的重要手段。

液相色谱的固定相中，硅胶是应用最多的固定相填料，它是液-固色谱的主要固定相，也是液-液色谱最重要的载体。另外一种被广泛应用的是化学键合固定相，它是通过共价键将有机固定液结合到硅胶载体表面，比物理涂渍固定液的稳定性高得多，具有良好的色谱热力学和动力学性能，一般常用的 C_8、C_{18} 色谱柱都是填充的这种固定相。高效液相色谱常使用 10～25cm 柱长，柱效可达 2000～8000 塔板/m，能分离多组分复杂混合物或性质极相近的同分异构体，包括空间异构体。

高效液相色谱使用高压泵输送液体流动相，使其在色谱柱的前后形成显著的压力差，一般其柱前压为 $2\sim15$MPa，流动相在压力差的作用下快速渗滤通过固定相，完成各组分的分离过程。

同检测气体成分相比，检测液体成分的方法较少，灵敏度也比较低。从总体来看，目前高效液相色谱的检测灵敏度低于气相色谱。其最低检出量一般是 $10^{-6}\sim10^{-8}$g。HPLC 分析样品用量少，但比气相色谱高一个数量级，一次进样量为 $10^{-1}\sim10^{-2}$mg，适用于微量分析。

高效液相色谱体系和类型比气相色谱更为多样化，适合分离大分子、高沸点、强极性、离子性及热不稳定和具有生物活性的化合物。分离后的样品组分收集比气相色谱简单，加上色谱柱容量比气相色谱高，因而适用于制备分离。但不适用于分离分析低沸点及气体样品，而这类化合物用气相色谱分析是很方便的。据估计，在已知化合物中约20%的样品可不经预先化学处理，能满意地用气相色谱分析；而70%以上不挥发的化合物，均可用高效液相色谱分离分析。

高效液相色谱在分离过程中，样品与固定相、流动相均有一定的作用力，增加了控制分离选择性的因素。气体分子间作用力的强度比液体的小很多，气体流动相基本不与溶质作用，而只把它带出色谱柱。气相色谱的气体流动相改变，对分离选择性影响很小，主要是利用改变固定相来改善分离选择性。蒸气压是影响分离的重要参数，因而把气相色谱法比作蒸馏，而不比作萃取。高效液相色谱的液体流动相与固定相争夺溶质分子，流动相性质和组成的变化，常常是提高分离选择性的重要手段。高效液相色谱固定相种类不像气相色谱那样繁多，但可数的几种固定相即能解决大多数常规分析问题。高效液相色谱分离溶质处于液体状态，柱温不高，大多数分离在室温进行，有利于提高分离选择性。

常用高效液相色谱柱的内径与气相色谱填充柱相同（$2\sim4$mm），而柱长只有后者的 $1/10\sim1/20$，因而柱体积在色谱系统总体积中所占比例小于气相色谱。高效液相色谱柱外效应对柱效影响很大，要严格控制色谱系统连接管内径以降低死体积，这是 HPLC 的一个技术问题。

高效液相色谱法，分离重复性好，定量精度高。若用有机溶剂作流动相，常规分析成本高于气相色谱，因而，凡能用气相色谱分析的样品，一般不用高效液相色谱分析。由于HPLC 分析不受温度和样品沸点限制，因此具有更广阔的应用潜力。

高效液相色谱具有以下特点：

高压——压力可达 $150\sim300$kgf/cm^2（1kgf/cm$^2=98.0665$kPa）。色谱柱每米降压为 75kgf/cm^2 以上。

高速——流速为 $0.1\sim10.0$mL/min。通常分析一个样品在 $15\sim30$min，有些样品甚至在 5min 内即可完成。

高效——塔板数可达 5000 块/m。在一根柱中同时分离成分可达 100 种。

高灵敏度——紫外检测器可达 0.01ng，荧光和电化学检测器可达 0.1pg。

9.4.2　高效液相色谱法的类型

广义地讲，固定相为平面状的纸色谱法和薄层色谱法也是以液体为流动相，也应归于液相色谱法。不过通常所说的液相色谱法仅指所用固定相为柱形的柱液相色谱法。

通常将液相色谱法按分离机理分成吸附色谱法、分配色谱法、离子色谱法和凝胶色谱法四大类。其实，有些液相色谱方法并不能简单地归于这四类。表 9-3 列举了一些液相色谱方法。按分离机理，有的相同或部分重叠，但这些方法或是在应用对象上有独特之处，或是在分离过程上有所不同，通常被赋予比较固定的名称。

表 9-3　高效液相色谱（HPLC）按分离机理的分类

类型	主要分离机理	主要分析对象或应用领域
吸附色谱	吸附能、氢键	异构体分离、族分离、制备
分配色谱	疏水分配作用	各种有机化合物的分离、分析与制备
凝胶色谱	溶质分子大小	高分子分离，分子量及其分布的测定
离子交换色谱	库仑力	无机离子、有机离子分析
离子排斥色谱	Donnan 膜平衡	有机酸、氨基酸、醇、醛分析
离子对色谱	疏水分配作用	离子性物质分析
疏水作用色谱	疏水分配作用	蛋白质分离与纯化
手性色谱	立体效应	手性异构体分离、药物纯化
亲和色谱	生化特异亲和力	蛋白、酶、抗体分离，生物和医药分析

　　分离方式是按固定相的分离机理进行分类，选定了固定相（色谱柱）基本上就确定了分离方式。当然，即使同一根色谱柱，如果所用流动相和其他色谱条件不同，也可能成为不同的分离方式。选择分离方式大体上可以参照图 9-12。

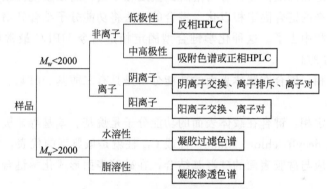

图 9-12　液相色谱分离方式的选择原则

M_W—分子量

9.4.3　液相色谱分离模式

9.4.3.1　吸附色谱

　　原理：基于被测组分在固定相表面具有吸附作用，且各组分的吸附能力不同，使组分在固定相中产生保留和实现分离。

　　固定相：固定相通常是活性硅胶、氧化铝、活性炭、聚乙烯、聚酰胺等固体吸附剂，所以吸附色谱（adsorption chromatography）也称液固吸附色谱。活性硅胶最常用。

　　活性硅胶：一种多孔性物质，因—O—Si(—O—)—O—Si(—O—)—O—结合而具有三维结构，表面具有硅羟基（≡Si—OH），作吸附剂的硅胶需经加热处理，除掉其表面吸附水，使之活化。按其孔径分布分为表面多孔和全多孔两类。硅胶既是吸附色谱最常用的固定相，也是分配色谱、离子色谱等色谱固定相的常用基质。

　　流动相：弱极性有机溶剂或非极性溶剂与极性溶剂的混合物，如正构烷烃（己烷、戊烷、庚烷等）、二氯甲烷/甲醇、乙酸乙酯/乙腈等。

　　分离过程：硅羟基呈微酸性，易与氢结合，是吸附的活性点。流动相溶剂在吸附剂表面形成单分子或双分子吸附层，当样品分子进入色谱柱，样品主要靠氢键结合力吸附到硅羟基上，与流动相分子竞争吸附点。样品分子反复地被吸附，又反复地被流动相分子顶替解吸，随着流动相的流动而在柱中向前移动。因为不同的样品分子在固定相表面的吸附能力不同，因而吸附-解吸的速度不同，各组分被洗脱的时间（保留时间）也就不同，使得各组分相互分离。

应用：吸附色谱在早期的 HPLC 中应用得最多，现在，很多以前用吸附色谱分离的物质被更方便和更有效的化学键合相反相分配色谱所代替。由于硅羟基活性点在硅胶表面常按一定几何规律排列，因此吸附色谱用于结构异构体分离和族分离仍是最有效的方法。如农药异构体分离，石油中烷、烯、芳烃的分离。

9.4.3.2　分配色谱

原理：主要基于样品分子在流动相和固定相间的溶解度不同（分配作用）而实现分离的液相色谱分离模式。

键合固定相：分配色谱（partition chromatography）原本是基于样品分子在包覆于惰性载体（基质）上的固定相液体和流动相液体之间的分配平衡的色谱方法，因此也称液-液分配色谱。因为作固定相的液体往往容易溶解到流动相中去，所以重现性很差，不大为人们所采用。后来发展起来的键合固定相以化学键合的方法将功能分子结合到惰性载体上，固定相就不会溶解到流动相中去了。这种化学键合型固定相是当今 HPLC 最常用的固定相，大约占 HPLC 固定相的 3/4。

极性键合固定相：键合在载体表面的功能分子是具有二醇基、醚基、氰基、氨基等极性基团的有机分子。

非极性键合固定相：键合在载体表面的功能分子是烷基、苯基等非极性有机分子。如最常用的 ODS（octa decyltrichloro silane）柱或 C_{18} 柱就是最典型的代表，它是将十八烷基三氯硅烷通过化学反应与硅胶表面的硅羟基结合，在硅胶表面形成化学键合态的十八烷基，其极性很小。

正相 HPLC（normal phase HPLC）：是由极性固定相和非极性（或弱极性）流动相组成的 HPLC 体系。其代表性的固定相是改性硅胶、氰基柱等，代表性的流动相是正己烷。吸附色谱也属正相 HPLC，早期的液相色谱中曾广泛采用这种体系。对于一些在非极性疏水固定相中强烈保留的有机分子常常采用正相 HPLC 模式。

反相 HPLC（reversed phase HPLC）：由非极性固定相和极性流动相组成的液相色谱体系，与正相 HPLC 体系正好相反。其代表性的固定相是十八烷基键合硅胶，代表性的流动相是甲醇和乙腈。是当今液相色谱的最主要分离模式，几乎可用于所有能溶于极性或弱极性溶剂中的有机物质的分离。

9.4.3.3　凝胶色谱

原理：以多孔性物质作固定相，样品分子受固定相孔径大小的影响而达到分离的一种液相色谱分离模式。样品分子与固定相之间不存在相互作用力（吸附、分配和离子交换等），因而凝胶色谱（gel chromatography）又常被称作体积排斥色谱、空间排阻色谱、分子筛色谱等。比固定相孔径大的溶质分子不能进入孔内，迅速流出色谱柱，不能被分离。比固定相孔径小的分子才能进入孔内而产生保留，溶质分子体积越小，进入固定相孔内的概率越大，于是在固定相中停留（保留）的时间也就越长。

固定相：化学惰性的多孔性材料，如聚苯乙烯凝胶、亲水凝胶、无机多孔材料。

流动相：在凝胶色谱中，流动相的作用不是为了控制分离，而是为了溶解样品或减小流动相黏度。

凝胶过滤色谱（gel filtration chromatography，GFC）：以水或缓冲溶液作流动相的凝胶色谱法。主要适合于水溶性高分子的分离。

凝胶渗透色谱（gel permeation chromatography，GPC）：以有机溶剂作流动相的凝胶色谱法。主要适合于脂溶性高分子的分离。如甲苯和四氢呋喃能很好地溶解合成高分子，所以 GPC 主要用于合成高分子的分子量（分布）的测定。

9.4.4　高效液相色谱仪

9.4.4.1　高效液相色谱系统

现在的液相色谱仪一般都做成一个个单元组件，然后根据分析要求将各所需单元组件组合起来。最基本的组件是高压输液泵、进样器、色谱柱、检测器和数据系统（记录仪、积分仪或色谱工作站）。此外，还可根据需要配置流动相在线脱气装置、梯度洗脱装置、自动进样系统、柱后反应系统和全自动控制系统等。图 9-13 是具有基本配置的液相色谱仪的流程图。

液相色谱仪的工作过程：输液泵将流动相以稳定的流速（或压力）输送至分析体系，在色谱柱之前通过进样器将样品导入，流动相将样品带入色谱柱，在色谱柱中各组分因在固定相中的分配系数或吸附力大小的不同而被分离，并依次随流动相流至检测器，检测到的信号送至数据系统记录、处理或保存。

（1）流动相贮罐

分析用高效液相色谱仪的流动相贮罐，常使用 1L 的锥形瓶加一个电磁搅拌器，在连接到泵入口处的管线上时要加一个过滤器（例如 $2\mu m$ 的过滤芯），以防止溶剂中的固体颗粒进入泵内。为了使贮罐中的溶剂便于脱气，溶剂罐中常需要配备加热器、搅拌器和抽真空及吹入惰性气体的装

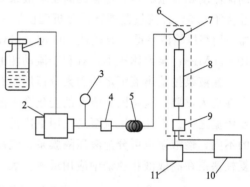

图 9-13　高效液相色谱仪流程图
1—流动相贮罐；2—高压输液泵；3—压力表；
4—过滤器；5—脉冲阻尼；6—恒温箱；7—进样器；
8—色谱柱；9—检测器；10—记录仪；
11—数据处理器

置。脱去流动相中的溶解气体是非常必要的，尤其是用水和其他极性溶剂做流动相时，脱气更为重要（特别是在梯度洗脱时）。为了防止在检测器中产生气泡，可在装流动相贮罐中于强烈搅拌下抽真空几分钟。加热可提高抽气效率。

（2）脱气装置

流动相溶液往往因溶解有氧气或混入了空气而形成气泡。气泡进入检测器后会在色谱图上出现尖锐的噪声峰。小气泡慢慢聚集后会变成大气泡，大气泡进入流路或色谱柱中会使流动相的流速变慢或出现流速不稳定的现象，致使基线起伏。气泡一旦进入色谱柱，排出这些气泡则很费时间。在荧光检测中，溶解氧还会使荧光淬灭。溶解气体还可能引起某些样品的氧化或使溶液 pH 值发生变化。

目前，液相色谱流动相脱气使用较多的是离线超声波振荡脱气、在线惰性气体鼓泡吹扫脱气和在线真空脱气。

① 超声波振荡脱气。将配制好的流动相连容器放入超声水槽中脱气 10～20min。这种方法比较简便，又基本上能满足日常分析操作的要求，所以，目前仍广泛采用。

② 惰性气体鼓泡吹扫脱气。将气源（钢瓶）中的气体（氦气）缓慢而均匀地通入储液

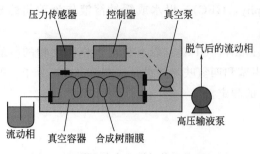

图 9-14　单流路真空脱气装置的原理图

罐中的流动相中，氦气分子将其他气体分子置换和顶替出去，而它本身在溶剂中的溶解度又很小，微量氦气所形成的小气泡对检测无影响。

③ 真空脱气装置。将流动相通过一段由多孔性合成树脂膜制造的输液管，该输液管外有真空容器，真空泵工作时，膜外侧被减压，分子量小的氧气、氮气、二氧化碳就会从膜内进入膜外而被脱除。图 9-14 是单流路真空脱气装置的原理图。一般的真空脱气装置有多条流路，可同时对多个溶液进行脱气。

（3）高压输液泵

高效液相色谱柱填料颗粒小，流动相通过柱子所受阻力大，需要高压输液泵输液，以便确保流动相流量稳定。适宜的高压输液泵要求输出流量稳定，基本无脉冲，流量精度和重复性优于 0.3%；流量范围宽，分析型仪器一般在 0.1～10mL/min 范围内连续可调，制备型仪器所用高压输液泵最大流速达 100mL/min；输出压力高，密封性能好，最高输出压力应达 40～50MPa；泵死体积小，有利于流动相的更换；耐腐蚀性好；具有梯度洗脱功能。

输液泵按输出液恒定的因素分恒压泵和恒流泵。对液相色谱分析来说，输液泵的流量稳定性更为重要，这是因为流速的变化会引起溶质的保留值的变化，而保留值是色谱定性的主要依据之一。因此，恒流泵的应用更广泛。而恒压泵在色谱柱装填中应用较多。按机械结构的不同，输液泵也可分为液压隔膜泵、气动放大泵、螺旋注射泵和往复柱塞泵四种，其中往复柱塞泵在高效液相色谱中应用最多。表 9-4 对几种高压输液泵的性能进行了比较。

表 9-4　几种高压输液泵的性能比较

名称	恒流或恒压	脉冲	更换流动相	梯度洗脱	再循环	价格
气动放大泵	恒压	无	不方便	需两台泵	不可	高
螺旋传动注射泵	恒流	无	不方便	需两台泵	不可	中等
单活塞往复泵	恒流	有	方便	可	可	较低
双活塞往复泵	恒流	小	方便	可	可	高
隔膜往复泵	恒流	有	方便	可	可	中等

① 气动放大泵。气动放大泵是基于压力与施压面积成反比的原理设计的一种恒压泵，压缩高压气体从气缸的气孔进入，驱动面积相对较大的气缸做活塞运动，并推动接触流体面积相对较小的液缸柱塞向前运动压缩液体，加压后的液体通过出口单向阀排出系统。

气动放大泵的原理简单，可以达到很高的压力，且压力稳定，但是流速稳定性很难满足高效液相色谱分析的要求，多用于色谱柱的湿法填充。此外，该类泵可以不采用电力直接作为能源，所以非常适合在有机溶剂蒸气浓度较高等危险环境下使用。

② 螺旋注射泵。螺旋注射泵通过步进电机带动一组变速齿轮驱动螺旋杆，将螺旋杆以一定的速度逐渐推入和推出液缸，实现排液和吸液的功能（图 9-15）。其优点是输液流量非常稳定，不会随色谱柱背压和流动相黏度等条件而变化，无脉冲液流。它的主要缺点是溶剂体积受到限制，不能连续工作。因其费用高，缺乏机动性，故这种泵目前在常规液相色谱系统中应用很少，但是由于其小流量稳定的特点，在微柱、细内径色谱柱、nano-色谱柱以及 HPLC-MS 联用系统中应用普遍。

③ 活塞型往复泵。活塞型往复泵是液相色谱仪中使用最广泛的一种恒流泵，有单活塞往复泵与双活塞往复泵两种。

单活塞往复泵：如图 9-16 所示，在活塞柱的一端有一偏心轮，偏心轮连在电动机上，电动机带动偏心轮转动时，活塞柱则随之左右移动。在活塞的另一端有上下两个单向阀，各有 1～2 个蓝宝石或陶瓷球，起阀门的作用。下面的单向阀与流动相连通，为活塞的溶液入口；上面的单向阀与色谱柱相连，为活塞的溶液出口。活塞柱与活塞缸壁之间是由耐腐蚀材料制造的活塞垫，以防漏液。活塞向外移动时，出口单向阀关闭，入口单向阀打开，溶液（流动相）抽入活塞缸。活塞向里移动时，入口单向阀关闭，出口单向阀

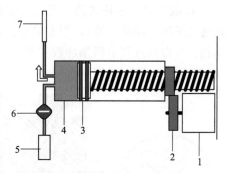

图 9-15　螺旋注射泵结构示意图
（单冲程注射泵）

1—马达；2—齿轮；3—移动活塞（密封）；
4—溶剂腔；5—溶剂储液器；6—切换阀；
7—色谱柱

打开，流动相被压出活塞缸，流向色谱柱。这种单纯往复式单活塞泵构造简单、价格便宜。活塞的移动距离是可变的，流量由活塞的移动距离所决定。因为偏心轮一般每分钟转 50～60 次，也就是流动相的抽入和吐出以每分钟 50～60 次的频率周期性变化，所以，产生的脉冲很显著。减缓脉冲的办法就是在泵出口与色谱柱入口之间安装一个脉冲阻尼器。脉冲阻尼器的种类很多，但其共同特征是具有一定的容积和弹性。

双活塞往复泵：如图 9-17（a）所示，双活塞往复泵有一个精心设计的偏心凸轮，用同步电机或变速直流电机驱动偏心凸轮，偏心凸轮再推动两活塞做往复运动。偏心凸轮短半径端所对应的活塞向外伸，使该活塞的下单向阀打开吸入流动相，与此同时，偏心凸轮的长半径端所对应的另一活塞被推入，使其上单向阀打开，并将流动相送至色谱柱。于是，两活塞交替伸缩，往复运动，获得的排液特性如图 9-17（b）所示，即具有稳定的输出流量，这样就能避免单活塞泵液流脉冲的问题。

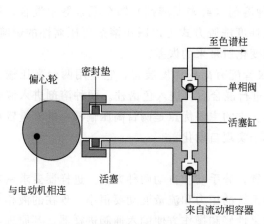

图 9-16　单活塞往复泵结构示意图

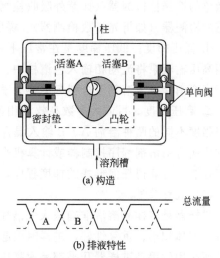

（a）构造

（b）排液特性

图 9-17　双活塞往复泵的构造及排液特性

双活塞往复泵的输液流量比单活塞泵小得多。其优点是不必使用消除脉冲的阻尼器，避免了阻尼器的压力消耗。但缺点是设备成本较高，流量调节也比单活塞泵复杂。

④ 隔膜泵。靠柱塞的往复运动实现输液和吸液。柱塞杆不直接与流动相液体接触，而是通过压缩传动油（液），引起具有弹性的不锈钢或碳氟聚合物膜挤压泵头中的液体输出流动相。可以通过调节活塞冲程实现流量调节，通常可以达到 $0\sim10\text{mL/min}$。

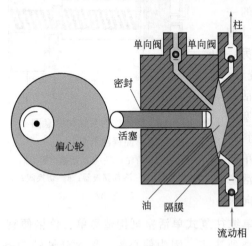

图 9-18　隔膜泵结构示意图

隔膜型往复泵也是一种恒流泵，其结构如图 9-18 所示。一块隔膜将泵缸分为两部分，一部分充满了油，另一部分充满了流动相。活塞与油接触，当活塞往复运动时，隔膜受到油压的作用，对流动相部分产生"吸引"或"推压"，使流动相部分的单向阀吸液或排液，从而获得稳定的液流。通过调节泵活塞的冲程即可进行流量调节。

隔膜泵的活塞不直接与流动相接触，故不存在活塞密封垫磨损对流动相的污染。隔膜泵的死体积小（约 0.1mL），因此，更换流动相后平衡快，有利于梯度洗脱。隔膜泵的缺点是结构比较复杂，价格较贵，和单活塞机械往复泵一样，也产生脉冲，也需要配置阻尼装置来消除脉冲。

（4）梯度洗脱装置

在进行多成分的复杂样品的分离时，经常会碰到前面的一些成分分离不完全，而后面的一些成分分离度太大，且出峰很晚和峰形较差的情况。为了使保留值相差很大的多种成分在合理的时间内全部洗脱并实现相互分离，往往要用到梯度洗脱技术。梯度洗脱技术相当于气相色谱的程序升温技术，已在高效液相色谱法中获得广泛的应用。

梯度洗脱中为保证流速稳定必须使用恒流泵，否则很难获得重复性结果；此外还应注意：溶剂的纯度要高，否则会使梯度洗脱的重现性变坏；防止互不相溶的溶剂进入色谱柱，要注意溶剂的黏度和相对密度对混合流动相组成的影响；梯度洗脱应使用对流动相组成变化不敏感的选择性检测器（如紫外吸收检测器或荧光检测器），而不能使用对流动相组成变化敏感的检测器（如折光指数检测器）。梯度洗脱有两种方式：低压梯度和高压梯度。

① 低压梯度。低压梯度是在常压下将两种溶剂（或多元溶剂）输至混合器中混合，然后用高压输液泵将流动相输入色谱柱中。低压梯度洗脱方式可以减小溶剂可压缩性的影响，并能完全消除由于溶剂混合引起的热力学体积变化所带来的误差。

② 高压梯度。目前大多数高效液相色谱仪皆配有高压梯度装置，它是用两台高压输液泵将强度不同的两种溶剂 A、B 输入混合室，进行混合后再进入色谱柱。两种溶剂进入混合室的比例可由溶剂程序控制器或计算机来调节。它的主要优点是两台高压输液泵的流量皆可独立控制，可获得任何形式的梯度程序，且易于实现自动化。

（5）进样装置

进样器是将样品溶液准确送入色谱柱的装置，分手动和自动两种方式。进样器要求密封性好，死体积小，重复性好，进样时引起色谱系统的压力和流量波动要很小。现在的液相色谱仪所采用的手动进样器几乎都是耐高压、重复性好和操作方便的六通阀进样器，其原理与气相色谱中所介绍的相同。

（6）色谱柱

液相色谱柱是液相色谱仪的心脏，柱效高、选择性好、分析速度快是对色谱柱的一般要求。色谱柱柱效受柱内外多种因素的影响，除尽量减小系统的死体积外，设计合理的柱结构及柱装填方法是十分必要的。

① 色谱柱的类型和结构。色谱柱管材料一般采用优质不锈钢，柱内壁要求抛光加工，绝对不允许有轴向沟痕，否则会降低柱效。高效液相色谱柱大致分为三种类型：内径小于 2mm 的细管径柱；内径 2～5mm 的常规高效液相色谱柱；内径大于 5mm 的半制备柱或制备柱。柱管一般采用直型。通用分析型的色谱柱长度一般为 10～30cm。商品化 HPLC 微粒填料粒度通常为 3～10μm，填充柱效的理论值可达到 50000～160000 块/m 理论塔板数。

色谱柱一般由柱管、压帽、卡套、筛板、接头螺丝等部分组成。色谱柱管的上下两端要安装过滤片（纤维素滤膜）和垫片（多孔不锈钢烧结片），柱接头通过过滤片、垫片与色谱柱管连接，垫片的孔径小于填料颗粒直径，但可让流动相顺利通过，同时可阻挡流动相中的极小机械杂质以保护色谱柱。色谱柱的结构如图 9-19 所示。

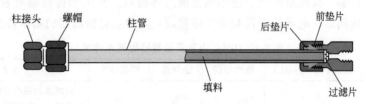

图 9-19　色谱柱的结构示意图

② 色谱柱的填充。干法填充：在硬台面上铺上软垫，将空柱管上端打开垂直放在软垫上，用漏斗每次灌入 50～100mg 填料，然后垂直台面蹾 10～20 次。

湿法填充：又称淤浆填充法，使用专门的填充装置（图 9-20）。

③ 常用色谱填料。色谱柱是进行液相色谱分离的核心部位，色谱填料类型选择得正确与否是分离任务成败的关键。色谱填料品类众多，从不同角度出发可以按不同类型加以分类。通常，可以按照其分离模式将其分为正相、反相、离子交换、疏水作用、亲水作用、体积排阻、亲和以及手性等不同的类型。表 9-5 列出了各种模式及其所依据的分离原理和适用范围。

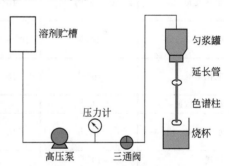

图 9-20　湿法填充装置图

表 9-5　各类色谱填料及其适用范围

填料类型	分离原理	适用范围
反相	依据因溶质疏水性的不同而产生的溶质在流动相与固定相之间分配系数的差异而分离	大多数有机化合物；生物大、小分子，如多肽、蛋白质、核酸、糖缀合物。样品一般应溶于水相体系中
正相	依据溶质极性的不同而产生的在吸附剂上吸附性强弱的差异而分离	中、弱至非极性化合物。样品一般应溶于有机溶剂中
离子交换	依据溶质所带电荷的不同及溶质与离子交换剂库仑作用力的差异而分离	离子型化合物或可离解化合物；样品一般应溶于不同 pH 值及离子强度的水溶液中
体积排阻	依据分子尺寸及形状的不同所引起的溶质在多孔填料体系中滞留时间的差异而分离	可溶于有机溶剂或可溶于水溶液中的任何非交联型化合物
疏水作用	依据溶质的弱疏水性及疏水性对盐浓度的依赖而使溶质得以分离	具弱疏水性且其疏水性随盐浓度而改变的水溶性生物大分子

填料类型	分离原理	适用范围
亲水作用	依据溶质在强极性填料表面吸附水层和流动相之间的分配系数不同而分离	强极性化合物,如糖及糖缀合物、亲水性肽、糖肽、表面活性剂等
亲和	依据溶质与填料上的配基之间的弱相互作用力即非成键作用力所导致的分子识别现象而分离	多肽、蛋白质、核酸、糖缀合物等生物分子及可与生物分子产生亲和相互作用的小分子
手性	手性溶质与配基间的手性识别	手性拆分

（7）检测器

检测器利用溶质的某一物理或化学性质与流动相有差异的原理,当溶质从色谱柱流出时,会导致流动相背景值发生变化,从而在色谱图上以色谱峰的形式记录下来。理想的液相色谱检测器应具有灵敏度高、对所有的溶质都有快速响应、响应对流动相流量和温度变化都不敏感、不引起柱外谱带扩展、线性范围宽、适用的范围广等特点。常用的检测器有紫外-可见吸收检测器、折光指数检测器、电导检测器和荧光检测器,几种主要检测器的基本特性列于表9-6。

表 9-6　HPLC 中常见检测器的基本特性

检测器	检测下限/(g/mL)	线性范围	选择性	梯度淋洗	主要特点
紫外-可见光	10^{-10}	$10^3 \sim 10^4$	有	可	对流速和温度变化敏感;池体积可制作得很小;对溶质的响应变化大
荧光	$10^{-12} \sim 10^{-11}$	10^3	有	可	选择性和灵敏度高;易受背景荧光、消光、温度、pH 和溶剂的影响
化学发光	$10^{-13} \sim 10^{-12}$	10^3	有	困难	灵敏度高;发光试剂受限制;易受流动相组成和脉动的影响
电导	10^{-8}	$10^3 \sim 10^4$	有	不可	是离子性物质的通用检测器;受温度和流速影响;不能用于有机溶剂体系
电化学	10^{-10}	10^4	有	困难	选择性高;易受流动相 pH 和杂质的影响;稳定性较差
蒸发光散射	10^{-9}		无	可	可检测所有物质
示差折光	10^{-1}	10^4	无	不可	可检测所有物质;不适合微量分析;对温度变化敏感
质谱	10^{-10}		无	可	主要用于定性和半定量
原子吸收光谱	$10^{-10} \sim 10^{-13}$		有		选择性高
等离子体发射光谱	$10^{-8} \sim 10^{-10}$		有		可进行多元素同时检测
火焰离子化	$10^{-12} \sim 10^{-13}$	10^4	有	可	柱外峰展宽

① 紫外-可见光检测器（ultraviolet-visible detector，UVD）。原理：基于朗伯-比尔定律,即被测组分对紫外线或可见光具有吸收,且吸收强度与组分浓度成正比。

检测器结构：如图 9-21 所示,是目前最常用的紫外吸收检测器。由氘灯发出的多色光经过透镜、滤光片聚焦在单色仪（主要部分为光栅）的入口狭缝上,单色仪选择性地将一窄谱带的光透过出口狭缝,光束经过流通池被其中的溶液部分吸收,测定吸收后到达光电二极管的光强度与空白参比的光强度来确定样品的吸收值,参比光束以及参比二极管用于补偿因光源波动产生的光强变化。可变波长检测器可选择的波长范围很大,提高了选择性和灵敏度,可以绘出组分的光吸收谱。

② 光电二极管阵列检测器（photodiode array detector，PDAD）。以光电二极管阵列（或 CCD 阵列、硅靶摄像管等）作为检测元件的 UV-VIS 检测器（图 9-22）。它可构成多通

道并行工作，同时检测由光栅分光，再入射到阵列式接收器上的全部波长的信号，然后，对二极管阵列快速扫描采集数据，得到的是时间、光强度和波长的三维谱图。与普通 UV-VIS 检测器不同的是，普通 UV-VIS 检测器是先用单色器分光，只让特定波长的光进入流通池，而二极管阵列 UV-VIS 检测器是先让所有波长的光都通过流通池，然后通过一系列分光技术，使所有波长的光在接收器上被检测。它能够同时测定吸光度、时间、波长三者的关系，全过程通过计算机控制处理，可以在荧光屏上显示出三维图谱，也可作出任意波长的吸光度-时间曲线（色谱图）和任意时间的吸光度-波长曲线（紫外-可见光谱图）。

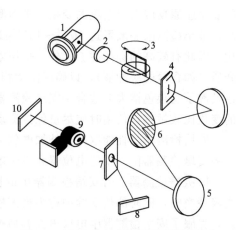

图 9-21 可变波长紫外吸收检测器结构
1—氘灯；2—透镜；3—滤光片；4—狭缝；
5—反射镜；6—光栅；7—分束器；8—参比光
电二极管；9—流通池；10—样品光电二极管

③ 荧光检测器（fluorescence detector，FD）。

原理：许多有机化合物，特别是芳香族化合物、生化物质，如有机胺、维生素、激素、酶等，被一定强度和波长的紫外线照射后，发射出较激发光波长更长的荧光。荧光强度与激发光强度、量子效率和样品浓度成正比。有的有机化合物虽然本身不产生荧光，但可以与发荧光物质反应衍生化后检测。

结构：如图 9-23 所示。

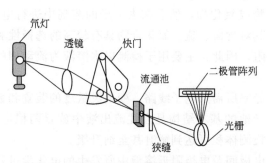

图 9-22 光电二极管阵列检测器结构示意图

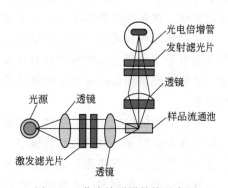

图 9-23 荧光检测器结构示意图

特点：荧光检测器有非常高的灵敏度和良好的选择性，灵敏度要比紫外检测法高 2～3 个数量级，可达 μg/L 级，选择性强。而且所需样品量很小，特别适合于药物和生物化学样品的分析。当要对痕量组分进行选择性检测时，它是一种有力的检测工具。但它的线性范围较窄，不宜作为一般的检测器来使用。荧光检测器可用于梯度洗脱，不能使用可熄灭、抑制或吸收荧光的溶剂作流动相。

④ 电化学检测器（electrochemical detector，ECD）。电化学检测器根据电化学原理，通过测定被测物质的各种电化学性质，如电极电位、电流、电量、电导或电阻等，进而确定样品组成及含量。电化学检测器主要包括安培、极谱、库仑和电导检测器等 4 种。前三种统称为伏安检测器，以测量电极电流的大小为基础；而电导检测器则以测量液体的电阻变化为依据，其中以安培检测器的应用最多。

a. 安培检测器。安培检测器是在外加电压的作用下，利用待测组分在电极表面上所发生的氧化还原反应引起电流的变化，进而测定样品浓度的一种检测技术。此种检测器的灵敏度高，最小检测限一般可达 $10^{-9} \sim 10^{-12}$ g。只对电活性物质有响应，不受非电活性物质的干扰，因此有较高的选择性。此外，采用安培检测器的流动相必须含有 $0.01 \sim 0.1$ mol/L 的电介质（如含盐的缓冲液），以确保流动相具有导电能力。因此，以水溶液为流动相的反相色谱及离子交换色谱大多适合于安培检测器。安培检测器对流动相的流速、温度、pH 等因素的变化比较敏感，使用时应尽量保持流动相条件恒定。

安培检测器的性能取决于外加电位、构成两电极的材料和洗脱液的物理化学性质等。常用的安培检测器由一个恒电位器和三个电极组成的电化学池构成。

b. 极谱检测器。若安培检测器中的固体电极用滴汞电极或其他表面周期性更新的液体电极替换时，此时的伏安检测称为极谱检测。极谱检测器的主要优点是电极表面可周期性更新，克服了安培检测器中电极表面容易被污染的缺陷。

c. 库仑检测器。库仑检测器是一种使用广泛的高精度检测器。电活性物质在电极表面上进行氧化或还原反应，通过测量由于得失电子而引起的电量改变，进而测定溶液中溶质的浓度。为获得足够高的电解效率，库仑检测器一般采用大表面积的多孔材料作为电极，流通池体积和流动相流速尽可能小。此类检测器灵敏度较高，操作灵活，动态响应范围宽，可以用于梯度淋洗。

d. 电导检测器。电导检测器是一种通用型电化学检测器，原理是离子性物质的溶液具有导电性，其电导率与离子的性质和浓度相关，是离子色谱中必备的检测器。由于溶液的电导是其中各种离子电导的加和，因此，该检测器属于总体性质检测器。离子的摩尔电导随溶液浓度而变化。在无限稀释情况下，离子的摩尔电导达到最大值，称为极限摩尔电导。

电导检测器将被测组分变成杂原子氢化物或氧化物，然后在去离子的溶剂中进行电离，根据溶液电导率的变化来检测组分的含量，其对含卤、硫、氮化合物具有较高的选择性和灵敏度。电导检测器测量的是溶液的电导或电阻，因此，主要用于检测以水溶液为流动相的离子型溶质。

电导检测器的构成：由电导池、测量电导率所需的电子线路、变换灵敏度的装置和数字显示仪等几部分组成，电导池是其核心。电导池的基本结构是在柱流出液中放置两根电极，然后通过适当的电子线路测量溶液的电导。检测体积可达到微升甚至纳升级。

电导检测器工作原理：电导池工作时，电极间及电极附近溶液中所发生的电化学过程可以用图 9-24 表示。当向电导池的两个电极施加电压时，溶液中的阴离子向阳极移动，阳离子向阴极移动。电解质溶液中的离子数目和离子的移动速率决定溶液的电阻大小。离子的迁移速率或单位电场中离子的速率取决于离子的电荷及其大小、介质类型、溶液温度和离子浓度。离子的迁移速率与施加电压的大小有关，所施加的电压既可以是直流电压，也可以是正弦波或方波电压。当施加的有效电位确定后，即可测量出电路中的电流值，进而测出电导值。

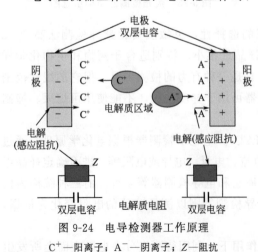

图 9-24　电导检测器工作原理

C^+—阳离子；A^-—阴离子；Z—阻抗

电导检测器通常不适用于梯度洗脱，使用缓冲溶液作流动相时，其检测灵敏度会下降。当流动相的离子浓度恒定时，电导检测器对流速和压力的变化不敏感，可用于梯度洗脱的测量。温度对电导检测器的影响较大，每升高 1℃，电导率增加 2%～2.5%，借助热敏电阻监控器和电子补偿电路，可以消除温度的影响，一般情况下电导检测器应置于绝热恒温设备中使用。

⑤ 蒸发光散射检测器（evaporative light-scattering detector，ELSD）。蒸发光散射检测器是高灵敏度、质量型的新型通用检测器。它对各种物质均有响应，且响应因子基本一致，检测不依赖于样品分子中的官能团，可以用来检测任何不挥发性化合物；对流动相的组成不敏感，可用梯度洗脱；检测灵敏度高于低波长紫外检测器和示差折光检测器，检测限可低至 10^{-10} g；操作简便，可与任何品牌的 HPLC 系统连接。

ELSD 是基于溶质的光散射性质的检测器。由喷雾器、加热漂移管（溶剂蒸发室）、激光光源和光检测器（光电转换器）等部件构成（图 9-25）。色谱柱流出液导入喷雾器，被载气（压缩空气或氮气）雾化成微细液滴，液滴通过加热漂移管时，流动相中的溶剂被蒸发掉，只留下溶质，激光束照在溶质颗粒上产生光散射，光收集器收集散射光并通过光电倍增管转变成电信号。因为散射光强只与溶质颗粒大小和数量有关，而与溶质本身的物理和化学性质无关，所以 ELSD 属通用型和质量型检测器。适合于无紫外吸收、无电活性和不发荧光的样品的检测。其灵敏度与载气流速、气化

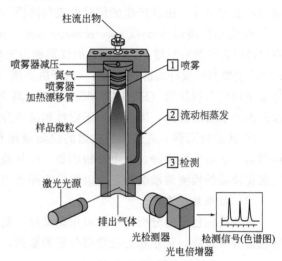

图 9-25　蒸发光散射检测器示意图

室温度和激光光源强度等参数有关。与示差折光检测器相比，它的基线漂移不受温度影响，信噪比高，也可用于梯度洗脱。ELSD 检测器要求色谱流出液中的溶剂是可蒸发的有机溶剂或水，不允许含有无机酸、碱或盐。

ELSD 检测器也存在一些不足，如耗气量大（大约 1 钢瓶气体/24h）；对于某些样品（如磷脂）检测器线性范围较窄，质量与峰面积有时不呈线性关系，常需要通过计算机模拟来校正响应；挥发性样品溶质无法检测，或响应极弱，只有降低蒸发温度才能准确定量。

⑥ 示差折光检测器（differential refractive index detector，RID）。原理：基于样品组分的折射率与流动相溶剂折射率有差异，当组分洗脱出来时，会引起流动相折射率的变化，这种变化与样品组分的浓度成正比。

示差折光检测法也称折射指数检测法。绝大多数物质的折射率与流动相都有差异，所以示差折光检测法是一种通用的检测方法，虽然其灵敏度与其他检测方法相比要低 1～3 个数量级。对于那些无紫外吸收的有机物（如高分子化合物、糖类、脂肪烷烃）是比较适合的。在凝胶色谱中是必备检测器，在制备色谱中也经常使用。原则上凡是与流动相光折射率有差别的样品都可用它来测定，其检测限可达 10^{-6}～10^{-7} g/mL。

示差折光检测器一般不能用于梯度洗脱，因为它对流动相组成的任何变化都有明显的响应，梯度洗脱会干扰被测样品的监测。由于折射率对温度的变化非常敏感，大多数溶剂折射率的温度系数约为 $5×10^{-4}$，因此示差折光检测器必须恒温，才能获得精确的结果。示差折光检测器要以流动相的折射率作为参比。

⑦ 电雾式检测器（charged aerosol detector，CAD）。电雾式检测器与蒸发光散射检测器在原理上有相似之处。洗脱液在喷雾器中氮气的作用下雾化，其中较大的液滴在碰撞器中经废液管流出，较小的溶质（分析物）液滴在室温下干燥，形成溶质颗粒。同时，用于载气的氮气分流形成的第二股氮气流经过电晕式装置（含高压铂金丝电极）形成带正电荷的氮气颗粒，与溶质颗粒相向流动，经碰撞使溶质颗粒带上正电。为了消除由带有过多正电荷的氮气所引起的背景电流，在含溶质颗粒的气流流入静电检测计之前，通过一种称为离子阱的装置（带有低负电压）使迁移速率较大的颗粒（即粒度较小的氮气颗粒）的电荷中和，而迁移速率小的带电颗粒把它们的电荷转移给颗粒收集器，最后用高灵敏度的静电检测计测出带电溶质的信号电流。由此产生的信号电流与溶质（分析物质）的含量成正比。

⑧ 质谱检测器（mass spectrometer detector，MSD）。液相色谱仪与质谱仪相连接而以质谱仪作为它的检测器，这种组合的仪器称为液相色谱-质谱联用（LC-MS，简称液质联用）。HPLC 主要与四极杆质谱（QMS）、离子阱质谱（ITMS）、飞行时间质谱（TOFMS）和傅里叶变换回旋共振质谱（FT-ICR MS）联用，其中最具前景的是 LC-TOFMS。质谱检测器可以给出分子量的信息，因而可用于定性和结构分析。

⑨ 其他检测器。高效液相色谱的检测器还有化学反应检测器、介电常数检测器、电位检测器、放射性检测器、光电导检测器、红外检测器等等，这些检测器都是选择性检测器，对某类样品的检测灵敏度高，可以根据实际选用。

（8）数据处理系统

高效液相色谱的分析结果除可用记录仪绘制谱图外，现已广泛使用色谱数据工作站来控制色谱分析过程，记录和处理色谱分析的数据，完成定性和定量分析任务。

9.4.4.2 高效液相色谱仪的维护

（1）日常维护与故障排除的思路

对色谱仪器系统进行维护的目的是要尽早地确定并排除故障使设备正常运转，尽可能缩短仪器设备停止工作的时间。首先，应该每天花一定时间查看一下仪器，及时了解其运转是否正常，如果出现不正常情况，可借助经验，分析判断出现问题的可能性并及时解决。出现故障后，要善于用逻辑推理的方法，找出问题所在，然后根据故障类型、程度，采取相应解决措施，或者借助于各种手册帮助自己动手排除，必要时可请厂商工程师进行现场维修服务。可以按照表 9-7 提供的程序，进行思考、判断和解决问题。

表 9-7 故障排除思路与工作程序

故障排除思路	工作程序
(1)一般迹象综述	故障表现(与以前的系统情况相比较)；系统设置有无变化，此类问题以前是否发生过，系统有无受外界设备影响的可能等
(2)简单检查	寻找线索：各种线路选择与连接是否正确，流动相是否正常，色谱柱选择正确否，流路等有无变化
(3)系统比较	建立正确的使用条件：建立记录、操作程序，做新色谱图，计算各种色谱理论参数，重复实验，确立现系统条件
(4)找出故障原因	分析症状，查阅症状-原因表，找出可能的原因
(5)使用系统故障排除表	按方法、部件等内容查找解决办法
(6)求助	与厂商或专家联系

（2）仪器维护的基本规则

本节列举了一些对液相色谱系统进行良好维护和故障排除的基本规则，作为"常用准则"。

① 一次规则。系统出现故障时，可以尝试性地查找原因，记住一次只可以改变一个参

数。例如，出现色谱峰拖尾的问题，可依次改变流动相、换保护柱、换分析柱等。通过这些简单的尝试，大部分时候能够确认问题来源。

② 二次比较规则。动手检修之前已经明确了故障所在，或者已经确定了解决方案。例如，在进样分析过程中发现内标物的峰值变低了，可以重复进样看看重复性如何，如果是偶然变低，可能是定量管里进了气泡。这个规则可用于考察系统改变后的情况。更换了流动相后在正式进样前可以进两次标准品以检查保留时间的稳定情况和色谱峰的稳定性。在梯度洗脱中如果出现了多余的峰，可以运行空白梯度洗脱一次，以确定是否真的存在问题，此规则可以避免不必要的问题，尽快确定纠正措施。

③ 取代规则。用好的部件换下可疑的部件，是查找故障的最好方法。如果怀疑检测器引起了噪声，就换一个性能好的检测器。如果故障被排除了，那就说明换下的检测器有问题。这个规则应用的范围可大可小，可以从换整个部件到换印刷线路板上的集成块。

④ 换回规则。这个规则和取代规则一起运用，好部件取代了可疑部件后情况并未得到改善，应重新换上原部件。这样做维修的费用最小，也防止了用过的部件积压下来。这条规则仅适用于单一故障。换回规则不适用于以下的情况：在取下时原部件已损坏（如泵密封垫圈）；部件价格低（如柱内衬过滤片）；重新装上原部件要冒损坏的风险；定期更换的部件。

⑤ 参考条件规则。通常有两种参考条件：a.标准参考条件；b.试验参考条件。

标准参考条件也叫标准试验条件，是从一个系统到另一个系统，从一个实验室到另一个实验室都易于验证的条件，用该条件所测得的数据有助于识别实际试验和系统间的问题。如果在某试验条件下系统压力升高，而在标准条件下压力正常，这说明系统异常是由实验室环境条件的变化引起的。用标准条件验收新的液相色谱系统是最方便的，也易于与厂家联系。

⑥ 记录规则。这条规则往往被人忽视。应该在每次维护和故障排除后都做记录。例如，对系统的某一特定故障因为没做记录就不可能系统地分析问题，费时又费力。从长远观点看，系统发生的特定故障对今后的操作也有极其重要的意义。每台仪器都应备有维修记录本，内容包括日期、故障部位、现象、产生的原因、解决的办法和结果等。还有一点要注意，试过的或换下的部件都要贴上标志。

做好维修保养记录有如下好处：让所有的操作人员都知道发生了什么故障，在操作过程中以引起注意；帮助操作人员描述故障现象；当再次发生故障时可根据资料尽快解决问题。

⑦ 预测规则。有维修实践和保养习惯的人员应能够预测系统的故障，平时在保养方面多投入些时间，系统会以减少故障作为报答，同时也消除了连锁性的损坏。例如，因平时不注意保养，泵的密封垫圈坏了，会腐蚀泵和其他部件。善于保养能节约时间和金钱，避免出现仪器控制操作人员的现象。例如，每天开始工作或结束工作时发现灯老化引起基线漂移就把灯换下来。如果等到灯全坏了，就需要停机，造成的损失可能比一个灯的费用还要高。

⑧ 缓冲液规则。这条规则提示停机时一定要洗净系统中的缓冲物，系统中缓冲物的残余会造成腐蚀、磨损和阻塞。另外，生理缓冲液极易受到细菌和霉菌的影响。理想的冲洗液是不含缓冲物的相同组成的流动相，不要让纯水贮藏于系统中，以防生长细菌。可在水中加入至少 10% 的有机溶剂或 0.02%～0.05% 的叠氮化钠。在实验室，应按如下程序冲洗：用纯水冲洗 30～60min（流速 1mL/min），再用甲醇冲洗 30min 后关机。千万不能在使用缓冲溶液之后马上就用有机溶剂冲洗，否则无机盐就会结晶沉淀在系统中，造成不良后果。

（3）仪器构件的维护

① 储液罐：储存的流动相都应预先经 0.5μm 的滤膜过滤，脱气后才可使用。溶剂过滤器

使用 3～6 个月后，出现阻塞可先经超声波振荡器清洗，若无效应及时更换。储液罐应定期清洗，尤其当使用磷酸盐缓冲溶液时，易产生絮状沉积物，必须及时清除，否则易引起柱阻塞。

② 高压输液泵：使用的流动相必须经过过滤和脱气，使用中应注意柱前压是否稳定，若压力突然升高，表明管道过滤器或色谱柱头堵塞，应立即停用，待更换过滤片、清理色谱柱头堵塞后方可重新开启高压输液泵。当使用酸或碱缓冲溶液或腐蚀性溶剂后，应及时清洗，防止无机盐结垢，造成泵柱塞受到磨损或腐蚀。当往复式泵泵头的单向阀排液不畅通时，应拆开通向混合器的接头，用流动相冲洗出机械杂质，而不要轻易拆开单向阀导致泵无法工作。

③ 六通阀进样器：进样阀转动手柄用力要适当；欲用于进样的样品最好经 0.5μm 滤膜过滤后再用于进样；应使用平头注射器进样以保护阀体的密封垫；每次实验结束要冲洗进样阀，防止缓冲溶液中无机盐或腐蚀物质残留阀内。

④ 色谱柱：在六通阀后加流路过滤器以阻挡来自样品和阀垫的微粒；在过滤器和分析柱间加上保护柱，以阻断进入分析柱的微粒杂质保护分析柱；色谱柱应在要求的 pH 值范围和柱温下使用；若柱前压突然升高，应及时更换柱头的 0.5μm 不锈钢过滤垫；每次实验后应用流动相冲洗至基线平直。

⑤ 检测器：每次使用时应及时排除流通池中的气泡，开机后待基线平直，再注入样品进行分析。

⑥ 仪器出现电路故障：应及时找厂家进行维修。

9.4.5　高效液相色谱分析方法

9.4.5.1　分析样品的预处理

高效液相色谱仪分析样品的预处理方法有过滤、离心、加速溶剂萃取、超临界流体萃取、固相萃取、固相微萃取、液相微萃取和衍生化等。

（1）过滤

常用的滤膜材质有纤维素、聚四氟乙烯和聚酰胺。其中聚酰胺应用最广，是亲水材料，适合水溶液的过滤，不被 HPLC 常用溶剂所腐蚀，不含添加剂。

（2）加速溶剂萃取

是在提高温度（50～200℃）和压力（10.3～20.6MPa）下，用溶剂萃取固体或半固体样品。与传统萃取方式相比，加速溶剂萃取具有溶剂用量少、快速、对不同基体可用相同的萃取条件、萃取效率高、选择性好、使用方便、安全性好和自动化程度高等特点。

（3）超临界流体萃取

是利用超临界流体对物质的特殊溶解性能原理而建立的萃取方法。超临界二氧化碳作为常用的萃取剂已被广泛应用于天然药物中非极性和弱极性有效成分的提取。

（4）固相萃取

是通过采用选择性吸附和选择性洗脱对样品进行富集、分离和净化，可以将其近似地看作一种简单的液固色谱过程。固相萃取方法主要有：

① 使液体样品溶液通过吸附剂，保留其中被测物质，然后选用适当强度的溶剂冲去杂质，再用少量溶剂迅速洗脱被测物质，从而达到快速分离净化和浓缩的目的。

② 可选择性吸附干扰杂质，让被测物质流出。

③ 可同时吸附杂质和被测物质，再使用合适的溶剂选择性洗脱被测物质。

（5）固相微萃取

是基于涂敷在纤维上的高分子涂层或吸附剂和样品之间的吸附-解吸平衡原理，集采样、萃取、浓缩和进样于一体的无溶剂的样品微萃取方法。常用固相微萃取方法主要有：

① 直接固相微萃取：适用于气体基质和干净的水基质。

② 顶空固相微萃取：适用于任何基质，尤其是直接固相微萃取无法处理的脏水、油脂、血液、污泥和土壤等。

③ 膜固相微萃取：通过选择性高分子渗透膜将样品与萃取头分离，进行间接萃取。渗透膜的作用是使萃取头不被基质污染，提高萃取的选择性。但由于样品中待分析物必须通过渗透膜才可以接触到萃取涂层，因此会延长萃取平衡时间。可用于悬浊液等较脏基质中非挥发性有机物的监测。

④ 毛细管固相微萃取：将气体或液体样品通过内壁键合萃取剂的石英毛细管，使待分离组分从样品中萃取出来，具有富集倍数高和萃取平衡时间短等特点。

（6）液相微萃取

是基于样品和微升级甚至纳升级有机溶剂之间的分配平衡原理，集采样、萃取和浓缩于一体的环境友好的样品微萃取方法，特别适合环境样品中痕量和超痕量污染物的分析。

① 直接液相微萃取：利用悬挂在色谱微量进样器针头上的有机溶剂对样品溶液中的分析物直接进行萃取。直接液相微萃取是微型化的液液萃取，克服了传统液液萃取的诸多不足，仅使用微升级甚至纳升级的有机溶剂进行萃取，适应现代分析科学微型化发展的要求，属于绿色分析技术。但是存在许多缺点。

② 中空纤维液相微萃取：以多孔的中空纤维为萃取溶剂的载体而进行微萃取。

③ 顶空液相微萃取：把有机溶剂悬于样品溶液上方而进行微萃取。

（7）衍生化

① 紫外衍生化：为使没有紫外吸收或紫外吸收很弱的化合物能被紫外检测器检测，往往通过衍生化反应在这些化合物的分子中引入强紫外吸收的基团。

② 荧光衍生化：荧光衍生化已广泛应用于醇、酸、糖、雌激素和生物碱等检测，其中在氨基酸样品检测中应用最多。

③ 电化学衍生化：使样品组分与衍生化试剂反应，生成具有电化学活性的衍生物，以便对电化学检测有较灵敏的响应。

9.4.5.2 高效液相色谱仪操作步骤和注意事项

（1）操作步骤

① 首先对流动相进行过滤，根据需要选择不同的滤膜，一般为有机系和水系，常用的孔径为 $0.22\mu m$ 和 $0.45\mu m$。

② 对抽滤后的流动相进行超声脱气 $10\sim20min$。

③ 正常情况下，仪器首先用甲醇冲洗 $10\sim20min$，然后再进入测试用流动相（如流动相为缓冲试剂，则用二次重蒸水冲洗 $10\sim20min$，直至色谱柱中有机相冲净为止）。

④ 一般情况下，流动相冲洗 $20\sim30min$ 后，仪器方可稳定，最重要的是仪器基线稳定后，方可进样测试。

⑤ 同时进两针标样，将其结果相比较，其结果的比值在 $0.98\sim1.02$ 之间后，就可以正式进行样品的测试了。

⑥ 样品测试结束后，就要进行色谱仪及色谱柱的清洗和维护。如流动相为缓冲试剂，

同样也要用重蒸水清洗 10～20min，方可用有机相进行保护，否则，有损色谱柱。

⑦ 关机时，先关计算机，再关液相色谱。

（2）色谱柱使用注意事项

① 使用前仔细阅读色谱柱附带的说明书，注意适用范围，如 pH 值范围、流动相类型等；

② 使用符合要求的流动相；

③ 使用保护柱；

④ 如所用流动相为含盐流动相，反相色谱柱使用后，先用水或低浓度甲醇水（如 5％甲醇水溶液），再用甲醇冲洗；

⑤ 色谱柱长时间不用，存放时，柱内应充满溶剂，两端封死（乙腈/甲醇适于反相色谱柱，正相色谱柱用相应的有机相）；

⑥ 不要高压冲洗柱子；

⑦ 不要在高温下长时间使用硅胶键合相色谱柱；

⑧ 使用过程中注意轻拿轻放。

（3）样品处理注意事项

① 采用过滤或离心方法处理样品，确保样品中不含固体颗粒；

② 用流动相或比流动相弱（若为反相柱，则极性比流动相大；若为正相柱，则极性比流动相小）的溶剂制备样品溶液，尽量用流动相制备样品溶液；

③ 手动进样时，进样量尽量小，使用定量管定量时，进样体积应为定量管的 3～5 倍。

（4）流动相操作注意事项

① 流动相应选用色谱纯试剂、高纯水或双蒸水，酸碱液及缓冲液需经过滤后使用，过滤时注意区分水系膜和油系膜的使用范围；

② 水相流动相需经常更换（一般不超过 2 天），防止长菌变质；

③ 使用双泵时，A、B、C、D 四相中，若所用流动相中有含盐流动相，则 A、D（进液口位于混合器下方）放置含盐流动相，B、C（进液口位于混合器上方）放置不含盐流动相；通常四个储液器中其中一个为棕色瓶，用于存放水相流动相。

9.4.5.3 液相色谱分析条件的选择

（1）柱子类型的选择

在液相色谱分析方法中最重要的就是色谱柱的选择，色谱分析人员需要充分了解目标化合物的性质：例如结构（官能团）、分子量、浓度范围、溶解度、极性、pK_a 等；需要了解色谱柱的性质：正相、反相、柱效、填充物类型、基质表面特性、键合类型、选择性、对称性、稳定性、重现性、灵敏度等。根据分离对象和目的和不同色谱柱的适用范围，选择合适的色谱柱。现在大部分液相色谱分析使用反相液相色谱柱，其中以 C_{18} 和 C_8 柱最为流行。这两种色谱柱之所以运用广泛是因为在大多数情况下，使用这两种柱子都能获得理想的分离效果。C_{18} 和 C_8 柱两者之间并无明显的差别，二者键合相不同，一个键合 C_8，一个键合 C_{18}，C_8 的碳链短，相对于 C_{18} 来说反相保留就会弱一点，所以同样的方法分析一种化合物，C_8 的保留时间会比 C_{18} 靠前。

（2）柱子尺寸规格的选择

液相色谱分析时柱子选择的另一个因素就是柱子大小及填充颗粒的直径的选择。最常用颗粒直径为 5μm，但颗粒的直径为 3.0μm 及 3.5μm 的也适合分析使用，大多数色谱工作者喜欢使用颗粒直径为 5μm 的色谱柱，因为这种色谱柱具有很长的使用历史。颗粒小意味着可以获得较高的理论塔板数，但所需的柱压增大，而且颗粒直径为 $3.0\mu m$ 的色谱柱易堵塞，所以一些色谱制造商又生产出颗粒直径为 $3.5\mu m$ 的色谱柱。

150mm×4.6mm，颗粒直径为 $5\mu m$ 的色谱柱最为常用；75mm×4.6mm，颗粒直径为 $3.5\mu m$ 的色谱柱也中较常见。在一般情况下流速可设定为 1.5mL/min。

（3）有机相的选择

获得成功分离的另一个重要因素就是流动相有机溶剂的选择，如果使用反相色谱柱有三种有机溶剂可以选择，甲醇、乙腈和四氢呋喃。每一种溶剂都有其独特的优点，但色谱分析人员很少能预见哪一种溶剂更合适，所以具体选择哪一种溶剂必须充分考虑到理想溶剂的特点，如黏度低、紫外吸收弱、与样品不相互作用，而且使用方便，所以首选的有机溶剂应是乙腈，当然利用甲醇作为有机溶剂的也较为常见。

（4）水相的选择

假如样品为一般化合物，可以用水作为水相，然而离子化合物在药物分析时普遍存在，而这类化合物需要控制 pH 值才能得到很好的分离。如流动相的 pH 值必须高于或低于样品的 pK_a 1.5 个单位。在分析有机酸时，当 pH 值低于 3 时，色谱柱一般还比较稳定，然而当 pH 值高于 8 时，就需要缓冲液，因为此 pH 值已经超出了二氧化硅的有效使用范围。宽 pH 值的二氧化硅柱也比较常见，但是对高 pH 值物质的分离，很少有这方面的报道。所以建议使用缓冲液来减少二氧化硅的流失。

考虑到样品的特性及柱子的稳定，建议在分析 pH 值较高的物质时使用缓冲液，2.5mmol 的磷酸盐缓冲液（pH＝2.5）是非常合适的水相。如果在分析方法中使用了分光仪，那么就必须选择易挥发的缓冲液，尽管不如真正的缓冲液有用，但 0.1％三氟乙酸和乙酸能够满足 pH 值的控制要求。

（5）其他的因素

在选择液相色谱的分析方法时，必须考虑到其他的一些因素，比如温度。因为温度变化 1℃，保留时间将变化 1％～3％，所以温度控制十分重要。温度的变化还影响色谱柱的选择性。在分析时柱温一般比室温高一点（如 35℃），因为此温易控制，而且在低压下有利于降低溶剂的黏度，从而降低柱压。

9.4.6　高效液相色谱法的主要应用

高效液相色谱法只要求样品能制成溶液，不受样品挥发性的限制，流动相可选择的范围宽，固定相的种类繁多，因而可以分离热不稳定和非挥发性的、离解的和非离解的以及各种分子量范围的物质。

与试样预处理技术相配合，HPLC 所达到的高分辨率和高灵敏度，使分离和同时测定性质上十分相近的物质成为可能，能够分离复杂机体中的微量成分。随着固定相的发展，有可能在充分保持生化物质活性的条件下完成其分离。

HPLC 成为解决生化分析问题最有前途的方法。由于 HPLC 具有高分辨率、高灵敏度、速度快、色谱柱可反复利用、流出组分易收集等优点，因而被广泛应用于生物化学、食品分析、医药研究、环境分析、无机分析等各种领域。高效液相色谱仪与结构仪器的联用是一个重要的发展方向。

液相色谱-质谱连用技术受到普遍重视，如分析氨基甲酸酯农药和多核芳烃等；液相色谱-红外光谱连用也发展很快，如在环境污染分析方面测定水中的烃类、海水中的不挥发烃类，使环境污染分析得到新的发展。

HPLC 几乎在所有学科领域都有广泛应用，可以用于绝大多数物质成分的分离分析，它和气相色谱都是应用最广泛的仪器分析技术，HPLC 在部分领域的主要分析对象列于表 9-8。

表 9-8　HPLC 在部分领域的主要应用

应用领域	分析对象举例
环境	常见无机阴阳离子、多环芳烃、多氯联苯、硝基化合物、有害重金属及其形态、除草剂、农药、酸沉降成分
农业	土壤矿物成分、肥料、饲料添加剂、茶叶等农产品中无机和有机成分
石油	烃类族组成、石油中微量成分
化工	无机化工产品、合成高分子化合物、表面活性剂、洗涤剂成分、化妆品、染料
材料	液晶材料、合成高分子材料
食品	无机阴阳离子、有机酸、氨基酸、糖、维生素、脂肪酸、香料、甜味剂、防腐剂、人工色素、病原微生物、霉菌毒素、多核芳烃
生物	氨基酸、多肽、蛋白质、核糖核酸、生物胺、多糖、酶、天然高分子化合物
医药	人体化学成分、各类合成药物成分、各种天然植物和动物药物化学成分

9.5　离子色谱分析法

离子色谱（ion chromatography，IC）本身是液相色谱的一个大类，但由于离子色谱的广泛应用，已逐渐成为一个独立的大类。从 20 世纪 80 年代开始，成为与高效液相色谱、气相色谱和毛细管电泳并列的色谱类型。离子色谱是高效液相色谱的一种，故又称高效离子色谱（HPIC）或现代离子色谱，其与传统离子交换色谱柱色谱的主要区别是树脂具有很高的交联度和较低的交换容量，进样体积很小，用柱塞泵输送淋洗液，通常对淋出液进行在线自动连续电导检测。

离子色谱具有以下优点：

① 快速、方便。对常规的 7 种阴离子（F^-、Cl^-、Br^-、NO_2^-、NO_3^-、SO_4^{2-}、PO_4^{3-}）、6 种常见的阳离子（Li^+、Na^+、NH_4^+、K^+、Mg^{2+}、Ca^{2+}）分析时间小于 10min。

② 灵敏度高。分析浓度为 $\mu g/L \sim mg/L$，最低可达 $10^{-12} g/L$。

③ 选择性好。

④ 可同时分析多种离子化合物。

⑤ 分离柱的稳定性好，容量高。

离子色谱法已经广泛地用于环境、食品、材料、工业、生物和医药等许多领域。

9.5.1　离子色谱分离的原理

离子色谱分离的原理是基于离子交换树脂上可离解的离子与流动相中具有相同电荷的溶质离子之间进行的可逆交换和分析物溶质对交换剂亲和力的差别而被分离。适用于亲水性阴、阳离子的分离。

例如，几个阴离子的分离，样品溶液进样之后，首先与分析柱的离子交换位置之间直接进行离子交换（即被保留在柱上），如用 NaOH 作淋洗液分析样品中的 F^-、Cl^- 和 SO_4^{2-}，保留在柱上的阴离子即被淋洗液中的 OH^- 基置换并从柱上被洗脱。对树脂亲和力弱的分析物离子先于对树脂亲和力强的分析物离子依次被洗脱，这就是离子色谱分离过程，淋出液经过化学抑制器，将来自淋洗液的背景电导抑制到最小，这样当被分析物离开进入电导池时就有较大的可准确测量的电导信号。

离子色谱按分离原理可以分为 3 种不同类型：离子交换色谱、离子对色谱和离子排斥色谱。其中以离子交换色谱应用最广泛，是离子色谱日常分析工作的主体，通常要采用专门的离子色谱仪进行分析。

9.5.2　离子交换色谱法

离子交换色谱法（ion exchange chromatography，IEC）分离主要是应用离子交换的原理，以离子交换剂（如聚苯乙烯基质离子交换树脂）作固定相，基于流动相中溶质（样品）离子和固定相表面离子交换基团之间的离子交换作用而实现溶质保留和分离的离子色谱法。分离机理除电场相互作用（离子交换）外，还常常包括非离子性吸附等次要保留作用。其固定相主要是聚苯乙烯和多孔硅胶作基质的离子交换剂。离子交换色谱法最适合无机离子的分离，是无机阴离子最理想分析方法。

其主要填料类型为：有机离子交换树脂以苯乙烯二乙烯苯共聚体为骨架，在苯环上引入磺酸基形成强酸性阳离子交换树脂，引入叔氨基而成季铵型强碱性阴离子交换树脂。此交换树脂具有大孔或薄壳型或多孔表面层型的物理结构，以便于快速达到交换平衡。离子交换树脂耐酸碱，可在任何 pH 值范围内使用，易再生处理，使用寿命长。缺点是机械强度差、易溶胀、易受有机物污染。

硅质键合离子交换剂是以硅胶为载体，将有离子交换基的有机硅烷与基表面的硅醇基反应形成化学键合型离子交换剂。其优点是柱效高、交换平衡快、机械强度高，缺点是不耐酸碱，只宜在 pH＝2～8 范围内使用。

9.5.3　离子对色谱法

离子对色谱的固定相为疏水型的中性填料，可用苯乙烯-二乙烯苯树脂或十八烷基硅胶（ODS），也有用 C_8 硅胶或 CN 固定相。流动相由含有所谓对离子试剂和含适量有机溶剂的水溶液组成。对离子是指其电荷与待测离子相反并能与之生成疏水性离子对化合物的表面活性剂离子。用于阴离子分离的对离子是烷基胺类，如氢氧化四丁基铵、氢氧化十六烷基三甲基铵等；用于阳离子分离的对离子是烷基磺酸类，如己烷磺酸钠、庚烷磺酸钠等。对离子的非极性端亲脂，极性端亲水，其 CH_2 键越长，则离子对化合物在固定相的保留越强。在极性流动相中往往加入一些有机溶剂，以加快淋洗速度，此法主要用于疏水性阴离子以及金属络合物的分离。

9.5.4　离子排斥色谱法

离子排斥色谱法（ion exclusion chromatography，IEC）是基于溶质和固定相之间的 Donnan 排斥作用的离子色谱法。它主要根据 Donnon 膜排斥效应，电离组分受排斥不被保留，而弱酸则有一定保留的原理制成。离子排斥色谱主要用于分离有机酸以及无机含氧酸根，如硼酸根、碳酸根和硫酸根等，它主要采用高交换容量的磺化 H 型阳离子交换树脂为填料，以稀盐酸为淋洗液。

9.5.5　离子色谱仪

9.5.5.1　离子色谱仪的基本结构

离子色谱仪一般由流动相输运系统、进样系统、分离系统、抑制或衍生系统、检测系统及数据处理系统等几部分组成，其结构示意及基本流程如图 9-26 所示。

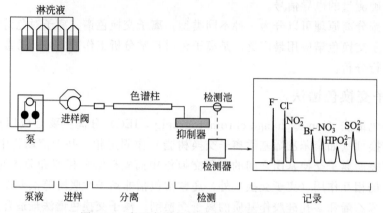

图 9-26 离子色谱仪结构示意及基本流程图

9.5.5.2 离子色谱仪的组成部分

（1）流动相输液系统

离子色谱仪器的输液系统，包括贮液罐、高压输液泵、梯度淋洗装置等。与高效液相色谱的输液系统基本相似。

① 贮液罐。主要用来供给足够数量并符合要求的流动相，对溶剂贮存器的要求是：a. 必须有足够的容积以保证重复分析时有足够的供液；b. 脱气方便；c. 能承受一定的压力；d. 所选用的材质对所使用的溶剂一律惰性。由于离子的流动相一般是酸碱盐或络合物的水溶液，因此贮液系统一般以玻璃或聚四氟乙烯为材料。

② 泵。离子色谱仪的泵（图 9-27）和高效液相色谱仪的泵相同，只是泵的材料、流速范围和对压力的要求不同。高效液相色谱仪的流速准确度高，要达到 0.001mL/min，而离子色谱仪的流速要准确到 0.01mL/min。高效液相色谱仪经常要在大于 15MPa 的压力下工作，而离子色谱仪常在低于 15MPa 下工作。离子色谱的流动相一般是酸、碱、盐或络合剂，所以凡是流动相经过的部件均应是由耐腐蚀的材料制成。

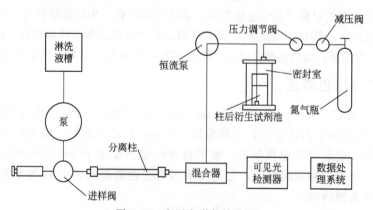

图 9-27 离子色谱仪输液泵

（2）进样系统

离子色谱的进样主要分为 3 种类型，即气动、手动和自动进样方式。

① 手动进样阀。手动进样采用六通阀，其工作原理与 HPLC 相同，但其进样量比 HPLC

要大，一般为 $50\mu L$。

② 气动进样阀。气动阀采用一定氦气或氮气气压作动力，通过两路四通加载定量管后进行取样和进样。它有效地减少了手动进样因动作不同所带来的误差。

③ 自动进样。自动进样器是在色谱工作站控制下，自动进行取样、进样、清洗等一系列操作，操作者只需将样品按顺序装入贮样机中。图 9-28 是自动进样器的定量环进样示意。

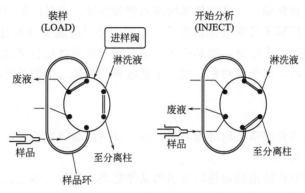

图 9-28　自动进样器的定量环进样示意

（3）分离系统

离子色谱是一种分离分析方法，因此分离系统是离子色谱的核心和基础。而离子色谱柱是离子色谱仪的心脏，要求它柱效高、选择性好、分析速度快等。离子色谱是一种液固色谱，为高效液相色谱的一种，但柱填料和分离机理有其自身特点。离子色谱柱的研究也是离子色谱领域的一个热点课题，离子色谱柱填料的粒度一般在 $5\sim25\mu m$ 之间，比高效液相色谱的柱填料略大，因此其压力比高效液相色谱的要小。一般为单分散而且呈球状。

① 高分子聚合物填料。离子色谱中使用得最广泛的填料是聚苯乙烯-二乙烯苯共聚物。其中阳离子交换柱填料一般采用磺酸或羧酸功能基，阴离子交换柱填料则采用季铵功能基或叔胺功能基。离子排斥柱填料主要为全磺化的聚苯乙烯-二乙烯苯共聚物。这类离子交换树脂可在 pH=0～14 范围内使用，如果采用高交联度的材料来改进，还可兼容有机溶剂以抗有机污染。一般来说，离子交换型色谱柱的交换容量均很低。

② 硅胶型离子色谱填料。该填料采用多孔二氧化硅柱填料制得，是用于阴离子交换色谱法的典型薄壳型填料。它是用含季铵功能基的甲基丙烯十醇酯涂渍在二氧化硅微球上制备的。阳离子交换树脂是用低分子量的磺化氟碳聚合物涂渍在二氧化硅微粒上制备的，这类填料的 pH 值使用范围为 4～8，一般用于单柱型离子色谱柱中。

③ 色谱柱结构。一般分析柱内径为 4mm，长度为 100～250mm，柱子两头采用紧固螺丝。高档仪器特别是阳离子色谱柱，一般采用聚四氟乙烯材料，以防止金属对测定的干扰。随着离子色谱的发展，细内径柱受到人们的重视，2mm 柱不仅可以使溶剂消耗量减少，而且对于同样的进样量灵敏度可以提高 4 倍。

离子色谱的柱有以下类型：阴离子交换柱，阳离子交换柱，离子排斥柱，多维色谱柱，糖柱以及氨基酸柱、DNA 柱、蛋白柱。

（4）抑制系统

电导检测作为离子色谱的通用型检测器，对淋洗液有很高的检测信号，这就使得它难以识别淋洗时样品离子所产生的信号。一种简单的解决方法是选用弱酸的碱金属盐为分离阴离子的淋洗液，无机酸（硝酸或盐酸）为分离阳离子的淋洗液。当分离阴离子时使淋洗液通过置于分离柱和检测器之间的一个氢（H^+）型强酸性阳离子交换树脂填充柱；分析阳离子时，则通过 OH^- 型强碱性阴离子交换树脂柱。这样，阴离子淋洗液中的弱酸盐被质子化生成弱酸；阳离子淋洗液中的强酸被中和生成水，从而使淋洗液本身的电导大大降低。这种柱子称为抑制柱。

抑制器主要起三种作用，一是降低淋洗液的背景电导，二是增加被测离子的电导值，改善信噪比，三是消除反离子峰对弱保留离子的影响。对于抑制型（双柱型）离子色谱系统，抑制系统是极其重要的一个部分，也是离子色谱有别于高效液相色谱的最重要特点。使用硅胶系列的离子交换剂时，由于流动相一般是用低电导的邻苯二甲酸等的缓冲液，故通常不用抑制柱。

（5）检测系统

离子色谱仪的通用检测器是电导检测器，也可以使用高效液相色谱仪所用的其他类型检测器（选择型检测器）。

直接电导检测器能连续地测定柱后流出物某些物理参数如电导值的变化，这是任何淋洗液都存在的物理量，因此具有广泛的适应性。但因其灵敏度低且对流动相也有响应，因此容易受流动相的组成、流速、温度等的影响，引起较大的噪声和波动。它不能使用梯度淋洗，限制了使用范围。

选择型检测器有光度检测器、安培检测器。它们对检测物质的响应有特异性，而对流动相则没有响应或响应很小，因此灵敏度很高，受操作条件变化和外界环境影响很小，可用作梯度淋洗。

离子色谱检测器除了上述常用的检测器外，已经开发了离子色谱与原子吸收光谱、电感耦合等离子体光谱、电感耦合等离子体质谱等联用技术，并取得了很大的进展。

① 抑制电导检测。抑制型电导技术最初是抑制柱技术，后又经历了可连续再生式的纤维管微膜抑制器阶段。最新的抑制技术采用电解抑制法，使抑制电导检测可以自动进行而不必采用传统的再生液。通过电导抑制可以使背景电导值很低而检测灵敏度可以达到很高水平。

因此，目前大多数离子色谱基本上还是采用抑制电导法检测，无论是痕量测定的电场还是半导体工业，抑制电导检测始终是最理想的方法。

② 直接电导检测。目前单柱法已发展为可补偿高达 6000S 背景电导的电导检测器，五极式电导仪可消除极化和电解效应以降低噪声水平，提高单柱法检测的灵敏度和稳定性。

阳离子单柱法检测信号是离子电导与淋洗液电导之差，一般情况下为负值，只要淋洗条件得当，单柱法同样可达到很高的灵敏度。

③ 紫外吸收光度法检测。在 $195 \sim 220nm$ 具强紫外吸收的阴离子，可用弱紫外吸收的淋洗液直接进行。紫外吸收的选择性和灵敏度都很高，它使硝酸根、亚硝酸根等离子可检测至 g/L。间接紫外检测用于本身不具紫外吸收离子的分析，淋洗液具强紫外吸收，检测信号为负值。阴离子淋洗液多用芳香有机酸和邻苯二甲酸盐、磺基苯甲酸盐等。阳离子则以具紫外吸收的 Cu^{2+} 或 Ce^{3+} 溶液为淋洗液。

④ 柱后衍生光度法检测。包括重金属、碱土金属、碱金属、稀有金属等 40 余种金属离子，可用吡啶偶氮间苯二胺（PAR）柱后衍生光度法检测，方法既灵敏又实用。重金属和碱土金属的检出限达 g/L 级，偶氮胂亦为稀土金属离子的高灵敏柱后衍生剂，铬天青 S、十六烷基三甲胺、Triton X 100 对痕量铝离子和铁离子，水溶性卟啉衍生物对痕量 Cd^{2+}、

Hg^{2+}、Zn^{2+}的检测均是高选择性和高灵敏度。衍生试剂柱后衍生荧光法主要用于氨基酸和胺类化合物的检测，也可能发展为稀土测定的选择性衍生方法。

⑤ 电化学法检测。安培法用于选择性检测某些能在电极表面发生氧化还原反应的离子，如亚硝酸根、氰根、硫酸根、卤素离子、硫氰根等无机离子，以及一些胺类、酚类等易氧化还原的有机离子，亦用于重金属离子的检测。卤素和氰根亦可用库仑法检测，或应用银电极的电位检测，还可用铜离子电极电位法检测。阳离子和阴离子库仑法还用于 As^{3+}、As^{5+} 和 Mo^{6+}、Cr^{3+} 的检测。

⑥ 与元素选择性检测器联用法。将离子色谱的分离优势与元素选择性检测方法联用，可以结合分离及高选择性和高灵敏度的优势，并可用于某些元素的形态分析，如用原子吸收检测亚硒酸、硒酸、亚砷酸、砷酸等，等离子体发射光谱用于 Cr^{3+}、Cr^{6+} 和砷、硒的检测。

（6）数据处理系统

离子色谱一般柱效不高，与气相色谱和高效液相色谱相比，一般情况下离子色谱分离度不高，它对数据采集的速度要求不高，因此能够用于其他类型的数据处理系统同样也可用于离子色谱中。而且在常规离子分析中，色谱峰的峰形比较理想，可以采用峰高定量分析法进行分析。

9.6 凝胶色谱分析法

凝胶色谱（gel chromatography）曾被称为尺寸排阻色谱或分子筛色谱。它是以多孔性凝胶填料为固定相，样品分子受固定相孔径大小的影响而达到分离的一种液相色谱分离模式。样品分子与固定相之间不存在相互作用力（吸附、分配和离子交换等），因而凝胶色谱又常被称作体积排斥色谱、空间排阻色谱、分子筛色谱等。比固定相孔径大的溶质分子不能进入孔内，迅速流出色谱柱，不能被分离。比固定相孔径小的分子才能进入孔内而产生保留，溶质分子体积越小，进入固定相孔内的概率越大，于是在固定相中停留（保留）的时间也就越长。

按流动相类型凝胶色谱可以分为两类：凝胶过滤色谱（gel filtration chromatography，GFC）：以水或缓冲溶液作流动相的凝胶色谱法，主要适合于水溶性高分子的分离。凝胶渗透色谱（gel permeation chromatography，GPC）：以有机溶剂作流动相的凝胶色谱法，主要适合于脂溶性高分子的分离。如甲苯和四氢呋喃能很好地溶解合成高分子，所以 GPC 主要用于合成高分子的分子量（分布）的测定。

9.6.1 凝胶色谱设备

图 9-29 显示的是凝胶色谱设备。从贮液瓶流出的溶剂经加热式除气器除去溶解的气体后进入柱塞泵，由泵压出的溶剂再经一个烧结的不锈钢过滤器，通过控制阀分别进入参比流路和样品流路。参比流路中的溶剂经参比柱、示差折光检测器的参比池进入废

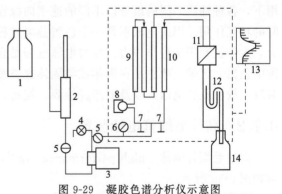

图 9-29　凝胶色谱分析仪示意图

1—贮液瓶；2—除气器；3—输液泵；4—放液阀；
5—过滤器；6—压力表；7—调节阀；8—六通进样阀；
9—样品柱；10—参比柱；11—检测器；12—体积标记器；
13—记录仪；14—废液瓶

液瓶。在样品流路中，先经六通进样阀将配好的试样送入色谱柱。样品经色谱柱分离后用示差折光检测器检测将浓度信号（响应值）输入记录系统，体积标记器每充满一定体积（3mL左右）虹吸一次，以光电信号（保留体积）输入记录系统，在流出曲线上作出相应记录，最终得到反映被测量高聚物分子量分布情况的凝胶色谱图。

9.6.2　凝胶色谱的固定相和流动相

凝胶色谱的固定相是凝胶，凝胶是产生体积排阻作用的核心材料，使用时应选择搭配不同粒度和不同孔径的凝胶材料，以获得最佳的分离效果。依据凝胶的机械强度不同，凝胶可以分软质凝胶、半刚性凝胶和刚性凝胶三类。根据凝胶的材料不同，凝胶可分为有机凝胶和无机凝胶两大类，有机凝胶又可分为均匀、半均匀和非均匀三种凝胶，无机凝胶按孔结构考虑皆属于非均匀凝胶。根据凝胶的性质可分为亲油性胶、亲水性胶和两性胶。实际应用的固定相为化学惰性的多孔性材料，如聚苯乙烯凝胶、亲水凝胶、无机多孔材料。

在凝胶色谱中，流动相的作用不是为了控制分离，而是为了溶解样品或减小流动相黏度。凝胶色谱流动相的选择主要考虑流动相的溶解能力、与固定相匹配，能浸润凝胶；与检测器匹配，腐蚀性小；尽量选用黏度低的溶剂。

9.7　毛细管电泳分析法

毛细管电泳（capillary electrophoresis，CE）：以高压电场为驱动力，以电解质为电泳介质，以毛细管为分离通道，样品组分依据淌度和分配行为的差异而实现分离的一种色谱方法。它有多种分离模式，可以采用液相色谱中的各种检测方法。CE既可以分离带电荷的溶质，也可以通过毛细管胶束电动色谱等分离模式分析中性溶质。CE的高分离效率、高检测灵敏度、样品用量极少等特点使它在生物医药样品的分析中显示出突出的优越性。

9.7.1　电泳基本原理

电泳是指带电粒子在电场作用下做定向运动的现象。电泳有自由电泳和区带电泳两类，分析工作者感兴趣的是区带电泳，区带电泳是将样品加于载体上，并加一个电场，在电场作用下，各种性质不同的组分以不同的速率向极性相反的两极迁移，此时不考虑样品与载体之间的相互作用。因此电泳不是一个色谱分离过程。实际上，样品与载体之间总有一定的作用力，人们就利用这种作用力，并与电泳过程结合起来，以期得到良好的分离，因此，电泳又称电色谱。区带电泳总是在固体或类固体这类载体上进行，常用载体有滤纸（故称纸电泳）、凝胶（故称凝胶电泳）以及醋酸纤维膜、淀粉、琼脂、高聚物等。

9.7.2　高效毛细管电泳装置

高效毛细管电泳（high performance capillary electrophoresis，HPCE）最基本的仪器结构如图 9-30 所示。

样品从毛细管的一端（称为进样端）导入，当毛细管两端加上一定电压后，荷电溶质便朝与其电荷极性相反的电极方向移动。由于样品不同组分间的淌度不同，它们的迁移速率不同，因而经过一定时间后，各组分将按其速率（淌度）大小顺序，依次到达检测器被检出，得到按时间分布的电泳谱图。这种谱图类似于色谱的流出曲线，每一个峰代表一个组分，迁移时间类似于色谱的保留时间，可作定性分析，谱峰高度或面积可作定量分析。

被分析样品的加入可以通过两种方法来实现，一是重力注射，即把毛细管一端浸没在样品溶液中，将此溶液提升，超过另一端缓冲液液面约 10cm，使样品进入毛细管；二是电动进样，即在数秒钟内，加 5kV 的短脉冲，由于电渗流的作用，使 $5\sim50\mu L$ 的样品进入毛细管。

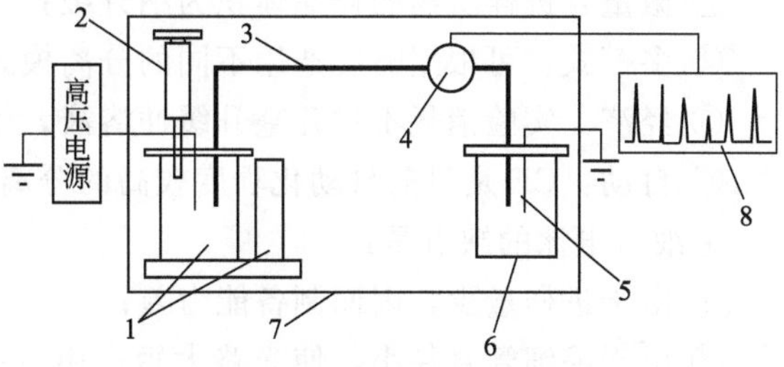

毛细管电泳仪由以下部件组成：

图 9-30　毛细管电泳系统的基本结构
1—高压电极槽与进样机构；2—填灌清洗机构；3—毛细管；
4—检测器；5—铂丝电极；6—低压电解槽；7—恒温装置；
8—记录/数据处理

(1) 高压电源

$5\sim30$ kV 稳定、连续可调的直流电源；具有恒压、恒流、恒功率输出；电场强度程序控制系统；电压稳定性：0.1%；电源极性易转换。

(2) 毛细管柱

毛细管是 CE 分离的心脏。理想的毛细管必须是电绝缘、紫外-可见光透明且富有弹性的，目前可以使用的材料有玻璃、熔融石英或聚四氟乙烯塑料等。其中弹性熔融石英毛细管已有大量商品出售，因而被普遍使用。由熔融石英拉制的毛细管很脆，易折断，而用一层保护性的聚酰亚胺薄膜包盖毛细管外壁，就可使其富有弹性，这就是商品毛细管。根据被分离的溶质及检测系统的需要选择毛细管的制作材料及内径。毛细管柱的规格一般为内径 $20\sim75\mu m$，外径 $350\sim400\mu m$；长约 $10\sim100cm$。

(3) 缓冲液池

缓冲液池应为化学惰性，机械稳定性要好。

(4) 检测器

要求检测器具有极高的灵敏度，可柱端检测；检测器、数据采集与计算机数据处理一体化。目前检测器的类型与特点如表 9-9 所示。

表 9-9　毛细管电泳仪使用的检测器的类型与特点

类型	检测限/mol	特点
紫外-可见	$10^{-13}\sim10^{-15}$	加二极管阵列,光谱信息
荧光	$10^{-15}\sim10^{-17}$	灵敏度高,样品需衍生
激光诱导荧光	$10^{-18}\sim10^{-20}$	灵敏度极高,样品需衍生
电导	$10^{-18}\sim10^{-19}$	离子灵敏,需专用的装置

9.7.3　毛细管电泳的特点

毛细管电泳通常使用内径为 $25\sim100\mu m$ 的弹性（聚酰亚胺）涂层熔融石英管。标准毛细管的外径为 $375\mu m$，有些管的外径为 $160\mu m$。毛细管的特点是：容积小（一根 $100cm\times75\mu m$ 管子的容积仅 $4.4\mu L$）；侧面/截面积比大，因而散热快、可承受高电场（$100\sim1000V/cm$）；可使用自由溶液、凝胶等为支持介质；在溶液介质下能产生平面形状的电渗流。

由此，可使毛细管电泳具备如下优点：

① 高效：塔板数目为 $105\sim106$ 块/m；

② 快速：一般在十几分钟内完成分离；

③ 微量：进样所需的样品体积为纳升级；

④ 多模式：可根据需要选用不同的分离模式且仅需一台仪器；

⑤ 经济：实验消耗不过几毫升缓冲溶液，维持费用很低；

⑥ 自动：CE 是目前自动化程度较高的分离方法。

毛细管电泳的缺点是：

① 由于进样量少，因而制备能力差；

② 由于毛细管直径小，使光路太短，用一些检测方法（如紫外吸收光谱法）时，灵敏度较低；

③ 电渗会因样品组成而变化，进而影响分离重现性。

9.7.4 毛细管电泳的应用

毛细管电泳的分离模式多样化，毛细管内壁的修饰方法及流动的缓冲液中添加剂的不同，以及新检测技术的发展，使毛细管电泳的应用非常广泛。将各种高效液相色谱的柱制备技术移植到毛细管电泳中，就产生了毛细管电色谱，它可用来分离、检测土壤及水等环境中的多环芳烃；分离多种阴离子和阳离子；获得不同价态或形态的无机离子的信息。

毛细管电泳的另一个重要应用是在药物及临床方面已成为研究中不可缺少的手段，它可用于几百种药物中主要成分、所含杂质的定性及定量分析。在临床诊断中，可用于检测药物及其在体内的代谢过程的研究。

在生命科学中，毛细管电泳技术更显出它的优越性，因而应用更广，它可用来测定 DNA 的各种形式及 DNA 序列。用毛细管胶束电动色谱可以分离碱基、核苷酸等。毛细管电泳在生物大分子蛋白和肽的研究中应用十分广泛，它可用来检测纯度，如可以检测出多肽链上的单个氨基酸的差异；若与质谱联用，可以推断蛋白质的分子结构。采用最新技术，甚至可以检测单细胞、单分子，如监测钠离子和钾离子在胚胎组织膜内外的传送。单细胞的检测为在分子水平上研究细胞的行为提供了极为重要的工具，而单分子的检测为在单分子水平上开展动力学研究展示了广阔的前景。由于目前有多种手性选择剂可以使用，因此具有高分离能力的毛细管电泳在手性分离中极为重要。将合适的手性选择剂加入缓冲剂中，其分离效率优于高效液相色谱法。

有的毛细管电泳仪可与质谱仪即插即用式连接，将毛细管电泳的分析时间短、分离效能高的特点与质谱技术的分子量和结构信息相结合。适用的质谱仪包括单四极杆、飞行时间（TOF）、离子阱、三重四极杆（QQQ）、ICP 和四极杆飞行时间质谱系统（Q-TOF），形成完全集成化 CE/MS 系统。

9.8 其他色谱分析方法

9.8.1 平面色谱法

平面色谱法根据使用的材料和分离理论，可分为纸色谱法、薄层色谱法、薄层电泳法。

（1）纸色谱法

纸色谱法是以纸为载体的液相色谱法，操作时在长条滤纸的一端点上待分离分析的样品溶液；待溶剂挥发后，将滤纸吊放在一个密闭的缸内，使滤纸被流动相的蒸气饱和；然后使流动相从点有样品的一端通过毛细管作用流向另一端，在流动相移动过程中各组分逐渐得到分离。纸色谱属于分配色谱，固定相是结合于滤纸纤维的水分，纸本身是惰性的，不参与分离过程，只起负载水分的作用。分离是利用组分在流动相和纸上水分之间的分配不同实现的。

（2）薄层色谱法

薄层色谱法是指以吸附剂为固定相的一种液相色谱法，即将吸附剂在玻璃、金属或塑料等材料的光滑表面上均匀地铺成薄层；然后按照与纸色谱相似的操作点上样品，以流动相展开；组分不断被吸附剂吸附，又被流动相溶解解吸，向前移动；由于吸附剂对不同组分的吸附能力不同，流动相的解吸能力也有差异，因此在向前移动的过程中，不同组分移动速度不同，从而实现分离。薄层色谱法的分离机制是吸附力的强弱差别，属于吸附色谱范畴。

9.8.2　超临界流体色谱

超临界流体色谱（supercritical fluid chromatography，SFC）：以超临界流体作流动相，以固体吸附剂（如硅胶）或键合在载体（或毛细管壁）上的有机高分子聚合物作固定相的色谱方法。

超临界流体：指高于临界压力和临界温度时的一种物质状态，它既不是气体，也不是液体，但它兼具气体的低黏度和液体的高密度以及介于气体和液体之间的较高扩散系数等特征。

常用流动相：超临界状态下的 CO_2、氧化亚氮、乙烷、三氟甲烷等。CO_2 最常用，因为它的临界温度（31℃）低、临界压力（7.29MPa）适中、无毒、便宜，但其缺点是极性太低，对一些极性化合物的溶解能力较差。所以，通常要用另一台输液泵往流动相中添加 $1\%\sim5\%$ 的甲醇等极性有机改性剂。

色谱柱：液相色谱的填充柱和气相色谱的毛细管柱都可以使用，但由于超临界流体的强溶解能力，所使用的毛细管填充柱的固定相必须交联。

应用：从理论上讲，SFC 既可以像液相色谱一样分析高沸点和难挥发样品，也可像气相色谱一样分析挥发性成分。不过，超临界流体色谱更重要的应用是分离和制备，即超临界流体萃取。

9.8.3　亲和色谱法

定义：利用蛋白质或生物大分子等样品与固定相上生物活性配位体之间的特异亲和力进行分离的液相色谱方法。

固定相：将具有生物活性的配位体以共价键结合到不溶性固体基质上制得。

生物活性配位体：常用的有酶（如底物及其类似物）、辅酶（如类固醇）、抗体（植物激素）、激素（如糖和多糖）、抗生素（核苷酸）等。

基质：通常为凝胶，许多无机和有机聚合物都可形成凝胶，如琼脂糖衍生物、多孔玻璃。

分离过程：亲和色谱是吸附色谱的发展，在分离过程中涉及疏水相互作用、静电力、范德华力和立体相互作用。在键合了某类配体的亲和色谱柱上加入含生物活性大分子的样品，只有那些与该柱中配位体表现出明显亲和性的生物大分子才会被吸附，这些被吸附的生物分子只有在改变流动相（缓冲溶液）的组成时才会被洗脱。

应用：亲和色谱主要用于蛋白质和生物活性物质的分离与制备。

9.8.4 毛细管电色谱

毛细管电色谱（capillary electrochromatography，CEC）：以电渗流（或电渗流结合高压输液泵）为流动相驱动力的微柱色谱法。CEC 是液相色谱与毛细管电泳相结合的产物，它的分离机理包含电泳迁移和色谱固定相的保留机理，一般而言，溶质与固定相间的相互作用对分离起主导作用。所用色谱柱为填充了 HPLC 填料的填充型毛细管柱和管内壁涂渍了固定相功能分子的开管毛细管柱。CEC 主要应用在药物、手性化合物和多环芳烃的分离分析。CEC 与质谱联用既可解决 LC/MS 的分离效率不高的问题，又可克服 CE/MS 中质量流量太小的缺陷。

10 质谱分析

质谱分析法是通过对被测样品离子的质荷比的测定来进行分析的一种分析方法。被分析的样品首先要离子化，然后利用不同离子在电场或磁场中运动行为的不同，将离子按质荷比（m/z）分开并按质荷比大小排列成谱图形式，根据质谱图可确定样品成分、结构和分子量。

质谱仪种类很多，不同类型的质谱仪的主要差别在于离子源。离子源的不同决定了对被测样品的不同要求，同时所得到的信息也不同。质谱仪的分辨率也非常重要，高分辨率质谱仪可以给出化合物的组成式，这对于未知物定性是至关重要的。因此，在进行谱分析前，要根据样品状况和分析要求选择合适的质谱仪。

质谱分析法的特点：

① 应用范围广：质谱仪种类很多，既可以进行同位素分析，又可以进行化合物分析。在化合物分析中，既可以用于无机成分分析，又可以用于有机结构分析。

② 灵敏度高，样品用量少：目前，无机质谱仪检测绝对灵敏度可达 $10^{-12} \sim 10^{-13}$g，有机质谱仪的绝对灵敏度可以达 1×10^{-11}g，用微克量级的样品即可得到分析结果。

③ 分析速度快：扫描 $1 \sim 1000$au（原子量单位）一般仅需 1s 至数秒，最快可达 1/1000s，因此，可实现色谱-质谱的联用。

质谱分析法按研究对象来划分，大致可分为以下几个分支。

（1）同位素质谱分析

质谱分析是以同位素分析作为起点的。这方面的工作包括发现元素的新的同位素及测定同位素含量两个方面。质谱既可分析元素的稳定同位素，也能分析某些放射性同位素；既可测定相对含量，也可测定绝对含量。被分析的样品可以是气体，也可以是液体或固体，还可以进行微区分析。

（2）无机质谱分析

质谱在无机分析中的工作主要包括无机物的定性、定量及材料的表面分析等。

用火花源质谱分析法，原则上可测定周期表中从氢到铀的全部元素，分析无机材料中的杂质灵敏度达 1×10^{-9}g 级。用质谱法检测某些性质相近的元素，如锆、铪、铌、钽等，得到的数据比其他方法更为可靠。

质谱与电感耦合等离子体法（ICP）联用，构成了电感耦合等离子体质谱法（ICP-MS）。通过预先的化学处理，使试样转变为溶液，可同时测定样品中 75 种以上元素的微量及痕量的含量，也可测定元素同位素的含量。元素的检测更加灵敏、高效。

对固体样品进行"立体"分析（包括微区分析、表面分析、纵深分析、逐层分析等）是无机质谱分析的另一个重要领域，专门进行这种分析的设备也越来越完善。二次离子质谱法（SIMS）、辉光放电-质谱法等为此提供了必要的手段。另外，用火花探针法也进行了这方面的工作。

（3）有机质谱分析

有机质谱学是一门有机化合物分子结构鉴定和测定的科学，主要采用气相色谱-质谱法和液相色谱-质谱法。

质谱法是基于将物质离子化（包括元素和基团的离子化），按离子的质荷比分离，然后测量各种离子谱峰的强度而实现分析目的的一种分析方法。将产生离子化的各种方法与质谱仪相结合，就衍生了各种质谱分析方法。

10.1　质谱分析的基本原理

质谱法的基本原理是被测样品在离子源中发生电离，生成不同质荷比（m/z）的带正电荷离子，经加速电场的作用形成离子束，进入质量分析器，在其中再利用电场和磁场使其发生色散、聚焦，获得质谱图，从而确定不同离子的质量，可以得到样品的定性定量结果。若被测样品是有机物，通过解析，可获得有机化合物的分子式，提供其一级结构的信息。

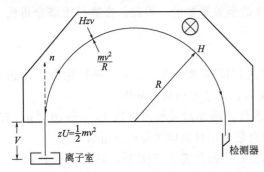

图 10-1　正离子在正交磁场中的运动

自离子源发生的离子束在加速电极电场（800～8000V）的作用下，使质量为 m 的正离子获得 v 的速度，以直线方向（n）运动（图10-1），其动能为：

$$zU = \frac{1}{2}mv^2 \tag{10-1}$$

式中，z 为离子电荷数；U 为加速电压。显然，在一定的加速电压下，离子的运动速度与质量 m 有关。

当具有一定动能的正离子进入垂直于离子速度方向的均匀磁场（质量分析器）时，正离子在磁场力（洛伦兹力）的作用下，将改变运动方向（磁场不能改变离子的运动速度）做圆周运动。设离子做圆周运动的轨道半径（近似为磁场曲率半径）为 R，则运动离心力 mv^2/R 必然和磁场力 Hzv 相等，故

$$Hzv = \frac{mv^2}{R} \tag{10-2}$$

式中，H 为磁场强度。根据式（10-1）及式（10-2），进一步推导可得

$$\frac{m}{z} = \frac{H^2R^2}{2U} \tag{10-3}$$

$$R = \frac{\sqrt{2Um/z}}{H} \tag{10-4}$$

式（10-3）、式（10-4）称为磁分析器质谱方程式。由此式可见，离子在磁场内运动半径 R 与 m/z、H、U 有关。因此只有在一定的 U 及 H 的条件下，某些具有一定质荷比的正离子才能以运动半径为 R 的轨道到达检测器。

若 H、R 固定，$m/z \propto 1/U$，只要连续改变加速电压（电压扫描）；或 U、R 固定，$m/z \propto H^2$，连续改变 H（磁场扫描），就可使具有不同 m/z 的离子依次到达检测器发生信号而得到质谱图（如图10-2所示）。

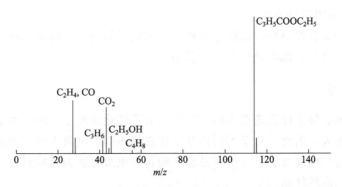

图 10-2　聚甲基丙烯酸乙酯的热裂解质谱图

10.2　一般质谱仪的结构与工作原理

质谱仪是利用样品电离后产生的具有不同质荷比（m/z）的离子来进行分离分析的。质谱仪以离子源、质量分析器和离子检测器为核心。离子源是使试样分子在高真空条件下离子化的装置。电离后的分子因接受了过多的能量会进一步碎裂成较小质量的多种碎片离子和中性粒子。它们在加速电场作用下获取具有相同能量的平均动能而进入质量分析器。质量分析器是将同时进入其中的不同质量的离子，按质荷比 m/z 大小分离的装置。分离后的离子依次进入离子检测器，采集放大离子信号，经计算机处理，绘制成质谱图。但是，不管是哪种类型的质谱仪，其基本组成是相同的，都包括进样系统、离子源、质量分析器、检测系统、记录（数据处理）系统、真空系统。如图 10-3 所示。

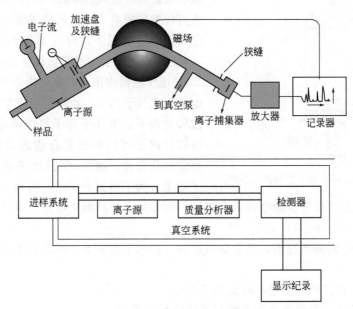

图 10-3　质谱仪构造框图

进行质谱分析时，一般过程是：通过合适的进样装置将样品引入并进行气化，气化后的样品引入离子源进行电离，电离后的离子经过适当的加速后进入质量分析器，离子在磁场或电场的作用下，按不同的 m/z 进行分离，对不同 m/z 的离子流进行检测、放大、记录（数据处理），得到质谱图进行分析。

为了获得离子的良好分析，必须避免整个过程离子的损失，因此凡有样品分子和离子存在和经过的部位、器件，都要处于高真空状态。

10.2.1 离子源

离子源的功能是将进样系统引入的气态样品分子转化成离子。由于离子化所需要的能量随分子不同差异很大，因此，对于不同的分子应选择不同的电离方法。通常称能给样品较大能量的电离方法为硬电离方法，而给样品较小能量的电离方法为软电离方法，后一种方法适用于易破碎或易电离的样品。

离子源是质谱仪的心脏，可以将离子源看作是比较高级的反应器，其中样品发生一系列的特征电离、降解反应，其作用在很短时间（约 $1\mu s$）内发生，所以可以快速获得质谱。

质谱仪的离子源种类很多，主要有以下几种：

① 电子电离（electron ionization，EI）源；

② 化学电离（chemical ionization，CI）源；

③ 快原子轰击（fast atomic bombardment，FAB）源；

④ 电喷雾电离（electron spray ionization，ESI）源；

⑤ 大气压化学电离（atmospheric pressure chemical ionization，APCI）源。

10.2.1.1 电子电离（EI）源

电子电离源（电子轰击源）又称 EI 源，是质谱通用型的离子源，其工作原理如图 10-4 所示。

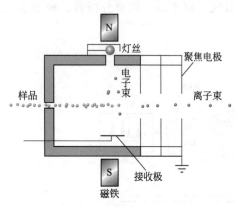

图 10-4　电子电离源的工作原理示意图

电子电离源主要用于挥发性样品的电离。由 GC 或直接进样杆进入的样品，以气体形式进入离子源，由灯丝发出的电子与样品分子发生碰撞使样品分子电离。一般情况下，灯丝与接收极之间的电压为 70V，所有的标准质谱图都是在 70eV 下作出的。在 70eV 电子碰撞作用下，有机物分子可能被打掉一个电子形成分子离子，也可能会发生化学键的断裂形成碎片离子。由分子离子可以确定化合物分子量，由碎片离子可以得到化合物的结构。对于一些不稳定的化合物，在 70eV 的电子轰击下很难得到分子离子。为了得到分子量，可以采用 $10\sim20eV$ 的电子能量，不过此时仪器灵敏度将大大降低，需要加大样品的进样量。而且，得到的质谱图不再是标准质谱图。

离子源中进行的电离过程是很复杂的过程。在电子轰击下，样品分子可能有四种不同途径形成离子：

① 样品分子被打掉一个电子形成分子离子。

② 分子离子进一步发生化学键断裂形成碎片离子。

③ 分子离子发生结构重排形成重排离子。

④ 通过分子离子反应生成加合离子。

此外，还有同位素离子。这样，一个样品分子可以产生很多带有结构信息的离子，对这些离子进行质量分析和检测，可以得到具有样品信息的质谱图。

电子电离源主要适用于易挥发有机样品的电离，GC-MS 联用仪中都有这种离子源。其优点是工作稳定可靠，结构信息丰富，有标准质谱图可以检索。缺点是只适用于易汽化的有机物样品分析，并且，对有些化合物得不到分子离子。

10.2.1.2　化学电离（CI）源

有些化合物稳定性差，用 EI 方式不易得到分子离子，因而也就得不到分子量。为了得到分子量可以采用 CI 电离方式。CI 和 EI 在结构上没有多大差别，或者说主体部件是共用的。其主要差别是 CI 源工作过程中要引进一种反应气体。反应气体可以是甲烷、异丁烷、氨等。反应气的量比样品气要大得多。灯丝发出的电子首先将反应气电离，然后反应气离子与样品分子进行离子-分子反应，并使样品气电离。

化学电离源是一种软电离方式，有些用 EI 方式得不到分子离子的样品，改用 CI 后可以得到准分子离子，因而可以求得分子量。对于含有很强的吸电子基团的化合物，检测负离子的灵敏度远高于正离子的灵敏度，因此，CI 源一般都有正 CI 和负 CI，可以根据样品情况进行选择。由于 CI 得到的质谱不是标准质谱，所以不能进行库检索。

EI 源和 CI 源主要用于气相色谱-质谱联用仪，适用于易汽化的有机物样品分析。

10.2.1.3　高频火花电离（SI）源

SI 源常用于一些非挥发性的无机样品，如金属、半导体、矿物、考古样品等的离子化，它类似于原子发射光谱中的激发源。把粉末样品与石墨粉均匀混合后装入电极内，置于高压（30kV）高频电场中，高频火花使样品分子电离。

高频火花电离源具有以下优点：①灵敏度高，可达 10^{-9}；②可以对复杂样品进行元素的定性、定量分析；③比原子发射光谱的信息简单，便于分析。其缺点是各种离子的能量分散大，须采用双聚焦质量分析器；仪器较昂贵，操作较复杂，限制了应用范围。

10.2.1.4　场电离（FI）源

FI 源是利用强电场诱发样品分子的电离。其结构示意图如图 10-5 所示。

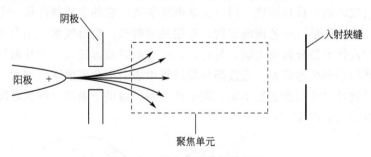

图 10-5　场电离源结构示意图

其中最重要的部件是电极，正负极间施加高达 10kV 的电压差，两极的电压梯度可达 $10^{7} \sim 10^{8}$ V/cm。具有较大偶极矩或高极化率的样品分子通过两极间时，受到极大的电压梯度的作用（量子隧道效应）而发生电离。

为了达到两电极间极大的电压梯度，阳极需要很尖锐，通常经过特殊处理，在其尖端表面做成许多微探针（<1μm），称为多尖陈列电极，也称"金属胡须发射器"。

由于 FI 源的能量约为 12eV，因此分子离子峰（或准分子离子峰）强度较大，而碎片离子峰很少，图谱较简单。

10.2.1.5 场解吸 (FD) 源

与 FI 不同的是，它把样品溶液置于阳极发射器的表面，并将溶剂蒸发除去，在强电场中，样品离子直接从固体表面解吸并奔向阴极。FD 是一种软电离技术，一般只产生分子离子峰和准分子离子峰，碎片离子峰极少，图谱很简单，特别适用于热不稳定性和非挥发性化合物的质谱分析。在进行复杂未知物的结构分析时，若有条件，将电子轰击源、化学电离源及场解吸源三种电离方式的质谱图加以比较，有助于未知物的鉴定。

10.2.1.6 快原子轰击 (FAB) 源

FAB 源是另一种常用的离子源，它主要用于极性强、分子量大的样品分析。其工作原理如图 10-6 所示。

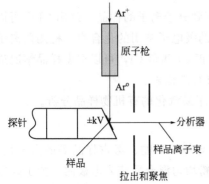

图 10-6 快原子轰击源工作原理示意图

氩气在电离室依靠放电产生氩离子，高能氩离子经电荷交换得到高能氩原子流，氩原子打在样品上产生样品离子。样品置于涂有底物（如甘油）的靶上。靶材为铜，原子氩打在样品上使其电离后进入真空室，并在电场作用下进入分析器。电离过程中不必加热气化，因此适合于分析大分子量、难气化、热稳定性差的样品。例如肽类、低聚糖、天然抗生素、有机金属络合物等。FAB 源得到的质谱不仅有较强的准分子离子峰，而且有较丰富的结构信息。但是，它与 EI 源得到的质谱图很不相同。其一是它的分子量信息不是分子离子峰 M，而往往是 $(M+H)^+$ 或 $(M+Na)^+$ 等准分子离子峰；其二是碎片峰比 EI 谱要少。

FAB 源主要用于磁式双聚焦质谱仪。

10.2.1.7 电喷雾电离 (ESI) 源

ESI 是近年来出现的一种新的电离方式，主要应用于液相色谱-质谱联用仪。它既作为液相色谱和质谱仪之间的接口装置，同时又是电离装置。它的主要部件是一个多层套管组成的电喷雾喷嘴。最内层是液相色谱流出物，外层是喷射气，喷射气常采用大流量的氮气，其作用是使喷出的液体容易分散成微滴。另外，在喷嘴的斜前方还有一个补助气喷嘴，补助气的作用是使微滴的溶剂快速蒸发。在微滴蒸发过程中表面电荷密度逐渐增大，当增大到某个临界值时，离子就可以从表面蒸发出来。离子产生后，借助于喷嘴与锥孔之间的电压，穿过取样孔进入分析器（见图 10-7）。

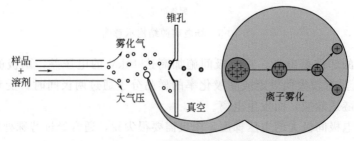

图 10-7 电喷雾电离原理图

加到喷嘴上的电压可以是正，也可以是负。通过调节极性，可以得到正离子或负离子的质谱。其中值得一提的是电喷雾喷嘴的角度，如果喷嘴正对取样孔，则取样孔易堵塞。因此，有的电喷雾喷嘴设计成喷射方向与取样孔不在一条线上，而错开一定角度。这样溶剂雾滴不会直接喷到取样孔上，取样孔比较干净，不易堵塞。产生的离子靠电场的作用引入取样孔，进入分析器。

电喷雾电离源是一种软电离方式，即便是分子量大、稳定性差的化合物，也不会在电离过程中发生分解，它适合于分析极性强的大分子有机化合物，如蛋白质、肽、糖等。电喷雾电离源的最大特点是容易形成多电荷离子。这样，一个分子量为 10000 的分子若带有 10 个电荷，则其质荷比只有 1000，在一般质谱仪可以分析的范围之内。根据这一特点，目前采用电喷雾电离，可以测量分子量在 300000 以上的蛋白质。

10.2.1.8 大气压化学电离（APCI）源

它的结构与电喷雾电离源大致相同，不同之处在于 APCI 源喷嘴的下游放置一个针状放电电极，通过放电电极的高压放电，使空气中某些中性分子电离，产生 H_3O^+、N_2^+、O_2^+ 和 O^+ 等离子，溶剂分子也会被电离，这些离子与分析物分子进行离子-分子反应，使分析物分子离子化，这些反应过程包括由质子转移和电荷交换产生正离子、质子脱离和电子捕获产生负离子等。

大气压化学电离源主要用于液相色谱-质谱联用仪，分析中等极性的化合物。有些分析物由于结构和极性方面的原因，用 ESI 不能产生足够强的离子，可以采用 APCI 方式增加离子产率，可以认为 APCI 是 ESI 的补充。APCI 主要产生的是单电荷离子，所以分析的化合物分子量一般小于 1000。用这种电离源得到的质谱很少有碎片离子，主要是准分子离子。

10.2.1.9 激光解吸（LD）源

激光解吸源是利用一定波长的脉冲式激光照射样品使样品电离的一种电离方式。被分析的样品置于涂有基质的样品靶上，激光照射到样品靶上，基质分子吸收激光能量，与样品分子一起蒸发到气相并使样品分子电离。激光电离源需要有合适的基质才能得到较好的离子产率。因此，这种电离源通常称为基质辅助激光解吸电离（matrix assisted laser desorption ionization, MALDI）。MALDI 特别适合于飞行时间质谱仪（TOF），组成 MALDI-TOF。MALDI 属于软电离技术，它比较适合于分析生物大分子，如肽、蛋白质、核酸等。得到的质谱主要是分子离子、准分子离子，碎片离子和多电荷离子较少。MALDI 常用的基质有 2,5-二羟基苯甲酸、芥子酸、烟酸、α-氰基-4-羟基肉桂酸等。

10.2.2 质量分析器

质量分析器的作用是将离子源产生的离子按 m/z 顺序分开并排列成谱。其类型很多，主要有单聚焦质量分析器、磁式双聚焦分析器、四极杆分析器、离子阱分析器、飞行时间分析器、回旋共振分析器等。

10.2.2.1 单聚焦质量分析器

单聚焦质量分析器（single focusing mass analyzer）实际上是处于扇形磁场中的真空扇形容器，因此，也称为磁扇形分析器。常见的单聚焦质量分析器是采用 180°、90° 或 60° 的圆弧形离子束通道。图 10-8 为 90° 的单聚焦质量分析器质谱仪的结构示意图。

离子进入分析器后，由于磁场的作用，其运动轨道发生偏转改做圆周运动。其运动轨道半径 R 可由下式表示：

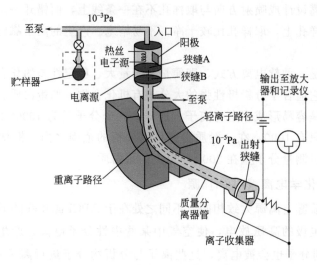

图 10-8　90°的单聚焦质量分析器质谱仪的结构示意图

$$R = \frac{1.44 \times 10^{-2}}{B} \times \sqrt{\frac{m}{z}U} \tag{10-5}$$

式中，m 为离子质量，amu；z 为离子电荷量，以电子的电荷量为单位；U 为离子加速电压，V；B 为磁感应强度，T。

由式(10-5) 可知，在一定的 B、U 条件下，不同 m/z 的离子其运动半径不同，这样，由离子源产生的离子，经过分析器后可实现质量分离，如果检测器位置不变（即 R 不变），连续改变 U 或 B 可以使不同 m/z 的离子顺序进入检测器，实现质量扫描，得到样品的质谱。

10.2.2.2　双聚焦质量分析器

为了消除离子能量分散对分辨率的影响，通常在扇形磁场前加一扇形电场。扇形电场是一个能量分析器，不起质量分离作用。质量相同而能量不同的离子经过静电场后会彼此分开，即静电场有能量色散作用。如果设法使静电场的能量色散作用和磁场的能量色散作用大小相等方向相反，就可以消除能量分散对分辨率的影响。只要是质量相同的离子，经过电场和磁场后可以汇聚在一起。另外质量的离子汇聚在另一点。改变离子加速电压可以实现质量扫描。这种由电场和磁场共同实现质量分离的分析器，同时具有方向聚焦和能量聚焦作用，叫双聚焦质量分析器（见图 10-9）。双聚焦质量分析器（double focusing mass analyzer）的

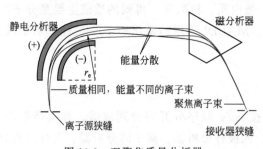

图 10-9　双聚焦质量分析器

优点是分辨率高，缺点是扫描速度慢，操作、调整比较困难，而且仪器造价也比较昂贵。

10.2.2.3　四极杆质量分析器

四极杆质量分析器（quadrupole mass analyzer）由四根高度平行的金属电极杆组成，精密地固定在正方形的四个角上，如图 10-10、图 10-11 所示。

其中一对电极加上直流电压 U_{dc}，另一对电极加上射频电压 $U_0\cos\omega t$（U_0 为射频电压的振幅，ω 为射频振荡频率，t 为时间），即加在两对极杆之间的总电压为 $(U_{dc} + U_0\cos\omega t)$。由

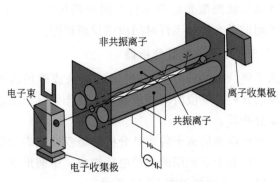

图 10-10 四极杆质量分析器

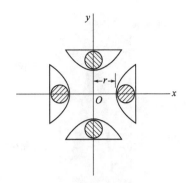

图 10-11 四极杆位置截面图

于射频电压大于直流电压，所以在四极之间的空间，处于射频调制的直流电压的两种力作用下的射频场中，离子进入此射频场时，只有合适 m/z 的离子才能通过稳定的振荡穿过电极间隙而进入检测器，其他 m/z 的离子则与极杆相撞而被滤去。只要保持 U_{dc}/U_0 值及射频频率不变，改变 U_{dc} 和 U_0 就可以实现对 m/z 的扫描。

四极杆质量分析器是一种无磁分析器，体积小，重量轻，操作方便，扫描速度快，分辨率较高，适用于色谱-质谱联用仪器、ICP 质谱仪。

10.2.2.4 飞行时间质量分析器

飞行时间质量分析器（time of flight mass analyzer）的主要部分是一个离子漂移管。图 10-12 是这种分析器的原理图。离子在加速电压 U 作用下得到动能，则有：

$$1/2mv^2=eU \quad 或 \quad v=(2eU/m)^{1/2}$$

式中，m 为离子的质量；e 为离子的电荷量；U 为离子加速电压。

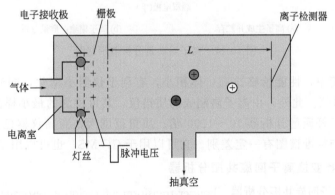

图 10-12 飞行时间质量分析器原理图

离子以速度 v 进入自由空间（漂移区），假定离子在漂移区飞行的时间为 T，漂移区长度为 L，则：

$$T=L(m/2eU)^{1/2} \tag{10-6}$$

由式(10-6) 可以看出，离子在漂移管中飞行的时间与离子质量的平方根成正比。也即，对于能量相同的离子，离子的质量越大，到达接收器所用的时间越长；质量越小，所用时间越短。根据这一原理，可以把不同质量的离子分开。适当增加漂移管的长度可以增加分辨率。

现在，飞行时间质谱仪的分辨率可达 20000 以上。最高可检质量超过 300000，并且具有很高的灵敏度。目前，这种分析器已广泛应用于气相色谱-质谱联用仪、液相色谱-质谱联

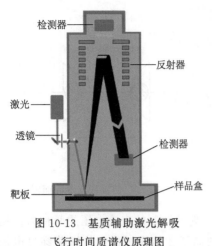

图 10-13　基质辅助激光解吸
飞行时间质谱仪原理图

用仪和基质辅助激光解吸飞行时间质谱仪中。图 10-13 是基质辅助激光解吸飞行时间质谱仪原理图。

10.2.2.5　离子阱质量分析器

离子阱（ion trap）是一种通过电场或磁场将气相离子控制并贮存一段时间的装置，主要作为有机质谱仪的质量分析器。

一种较简单的离子阱质量分析器是双曲线表面的中心环形电极和上下积压的端罩电极构成，中间形成一个室腔（阱）。其结构如图 10-14 所示。

端罩电极接地，环形电极施以射频电压 $U_0 \cos\omega t$。当一组电离的离子从顶端小孔进入阱内，处于阱内且具有合适质荷比的离子将在环内指定轨道上稳定旋转；射频电压扫描，陷入阱内离子的轨道则会依次发生变化，从而在底部离开环电极腔而被检测。

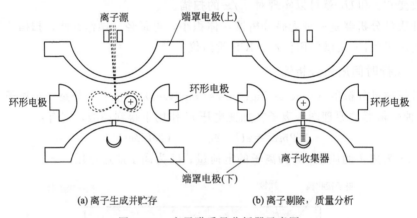

(a) 离子生成并贮存　　　　　(b) 离子剔除，质量分析

图 10-14　离子阱质量分析器示意图

离子阱结构简单，性能价格比高，体积小，有利于仪器小型化，同时也便于串接制成 MS/MS 二次质谱仪。此外，由离子阱制成的质谱仪，其可检测的最小样品最低，即绝对灵敏度高，约为四极杆质量分析器 $10 \sim 1000$ 倍。质量范围大，商品仪器已达 6000u。其缺点是所得的质谱图与标准谱图有一定差别。它可以用于 GC-MS，也可以用于 LC-MS。

10.2.2.6　傅里叶变换离子回旋共振分析器

傅里叶变换离子回旋共振分析器（Fourier transform ion cyclotron resonance analyzer，FTICR）是在原来回旋共振分析器的基础上发展起来的。图 10-15 是这种分析器的结构示意图。

分析器是一个立方体结构，它由三对相互垂直的平行板电极组成，置于高真空和由超导磁体产生的强磁场中。第一对电极为捕集极，它与磁场方向垂直，电极上加有适当正电压，其目的是延长离子在室内滞留时间；第二对电极为发射极，用于发射射频脉冲；第三对电极为接收极，用来接收离子产生的信号。样品离子引入分析室后，在强磁场作用下被迫以很小的轨道半径做回旋运动，由于离子都是以随机的非相干方式运动，因此不产生可检出的信号。如果在发射极上施加一个很快的扫频电压，当射频频率和某离子的回旋频率一致时共振条件得到满足。离子吸收射频能量，轨道半径逐渐增大，变成螺旋运动，经过一段时间的相互作用以后，所有离子都做相干运动，产生可被检出的信号。做相干运动的正离子运动至靠

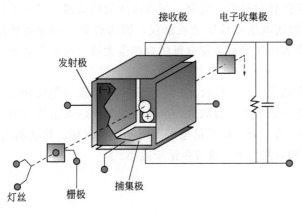

图 10-15　傅里叶变换离子回旋共振分析器的结构示意图

近接收极的一个极板时，吸收此极板表面的电子，当其继续运动到另一极板时，又会吸引另一极板表面的电子，这样便会感生出"象电流"。象电流是一种正弦形式的时间域信号，正弦波的频率和离子的固有回旋频率相同，其振幅则与分析室中该质量的离子数目成正比。如果分析室中各种质量的离子都满足共振条件，那么，实际测得的信号是同一时间内做相干轨道运动的各种离子所对应的正弦波信号的叠加。将测得的时间域信号重复累加，放大并经模数转换后输入计算机进行快速傅里叶变换，便可检出各种频率成分，然后利用频率和质量的已知关系，便可得到常见的质谱图。

利用傅里叶变换离子回旋共振原理制成的质谱仪称为傅里叶变换离子回旋共振质谱仪（Fourier transform ion cyclotron resonance mass spectrometer，FT-MS）。FT-MS 有很多明显的优点：

① 分辨率极高。商品仪器的分辨率可超过 1×10^6，而且在高分辨率下不影响灵敏度，而双聚焦质量分析器为提高分辨率必须降低灵敏度。同时，FT-MS 的测量精度非常好，能达到百万分之几，这对于得到离子的元素组成是非常重要的。

② 分析灵敏度高。由于离子是同时激发同时检测，因此比普通回旋共振质谱仪高 4 个量级，而且在高灵敏度下可以得到高分辨率。

③ 具有多级质谱功能。

④ 可以和任何离子源相连，扩宽了仪器功能。

此外还有诸如扫描速度快、性能稳定可靠、质量范围宽等优点。当然，另一方面，FT-MS 由于需要很高的超导磁场，因而需要液氦，仪器售价和运行费用都比较高。

10.2.3　检测器

质谱仪常用的检测器有法拉第杯（Faraday cup）、电子倍增器及闪烁计数器、照相底片等。

法拉第杯是其中最简单的一种，其结构如图 10-16 所示。法拉第杯与质谱仪的其他部分保持一定电位差以便捕获离子，当离子经过一个或多个抑制电极进入杯中时，将产生电流，

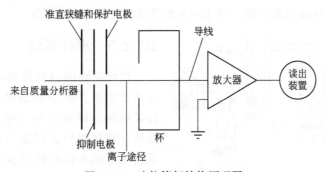

图 10-16　法拉第杯结构原理图

经转换成电压后进行放大记录。法拉第杯的优点是简单可靠，配以合适的放大器可以检测约 10^{-15} A 的离子流。但法拉第杯只适用于加速电压 <1kV 的质谱仪，因为更高的加速电压使产生能量较大的离子流，这样离子流轰击入口狭缝或抑制电极时会产生大量二次电子甚至二次离子，从而影响信号检测。

电子倍增器的种类很多，其工作原理如图 10-17 所示。一定能量的离子轰击阴极导致电子发射，电子在电场的作用下依次轰击下一级电极而被放大，电子倍增器的放大倍数一般在 $10^5 \sim 10^8$。电子倍增器中电子通过的时间很短，利用电子倍增器可以实现高灵敏、快速测定。但电子倍增器存在质量歧视效应，且随使用时间增加，增益会逐步减小。

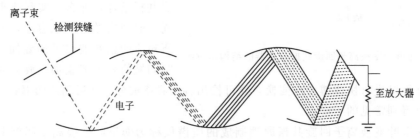

图 10-17　电子倍增器工作原理图

近代质谱仪中常采用隧道电子倍增器，其工作原理与电子倍增器相似，因为体积小，多个隧道电子倍增器可以串列起来，用于同时检测多个 m/z 不同的离子，从而大大提高分析效率。

照相检测是在质谱仪特别是在无机质谱仪中应用最早的检测方式。此法主要用于火花源双聚焦质谱仪，其优点是无需记录总离子流强度，也不需要整套的电子线路，且灵敏度可以满足一般分析的要求，但其操作麻烦，效率不高。

质谱信号非常丰富，电子倍增器产生的信号可以通过一组具有不同灵敏度的检流计检出，再通过镜式记录仪（不是笔式记录仪）快速记录到光敏记录纸上。现代质谱仪一般都采用较高性能的计算机对产生的信号进行快速接收与处理，同时通过计算机可以对仪器条件等进行严格的监控，从而使精密度和灵敏度都有一定程度的提高。

10.2.4　真空系统

质谱仪中离子产生及经过的系统必须处于高真空状态（离子源的高真空度应达到 $1.3 \times 10^{-4} \sim 1.3 \times 10^{-5}$ Pa，质量分析器中应达 1.3×10^{-6} Pa），若真空度过低，会造成离子源灯丝损坏，本底增高，副反应变多，从而使图谱复杂化，干扰离子源的调节、加速及放电等。一般质谱仪都采用机械泵预抽真空后，再用高效率扩散泵连续地运行以保持真空。现代质谱仪采用分子泵可以获得更高的真空度。图 10-18 为质谱仪的典型真空系统。

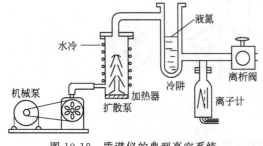

图 10-18　质谱仪的典型真空系统

10.2.5　进样系统

进样系统的目的是高效重复地将样品引入离子源中并且不能造成真空度的降低。目前常用的进样装置有三种类型：间歇式进样系统、直接探针进样及色谱进样系统。一般质谱仪都配有前两种进样系统以适应不同的样品需要。

10.2.5.1 间歇式进样系统

该系统可用于气体、液体和中等蒸气压的固体样品进样，典型的设计如图 10-19 所示。

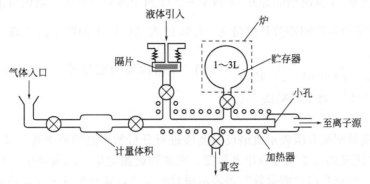

图 10-19　典型的间歇式进样系统

通过可拆卸式的试样管将少量（$10\sim100\mu g$）固体和液体试样引入试样贮存器中，进样系统的低压强及贮存器的加热装置使样品保持气态。实际上试样最好在操作温度下具有 $0.13\sim1.3Pa$ 的蒸气压。由于进样系统的压强比离子源的压强要大，样品离子可以通过分子漏隙（通常是带有一个小针孔的玻璃或金属膜）以分子流的形式渗透进高真空的离子源中。

10.2.5.2　直接探针进样

对那些在间歇式进样系统的条件下无法变成气体的固体、热敏性固体及非挥发性液体试样，可直接引入离子源中，图 10-20 所示为一直接引入系统。

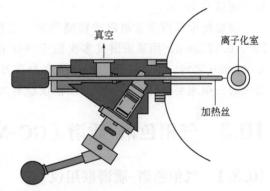

图 10-20　直接探针引入进样系统

通常将试样放入小杯中，通过真空闭锁装置将其引入离子源，可以对样品进行冷却或加热处理。用这种技术不必使样品蒸气充满整个贮存器，故可以引入样品量较小（可达 1ng）和蒸气压较低的物质。直接进样法使质谱法的应用范围迅速扩大，使许多少量且复杂的有机化合物和有机金属化合物可以进行有效的分析，如甾族化合物、糖、双核苷酸和低摩尔质量聚合物等都可以获得质谱。

在很多情况下，将低挥发性物质转变为高挥发性的衍生物后再进行质谱分析也是有效的途径，如将酸变成酯、将微量金属变成挥发性螯合物等。

10.2.6　质谱仪的性能指标

衡量一台质谱仪性能好坏的指标很多，这些指标包括灵敏度、分辨率、质量范围、质量稳定性等。质谱仪的种类很多，其性能指标的表示方法也不完全相同，现将主要的指标及测试方法说明如下。

（1）灵敏度

质谱仪的灵敏度有绝对灵敏度、相对灵敏度和分析灵敏度等几种表示方法。绝对灵敏度是指仪器可以检测到的最小样品量；相对灵敏度是指仪器可以同时检测的大组分与小组分含量之比；分析灵敏度则是指输入仪器的样品量与仪器输出的信号之比。

（2）分辨率

质谱仪的分辨率表示质谱仪把相邻两个质量分开的能力，常用 R 表示。其定义是，如果某质谱仪在质量 M 处刚刚能分开 M 和 $M+\Delta M$ 两个质量的离子。则该质谱仪的分辨率为 $R=\dfrac{M}{\Delta M}$。例如某仪器能刚刚分开质量为 27.9949 和 28.0061 的两个离子峰。则该仪器的分辨率为 $R=\dfrac{M}{\Delta M}=\dfrac{27.9949}{28.0061-27.9949}\approx 2500$。所谓两峰刚刚分开，一般是指两峰间的"峰谷"是峰高的 10%（每个峰提供 5%）。

（3）质量范围

质谱仪的质量测量范围表示质谱仪所能够进行分析的样品的原子量（或分子量）范围，通常采用以 ^{12}C 定义的原子质量单位来量度。在非精确测定质量的场合中，常采用原子核中所含质子和中子的总数即"质量数"来表示质量的大小，其数值等于相对质量数的整数。

气体质谱仪的质量测量范围一般较小，为 2～100，有机质谱仪一般可达几千，而现代质谱仪可测量达几万到几十万质量单位的生物大分子样品。

（4）质量稳定性和质量精度

质量稳定性主要是指仪器在工作时质量稳定的情况，通常用一定时间内质量漂移的质量单位来表示。例如，某仪器的质量稳定性为 0.1amu/12h，意思是该仪器在 12h 之内质量漂移不超过 0.1amu。

质量精度是指质量测定的精确程度。常用相对百分比表示，例如，某化合物的质量为152，0.473amu，用某质谱仪多次测定该化合物，测得的质量与该化合物理论质量之差在 0.003amu 之内，则该仪器的质量精度为百万分之二十（20×10^{-6}）。质量精度是高分辨质谱仪的一项重要指标，对低分辨质谱仪没有太大意义。

10.3　气相色谱-质谱（GC-MS）分析

10.3.1　气相色谱-质谱联用仪

气相色谱-质谱是一种高效的分析技术，该技术利用气相色谱的分离能力让混合物中的组分分离，并用质谱鉴定分离出来的组分（定性分析）以及其精确的量（定量分析）。气质联用具有非常高的灵敏度（10^{-15}g），并且分析范围非常广泛，例如农药、环保、兴奋剂等方面的分析。

气相色谱-质谱联用仪（gas chromatography-mass spectrometer，GC-MS）主要由三部分组成：色谱部分、质谱部分和数据处理系统。色谱部分和一般的色谱仪基本相同，包括柱箱、汽化室和载气系统，也带有分流/不分流进样系统，程序升温系统，压力、流量自动控制系统等，一般不再有色谱检测器，而是利用质谱仪作为色谱的检测器。在色谱部分，混合样品在合适的色谱条件下被分离成单个组分，然后进入质谱仪进行鉴定。

色谱仪是在常压下工作，而质谱仪需要高真空，因此，如果色谱仪使用填充柱，必须经过一种接口装置——分子分离器，将色谱载气去除，使样品气进入质谱仪。目前一般使用喷射式分子分离器，其示意图如图 10-21 所示。

载气带着组分气体，一起从色谱柱流出，经过一小孔加速喷射进入分离器的喷射腔中，分离器进行抽气减压，由于载气分子量小，扩散速度快，经喷嘴后，很快扩散开来并被抽走。而组分气体分子的质量大，扩散速度慢，依靠其惯性运动，继续向前运动而进入捕捉器中。必要时使用多次喷射，经分子分离器后，50％以上的组分分子被浓缩并进入离子源中，而压力也降至约 1.3×10^{-2} Pa。

如果色谱仪使用毛细管柱，则可以将毛细管直接插入质谱仪离子源，因为毛细管载气流量比填充柱小得多，不会破坏质谱仪真空。

GC-MS 的质谱仪部分可以是磁式质谱仪、四极杆质谱仪，也可以是飞行时间质谱仪和离子阱。目前使用最多的是四极杆质谱仪。离子源主要是 EI 源和 CI 源。

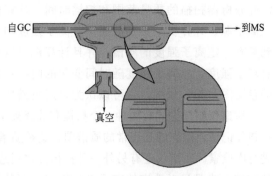

图 10-21　喷射式分子分离器

GC-MS 的另外一个组成部分是数据处理系统（计算机系统）。由于计算机技术的提高，GC-MS 的主要操作都由计算机控制进行，这些操作包括利用标准样品（一般用 FC-43）校准质谱仪、设置色谱和质谱的工作条件、数据的收集和处理以及库检索等。这样，一个混合物样品进入色谱仪后，在合适的色谱条件下，被分离成单一组成并逐一进入质谱仪，经离子源电离得到具有样品信息的离子，再经分析器、检测器即得每个化合物的质谱。这些信息都由计算机储存，根据需要，可以得到混合物的色谱图、单一组分的质谱图和质谱的检索结果等。根据色谱图还可以进行定量分析。因此，GC-MS 是有机物定性、定量分析的有力工具。

作为 GC-MS 联用仪的附件，还可以有直接进样杆和 FAB 源等。但是 FAB 源只能用于磁式双聚焦质谱仪。直接进样杆主要分析高沸点的纯样品，不经过 GC 进样，而是直接送到离子源，加热汽化后，由 EI 电离。另外，GC-MS 的数据系统可以有几套数据库，主要有 NIST 库、Willey 库、农药库、毒品库等。

10.3.2　GC-MS 分析条件的选择

在 GC-MS 分析中，色谱的分离和质谱数据的采集是同时进行的。为了使每个组分都得到分离和鉴定，必须设定合适的色谱和质谱分析条件。

色谱条件包括色谱柱类型（填充柱或毛细管柱）、固定液种类、汽化温度、载气流量、分流比、温升程序等。设置的原则是：一般情况下均使用毛细管柱，极性样品使用极性毛细管柱，非极性样品采用非极性毛细管柱，未知样品可先用中等极性的毛细管柱，试用后再调整。当然，如果有文献可以参考，就采用文献所用条件。

质谱条件包括电离电压、电子电流、扫描速度、质量范围，这些都要根据样品情况进行设定。在所有的条件确定之后，将样品用微量注射器注入进样口，同时启动色谱和质谱，进行 GC-MS 分析。

10.3.3　GC-MS 数据的采集和处理

10.3.3.1　GC-MS 数据的采集

有机混合物样品用微量注射器由色谱仪进样口注入，经色谱柱分离后进入质谱仪离子源，在离子源处被电离成离子。离子经质量分析器、检测器之后即成为质谱信号并输入计算机。样品由色谱柱不断地流入离子源，离子由离子源不断地进入分析器并不断地得到质谱，只要设定好分析器扫描的质量范围和扫描时间，计算机就可以采集到一个个质谱。如果没有样品进入离子源，计算机采集到的质谱各离子强度均为0。当有样品进入离子源时，计算机就采集到具有一定离子强度的质谱。并且计算机可以自动将每个质谱的所有离子强度相加，显示出总离子强度，总离子强度随时间变化的曲线就是总离子色谱图。总离子色谱图的形状和普通的色谱图是相一致的，它可以认为是用质谱作为检测器得到的色谱图。

质谱仪扫描方式有两种：全扫描和选择离子扫描。全扫描是对指定质量范围内的离子全部扫描并记录，得到的是正常的质谱图，这种质谱图可以提供未知物的分子量和结构信息，可以进行库检索。质谱仪还有另外一种扫描方式叫选择离子监测（select ion Monitoring，SIM）。这种扫描方式是只对选定的离子进行检测，而其他离子不被记录。它的最大优点一是对离子进行选择性检测，只记录特征的、感兴趣的离子，不相关的、干扰离子统统被排除；二是选定离子的检测灵敏度大大提高。在正常扫描情况下，假定一秒钟扫描 500 个质量单位，那么，扫过每个质量所花的时间大约是 1/500s，也就是说，在每次扫描中，有 1/500s 的时间是在接收某一质量的离子。在选择离子扫描的情况下，假定只检测 5 个质量的离子，同样也用 1s，那么，扫过 1 个质量所花的时间大约是 1/5s。也就是说，在每次扫描中，有 1/5s 的时间是在接收某一质量的离子。因此，采用选择离子扫描方式比正常扫描方式灵敏度可提高大约 100 倍。由于选择离子扫描只能检测有限的几个离子，不能得到完整的质谱图，因此不能用来进行未知物定性分析。但是如果选定的离子有很好的特征性，也可以用来表示某种化合物的存在。选择离子扫描方式最主要的用途是定量分析，由于它的选择性好，可以把由全扫描方式得到的非常复杂的总离子色谱图变得十分简单，消除其他组分造成的干扰。

10.3.3.2 GC-MS 数据处理

（1）总离子色谱图

计算机可以把采集到的每个质谱的所有离子相加得到总离子强度，总离子强度随时间变化的曲线就是总离子色谱图（图 10-22），总离子色谱图的横坐标是保留时间，纵坐标是强度。图中每个峰表示样品的一个组分，由每个峰可以得到相应化合物的质谱图；峰面积和该组分含量成正比，可用于定量。由 GC-MS 得到的总离子色谱图与一般色谱仪得到的色谱图基本上是一样的。只要所用色谱柱相同，样品出峰顺序就相同。其差别在于，总离子色谱图所用的检测器是质谱仪，而一般色谱图所用的检测器是氢焰、热导等。两种色谱图中各成分

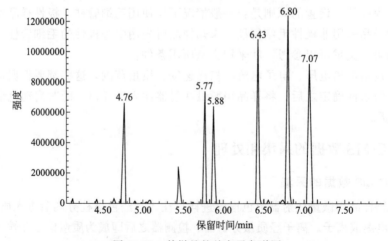

图 10-22 某样品的总离子色谱图

的校正因子不同。

（2）质谱图

由总离子色谱图可以得到任何一个组分的质谱图。一般情况下，为了提高信噪比，通常由色谱峰峰顶处得到相应质谱图。但如果两个色谱峰相互干扰，应尽量选择不发生干扰的位置得到质谱。或通过扣除本底消除其他组分的影响。

（3）库检索

得到质谱图后可以通过计算机检索对未知化合物进行定性。检索结果可以给出几个可能的化合物，并以匹配度大小顺序排列出这些化合物的名称、分子式、分子量和结构式等。使用者可以根据检索结果和其他的信息，对未知物进行定性分析。目前的 GC-MS 联用仪有几种数据库，应用最为广泛的有 NIST 库和 Willey 库，前者目前有标准化合物谱图 13 万张，后者有近 30 万张。此外还有毒品库、农药库等专用谱库。

（4）质量色谱图（或提取离子色谱图）

总离子色谱图是将每个质谱的所有离子加合得到的。同样，由质谱中任何一个质量的离子也可以得到色谱图，即质量色谱图。质量色谱图是由全扫描质谱中提取一种质量的离子得到的色谱图，因此，又称为提取离子色谱图。假定作质量为 m 的离子的质量色谱图，如果某化合物质谱中不存在这种离子，那么该化合物就不会出现这种离子的色谱峰。一个混合物样品中可能只有几个甚至一个化合物出峰，利用这一特点可以识别具有某种特征的化合物，也可以通过选择不同质量的离子作质量色谱图，使正常色谱不能分开的两个峰实现分离，以便进行定量分析。由于质量色谱图是采用一种质量的离子作色谱图，因此，进行定量分析时也要使用同一离子得到的质量色谱图测定校正因子。

（5）选择离子监测（select ion monitoring，SIM）

一般扫描方式是连续改变 Vrf 使不同质荷比的离子顺序通过分析器到达检测器。而选择离子监测则是对选定的离子进行跳跃式扫描，采用这种扫描方式可以提高检测灵敏度。由于这种方式灵敏度高，因此适用于量少且不易得到的样品分析。选择离子扫描方式不仅灵敏度高，而且选择性好，在很多干扰离子存在时，利用正常扫描方式得到的信号可能很小，噪声可能很大，但用选择离子扫描方式，只选择特征离子，噪声会变得很小，信噪比大大提高。在对复杂体系中某一微量成分进行定量分析时，常常采用选择离子扫描方式。由于选择离子扫描不能得到样品的全谱，因此，这种谱图不能进行库检索。利用选择离子扫描方式进行 GC-MS 联用分析时，得到的色谱图在形式上类似质量色谱图，但实际上二者有很大差别。质量色谱图是全扫描得到的，因此可以得到任何一个质量的质量色谱图；选择离子扫描是选择了一定 m/z 的离子，扫描时选定哪个质量，就只能有那个质量的色谱图。如果二者选择同一质量，那么，用 SIM 灵敏度要高得多。

10.3.4 GC-MS 定性定量分析

10.3.4.1 GC-MS 定性分析

目前色质联用仪的数据库中，一般贮存有近 30 万个化合物的标准质谱图。因此，GC-MS 最主要的定性方式是库检索。由总离子色谱图可以得到任一组分的质谱图，由质谱图可以利用计算机在数据库中检索。检索结果可以给出几种最可能的化合物，包括化合物名称、分子式、分子量、基峰及可靠程度。

利用计算机进行库检索是一种快速、方便的定性方法。但是在利用计算机检索时应注意以下几个问题：

① 数据库中所存质谱图有限，如果未知物是数据库中没有的化合物，检索结果也会给出几个相近的化合物。显然，这种结果是错误的。

② 由于质谱法本身的局限性，一些结构相近的化合物其质谱图也相似。这种情况也可能造成检索结果的不可靠。

③ 由于色谱峰分离不好以及本底和噪声影响，得到的质谱图质量不高，这样所得的检索结果也会很差。

因此，在利用数据库检索之前，应首先得到一张很好的质谱图，并利用质量色谱图等技术判断质谱中有没有杂质峰；得到检索结果之后，还应根据未知物的物理、化学性质以及色谱保留值、红外、核磁谱等综合考虑，才能给出定性结果。

10.3.4.2　GC-MS 定量分析

GC-MS 定量分析方法类似于色谱法定量分析。由 GC-MS 得到的总离子色谱图或质量色谱图，其色谱峰面积与相应组分的含量成正比。若对某一组分进行定量测定，可以采用色谱分析法中的归一化法、外标法、内标法等不同方法。这时，GC-MS 法可以理解为将质谱仪作为色谱仪的检测器，其余均与色谱法相同。与色谱法定量不同的是，GC-MS 法除了可以利用总离子色谱图进行定量之外，还可以利用质量色谱图进行定量。这样可以最大限度地去除其他组分干扰。值得注意的是，质量色谱图由于是用一个质量的离子作出的，它的峰面积与总离子色谱图有较大差别，在进行定量分析过程中，峰面积和校正因子等都要使用质量色谱图。

为了提高检测灵敏度和减少其他组分的干扰，在 GC-MS 定量分析中质谱仪经常采用选择离子扫描方式。对于待测组分，可以选择一个或几个特征离子，而相邻组分不存在这些离子。这样得到的色谱图待测组分就不存在干扰，同时有很高的灵敏度。用选择离子扫描方式得到的色谱图进行定量分析，具体分析方法与质量色谱图类似，但其灵敏度比利用质量色谱图会高一些，这是 GC-MS 定量分析中常采用的方法。

10.4　液相色谱-质谱（LC-MS）分析

10.4.1　液相色谱-质谱联用仪

液相色谱-质谱联用仪（liquid chromatography-mass spectrometer，LC-MS）主要由高效液相色谱、接口装置（同时也是电离源）、质谱仪组成。高效液相色谱与一般的液相色谱相同，其作用是将混合物样品分离后送入质谱仪。

LC-MS 联用的关键是 LC 和 MS 之间的接口装置。接口装置的主要作用是去除溶剂并使样品离子化。目前，几乎所有的 LC-MS 联用仪都使用大气压电离源作为接口装置和离子源。大气压电离源（atmospheric pressure ionization，API）包括电喷雾电离源（ESI）和大气压化学电离源（APCI）两种，二者之中电喷雾电离源应用最为广泛。极少数仪器还使用粒子束喷雾和电子轰击相结合的电离方式，这种接口装置可以得到标准质谱，可以库检索，但只适用于小分子，应用不普遍。此外，还有超声喷雾电离接口，使用也不普遍。

电喷雾电离和大气压化学电离都是在大气压下进行的，产生的分析物离子依靠电场进入质谱仪。溶剂和分析物的分离是依靠它们挥发性、动量和电性能方面的差别来实现的。

LC-MS 联用仪的质量分析器种类很多，最常用的是四极杆分析器（Q），其次是离子阱分析器（Trap）和飞行时间分析器（TOF）。因为 LC-MS 主要提供分子量信息，为了增加结构信息，LC-MS 大多采用具有串联质谱功能的质量分析器。串联方式有很多，如 Q-Q-Q, Q-TOF 等。

10.4.2　LC-MS 分析条件的选择

LC 分析条件的选择要考虑两个因素：使分析样品得到最佳分离条件并得到最佳电离条件。如果二者发生矛盾，则要寻求折中条件。LC 可选择的条件主要有流动相的组成和流速。在 LC 和 MS 联用的情况下，由于要考虑喷雾雾化和电离，因此，有些溶剂不适合于作流动相。不适合的溶剂和缓冲液包括无机酸、不挥发的盐（如磷酸盐）和表面活性剂。不挥发性的盐会在离子源内析出结晶，而表面活性剂会抑制其他化合物电离。在 LC-MS 分析中常用的溶剂和缓冲液有水、甲醇、甲酸、乙酸、氢氧化铵和乙酸铵等。对于选定的溶剂体系，可以通过调整溶剂比例和流量实现好的分离。值得注意的是，LC 分离的最佳流量往往超过电喷雾允许的最佳流量，此时需要采取柱后分流，以达到好的雾化效果。

质谱条件的选择主要是为了改善雾化和电离状况，提高灵敏度。调节雾化气流量和干燥气流量可以达到最佳雾化条件，改变喷嘴电压和透镜电压等可以得到最佳灵敏度。对于多级质谱仪，还要调节碰撞气流量和碰撞电压及多级质谱的扫描条件。

在进行 LC-MS 分析时，样品可以利用旋转六通阀通过 LC 进样，也可以利用注射泵直接进样，样品在电喷雾电离源或大气压化学电离源中被电离，经质谱扫描，由计算机可以采集到总离子色谱和质谱。

10.4.3　LC-MS 数据的采集和处理

与 GC-MS 类似，LC-MS 也可以通过采集质谱得到总离子色谱图。此时得到的总离子色谱图与由紫外检测器得到的色谱图可能不同。因为有些化合物没有紫外吸收，用普通液相色谱分析不出峰，但用 LC-MS 分析时会出峰。由于电喷雾是一种软电离源，通常很少或没有碎片离子，谱图中只有准分子离子，因而只能提供未知化合物的分子量信息，不能提供结构信息，很难用来做定性分析。

为了得到未知化合物的结构信息，必须使用串联质谱仪，将准分子离子通过碰撞活化得到其子离子谱，然后根据子离子谱来推断结构。如果只有单级质谱仪，也可以通过源内 CID 得到一些结构信息。

10.4.4　LC-MS 的定性定量分析

LC-MS 分析得到的质谱过于简单，结构信息少，进行定性分析比较困难，主要依靠标准样品定性。对于多数样品，保留时间相同，子离子谱也相同，即可定性，少数同分异构体例外。

用 LC-MS 进行定量分析，其基本方法与普通液相色谱法相同，即通过色谱峰面积和校正因子（或标样）进行定量。但由于色谱分离方面的问题，一个色谱峰可能包含几种不同的组分，给定量分析造成误差。因此，对于 LC-MS 定量分析，不采用总离子色谱图，而是采用与待测组分相对应的特征离子得到的质量色谱图或多离子监测色谱图。此时，不相关的组分将不出峰，这样可以减少组分间的互相干扰。LC-MS 分析的经常是体系十分复杂的样品，比如血液、尿样等，样品中有大量的保留时间相同、分子量也相同的干扰组分存在。为了消除其干扰，LC-MS 定量的最好办法是采用串联质谱的多反应监测（MRM）技术。即，对质量

为 m_1 的待测组分做子离子谱，从子离子谱中选择一个特征离子 m_2。正式分析样品时，第一级质谱选定 m_1，经碰撞活化后，第二级质谱选定 m_2。只有同时具有 m_1 和 m_2 特征质量的离子才被记录。这样得到的色谱图就进行了三次选择：LC 选择了组分的保留时间，第一级 MS 选择了 m_1，第二级 MS 选择了 m_2，这样得到的色谱峰可以认为不再有任何干扰。然后，根据色谱峰面积，采用外标法或内标法进行定量分析。此方法适用于待测组分含量低、体系组分复杂且干扰严重的样品分析，比如人体药物代谢研究，血样、尿样中违禁药品检验等。

10.5 ICP-MS 分析

电感耦合等离子体质谱（ICP-MS）是以电感耦合等离子体为离子源，以质谱仪进行检测的无机多元素和同位素分析技术。该技术以其灵敏度高、检出限低、可测定元素多、线性范围宽、可进行同位素分析、应用范围广等优势被公认为最强有力的痕量、超痕量无机元素分析技术，已被广泛地应用于地质、环境、冶金、生物、医学、工业等各个领域。

采用电感耦合等离子体作为离子源的质谱仪器包括以下几种类型：电感耦合离子体四极杆质谱仪（ICP-Q-MS）；高分辨率电感耦合等离子体质谱仪（HR-ICP-MS），或者被称为扇场电感耦合等离子体质谱仪（SF-ICP-MS 或 ICP-SF-MS）；多接收器电感耦合等离子体质谱仪（MC-ICP-MS）（主要用于高精度的同位素比值分析）；电感耦合等离子体飞行时间质谱仪（ICP-TOF-MS）。

等离子体质谱拥有多元素快速分析的能力，例如在 2～3min 内，对一个样品可以完成三次重复分析，同时完成的元素分析项目可达 20 种以上。

等离子体质谱的元素定性定量分析范围几乎可以覆盖整个元素周期表，常规的可分析元素有 85 种。质谱系统对所有离子都有响应，但部分卤素元素（如 F、Cl）、非金属元素（如 O、N），以及惰性气体元素等由于存在太大的电离势，在氩气等离子体（氩的电离势为 15.76eV）中产生的离子量和离子信号太小，或者因太强的背景信号（如水溶液引入的 H、O）等原因，而没有被包括在常规可分析元素的范围之内。

等离子体质谱对常规元素分析的动态线性范围，可跨越 8～9 个数量级，可检测元素的溶液浓度范围为 $0.Xng/L～X00mg/L$。等离子体质谱拥有高灵敏的元素检出能力，有些重元素的检出限甚至可以达到 $0.0Xng/L$，因此该仪器在高纯材料、微电子工业和一些科研单位里得到广泛的应用。而等离子体质谱的常量元素分析主要被应用在环境监测方面（参看美国环境保护公署的标准方法 EPA200.8），实际使用中可采用特殊锥口适当地抑制环境样品中过渡元素浓度过高的信号，也可以对高浓度元素采用高分辨率设置来抑制一部分信号，而对微量元素采用标准分辨率的设置保持原有的检测能力。

等离子体质谱的另一个重要的特征是采集的信号是按离子的质荷比进行区分和检出的，实际检出信号为同位素信号，这使等离子体质谱同时具备了同位素比值分析、同位素稀释法分析和同位素分析的能力。这被应用于核环境、核材料、环境污染源（同位素比值方法）、同位素示踪剂方面的检测。同位素稀释法则常被用于公认的仲裁分析。

等离子体质谱仪器具备很高的元素检测能力，可作为高灵敏的检测器，方便地与多种色谱仪器（如高效液相色谱、离子色谱、凝胶色谱、气相色谱、毛细管电泳等）联用，进行元素形态的分析，拓宽了仪器的应用范围。色谱仪器完成不同元素形态的分离，而等离子体质谱完成高灵敏度的检测，这使痕量级有害元素的不同形态分析物检测成为可能。

等离子体质谱也可以与固体进样技术（如激光剥蚀进样系统等）联用，直接进行固体样品的分析，既可以进行固体的成分分析，也可以进行一些其他分析，如表面分析、剖面分析、微区分析、固体样品的元素分布图像分析。

与等离子体光谱的数十万条紫外–可见分析谱线相比较，等离子体质谱的同位素分析谱线相对要少得多，从最轻的元素氢到常规的重元素铀，才不到240条同位素谱线。相对来说呈现的干扰也小一些，这样可以用来较方便地进行元素定性分析，也可以快速地用于样品的元素指纹分布调查。

10.5.1　基本原理

样品通过进样系统被送进 ICP 源中，并在高温炬管中蒸发、离解、原子化和电离，绝大多数金属离子成为单价离子，这些离子以超声波速度通过锥口进入质谱仪真空系统。离子通过接口后，在离子透镜的电场作用下聚焦成离子束并进入离子分离系统。离子进入质量分析器后依次分开，最后由离子检测器进行检测，其中最常用的离子检测器是通道式电子倍增器。产生的信号经过放大后通过信号测定系统检出。

10.5.2　电感耦合等离子体质谱仪

电感耦合等离子体质谱仪器系统可以分成几个部分（图10-23）：进样系统（雾化器、雾化室、蠕动泵等）、等离子体炬系统、锥口、碰撞/反应池系统、四极杆质谱系统、检测和数据处理系统，另外辅助装置为真空系统和循环冷却水系统。

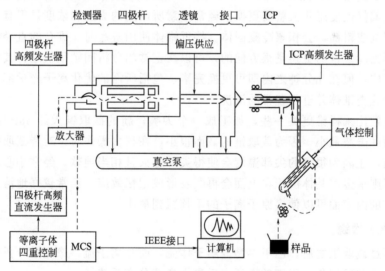

图 10-23　典型的 ICP-MS 系统示意图

10.5.2.1　进样系统

ICP-MS 的进样系统和 ICP-AES 的进样系统基本一样，要求雾化效率高（灵敏度高），水溶剂进入 ICP 少（减少氧化物的形成和干扰），稳定性好，记忆效应小，耐各种酸特别是氢氟酸，耐高盐等。

10.5.2.2　离子源

电感耦合等离子体质谱是采用电感耦合等离子体炬作为离子激发源的质谱系统。等离子体炬提供了一种高温环境，样品气溶胶通过其中心高温区时，绝大多数分析物的分子都会发生键断裂，生成原子团或原子，而原子进一步被电离成离子和电子，所以电感耦合等离子体炬是个电离效率很高的离子源。离子源要求功率稳定性高、功率发生器效率高、热量产生少、火炬稳定、无二次放电等。

10.5.2.3　进样接口

锥口是等离子体质谱仪器的重要部件，它处在等离子体炬和高真空质谱系统的中间。锥口阻挡了大部分高温高密度气体分子，减少它们进入质谱系统的机会，同时由于锥面接触高温，所以锥口需要采用循环水冷却系统进行冷却处理。

对进样接口的要求是：最大限度地让所生成的离子通过，氧化物及二价离子产生少，与ICP火炬产生尽可能小的二次放电，不易堵塞，产生热量尽可能少等。

要达到以上要求，口径的大小很重要。口径太小，离子不容易全部通过，而且容易堵塞，灵敏度下降，长期稳定性下降，记忆效应增加。孔径太大则需要更大的真空泵抽真空以达到要求的真空效果。

锥材料必须有良好的热和电的传导性。铝、铜、镍和铂等金属均可作为锥材料，但一般都认为镍既便宜又耐用。要分析有机样品最好使用铂锥，因为在此情况下通常加氧气于雾化气流中以促进有机化合物的分解，而在这种高活性环境中，铂锥的抗剥蚀能力优于镍锥。锥体是可以更换的，通常用螺钉固定在一个水冷板上，这个水冷板就是真空系统的前壁。锥体寿命的长短显然是重要的，它与所雾化的酸的类型有极大的关系。如果用1%（体积分数）硝酸工作，并全天使用，镍锥体能使用几个月，但若要使用10%（体积分数）硫酸工作，镍锥体可能也就仅仅使用几天就需更换。经常注意所用酸的类型和浓度是很有利的，磨损使其形成表面凹坑或粗糙，会积累冷凝固体。接近锥体使用寿命时，锥孔的直径会增大，孔的外边缘会变得圆滑。锥的更换是很方便的，可以在正常的分析间歇很快地将其更换，尽管需要关闭等离子体，但在几分钟之内即可更换完毕，包括所需的优化离子光学部分。在每天开机之前，应该检查锥体并进行正常的清洗。

截取锥通常比采样锥更尖一些，加工成一个尖嘴，新的截取锥大约 $5\mu m$ 宽，以便使在尖口上形成的冲击波最小。因为截取锥的截面很小，在很多操作时，对待截取锥要比采样锥应更严格仔细，还因为很高的尖部温度会使得尖部退火且相当地软。经常小心清洗截取锥是很有益的，否则重金属基体沉积在上面会再蒸发形成记忆效应。经常较好地清洗截取锥的外表面和采样锥的内表面可以使多原子离子的干扰减到最小。

10.5.2.4　离子透镜

离子在通过截取锥之后，已不再是等离子体流，而是离子流，像光谱分析中需要光学聚焦镜一样，离子需要聚集成很细的离子束后进入离子分离系统。

早期的 ICP-MS 仪器多采用离轴式的设计，如图 10-24 所示，离子镜由一系列带电压的金属圆筒组成，离子镜与 ICP 炬、进样接口、四极杆在同一中心轴上。为挡住光子和原子，在靠前的一圆筒中心位置接有一块带电的光子挡板（photo stop form）。随着离子透镜技术的发展，这种技术正逐渐被淘汰，随之发展的直角偏转式的离子透镜将成为潮流。

10.5.2.5　四极杆质量分析器

像发射光谱仪需要有光栅把谱线按照波长分开一样，质谱仪是按离子的质量/电荷比（m/z）来分离的。常用的离子分离是由四极杆质量分析器来实现的。四根笔直的金属或表

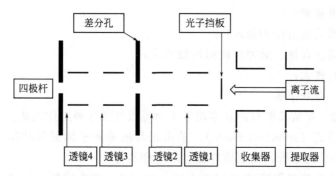

图 10-24 ICP-MS 仪器所用的典型离子透镜系统

面镀有金属的极棒与轴线平行并等距悬置。杆的直径为 12～18mm，长 200mm。棒的理想表面是具有双曲面，但由于加工工艺的原因，通常用近似双曲面的圆棒代替。

相对的两极连接在一起，幅度为 U 和 V 的直流和射频电压分别加在每根棒上，一对加正极，一对加负极，每对极棒上所加的电压具有相同的幅度，但位差相差 180°。被分析的离子沿轴向进入四极杆质量分析器的入口，其速度由它们的质量和能量决定。施加的射频电压使所有的离子偏转进入一个振荡路径通过极棒，若适当地选择射频和直流电压，则只有给定的 m/z 的离子能够得到四极场中的共振解而以共振的路径通过极棒，从四极杆质量分析器出口射出，其他的离子将由于无共振解而路径过分偏转，与极棒碰撞，并在极棒上被中和掉。

四极杆质量分析器的分辨率（R）与四极杆的长度（L）成正比关系，其灵敏度（I）与四极杆的内径（r）成正比关系：

$$R \propto L \qquad 分辨率 \propto 长度$$
$$I \propto r \qquad 灵敏度 \propto 内径$$

对四极杆质量分析器的要求为：①分离效率及分辨率越高越好；②离子在分离过程中损失越少越好；③其制作材料热膨胀系数为零。

10.5.2.6 碰撞/反应池系统

现代等离子体质谱系统中绝大多数还包括了碰撞/反应池系统，利用碰撞反应来抑制多原子离子的干扰，扩大仪器的应用范围。

10.5.2.7 检测器

检测器一般使用通道式离子倍增器。这些检测器可记录每秒 10^6 个以上的离子脉冲速率并有低于每秒一个计数的离子脉冲速率的天然背景。见图 10-25。

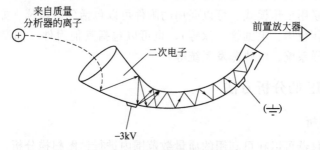

图 10-25 通道式离子倍增器

离子在离开四极杆后能量较低，离子束较松散，因此对离子检测器及其辅助系统的要求是：

① 把离子束重新聚焦；

② 给离子加速后撞击检测器入口；

③ 能够检测高低含量、脉冲和模拟计数测定；

④ 对信号进行放大；

⑤ 不易老化，背景小等。

等离子体质谱仪器从其拥有的基本功能上面可以分成几种工作模式：

① 标准工作模式（standard mode）。采用正常的等离子体射频功率，如 1000W 以上，应用于一般常规样品的分析，如地质样品、环境样品等。

② 冷等离子体炬焰工作模式（cool plasma mode）。指采用低的等离子体射频功率（如 500～600W）的工作模式，有的仪器需要采用屏蔽圈辅助装置，有的需要换用不同的锥口或离子透镜，利用降低等离子体射频功率，减少氩亚稳态离子的生成，降低氩基多原子离子的干扰以及改善轻质量数离子（如 K、Na、Ca、Mg、Fe）的信背比，主要应用于高纯材料、高纯试剂等样品的检测。

③ 碰撞/反应池工作模式（collision/reaction cell）。通常指在四极杆滤质器前端加入碰撞/反应池装置，工作时加入反应气体、碰撞气体或混合气体。也有的采用特殊的碰撞/反应接口。

④ 动能歧视工作模式（kinetic energy discrimination mode）。指在四极杆滤质器中的四极杆与碰撞/反应池中的多极杆上加入不同的电压，形成一种电势的栅栏，产生一种离子的动能歧视效应，可应用于区分一些动能有所差别而质荷比相同的离子。碰撞/反应池和动能歧视这两种模式都是用来抑制多原子离子的干扰，二者可以分别使用或配合使用，应用面很广，如食品安全、冶金材料、临床医学，也包括地质环境样品中一些困难元素的分析。

⑤ 高灵敏度工作模式（high sensitivity mode）。常指采用接地的屏蔽圈等离子体炬焰系统，促使生成离子的能量分布集中，提高仪器的灵敏度。另外处理的方式可以更换或增加一些装置（如更换锥口、更换离子透镜、更换高效雾化器、增加机械真空泵等）来获得更高的灵敏度，主要应用于激光剥蚀进样系统的联用上，在一些高纯材料的分析方面也有应用。

各种工作模式也可以混合配合使用。如碰撞/反应池与动能歧视配合使用，又如在使用冷等离子体炬焰工作模式时加入碰撞/反应气体。也有的采用折中的工作条件来测定一些复杂的样品，如对等离子体射频功率采用中等功率（如 700～800W）等等。

等离子体质谱采用不同的工作模式或混合工作模式主要是用来测定一些复杂的样品，抑制强的干扰信号，改善分析物元素的信背比。

另外，等离子体质谱可以与多种附件进行联用，采用时序分析软件来采集和处理一些瞬间信号，形成一种联用工作模式。可以联用的附件可以包括色谱系统（如液相色谱、离子色谱、凝胶色谱、气相色谱、毛细管电泳等），也可以包括其他附件（如激光剥蚀系统、流动注射系统、快速进样系统、电热蒸发系统等）。

10.5.3　ICP-MS 的分析方法

10.5.3.1　定性分析

等离子体质谱仪器可以在可利用的质量数范围内进行谱图扫描分析，获得每个同位素谱线的轮廓。一些强信号区域或强信号谱线（如 39.40～42.60amu，28amu 等）通常被软件的原始设置给予限制，以免损坏检测器。当采用不同的等离子体工作条件或不同的工作模式时（如冷焰工作条件、碰撞/反应池模式），或者采用不同的进样系统（如激光烧蚀系统、GC 联用装置、膜去溶装置等）时，也可以通过修改这些原始限定设置来获得相应区域内的谱图和数据，修改的前提是确保仪器不采集过强的离子信号。

等离子体质谱谱图要比等离子体光谱的谱图简单得多，常用同位素谱线在 200 条以下，所以定性比较方便，干扰也少。仪器的元素定性分析软件建立在谱图的元素同位素丰度比值判断上，对每种元素的各个同位素套用相应的同位素比值进行判断和定性，谱图上元素的同位素分布基本上符合自然同位素比值是定性某种元素的基本判据。有的仪器的定性软件可以对样品基体元素或试剂背景造成的干扰进行校正，这样可以提高定性判断的准确性。

10.5.3.2　半定量分析

由各种元素主要同位素谱线的灵敏度和它们的质量数可绘出灵敏度分布曲线图，其纵坐标是灵敏度（I_i），横坐标采用质荷比（m/z）表示，见图 10-26。

由于灵敏度分布曲线是采用元素的同位素灵敏度来表示的，所以灵敏度分布曲线又被称为同位素灵敏度曲线。各种同位素灵敏度形成的数据点可采用高次曲线进行拟合，回归成一条灵敏度响应分布曲线。灵敏度数据点通常散布在曲线周围，软件常采用一种相对灵敏度因子来校正各数据点，获得相对灵敏度（S_i），以减小各同位素数据点偏离这条曲线的回归残值。相对灵敏度因子综合考虑了当前的等离子体炬条件、分析物的电离势、样品的基体

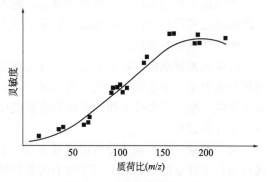

图 10-26　灵敏度分布曲线

效应等因素。采用相对灵敏度因子校正后灵敏度分布曲线可以用于半定量分析。

一般仪器系统软件已经存入了所有元素的相对灵敏度因子，由于仪器灵敏度会随仪器条件变化而变化，所以灵敏度分布曲线也会随之改变。因此，每次分析前都需要采用 4 种元素以上的标准溶液重新建立灵敏度分布曲线或修改相对灵敏度因子，选用的几种元素最好可以均匀覆盖整个质量数范围，内插的标样点越多曲线越接近真实情况。建立好灵敏度分布曲线后还需要对相对灵敏度因子进行校正，使每个相对灵敏度数据点尽可能落在该曲线上。新的相对灵敏度因子被内存，并替换原来的数据，新的相对灵敏度因子也被用于校正下次建立的新灵敏度分布曲线。

利用灵敏度分布曲线的数学公式可以算出没有标样的元素的相对灵敏度（S_i）。采用基体匹配和分析物浓度接近实际样品的标准溶液来建立灵敏度分布曲线可以提高半定量分析结果的准确度。受干扰的元素需要采用常用的数学校正公式校正，强干扰元素的谱线可以剔除（如 Cl、Si、S 等）。建半定量灵敏度分布曲线前需要先对模拟和脉冲检测器进行交叉校正，以减少误差。

相对灵敏度（S_i）：
$$S_i = \frac{C_i}{I_i}$$

分析物浓度（C_i）：
$$C_i = I_i \times S_i$$

智能化半定量软件中可增加一些判断算法，如判断同量异位素干扰，需要检查元素的所有同位素比值与理论值相差是否在 ±10% 之内。又如判断氧化物、氢化物干扰，检查目标分析物在 +16u 或 +1u 位置的信号是否过高。再如判断双电荷离子干扰，需要检查目标分析

物二分之一质量数位置的信号是否在目标分析物信号的 1% 之内。也有一些特定元素或区域被排除在判定条件之外，如 ^{56}Fe、^{40}Ar、^{16}O 与 ^{72}Ge 被设定不适合这种判据。

采用内标的半定量算法，是由内标计算得出校正系数：

内标校正系数（K）：
$$K = \frac{S_{实际}}{S_{理论}}$$

则实际分析物浓度（C_i）：
$$C_i = I_i \times S_i \times K$$

另外多个定值的内标信号本身就可以用作半定量灵敏度分布曲线的校正。

半定量分析主要提供快速简单无标样或缺少标样的多元素快速分析，经严格校正后的半定量灵敏度分布曲线的测试结果误差可以控制在 30%～50% 范围内。

10.5.3.3　定量分析

（1）外标法

外标法是使用最广泛的是校准方法。绝大多数仪器分析是相对分析，样品检测结果是与标准样品比较后得出的。外标法一般采用多元素混合标准溶液来建立一组不同浓度的标准溶液，用于建立校准曲线。

许多元素标准溶液在混合过程中容易发生沉淀或氧化还原反应，所以需要分组配制，如氢氟酸元素组、非金属元素组、贵金属元素组、稀土元素元素组等，Hg 因为不稳定，常常单独配成一组。多个校准曲线组块指重复使用多组的校准曲线组，来校正仪器长时间情况下的所谓外部漂移。

校准曲线一般是利用分析物信号强度（Y 轴）和分析物浓度（X 轴）通过最小二乘法线性回归来建立的。针对不同浓度不同类型的样品分析可以采用不同的线性回归处理方法，如采用强制过空白点、强制过原点，或者空白数据点与其他标样数据点一起回归计算等方法来处理。也可以对数据点进行加权重［如分析精度（标准偏差 SD 或相对标准偏差 RSD）加权、浓度加权］处理，提高分析结果的准确度。

内标法常被用来配合外标法使用，用于校正等离子体质谱的锥口效应和样品溶液的基体效应。在建立校准曲线中，空白溶液的内标检测值或者几个平行空白溶液的内标平均检测值常作为内标起始计算点，即此时空白溶液的内标回收率为 100%。

（2）标准加入法

标准加入法可以用于消除样品基体效应的影响，基体效应的影响包括两种：一种是基体抑制效应，另一种是基体增敏效应。标准加入法是在几份相同的样品溶液中加入不同等份标准溶液，样品溶液实际为零标样加入溶液。尽管在建立第一个标样点后（除样品溶液外）即可以得到样品的分析结果，但一般标样点仍需要 3 点以上，以减小单点标样检测时偏差的影响。多份标样回归的校准曲线可以提高分析结果的准确度。通常加标的增量应该接近或大于实际样品的分析物浓度，但采用多元素统一浓度的标准溶液进行加标时会有困难。

标准加入法可以利用数轴移动的方式，转化到外标法（俗称为扩展的标准加入法），见图 10-27。数轴移动后，软件直接利用标准加入法校准曲线的灵敏度来计算样品的浓度，适用于基体基本相似的样品。利用数轴移动后的工作曲线进行连续分析，避免了一个样品配置一系列加标溶液的烦琐过程。

在标准加入法中，加标量要比样品的分析物元素含量适当高些，也就是标样浓度的增量与样品含量要相当，否则校准曲线会趋于平坦。样品中各种元素的含量常常高低不一致，当采用多元素混合标准溶液加标时会遇到一定的困难。

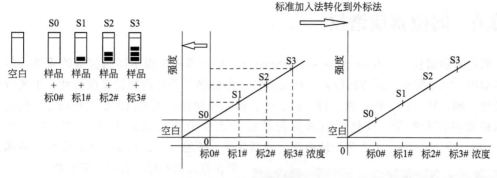

图 10-27　标准加入法原理

标准加入法也可以同时采用内标来校正长时间测试时的锥口效应和仪器的漂移，如果需要检测的样品量不多或者采用流动注射进样系统时也可以不采用内标。标准加入法中一般不使用试剂空白，也不进行试剂空白的扣除，因为试剂空白溶液中不存在基体和基体效应，常常容易造成不恰当的过度扣除。当空白溶液和样品溶液中呈现恒定的背景干扰（如多原子离子干扰），且不因基体变化而变化时，可以尝试扣除空白。

一般标准加入法不适合应用于分析物谱线存在干扰（如多原子离子干扰、同量异位素干扰）的样品，而且实际应用时需要重视样品基体的背景干扰问题，除非样品中分析物浓度远远大于纯基体溶液在分析物谱线上形成的背景等效浓度。原因是等离子体质谱与等离子体光谱不同，没法进行背景扣除，所有重叠在分析物谱线上的干扰信号都将被计算成分析物浓度输出，造成正误差。如果需要在干扰存在的谱线上使用标准加入法，则必须采用各种抑制干扰工作模式，把干扰信号抑制到与分析物信号相比较可以忽视的程度。

（3）内标校正法

内标法指在等容积的空白溶液、标准溶液和样品溶液中分别等量加入（或利用三通接头通过蠕动泵在线恒速加入）2～3种（或更多种）元素标准混合溶液，这些加入的元素被称为内标元素。所有被测溶液中的内标元素浓度保持一致。这样内标元素的信号可被用来校正一些样品的基体效应（matrix effect）或仪器的漂移。

内标法的校准工作曲线是建立在分析物信号与内标信号的比值基础上的。在大多数软件的实际处理中，常以系列标准溶液中的一个空白溶液的内标检测值或几个空白溶液的平均内标值为起始点，定为100%的内标回收率。随后的所有标样和样品的强度浓度结果数据都采用实时的内标信号强度算出内标回收率，再利用该回收率校正原始的检测数据。

内标可以根据分析物的质量数覆盖范围选用2个或2个以上的内标元素。每个分析物可采用指定的内标元素直接进行参比校正，也可以采用插值法或称内插法进行计算。

（4）稳定同位素稀释法

稳定同位素稀释法对于元素分析是一个非常有用的方法。从原理上讲，它可用于任何质谱技术。方法的基本原理是在样品中掺入已知量的某一被测元素的浓缩同位素后，测定该浓缩同位素与该元素的另一参考同位素的信号强度的比值变化。从加入和未加入浓缩同位素稀释剂样品中的同位素的比值变化上可计算出样品中该元素的浓度。该方法可用于至少具有两个稳定同位素的任何元素，甚至可分析具有适当长半衰期的放射性同位素的单同位素元素（如 Mn、I 等）。

10.6 同位素质谱仪

同位素质谱仪（isotope mass spectrometer）是分离和检测不同同位素的质谱仪器，其结构如图 10-28 所示。固体同位素分析质谱计，亦称热离子发射同位素质谱计，主要分析对象是锂、硼、镁、钾、钙、铷、锶、钐、钕、铅、铀和钍，用于核工业、核地质学研究，环境保护和同位素医学。气体同位素分析质谱计主要分析对象是 H/D、$^{13}C/^{12}C$、$^{15}N/^{14}N$、$^{18}O/^{17}O/^{16}O$、$^{34}S/^{32}S$，主要用于地质学、地球化学、矿物学、医药学、生物化学、临床诊断和农业方面的稳定性同位素分析。

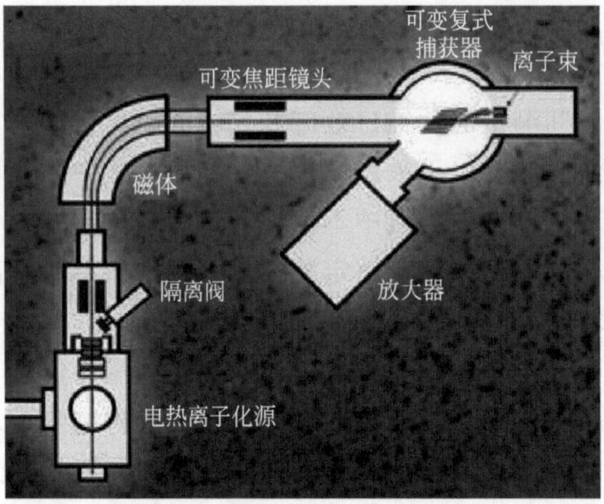

图 10-28　同位素质谱仪结构示意图

仪器的主要装置放在真空中。将物质气化、电离成离子束，经电压加速和聚焦，然后通过磁场电场区，不同质量的离子受到磁场电场的偏转不同，聚焦在不同的位置，从而获得不同同位素的质量谱。现代质谱仪仍然利用电磁学原理，使离子束按荷质比分离。质谱仪的性能指标是它的分辨率，如果质谱仪恰能分辨质量 m 和 $m+\Delta m$，分辨率定义为 $m/\Delta m$。现代质谱仪的分辨率达 $10^5 \sim 10^6$ 量级，测量原子质量可精确到小数点后 7 位数字。

质谱仪最重要的应用之一是分离同位素并测定它们的原子量及相对丰度，同位素质谱仪正是担当这一角色。测定原子量的精度超过化学测量方法，大约 2/3 以上的原子的精确质量是用质谱方法测定的。

由于质量和能量的当量关系，由此可得到有关核结构与核结合能的知识。通过对矿石中提取的放射性衰变产物元素的分析测量，可确定矿石的地质年代。

10.7 飞行时间质谱仪

飞行时间质谱仪是一种很常用的质谱仪。这种质谱仪的质量分析器是一个离子漂移管。由离子源产生的离子加速后进入无场漂移管，并以恒定速度飞向离子接收器。离子质量越大，到达接收器所用时间越长，离子质量越小，到达接收器所用时间越短。根据这一原理，可以把不同质量的离子按 m/z 值大小进行分离（参见 10.2.2.4 飞行时间质量分析器）。

飞行时间质谱仪可检测的分子量范围大，扫描速度快，仪器结构简单。这种飞行时间质谱仪的主要缺点是分辨率低，因为离子在离开在离子源时初始能量不同，使得具有相同质荷比的离子到达检测器的时间有一定分布，造成分辨能力下降。改进的方法之一是在线性检测器前面的加上一组静电场反射镜，将自由飞行中的离子反推回去，初始能量大的离子由于初始速度快，进入静电场反射镜的距离长，返回时的路程也就长，初始能量小的离子返回时的路程短，这样就会在返回路程的一定位置聚焦，从而改善仪器的分辨能力。这种带有静电场反射镜的飞行时间质谱仪被称为反射式飞行时间质谱仪（reflectron time of flight mass spectrometer）。

11 电化学分析

应用物质的化学成分与它的电化学性质之间的关系建立起来的分析方法称为电化学分析。电化学分析是根据溶液中物质的电化学性质及其变化规律，建立在以电位、电导、电流和电量等电学量与被测物质某些量之间的计量关系的基础之上，对组分进行定性和定量的仪器分析方法。

电化学分析可分为以下几类：电位分析法、电导分析法、库仑分析法、电解（电重量）分析法、伏安分析、极谱分析等。

11.1 电化学分析基础

11.1.1 化学电池

电化学分析法中涉及两类化学电池，一类是自发地将化学能转变成电能的装置，称为原电池；一类是由外电源提供电能，使电流通过电极，在电极上发生电极反应的装置，称为电解池。

11.1.2 电极

根据在电极上发生的电极反应的不同，可将电极分为两大类：参比电极与指示电极。

参比电极主要有三种：标准氢电极、甘汞电极（图 11-1）和银-氯化银电极。

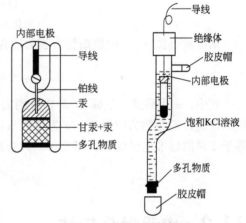

图 11-1 甘汞电极结构图

标准氢电极可表示为 $Pt \mid H_2(101.325Pa)$，$H^+(1mol/L)$。

饱和甘汞电极的电极反应为：$Hg_2Cl_2 + 2e^- \Longrightarrow 2Hg + 2Cl^-$，25℃时甘汞电极的电极电位如表 11-1 所示。不同温度时饱和甘汞电极的电位有一定的变化，温度校正公式为：$E_t = 0.2438 - 7.6 \times 10^{-4}(t-25)$（V）。

表 11-1 甘汞电极的电极电位（25℃）

项目	0.1mol/L 甘汞电极	标准甘汞电极（NCE）	饱和甘汞电极（SCE）
KCl 浓度	0.1mol/L	1.0mol/L	饱和溶液
电极电位/V	+0.3365	+0.2828	+0.2438

银-氯化银电极：电极反应为 $AgCl + e^- \Longrightarrow Ag + Cl^-$，电极电位（25℃）：$E_{Ag/AgCl} = E^{\ominus}_{Ag/AgCl} - 0.059 \lg a_{Cl^-}$，25℃时银-氯化银电极的电极电位如表 11-2 所示。温度校正公式为 $E_t = 0.2223 - 6 \times 10^{-4}(t-25)$（V）。

表 11-2　银–氯化银电极的电极电位（25℃）

项目	0.1mol/L AgCl 电极	标准 Ag-AgCl 电极	饱和 Ag-AgCl 电极
KCl 浓度	0.1mol/L	1.0mol/L	饱和溶液
电极电位/V	+0.2880	+0.2223	+0.2000

指示电极往往也称为工作电极，按电极的材料不同可分为以下几类：金属-金属离子电极，例如：$Ag-AgNO_3$ 电极（银电极）；金属-金属难溶盐电极；汞电极；惰性金属电极；膜电极。

11.1.3　电极电位

电化学中以标准氢电极（SHE）为标准电极。电化学中规定：在任何温度下，标准氢电极的电极电位等于 0.000V。

将处于标准状态（溶液中各离子活度均为 1；气体的分压为 100kPa；温度为 298K）的待测电极与标准氢电极组成原电池，用检流计确定电池的正负极，用电位计测量电池的电动势，此电动势为标准电动势 $E^{\ominus}$。由 $E^{\ominus}$ 可求得待测电极的标准电极电位。由于标准氢电极的使用条件极为苛刻，为应用方便，常用电极电位稳定的甘汞电极作为参比电极，代替标准氢电极。

标准电极电位是在标准状态下测得的，而实际电极不可能总处于标准状态，因此必须掌握非标准状态下电极电位的计算。常用的电极电位计算式是能斯特（Nernst）方程。

对于任意给定的电极，若电极反应为

$$O + ze^{-} \Longrightarrow R \tag{11-1}$$
（氧化态）　　　（还原态）

则电极电位（φ）的能斯特方程的通式为

$$\varphi = \varphi^{\ominus} - \frac{RT}{zF} \ln \frac{\alpha_R}{\alpha_O} \tag{11-2}$$

式中，α 为活度；下标 O 和 R 分别表示氧化态和还原态；R 为标准气体常数；F 为法拉第常量；T 为热力学温度；z 为电极反应中电子的计量系数；$\varphi^{\ominus}$ 为氧化态和还原态活度等于 1 时的标准电极电位。当 $T = 298.15K$ 时

$$\varphi = \varphi^{\ominus} - \frac{0.0592}{z} \lg \frac{\alpha_R}{\alpha_O} \tag{11-3}$$

11.2　电重量分析法

加直流电压于电解池的两个电极上，使溶液中有电流通过，物质在两电极和溶液界面上发生电化学反应而分解，此过程称为"电解"。电解分析包括电重量法和电解分离法。电重量法是将试液在电解池中电解，使待测金属离子还原而沉积在电极上，然后称量电极上沉积的被测物质的质量，所以称为电重量分析法。电解分离法是利用电解手段将物质分离，分析过程中不需要基准物质和标准溶液。

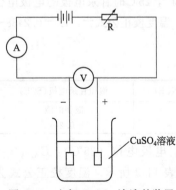

图 11-2　电解 $CuSO_4$ 溶液的装置

例如：在 $CuSO_4$ 溶液中浸入两个铂电极，通过导线分别与电池的正极和负极相连（图 11-2）。如果两极之间有足够的电压，那么在两电极上就有电极反应发生。阳极上有氧气放出，阴极上有金属铜析出。通过称量电极上析出金属铜

的重量来进行分析，这就是电重量法。电重量分析法能用于物质的分离和测定。

控制电位电解分析法主要用于物质的分离，通常用于从含少量不易还原的金属离子溶液中分离大量的易还原的金属离子。常用的工作电极有铂网电极和汞阴极，利用 Pt 阴极电解，可以分离铜合金（含 Cu、Sn、Pb、Ni 和 Zn）溶液中的 Cu。汞阴极电解法也成功地用于各种分离，例如采用汞阴极，可将 Cu、Pb 和 Cd 等浓缩在汞中而与 U 分离来提纯铀，在酶法分析中，可以用此法除去溶液中的重金属离子，因为即使只有痕量的重金属离子存在，也会使酶受到抑制或失去活性。

恒电流电解分析法只能分离电动序中氢以上与氢以下的金属离子，电解测定时，氢以下的金属离子先在阴极上析出，当其完全析出后若继续电解，将会析出氢气。

11.3 电位分析法

电位分析法有两种分析方式：直接电位法和电位滴定法。

11.3.1 直接电位法

从理论上，将指示电极和参比电极一起浸入待测溶液中组成原电池，测量电池电动势，就可以得到指示电极电位，由电极电位可以计算出待测物质的浓度。

但实际上，所测得的电池电动势包括了液体接界电位，对测量会产生影响；指示电极测定的是活度而不是浓度，活度和浓度有较大的差别；膜电极不对称电位的存在，也限制了直接电位法的应用。因此，直接电位法不是由电池电动势计算溶液浓度，而是依靠标准溶液进行测定。

11.3.1.1 溶液 pH 值测量

pH 玻璃电极是测量氢离子活度最重要的指示电极，它和甘汞电极组成的体系是最常用的体系。溶液 pH 值的测量通常采用与已知 pH 值的标准缓冲溶液相比较的方法进行。E_s 为标准缓冲溶液的电位，E_x 为未知溶液的电位，未知溶液的 pH 值为

$$pH = pH_s - \frac{E_s - E_x}{2.303RT/F} \tag{11-4}$$

式中，pH_s 为标准缓冲溶液的 pH 值；E_s 为标准缓冲溶液的电位；E_x 为未知溶液的电位；R 为标准气体常数；F 为法拉第常量；T 为热力学温度。

该式称为 pH 的操作定义或实用定义，由此可以看出，未知溶液的 pH 值与未知溶液的电位值成线性关系。这种测定方法实际上是一种标准曲线法，标定仪器的过程实际上就是用标准缓冲溶液校准标准曲线的截距，温度校准则是调整曲线的斜率。经过校准操作后，pH 计的刻度就符合标准曲线的要求了，可以对未知溶液进行测定，未知溶液的 pH 值可以由 pH 计直接读出。

pH 值测定的准确度取决于标准缓冲溶液的准确度，也取决于标准溶液和待测溶液组成接近的程度。此外，玻璃电极一般适用于 pH＝1～9，pH＞9 时会产生碱误差，读数偏高；pH＜1 时会产生酸误差，读数偏低。

11.3.1.2 溶液离子活度测定

测定离子活度是利用离子选择电极与参比电极组成电池，通过测定电池电动势来测定离

子的活度，这种测量仪器叫离子计。与 pH 计测定溶液 pH 值类似，各种离子计可直读出试液的 pM 值。不同的是，离子计使用不同的离子选择电极和相应的标准溶液来标定仪器的刻度。此外，利用电极电位和 pM 的线性关系，也可以采用标准曲线法和标准加入法测定离子活度。

标准曲线法是在同样的条件下用标准物配制一系列不同浓度的标准溶液，由其浓度的对数与电位值作图得到校准曲线，再在同样条件下测定试样溶液的电位值，由校准曲线上读取试样中待测离子的含量。该方法的缺点是当试样组成比较复杂时，难以做到与标准曲线条件一致，需要靠回收率实验对方法的准确性加以验证。

标准加入法是将一定体积和一定浓度的标准溶液加入已知体积的待测试液中，根据加入前后电位的变化计算待测离子的含量。

11.3.2　离子选择电极

离子选择电极（ion selective electrode，ISE）是指对某种特定的离子具有一定选择性响应的电极，它是以电位法测量溶液中某一种离子浓度的指示电极。pH 玻璃电极是一种 H^+

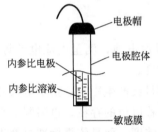

图 11-3　离子选择电极示意图

的选择电极。离子选择电极法具有操作简便、灵敏度高、便于实现连续和自动分析等特点。

11.3.2.1　离子选择电极的构造和分类

离子选择性电极由四个基本部分组成：①电极腔体，由玻璃或高分子聚合物材料做成；②内参比电极，通常为 Ag/AgCl 电极；③内参比溶液，其中含有与膜及内参电极响应的离子；④敏感膜，是最关键的部分。其基本结构见图 11-3。

离子选择电极是根据电极的膜的组成和性质来区分的。

11.3.2.2　原电极

（1）晶体电极

晶体电极又分为均相膜及异相膜电极。晶体电极的敏感膜由难溶盐的单晶或多晶沉淀压片制成。其中由氟化镧制成的单晶电极（氟电极）是离子选择电极中最好的一种。多晶电极中一类是由卤化银加硫化银压片制成，用以测定 Ag^+、I^-、Br^-、Cl^-、CN^- 等离子。另一类是由重金属硫化物加硫化银压片制成，用于测重金属及 S^{2-} 等离子，与 Ag^+ 或 S^{2-} 有沉淀或络合反应的离子都干扰测定。均相膜是由多晶直接压片，异相膜是在多晶中掺以惰性物质热压而成。

（2）非晶体电极

① 刚性基质电极（各种玻璃电极），其敏感膜是离子交换型的薄玻璃片或其他刚性基质材料。

② 流动载体电极（过去称为液膜电极），其敏感膜由溶有某种液体离子交换剂的有机溶剂薄膜层构成。它可分为带正电荷载体、带负电荷载体或中性载体电极三种类型。

11.3.2.3　原电极敏化的离子选择电极

（1）气敏电极

气敏电极是由离子选择电极与参比电极组成的复合电极，在复合电极的敏感膜上覆盖一层气透膜，膜与离子选择电极之间有一薄层内参比溶液。它可用于检测溶于溶液中的溶解气体或气体试样中的气体组分。现在应用较多的是氨电极和二氧化碳电极，其他还有二氧化硫、硫化氢、二氧化氮、氟化氢和氯、溴、碘等气敏电极。

（2）酶电极

与气敏电极相似，其覆盖膜是由酶制成的。它不仅能测定无机化合物，而且可以检测有机化合物，特别是生物体液中的组分。

11.3.2.4 晶体膜电极

晶体膜电极（crystalline membrane electrode）分为均相、非均相晶膜电极。均相晶膜由一种化合物的单晶或几种化合物混合均匀的多晶压片而成。非均相膜由多晶中掺惰性物质经热压制成。晶体膜电极结构如图 11-4 所示〔(b) 为全固态型电极〕。

常用的晶体膜电极有：

（1）氟离子选择电极

氟离子选择电极的敏感膜是掺 EuF_2 的氟化镧单晶膜，单晶膜封在聚四氟乙烯管中，管中充入 0.1mol/L 的 NaF 和 0.1mol/L 的 NaCl 作为内参比溶液，插入银-氯化银电极作为内参比电极（图 11-5）。

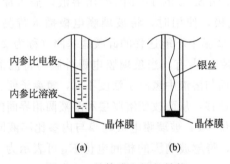

图 11-4 晶体膜电极的结构

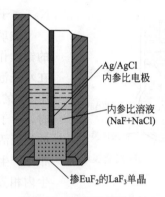

图 11-5 氟离子选择电极

上述晶体膜电极把 LaF_3 改变为 AgCl、AgBr、AgI、CuS、PbS 等难溶盐和 Ag_2S，压片制成薄膜作为电极材料，这样制成的电极可以作为卤素离子、银离子、铜离子、铅离子等各种离子的选择性电极。

（2）硫离子选择电极

膜为 Ag_2S 粉末压片制成，膜内 Ag^+ 是电荷的传递者。

（3）氯、溴、碘离子选择电极

膜分别由 AgCl、AgBr、AgI 与 Ag_2S 粉末混匀压片制成。膜内的电荷也是由 Ag^+ 传递。

（4）铜、铅、镉离子选择电极

膜分别由 CuS、PbS、CdS 与 Ag_2S 粉末混匀压片制成。膜内的电荷仍然由 Ag^+ 传递，M^{2+} 不参与传递电荷。

11.3.2.5 流动载体电极（液膜电极）

流动载体电极也称液膜电极（liquid membrane electrode），其结构如图 11-6 所示。液体敏感膜由三部分组成：电活性物质（载体）、有机溶剂（可溶解载体，也是增塑剂）、支撑膜（常

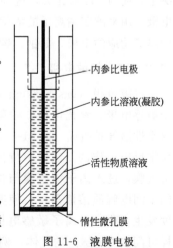

图 11-6 液膜电极

用 PVC 塑料、垂玻璃、聚四氟乙烯微孔膜）。其中最重要的是电活性载体，根据其性质有三种类型：

（1）阳性

带正电荷载体，如有机大阳离子、镓类（季铵、季磷、季砷类）离子、络阳离子、碱性染料等，这种载体能响应无机、有机阴离子或络阴离子，如 NO_3^- 选择电极等。

（2）阴性

带负电荷载体，如有机大阴离子、羧基等，可响应阳离子，如 Ca^{2+} 选择电极、一些药物电极等。

（3）中性

载体为一些具有未成键电子（n 电子）的中性大分子螯合剂，如某些抗生素、冠醚化合物及开链酰胺等，可响应阳离子，如 K^+ 选择电极。

11.3.2.6 玻璃膜电极

玻璃膜电极（glass membrane electrode）包括对 H^+ 响应的 pH 玻璃电极及对 K^+、Na^+ 离子响应的 pK、pNa 玻璃电极。其结构如图 11-7 所示。

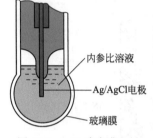

内参比溶液
Ag/AgCl电极
玻璃膜

图 11-7　pH 玻璃膜电极

玻璃膜内为 0.1mol/L 的 HCl 内参比溶液，插入涂有 AgCl 的银丝作为参比电极，使用时，将玻璃膜电极插入待测溶液中。在水浸泡之后，玻璃膜中不能迁移的硅酸盐基团（称为交换点位）中 Na 的点位全部被 H 占有，当玻璃膜电极外膜与待测溶液接触时，由于溶胀层表面与溶液中氢离子活度不同，氢离子便从活度大的相朝活度小的相迁移，从而改变溶胀层和溶液两相界面的电荷分布，产生外相界电位 $V_外$；玻璃膜电极内膜与内参比溶液同样也产生内相界电位 $V_内$，跨越玻璃膜的相间电位 $E_膜$ 可表示为

$$E_{玻璃} = K_{参比} + E_膜$$

玻璃膜电极内部插有内参比电极，因此，整个玻璃膜电极的电位。如果用已知 pH 值的溶液标定有关常数，则由测得的玻璃电极电位可求得待测溶液的 pH 值。

玻璃膜电极对阳离子的选择性与玻璃成分有关。若有意在玻璃中引入 Al_2O_3 或 B_2O_3 成分，则可以增加对碱金属的响应能力。在碱性范围内，玻璃膜电极电位由碱金属离子的活度决定，而与 pH 值无关，这种玻璃电极称为 pM 玻璃电极，pM 玻璃电极中最常用的是 pNa 电极，用来测定钠离子的浓度。玻璃电极依据玻璃球膜材料的特定配方不同，可以做成对不同离子响应的电极，如钠、钾、银、锂电极。

11.3.2.7 气敏电极

气敏电极（gas Sensing electrode）由离子敏感电极、参比电极、中间电解质溶液和憎水性透气膜组成（图 11-8）。它是通过界面化学反应工作的。试样中待测气体扩散通过透气膜，进入离子敏感膜与透气膜之间形成的中间电解质溶液薄层，使其中某一离子活度发生变化，由离子敏感电极指示出来，这样可间接测定透过的气体。例如 CO_2、NH_3、

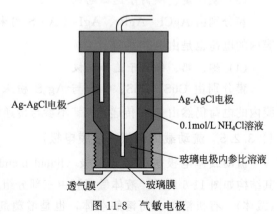

Ag-AgCl电极
Ag-AgCl电极
0.1mol/L NH₄Cl溶液
玻璃电极内参比溶液
透气膜
玻璃膜

图 11-8　气敏电极

SO_2 等气体可能引起 pH 值的升高或降低，可用 pH 玻璃电极指示 pH 值变化；HF 与水产生 F^-，可用氟离子选择电极指示其变化等。除上述气体外，气敏电极还可以测定 NO_2、H_2S、HCN、Cl_2 等。

11.3.3　电位滴定法

11.3.3.1　电位滴定法的原理

电位滴定法是在滴定过程中通过测量电位变化以确定滴定终点的方法，和直接电位法相比，电位滴定法不需要准确的测量电极电位值，因此，温度、液体接界电位的影响并不重要，其准确度优于直接电位法。普通滴定法是依靠指示剂颜色变化来指示滴定终点，如果待测溶液有颜色或混浊时，终点的指示就比较困难，或者根本找不到合适的指示剂。电位滴定法是靠电极电位的突跃来指示滴定终点。在滴定到达终点前后，滴液中的待测离子浓度往往连续变化 n 个数量级，引起电位的突跃，被测成分的含量仍然通过消耗滴定剂的量来计算。使用不同的指示电极，电位滴定法可以进行酸碱滴定、氧化还原滴定、配合滴定和沉淀滴定。酸碱滴定时使用 pH 玻璃电极为指示电极；在氧化还原滴定中，可以用铂电极作指示电极；在配合滴定中，若用 EDTA 作滴定剂，可以用汞电极作指示电极；在沉淀滴定中，若用硝酸银滴定卤素离子，可以用银电极作指示电极。在滴定过程中，随着滴定剂的不断加入，电极电位 E 不断发生变化，电极电位发生突跃时，说明滴定到达终点。图 11-9（a）是普通滴定曲线，图 11-9（b）是一次微分曲线，用微分曲线更容易确定滴定终点。

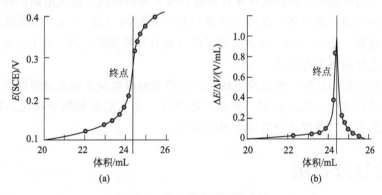

图 11-9　电位滴定的滴定曲线

如果使用自动电位滴定仪，在滴定过程中可以自动绘出滴定曲线，自动找出滴定终点，自动给出体积，滴定快捷方便。

11.3.3.2　电位滴定仪

电位滴定基本仪器装置如图 11-10 所示。其工作原理：将规定的指示电极和参比电极浸入同一被测溶液中，在滴定过程中，参比电极的电位保持恒定，指示电极的电位不断改变。在化学计量点前后，溶液中被测物质浓度的微小变化，会引起指示电极电位的急剧变化，指示电极电位的突跃点就是滴定终点。

自动电位滴定仪有两种工作方式：自动记录滴定曲线方式和自动终点停止方式。自动记录滴定曲线方式是在滴定过程中自动绘制滴定体系中 pH 值（或电位值)-滴定体积变化曲线，然后由计算机找出滴定终点，给出消耗的滴定体积。自动终点停止方式是预先设置滴定终点的电位值，当电位值到达预定值后，滴定自动停止。图 11-11 是自动电位滴定仪的工作原理图。

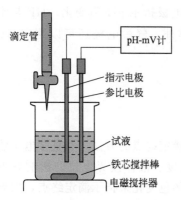

图 11-10　电位滴定基本仪器装置

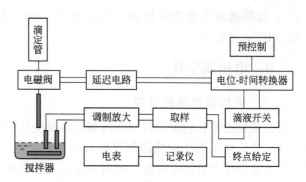

图 11-11　自动电位滴定仪工作原理图

　　这种仪器属于自动终点停止方式。使用前，预先设置化学计量点电位值 E_0，滴定过程中，被测离子浓度由电极转变为电信号，经调制放大器放大后，一方面送至电表指示出来（或由记录仪记录下来），另一方面由取样回路取出电位信号和设定的电位值 E_0 比较。其差值 ΔE 送到电位-时间转换器（$E\text{-}t$ 转换器）作为控制信号。

　　$E\text{-}t$ 转换器是一个脉冲电压发生器，它的作用是产生开通和关闭两种状态的脉冲电压。当 $\Delta E > 0$ 时，$E\text{-}t$ 转换器输出脉冲电压加到电磁阀线圈两端，电磁阀开启，滴定正常进行；$\Delta E = 0$ 时，电磁阀自动关闭。图 11-11 中滴液开关的作用是设置滴定时电位由低到高再经过化学计量点，还是由高到低再经过化学计量点两种不同的情况。延迟电路的作用是滴定到达终点时，电磁阀关闭，但不马上自销，而是延长一定时间（如 10s），在这段时间内，若溶液电位有返回现象，使 $\Delta E > 0$，电磁阀还可以自动打开补加滴定液。在 10s 之后，即使有电位返回现象，电磁阀也不再打开。

　　电位滴定仪的使用范围：电位滴定法系通过测量电极电位来确定滴定终点的方法。电位滴定法适用于酸碱滴定、沉淀滴定、氧化还原滴定、非水滴定和络合滴定。特别适用于浑浊、有色溶液的滴定以及缺乏合适指示剂的滴定。

11.4　电导分析法

　　在外电场的作用下，携带不同电荷的微粒向相反的方向移动形成电流的现象称为导电。以电解质溶液中正负离子迁移为基础的电化学分析法，称为电导分析法。溶液的导电能力与溶液中正负离子的数目、离子所带的电荷量、离子在溶液中的迁移速率等因素有关。电导分析法是将被分析溶液放在固定面积、固定距离的两个电极构成的电导池中，通过测定电导池中电解质溶液的电导值来确定物质的含量。

　　电导分析法分为直接电导法和电导滴定法。

　　直接电导法是通过直接测定溶液的电导以求得溶液中电解质含量的方法，主要用于监测水的纯度、大气中有害气体及某些物理常数的测定等。由于溶液的电导是溶液中各种离子单独电导的总和，因此直接电导法只能测量离子的总量，不能鉴别和测定某一离子含量，不能测定非电解质溶液。

　　在滴定分析过程中，伴随着溶液离子浓度和种类的变化，溶液的电导也发生变化，利用被测溶液电导的突变指示理论终点的方法称为电导滴定法。

11.5 库仑分析法

库仑分析是根据电解过程中消耗的电量，由法拉第定律来确定被测物质含量的方法。库仑分析法分为恒电流库仑分析法和控制电位库仑分析法两种。库仑分析法的基本要求是100％的电流效率。

11.5.1 法拉第定律

库仑分析法是以法拉第电解定律为基础的电量分析法。法拉第电解定律是自然界较严谨的科学定律之一，它不受温度、湿度、大气压、溶液浓度、电极和电解池的材料、形状、溶剂等外界因素的影响，分析时也不需要基准物质和标准溶液。法拉第电解定律有两个方面的内容：①在电极上析出的物质的质量与通过电解池的电量成正比；②电解 B^{n+} 离子时，在电解液中每通入 1F 的电量，则析出 B 的物质的量 $n(B^{n+}/n)=1mol$。

法拉第电解定律可定量表示为

$$m_B = \frac{Q}{nF}M(B^{n+}/n) = \frac{It}{nF}M(B^{n+}/n) \tag{11-5}$$

式中，m_B 为电极上析出待测物 B 的质量，g；Q 为电量，C；F 为法拉第常量，96485C/mol；$M(B^{n+}/n)$ 是以 B^{n+}/n 为基本单元的析出物质 B 的相对摩尔质量，g/mol；n 为电极反应中电子转移数；I 为电解电流，A；t 为电解时间，s。

11.5.2 控制电位库仑分析法

控制电位库仑分析法以控制电极电位的方式电解，当电流趋近于零时表示电解完成，并用库仑计或作图法来测定电解时所消耗的电量，由此计算出电极上起反应的被测物质的量。

11.5.3 控制电流库仑分析法

控制电流库仑分析法即恒电流库仑分析法，是在恒定电流的条件下电解，由电极反应产生的电生"滴定剂"与被测物质发生反应，用化学指示剂或电化学的方法确定"滴定"的终点，由恒电流的大小和到达终点需要的时间算出消耗的电量，由此求得被测物质的含量。这种滴定方法与滴定分析中用标准溶液滴定被测物质的方法相似，因此恒电流库仑分析法也称库仑滴定法。

指示终点的方法：

① 化学指示剂法。普通滴定分析中所用的化学指示剂均可用于库仑滴定法中。

② 电位法。利用库仑滴定法测定溶液中酸的浓度时，用玻璃电极和甘汞电极为检测终点电极，用 pH 计指示终点。此时用 Pt 电极为工作电极，Ag 阳极为辅助电极。电极上的反应为：

工作电极 $\qquad\qquad 2H^+ + 2e^- =\!\!=\!\!= H_2$

辅助电极 $\qquad\qquad 2Ag + 2Cl^- =\!\!=\!\!= 2AgCl + 2e^-$

由工作电极发生的反应使溶液中 OH^- 产生了富余，作为滴定剂，使溶液中的酸度发生变化，用 pH 计上 pH 的突跃指示终点。

③ 死停终点法。通常是在指示终点用的两只铂电极上加一小的恒电压，当达到终点时，由于试液中存在一对可逆电对（或原来一对可逆电对消失），此时铂指示电极的电流迅速发

生变化，则表示终点到达。

库仑滴定法可以采用酸碱、氧化还原、沉淀及络合等反应进行滴定，典型的应用示例列于表 11-3 及表 11-4。

表 11-3 应用酸碱、沉淀及络合反应的库仑滴定法

被测物质	产生滴定剂的电极反应	滴定反应
酸	$2H_2O + 2e^- \Longrightarrow H_2 + 2OH^-$	$OH^- + H^+ \Longrightarrow H_2O$
碱	$2H_2O \Longrightarrow O_2 + 4H^+ + 4e^-$	$H^+ + OH^- \Longrightarrow H_2O$
卤离子	$Ag \Longrightarrow Ag^+ + e^-$	$Ag^+ + X^- \Longrightarrow AgX\downarrow$
硫醇	$Ag \Longrightarrow Ag^+ + e^-$	$Ag^+ + RSH \Longrightarrow AgSR\downarrow + H^+$
卤离子	$2Hg \Longrightarrow Hg_2^{2+} + 2e^-$	$Hg_2^{2+} + 2Cl^- \Longrightarrow Hg_2Cl_2\downarrow$
Zn^{2+}	$Fe(CN)_6^{3-} + e^- \Longrightarrow Fe(CN)_6^{4-}$	$2Fe(CN)_6^{4-} + 3Zn^{2+} + 2K^+ \Longrightarrow K_2Zn_3[Fe(CN)_6]_2\downarrow$
$Ca^{2+}, Cu^{2+}, Zn^{2+}, Pb^{2+}$	$HgNH_3Y^{2-} + NH_4^+ + 2e^- \Longrightarrow$ $Hg + 2NH_3 + HY^{3-}$ (Y^{4-} 为 EDTA 离子)	$HY^{3-} + Ca^{2+} \Longrightarrow CaY^{2-} + H^+$

表 11-4 应用氧化还原反应的库仑滴定法

滴定剂	产生滴定剂的电极反应	测定物质
Br_2	$2Br^- \Longrightarrow Br_2 + 2e^-$	$As(III), Sb(III), U(IV), Tl(I), I^-, SCN^-, NH_3^-, N_2H_4,$ $NH_2OH, 苯酚, 苯胺, 8-羟基喹啉, 芥子气$
Cl_2	$2Cl^- \Longrightarrow Cl_2 + 2e^-$	$As(III), I^-$
I_2	$2I^- \Longrightarrow I_2 + 2e^-$	$As(III), Sb(III), S_2O_3^{2-}, H_2S$
Ce^{4+}	$Ce^{3+} \Longrightarrow Ce^{4+} + e^-$	$Fe(II), Ti(III), U(IV)As(III), I^-, Fe(CN)_6^{2-}$
Mn^{3+}	$Mn^{2+} \Longrightarrow Mn^{3+} + e^-$	$H_2C_2O_4, Fe(II), As(III)$
Ag^{2+}	$Ag^+ \Longrightarrow Ag^{2+} + e^-$	$Ce(III), V(IV), H_2C_2O_4, As(III)$
Fe^{2+}	$Fe^{3+} + e^- \Longrightarrow Fe^{2+}$	$Cr(VI), Mn(VII), V(V), Ce(IV)$
Ti^{3+}	$TiO^{2+} + 2H^+ + e^- \Longrightarrow Ti^{3+} + H_2O$	$Fe(III), V(V), Ce(IV), U(VI)$
$CuCl_3^{2-}$	$Cu^{2+} + 3Cl^- + e^- \Longrightarrow CuCl_3^{2-}$	$V(V), Cr(VI), IO_3^-$
U^{4+}	$UO_2^{2+} + 4H^+ + 2e^- \Longrightarrow U^{4+} + 2H_2O$	$Cr(VI), Ce(IV)$

11.6 极谱与伏安分析法

极谱法和伏安分析法是一种特殊形式的电解方法，其特殊性表现在两个电极上：一个面积很大的参比电极和一个面积很小的工作电极。两个电极组成电解池，电解被分析物质的稀溶液，并根据所得的电流-电压曲线进行定性和定量分析。这种根据电流-电压曲线进行分析的方法按照工作电极的性质不同分为两类：一类是用液态电极作为工作电极如滴汞电极，其电极表面做周期性的连续更新，称为极谱法；另一类是用固定或固态电极作为工作电极，如悬滴汞、石墨、铂电极等，称为伏安法。

经典极谱法具有较大的局限性。主要表现在电容电流在检测过程中的不断变化，电位施加较慢以及极谱电流检测的速度较慢。为了克服这些局限性，一方面是改进和发展极谱仪器，主要表现在改进记录极谱电流的方法，如微分极谱法；另一方面改变施加极化电位的方法，如方波极谱、脉冲极谱等。阳极溶出伏安法及催化波极谱方法可以提高样品的有效利用率及提高检测灵敏度。

11.6.1 经典（直流）极谱法与扩散电流

经典极谱法又称直流极谱法或恒电位极谱法，是由一个滴汞电极和一个参比电极插入待测试液中组成电解池，以直流电压（0.1～0.2V/min）施加于电解池上进行电解，再根据电解过程中得到的电流（i）-电位（E）曲线进行分析。其基本装置如图 11-12 所示。在电解池上加上一定的直流电压并逐渐增加，当它达到溶液中待测离子的分解电压后，待测离子在滴汞电极上迅速地还原且产生相应的电流，随着外加电压的继续增加，电解加速，电流增大（此时滴汞电极称为去极化，在滴汞电极上起反应的物质称为去极剂），直至受扩散控制的离子到达电极表面时立即被还原而处于扩散平衡状态为止，此时电流不再增大，而形成极限扩散电流，从而得到典型的极谱电流（i）-电位（E）曲线，即极化曲线，称为极谱波，如图 11-13 所示，该图为镉离子极谱图。极谱波的波高即极限扩散电流，它与待测离子的浓度成正比，这是极谱定量分析的基础。利用各种离子的氧化还原电位不同，即 i-E 曲线中点所对应的电位（半波电位 $E_{1/2}$）的不同可作定性的依据。

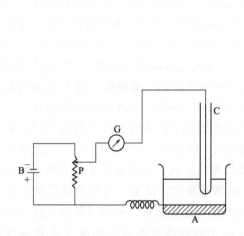

图 11-12　测量电流-电位关系的装置示意图

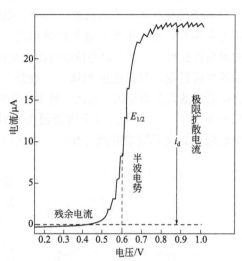

图 11-13　镉离子极谱图

扩散电流可用依尔科维奇（Ilkovic）方程式表示：

$$\overline{i_d} = 607nD^{1/2}m^{2/3}t^{1/6}c \tag{11-6}$$

式中，$\overline{i_d}$ 为平均扩散电流；n 为电极反应中的电子转移数；D 为去极化剂在溶液中的扩散系数；m 为汞滴流量；t 为汞滴下时间；c 为去极化剂的浓度。

待测物质（去极剂）的浓度是影响扩散电流的主要因素，其他如汞柱高度、毛细管的大小、溶液组分及温度等也都是影响扩散电流的因素。在极谱测定过程中，应该保持汞柱高度不变，温度变化控制在 ±0.5℃。

经典极谱法适合于浓度为 $10^{-5} \sim 10^{-2}$mol/L 物质的测定，相对误差约为 2%～5%。其分辨率为 100mV，当准确测量后波的波高时，前波元素与后波元素的最大浓度比不得超过 10:1。

当温度和支持电解质一定时，某物质极谱波的半波电位具有一定的数值，与该物质的浓度和所使用仪器的性能无关，这是极谱定性分析的依据。半波电位与标准电极电位的关系可表示为

$$E_{1/2} = E^{\ominus} + \frac{RT}{nF} \times \frac{fD'^{1/2}}{f'D^{1/2}} \tag{11-7}$$

式中，$E^{\ominus}$ 为标准电极电位；f 和 f' 分别为氧化态和还原态的活度系数；D 和 D' 分别为氧化态和还原态的扩散系数。

同一物质在不同的支持电解质中的半波电位是不相同的，即使在相同的支持电解质中，

由于支持电解质的浓度不同，半波电位也有差别。温度变化会影响半波电位的数值，对于可逆极谱波，温度每升高1℃，半波电位的数值向负方向增加1mV左右。对于有H^+参加的电极反应，半波电位与溶液的酸度关系很大。简单金属离子形成络合物后，由于离子的性质发生改变，半波电位也发生相应的变化。

11.6.2　单扫描极谱法

单扫描极谱法又称线性变电位极谱法（简称示波极谱法），是指在滴汞电极的一滴汞的生长末期增加一次电压扫描，用阴极射线示波器来显示其所得的电流（i）-电位（E）曲线的极谱法。它与经典极谱相似，是根据电压线性扫描的伏安曲线来进行分析的。所不同的是，经典极谱在获得i-E曲线的过程中，电压扫描速度慢（一般是0.2V/min），以致在一滴汞的生命期间，滴汞电极的电位保持恒定，电流只随电极的面积变化，极化曲线是在许多滴汞的周期内获得的，属于恒电位极谱法；而单扫描极谱是以线性脉冲（通常为锯齿波）加在一滴汞的生长后期，扫描速度很快（一般是0.25V/s），在测量电流时，电极的面积几乎不变，电流随电位的改变而变化。因此，整个极化曲线在一个汞滴上可以全部得到。i-E曲线记录的时间少至2s，一般用示波器观察极谱图。其特点是在一滴汞的生命期间，滴汞电极的电位不是恒定的，而是随着时间变化的，电极电位是时间的线性函数，属于变电位极谱法。

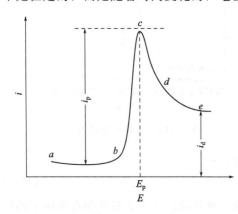

图 11-14　Pb^{2+} 在 3mol/L HCl-1mol/L
NaCl 中的示波极谱图
i_p—峰电流；i_d—极化电流；
ab—基线；de—波尾；c—波峰

单扫描极谱的i-E曲线与经典极谱不同，它呈峰形（如图11-14所示）。峰电流（i_p）的大小与被测物质的浓度成正比，据此进行定量分析。峰电位（E_p）是被测物质的特征量，与被测物质的浓度无关，据此可进行定性分析。单扫描极谱曲线出现的峰状，是由于加在滴汞电极上的电压变化速度很快，当达到待测物质的分解电压时，该物质在电极上迅速还原，产生很大的电流，随后由于电极附近待测物质的浓度急剧降低，扩散层厚度随之逐渐增大，直到扩散平衡，电流又下降到取决于扩散控制的值。对于在电极上呈可逆反应的离子，所得i_p较大，峰形较尖锐；而电极过程呈不可逆反应的离子，所得i_p较小，甚至无峰。

对于可逆极谱波来说，单扫描极谱峰电流与被测物质（去极剂）浓度成正比，且符合如下关系式：

$$i_p = kn^{3/2}D^{1/2}v^{1/2}Ac \tag{11-8}$$

式中，i_p为峰电流，A；k为复杂的常数，其值在25℃时为$2.69×10^5$；n为电极反应中的电子转移数；D为去极剂在溶液中的扩散系数，cm^2/s；v为电压改变的速率，V/s；A为电极面积，cm^2；c为去极剂浓度，mol/cm^3。

式（11-8）表明，$i_p \propto c$，这是定量分析的依据。同时，$i_p \propto v^{1/2}$，由于单扫描极谱的扫描速率比经典极谱快得多，所以i_p比经典极谱中的极限扩散电流要大得多。对可逆体系来说，灵敏度比经典极谱提高了三个数量级。但扫描速率不能太快，太快的扫描速率会降低信噪比，不利于提高灵敏度。

单扫描极谱有很多优点，主要是再现性好、灵敏度高（可测至$10^{-7}mol/L$）、在荧光屏上记录的瞬间电流可立刻读数，使极谱的测定快速；对某些电极反应不灵敏的离子可以用来减少其干扰，如氧在电极上的反应不可逆，因此在一些单扫描极谱分析中不需要预先除氧。一般说来，凡是经典极谱上能得到极谱波的物质亦能用单扫描极谱法测定。当测定某些金属离子，由于电极反应的可逆性差，或存在大量先还原物质致使单扫描极谱波波形欠佳时，使用导数示波极谱法往往能得到清晰的波形，提高测量的精确度和重现性。

11.6.3　循环伏安法

循环伏安法与单扫描极谱法相似，都是以快速线性扫描的方式施加电压。其不同之处是单扫描极谱法施加的是锯齿波电压，而循环伏安法则是施加三角波电压，起始电压开始沿某一方向变化，到达终止电压后又反方向回到起始电压，成等腰三角形。工作电极可用悬汞滴、铂或玻璃石墨等静止电极。

当溶液中存在氧化态物质（O）时，它在电极上可逆地还原生成还原态物质（R），$O+ne^- \longrightarrow R$，得到的极谱波称为还原波，也称阴极波。当电位方向逆转时，在电极表面生成的 R 则被可逆地氧化为 O，$R \longrightarrow O+ne^-$，得到的极谱波称为氧化波，也称阳极波。它们的峰电流和峰电位方程式均与单扫描极谱法相同。循环伏安法可用于研究电极反应的性质、机理和电极过程动力学。

对于可逆电极过程来说，循环伏安图中阴极波和阳极波的峰电位 φ_{pc} 和 φ_{pa} 分别为：$\varphi_{pc}(V)=\varphi_{1/2}-1.1RT/(nF)$，$\varphi_{pa}(V)=\varphi_{1/2}+1.1RT/(nF)$，则 $\Delta\varphi_p(mV)=2.2RT/(nF)=56.5/n$。$\Delta\varphi_p$ 数值的大小与实验条件有一定的关系，同时还可判断电极反应的可逆性，当数值为 $55\sim65mV$ 时，即可判断该电极反应为可逆过程。

11.6.4　脉冲极谱法

脉冲极谱是在研究消除充电电流方法的基础上发展起来的一种极谱技术，具有灵敏度高、分辨力强等特点。是在滴汞生成后期即将滴下之前的很短时间间隔中，施加一个矩形的脉冲电压，然后记录电解电流与电位的关系曲线。按施加脉冲电压的形式和电流取样的方式不同，分为常规脉冲极谱法和微分脉冲极谱法。

11.6.5　催化极谱法

催化极谱法是利用极谱催化波以提高极谱分析灵敏度和选择性的一种分析方法。极谱催化波是指在进行电极反应的同时有电催化反应或化学催化反应而形成的特别灵敏的极谱波。

（1）平行催化波

平行催化波是指去极剂的电极反应与反应产物的化学反应平行进行，而化学反应再生出的去极剂又在电极上还原，形成催化循环所产生的极谱。它属于动力波的一种，极谱电流受与电极反应平行的化学反应速率的控制，比去极剂的扩散电流大得多，从而提高了测定的灵敏度。此化学反应的速度越快，所得到的催化电流也越大，极谱分析的灵敏度也越高。平行催化波的反应过程可用下式表示：

$$A+ne^- \rightleftharpoons B \qquad \text{（电极反应）}$$
$$B+Z \rightleftharpoons A+\text{其他} \qquad \text{（化学反应）} \tag{11-9}$$

式中，A 为去极剂；B 为电极还原反应的产物；Z 为氧化剂。由于化学反应再生了 A，使在电极反应中所消耗的 A 又在化学反应中得以补偿，其浓度在最终溶液中基本不变。实际上产生催化电流所消耗的物质不是 A，而是化学反应中的氧化剂 Z。从此意义上看，可以把 A 称为催化剂。此外，催化体系中常存在络合剂。选择适当的络合剂，使金属离子以络离子的形式还原，电极过程可逆。当平行催化波发生时，若电极上或电极过程不存在吸附现象，波形与经典极谱波相同；当金属络离子等在滴汞电极上有吸附现象时，即使在经典极谱仪上也出现峰形催化波，往往使分析灵敏度比极谱扩散波高出几个数量级。催化电流与去极剂（催化剂）的浓度，在一定范围内呈线性关系。铂、钨、钒、铌、锡等元素均可在一些体系中产生平行催化波，利用该波可以测定这些微量元素。在经典极谱仪上可测离子浓度达 $10^{-6} \sim 10^{-8}\,mol/L$，甚至 $10^{-9} \sim 10^{-10}\,mol/L$。

（2）催化氢波

氢离子在滴汞电极上还原的氢波称为正常氢波。由于在汞电极上析出氢的电极反应速度很慢，所以具有很大的超电位，而氢离子一般在 $-1.2V$ 左右才能在滴汞电极上还原。催化氢波就是指在酸性或缓冲溶液中某些痕量物质（催化剂）的存在能降低氢的超电位，使氢离子比正常氢波在较正的电位下放电还原所产生的极谱波。由于其催化剂在滴汞电极上往往有吸附现象，使催化氢波的波形经常呈峰状。在一定浓度范围内，催化剂与催化电流呈线性关系。因此氢的催化波可以作为测定催化剂（浓度低至 $10^{-6} \sim 10^{-10}\,mol/L$）的灵敏方法。

（3）络合吸附波

络合吸附波是指某些金属的络合物吸附于电极表面所产生的灵敏的极谱波。它不同于一般的络合物极谱波，也不同于有机化合物的单纯吸附波，而是同时具有络合和吸附两种特性的波，并有增加电流的作用。与普通极谱波相比，其灵敏度的提高主要是由于吸附特性。吸附一方面起到富集去极剂的作用，另一方面也起了催化（即加速电极过程）的作用。这类波通常在单扫示波极谱仪上测定，其优点是极化速度快，吸附效果明显，有灵敏的波峰，特别是其导数波有尖锐的峰形，有利于提高分辨率。在一定浓度范围内，峰电流与金属离子的浓度成正比。能与金属离子形成络合物吸附波的有机络合剂有茜素络合剂、偶氮染料、三苯甲烷染料、氢醌染料和铜铁试剂以及 8-羟基喹啉、四环素等抗生素等。一些重金属（如镉、铅、铋、铜等）离子、稀有稀散元素（如镓、铟、铀、钍）以及稀土元素、碱土元素等均能形成灵敏的络合吸附波。这类催化波已广泛应用于矿石分析中的微量金属离子的测定。

11.6.6 溶出伏安法

11.6.6.1 阳极溶出伏安法

极谱法和伏安法的区别在于极化电极的不同。极谱法使用的是滴汞电极或其他表面周期性更新的液体电极；而伏安法使用的是固体电极或表面静止的电极，如悬汞电极、汞膜电极（银基、玻璃碳等）、铂电极、金电极、银电极、微电极、化学修饰电极等。其中化学修饰电极已有专著出版。阳极溶出伏安法又称反向溶出伏安法，是指被测定的物质在一定电位条件下电解一定的时间，于电极上进行电还原浓集，然后施加反向电压，使浓集在微电极上的物质再氧化溶出。溶出伏安图呈峰状波，其形状与单扫极谱图相似。溶出峰电流通常在一定范围内与被测物质的浓度成正比。此外，还有阴极溶出伏安法，它与阳极溶出伏安法不同的是浓集过程为电氧化，其溶出过程是电还原，微量 S^{2-}、Cl^-、Br^-、I^- 等阴离子的测定均有相应的阴极溶出伏安法。

阳极溶出伏安法包括预电解浓集（电积）和溶出两个过程。浓集过程就是控制阴极电位电解，一般情况下，电位控制在比被测离子的半波电位负 300～400mV 范围内，使被测金属离子在工作电极上析出，在电极表面形成汞齐或难溶物，因此浓集应在充分搅拌的情况下进行。当搅拌速度、电极面积、溶液体积等保持恒定的条件时，控制电积的时间就成为影响灵敏度高低的主要因素。对悬汞电极来说，电积时间大约是：5min，10^{-6}～10^{-7}mol/L；15min，10^{-8}mol/L；60min，10^{-10}mol/L。电积时间一般在几秒至几分钟的范围内，随着电积时间的增长，测定灵敏度提高，但电积时间过长会降低准确度；对含量特别低的成分，做较长时间的电积也是必要的。溶出过程是伏安测定过程，即极化电压按一定的速率（一般在 20mV/s 以上）向阳极方向线性地变化，使电积在工作电极上的被测金属溶出，产生阳极氧化电流，得到 i-E 溶出伏安图。阳极溶出伏安法是目前灵敏度很高而成本又比较低的痕量分析方法，其灵敏度可与无火焰原子吸收光谱媲美，而成本却远远低于后者。溶出过程可以使用经典极谱仪、单扫描示波极谱仪、方波极谱仪、脉冲极谱仪等各种极谱仪，所得的溶出峰电流比所用的相应极谱仪的阴极还原波峰电流灵敏 2～4 个数量级。阳极溶出法的测定范围在 10^{-6}～10^{-11}mol/L，检出极限可达 10^{-12}mol/L，它能同时测定几种含量在 10^{-9}，甚至 10^{-12} 范围内的元素。目前已有 30 多种元素能进行阳极溶出分析，十几种元素可作阴极溶出分析，其中铬、钼、锰、铁、钴、铊、铅等元素既可作阳极也可作阴极溶出分析。

11.6.6.2　半微分溶出伏安法

半微分阳极溶出伏安法是指将被测定的金属离子经过电解浓集于悬汞电极、汞膜电极或圆盘电极，然后测定氧化电流的半微分量（e）的方法。同样，1.5 次微分或 2.5 次微分阳极溶出伏安法是记录氧化电流的 1.5 次微分量（e'）或 2.5 次微分量（e''）。在电极面积及其转动的角速度、预电解时间、电压扫描速率、溶液的黏度等条件固定的情况下，e（或 e'，或 e''）与被测定物质的浓度成正比，这种关系是定量分析的基础。随着微分阶次的增加，峰形逐步尖锐，有利于提高分辨能力。在同一扫描速率（特别是速率较快）情况下，随着微分阶次的增加，峰高也大幅度地增加，因此这种方法有利于提高灵敏度。此法灵敏度高，其最低检出限可达 10^{-12}；分辨能力好，允许存在大量前还原物质；适用于快速扫描；仪器装置比较简单。

11.6.7　极谱仪

11.6.7.1　经典极谱仪

经典极谱仪的基本装置如图 11-15 所示。采用的指示电极——滴汞电极是一个面积很小的极化电极，汞通过内径约为 0.05～0.08mm 的厚壁毛细管均匀下滴，在蒸馏水中滴落时间约 3～5s。参比电极用一个相对来说面积比较大、电位稳定的非极化电极，常用的有饱和甘汞电极、银-氯化银（Ag-AgCl）电极、银汞电极、石墨电极和汞层电极等。电流用检流计、记录仪、示波器等记录。极谱电极为汞电极，由于滴汞电极电极表面不断更新，可以获得很高的重现性。然而，汞作为环境的重要污染物对于人类是有害的。这也是极谱分析方法的使用受到较大的局限的重要原因。

若混合溶液中有几种被测离子，当外加电位加到某一被测物质的分解电位时，这种物质便在滴汞电极上还原，产生相应的极谱波。然后电极表面继续极化直到达到第二种物质的析出电位。如果溶液中几种物质的析出电位相差较大，就可以分别得到几个清晰的极谱波。

11.6.7.2　导数极谱仪

导数极谱仪的工作原理如图 11-16 所示。

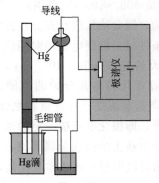

图 11-15　经典极谱仪的基本装置图

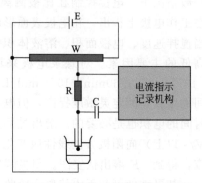

图 11-16　导数极谱仪的工作原理图

极谱电流是直流电流，不能通过大电容量的电容器 C。因此，记录系统记录的不是极谱电流，而是极谱电流随时间的变化 dI/dt。在导数极谱中，扫描电压是随时间线性变化的，极谱电流 I 随时间的变化，相应于其随扫描电压 E 的变化，即 dI/dt 相应于 dI/dE。因此，就可以得到 dI/dt-E 导数极谱曲线。导数极谱波呈峰形，峰电位相应于经典极谱的 $E_{1/2}$，峰高与浓度成正比。

导数极谱能有效地消除前波的影响，提高了分辨能力。它的检出限浓度可以达到 $10^{-7}\,mol/L$。

11.6.7.3　单扫描示波极谱仪

单扫描示波极谱仪工作原理如图 11-17 所示。在含有被测物质的电解池中，有两个电极，一个是滴汞电极，一个是参比电极（如甘汞电极或液体汞），加上一个随时间而线性变化的直流电压，通过电解池的极谱电流在电阻 R 上产生电压降 iR，经放大后加到示波管的垂直偏向板上，将电解池的两个电极连接在水平偏向板上，然后在荧光屏上观察电流-电位曲线。滴汞电极被当作面积恒定的电极使用。

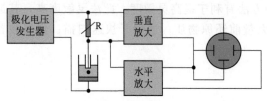

图 11-17　单扫描示波极谱仪工作原理图

仪器必须符合以下要求：

① 必须装有时间控制器和电极震动器，使滴汞电极滴下时间为某一定值，并在滴下时间的后期的某一时刻才加上扫描电压，就能使电极的面积基本上保持恒定，把滴汞电极当作面积固定的电极使用。例如，JP-1 型示波极谱仪的滴下时间为 7s，在最后 2s 加上电压。

② 必须保持电极电位是时间的线性函数。由于极谱电流随电位（即随时间）的变化是非线性的，而且具有电流峰的形式，即使外加电压是线性的，电极电位的变化仍不是线性的。因此要有一个补偿装置，消除电流对电位的影响，保证电极电位的变化始终是线性的。

③ 必须补偿充电电流，电位改变的速率愈大，充电电流也愈大，故要有补偿充电电流的措施。为了满足以上要求，单扫描极谱仪都有比较复杂的电子线路。

12 专用分析仪器

如果按技术学科分类，本章仪器也属于上述几种类型的仪器中的某一类，但是这些仪器仅仅专用于某一对象的测定，如高频红外碳硫分析仪按技术学科分类应属于红外光谱仪器，但是该仪器仅用于碳、硫的测定，而不能担当其他红外光谱分析的职能。

12.1 高频红外碳硫仪

12.1.1 仪器结构

高频红外碳硫分析仪一般由高频感应炉、红外检测器、电子天平、计算机组成，如图 12-1 所示。

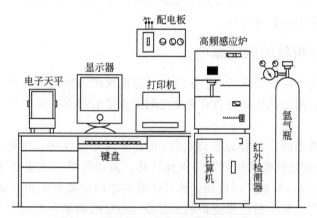

图 12-1 高频红外碳硫分析仪结构示意图

12.1.2 高频红外碳硫分析仪工作原理

红外碳硫分析是利用 CO_2、SO_2 对红外线的选择性吸收这一原理实现的。

红外线是指波长为 $0.78 \sim 1000 \mu m$ 的电磁波，分为三个区域：近红外区为 $0.78 \sim 2.5 \mu m$，中红外区为 $2.5 \sim 25 \mu m$，远红外区为 $25 \sim 1000 \mu m$。绝大部分的红外仪器工作在中红外区。红外线的特性接近可见光，所以也称红外光。它与可见光一样直线传播，遵守光的反射和透射定律，但它又不同于可见光，与可见光相比，它有三个显著特点：第一，在整个电磁波谱中，红外波段的热功率最大；第二，红外线能穿透很厚的气层或云雾而不致产生散射；第三，红外线被物质吸收后，热效应变化显著，且易于控制。

许多物质对红外线都能产生选择性吸收，CO_2、SO_2 是其中之一。CO_2 的最大吸收位于 $4.26 \mu m$，SO_2 的最大吸收位于 $7.35 \mu m$。CO_2、SO_2 对红外线的吸收同样服从光的吸收定律：朗伯-比耳定律，即：

$$T = I/I_0$$
$$\lg I_0/I = KcL$$

式中，T 为透射比；I_0 为入射光强度；I 为透射光强度；K 为吸收系数；c 为 CO_2 或 SO_2 浓度；L 为气体光径长度。

碳、硫含量的测定：先在电子天平上称得（也可以在其他天平称量后，通过键盘输入）样品的重量，并输入计算机，然后被测样品在助熔剂存在和富氧条件下，由高频炉高温加热燃烧使碳、硫氧化成 CO_2 和 SO_2 气体，该气体经处理后进入相应的吸收池，对相应的红外辐射进行吸收，再由探测器转化成对应的信号。此信号由计算机采样，经线性校正后转换成与 CO_2 和 SO_2 浓度成正比的数值，然后把整个分析过程的取值累加，分析结束后，此累加值在计算机中除以重量值，再乘以校正系数、扣除空白，即可获得样品中碳、硫的百分含量。

12.2　总有机碳（TOC）测定仪

水体中总有机碳（TOC）含量的检测日益受到人们的关注。它是以碳含量表示水体中有机物质总量的综合指标。

TOC 的测定一般采用燃烧法，此法能将水样中的有机物全部氧化，它比 BOD_5、COD 更能反映有机物的总量，可以很直接地用来表示有机物的总量，因而它被作为评价水体中有机物污染程度的一项重要参考指标。

12.2.1　TOC 分析仪的测定原理

总有机碳分析仪（以下简称 TOC 分析仪）是将水溶液中的总有机碳氧化为二氧化碳，并且测定其含量。利用二氧化碳与总有机碳之间碳含量的对应关系，对水溶液中总有机碳进行定量测定。

仪器按工作原理不同，可分为燃烧氧化-非分散红外吸收法、电导法、气相色谱法等。其中燃烧氧化-非分散红外吸收法只需一次性转化，流程简单、重现性好、灵敏度高，因此这种 TOC 分析仪在国内外被广泛应用。该仪器的燃烧炉中装有铂和三氧化钴或三氧化二铬等高性能氧化催化剂，能将通过燃烧炉的水样在 680℃ 的高温下燃烧分解成二氧化碳和水，水蒸气通过冷凝器冷却后被除去，二氧化碳则进入非分散红外检测器（NDIR），红外线不被单质分子吸收，而被化合物分子吸收，所以二氧化碳会吸收 $4.26\mu m$ 波长的红外线，与标准比较后，仪器自动计算出 TOC 的浓度值。

燃烧氧化-非分散红外吸收法，按测定 TOC 值的不同原理又可分为差减法和直接法两种。

（1）差减法测定 TOC 值

水样分别被注入高温（900℃）燃烧管和低温（150℃）反应管中。经高温燃烧管的水样受高温催化氧化，使有机物燃烧裂解转化为二氧化碳，无机碳酸盐同时转化成为二氧化碳。经低温反应管的水样受酸化而使无机碳酸盐分解成为二氧化碳，有机碳不变化。其所生成的二氧化碳依次导入非分散红外检测器，从而分别测得水中的总碳（TC）和无机碳（IC）。总碳与无机碳之差值，即为总有机碳（TOC）。

（2）直接法测定 TOC 值

将水样酸化后曝气，使各种碳酸盐分解生成二氧化碳而驱除后，再注入高温燃烧管中，可直接测定总有机碳。但由于在曝气过程中会造成水样中挥发性有机物的损失而产生测定误差，因此其测定结果只是不可吹出的有机碳值。

12.2.2 TOC分析仪的结构

近年来，国内外已研制出各种类型的 TOC 分析仪。按工作原理不同，可分为燃烧氧化-非分散红外吸收法、电导法、气相色谱法、湿法氧化-非分散红外吸收法等。这些不同的方法适应了不同的水质、价格和测定成本之间的优化要求。通常 TOC 法的仪器结构较复杂、不使用有害化学试剂、测量速度极快，测量仅需 3min，测量周期 5min。图 12-2 为燃烧氧化-非分散红外吸收法 TOC 分析仪。

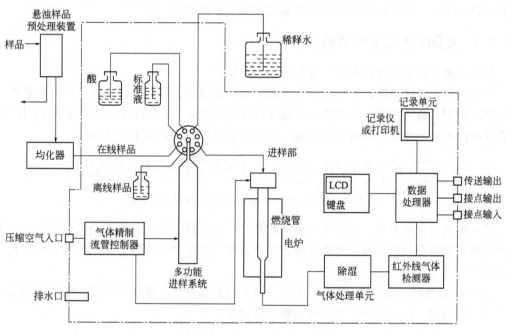

图 12-2 燃烧氧化-非分散红外吸收法 TOC 分析仪

12.3 COD 测定仪

12.3.1 概述

COD（chemical oxygen demand）即化学需氧量，是水体中易被氧化剂氧化的物质所消耗氧化剂的数量，是评价水体中有机物质相对含量的重要指标，它主要用于石油、化工、医药卫生等领域的环境监测。COD 以每升水样消耗氧的毫克数表示，计量单位为 mg/L，是评定水质污染程度的重要综合指标之一。COD 的数值越大，则水体污染越严重。一般洁净饮用水的 COD 值为几至十几毫克每升。

有机物对工业水系统的危害很大。含有大量有机物的水在通过除盐系统时会污染离子交换树脂，特别容易污染阴离子交换树脂，使树脂交换能力降低。有机物在经过预处理时（混凝、澄清和过滤）约可减少 50%，但在除盐系统中无法除去，故常通过补给水带入锅炉，使炉水 pH 值降低。有时有机物还可能被带入蒸汽系统和凝结水中，使 pH 值降低，造成系统腐蚀。

在循环水系统中有机物含量高会促进微生物繁殖。因此，不管对除盐、炉水或循环水系统，COD 都是越低越好，但并没有统一的限制指标。在循环冷却水系统中 COD（$KMnO_4$ 法）＞5mg/L 时，水质已开始变差。

在 COD 测定过程中，有机物被氧化成二氧化碳和水。水中各种有机物进行化学氧化反应的难易程度是不同的，因此化学需氧量只表示在规定条件下，水中可被氧化物质的需氧量的总和。当前测定化学需氧量常用的方法有 $KMnO_4$ 法和 $K_2Cr_2O_7$ 法，前者用于测定较清洁的水样，后者用于污染严重的水样和工业废水。同一水样用上述两种方法测定的结果是不同的，因此，在送检水样时，应注意选定统一的测定方法，以利分析对比，在报告化学需氧量的测定结果时要注明测定方法。采用重铬酸钾（$K_2Cr_2O_7$）作为氧化剂测定出的化学需氧量表示为 COD_{Cr}。COD_{Cr} 是我国实施排放总量控制的指标之一。

12.3.2　COD 测定仪的结构

化学需氧量测定仪按技术原理可大致分为两类：

一类为分光光度原理：用规定量重铬酸钾在一定条件下氧化水体，使六价铬定量转变成三价铬，利用三价铬在 610nm 处吸收峰或六价铬在 420nm 处吸收峰光度法测定 COD 含量。该类仪器由消解炉部分和测量部分组成，其测量部分的原理如图 12-3 所示。

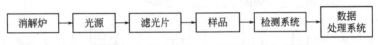

图 12-3　分光光度法原理 COD 测定仪结构示意图

另一类为电化学原理：用定量的重铬酸钾在一定条件下，加热回流消解样品后，用电解法产生的亚铁离子与剩余的六价铬反应，当六价铬消耗完全时电解结束。根据消耗电量换算 COD 含量。

图 12-4 是流动注射分析（简称 FIA）型 COD 在线分析仪原理示意图。该仪器是通过高温（180℃）高压（0.6MPa）来加快消解反应速率。

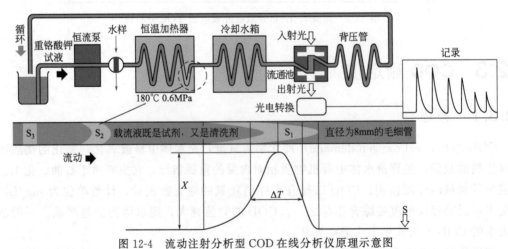

图 12-4　流动注射分析型 COD 在线分析仪原理示意图

如图 12-4 所示，载流液（含重铬酸钾的稀硫酸）由恒流泵输送至直径为 8mm 的反应管道中，当注入阀将水样切入反应管道中后，试样带被载流液推进并在推进过程中渐渐扩散，样品和试剂呈现梯度混合，梯度混合区带在高温高压条件下快速消解后，流过流通池，由光电比色计测量并记录液流中的 Cr^{6+} 对 380nm 波长光吸收后透过光强度的变化值，获得有相应峰高和峰宽的响应曲线，用峰高或峰宽，经比较计算求得水样中 COD 的含量。该仪器的最主要特征是，整个反应和测量过程是在一根毛细管中流动进行的。

12.3.3 COD 与 BOD 比较

COD 的测定不受水质条件限制，测定的时间短。但是 COD 不能区分可被生物氧化的和难以被生物氧化的有机物，不能表示出微生物所能氧化的有机物量，而且化学氧化剂不仅不能氧化全部有机物，反而会把某些还原性的无机物也氧化了。所以采用 BOD 作为有机物污染程度的指标较为合适，在水质条件限制不能做 BOD 测定时，可用 COD 代替。水质相对稳定条件下，COD 与 BOD 之间有一定关系：一般重铬酸钾法 COD＞BOD_5＞高锰酸钾法 COD。

12.4 BOD 测定仪

12.4.1 BOD

BOD 即生化需氧量（biochemical oxygen demand）。

地面水体中微生物分解有机物的过程消耗水中的溶解氧的量，称生化需氧量，通常记为 BOD，常用单位为 mg/L。一般有机物在微生物作用下，其降解过程可分为两个阶段，第一阶段是有机物转化为二氧化碳、氨和水的过程；第二阶段则是氨进一步在亚硝化细菌和硝化细菌的作用下，转化为亚硝酸盐和硝酸盐，即所谓硝化过程。BOD 一般指的是第一阶段生化反应的耗氧量。微生物分解有机物的速度和程度同温度、时间有关，最适宜的温度是 15～30℃。从理论上讲，为了完成有机物的生物氧化需要无限长的时间，但是对于实际应用，可以认为反应可以在 20 天内完成，称为 BOD_{20}，根据实际经验发现，经 5 天培养后测得的 BOD 约占总 BOD 的 70％～80％，能够代表水中有机物的耗氧量。为使 BOD 值有可比性，采用在 20℃条件下，培养 5 天后测定溶解氧消耗量作为标准方法，称五日生化需氧量，以 BOD_5 表示。

BOD 反映水体中可被微生物分解的有机物总量，以每升水中消耗溶解氧的毫克数来表示。BOD 小于 1mg/L 表示水体清洁；大于 3～4mg/L，表示受到有机物的污染。但 BOD 的测定时间长，对毒性大的废水因微生物活动受到抑制，而难以准确测定。

12.4.2 BOD 的测定方法及原理

把水样或经过预处理水样注入培养瓶内，同时在瓶口的吸收杯内放入二氧化碳吸收剂（NaOH），然后将培养瓶密封，置于专用生化培养箱内，当被测样品在（20±1）℃条件下恒温进行 5 天培养后，在一定的搅拌速度下，瓶内的水样进行生物氧化反应。有机物转变成氮、碳和硫的氧化物，并产生二氧化碳气体被氢氧化钠吸收，而培养瓶内上部空间的氧气不断地供给水样中微生物的需氧量，因此，该密封压力系统呈现负压状态。BOD 测定系统就是通过测量压力变化，计算出所消耗的氧量。

还有一种办法是，取两份水样，分别中和到 pH 值在 6.5～7.5 之间，置于溶解氧瓶中，须全充满，无气泡，加塞，水封。取一份放入 20℃培养箱中培养 5 天，测定溶解氧；另一份当天测定。然后按公式计算每升水中所消耗的氧量。

12.4.3 BOD 测定仪选型及几种测定方法

（1）测压法

在密闭的培养瓶中，水样中溶解氧被微生物消耗，微生物因呼吸作用产生与耗氧量相当的 CO_2，当 CO_2 被吸收后使密闭系统的压力降低，根据压力测得的压降可求出水样的 BOD 值。

（2）标准稀释法

这种方法是最经典的也是最常用的方法。简单地说，就是测定在（20 ± 1）℃温度下培养 5 天前后溶液中的溶氧量的差值。求出来的 BOD 值称为"五日生化需氧量（BOD_5）"。

（3）生物传感器法

测定水中 BOD 的微生物传感器由氧电极和微生物菌膜构成，其原理是当含有饱和溶解氧的样品进入流通池中与微生物传感器接触，水样中可生化降解的有机物受到微生物菌膜中菌种的作用，使扩散到氧电极表面上氧的质量减少。当水样中可生化降解的有机物向菌膜扩散的速度（质量）达到恒定时，此时扩散到氧电极表面上氧的质量也达到恒定，因此产生一个恒定电流。由于恒定电流与水样中可生化降解的有机物浓度的差值与氧的减少量存在定量关系，据此可换算出水中生物化学需氧量。

优点：维护简单，只需定期更换微生物膜和输液管；费用低廉，消耗品价格低，结构简单，无易损器件。缺点：一般比较适用地表水，对有重金属或者是其他毒性的污染物不太适合。

12.5 酶标仪

酶标仪即酶联免疫检测仪，是酶联免疫吸附测定法（enzyme-linked immunosorbent assay, ELISA）的专用仪器。可简单地分为半自动和全自动两大类，但其工作原理基本上都是一致的，其核心都是一个比色计，即用比色法来分析抗原或抗体的含量。ELISA 测定一般要求测试液的最终体积在 $250\mu L$ 以下，用一般光电比色计无法完成测试，因此对酶标仪中的光电比色计有特殊要求。

12.5.1 酶联免疫吸附测定法

1971 年瑞典学者 Engvail 和 Perlmann，荷兰学者 Van Weerman 和 Schuurs 分别报道将免疫技术发展为检测体液中微量物质的固相免疫测定方法，即酶联免疫吸附测定法。ELISA 现在已成为目前分析化学领域中的前沿课题，它是一种特殊的试剂分析方法，是在免疫酶技术（immunoenzymatic techniques）的基础上发展起来的一种新型的免疫测定技术。

酶联免疫吸附测定法的基本原理：使抗原或抗体结合到某种固相载体表面，并保持其免疫活性。使抗原或抗体与某种酶连接成酶标抗原或抗体，这种酶标抗原或抗体既保留其免疫活性，又保留酶的活性。在测定时，把受检标本（测定其中的抗体或抗原）和酶标抗原或抗体按不同的步骤与固相载体表面的抗原或抗体起反应。用洗涤的方法使固相载体上形成的抗原抗体复合物与其他物质分开，最后结合在固相载体上的酶量与标本中受检物质的量成一定的比例。加入酶反应的底物后，底物被酶催化变为有色产物，产物的量与标本中受检物质的量直接相关，故可根据颜色反应的深浅进行定性或定量分析。由于酶的催化频率很高，故可极大地放大反应效果，从而使测定方法达到很高的敏感度。

在这种测定方法有 3 种必要的试剂：①固相的抗原或抗体（免疫吸附剂）；②酶标记

的抗原或抗体（标记物）；③酶作用的底物（显色剂）。

测量时，抗原（抗体）先结合在固相载体上，但仍保留其免疫活性，然后加一种抗体（抗原）与酶结合成的偶联物（标记物），此偶联物仍保留其原免疫活性与酶活性，当偶联物与固相载体上的抗原（抗体）反应结合后，再加上酶的相应底物，即起催化水解或氧化还原反应而呈颜色。其所生成的颜色深浅与欲测的抗原（抗体）含量成正比。这种有色产物可用肉眼、光学显微镜、电子显微镜观察，也可以用分光光度计（酶标仪）加以测定。其方法简单，方便迅速，特异性强。

12.5.2　酶标分析仪的结构和工作原理

酶标分析仪是一台变相的光电比色计或分光光度计，其工作原理与主要结构跟光电比色计几乎完全相同。它主要由光源系统、单色器系统、样品室、探测器和微处理器控制系统等组成。

光源灯发出的光线经过滤光片或单色器后，成为一束单色光。该单色光束经过酶标板中的待测标本，被标本吸收掉一部分后，到达光电检测器（光电倍增管）。光电检测器将投照到上面的光信号的强弱转变成电信号的大小。此电信号经前置放大、对数放大、模数转换等处理后，送入微处理器进行数据处理和计算，最后通过显示器和打印机输出测试结果。X 方向和 Y 方向的机械驱动器的运动也由微处理器通过控制电路完成（见图 12-5）。

微孔板是一种专用于放置待测样本的透明塑料板，板上有多排大小均匀一致的小孔，

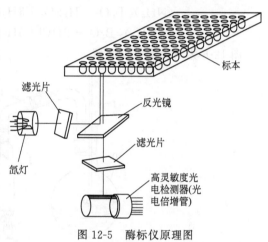

图 12-5　酶标仪原理图

孔内都包埋着相应的抗原或抗体，微孔板上每个小孔可盛放零点几毫升的溶液。其常见规格有 40 孔板、55 孔板、96 孔板等多种，不同的仪器选用不同规格的孔板，对其可进行一孔一孔的检测或一排一排的检测。

酶标仪可分为单通道和多通道两种类型，单通道又有自动和手动两种之分。自动型的仪器有 X、Y 方向的机械驱动机构，可将微孔板 L 的小孔一个个依次送入光束下面测试，手动型则靠手工移动微孔板来进行测量。

多通道酶标仪一般都是自动化型的。它设有多个光束和多个光电检测器，如 12 个通道的仪器设有 12 条光束或 12 个光源，12 个检测器和 12 个放大器，在 X 方向的机械驱动装置的作用下，样品 12 个为一排被检测。多通道酶标仪的检测速度快，但其结构较复杂、价格也较高。

12.6　凯氏定氮仪

凯氏定氮法是一种检测物质中"氮的含量"的方法。蛋白质是一种含氮的有机化合物，食品中的蛋白质经硫酸和催化剂分解后，产生的氨能够与硫酸结合，生成硫酸铵，再经过碱化蒸馏后，氨即成为游离状态，游离氨经硼酸吸收，再以硫酸或盐酸的标准溶液进行滴定，根据酸的消耗量再乘以换算系数，就可以推算出食品中的蛋白质含量。蛋白质是一类复杂的

含氮化合物，每种蛋白质都有其恒定的含氮量［约在 $14\%\sim18\%$，平均为 16%（质量分数）］。凯氏定氮法测定出的含氮量，再乘以系数 6.25，即为蛋白质含量。但是，实际上，测定出的含氮量是样品的总氮量，其中包括有机氮和无机氮。

反应式为：

① 有机物中的铵根基团在强热和催化剂及浓硫酸作用下，消化生成硫酸铵 $(NH_4)_2SO_4$：

$$2NH_2^- + H_2SO_4 + 2H^+ === (NH_4)_2SO_4$$

② 在凯氏定氮仪中硫酸铵与碱作用，通过蒸馏释放出 NH_3，收集于 H_3BO_3 溶液中：

$$(NH_4)_2SO_4 + 2NaOH === 2NH_3\uparrow + 2H_2O + Na_2SO_4$$

$$2NH_3 + 4H_3BO_3 === (NH_4)_2B_4O_7 + 5H_2O$$

③ 用已知浓度的 H_2SO_4（或 HCl）标准溶液滴定，根据标准溶液消耗的量计算出氮的含量，然后乘以相应的换算因子，即得蛋白质的含量：

$$(NH_4)_2B_4O_7 + H_2SO_4 + 5H_2O === (NH_4)_2SO_4 + 4H_3BO_3$$

$$(NH_4)_2B_4O_7 + 2HCl + 5H_2O === 2NH_4Cl + 4H_3BO_3$$

图 12-6 为凯氏定氮仪装置。

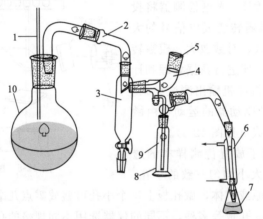

图 12-6　凯氏定氮仪装置图

1—安全管；2—导管；3—汽水分离管；4—样品入口；5—塞子；6—冷凝管；
7—吸收瓶；8—隔热液套；9—反应管；10—蒸汽发生瓶

12.7　水分测定仪

水分测定可以是工业生产的控制分析，也可是工农业产品的质量检定；可以从成吨计的产品中测定水分，也可在实验室中仅用数微升试液进行水分分析；可以是含水量达百分之几至几十的常量水分分析，也可是含水量仅为百万分之一以下的痕量水分分析等等。

水分分析方法一般可分为两大类，即物理分析法和化学分析法。经典水分分析方法已逐渐被各种水分分析方法所代替，目前市场上的水分测定仪主要有以下 5 种：

12.7.1　卡尔·费休水分测定仪

卡尔·费休法简称费休法，是 1935 年卡尔·费休（Karl Fischer）提出的测定水分的容量分析方法。费休法是测定物质水分的各类化学方法中，对水最为专一、最为准确的方法。

虽属经典方法，但经过近年改进，提高了准确度，扩大了测量范围，已被列为许多物质中水分测定的标准方法。

测定原理：

在水存在时，样品中的水与卡尔·费休试剂中的 SO_2 和 I_2 产生氧化还原反应。

$$I_2 + SO_2 + 2H_2O \longrightarrow 2HI + H_2SO_4$$

但这个反应是个可逆反应，当硫酸浓度达到 0.05％ 以上时，即能发生逆反应。如果我们让反应按照一个正方向进行，需要加入适当的碱性物质以中和反应过程中生成的酸。经实验证明，在体系中加入吡啶，这样就可使反应向右进行。

$$3C_5H_5N + H_2O + I_2 + SO_2 \longrightarrow 2\text{氢碘酸吡啶} + \text{硫酸酐吡啶}$$

生成的硫酸酐吡啶不稳定，能与水发生反应，消耗一部分水而干扰测定，为了使它稳定，可加无水甲醇。

$$\text{硫酸酐吡啶} + CH_3OH(\text{无水}) \longrightarrow \text{甲基硫酸吡啶}$$

把这上面三步反应写成总反应式为：

$$I_2 + SO_2 + H_2O + 3C_6H_5N + CH_3OH(\text{无水}) \longrightarrow 2\text{氢碘酸吡啶} + \text{甲基硫酸吡啶}$$

从反应式可以看出 1mol 水需要 1mol 碘、1mol 二氧化硫和 3mol 吡啶及 1mol 甲醇而产生 2mol 氢碘酸吡啶、1mol 甲基硫酸吡啶。这是理论上的数据，但实际上，SO_2、吡啶、CH_3OH 的用量都是过量的，反应完毕后多余的游离碘呈现红棕色，即可确定为到达终点。

$$I_2 : SO_2 : C_5H_5N = 1 : 3 : 10$$

卡尔·费休法测定水分，需要注意如下几点：

① 此法适用于多数有机样品，包括食品中糖果、巧克力、油脂、乳糖和脱水果蔬类等样品。

② 样品中有强还原性物料，包括维生素 C 的样品不能测定；样品中含有酮、醛类物质的，会与试剂发生缩酮、缩醛反应，必须采用专用的醛酮类试剂测试。对于部分在甲醇中不溶解的样品，需要另寻合适的溶剂溶解后检测，或者采用卡氏加热炉将水分汽化后测定。

③ 卡尔·费休法不仅可测得样品中的自由水，而且可测出结合水，即此法测得结果能更客观地反映样品中总水分含量。

④ 固体样品细度以 40 目为宜，最好用粉碎机而不用研磨，防止水分损失。

容量法卡式水分测定仪：适用于较高含水量的样品（液体、固体、气体）。

库仑法卡式水分测定仪：适用于微量水分含量样品（液体、固体、气体）；利用法拉第定理电解产生与水反应的碘，电解过程自动控制（图 12-7）。

12.7.2　红外线水分测定仪

红外线水分测定仪（图 12-8），是一种采用热解重量原理设计的新型快速水分检测仪器。水分测定仪在测量样品重量的同时，红外加热单元和水分蒸发通道快速干燥样品，在干燥过程中，水分仪持续测量并即时显示样品丢失的水分含量，干燥程序完成后，最终测定的水分含量值被锁定显示。与国际烘箱加热法相比，红外加热可以最短时间内达到最大加热功率，在高温下样品快速被干燥，其检测结果与国际烘箱法具有良好的一致性，具有可替代性，且检测效率远远高于烘箱法。一般样品只需几分钟即可完成测定。

适用范围：可以测定谷物、淀粉、面粉、干面、酿造品、海产品、鱼类加工品、食用肉类加工品、调料、点心、乳制品、干燥食品、植物油等食品相关物品，药品、矿石砂、焦炭、玻璃原料、水泥、化学肥料、纸、纸浆、棉、各种纤维等的工业制品等。

图 12-7　MKC-520 库仑法卡氏微量水分仪

图 12-8　红外线水分测定仪

12.7.3　露点水分测定仪

露点水分测定仪主要测试原理就是将气体通入仪器中，同时降温，使样品中的水分结露，当结露达到一定程度时，记录下此时的温度值，即是样品的露点值。

XPDM 型露点仪是电池供电的便携式仪表，可以在 $-100 \sim 20 ℃$ 的范围内快速准确地测量干燥空气或其他气体的湿度。内芯为一高纯铝棒，表面氧化成氧化铝薄膜，其外涂一层多孔的金膜。该金膜与内芯之间形成电容，由于氧化铝薄膜的吸水特性，当水蒸气分子被吸入其中时，导致电容值发生变化，检测并放大该电容信号即可得到湿度大小。

可应用在石化，天然气，干燥气和压缩气，发电机冷却氢气，变压器和高压开关绝缘气，焊接气以及船舶和航空用的氧气中的水分测定。

露点水分测定仪操作简便，仪器不复杂，所测结果一般令人满意，常用于永久性气体中微量水分的测定。但此法干扰较多，一些易冷换气体特别是在浓度较高时会比水蒸气先结露产生干扰。

12.7.4　微波水分测定仪

微波水分测定仪利用微波场干燥样品，自动称量，根据干燥前后的重量差，计算出样品中的水分含量。微波场加速了干燥过程，具有测量时间短，操作方便，准确度高、适用范围广等特点，适用于粮食、造纸、木材、纺织品和化工产品等的颗粒状、粉末状及黏稠性固体试样中的水分测定，还可应用于石油、煤油及其他液体试样中的水分测定。

12.7.5　库仑水分测定仪

库仑水分测定仪常用来测定气体中所含水分。以三氯甲烷、甲醇和卡氏试剂为电解液，用 $2 \sim 5 mL$ 试样可定量地检出 $1 \mu g/mL$ 的水。测定微量水的原理是在含恒定碘的电解液中通过电解过程，使溶液中的碘离子在阳极氧化为碘：

阳极：
$$2I^- - 2e^- \longrightarrow I_2$$

所产生的碘又与试样中的水反应：

$$H_2O + I_2 + SO_2 + 3C_5H_5N \longrightarrow 2(C_5H_5N \cdot HI) + C_5H_5N \cdot SO_3$$

生成的硫酸吡啶又进一步和甲醇反应：

$$C_5H_5N \cdot SO_3 + CH_3OH \longrightarrow C_5H_5N \cdot HSO_4CH_3$$

反应终点通过一对铂电极来指示，当电解液中的碘浓度恢复到原定浓度时，电解即自行停止。根据法拉第电解定律即可求出试样中相应的水含量。

此法操作简便，应答迅速，特别适用于测定气体中的痕量水分。如果用一般的化学方法测定，则是非常困难的事情。但电解法不宜用于碱性物质或共轭双烯烃的测定。

12.8 流动注射分析仪器

12.8.1 流动注射分析工作原理

流动注射分析（flow injection analysis，FIA）是 1974 年丹麦化学家鲁齐卡（J. Ruzicka）和汉森（E. H. Hansen）提出的一种新型的连续流动分析技术。

流动注射分析是在热力学非平衡条件下，在液流中重现地处理试样或试剂区带的定量流动分析技术。简单地说，试样溶液通过采样阀被注入连续流动的载流中，在管路中与各种试剂溶液混合、反应，在流动中完成所有的分析操作。一般的 FIA 流路系统如图 12-9 所示。

当装入注样阀中一定体积的试样被注入以一定流速连续流动的载流中后，在流经反应器时与试剂在一定程度上混合，与试剂反应的产物在流经流通式检测器时得到检测，记录仪或计算机记录的为一峰形信号。一般以峰高为读出值绘制校正曲线

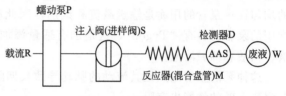

图 12-9　流动注射流路图

及计算分析结果。由于试样溶液在严格控制的条件下在试剂载流中分散，因而，只要试样溶液注射方法、在管道中存留时间、温度和分散过程等条件相同，不要求反应达到平衡状态就可以按照比较法，由标准溶液所绘制的工作曲线测定试样溶液中被测物质的浓度。

FIA 的主要特点可以概括为：

（1）适应性广

FIA 可与多种检测手段联用，既可完成简单的进样操作，又可实现诸如在线溶剂萃取、在线柱分离及在线消化等较复杂的溶液自动化。它还是一种比较理想的进行自动监测与过程分析的手段。

（2）高效率

一般分析速度可达到 $100 \sim 300$ 样/h，包括较复杂的处理，如萃取、吸着柱分离等过程的测定也可达 $40 \sim 60$ 样/h。

（3）低消耗

FIA 是一种微量分析技术，一般消耗试样为 $10 \sim 100 \mu L$/次测定，试剂消耗水平也大体相似。与传统手工操作相比，可节约试剂与试样 $90\% \sim 99\%$，这对于使用贵重试剂的分析有着重要的意义。

（4）高精度

一般 FIA 的测定精度（RSD）可达 $0.5\% \sim 1\%$，多数优于相应的手工操作。即使是很不稳定的反应产物或经过很复杂的在线处理，测定精度仍可达 $1.5\% \sim 3\%$。

（5）设备简单价格低廉

简单的 FIA 设备所占工作台面积仅相当于一台台式微机大小，国产的自动化 FIA 仪器（不包括检测器）的价格仅数千元。

12.8.2 流动注射分析仪器装置及组件

12.8.2.1 流体驱动单元

流体驱动单元的功能是为液体提供动力使其在体系中流动。最常用的有两种：

（1）蠕动泵

它是 FIA 系统中推动试剂和载流应用最广泛的工具，它可以提供多个通道，从而根据各泵管的内径得到若干相等或不等的流速。

蠕动泵依靠转动的滚轮带动滚柱挤压富有弹性的改性硅橡胶管来驱动液体流动。当泵管夹于压盖与滚柱之间，滚轮转动使泵管两个挤压点之间形成负压，将载流抽吸至管道内连续流动（图12-10）。滚柱滚动的线速度和泵管内径大小决定载液的流量。这种泵结构简单、方便，且不与化学试剂直接接触，避免了化学腐蚀的问题。通过调节泵速和泵管内径可获得所需载液速度，但载液的脉动不能完全避免，因此也易使输出信号发生一定程度的波动。泵头能安排的泵管数称为"道数"，蠕动泵一般为六道和八道。泵管壁厚的均匀性影响载液流速的均匀性。泵管的用途是输送载流和试剂，因此应具有一定的弹性、耐磨性，且壁厚均匀。常用的泵管材料有"Tygon"，这是加有适量添加剂的聚乙烯或聚氯乙烯管，它适用于水溶液、稀酸和稀碱溶液。

这种泵的主要缺点是其流动的脉动导致长期限稳定性较差，泵管的耐磨性和抗有机溶剂及强酸强碱的性能也有限。

（2）柱塞泵

流速稳定性好，适于过程分析和在线监测应用中的连续长时间工作，不需更换泵管，维持费用低于蠕动泵（图12-11）。它的主要缺点是通道数目少，不适合与原子光谱等装有气动雾化器的检测器联用。

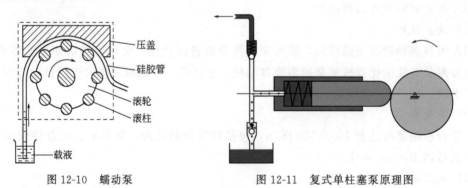

图 12-10　蠕动泵　　　　　　　　图 12-11　复式单柱塞泵原理图

12.8.2.2 注入阀

它的功能是采集一定体积的试样或试剂溶液，并以高度重现的方式将其注入连续流动的载流中。目前应用比较广泛的是六孔双层旋转采样阀、八通道十六孔多功能旋转阀、多通道选项阀等。这些阀一般都是由聚四氟乙烯材料制成，包括定子和转子，通过转子的转动，达到各管路与采样环之间的切换或各管路之间的切换，从而起到采样、进样和改变各管路之间连接方式的作用。

12.8.2.3 化学管路

化学管路是各种试剂和试样进行混合、反应的地方，它包括反应器、混合圈、连接器。

管道主要使用内径为 0.5～1.0mm 的聚乙烯管和聚四氟乙烯管。

12.8.2.4　检测器

多种仪器分析检测手段都可以作为流动注射分析的检测器，其中常用的检测方法有光度法、原子光谱法、电化学法、荧光法和化学发光法等。在 FIA 中待测物的检测总是在流动状态下完成的，所以作为 FIA 的检测器都有液流入口和出口。有些检测器如火焰原子吸收光谱、电感耦合等离子体光谱，原来就需要在连续供给试样的条件下测定，当 FIA 系统与其联用时就较为方便，只需用通向雾化器的管道代替原提升管即可。原来一般需要在一定容器中完成检测的方法如光度法、电化学法、荧光法等作为 FIA 的检测器时，则要配备特制的流通池。

在光学检测器中，应用最多的是带有流通池的分光光度计。常见的流通池如图 12-12 所示，在保证一定光路长度（一般为 10～20mm）和透光面积的前提下，它的容积应尽可能小，以减小载流量和试样量，并维持试剂-试样界面的原有扩散模式，以提高分析精度。这就要求光电检测系统灵敏、稳定。此外，流通池的设计应没有死角和稍有倾斜，以利于偶然带入的气泡排出。

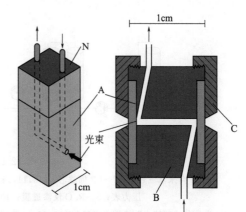

(a) 赫尔马(Hellma)型流通池　　(b) Z 型流通池

图 12-12　FIA 分光光度计中使用的两种流通池
A—光学玻璃；B—黑色有机玻璃；
C—端螺丝；N—黑色玻璃

在电化学检测器中，应用较多的是流通式离子选择电极检测器（见图 12-13）。离子选择电极检测器采用"梯流"式电势流通池。这种流通池有一定角度的倾斜，使载流流向相对于敏感膜表面的方向处于最佳位置。注入的试样带首先与离子选择电极接触，然后再与参比电极接触，在它们之间产生一个电动势。流出液的液面通过排液管保持恒定。

这种检测法与普通电极法的不同之处在于：流动注射分析法并不需要电极电位达到稳定数值后才测定。由于流过电极表面的试液与流过的时间可以准确地控制，因此仍然可以得到与静态测定时完全一致的结果，并能大大地提高分析速度。

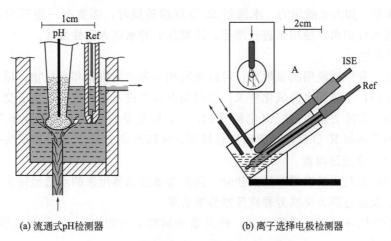

(a) 流通式pH检测器　　　　　(b) 离子选择电极检测器

图 12-13　流通式离子选择电极检测器
pH—玻璃电极；Ref—参比电极；ISE—离子选择电极；A—敏感膜表面

12.9 纯水机

12.9.1 纯水机的结构

纯水机的结构如图 12-14 所示。纯水机的构件包括 PP 棉滤芯、增压泵、活性炭粉滤芯、R. O 反渗透膜、高容量离子交换树脂等。

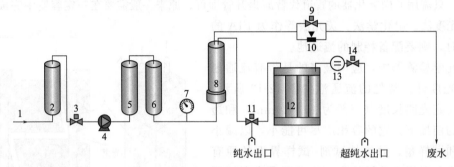

图 12-14 纯水机的结构

1—自来水三通阀；2—PP 棉滤芯；3,9,11,14—电磁阀；4—增压泵；5—活性炭粉滤芯；6—碳棒滤芯；
7—压力表；8—R. O 反渗透膜；10—比例调节阀；12—离子交换柱；13—电导池

注：在"超纯水"终端出水口配有 0.22μm 精密过滤器，以保证离子交换柱的树脂残片不会随出水口流出，
同时有效地过滤细菌。

12.9.2 纯水机的工作原理

超纯水机采用了先进的反渗透技术和离子交换技术相结合的方式，采用微电脑单板机程序控制，水质检测自动显示，从而获得了高质量的产出水，它的出水电阻率一般均可达到 18MΩ/cm。

超纯水器的工作原理如下：

自来水

——→初级纤维过滤柱（PP 棉滤芯），其孔径为 5μm，滤去各种固体颗粒物，从而保证进水的清洁并延长下游部件的使用寿命。

——→增压泵，加大水的压力。水通过 R. O 反渗透膜时，需要有一定压力，称之为渗透压，所以在纤维柱出水口使用泵进行增压，让增压后的水进入活性炭柱。

——→活性炭柱

活性炭是一种广泛使用的吸附剂，可以吸附相当多的无机物和有机物。活性炭在四个方面起到很大作用：①降低水的氧化要求；②避免有机物进入，以致破坏离子交换床；③除去水中残留的氯；④除去水中的三卤化物（THM），特别是它对氯的吸附效果几乎是 100%，而水中余氯对后面的 R. O 反渗透膜破坏性极强，可以造成 R. O 反渗透膜的失效。

——→R. O 反渗透过滤器

反渗透过滤器利用反渗透膜除去盐分，从反渗透过滤器出来的水已经除去了大部分阳离子和阴离子。反渗透膜为交联芳香族聚酰胺复合膜。

——→离子交换柱：进一步除去钙、镁及重金属离子（阳离子），以及硫酸根、碳酸根、氯离子等阴离子。

——→纯净水。

13 实验室安全

13.1　分析实验室一般安全守则

① 实验室内须装备各种必要的安全设施（通风橱、防尘罩、消防灭火器材等），并应定期检查，保证随时可供使用。实验室应有与检测范围相应的安全防护报警设施，如烟雾报警器、毒气报警器、紧急喷淋室等。

② 实验室内各种仪器、器皿应有规定的放置处所，不得任意堆放，以免错拿错用，造成安全事故。

③ 使用各种仪器设备时，必须严格遵守安全使用规则和操作规程，认真填写使用登记表。

④ 使用易燃、易爆和剧毒试剂时，必须遵照有关规定进行操作。易燃易爆试剂要随用随领，不得在实验室内大量积存。剧毒试剂应有专人负责保管，经批准方可使用，且应由两人共同称量，登记用量。

⑤ 实验室应妥善处理有害废弃物。应注意不将含有剧毒试液的废液直接倾入下水道，必要时可先经适当转化处理，再进行清洗排放。

⑥ 使用电、气、水、火时，应按有关使用规则进行操作，保证安全。

⑦ 下班前要有专人负责检查门窗、水、电、气切实关好，不得疏忽大意。

⑧ 实验室发生意外事故时，应迅速切断电源、火源，立即采取有效措施，及时处理，并上报有关部门。

⑨ 实验室的消防器材应妥善保管，不得随意挪用。

⑩ 夜间不得独自一人在实验室内操作，实验室内不得吸烟、喧哗和吃零食。

⑪ 从事生物毒素检测、农兽药残留检测等的实验室应有灭活、防污染等的措施。

13.2　实验室存在的危险性分类

（1）火灾爆炸危险性

实验室发生火灾的危险带有普遍性，这是因为分析化学实验室中经常使用易燃易爆物品。高压气体钢瓶、低温液化气体、减压系统（真空干燥、蒸馏等），如果处理不当，操作失灵，再遇上高温、明火、撞击、容器破裂或没有遵守安全防护要求，往往会酿成火灾爆炸事故，轻则造成人身伤害、仪器设备破损，重则造成人员伤亡、房屋破坏。

（2）有毒气体危险性

分析实验中经常要用到煤气、乙炔气、各种有机溶剂，不仅易燃易爆而且有毒。在有些实验中由于化学反应也产生有毒气体，如不注意都有引起中毒的可能性。

（3）触电危险性

分析实验离不开电器设备，不仅常用 220V 的低电压，而且还要用几千及至上万伏的高压电，分析人员应懂得如何防止发生触电事故或由于使用非防爆电器产生电火花引起的爆炸事故。

（4）机械伤害危险性

分析经常用到玻璃器皿，还有割断玻璃管、胶塞打孔、用玻璃管连接胶管等操作。操作者疏忽大意或思想不集中造成皮肤与手指创伤、割伤也时有发生。

（5）放射性危险

从事放射性物质分析及 X 射线衍射分析、X 射线荧光分析的人员很可能受到放射性物质及 X 射线的伤害，必须认真防护，避免放射性物质侵入和污染人体。

13.3　化学试剂的安全使用

13.3.1　使用化学试剂安全操作

（1）浓硫酸

浓硫酸与水混合时必须边搅拌边将浓硫酸徐徐注入存有冷水的耐热玻璃器皿中，不得将水倒入浓硫酸中，否则将引起烧伤事故。凡在稀释时能放出大量热的酸、碱，稀释时都应按此规定操作。

（2）氢氟酸

氢氟酸烧伤较其他酸碱更危险，如不及时处理，将使骨骼组织坏死。使用氢氟酸时需特别小心，最好戴医用手套，操作后必须立即洗手，以防止造成意外伤害。

（3）乙醚

乙醚在试样加工中用作去油剂，化学分析中常用作萃取剂，因其闪点低（−45℃），极易着火，沸点低（34.5℃），极易挥发，使用时要特别小心。

（4）高氯酸

热的高氯酸是强氧化剂，与有机物或还原剂接触时会产生剧烈爆炸，使用时必须注意以下几点：

① 浓高氯酸（70%～72%，ρ 约 1.68g/mL）应存放在远离有机物及还原物质的地方，使用高氯酸时不能戴手套；

② 破坏试剂中的滤纸和有机溶剂时，必须先加足够量的浓硝酸加热破坏，稍冷后再加入浓硝酸和高氯酸冒烟破坏残余的碳化物；

③ 对经常冒高氯酸烟的木质通风橱要定期用水冲洗，用高氯酸的通风橱内不得同时蒸发有机溶剂或灼烧有机物；

④ 热的浓高氯酸与某些粉状金属作用时，因产生氢可能引起剧烈爆炸，因而溶样时应用其他酸溶解或同时加入其他酸低温加热直到试样全部溶解，防止高氯酸单独与金属粉末作用。

13.3.2　化学药品贮存

① 化学药品贮存室应符合有关安全规定：有防火、防雷、防爆、调温、消除静电等安全措施。室内应干燥、通风良好、温度一般不超过 28℃，照明应是防爆型。

② 化学药品贮存室应由专人保管，并有严格的账目和管理制度。管理人员应了解防火、灭火知识，经常检查危险物品的贮藏情况，及时消除事故隐患。

③ 实验室和贮藏室中应放置消防器材设备。

④ 贮存化学药品应符合下列要求：

a. 化学药品应按类存放，特别是化学危险品应根据其危害性不同采用分类、隔离的方法贮存。例如腐蚀性物品选用耐腐蚀性材料做架子，爆炸性物品的瓶子最好存于铺有干燥黄砂的柜子中。

b. 遇火、遇潮、易燃烧产生有毒气体的化学药品，不得在露天、潮湿、漏雨和低洼容易积水的地点存放。

c. 受光照射容易燃烧、爆炸或产生有毒气体的化学药品和桶装、瓶装的易燃液体，应当在阴凉通风的地点存放。

⑤ 对不同性质的试剂的应采用不同的贮存方法。

a. 容易侵蚀玻璃而影响试剂纯度的，如氢氟酸、含氟盐（氟化钾、氟化钠、氟化铵）、苛性碱（氢氧化钠、氢氧化钾）等，应贮存在塑料瓶中。

b. 见光会逐渐分解的试剂如过氧化氢、硝酸银、高锰酸钾等，与空气接触易逐步被氧化的试剂如氯化亚锡、硫酸亚铁铵、亚硫酸钠等，以及易挥发的试剂如溴水、氨水及乙醇等，应放在棕色瓶内并置于冷暗处。

c. 吸水性强的试剂如无水碳酸钠、苛性钠、过氧化钠等应严格密封。

d. 易相互作用的试剂如挥发性的酸与氨，氧化剂与还原剂，应分开存放。易燃的试剂如乙醇、乙醚、苯、丙酮与易爆的试剂如高氯酸、过氧化氢、硝基化合物，应分开贮存在阴凉通风、不受阳光直接照射的地方。

e. 剧毒试剂如氰化钾、氰化钠、二氯化汞、三氧化二砷等，应特别妥善保管，经一定手续领用，以免发生事故。

13.3.3 化学危险品分类

① 爆炸品。一般都含有以下结构：O—O 过氧化物、O—Cl 氯酸或高氯酸化合物、N—X 氮的卤化物、N═O 硝基或亚硝基化合物、N≡N 叠氮或重氮化合物、N═C 雷酸盐化合物、C≡C 炔类化合物等。要同可燃和易发生火花的设备隔离放置。

② 氧化剂。按氧化性的强弱分为一级和二级氧化剂。按其组成分为无机氧化剂和有机氧化剂。一级无机氧化剂，性质不稳定，容易引起燃烧爆炸。二级无机氧化剂比一级无机氧化剂稳定，容易分解，能引起燃烧。一级有机氧化剂，大多数为有机过氧化物或硝酸化合物，具有极强的氧化性，能引起燃烧或爆炸。二级有机氧化剂为有机过氧化物。大多数氧化剂遇热分解，遇酸分解，引起爆炸。应存放在阴凉通风处。

③ 压缩气体和液化气体。这类气体是气体经压缩后贮于耐压钢瓶内，由于它具有受热的膨胀性，当压力超过容器的耐压强度时，就会造成爆炸。因此应避免日晒，不能放在热源附近。

④ 自燃品。分为两级：一级自燃品，在空气中氧化反应速度极快，自燃点低，燃烧迅速、猛烈，危害性大。贮存时必须浸没在水中，与空气隔绝。二级自燃品，在空气中氧化速度较慢，在积热不散的情况下能产生自燃。自燃物品的贮存要注意库房的通风、散热、阴凉、干燥，并有防热降温措施。

⑤ 遇水燃烧物品。一级遇水燃烧物品，遇水反应速度快，放出易燃气体量多，发热量

高，容易引起燃烧爆炸。二级遇水燃烧物品，遇水反应速度较缓慢，放出热量比较少。这类物质在贮存时除避免与水或潮湿的空气接触外，更应注意与酸和氧化剂隔离。

⑥ 易燃液体。一级易燃液体，闪点在 28℃ 以下。二级易燃液体，闪点在 28℃ 以上，45℃ 以下。易燃液体的闪点越低，越容易燃烧。要存放在阴凉通风处。

⑦ 易燃固体。一级易燃固体，燃点低，易燃烧或爆炸，燃烧速度快，并能放出剧毒气体。二级易燃固体，燃烧速度略慢，燃烧产物毒性比较小。应干燥保存，存放时室温不超过 30℃，最好在 20℃ 以下。

⑧ 毒害物品。分为剧毒品和有毒品。毒害物品应锁在固定的铁柜中，由专人负责保管，每次取用有严格的用量登记。

⑨ 腐蚀性物品。对人体的皮肤、黏膜、眼睛、呼吸器官和金属等，有极强的腐蚀性。应放置在用抗磨蚀性材料制成的架子上贮存。

⑩ 放射性物品。人体受到放射线过量照射或吸入放射性粉尘能引起放射病。所以放射性物品应远离生活区，存放在专用的安全贮藏所。

13.4 气体的安全使用

13.4.1 正确使用煤气、氢气、氧气、乙炔、一氧化二氮等危险性气体

使用各种气瓶必须按规定正确操作，开阀宜缓，必须经减压阀，不得直接放气。氢气表和氧气表的阀门结构不同，不准换用。操作人员在放气时应站在出气口的侧面。开阀后观察减压阀高压端压力表指针动作，待至适宜压力后再缓缓开启减压阀，直至低压端压力表指针到需要压力时为止。减压阀有倒、顺螺纹两种，必须正确选用，安装时必须拧紧，不得漏气。气瓶内气体不得全部用尽，一般应保持 196kPa 以上余压，以备充气单位检验和防其他气体倒灌。对不同的气体和气瓶的使用还有各自的操作方法和注意事项：

① 使用煤气灯时应先点火，再开煤气，最后调节风门。关闭时应先关风门，再关煤气，室内无人时，禁止使用煤气灯。

② 检查煤气管是否漏气可用肥皂水，切不能用火试验。室内有煤气味应及时打开门窗，在排尽煤气前不得点火或接通电源，以防煤气着火爆炸。

③ 氢气因密度小，易漏气，且扩散速度很快，易和其他气体混合，因此在检查氢气导管及其连接处是否漏气时，务必使用肥皂水。氢气与空气混合后极易爆炸（爆炸极限为体积分数 4.0%～74.2%）。在现代实验室中装有消氢器，以及时消除氢气泄漏。

④ 氧气是强烈的助燃气。氧气瓶阀门和减压阀严禁与油脂接触，开启气瓶的工具不得沾有油脂。

⑤ 原子吸收光谱仪用乙炔气瓶须放置在通风良好、温度不超过 35℃ 处。为防止气体回流，应接上回闪阻止阀。发现乙炔气瓶有发热情况，表明乙炔已经自发分解，应立即关闭气门，并用水直接浇洒冷却，最好将气瓶移至户外安全的地方。乙炔气瓶不得卧放，用气速度不能过快，以防带出丙酮。乙炔气瓶禁止放置在有放射性射线的场所，以防聚合。乙炔导气管不得用纯铜管直接连接，因乙炔与纯铜作用可产生易爆炸的乙炔铜化合物。

⑥ 实验室内不得存放大量碳化钙，因碳化钙遇水即产生乙炔，与空气混合后即有爆炸危险（爆炸极限为体积分数 2.50%～80.0%）。

⑦ 一氧化二氮（N_2O）即笑气，具有兴奋麻醉作用，有毒。使用时要特别注意通风，燃烧时严禁从原子吸收光谱仪喷雾室的排水阀吸入空气，否则会引起爆炸。

⑧ 使用原子吸收光谱仪时点燃和熄灭火焰要注意调节空气、乙炔和一氧化二氮之间的流量、顺序，若操作不当，容易引起爆炸。

表 13-1 为有关气瓶颜色标志。

表 13-1 气瓶颜色标志一览表

序号	充装气体名称	化学式	钢瓶瓶色	字样	字体颜色
1	乙炔	$CH \equiv CH$	白	乙炔不可近火	大红
2	氢	H_2	淡绿	氢	大红
3	氧	O_2	淡蓝	氧	黑
4	氮	N_2	黑	氮	淡黄
5	空气		黑	空气	白
6	二氧化碳	CO_2	铝白	液化二氧化碳	黑
7	氨	NH_3	淡黄	液氨	黑
8	氯	Cl_2	深绿	液氯	白
9	甲烷	CH_4	棕	甲烷	白
10	乙烷	CH_3CH_3	棕	液化乙烷	白
11	丙烷	$CH_3CH_2CH_3$	棕	液化丙烷	白
12	天然气		棕	天然气	白
13	氩	Ar	银灰	氩	深绿
14	氦	He	银灰	氦	深绿
15	一氧化二氮	N_2O	银灰	液化笑气	黑
16	石油液化气		灰色	石油液化气	红

13.4.2 各种装有压缩气体的气瓶在贮存、运输、安装及使用时应注意的问题

（1）气体钢瓶

气体钢瓶的安全使用，必须遵守以下规则：

① 高压钢瓶必须分类保管，远离明火、热源，距离不小于 10m。避免曝晒及强烈震动。必须与爆炸物品、氧化剂、易燃物、自燃物及腐蚀性物品隔离。

② 搬运钢瓶应有专用小车，严禁滚、撞、扔、摔。为了保护开关闭阀，避免偶然转动，要旋紧钢瓶上的安全帽，移动钢瓶时不能用手执着开关阀。

③ 钢瓶使用的减压器要专用，氧气钢瓶使用的减压器可用在氮气或空气钢瓶上，用于氮气钢瓶的减压器如要用在氧气钢瓶上，必须将油脂充分洗净。

④ 装减压器前要清除开关阀接口处的污垢，安装时螺扣要上紧。使用时先打开钢瓶阀，观察减压阀高压端压力表指针动作，待到适当压力后再缓缓开启减压阀，至低压端压力表指针到需要压力时为止。并用检漏剂检查是否漏气。

⑤ 钢瓶要直立固定，开启钢瓶时，人必须站于侧面，以免高速气流或阀件射伤人体。开阀要缓慢。使用后先关闭瓶阀，放尽减压器进出口气体，再松开减压器螺杆。

⑥ 钢瓶内气体不能用尽，以防其他气体倒灌。其剩余残压不应小于 $9.8 \times 10^5 Pa$。

⑦ 钢瓶必须专瓶专用，不得擅自改装，以免性质相抵触的气体相混发生化学反应而产生爆炸。

⑧ 钢瓶是专用的压力容器，必须定期进行技术检验。一般气体钢瓶三年检验一次。腐

蚀性气体钢瓶两年检验一次。

⑨ 气瓶失火，应根据不同气体采取不同的灭火措施。如水流、二氧化碳、1211 等。

（2）氧气钢瓶

氧气是强烈的助燃气体，纯氧在高温下活泼。温度不变而压力增加时，氧气可与油类发生强烈反应而引起爆炸。因此氧气钢瓶严禁同油脂接触。氧气钢瓶中绝对不能混入其他可燃气体。

（3）氢气钢瓶

氢气单独存在时比较稳定，但它易与其他气体混合。氢气与空气混合气的爆炸极限是：爆炸下限为 4.1%，爆炸上限为 74.2%。要经常检查氢气导管是否漏气。氢气钢瓶不得与氧、压缩空气等助燃气体混合贮存，也不能与剧毒气体及其他化学危险品混合贮存。

（4）乙炔钢瓶

乙炔钢瓶内填充有颗粒状的活性炭、石棉或硅藻土等多孔性物质，再掺入丙酮，使通入的乙炔溶解于丙酮中，15℃时压力达 $1.5×10^6$ Pa。所以乙炔钢瓶不得卧放，用气速度也不能过快，以防带出丙酮。乙炔为高度不饱和易燃气体，含有乙炔 7%～13% 的乙炔-空气混合气体和含有乙炔 30% 左右的乙炔-氧气混合气最易爆炸。乙炔和铜、银、汞等金属及其盐类长期接触，会形成乙炔铜、乙炔银等易燃物质。因此，乙炔用的器材不能使用含银或含铜量 70% 以上的合金。乙炔和氯、次氯酸盐等化合会发生爆炸燃烧。充装后的乙炔气瓶要静止 24h 后使用。钢瓶内乙炔压力降至 $2.9×10^5$～$4.9×10^5$ Pa 时停止使用。一旦燃烧发生火灾，严禁用水或泡沫灭火器，要使用干粉、二氧化碳灭火器或干砂扑灭。

13.4.3　有毒气体中毒的预防及急救

一氧化碳是最常见的气体中毒物质。炉火燃烧不完全时最易产生一氧化碳。它是无色无味的气体，燃烧时呈蓝色火焰。对空气的相对密度是 0.967，毒性很大，进入血液后与血色素中的氧结合成碳氧血色素，造成血液缺氧以致全身组织尤其是中枢神经系统严重缺氧，很快死亡。

一氧化碳中毒，根据空气中一氧化碳浓度多少、呼吸时间长短、人的体质强弱，引起不同后果。

轻度中毒时，表现头痛、眩晕、耳鸣，有时有恶心呕吐，呼吸困难，全身疲劳无力，精神不振。

中度中毒时，除表现轻度的症状外，迅速发生意识障碍，嗜睡，全身显著软弱无力，甚至肢体瘫痪、痉挛，精神障碍引起各种错觉、幻觉等。由意识不清逐渐加深以至死亡。

重度中毒时，迅速陷入昏迷状态，呼吸微弱。除昏迷状态外，还可能出现如瘫痪、锥体外系症状（肌强直、震颤、舞蹈症等）、精神障碍、视力障碍、失语症等。

凡各种气体中毒时的急救，均应使中毒者迅速离开现场，移至通风处，解开衣领、皮带，头不要后仰，脖子不要弯曲，以靠背式坐下，下面垫以衣、裤，使中毒者保暖，血液流通。

同时清除鼻腔和口腔中的黏液和呕吐出来的物质。用棉花或手帕浸稀氨水使中毒者嗅闻。如有条件，给予氧气。

在接触有毒气体的工作时，必须戴防毒面具或口罩。要在上风头操作。如在室内操作，空气要畅通，最好在通风橱中进行。通风橱中要有换气风扇装置。

13.5 安全用电

13.5.1 分析实验室应遵循的安全用电规则

如果对电器设备装置使用不当、管理不善就会引起电器事故。电器事故与一般事故有所不同。一般事故发生前大都有些预兆，而电器事故则是突然发生。加上实验室某些不良环境，如潮湿、高湿及有腐蚀性气体、导电性粉尘、易燃易爆物存在等危险因素，更易造成电器事故。因此对于化学实验人员来说，掌握一定的电器安全知识是十分必要的。

① 室内电路须按用电总负荷量设计要求布线，应安装总配电装置。实验室内不得有裸露的电线，电闸、开关应完全合上或断开，以防接触不良打火花引起易燃物爆炸。禁止使用金属器皿如坩埚钳等关合电闸。

② 各种电器设备及电线必须始终保持干燥，不得浸湿，以防短路引起火灾或烧坏电器。

③ 为防止触电和漏电事故，应安装附加的触电防护装置，可在总电闸或电力线适当部门的线路上安装若干保护装置，除保险丝外，如过电压、过电流等保护继电器、漏电自动开关、触电保安器等，保险丝熔断时，应检查原因，不得任意加粗保险丝，更不允许用铜丝代替。

④ 室内应安装可靠的保护接地线，其电阻应不大于 $4\,\Omega$，以防设备的绝缘损坏而带电。

⑤ 自行检修低压电路和排除仪器故障应尽量在切断电源后操作。若必须带电操作，操作工具必须绝缘良好，高压电流作业必须穿电工用胶鞋，戴橡皮手套，站在绝缘地板上。

⑥ 光谱实验室工作人员，试样激发时若光谱仪无遮光板，则须戴滤光眼镜。

⑦ 清扫电源开关配电箱时，严禁使用铁柄毛刷或湿布。

13.5.2 安全电流和安全电压

(1) 电对人的伤害

电对人的伤害可分为内伤和外伤两种，可以单独发生，也可以同时发生。

① 电外伤。包括电灼伤、电烙伤和皮肤金属化（熔化金属渗入皮肤）三种，这些都是由电流热效应和机械效应造成的，通常是局部的，一般危害性不大。

② 电内伤。电内伤就是电击，是电流通过人体内部组织而引起的。通常所说的触电事故基本上都是指电击，它能使心脏和神经系统等重要肌体受损。

(2) 安全电流和安全电压

① 安全电流。通过人体电流的大小对电击的后果起决定作用，一般交流电比直流电危险，工频交流电最危险。通常把 10mA 的工频电流，或 50mA 以下的直流电看作是安全电流。

② 安全电压。触电后果的关键在电压，因此根据不同环境采用相应的"安全电压"使触电时能自主摆脱电源。安全电压的数值在国际上尚未有统一规定。电器设备的安全电压如超过 24V，必须采取其他能防止直接接触带电体的保护措施。

预防触电的可靠方法之一，就是采用保护性接地。其目的就是在电器设备漏电时，使其对地电压降到安全电压（40V 以下）范围内。因此，实验室所用的在 1kV 以上的仪器必须采用保护性接地。

13.5.3 使用电器设备时应遵循的安全规定及急救措施

① 使用电器动力时，必须先检查设备的电源开关，马达和机械设备各部分是否安置妥当；

② 打开电源前必须经过认真思考，确认无误时方可送电；

③ 认真阅读电器设备的使用说明书及操作注意事项，并严格遵守；

④ 实验室内不得有裸露的电线头，不要用电线直接插入电源接通电灯、仪器等，以免引起电火花引发爆炸和火灾等事故；

⑤ 临时停电时，要关闭一切电器设备的电源开关，待恢复供电时再重新启动，仪器用完后要及时关闭电源方可离开；

⑥ 电器动力设备发生过热（超过最高允许温度）现象，应立即停机检修；

⑦ 实验室所有电器设备不得私自拆动或修理；

⑧ 下班前应认真检查所有电器设备的电源开关，确认完全关闭后方可离开。

发生人体触电事故时，必须保持冷静，立即拉下电闸断电，或用木棍将电源线拨离触电者。千万不要徒手或脚底无绝缘体的情况下去拉触电者！如人在高处要防止切断电源后把人摔伤。

脱离电源后，检查伤员呼吸和心跳情况，若停止呼吸，立即进行人工呼吸。

应该注意，对触电严重者，必须在急救后再送医院做全面检查，以免耽误抢救时间。

13.6 事故预防及急救处理

13.6.1 预防实验室起火、起爆的措施

物质起火的三个条件是物质本身的可燃性、氧的供给和燃烧的起始温度。一切可燃物的温度处于着火点以下时，即使供给氧也不会燃烧。因而控制可燃物的温度是防止起火的关键。

（1）预防加热起火

① 在火焰、电加热器或其他热源附近严禁放置易燃物。

② 加热用的酒精灯、喷灯、电炉等加热器使用完毕时，应立即关闭。

③ 灼热的物品不能直接放置在实验台上，各种电加热器及其他温度较高的加热器都应放置在石棉板上。

④ 倾注或使用易燃物时，附近不得有明火。

⑤ 蒸发、蒸馏和回流易燃物时，不许用明火直接加热或用明火加热水浴，应根据沸点高低分别用水浴、砂浴或油浴等加热。

⑥ 在蒸发、蒸馏或加热回流易燃液体过程中，分析人员绝不能擅自离开。

⑦ 实验室内不宜存放过多的易燃品。

⑧ 不应用具磨口塞的玻璃瓶贮存爆炸性物质，以免关闭或开启玻璃塞时因摩擦引起爆炸。必须配用软木塞或橡皮塞，并应保持清洁。

⑨ 不慎将易燃物倾倒在实验台或地面上时，必须：

a. 迅速断开附近的电炉、喷灯等加热源；

b. 立即用毛巾、抹布将流出的液体吸干；

c. 室内立即通风、换气；

d. 身上或手上沾有易燃物时，应即清洗干净，不得靠近火源。

（2）预防化学反应热起火和起爆

① 分析人员对于要进行的实验，须了解其反应和所用化学试剂的特性。对有危险的实验，要准备应有的防护措施及发生事故处理方法。

② 易燃易爆物的实验操作应在通风橱内进行，操作人员应戴橡皮手套、防护眼镜。

③ 在未了解实验反应之前，试料用量要从最小开始。

④ 及时销毁残存的易燃易爆物。

（3）预防容器内外压力差引起爆炸

① 预防减压装置爆炸，减压容器的内外压力差不得超过一个大气压。

② 预防容器内压力增大引起爆炸的措施：

a. 低沸点和易分解的物质可保存在厚壁瓶中，放置在阴凉处。

b. 所有操作应按操作规程进行。反应太猛烈时，一定要采取适当措施以减缓反应速度。

c. 不能将仪器装错，使加热过程形成密闭系统。

d. 对有可能发生爆炸的实验一定要小心谨慎，严加管理、严格遵守操作规程，绝对不允许不了解实验的人员进行操作，并严禁一人单独在实验室工作。

13.6.2　灭火紧急措施及注意事项

灭火原则是：移去或隔绝燃料的来源，隔绝空气（氧）、降低温度。对不同物质引起的火灾，采取不同的扑救方法。

（1）实验室灭火的紧急措施

① 防止火势蔓延，首先切断电源、熄灭所有加热设备；快速移去附近的可燃物，关闭通风装置、减少空气流通。

② 立即扑灭火焰、设法隔断空气，使温度下降到可燃物的着火点以下。

③ 火势较大时，可用灭火器扑救。常用的灭火器有以下 4 种：

a. 二氧化碳灭火器：用以扑救电器、油类和酸类火灾，不能扑救钾、钠、镁、铝等物质引起的火灾，因为这些物质会与二氧化碳发生作用。

b. 泡沫灭火器：适用于有机溶剂、油类着火。不宜扑救电器火灾。

c. 干粉灭火器：适用于扑灭油类、有机物、遇水燃烧物质引起的火灾。

d. 1211 灭火器：适用于扑灭油类、有机溶剂、精密仪器、文物档案等引起的火灾。

（2）实验室灭火注意事项

① 用水灭火注意事项：

a. 能与水发生猛烈作用的物质失火时，不能用水灭火。如金属钠、电石、浓硫酸、五氧化二磷、过氧化物等。对于这些小面积范围燃烧可用防火砂覆盖。

b. 比水轻、不溶于水的易燃与可燃液体，如石油烃类化合物和苯类等芳香族化合物失火燃烧时，禁止用水扑灭。

c. 溶于水或稍溶于水的易燃物与可燃液体，如醇类、醚类、酯类、酮类等失火时，如数量不多可用雾状水、化学泡沫、皂化泡沫等。

d. 不溶于水、密度大于水的易燃与可燃液体如二硫化碳等引起的火灾，可用水扑灭，因为水能浮在液面上将空气隔绝。禁止使用四氯化碳灭火器。

② 电器设备及电线着火时，首先用四氯化碳灭火剂灭火，电源切断后才能用水扑救。严禁在未切断电源前用水或泡沫灭火剂扑救。

③ 回流加热时，如因冷凝效果不好，易燃蒸气在冷凝器顶端着火，应先切断加热源，再行扑救。绝对不可用塞子或其他物品堵住冷凝管口。

④ 若敞口的器皿中发生燃烧，应尽快先切断加热源，设法盖住器皿口、隔绝空气，使

火熄灭。

⑤ 扑灭产生有毒蒸气的火情时，要特别注意防毒。

13.6.3 常用灭火器及维护

（1）常用灭火器

常用灭火器见表13-2。

表 13-2　常用灭火器

灭火器类型	特性要求	适用对象
消火栓	为保证管道内水压,不得与生产用水共用同一管线,消火栓位置一般设在走廊和楼梯口	适用于一般木材及各种纤维的着火以及可溶或半溶于水的可燃液体的着火
砂土	隔绝空气而灭火,应保持干燥	用于不能用水灭火的着火物
石棉毯或薄毯	隔绝空气而灭火	用于扑灭人身上的着火
二氧化碳泡沫灭火器	主要成分为硫酸铝、碳酸氢钠、皂粉等,经与酸作用产生二氧化碳的泡沫盖于燃烧物上,隔绝空气而灭火	用于油类着火及高级仪器仪表的着火
干式二氧化碳灭火器	用二氧化碳压缩干粉(碳酸氢钠及适量润滑剂、防潮剂等)喷于燃烧物上而灭火	适用于油类、可燃气体、电器设备及精密仪器等的着火
1211 灭火器	"1211"即二氟一氯一溴甲烷,是一种阻化剂,能加速灭火作用,不导电,毒性较四氯化碳小,灭火效果好	用于档案资料、电器设备及贵重精密仪器的着火

（2）灭火器的维护

① 灭火器要定期检查，并按规定更换药液。使用后应彻底清洗，并更换损坏的零件。

② 使用前须检查喷嘴是否畅通，如有阻塞，应用铁丝疏通后再使用，以免造成爆炸。

③ 灭火器一定要固定放在明显的地方，不得任意移动。

13.6.4 发生化学毒物中毒后的急救措施

在化验室里，如发生人身中毒，原则上应首先尽快派人或电话请医生，并报告有关领导或上级组织，同时采取急救措施。

在医生抢救之前，急救中毒的原则是尽量使毒物对人体不发生有害的作用，或者将有害的作用尽量减少到最低程度。在送医院（或医生到来）之前应迅速查清中毒原因，针对具体情况，采取以下具体措施进行急救。

（1）呼吸系统中毒

如果是呼吸系统中毒，应迅速将中毒者带离现场，移到通风良好的环境，使中毒者呼吸新鲜空气。轻者，短时间内会自行好转；如有昏迷休克、虚脱或呼吸机能不全时，可人工协助呼吸，化验室如有氧气，可吸氧。如可能，给予喝兴奋剂，如浓茶、咖啡等。

（2）经由口服中毒

由口中服入毒物时，首先要立即进行洗胃、呕吐。常用洗胃液是 1∶5000 的高锰酸钾溶液（千万不要太浓，浓度过大会烧坏胃壁黏膜），或用肥皂水或用 30～50g/L 的碳酸氢钠（小苏打）溶液。洗胃液要大量地喝，边喝边使之呕吐。最简单的催吐方法是用手指或木杆压舌根，或者给中毒者喝少量（15～25mL，最多不超过 50mL）10g/L 硫酸铜或硫酸锌溶液催吐。如果无洗胃液，可给予大量的温水喝，冲淡毒物并使呕吐。洗胃要反复进行多次，直至洗胃呕吐物中基本无毒物存在，再服解毒剂。解毒剂有很多，要根据中毒药物的性质选用。一般常用的解毒剂有生蛋清液、牛奶、淀粉糊、橘子汁等。

对某些特殊毒物要采取更有效的特殊药物来解毒，并使呕吐。如磷中毒时用硫酸铜，钡中毒时用硫酸钠，锑或砷中毒用 250g/L 硫酸铁和 6g/L 氧化镁混合液（剧烈搅拌，混合均匀，每隔 10min 给一汤匙，直到呕吐后为止），氰化物中毒给 10g/L 硫代硫酸钠等。解毒呕吐后，多喝温开水并送医院治疗。

（3）皮肤、眼、鼻、咽喉受毒物侵害

皮肤和眼、鼻、咽喉受毒物侵害时，要立即用大量自来水冲洗，冲洗愈早愈彻底愈好。如能涂或服用适当的缓冲剂、中和剂（注意要用稀浓度的）更好。洗净毒物后，看情况请医生治疗。

13.6.5　使用氰化物应注意的问题及中毒急救

（1）使用氰化物的注意事项

① 使用氰化钾时要戴口罩和手套，用毕要彻底清洗仪器和劳动保护品，并洗手。

② 当手上有裂口或伤口时，不能使用氰化钾，否则将会造成可怕的人身事故。

③ 当室内酸雾太大时，也不得使用氰化钾。

④ 不论是强酸或弱酸溶液中加入氰化钾溶液时，必须要在通风橱内进行。

⑤ 含有氰化物的废液不得直接倒入实验室水池内，应在加入氢氧化钠使呈强碱性（pH＞12）后倒入硫酸亚铁溶液中（按质量计算，1 份硫酸亚铁对 1 份氰化钠），生成无毒的亚铁氰化钠后再排入下水道。

⑥ 装氰化钾的专用器皿应用红墨水写上标签。

（2）发现氰化物中毒时应采取的急救措施

① 急性中毒时，立即抬出现场，脱掉工作服，解开衣领，人工呼吸或给予氧气，注射兴奋剂，并同时给予高铁血色素解毒剂，吸入亚硝酸戊酯或亚硝酸丙酯（在操作氰化物的工作中，应先做好准备工作）0.5mL（浸湿棉花或手帕放在鼻、口上，特别是呼吸中毒，必须用这种方法）。还需速用 20g/L 小苏打水或 1∶5000 高锰酸钾液洗胃，并催吐。

② 如通过皮肤黏膜中毒，速用 20g/L 小苏打水或清水多次冲洗。

13.6.6　使用氢氟酸应注意的问题及烧伤处理

（1）使用氢氟酸的注意事项

① 氢氟酸烧伤较其他酸碱烧伤更危险，如不及时处理，将使骨骼组织坏死。使用氢氟酸时需特别小心，最好戴医用手套，操作后必须立即洗手，以防止造成意外烧伤。加热和倾倒溶液等必须在通风橱内进行。

② 转移氢氟酸溶液时，必须使用塑料量具或在内壁涂有石蜡的玻璃量具，用毕要立即冲洗。

（2）氢氟酸烧伤时的处理办法

① 在工作中因不谨慎有氢氟酸接触皮肤时，应立即用水冲洗后再用稀硼酸洗，并涂上甘油，严重者应立即上医院进行治疗。

② 皮肤溅上氢氟酸应立即用水冲洗，若有疼痛感，则立即用饱和硼砂溶液浸泡；受到氢氟酸灼伤，除用水冲洗外，立即用 50g/L NaHCO₃ 溶液清洗伤口至呈苍白色，并涂甘油与氧化镁糊膏（2＋1），必要时应去医院治疗，严防氢氟酸浸入皮下组织和骨骼。

13.6.7 使用砷化物应注意的问题及中毒急救

砷为暗灰色的晶体，本身毒性不大。但其化合物如鸡冠石（As_2S_3）、三氧化二砷与亚砷酸酐［分子式 As_2O_3 或写成 As_4O_6（俗称砒霜或砷石）］、砷化氢（AsH_3）、五氧化二砷（As_2O_5）、三氯化砷（$AsCl_3$）、亚砷酸（H_3AsO_3）等，均有剧烈的毒性。

在操作有砷化物的工作时，要戴口罩或防毒面具，戴防护眼镜，穿橡皮工作服，戴乳胶手套，穿胶鞋。耳、鼻塞上棉花，面部涂上甘油或凡士林保护剂。工作后要洗澡换衣。患有严重湿疹和皮炎、神经系统器质性疾病、严重贫血、肝脾肾疾病的人，严禁操作有砷化物的工作。

使用砷化物的注意事项：

① 当用苯砷酸进行沉淀时必须戴上口罩、手套。在灰化和灼烧苯砷酸沉淀时一定要在通风良好的通风橱中进行，以免 As_2O_3 气体侵入身体。

② 当灼烧砷含量较高的试料时一定要在通风好的情况下进行。

③ 酸性溶液中苯砷酸与各种还原剂相遇时，会产生 AsH_3，此物剧毒，应加小心。

砷化物的中毒途径主要是消化道和呼吸道吸入蒸气粉尘，但砷化物对皮肤和黏膜刺激后，也能引起全身中毒。

砷化物误服的急性中毒和长久积累的慢性中毒，都比较严重。消化系统中毒时，表现有食欲不振，消化不良，恶心、呕吐，有时腹痛、便秘，也有时腹泻，或交替性便秘与腹泻。砷化物的蒸气吸入后，会引起黄疸、肝硬化、肝脾肿大。

皮肤损害时，有各种皮疹和皮炎现象。严重者，表现皮肤脱落或溃疡，且不易愈合。尚有表现多汗，毛发脱落，指甲萎缩或变脆，带状疱疹，皮肤过度角质化等。

三氯化砷和砷化氢蒸气吸入后，有剧烈刺激性，能引起鼻干、流鼻涕、喷嚏、咽喉干燥，剧烈咳嗽，声音嘶哑，气喘、呼吸困难；眼黏膜刺激后，出现结膜混浊、结膜角膜炎、脸浮肿等现象。

对神经系统损害后，会发生各种神经系统的疾病现象。急性中毒后，一小时即可发生口渴、咽喉干燥、流涎，以及持续性呕吐并混有血液，腹泻，便出米汤状粪汁，有时带有大量黏液与血液，剧烈头痛，四肢拘挛，发绀，很快发生心力衰竭或尿闭而死亡。

上述各种症状，有的在急性期以后仍可持续两周以上。对慢性中毒，需要去医院加紧治疗。急性消化道中毒时，立即用炭粉、硫酸铁或氧化镁洗胃。消化道和呼吸道中毒时，服用大量的食糖也可有效。

13.6.8 剧毒汞盐的中毒急救

常用有剧毒的汞盐有升汞（$HgCl_2$）、硝酸汞［$Hg(NO_3)_2$］、砷酸汞（$HgHAsO_4$）等，尤以升汞毒性最大。

汞蒸气可通过呼吸道吸入而中毒，也可以经皮肤直接吸收中毒。汞盐多通过消化道中毒，汞中毒慢性较多见，急性较少见。急性中毒表现为严重口腔炎，恶心呕吐，腹痛、腹泻，全身衰竭，尿量减少或尿闭，很快死亡。

汞及汞盐中毒后，消化道、神经系统、皮肤黏膜、泌尿生殖系统都出现中毒症状。

急性中毒时，要用炭粉彻底洗胃，或给予牛奶一升加三个鸡蛋解毒，并使之呕吐。

慢性中毒可送医院，不属化验室内急救范围。预防汞中毒是非常重要的，一旦汞流失，要及时清除（如汞温度计打破），难以收集起来的微量汞珠，要撒上硫黄粉，使汞与硫化合成毒性较小的硫化汞，并便于清除。不要认为量少无关紧要，因为时间久了，汞都会变为蒸气存在于空气中，导致慢性中毒，对人体危害也很大。

13.6.9 使用高氯酸应注意的问题

（1）高氯酸的性质

高氯酸为无色透明发烟液体，能与水以任何比例相溶。是一种强酸，又是强氧化剂，具有强腐蚀性，能破坏有机材料，与某些有机物接触、遇热极易引起爆炸。无水高氯酸极不稳定，常压下不能制得，一般只能制得水合物，其水合物有六种。在 0℃贮存较久亦不易分解。高氯酸能与铁、铜、锌等剧烈反应生成氧化物，与 P_2O_5 反应生成 Cl_2O_7，还能将元素磷和硫分别氧化成磷酸和硫酸。

（2）使用高氯酸时应注意的问题

① 浓高氯酸（70%～72%）应存放在远离有机物及还原物质（如乙醇、甘油、次磷酸盐等）的地方，以防止高氯酸与有机物质或还原物质有接触的可能，使用高氯酸的操作不能戴手套。

② 高氯酸烟与木材长期接触易引起木材着火或爆炸，因而对经常冒高氯酸烟的通风橱应定期用水冲洗（一季度不少于一次），在使用高氯酸的通风橱中不得同时蒸发有机溶剂或灼烧有机物。

③ 破坏试液中的滤纸和有机试剂时，必须先加足够量的浓硝酸加热，使绝大部分滤纸及有机溶剂破坏，稍冷后再加入浓硝酸和高氯酸冒烟破坏残余的碳化物，过早加入高氯酸或硝酸量不够，在冒高氯酸时即有发生剧烈爆炸的危险。

④ 热的浓高氯酸与某些金属粉末作用时因产生氢可能引起剧烈爆炸，因而溶样时应先用其他酸溶解或同时加入其他酸低温加热直到试样全部溶解，防止高氯酸单独与金属粉末作用。

13.6.10 烧伤、烫伤和割伤的预防和处理

实验室中的烧伤，主要是由于接触到高温物质和腐蚀性物质以及由火焰、爆炸、电及放射性物质所引起的烧伤。

（1）化学烧伤

化学烧伤是由于操作者的皮肤触及腐蚀性化学试剂所致，这些试剂包括：强酸类、特别是氢氟酸及其盐；强碱类，如碱金属的氧化物、浓氨水、氢氧化物等；氧化剂，如浓的过氧化氢、过硫酸盐等；某些单质，如溴、钾、钠等。

化学烧伤的预防措施：取用危险物及强酸、强碱时，必须戴橡皮手套和防护眼镜；酸类滴到身上，不管是在哪一部分，都应立即用水冲洗；稀释硫酸时必须在烧杯等耐热容器中进行，在不断搅拌下将浓硫酸加入水中，绝不能把水加入浓硫酸中；在溶解 NaOH、KOH 等能产生大量热的物质时，也必须在耐热容器中进行；如需用浓硫酸将碱液中和，则必须先将浓硫酸稀释后再中和。

（2）烫伤和烧伤

烫伤是操作者身体直接触及火焰及高温、过冷物品（低温引起的冻伤，其性质与烫伤类似）造成的。

（3）割伤的防护与处理

① 安装能发生破裂的玻璃仪器时，要用布片包裹。

② 往玻璃管上套橡胶管时，最好用水或甘油浸湿橡皮管的内口，一手戴线手套慢慢转动玻璃管，不能用力过猛。

③ 容器内装有 0.5L 以上溶液时，应托扶瓶底移取。

附录　实验室常用安全标志

14 标准方法与标准物质

14.1 标准化与标准

14.1.1 标准化

人类社会的发展史，特别是人类社会的现代发展史充分证明，社会的进步和各行各业的发展都离不开标准和标准化。从当代最先进的宇航技术、IT技术、生物科学技术、材料科学技术到传统的制造业、服务业、农业、采掘业等等，无一例外的都离不开标准和标准化。

标准化是指为了在一定范围内获得最佳秩序，对现实问题或潜在问题制订共同使用和重复使用的条款的活动。标准化的主要作用在于为了其预期目的改进产品、过程或服务的适用性，防止贸易壁垒，并促进技术合作。

通过标准化的过程，可以达到以下四个目的：

① 得到综合的经济效益　通过标准化可以对产品、原材料、工艺制品、零部件等的品种规格进行合理简化，将给社会带来巨大的经济效益。

《贸易技术壁垒协定（TBT）》大大地促进了国际标准化工作，制定了许多国际标准，协定成员国都要遵守协定的规定。因此标准化是消除与减少国际贸易中技术壁垒的极重要的措施。

实施标准化可提高产品的互换性，使一些产品（包括零件、部件、构件）可以与另一些产品在尺寸、功能上能够彼此互相替换，在互换性的基础上，尽可能扩大同一产品（包括产品零件、部件、构件）的使用范围，扩大通用性，大大地提高了人类物质财富的利用率。

② 保护消费者利益　保护消费者利益是标准化另一重要目的。国家颁布了许多法律、法规，对商品和服务质量、食品卫生、医药生产、人身安全、物价、计量、环境、商标、广告等方面作出规定，有效地保护了消费者利益。

国家制定了各类产品的标准，包括质量标准、卫生标准、安全标准等，强制执行这些标准，并通过各个环节，包括商标、广告、物价计量、销售方式等进行监督，以保障消费者利益。

③ 标准化能促进保障人类的生命、安全与健康。国家建立了大量的法律、法规与标准，如《民法通则》中规定，因产品质量不合格，造成他人财产、人身伤害的，产品制造者、销售者应依法承担民事责任。有关责任人要承担侵权赔偿责任。

④ 通过标准化过程的技术规范、编码和符号、代号、业务规程、术语等，可促进国际间、国内各部门、各单位的技术交流。

14.1.2 标准及其级别

标准是为了在一定范围内获得最佳秩序，经协商一致制定并由公认机构批准，共同使用和重复使用的一种规范性文件。标准宜以科学、技术和经验的综合成果为基础，以促进最佳的共同效益为目的。标准应具有统一性、协调性、适用性、一致性和规范性。

标准是构成国家核心竞争力的基本要素，是规范社会和经济秩序的重要技术制度，标准还是国际交往的技术语言和国际贸易的技术依据。不论标准的目的如何，标准中应只列入那些能被证实的要求。标准中的要求应定量并使用明确的数值表示。不应仅使用定性的表述，无法证实的指标不应规定。标准中所规定的要求应能够通过测量、测试和试验来检验证实，或者通过观察来判断。标准应在其规定的范围中内容力求完整，表述用词应清楚和准确，编写技术要素应充分考虑最新技术水平，编写时应为未来技术发展提供框架，编写的内容能够被专业人员所理解。

在选择并确定标准的规范性技术要素内容时，应特别注意并遵循重要的标准化三原则，即：

——目的性原则：标准中规范性技术要素的确定取决于编制标准目的，最重要的目的是保证产品、过程和服务的一致性；

——性能原则：只要可能，要求应由性能来表达，而不用设计特性或描述特性来表达；

——可证实性原则：不论标准的目的如何，标准中应列入那些能被证实的特性。

标准中核心要素"要求"应包含以下内容：

a. 直接或以引用方式给出标准涉及产品、过程或服务等方面的所有特性；

b. 可量化特性所要求的极限值；

c. 针对每个要求，引用测定或检验特性值的试验方法，或者直接规定试验方法。

不应包含的内容：

a. 合同要求（有关索赔、担保、费用结算等）；

b. 法律法规的要求。

极限值：根据特性的用途规定极限值（最大值和/或最小值）。通常一个特性规定一个极限值，但有多个广泛使用的类型或等级时，则需要规定多个极限值。

可选值：根据特性的用途，特别是品质控制和某些接口的用途，可选择多个数值或数系。适合时，数值或数系应按照 GB/T 321 给出的优先数系，或者按照模数制或其他决定性因素进行选择。当试图对一个拟定的数系进行标准化时，应检查是否有现成的被广泛接受的数系。采用优先数系时，宜注意非整数（例如：数 3.15）有时可能带来不便或要求不必要的高精度。这时，需要对非整数进行修约。宜避免由于同一标准中同时包含了精确值和修约值，而导致不同使用者选择不同的值。

按照标准的适用范围，把标准分为不同的层次，通称标准的级别。从世界范围看，有国际标准、区域标准、国家标准、专业团体协会标准和公司企业标准。我国标准分为国家标准、行业标准、地方标准、团体标准、企业标准。推荐性国家标准重点制定基础通用、与强制性标准配套的标准；推荐性行业标准重点制定本行业领域的重要产品、工程技术、服务和行业管理标准；推荐性地方标准可制定满足地方自然条件、民族风俗习惯的特殊技术要求。

14.1.2.1 国际标准

国际标准已被各国广泛采用，为制造厂家、贸易组织、采购者、消费者、测试实验室、政府机构和其他各个方面所应用。

我国也鼓励积极采用国际标准，把国际标准和国外先进标准的内容，不同程度地转化为我国的各类标准，同时必须使这些标准得以实施，用以组织和指导生产。

国际标准是国际标准化活动成果，主要包括国际标准化组织（ISO）、国际电工委员会

（ICE）和国际电信联盟（ITU）颁布的标准，以及国际标准化组织确认并公布的其他国际组织标准。

经 ISO 认可颁布国际标准的国际组织：

国际计量局　BIPM	国际有机农业运动联盟　IFOAM
国际化学纤维标准化局　BISFA	国际煤气联盟　IGU
食品法典委员会　CAC	国际制冷学会　IIR
空间数据系统咨询委员会　CCSDS	国际劳工组织　ILO
国际建筑物和建筑的研究与革新委员会　CIB	国际海事组织　IMO
国际照明委员会　CIE	国际种子检验协会　ISTA
国际内燃机委员会　CIMAC	国际纯粹与应用化学联合会　IUPAC
世界牙科联合会　FDI	国际毛纺织组织　IWTO
国际信息与文献联合会　FID	国际兽疫局　OIE
国际原子能机构　IAEA	国际法制计量组织　OIML
国际航空运输协会　IATA	国际葡萄与葡萄酒组织　OIV
国际民用航空组织　ICAO	国际建筑材料与结构协会　RILEM
国际商会　ICC	贸易简化中的信息交换　TraFIX
国际排灌委员会　ICID	国际铁路联盟　UIC
国际辐射防护委员会　ICRP	联合国教育科学及文化组织　UNESCO
国际辐射单位与测量委员会　ICRU	世界海关组织　WCO
国际乳品业联合会　IDF	世界卫生组织　WHO
因特网工程特别工作组　IETF	世界知识产权组织　WIPO
国际图书馆协会与学会联合会　IFLA	世界气象组织　WMO
联合国贸易简化和电子业务中心　UN/CEFACT	

国际标准编号：

ISO　　×××× / ××　　　　×××× 　　　　××××

标准代号　标准顺序号　　　该标准的部分　　　标准发布年份、标准名称

例：　ISO 3856：1984　　　儿童玩具安全标准

14.1.2.2　区域标准

区域标准是指世界某一区域标准化团体颁发的标准或采用的技术规范。区域标准的主要目的是促进区域标准化组织成员国之间的贸易，便于该地区的技术合作和交流，协调该地区与国际标准化组织的关系。国际上较有影响的、具有一定权威的区域标准，如欧洲标准化委员会颁布的标准，代号为 EN；欧洲电气标准协调委员会 ENEL；阿拉伯标准化与计量组织 ASMO；泛美技术标准化委员会 COPANT；太平洋地区标准会议 PASC 等。

14.1.2.3　国家标准

国家标准是指对全国经济、技术发展有重大意义的，必须在全国范围内统一的标准。

中国国家标准化管理委员会是国务院授权的履行行政管理职能，统一全国标准化工作的主管机构。国家标准主要包括重要的工农产品标准；原材料标准；通用的零件、部件、元件、器件、构件、配件和工具、刀刃、量具标准；通用的试验和检验方法标准；广泛使用的基础标准；以及有关安全、卫生、健康、无线电干扰和环境保护标准等。我国强制性国家标

准简称 GB，我国推荐性国家标准简称 GB/T。

国外先进的国家标准有美国国家标准 ANSI；英国国家标准 DS；德国国家标准 DIN；日本工业标准 JIS；法国国家标准 NF。

根据我国标准与被采用的国际标准之间技术内容和编写方法差异的大小，采用程度分为：

① 等同采用。其技术内容完全相同，不做或少做编辑性修改。

② 等效采用。技术内容只有很小差异，编写上不完全相同。

③ 参照采用。技术内容根据我国实际情况做了某些变动，但性能和质量水平与被采用的国际标准相当，在通用互换、安全、卫生等方面与国际标准协调一致。

为了便于查找和统计，采用国际标准的程度在标准目录、清单中应分别用三种图示符号表示，在电报传输或电子数据处理中可分别用三种缩写字母代号表示。

采用程度	图示符号	缩写字母代表
等同采用	≡	idt 或 IDT
等效采用	=	eqv 或 EQV
参照采用	=	ref 或 REF

14.1.2.4 行业标准

行业标准是指行业的标准化主管部门批准发布的，在行业范围内统一的标准。主要包括行业范围内的产品标准；通用零部件、配套件标准；设备标准；工具、卡具、量具、刀刃和辅助工具标准；特殊的原材料标准；典型工艺标准和工艺规程；有关通用的术语、符号、规则、方法等基础标准。行业标准由国务院有关行政主管部门发布，并报国务院标准化行政主管部门备案。

根据国务院印发的《深化标准化工作改革方案》（国发【2015】13 号），行业标准只有推荐性标准。

表 14-1 为部分行业标准代号。

表 14-1　部分行业标准代号

行业标准名称	代号	行业标准名称	代号	行业标准名称	代号	行业标准名称	代号
农业	NY	黑色冶金	YB	电子	SJ	医药	YY
轻工(含食品)	QB	有色金属(含黄金)	YS	核工业	EJ	环境保护	HJ
医药	YY	化工	HG	海洋	HY	稀土	XB
教育	JY	地质矿产	DZ	商检	SN	汽车	QC
石化	SH	兵器(含民爆)	WJ	船舶	CB	通信	YD
工程建设	CECS	城镇建设	CJ	档案	DA	电力	DL
纺织	FJ	社会公共安全	GA	国家职业卫生	GBZ	中国节能产品认证	CCEC
测绘	CH	建设	CJJ	新闻出版	CY	地质仪器	DE
电力建设	DJ	供销	GH	国军标	GJB	广播电影	GY
航空	HB	海关	HS	建材	JC	全球移动通信	GSM
国家职业标准	GZB	机械	JB	建筑	JG		

14.1.2.5 地方标准

地方标准是指没有国家标准和行业标准而又需要在省、自治区、直辖市范围内统一的工业产品的安全、卫生要求的标准。由省、自治区、直辖市标准化行政主管部门制定。根据国务院印发的《深化标准化工作改革方案》（国发【2015】13 号），地方标准只有推荐性标准。

地方标准由斜线表示的分数表示，分子为：DB＋省、自治区、直辖市行政区区划代码，分母为：标准顺序号＋发布年代号。

14.1.2.6 企业标准

若企业生产的产品如没有国家标准和行业标准，均应制定企业标准；对已有国家标准或行业标准的，国家鼓励企业制定严于国家标准或行业标准的企业标准，由企业组织制定。

企业标准由斜线表示的分数表示，分子为：省、自治区、直辖市简称汉字＋Q；分母为：企业代号＋标准顺序号＋发布年代号。如津 Q/YQ 27—2017 表示天津市一轻系统企业标准。

14.1.2.7 团体标准

由具有法人资格，且具备相应专业技术能力、标准化工作能力和组织管理能力的学会、协会、商会、联合会和产业技术联盟等社会团体，按照团体确立的标准制定程序自主制定发布，由社会自愿采用的标准。

14.1.3 标准分类

按照标准化对象的特征，标准可分为基础标准、产品标准、方法标准和安全、卫生与环境保护标准。

14.1.3.1 基础标准

基础标准是指在一定范围内作为其他标准的基础并普遍使用，具有广泛指导意义的共性标准。在社会实践中，它成为各方面共同遵守的准则，是制订产品标准或其他标准的依据。常用的基础标准包括：

① 通用科学技术语言标准，如名词、术语、符号、代号、讯号、旗号、标志、标记、图样、信息编码和程序语言等。

② 实现产品系列化和保证配套关系的标准，如优先数与优先数系、标准长度、标准直径、标准锥度、额定电压等标准。

③ 保证精度和互换性方面的标准，如公差配合、形位公差、表面粗糙度等标准。

④ 零部件结构要素标准，如滚花、中心孔、退刀槽、螺纹收尾和倒角等。

⑤ 环保、安全、卫生标准，如安全守则、包装规范、噪声、振动和冲击等标准。

⑥ 质量控制标准，如抽样方案，可靠性和质量保证等标准。

⑦ 标准化和技术工作的管理标准，如标准化工作导则、编写标准的一般规定，技术管理规范，技术文件的格式、内容和要求。

14.1.3.2 产品标准

产品标准是指为保证产品的适用性，对产品必须达到的某些或全部要求所制定的标准。例如，对产品的结构、尺寸、品种、规格、技术性能、试验方法、检验规则、包装、贮藏、运输所做的技术规定。

产品标准是设计、生产、制造、质量检验、使用维护和贸易洽谈的技术依据。

产品标准的主要内容有：产品的适用范围；产品的分类、品种、规格和结构形式；产品技术要求、技术性能和指标；产品的试验与检验方法和验收规则；产品的包装、运输、标志和贮存等方面的要求。

14.1.3.3 方法标准

方法标准是指以试验、检查、分析、抽样、统计、计算、测定、作业或操作步骤、注意事项等为对象而制定的标准。通常分为三类：

① 与产品质量鉴定有关的方法标准，如抽样标准、分析方法和分类方法标准。这类方法标准要求具有可比性、重复性和准确性。

② 作业方法标准，主要有工艺规程、操作方法（步骤）、施工方法、焊接方法、涂漆方法、维修方法等。

③ 管理方法标准，主要包括对科研、设计、工艺、技术文件、原材料、设备、产品等的管理方法，如图样管理方法标准、设备管理方法标准等。其他如计划、组织、经济核算和经济效果分析计算等方面的标准。

14.1.3.4 安全、卫生和环境保护标准

① 安全标准是指以保护人和物的安全为目的而制定的标准，如锅炉及压力容器安全标准、电气安全标准、儿童玩具安全标准等。

② 卫生标准是指为保护人的健康，对食品、医药及其他方面的卫生要求制定的标准，如大气卫生标准、食品卫生标准等。

③ 环境保护标准是指为保护人身健康和社会物质财富、保护环境和维持生态平衡而制定的标准，如环境质量标准、污物排放标准等。

14.1.4 产品质量分级

通常把产品质量分成三级。

① 优等品。优等品的质量标准必须达到国际先进水平，是指标准综合水平达到国际先进的现行标准水平。与国外同类产品相比达到近五年内的先进水平。

② 一等品。一等品的质量标准必须达到国际一般水平，是指标准综合水平达到国际一般的现行标准水平，实物质量水平达到国际同类产品的一般水平。

③ 合格品。按我国现行标准（国家标准、行业标准、地方标准或企业标准）组织生产、实物质量水平必须达到上述相应标准的要求。

产品质量达不到现行标准的称废品或等外品。

14.2 分析方法标准

14.2.1 标准方法

化验室对某一样品进行分析检验，必须依据以条文形式规定下来的分析方法来进行。为了保证分析检验结果的可靠性和准确性，推荐使用标准方法和标准物质。

具有权威性的国际标准化组织 ISO 颁布了上万种标准方法。美国材料试验协会 ASTM 也发布了近万个标准，其中大部分是标准方法。美国化学家协会 AOAC，在食品、药物、肥料、农药、化妆品、有害物质等领域颁布数以千计的标准方法。我国国家技术监督局也颁布了数以千计的，包括化工、食品、农林、地质、冶金、医药卫生、材料、环保等领域的化验用的标准方法。

标准方法是经过充分试验、广泛认可，逐渐建立，不需额外工作即可获得有关精密度、准确度和干扰等的知识整体。标准方法在技术上不一定是先进的，准确度也可能不是最高的，它是在一般条件下简便易行，具有一定可靠性、经济实用的成熟方法。发展一个标准方

法需要经过较长的过程，要花费大量的人力物力，在进行充分试验的基础上，推广试用，最后才可能成为标准方法。现代化的仪器分析较化学分析更复杂，研究仪器分析的标准方法需要更大的投资和更长的时间，要多个实验室共同合作才能完成。

标准方法也常用作为仲裁方法，有人称之权威方法。标准方法被政府机关采纳，公布于众之后，成为法定方法。它就成为具有更大的权威性的分析方法。

现场方法是指例行分析实验室、监测站、生产过程中车间实验室实际使用的分析检验方法。此类方法的种类较多，灵活采用，不同的现场可采用不同的现场方法。现场方法往往比较简单、快速或操作者惯于使用，同时也能满足现场的实际要求。

从期刊、杂志、分析化学等书籍中摘抄的分析方法，称之为文献方法。在使用这些文献方法包括从权威刊物抄录的分析方法时，常常需要小心地加以验证，若实验室的实验条件（包括试样组分、基体成分、分析物的物理化学状态、使用仪器性能与试剂等）与原始报道有不一致时，这种验证更为必要，应当谨慎地进行。如果只以一般化学知识与实践经验为基础设计分析方法，并只简单地试验几次之后就付之应用，这种做法是不可取的。

在从事常规例行分析的操作过程中，常常会发现由于种种原因，要对采用的标准方法进行一些较小的改变，如试样称量、pH 值、试剂纯度等一个至几个变量微小变化，即使是这种改变都必须经过一定形式的验证。证明改变是可行的，对分析结果没有负作用，并征得有关负责人的同意后，方可改变操作规程。擅自修改正在使用的标准方法，或未经准许使用别的分析方法是不允许的。由此产生的后果，有时应负法律责任。

化验室使用的分析方法，必须要有文字表述的完整文件，每个化验人员须熟悉他所用的分析方法，包括方法的局限性和可能出现的变化。对于化验室现用的分析方法，不管改进（或变化）多么小，只要它是分析方法的一部分，就必须把它写入方法的表述之内，也可以以附录形式说明，并在操作步骤中做上记号，以便查阅。

14.2.2　标准分析方法通常的书写格式

标准分析方法的书写应遵守 GB/T 20001.4—2015《标准编写规则 第 4 部分：试验方法标准》。要求方法尽可能地写得清楚，减少含糊不清的词句，应按国家规定的技术名词、术语、法定计量单位，用通俗的语言编写，并且有一定的格式，通常包括下列内容：

① 方法的编号。国家标准有严格的编号，以便查找。

如 GB/T 11066.2—2008 中 GB/T 意为中华人民共和国推荐性国家标准；顺序编号为 11066；2 为 11066 的第 2 部分；2008 为 2008 年发布的标准。

② 方法发布日期及施行日期。

③ 标题。标题应当简洁，并包括分析物和待测物的名称。如"银量的测定 火焰原子吸收光谱法"，分析物为金，待测物为银。如果对给定的分析物和待测物有多于一个分析方法时，那么标题还应包括测定方法的名称。有时所用方法与分析物的数量级有关，这应在标题中反映出来。

④ 引用的标准或参考文献。列出本标准所引用的其他标准或参考文献。

⑤ 方法的适用范围。指出方法适用分析的对象、分析物的浓度范围，基体形式和性质，以及进行测定所要耗费的大概时间，还应指出产生干扰的物质。换句话说，使读者一看方法的适用范围，就能很快地确定这一方法是否适用于他所面临的特殊分析问题。

⑥ 基本原理或方法提要。应简明地写明方法的化学、物理或生物学原理。不常见的化

学反应、分离手段、干扰影响等也在此说明。

⑦ 仪器和试剂。本节应列出所用仪器和不常见设备，以及有特殊要求的设备。常用的实验设备、玻璃器皿可不必一一罗列。除非要求有特殊的功能，如要测定 0.001pH 单位、半微量称量等。

⑧ 试样和试料的制备。在标准中应规定样品进入实验室之后所进行的加工步骤（如研磨、干燥、过筛），制成符合要求的（如粒度、大约的质量或体积）试样。如有必要，还应给出贮存试验的容器特性及贮存条件。

⑨ 分析步骤。这是一个分析方法的核心部分，书写时应特别注意叙述详尽，但又要简明。需注意以下几点注意事项：

a. 严格按实验进行的时间先后次序书写，溶液的配制与标定应放在试剂项内写。

b. 避免使用缩略词，除非这些词肯定是被大众公认的。缩略词第一次使用时需加注解。

c. 细节要写清楚，不要以为你自己知道的别人也会知道。如当你想说明"滴加 0.01mol/L HCl 直到 pH 为 7.0±0.2 时"，不能写成"用 HCl 中和"，这样过于简单。

d. 指出分析过程的关键步骤，并说明如操作不小心将造成什么后果。

e. 避免使用长句和会引起误解的复杂句。

⑩ 分析结果的计算。给出计算分析结果必需的公式，包括各变量的单位和计算结果的单位，每个符号代表的物理意义。如果公式不很直观明了，应写出公式的推导过程。

⑪ 精密度。通常，精密度数据以重复性的绝对项来表示，如"同一实验室，由同一操作者使用相同设备，按相同的测试方法，并在短时间内，对同一被测对象，相互独立进行测试获得的两次独立测试结果差的绝对值不大于……，并以大于……的情况不超过 5% 为前提"来表示。其计算方法是，将两次独立测得的结果直接相减求出差值。

当精密度的数据以重复性的相对项来表示，如"同一实验室，由同一操作者使用相同设备，按相同的测试方法，并在短时间内，对同一被测对象，相互独立进行测试获得的两次独立测试结果差的绝对值不大于这两个测定值的算术平均值的……%，并以大于这两个测定值的算术平均值的……%的情况不超过 5% 为前提。"其计算方法是，先求出两次独立测得的结果差的绝对值，再与这两个测定值的算术平均值相比，结果以%表示。

⑫ 试验报告。试验报告至少应包括以下内容：

——有关试验情况（名称、来源、批号或送样日期等）；

——试验依据的标准；

——具体采用的方法；

——结果及计量单位；

——与基本分析步骤的差异；

——观察到的异常现象；

——试验日期。

⑬ 前言中需说明归口单位、负责起草单位、起草单位、起草人信息；如果是修订标准，应说明标准的主要变化。

14.3 标准物质

标准物质名称在国际上还没统一。美国用标准参考物质 SRM，即 standard reference

meterials；西欧一些国家用认证标准物质 CRM，即 certified reference meterials。国内已用过标准参考物质、标准样品、标样、鉴定过的标准物质、标准物质等名称。现在计量名词术语中统一用标准物质。

标准物质是一种已经确定了具有一个或多个足够均匀的特性值的物质或材料。这种特性值可用来校准测量器具、评价测量方法或确定其他材料特性的物质。

有证标准物质是指附有证书的标准物质，其中一种或多种特性值用建立了溯源性的程序确定，使之可溯源到准确复现的用于表示该特性值的计量单位，而且每个标准值都附有给定置信水平的不确定度。

基准标准物质（primary reference materials），是指一种具有最高计量品质，用基准方法确定量值的标准物质。

标准物质应具有以下基本特性。

① 标准物质的材质应是均匀的，这是最基本特性之一。对于固态非均相物质来说，欲制备标准物质，首先要解决均匀性问题，譬如制备冶金产品标准物质时，在冶炼过程中以不同的方式（如火花法、电弧法等）加入不同的元素，以保证冶炼过程中的均匀性。铸模后去掉铸铁的头、尾与中央不均匀部分，然后再通过铸造进一步改善其均匀性。用于化学分析的冶金产品标准物质还要经过切削、过筛、混匀等过程，以确保标准物质组分分布的均匀性。

② 标准物质在有效期内性能应是稳定的，标准物质的特性量值应保持不变。

物质的稳定性是有条件的、是相对的，是指在一定条件下的稳定性。物质的稳定性受物理、化学、生物等因素的制约，如光、热、湿、吸附、蒸发、渗透等物理因素，溶解、化合、分解、沾污等化学因素，生化反应、生霉等生物因素都明显地影响物质的稳定性。而且不同因素的影响往往又是交叉地进行。为了获得物质的良好稳定性，应设法限制或延缓上述作用的发生。通常通过选择合适的保存条件（环境）、贮存容器、杀菌和使用化学稳定剂等措施来保证物质良好的稳定性。如在干燥、阴冷的环境下保存；选择材质纯、水溶性小、器壁吸附性和渗透性小的密封容器贮存；用紫外线、^{60}Co 射线杀菌；选用各种化学稳定性的条件，如酸度增加可增加水中重金元素的稳定性。

标准物质的有效期是有条件的，使用注意事项和保存条件应在标准物质证书上明确地写明，使用者应严格执行，否则标准物质的有效期就无法保证。

在此要注意区别保存期限和使用期限，如一瓶标准物质封闭保存可能五年有效期，但开封之后，反复使用它，也许两年就变质失效。

③ 标准物质必须具有量值的准确性，量值准确是标准物质的另一基本特征。标准物质作为统一量值的一种计量标准，就是凭借该值及定值准确度校准器具、评价测量方法和进行量值传递的。标准物质的特性量值必须由具有良好仪器设备的实验室组织有经验的操作人员，采用准确、可靠的测量方法进行测定。

④ 标准物质必须有证书，它是介绍该标准物质的属性和特征的主要技术文件，是生产者向使用者提供的计量保证书，是使用标准物质进行量值传递或进行量值追溯的凭据。证书上注明该标准物质的标准值及定值准确度。

⑤ 标准物质必须有足够的产量和储备，能成批生产，用完后可按规定的精度重新制备，以满足测量工作的需要。生产标准物质必须由国家主管单位授权。

15 分析结果的数据处理

15.1 数理统计中的一些基本概念

15.1.1 误差和偏差

测定值（x）与真值（T）之间的差称为误差（E），即

$$E = x - T \tag{15-1}$$

误差本身有正负号。测定值大于真值时，误差为正值，表示结果偏高；反之，误差为负值，表示结果偏低。误差可用绝对误差和相对误差表示。

绝对误差表示测定值与真值之差，也即前面所说的误差（E）。它具有与测定值或真值相同的单位，也只有在和测定值一起考虑时才有价值。例如，0.10%的绝对误差对于铅矿中60%的铅而言，可以认为令人满意。但是如果发生在含铅为0.10%的金属锌样品时，就不能允许了。为此人们常用相对误差来评判分析结果的好坏。

相对误差是绝对误差在真值中所占的比例，一般用百分率表示，即

$$相对误差 = \frac{x - T}{T} \times 100\% = \frac{E}{T} \times 100\% \tag{15-2}$$

相对误差有时也用千分率表示，如 4.5‰。相对误差是无量纲的，可以用来比较不同单位的测量值的准确度。

由于实际上不可能知道真值，因此我们实际上也不可能求得真实误差。在实际工作中通常对试样进行多次（n 次）测定，求得算术平均值，以此作为最后的分析结果。单次测定结果（x_i）与多次测定所得算术平均值（$\overline{x}$）之间的差称作偏差，它也分为绝对偏差和相对偏差：

$$绝对偏差 = x_i - \overline{x} \tag{15-3}$$

$$相对偏差 = \frac{x_i - \overline{x}}{\overline{x}} \times 100\% \tag{15-4}$$

偏差用来衡量测定结果的精密度，偏差越小，表明多次重复测定的结果越接近，测定的精密度越好；反之，偏差越大，精密度越差。

15.1.2 误差的分类和性质

15.1.2.1 系统误差

系统误差（可测误差）是由于测定过程中某些确定的原因造成的。在同一条件下重复测定时，它重复出现，使测定结果不是偏高，就是偏低，而且大小有一定规律。它的大小和正负是可以测定的。系统误差的起因主要有三种。

① 方法误差。这类误差是由所用分析方法的内在缺陷引起的。例如，重量法中的沉淀部分溶解或夹杂共沉淀；滴定法中的反应不完全或主反应又伴随着副反应；原子吸收光谱法中对背景干扰没有校正等。这种误差是定量分析中造成结果不准确的最严重的因素。

② 仪器和试剂误差。这类误差来源于仪器的某些缺陷或试剂不纯，例如容量器皿刻度不准而未加校正，或因温度影响使容积发生变化；所用器皿、各种坩埚造成的污染；所用试剂中含有待测元素或干扰物质等。

③ 主观误差。这类误差由分析人员自身的特性决定，例如不能正确地判断滴定终点的颜色，总是偏深或偏浅。

系统误差可能是恒定的，也可能随试样质量的增加或随被测组分含量的增高而增加，甚至可能随外界条件的变化而变化。但它的基本特性不变，即系统误差只会引起分析结果系统偏高或系统偏低，具有"单向性"。例如称取一吸水性试样，通常引起负的系统误差，但误差随试样质量的增加而增加，同时也随称样的时间、空气的温度和湿度的变化而变化。

15.1.2.2 随机误差

随机误差是由一些难以控制的偶然因素造成的，故又称偶然误差。其误差的大小和符号不定，且不遵循任何规律，所以又称为不定误差。随机误差可能是与分析人员无关的外部因素（如温度和湿度的波动、空气污染、建筑物振动等）造成的，也可能是分析人员粗心大意造成的。

任何分析测定都会有随机误差。与系统误差相反，随机误差是不可预防的，也不能用校正来消除。但操作细心，或增加重复测定的次数可减少随机误差。

随机误差在各项测量中是随机变量，从单个来看它是无规律性的，但就其总体来说，随着测量次数的增加，导致了它们的总和有正负相消的机会，最后其平均值趋近于零。因而，多次测量的平均值的随机误差要比单个测量值的随机误差小。这种抵偿性正是统计规律的表现。因此，随机误差可以用概率统计的方法来处理。

由此可见，系统误差和随机误差性质不同，处理方法也不同，但经常同时存在，有时也难以截然分清。我们的目的在于尽量减小误差，当系统误差可以掌握时，就尽量保持相同的实验条件，以便修正系统误差；当系统误差未能掌握时，可以均匀改变实验条件，故意使之随机化，以便获得抵偿。

15.1.2.3 过失误差

过失误差是由工作中的粗枝大叶，测定过程中的操作错误造成的。如加错试剂、溶液溢出、记录和计算错误等，常表现为巨差，应弃去不用。

15.1.2.4 误差的传递

分析测量的每一个步骤都会产生误差，而每一个步骤的误差都会反映到分析结果中去。

① 加减法。若分析结果是几个测量数相加减的结果，其最大可能的绝对误差为各测量步骤绝对误差的总和。

② 乘除法。若分析结果是几个测量数相乘除的结果，其最大可能的相对误差等于各测量结果的相对误差之和。

应当指出，在实际工作中各测量步骤的误差有正有负，因而一部分会彼此抵消，因此分析结果的误差一般都小于各测量步骤的误差之和。

15.1.3 准确度和精密度

15.1.3.1 精密度

精密度是在相同条件下，对被测量进行多次反复测量，测得值之间的一致（符合）程度。

精密度反映的是测得值的随机误差。精密度高，不一定准确度高。即测得值的随机误差小，不一定其系统误差亦小。精密度用偏差衡量，偏差小，测定的精密度好。

精密度是评价分析方法的一个重要指标。通常用相对标准偏差的大小表示方法的精密度，方法的单次测定标准偏差 s（一般直接称作"方法的测定标准偏差"，数理统计学上称作"样本的标准偏差"）用下式表示：

$$s = \sqrt{\frac{\sum (x_i - \overline{x})^2}{n-1}} \tag{15-5}$$

式中，x_i 为单次测定结果；$\overline{x}$ 为平均值，$\overline{x} = \frac{1}{n}\Sigma x_i$。

在数理统计上，当 $n \to \infty$ 时，以 μ 代表平均值，用下式表示标准偏差（总体的标准偏差 σ）：

$$\sigma = \sqrt{\frac{\sum (x_i - \mu)^2}{n}} \tag{15-6}$$

相对标准偏差（RSD）又称变异系数（CV），以下式表示：

$$\text{RSD} = \frac{s}{x} \times 100\% \tag{15-7}$$

相对标准偏差越小，说明方法的精密度越高；反之，说明方法的精密度越差。

精密度还有两种表示方式，即同一分析人员在同一条件下所得分析结果的精密度叫重复性；由不同分析人员或不同实验室之间在各自的条件下所得分析结果的精密度叫再现性。精密度高的实验结果，准确度不一定高（除非不存在系统误差），但精密度好却是准确度好的先决条件。

15.1.3.2 准确度

被测量的测得值与其"真值"的接近程度。

准确度所反映的是测得值的系统误差。准确度高，不一定精密度高。即测得值的系统误差小，不一定其随机误差亦小。

精密度与准确度的关系如图 15-1 所示。

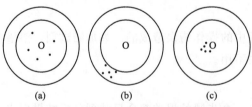

图 15-1　精密度与准确度关系的示意图

设图中的圆心 O 为被测量的"真值"，黑点为其测得值，则图 15-1(a)：系统误差小，而随机误差大，即准确度较高、精密度较低；图 15-1(b)：系统误差大，而随机误差小，即准确度较低、精密度较高；图 15-1(c)：系统误差和随机误差均小，即精密度和准确度都较高。

15.1.3.3 正态分布

单个的随机误差似乎没有规律性，但进行很多次测定后，便会发现数据的分布符合一般的统计规律：

① 正误差和负误差出现的概率相等。

② 小误差出现的次数多，大误差出现的次数少，特别大的误差出现的次数极少。

随机误差的分布遵循正态分布（也称高斯分布），可用下列正态分布函数来表示：

$$f(x)=\frac{1}{\sigma\sqrt{2\pi}}\exp\left[-\frac{1}{2}(\frac{x-\mu}{\sigma})^2\right] \tag{15-8}$$

式中，$f(x)$ 为具有一定大小的误差出现的概率（次数）；x 为单次测定值；μ 为无限多次测量结果的算术平均值（与 $\overline{x}$ 有区别）；σ 为无限多次测量所得标准偏差。

该函数式由数学家高斯（Gauss）导出，又称高斯分布定律，是描述随机变量现象的一种最常见的分布。用上式作图，即得随机误差的正态分布曲线（图 15-2）。

图 15-2 表明，在 $x=\mu$ 处 $f(x)$ 达到最大值，σ 越大，曲线越平缓；离中心值 μ 越远的值出现的概率就越小。通过计算表明，测定值 x 位于 $\mu\pm\sigma$ 范围的概率为 68.62%；位于 $\mu\pm2\sigma$ 范围的概率为 95.44%；位于 $\mu\pm3\sigma$ 范围的概率为 99.73%。

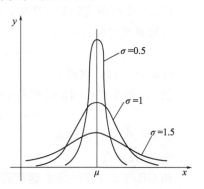

图 15-2　正态分布密度函数曲线

式（15-8）在某一范围内的积分，即正态分布曲线下某一区间内覆盖的面积，表达了某一误差范围内的分析结果出现的概率。表 15-1 列出了这种概率与标准偏差的关系。

从表 15-1 中列举的概率值可以看出，在一组测定中，偏差大于两倍标准偏差的测定值出现的概率小于 5%，即平均 20 次测定中，最多只有一次机会；偏差大于 3 倍标准偏差的测定值出现的概率更小，平均 1000 次测定中，只有 3 次。在一般的化学分析中，只做少数几次测定，出现这样大偏差的测定值是不大可能的。一旦出现，可以认为它不是由于随机因素引起的，应将其舍去。

表 15-1　正态分布误差概率表

区　间	概率/%	区　间	概率/%	区　间	概率/%
$\mu\pm0.674\sigma$	50	$\mu\pm1.645\sigma$	90	$\mu\pm2.576\sigma$	99
$\mu\pm\sigma$	68.26	$\mu\pm1.96\sigma$	95	$\mu\pm3\sigma$	99.74
$\mu\pm1.282\sigma$	80	$\mu\pm2\sigma$	95.46		

15.1.3.4　重复性限 r

在重复性条件下（同一实验室，由同一操作员使用相同的设备，按相同的测试方法，在短时间内，对同一试样进行相互独立的测定），得到的两次实验结果间的绝对值差，以 95% 的概率不超过的值。即两次测试结果之差小于或等于 r 的概率为 95%。

15.1.3.5　再现性限 R

在再现性条件下（不同实验室，由不同操作员使用不同的设备，按相同的测试方法，对同一试样进行相互独立的测定），得到的两次实验结果间的绝对值差，以 95% 的概率不超过的值。即，两次测试结果之差小于或等于 R 的概率为 95%。

15.1.4　分析方法标准中的允许差和精密度表示方式

（1）室间允许差

室间允许差有两种表示方式：

① 绝对允许差：测定值与对照值之差不能大于绝对允许差。

② 相对允许差：将对照值乘以相对允许差得绝对允许差，测定值与对照值之差不能大于该绝对允许差。

（2）精密度

① 乘法公式。

如 GB/T 24197—2009 锰矿石中铁的 ICP-AES 法测定规定：

范围/%	重复性限(r)室内允许差	再现性限(R)室间允许差
0.50～20.00	$0.0160+0.0095m$	$-0.0017+0.0465m$

例1：平行测定锰矿石中铁，结果分别为 10.50％与 10.20％，是否超差？

计算重复性限（r）得

$$r=0.0160+0.0095\times10.35=0.11$$

0.30＞0.11，超差了。

例2：两个单位测定锰矿石中铁，报出的结果分别为 10.50％与 10.20％，是否超差？

$$R=-0.0017+0.0465\times10.35=0.48$$

0.30＜0.48，未超差。

② 对数公式。

如 GB/T 24197—2009 锰矿石中铅的 ICP-AES 法规定：

范围/%	$\lg r$	$\lg R$
0.026～1.80	$0.681\lg m-1.715$	$1.074\lg m-0.9760$

例1：平行测定锰矿石中铅，结果分别为 1.10％与 1.20％，是否超差？

计算重复性限（r）得

$$r=10^{(0.681\times\lg1.15-1.715)}=0.021$$

0.10＞0.021，超差了。

例2：两个单位测定锰矿石中铅，报出的结果分别为 1.10％与 1.20％，是否超差？

$$R=10^{(1.074\times\lg1.15-0.9760)}=0.123$$

0.10＜0.123，未超差。

③ 指数公式。

如 GB/T 14506.29—2010 硅酸盐岩石中钴的测定 （ICP-MS）：

范围/(μg/g)	r	R
2.4～40	$0.4068m^{0.6021}$	$0.3558m^{0.8956}$

计算比较简单。

④ 内插法。

如 YS/T 240.1—2007 铋精矿中铋的测定 （EDTA 滴定法）：

含量/%	r	R	含量/%	r	R	含量/%	r	R
10.12	0.28	0.32	19.36	0.31	0.40	33.29	0.53	0.53

计算 15.00％时的 r 与 R：

$$r=\frac{(m-m_1)\times(r_2-r_1)}{(m_2-m_1)}+r_1=(15.00-10.12)\times(0.31-0.28)/(19.36-10.12)+0.28=0.30$$

同样计算得 $R=0.36$。

15.1.5 分析方法的灵敏度、检出限、定量限（测定下限）

灵敏度、检出限和定量限是评价一个痕量分析方法检测能力的重要指标。

15.1.5.1 灵敏度

在分析化学中，分析方法的灵敏度 m 定义为：

$$m=\frac{\mathrm{d}x}{\mathrm{d}c} \tag{15-9}$$

式中，$\mathrm{d}x$ 为测量信号响应量的变化值；$\mathrm{d}c$ 为浓度的变化值。

灵敏度就是单位浓度（或质量）变化所引起的测量信号响应量的变化。也可以理解为校准曲线的斜率。

15.1.5.2 检出限

检出限定义为以一定的置信度，用特定的分析方法能够检出的可分辨的最小分析信号 x_L 求得的最低浓度 c_L（或质量 q_L）。

$$c_L(\text{或 } q_L)=(\overline{x}_L-\overline{x}_b)/m=\frac{ks_b}{m} \tag{15-10}$$

式中，$\overline{x}_L$ 为最小分析信号平均值；$\overline{x}_b$ 为空白信号平均值；m 为校准曲线在低浓度范围内的斜率；s_b 为空白信号值的标准偏差；k 为与置信度有关的因子。

IUPAC 规定 $\overline{x}_b$ 和 s_b 应通过实验以足够多的测定次数求出，如 20 次（$n>10$）。IUPAC 推荐 $k=3$，此时置信度为 99.6%。3 倍空白信号值的标准偏差所对应的浓度（或质量）即为检出限。

从检出限的计算公式可以看出：空白值的大小及波动会直接影响方法检出限。在痕量分析中由于被测元素的浓度或质量往往接近于方法的检出限，所得的试料的信号值与空白信号值常常处在同一数量级。因此痕量分析的检出限除取决于方法本身外，很大程度上还依赖于能否降低空白值。

15.1.5.3 定量限（测定限或测定下限）

定量限是定量分析方法实际可以测定的某组分的下限。

1984 年，IUPAC 规定：10 倍空白信号值的标准偏差所对应的浓度（或质量）即为测定限。检出限可看作属于定性分析，而测定限可看作属于定量分析。

检出限和测定限与空白值的大小及波动有关，且用浓度或质量表示，与试样量无关，增加取样量并不能降低检出限和测定限。

15.2 分析数据处理

15.2.1 有效数字及计算规则

15.2.1.1 有效数字

① 有效数字包括该数中所有的肯定数字再加上最后一位可疑的数字。具体来说，有效数字就是实际上能测到的数字。例：滴定读数 20.30mL，四位有效数字，可以读准前三位，第四位欠准（估计读数）±0.01mL。

② 0 在小数点前面而其后面又没有小数时，无法辨别它是否是一个有效数字。譬如说 1500mL，要有两个 0 来表示位数，它们可能是有效的，也可能不是。可以用指数表示法来解决这种模棱两可的情况。若体积量度的准确度为 1mL，则写成 1.500×10^3。否则可写成 1.50×10^3，甚至 1.5×10^3。

小数点前面是 0，紧接小数点后面的那些 0 都不是有效数字，譬如 0.0023 这个数字只有两位有效数字。

有的文献把最后一位不甚确定的数字写成下标，即 36.84 写成 36.84 。

③ 单位变换不影响有效数字位数

例：10.00mL —→ 0.01000L 均为四位

④ 常数 π 等非测量所得数据，视为无限多位有效数字。

需要注意的是，在分析化学中常会遇到倍数或分数关系，例如，在 20mL 的试液分取液中测得含镁 $18.3\mu g$，100mL 原试液含镁量 $= 18.3 \times 100/20 = 18.3 \times 5(\mu g)$，乘数 "5" 并不意味着只有一位有效数字。它是自然数，非测量所得，可视为无限多位有效数字。

⑤ pH、pM、pK、lg$C$、lg$K$ 等对数值，其有效数字的位数取决于小数部分数字的位数，整数部分只代表该数的方次。

例：pH$=11.20$，两位有效数字，因为其 $[H^+]=6.3 \times 10^{-12}$ mol/L，两位有效数字。

⑥ 分析结果的有效数字原则上是根据允许差加以确定，即分析结果的最后一位有效数字应与允许差的最后一位对齐。

⑦ 有效数字的位数由仪器精度确定。

15.2.1.2 有效数字的修约规则

① 数字修约采用 "四舍六入五单双"（或四舍六入五成双）的原则。即在所拟舍去的数字中，其最左面的第一个数字小于等于 4 时舍去，等于大于 6 时进 1；所拟舍去的数字中，其最左面的第一个数字等于 5 时，若其后面的数字并非全部为 "0" 时，则进 1，若 5 后的数字全部为 "0" 就看 5 的前一位数，是奇数的则进位，是偶数则舍去（"0" 以偶数论）。

② 不允许连续修约。例：将 6.549 修约为两位有效数字，只能一次修约为 6.5，不能如此连续修约：6.549→6.55→6.6；同样将 2.451 修约为两位有效数字，只能一次修约为 2.5，不能如此连续修约：2.451→2.45→2.4。

③ 当对标准偏差修约时，只进不舍，从而提高可信度。例：$s=0.134$ 修约为两位有效数字，为 0.14，可信度提高。

15.2.1.3 有效数字的运算法则

① 加减法：以小数点后位数最少的数为准（即以绝对误差最大的数为准）。

例如：1.11877、30.54 和 0.012 三个数相加，绝对误差最大的为 30.54，以它为准，保留至小数点后两位，其他数据中处于小数点后第二位的数字按 "四舍六入五单双" 的原则取舍，即变成 $1.12+30.54+0.01=31.67$。

② 乘除法：以有效数字位数最少的数为准（即以相对误差最大的数为准）。

例如：1.118775、30.542 和 0.0108 相乘，相对误差最大的为 0.0108，以它为准，最后保留三位有效数字。计算时，先将第一、第二个数修约成（3+1）位有效数，然后相乘，变成 $1.119 \times 30.54 \times 0.0108=0.369$。

在进行一系列计算时，最后一位有效数字的后面最好再多保留一位，以便在运算过程中不至于改变最后一位数，例如上面的三数相乘的乘积还要用于计算，结果就应写成 0.3691。

15.2.2 异常数据的取舍

对同一样品进行多次分析（如标样定值分析）所得到的一组数据总有一定的离散性，这是由随机误差引起的，是正常的。但有时出现个别偏离中值较远的较大或较小的数，称为异常数据。出现这种数据时，我们首先应当尽量从技术上寻找原因，实在解释不了时，可以借助统计方法来决定取舍。常用的有狄克松（Dixon）的 Q 检验法和格鲁布斯（Grubbs）的 T 值检验法，现看重介绍格鲁布斯的 T 值检验法。

（1）选定判定危险率 α

所谓判定危险率，就是按本方法判定为异常数据并将其舍弃，同时保留非异常数据，造成错误判定的概率。α 值愈小，错误判定的可能性就愈小。$\alpha=0.05$，表示错误判定的概率为 5%，置信度为 95%；$\alpha=0.01$，表示错误判定的概率为 1%，置信度为 99%。

（2）计算 G 值

将测得的一组值从小到大排成 $x_1, x_2, x_3, \cdots, x_{n-1}, x_n$。先检验与邻近值差距更大的一个，即 x_1 或 x_n。算出该组数的算术平均值（$\overline{x}$）和标准偏差（s），则 G 值为：

$$G_1 = \frac{\overline{x} - x_1}{s} \quad 或 \quad G_n = \frac{x_n - \overline{x}}{s}$$

其中，$\overline{x} = \frac{1}{n}\sum x_i$，$s = \sqrt{\dfrac{\sum(x_i - \overline{x})^2}{n-1}}$

（3）根据所选定的 α 值和数据序列的个数由表 15-2 查出相应的值

如果算出的 G 值等于或大于 $G_{(n,\alpha)}$，则相应的 x 值可判定为可疑值，应予舍弃，否则应予保留。

如果判定的结果是该数据应予保留，则其他数据全部保留。如果判定的结果是该数据应予舍弃，则应在它舍弃之后，对剩余的数据序列（这时剩下 $n-1$ 个数据）按照上述步骤，重新进行整个判定过程。应注意这时使用的 $\overline{x}$ 和 s 都已改变，$G_{(n,\alpha)}$ 也变成了 $G_{(n-1,\alpha)}$ 了。这样重复下去，直至不再存在异常数据时为止。

表 15-2 格鲁布斯判据表 $[G_{(n,\alpha)}]$

α	N							
	3	4	5	6	7	8	9	10
0.01	1.155	1.496	1.764	1.973	2.139	2.274	2.387	2.482
0.05	1.153	1.481	1.715	1.887	2.020	2.126	2.215	2.290

α	N							
	11	12	13	14	15	16	17	18
0.01	2.564	2.336	2.699	2.755	2.806	2.852	2.894	2.932
0.05	2.355	2.412	2.462	2.507	2.549	2.585	2.620	2.651

例：某实验室报出一组某标准物质中镍的定值数据：39.99%，40.16%，40.18%，40.20%，检验 39.99% 是否是异常值？

平均值和标准偏差：

$$\overline{x} = \frac{\sum x}{n} = 40.13\% \qquad s = \sqrt{\frac{\sum(x_i - \overline{x})^2}{n-1}} = 0.097\%$$

计算统计量值：

$$G_1 = \frac{\overline{x} - x_1}{s} = \frac{40.13\% - 39.99\%}{0.097\%} = 1.443$$

查表 15-2 格鲁布斯法检验临界值表，$G_{0.95,4} = 1.481$，$G_1 < G_{0.95,4}$，所以 39.99% 应保留。

15.2.3 检验分析结果准确度的方法

常用的检验方法有三种。但这些方法只能指示误差的存在，而不能证明没有误差。

① 平行测定。两份结果若相差很大，差值超出了允许差范围，这就表明两个结果中至少有一个有误，应重新分析。两份结果若很接近，可取平均值，但不能说所得结果正确无误。

② 用标样对照。在一批分析中同时带一个标准样品，如操作无误而标样分析结果与标样的参考值一致，说明本批分析结果没有出现明显的误差。但分析试样的成分应与标样接近，否则不能说明问题。

③ 用不同的分析方法对照。这是比较可靠的检验方法。如用极谱法测定尾矿中铜的结果与原子吸收光谱法的结果取得了一致，则一般证明此结果是可靠的。反之，说明两种方法中至少有一种方法的测定结果不准。

15.2.4 提高分析精密度和准确度的方法

除了选择适当的分析方法和最优化测量条件，使用校正过的器皿和仪器，必要时提纯试剂等之外，还可以采取以下措施来提高测定的精密度和准确度。

(1) 提高精密度的措施

① 增加测定次数。前面已说过，随着测定次数的增加，取多次测量的算术平均值作分析结果，随机误差就可以减少。平均值的精密度常以平均值的标准偏差 s_A 来衡量。如对一样品进行 n 次测定，单次测定的标准偏差为 s，平均值的标准偏差则为

$$s_A = \frac{s}{\sqrt{n}} \tag{15-11}$$

式(15-11) 表示平均值的标准偏差与测定次数 n 的平方根成反比，s_A 的下降速度远比 n 的增长速度慢得多。从图 15-3 可以看出，当 n 大于 5 时，s_A 的减小较慢；当 n 大于 10 时，s_A 的减小则非常慢，再进一步增加测定次数，工作量陡然增加，对减小测量误差并无多大实际意义。因此，一般分析重复 2～4 次即可，而精密度统计则取 n 为 6～11。

② 采用内标。测量时采用内标是改善方法精密度的有效途径之一。特别适用于发射光谱法、X 射线荧光光谱法等。

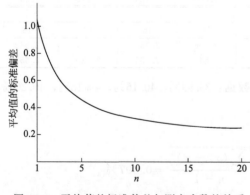

③ 降低空白值。在痕量分析中，元素的测定值同空白值往往处于同一数量级水平。试样中某一成分的含量都是由测得的表观分析结果减去平行测定的空白值而得出。实验表明，空白值大或不稳定，所得的结果精密度就差，因此降低空白值就能提高痕量分析的精密度。

(2) 提高测定准确度的措施

① 校正。当某个误差不可能消除时，往往可以应用校正值对它造成的影响进行校正，以提高准确度。例如，用动物胶凝聚重量法测定

图 15-3 平均值的标准偏差与测定次数的关系

二氧化硅时，二氧化硅的沉淀实际上是不完全的，因此，精确分析应当用硅钼蓝光度法测定滤液中的二氧化硅，对结果进行校正。

② 空白试验。对微量元素的测定，毫无例外地应进行空白试验，而对常量元素的测定则视情况而定，不一定都要做空白试验。

③ 增加测定次数。在消除系统误差的前提下，增加测量次数可提高测定的精密度，同时也提高测定的准确度。

15.3 不确定度评定简介

15.3.1 测量不确定度的基本概念

15.3.1.1 一些基本概念

① 测量不确定度：根据所用到的信息，表征赋予被测量值分散性的非负参数。通俗讲：测量不确定度是表示测量分散性的参数。

例：某饮用天然水的标签上注明：pH（25℃）7.5±0.5。

表明该饮用天然水的 pH 被测量值为 7.5，不确定度为 0.5。0.5 就是非负参数，表征了 pH 7.5 的分散性。

测量不确定度是对测量结果质量的定量表征，测量结果附有不确定度才是完整并有意义的。测量不确定度的大小在一定程度上表明了测量结果的可用性。测量不确定度表明了测量结果的质量，质量愈高不确定度愈小，测量结果的使用价值愈高；质量愈差不确定度愈大，使用价值愈低。

② 标准不确定度：以标准偏差表示的不确定度。

③ A 类不确定度评定：用对测量列进行统计分析的方法，来求标准不确定度。用统计方法计算的分量，A 类不确定度仅来自对具体测量结果的统计评定。

④ B 类不确定度评定：用不同于对测量列进行统计分析的方法，来求标准不确定度。也就是用其他方法计算的分量。

⑤ 合成标准不确定度：各标准不确定度分量的合成称为合成标准不确定度，它是测量结果的标准偏差的估计值。

⑥ 扩展不确定度：以标准偏差倍数表示的不确定度称为扩展不确定度，等于合成标准不确定度乘以包含因子。

15.3.1.2 测量不确定度的来源

测量中可能导致测量不确定度的来源很多，一般有：

① 被测量的定义不完整。例如，钢中酸溶铝和酸溶硼的测定，其分析项目的内涵的界定不明确，溶解酸及浓度，溶解温度，冒烟与否等条件均会对测量结果产生影响。

② 取样的代表性不够。例如，取样未按规定的要求而不具代表性，制备的样品均匀性不好，样品在制备时受污染，在保存条件下发生化学反应等。

③ 测量标准或标准物质提供的标准值不准确。

④ 测量方法、测量过程等带来的不确定度。例如，测量环境、测量条件控制不当而导致沉淀、萃取的回收率、滴定终点的变动；基体不一致引起的空白、背景和干扰的影响；样品难分解而导致分解不完全；实验设备、环境对测量的污染等。

⑤ 仪器读数存在的人为偏差。如滴定管、移液管、分光光度计刻度重复读数的不一致。

⑥ 引用的常数、参数、经验系数等的不准确。

⑦ 测量过程中的随机因素，及随机因素与上述各因素间的交互作用，表现为在表面上看来完全相同的条件下，重复测量量值的变化。

15.3.2 不确定度评定的基本程序

评定不确定度的基本程序可用图 15-4 表示。

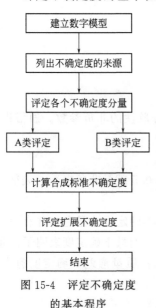

图 15-4 评定不确定度
的基本程序

对某一测量结果进行不确定度评定时，其基本步骤如下：

① 建立测量模型。给出评定测量不确定度的测量模型，即被测量 y 与各输入量 x_i 之间的函数关系：

$$y = f(x_1, x_2, \cdots, x_n)$$

式中，y 为被测量，即输出量；x_i 为第 i 个输入量，$i = 1, 2, 3, \cdots, n$。

数学模型不能简单地认为就是测量结果的计算公式。数学模型中还应包括那些在计算公式中不出现，但对测量不确定度有影响的输入量。对于最简单的直接测量，若各种影响不确定度的因素均可忽略不计，则数学模型可以简单到例如：

$$y = x$$

例：火焰原子吸收光谱测定试样中的 Cu，被测量 w_{Cu} 与输入量的函数关系（测量模型）：

$$w_{Cu} = \frac{cV}{m \times 10^6} \times 100\%$$

式中，w_{Cu} 为铜的质量分数，%；V 为试料溶液体积，mL；m 为试料量，g；c 为从工作曲线（$A = bc + a$）上查得的试料溶液中铜的浓度，$\mu g/mL$，A 为测得铜的吸光度。

② 根据数学模型列出各不确定度分量的来源（即输入量 x_i），尽可能做到不遗漏不重复，如测量结果是修正后的结果应考虑由修正值引入的不确定度分量。

③ 评定各输入量的标准不确定度 $u(x_i)$。

15.3.3 标准不确定度的评定

15.3.3.1 标准不确定度的 A 类评定

通常用来计算一列测量值实验标准偏差（s）的方法均可用来计算 A 类标准不确定度（u）。

$$u = s$$

对一样品作 n 次独立重复测量（$n > 3$），得到的测量结果 $x_1, x_2, \cdots, x_n$，则单次测量的实验标准偏差为：

$$s = \sqrt{\frac{\sum_{i=1}^{n} (x_i - \overline{x})^2}{n - 1}} \tag{15-12}$$

式中，x_i 为第 i 次测量的观测值；$\overline{x}$ 为 n 次测量所得观测值的平均值。

当采用 m 次重复测量的平均值 $\overline{x}$ 为测量结果时，其标准不确定度为：

$$u(x) = s(\overline{x}) = \frac{s(x)}{\sqrt{m}} \tag{15-13}$$

评定实验标准偏差 $s(x)$ 时的测量次数 n 和多次测量取平均时的测量次数 m 可以相同，也可以不同。

A 类标准不确定度评定的一般流程见图 15-5。

15.3.3.2 标准不确定度的 B 类评定

B 类不确定度的评定公式：

$$u_B = \frac{a}{k} \tag{15-14}$$

式中，a 为被测量可能值区间的半宽度；k 为系数，置信因子。

B 类标准不确定度评定的一般流程见图 15-6。

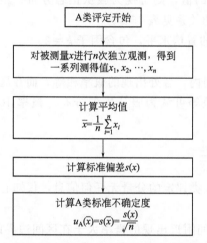

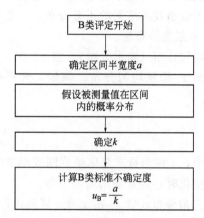

图 15-5 A 类标准不确定度的评定流程图 　　图 15-6 B 类标准不确定度的评定流程图

（1）a 的确定方法

B 类评定是由不同于观测列的统计分析所作的评定，一般根据如下可能变化的信息或资料来进行评定，决定区间半宽度 a。

① 以前的测量或评定的数据；

② 仪器制造说明书；

③ 校准、检定证书提供的数据；

④ 手册或资料提供的参考数据及其不确定度；

⑤ 指定实验方法的国家标准或类似文件给出的重复性限 r 或再现性限 R。

（2）k 的确定方法

① 已知扩展不确定度是合成标准不确定度的若干倍时，该倍数就是包含因子 k。

② 假设为正态分布时，根据要求的概率查表 15-3 得到 k。

表 15-3　正态分布情况下概率 P 与置信因子 k 间的关系

$P/\%$	50	68.27	90	95	95.45	99	99.73
k	0.675	1		1.960	2	2.576	3

③ 假设为非正态分布时，根据概率分布查表 15-4 得到 k。

表 15-4　常用非正态分布的包含因子

分布	两点分布	反正弦分布	均匀分布	梯形分布	三角分布
k	1	$\sqrt{2}$	$\sqrt{3}$	$\sqrt{6}/\sqrt{1+\beta^2}$	$\sqrt{6}$

注：表中 β 为梯形的上下底边之比，对于梯形分布来说，$k=\sqrt{6}/\sqrt{1+\beta^2}$，当 β 等于 1 时，梯形分布变为矩形分布；当 β 等于 0 时，梯形分布变为三角分布。

（3）B 类不确定度的评定

① 倍数法（包含因子法）。当给出的不确定度 $U(x_i)$ 为估计标准差的 k_i（包含因子）倍时，x_i 的标准不确定度为：

$$u(x_i)=\frac{U(x_i)}{k_i}$$

② 正态分布法

当 x_i 为受到多个独立量影响且影响大小相近的值，则可视为服从正态分布。正态分布情况的置信水准（置信概率）P 与包含因子 k 间的关系见表 15-3。

对于分析技术结果的正态分布，一般取 95% 的置信水平，包含因子 $k=2$。

③ 非正态分布法。

a. 均匀分布（矩形分布）。当 x_i 在 $x_i\pm a$ 区间内，各处出现的概率相等，而在区间外不出现，则 x_i 服从均匀分布。例如，天平称量误差等可认为服从均匀分布。概率 100% 时，k_p 取 $\sqrt{3}$。

$$u(x_j)=\frac{a}{\sqrt{3}} \tag{15-15}$$

式中，a 称为量质变化半范围或半宽度。当 B 类评定的分量无任何信息，仅知它在某一区间内变化时，经常采用均匀分布。

b. 三角分布。当 x_i 在 $x_i\pm a$ 区间内，x_i 在中间附近出现的概率大于在区间边界的概率，则 x_i 可认为服从三角分布。例如，容量器皿的体积误差通常认为服从三角分布。概率 100% 时，k_p 取 $\sqrt{6}$。

$$u(x_j)=\frac{a}{\sqrt{6}} \tag{15-16}$$

c. 反正弦分布。当输入量 x_j 在区间 $[x_j-a, x_j+a]$ 内受到均匀分布正弦（或余弦）函数的影响时，它服从反正弦分布，此时：

$$u(x_j)=\frac{a}{\sqrt{2}} \tag{15-17}$$

例如：无线电测量中，阻抗失配引起的不确定度；度盘偏心引起的测角不确定度。

除上述几种分布外，还有梯形分布等，在分析测试中应用较少。当输入量 x_i 在 $[-a, +a]$ 区间内的分布难以确定时，通常认为服从均匀分布，取包含因子 $\sqrt{3}$。如果有关校准、检定证书给出了 x 的扩展不确定度 $U(x)$ 和包含因子 k，则可直接引用 k 值计算。

15.3.4　计算合成标准不确定度

合成不确定度 $u_c(y)$ 的计算

$$u_c(y)=\sqrt{\sum_{i=1}^{N}\left(\frac{\partial f}{\partial x_i}\right)^2 u^2(x_i)+2\sum_{i=1}^{N-1}\sum_{j=i+1}^{N}\frac{\partial f}{\partial x_i}\times\frac{\partial f}{\partial x_j}\times r(x_i,x_j)\times u(x_i)u(x_j)} \tag{15-18}$$

式中，x_i、x_j 为输入量，$i \neq j$；$r(x_i, x_j)$ 为输入量 x_i 和 x_j 之间的相关系数估计值。

实际工作中，若各输入量之间均不相关，或虽有部分输入量相关，但其相关系数较小而近似为 $r(x_i, x_j) = 0$，于是 $u_c(y)$ 可简化为：

$$u_c(y) = \sqrt{\sum_{i=1}^{N} \left(\frac{\partial f}{\partial x_i}\right)^2 u^2(x_i)} = \sqrt{\sum c_i^2 u^2(x_i)} \tag{15-19}$$

式中，$c_i = \dfrac{\partial f}{\partial x_i}$，为灵敏系数。

在分析测试不确定度评定中，在输入量 $x_1, x_2, \cdots, x_n$ 为彼此独立的条件下，合成标准不确定度可采用以下两个计算规则：

① 对于只涉及量的和或差的模型（线性函数），例如：

$$y = (p + q + r + \Lambda)$$

合成标准不确定度 $u_c(y)$ 如下：

$$u_c(y) = \sqrt{u_{(p)}^2 + u_{(q)}^2 + u_{(r)}^2 + \Lambda} \tag{15-20}$$

② 对只涉及积或商的测量模型，如 $y = (p \times q \times r)$ 或 $y = p/(q \times r)$，可分别以各分量的相对不确定度合成：

$$\text{相对合成标准不确定度 } u_{\text{rel}}(y) = \sqrt{\left(\frac{u_{(p)}}{p}\right)^2 + \left(\frac{u_{(q)}}{q}\right)^2 + \left(\frac{u_{(r)}}{r}\right)^2 + \Lambda} \tag{15-21}$$

$$\text{合成标准不确定度 } u_c(y) = y \times u_{\text{rel}}(y)$$

③ 和差与乘除混合的测量模型。可将原始的测量模型分解，将其变为只包括上面两规则之一所覆盖的形式，例如：表达式 $(o+p)/(q+r)$，将其分解为两部分 $(o+p)$ 和 $(q+r)$，每个部分的临时标准不确定度用和或差规则计算，然后将这些临时标准不确定度再用积或商的规则合成为合成标准不确定度。

④ 分析检测计算合成标准不确定度。分析检测计算合成标准不确定度时，可以不考虑相关性，因此：

$$u_{\text{rel}}(y) = \sqrt{u_{\text{rel}}^2(x_1) + u_{\text{rel}}^2(x_2) + u_{\text{rel}}^2(x_3) + \Lambda} = \sqrt{\sum u_{\text{rel}}^2(x_i)} \tag{15-22}$$

由相对合成标准不确定度 $u_{\text{rel}}(w_M)$，计算合成标准不确定度 $u(w_m)$：

$$u(w_m) = w \times u_{\text{rel}}(w_M)$$

15.3.5 扩展不确定度的评定

扩展不确定度用 U 表示，即

$$U = k u_c(y) \tag{15-23}$$

式中，k 为包含因子，一般取 $2 \sim 3$，在大多数情况下，取 $k=2$，对应约 95% 的置信概率，当取其他值时，应说明其来源。用 U 表示时，可以期望在 $y-U$ 至 $y+U$ 的区间内，包含了测量结果可能值的大部分。

对于分析技术结果不确定度的评定，计算扩展不确定度时，一般取 95% 的置信水平，包含因子 $k=2$。

15.3.6 检测实验室的不确定度报告

完整的测量结果应含有两个基本量，一是被测量的最佳估计值 y，一般由数据测量列的算术平均值给出，另一个是描述该测量结果分散性的测量不确定度。

在分析测试中一般使用扩展不确定度 $U=ku_c(y)$ 表示结果的测量不确定度。

例如，多次测量盐酸标准溶液浓度的平均值为 0.05046mol/L，其合成标准不确定度 u_c(HCl)
为 0.00008mol/L，取包含因子 $k=2$，扩展不确定度 $U=2\times0.00008=0.00016$（mol/L），
则测量结果可表示为：

$$c(\text{HCl})=0.05046\text{mol/L}, \quad U=0.00016\text{mol/L}, \quad k=2;$$

$$\text{或 } c(\text{HCl})=(0.05046\pm0.00016)\text{mol/L}, \quad k=2;$$

或采用相对扩展不确定度，$c(\text{HCl})=0.05046\times(1\pm3.2\times10^{-3})\text{mol/L}, \quad k=2$。

15.3.7　不确定度的评估和计算实例

重铬酸钾滴定法测定铁矿石中全铁含量测量不确定度评定：

（1）方法和测量参数概述

称取 0.2000g 铁矿石试料置于烧杯中，加盐酸低温加热溶解，过滤、处理残渣。将处理
过的残渣与滤液合并后，加热控制试液体积，以三氯化钛、二氯化锡还原三价铁，在硫酸-磷
酸介质中，以二苯胺磺酸钠指示剂，用重铬酸钾标准溶液 $[c(1/6K_2Cr_2O_7)=0.05000\text{mol/L}]$
滴定至终点。独立分析两次，分别消耗重铬酸钾标准溶液 39.63mL 和 39.48mL，计算试样
中全铁的含量及其测量不确定度。

表 15-5 列出了先前在重复性条件下 10 次测量和本次（$i=11$）测量铁矿石中全铁含量
的分析数据。

表 15-5　历次和本次测量铁矿石中全铁含量的分析数据　　　　单位：%

i	1	2	3	4	5	6	7	8	9	10	11
x_{i1}	52.48	51.71	52.37	53.64	53.21	52.45	54.22	55.66	53.60	53.48	55.33
x_{i2}	52.34	51.78	52.20	53.75	53.31	52.17	54.36	55.49	53.46	53.69	55.12
Δ_i	0.14	−0.07	0.17	−0.11	−0.10	0.28	−0.14	0.17	0.14	−0.21	0.21

（2）被测量值 w_{Fe} 与输入量的函数关系

$$w_{\text{Fe}}=\frac{cVM_{\text{Fe}}}{m\times1000}\times100\%$$

式中，w_{Fe} 为全铁的质量分数，%；c 为重铬酸钾标准溶液浓度的数值，mol/L；V 为滴
定消耗重铬酸钾标准溶液体积的数值，mL；M_{Fe} 为铁的摩尔质量的数值，g/mol；m 为试
料量的数值，g。

（3）不确定度分量的识别

根据被测量 w_{Fe} 与输入量的函数关系，全铁含量的测量不确定度包括测量重复性的不确
定度分量、重铬酸钾标准溶液浓度的不确定度分量、滴定消耗重铬酸钾标准溶液体积的不确
定度分量、铁摩尔质量的不确定度分量以及试料称量的不确定度分量。

（4）测量不确定度分量的评定

① 测量重复性的不确定度。根据滴定所消耗重铬酸钾标准溶液的体积，计算得两次独
立测定的全铁含量分别为 55.33% 和 55.12%，其平均值为 $w_{\text{Fe}}=55.22\%$。

根据表 15-5 数据，计算合并样本标准差，$s=\sqrt{\dfrac{\sum\limits_{i=1}^{m}\Delta_i^2}{2m}}=0.119\%$。本次分析进行两次

重复测量，则其测量平均值的标准不确定度 $u(s)=0.119\%/\sqrt{2}=0.084\%$，相对标准不确定度 $u_{rel}(s)=0.084/55.22=1.52\times10^{-3}$。

② 重铬酸钾标准溶液的不确定度分量。

a. 重铬酸钾标准溶液的配制。称取 2.4519g 含量为 $(100\pm0.05)\%$ 的重铬酸钾基准物质于烧杯中，用水溶解，移入 1000mL A 级容量瓶中，用水稀释至刻度，混匀。此重铬酸钾标准溶液浓度 $c(1/6K_2Cr_2O_7)=0.05000mol/L$。

b. 重铬酸钾含量的不确定度分量。已知重铬酸钾含量的变动性为 0.05%，按均匀分布，其变动性的标准不确定度 $u(c)_1=0.05\%/\sqrt{3}=0.029\%$，相对标准不确定度 $u_{rel}(c)_1=0.029/100=2.9\times10^{-4}$。

c. 称量引起的不确定度。天平称量的误差为 $\pm0.1mg$，按均匀分布，其标准不确定度为 $0.1/\sqrt{3}=0.058(mg)$。称量需进行二次，二次称量的标准不确定度为 $\sqrt{0.058^2\times2}=0.082(mg)$。

天平称量重复性约 0.1mg，按均匀分布，其标准不确定度为 $0.1/\sqrt{3}=0.058(mg)$。

称量的标准不确定度 $u(c)_2=\sqrt{0.058^2\times2+0.058^2}=0.10(mg)$，相对标准不确定度 $u_{rel}(c)_2=0.10/(2.4519\times1000)=4.1\times10^{-5}$。

d. 稀释体积引起的不确定度。1000mL A 级容量瓶的容量允差为 $\pm0.4mL$，按三角分布，其体积误差的标准不确定度为 $0.4/\sqrt{6}=0.163(mL)$。

溶液稀释重复性的标准不确定度为 0.10mL。

稀释体积引起的标准不确定度 $u(c)_3=\sqrt{0.163^2+0.10^2}=0.19(mL)$，$u_{rel}(c)_3=0.19/1000=1.9\times10^{-4}$。

e. 重铬酸钾标准溶液的不确定度。重铬酸钾摩尔质量的相对标准不确定度为 5.1×10^{-6}，相对于其他分量可忽略。

各分量不相关，则重铬酸钾标准溶液的相对标准不确定度为：

$$u_{rel}(c)=\sqrt{u_{rel}^2(c)_1+u_{rel}^2(c)_2+u_{rel}^2(c)_3}$$
$$=\sqrt{(2.9\times10^{-4})^2+(4.1\times10^{-5})^2+(1.9\times10^{-4})^2}=3.5\times10^{-4}$$

③ 滴定消耗重铬酸钾标准溶液体积的不确定度。用 50mL A 级滴定管，滴定消耗平均体积 39.56mL，滴定管容量允差为 $\pm0.05mL$，按三角分布，其标准不确定度 $u(V)_1=0.05/\sqrt{6}=0.020(mL)$。

滴定管读数的误差已包括在测量重复性不确定度中，不再评定。

用重铬酸钾标准溶液滴定，滴定时与标准溶液配制时有 $\pm2℃$ 的温差。水的膨胀系数为 $2.1\times10^{-4}℃^{-1}$，温差使溶液体积变化有 $39.56\times2\times2.1\times10^{-4}=0.017(mL)$，按均匀分布，温差引起滴定体积变化的标准不确定度 $u(V)_2=0.017/\sqrt{3}=0.010(mL)$。

滴定体积的标准不确定度 $u(V)=\sqrt{u(V)_1^2+u(V)_2^2}=\sqrt{0.020^2+0.010^2}=0.022(mL)$，相对标准不确定度 $u_{rel}(V)=0.022/39.56=5.6\times10^{-4}$。

④ 铁摩尔质量的不确定度分量。铁的原子量为 55.845，其摩尔质量的不确定度为 $\pm0.002g/mol$。按均匀分布，其标准不确定度为：$u(Fe)=\dfrac{0.002}{\sqrt{3}}=0.0012(g/mol)$，$u_{rel}(Fe)=0.0012/55.845=2.1\times10^{-5}$。

⑤ 称量的不确定度分量。称取 0.2000g 样品，天平的允许差为 ±0.1mg，按均匀分布，其标准不确定度为 $0.1/\sqrt{3} = 0.058(\text{mg})$，称量需进行两次；称量重复性误差已包括在测量重复性误差中，不再重复评估。其相对不确定度为 $u_{\text{rel}}(m) = \dfrac{\sqrt{0.058^2 \times 2}}{0.2000 \times 1000} = 4.1 \times 10^{-4}$。

（5）合成标准不确定度评定

各分量互不相关，则测量全铁含量的合成相对标准不确定度为：

$$u_{\text{crel}}(w_{\text{Fe}}) = \sqrt{u_{\text{rel}}^2(s) + u_{\text{rel}}^2(c) + u_{\text{rel}}^2(V) + u_{\text{rel}}^2(M_{\text{Fe}}) + u_{\text{rel}}^2(m)}$$

$$= \sqrt{(1.52 \times 10^{-3})^2 + (3.5 \times 10^{-4})^2 + (5.6 \times 10^{-4})^2 + (2.1 \times 10^{-5})^2 + (4.1 \times 10^{-4})^2}$$

$$= 1.71 \times 10^{-3}$$

合成标准不确定度 $u_c(w_{\text{Fe}}) = 55.22\% \times 1.71 \times 10^{-3} = 0.094\%$

（6）扩展不确定度评定

取 95% 的置信水平，$k = 2$，$U = u_c(w_{\text{Fe}}) \times 2 = 0.094\% \times 2 = 0.19\%$。

（7）不确定度报告

铁矿石中全铁含量的分析结果为 $(55.22 \pm 0.19)\%$，$k = 2$；或报告为 $55.22 \times (1 \pm 0.0034)\%$，$k = 2$。

16 各领域分析的特点

16.1 岩石矿物

16.1.1 岩石矿物样品的特性

地壳是由岩石、矿石和矿物组成的。地壳中的岩石，按其形成原因可分为岩浆岩、沉积岩和变质岩三类。岩浆岩和变质岩主要由硅酸盐岩石组成，而沉积岩除了由硅酸盐岩石组成外，还有碳酸盐岩石等。因此，从整体来讲，可以说地壳大部分是由硅酸盐岩石组成的。

岩石的成分为：SiO_2、Al_2O_3、Fe_2O_3、FeO、MgO、CaO、Na_2O、K_2O、H_2O^+、H_2O^-、CO_2、TiO_2、P_2O_5、MnO、SO_3^-、Cl^-、F^-、SrO、BaO，以及无机碳和有机碳。地矿分析主要服务对象是地质科研、地质调查和矿产资源勘查，以及矿产综合利用和地质环境评价。

矿石分类为有色金属矿产：铜、铅、锌、镍、钴、锑、铋、汞、锡、锶、铝及多金属矿产等；稀有金属矿产：锂、铷、铯、铍、钨、钼、钒、铌、钽、锆、铪等；分散金属矿产：镓、铟、铊、锗、铼、硒、碲、镉等；稀土金属矿产：轻稀土（镧、铈、镨、钕），中稀土（钐、铕、钆、铽、镝、钬），重稀土（铒、铥、镱、镥、钇）；贵金属矿产：金、银、铂、钯、锇、铱、铑、钌；还有许多其他矿产。当岩石中某个元素或几个元素含量达到工业开采价值时，则称矿石。如当 Fe 元素达到工业开采价值时则称铁矿石，其他如锰矿石、铬铁矿石、钨矿石等。

当某个元素或几个元素含量比较高时，则称为矿物。如铅矿物中的方铅矿（PbS）含 Pb 为 86.6%，镍矿物中的针镍矿（NiS）含 Ni 为 64.7%，锑矿物中的辉锑矿（Sb_2S_3）含 Sb 为 71.4%，锡矿物中的锡石（SnO_2）含 Sn 为 78.62% 等。而且矿物往往有一定的晶形。

岩矿组成非常复杂，共存元素一般都在 20 多种，甚至达 40 多种。岩矿分析的困难在于样品分解，尤其是分解含硅酸盐岩石试样更是如此。但是，经过分析工作者多年的努力，已很好地解决了岩矿样品的完全分解问题。

16.1.2 岩石矿物样品的分解方法

试样分解方法的选择，应依据被测元素的性质、岩矿的特性及随后欲采用的分析方法结合起来考虑。基本要求是：欲测定组分完全分解；尽量做到能同时分离除去干扰组分；分解方法简易、迅速、经济、安全（包括减少对环境的污染和有利于测定手续的简化）。选择合理的分解方法，可以使分析手续大大地简化，准确度显著提高。所以正确地选择岩矿分解方法，是获得准确可靠分析结果的重要环节。

大多数岩石矿物可用各种酸分解后进行分析。酸分解法操作方便，设备简单，可在较低的温度下进行，且不引进除氢离子外的其他阳离子，是岩石矿物分析中最常用的分解方法。

硅酸盐矿样被酸分解的难易程度，主要取决于矿石中二氧化硅的含量及其与金属氧化物的比例和金属氧化物的性质。二氧化硅与金属氧化物的比例愈小，同硅酸结合的金属碱性愈强，则这种硅酸盐岩石愈容易被酸分解，如硅酸钠易溶于水；钙、镁的硅酸盐易被酸分解；而铍、铝的硅酸盐则和酸几乎不起作用。常见的硅酸盐矿石有许多能被酸分解。

分解岩矿和矿物多用混合酸进行，如：①硝酸＋氢氟酸；②硫酸＋氢氟酸；③高氯酸＋氢氟酸；④盐酸＋硝酸；⑤盐酸＋硝酸＋氢氟酸＋硫酸；⑥盐酸＋硝酸＋氢氟酸＋高氯酸。有时也采用熔融法，如过氧化钠、碳酸钠、碳酸钠＋过氧化钠、碳酸盐＋硼酸盐、偏硼酸锂熔融等。用氢氟酸和其他酸共同分解硅酸盐岩矿和矿物可达到完全分解的目的。不测定其中的硅时，最后用高氯酸冒烟赶去 HF 和 SiF_4，残渣用盐酸或硝酸溶解；要测定其中的硅时，则酸分解后，保留有不低于 1mL 的溶液，其中 SiF_4 不蒸发而留在溶液中，此时，可加硼酸络合氟，再对溶液中包括硅在内的元素进行测定。

盐酸分解岩矿样品，除了利用其酸效应外，氯离子还有一定的还原作用和对某些金属离子的络合作用。盐酸和其他氧化性物质或氧化性酸联合使用，可分解铜、钴、镍、铋、砷、钼、锌、铀、汞等矿物。硝酸除与盐酸一样具有很强的酸效应外，还具有很强的氧化性，许多不溶于盐酸的矿物很易被硝酸分解。当用两种酸混合物来分解岩矿和矿物，尤其是有氢氟酸存在下，很多种岩矿样品都可完全分解。

对硫化物矿石，一般先加盐酸加热分解一段时间后，使硫以硫化氢形式逸出，然后再加硝酸进行分解，这样可避免析出对矿样有包藏作用的单质硫和提高硝酸的分解效力。

用偏硼酸锂在 900℃熔融也可完全分解硅酸盐岩石和矿物。将熔融流动状态物倒入稀酸中，在超声波水浴内快速溶解后加入硝酸和酒石酸，用水稀释至一定体积，此溶液可用于岩石矿物的全分析。

16.1.3　岩石矿物样品的分析方法

岩石矿物样品主要进行无机元素的测定，涉及有重量法、滴定法、分光光度法、电化学分析法、光谱分析法、质谱分析法、X 射线荧光分析等各种分析方法。其中原子光谱法占有重要的地位，包括原子光谱分析法的各个分支：原子发射光谱法、原子吸收光谱法和原子荧光光谱法。

16.2　钢铁材料

16.2.1　钢铁的特点及分类

钢铁包括铁、钢及铁合金。一般含碳量小于 0.04％的叫熟铁或纯铁，在 0.04％～2％之间的叫钢，2％以上的叫生铁。熟铁软，塑性好，容易变形，强度和硬度均较低，用途不广；生铁含碳量大，硬而脆，几乎没有塑性。

16.2.1.1　生铁

生铁一般指含碳量在 2％～4.3％的铁的合金，又称铸铁。生铁里除含碳外，还含有硅、锰及少量的硫、磷等，它可铸不可锻。根据生铁里碳存在形态的不同，又可分为炼钢生铁、铸造生铁和球墨铸铁等几种。

炼钢生铁里的碳主要以碳化铁的形态存在，其断面呈白色，通常又叫白口铁。这种生铁性能坚硬而脆，一般都用作炼钢的原料。

铸造生铁中的碳以片状的石墨形态存在，它的断口为灰色，通常又叫灰口铁。由于石墨质软，具有润滑作用，因而铸造生铁具有良好的切削、耐磨和铸造性能。但它的抗拉强度不够，故不能锻轧，只能用于制造各种铸件，如铸造各种机床床座、铁管等。

球墨铸铁里的碳以球形石墨的形态存在，其力学性能远胜于灰口铁而接近于钢。它具有优良的铸造、切削加工和耐磨性能，有一定的弹性，广泛用于制造曲轴、齿轮、活塞等高级铸件以及多种机械零件。

此外还有含硅、锰、镍或其他元素量特别高的生铁，叫合金生铁，如硅铁、锰铁等，常用作炼钢的原料。在炼钢时加入某些合金生铁，可以改善钢的性能。

16.2.1.2 钢

钢是含碳量在 0.04%～2.3% 之间的铁碳合金。为了保证其韧性和塑性，含碳量一般不超过 1.7%。钢的主要元素除铁、碳外，还有硅、锰、硫、磷等。钢的分类方法多种多样，其主要分类方法有如下 7 种：

（1）按品质分类

① 普通钢（P≤0.045%，S≤0.050%）；

② 优质钢（P、S均≤0.035%）；

③ 高级优质钢（P≤0.035%，S≤0.030%）。

（2）按化学成分分类

① 碳素钢（碳钢）：钢中除铁外，主要含有碳，及少量的硅、锰、磷、硫等杂质元素。它按含碳量多少又可分为：低碳钢（C≤0.25%），性软、韧，故又称软钢，建筑上应用很广；中碳钢（C≤0.25%～0.60%），质较硬，多用于制造钢轨和机械传动部件等；高碳钢（C≥0.60%），含碳愈多，质愈硬、脆，一般用于制造工具。

② 合金钢：钢中除含有碳素钢所含有的各种元素外，为了提高其某种或某些力学性能或使获得某些特殊性能，特意加入一种或几种合金元素，这种钢称为合金钢。合金元素有锰（含量超过 0.8%）、硅（含量超过 0.4%）、铬、镍、钨、钒、钛等。合金钢又按合金元素的含量分为：低合金钢，合金元素总含量不超过 4%，建筑应用的合金钢主要是低合金钢；中合金钢，合金元素总含量为 4%～10%；高合金钢，合金元素总含量大于 10%。

（3）按成形方法分类

① 锻钢；

② 铸钢；

③ 热轧钢；

④ 冷拉钢。

（4）按金相组织分类

① 退火状态的：亚共析钢（铁素体＋珠光体）；共析钢（珠光体）；过共析钢（珠光体＋渗碳体）；莱氏体钢（珠光体＋渗碳体）。

② 正火状态的：珠光体钢；贝氏体钢；马氏体钢；奥氏体钢。

③ 无相变或部分发生相变的。

（5）按用途分类

① 建筑及工程用钢：普通碳素结构钢；低合金结构钢；钢筋钢。

② 结构钢。

a.机械制造用钢：调质结构钢；表面硬化结构钢，包括渗碳钢、渗氮钢、表面淬火用钢；易切结构钢；冷塑性成形用钢，包括冷冲压用钢、冷镦用钢。

b.弹簧钢。

c.轴承钢。

③ 工具钢：碳素工具钢；合金工具钢；高速工具钢。

④ 特殊性能钢：不锈耐酸钢；耐热钢，包括抗氧化钢、热强钢、气阀钢；电热合金钢；耐磨钢；低温用钢；电工用钢。

⑤ 专业用钢，如桥梁用钢、船舶用钢、锅炉用钢、压力容器用钢、农机用钢等。

（6）综合分类

① 普通钢：碳素结构钢；低合金结构钢；特定用途的普通结构钢。

② 优质钢（包括高级优质钢）。

a.结构钢：优质碳素结构钢；合金结构钢；弹簧钢；易切钢；轴承钢；特定用途优质结构钢。

b.工具钢：碳素工具钢；合金工具钢；高速工具钢。

c.特殊性能钢：不锈耐酸钢；耐热钢；电热合金钢；电工用钢；高锰耐磨钢。

（7）**按冶炼方法分类**

① **按炉种分。**

a.平炉钢：酸性平炉钢；碱性平炉钢。

b.转炉钢：酸性转炉钢、碱性转炉钢，或底吹转炉钢、侧吹转炉钢和顶吹转炉钢。

c.电炉钢：电弧炉钢；电渣炉钢；感应炉钢；真空自耗炉钢；电子束炉钢。

② **按脱氧程度和浇注制度分。**

a.沸腾钢；

b.半镇静钢；

c.镇静钢；

d.特殊镇静钢。

16.2.2　钢铁样品处理方法

钢铁组成的主体元素为铁，镍、铬、锰、铝、钨、钼等为次量元素。钢铁样品一般比较容易分解，常使用盐酸、硝酸、王水、硫酸、磷酸、氢氟酸、过氧化氢及其混合物如 HCl-HNO_3、HCl-HNO_3-$HClO_4$ 以及 HCl-H_2O_2 进行分解。当 Cr 及 W 含量高时，可在微热 HCl 中，滴加少量 HNO_3；含 W 高的样品，用 H_2SO_4-H_3PO_4 混酸冒烟处理，以防 W 沉淀；高温合金钢成分复杂，除 Ni、Cr、Co 之外，还含有 W、V、Al、Ti 等，最好先用 HCl-HNO_3 溶解，再转为 H_2SO_4-H_3PO_4 介质测定；含硅的样品用氢氟酸除硅，极少数情况下推荐使用熔融法处理样品。采用加压溶样和微波溶样法处理钢铁及高温合金样品，可以加速样品的处理过程。

大多数的钢铁材料可用敞开式容器酸分解方法处理，它是化学分析实验室中最为普遍的样品分解方法。常用的酸有盐酸、硝酸、高氯酸、氢氟酸、硫酸等无机酸以及它们的混合酸等。敞开式容器酸分解的优点是便于大批量样品分析，操作简单方便，设备简单，空白值低，可在较低的温度下进行，是钢铁材料分析中最常用的试样分解方法。

少量难溶铁合金可采用密封容器酸消解样品。

16.2.3 钢铁及合金分析方法特点

钢铁及合金分析中不仅需要分析合金元素，还需要分析非合金元素，在洁净钢分析中痕量元素分析也备受关注。

钢铁冶金材料的分析，涉及重量法、滴定法、分光光度法、电化学分析法、光谱分析法、质谱分析法、X 射线荧光分析等各种分析方法。其中原子光谱法占有重要的地位，包括原子光谱分析法的各个分支：原子发射光谱法、原子吸收光谱法和原子荧光光谱法。在钢铁和冶金材料分析上，多采用 ICP-AES 法，可以进行多元素同时测定，尤其是分析稀土元素具有独特的优越性，分析速度快。仪器相对价廉，灵敏度又高的原子吸收光谱也广泛用于冶金材料分析中。对于要求分析检出限很低的元素时，石墨炉原子吸收法是一种有效的分析工具；分析能形成氢化物的元素砷、锑、铋、铅、锡、硒、锑等元素可采用 HG-AAS 或 HG-AFS 法测定。

16.3 有色金属

在金属材料中，除以铁、铬、锰三种元素为基的黑色金属材料外，其余元素构成的材料均被称作有色金属材料（在国外，通常把黑色金属称作含铁金属，而把有色金属称作非铁金属）。有色金属材料的分类方法很多，全世界还没有统一的标准。

16.3.1 有色金属的分类

有色金属按其性质、用途、产量及其在地壳中的储量状况一般分为有色轻金属、有色重金属、贵金属、稀有金属和半金属五大类。在稀有金属中，根据其物理化学性质、原料的共生关系、生产工艺流程等特点，又分稀有轻金属、稀有重金属、稀有高熔点金属、稀散金属、稀土金属、稀有放射性金属。

（1）有色轻金属

有色轻金属一般是指密度在 $4.5g/cm^3$ 以下的有色金属，有 7 种，包括铝（Al）、镁（Mg）、钠（Na）、钾（K）、钙（Ca）、锶（Sr）、钡（Ba）。这类金属的共同特点是：密度小，化学活性大，与氧、硫、碳和卤素的化合物都非常稳定。对这类金属的提取和工业生产，通常采用熔盐电解法或金属热还原法。

（2）有色重金属

有色重金属一般是指密度在 $4.5g/cm^3$ 以上的有色金属，有 10 种，它们是铜（Cu）、铅（Pb）、锌（Zn）、镍（Ni）、钴（Co）、锡（Sn）、镉（Cd）、铋（Bi）、锑（Sb）、汞（Hg）。这类金属通常采用火法冶炼或湿法冶炼来提取。

（3）稀有金属

稀有金属通常是指那些自然界中含量很少、分布稀散或难以从原料中提取的金属。稀有金属按其某些共同点又可细分为：

① 有轻金属。稀有轻金属的共同特点是密度小（$0.53 \sim 1.87g/cm^3$），化学活性很强。这类金属的氧化物和氯化物都具有很高的化学稳定性。稀有轻金属有 4 种，它们是锂（Li）、铍（Be）、铷（Rb）、铯（Cs）。对这类金属通常用熔盐电解法或金属热还原法生产。

② 稀有高熔点金属。稀有高熔点金属的共同特点是熔点高，一般高于 1650℃，抗腐蚀性强以及可与一些非金属生成非常硬和非常难熔的稳定化合物，如碳化物、氟化物、硅化物和硼化物。稀有高熔点金属有 9 种，它们是钛（Ti）、锆（Zr）、铪（Hf）、钒（V）、铌（Nb）、钽（Ta）、钨（W）、钼（Mo）、铼（Re）。由于这类金属熔点高，一般是由化合物还原时获得金属粉末或海绵体，然后采用粉末冶金法或电弧熔炼法制成致密合金。

③ 稀散金属。稀散金属在地壳中很分散，在自然界中没有单独矿物存在，个别即使有单独矿物，其产量也极少，没有工业价值。稀散金属有 4 种，它们是镓（Ga）、铟（In）、铊（Tl）、锗（Ge）。也有把半金属硒、碲也列为稀散金属。由于这类金属很分散，因此，都是从各种冶金工厂和化学工厂的废料中提取的。例如煤气厂的残料，电解铜厂的阳极泥，生产铅、锌和铝的炉渣和烟尘，硫酸厂的废渣等都是提取这类金属的原料。

④ 稀土金属。稀土金属原子结构相同，其物理化学性质很近似。在矿石中它们总是伴生在一起，在提取过程中，需经繁杂作业才能逐个分离出来。其名称的来由是：18 世纪用以提取这类元素的矿物比较稀少，而且只能获得外观似碱土（氧化钙）的稀土氧化物，故取名稀土，一直沿用到今。稀土金属有 17 种，包括镧系元素以及和镧系元素在化学性质上近似的钪和钇，它们是镧（La）、铈（Ce）、镨（Pr）、钕（Nd）、钷（Pm）、钐（Sm）、铕（Eu）、钆（Gd）、铽（Tb）、镝（Dy）、钬（Ho）、铒（Er）、铥（Tm）、镱（Yb）、镥（Lu）、钪（Sc）、钇（Y）。这类金属的提取通常是，首先以氧化物的混合物或以其他化合物的混合物析出，然后用物理化学方法再进行分离提取。

⑤ 稀有放射性金属。稀有放射性金属包括各种天然放射性元素钋（Po）、镭（Ra）、锕（Ac）、钍（Th）、镤（Pa）和铀（U）及各种人造超铀元素钫（Fr）、锝（Tc）、镎（Np）、钚（Pu）、镅（Am）、锔（Cm）、锫（Bk）、锎（Cf）、锿（Es）、镄（Fm）、钔（Md）、锘（No）、铹（Lr）、𬬻（Rf）、𬭊（Db）、𬭳（Sg）、𬭛（Bh）、𬭶（Hs）、鿏（Mt）共计 25 种。天然放射性元素在矿石中往往是共同存在的，它们常常与稀土金属矿伴生。这类金属在原子能工业中起着极其重要的作用。

（4）贵金属

贵金属一般价值比较高，在地壳中含量少，开采和提取比较困难，故价格均比一般金属贵，有 8 种，它们是金（Au）、银（Ag）、铂（Pt）、铱（Ir）、锇（Os）、钌（Ru）、钯（Pd）、铑（Rh）。这类金属化学性质稳定，密度大，一般在 $10.4 \sim 22.4 g/cm^3$，其中铂、铱、锇是金属元素中最重的几种，熔点高，一般在 $916 \sim 3000℃$。贵金属中除金、银、铂有单独矿物可以从矿石中生产一部分外，大部分要从铜、铅、锌、镍等金属的冶炼生产过程中的副产品（阳极泥）中回收提取，从矿石中提取贵金属金、银通常采用湿法冶金。

（5）半金属

半金属的物理化学性质介于金属与非金属之间，有 6 种，它们是硅（Si）、硒（Se）、碲（Te）、砷（As）、硼（B）、砹（At）。此外，锗、锑、钋也具有半金属的属性，有的国家也将其划分为半金属。此类半金属根据各自的特点，其提取的方法各不相同，通常有电弧熔炼、区域熔炼、热还原、熔盐电解等方法，或从提取其他有色金属过程中的阳极泥中提取。

16.3.2　有色金属样品处理方法

有色金属试样的分解，除了要考虑金属基体的完全分解外，还需考虑以下几个因素：

① 个别成分的难溶性。虽然金属溶解了但仍有个别成分因其性质特殊而没有溶解或没

有完全溶解，需另外加入其他溶剂。例如测定铜及铜合金中的硅时，加入硝酸溶解试样，但仍需加入少量氢氟酸以溶解不溶性二氧化硅。

② 防止个别成分在分解过程中的挥发损失。例如测定砷的分析方法，当用酸溶解试样时，必定采用氧化性酸，以使三价砷氧化成五价砷，防止三价砷的挥发损失。

③ 防止个别成分在酸分解后的水解。例如测定锌锭中的锑时，在加入硝酸溶解的同时，加入酒石酸，使溶解生成的锑离子立即与酒石酸络合。

④ 利用试样分解进行分离。例如溶解铅及铅合金时加入硫酸，不仅可溶解试样，而且可利用硫酸铅沉淀将铅分离除去。

⑤ 酸溶优先原则。能酸溶尽量不碱熔，以减少盐类的引入。

⑥ 最少量溶（熔）剂原则。尽量用最少量的溶（熔）剂分解试样，以减少外来成分的引入，降低空白。

⑦ 一致性原则。溶（熔）剂与试剂的加入量，同一批试样保持一致，试样与标准系列溶液保持一致，以保持空白相同。

16.3.3　有色金属分析的特点

概括起来，有色金属分析具有以下几个方面的特点：

① 基体复杂多变。有色金属样品种类多，基体复杂。

② 待测元素种类多。根据不同样品的要求不同，测试元素覆盖了从氢到铀的几乎所有元素。

③ 待测元素含量范围宽。其变化可以从痕量、超痕量杂质到99.9%以上的高纯金属，如铜在锌锭中为痕量杂质，而阴极铜中的铜含量则在99.95%以上。

④ 分析测试手段多样。正是由于复杂多变的基体以及待测元素较宽的含量范围，从而使得分析测试手段多样。如锌锭中铜的测定常采用原子吸收光谱法、吸光度法，而阴极铜中铜的测定则只能采用电解重量法。在测定方法中，传统的化学分析方法如重量法、滴定法、吸光光度法、电化学分析法，现代仪器分析技术如原子吸收光谱法、原子荧光光谱法、火花源直读光谱法、电感耦合等离子体-原子发射光谱法、电感耦合等离子体-质谱法、辉光放电-质谱法等在现代有色金属分析中均有应用。

⑤ 分离富集方法多变。面对复杂的基体条件，在有色金属分析中，直接测定往往面临较大的困难，此时，适宜的分离富集方法就变得十分重要。在所用的分离富集方法中，沉淀、共沉淀、溶剂萃取、离子交换、色谱分离、液膜技术、火试金等传统的和现代的分离富集方法均各有用武之地。

⑥ 样品分解难易程度差别大。对于有些金属及其化合物，分解相对容易，如金属锌、铝、铜、铅等用硝酸（1+1）即可以较好地分解，而金属铑、铱等则分解非常困难，即便采用现代先进的微波消解技术，也需要较长时间高温、高压处理。

对于不同种类的有色金属，又各具有其独特的特点：

① 对难熔金属和稀散金属分析有许多独到之处。难熔金属的共同特点是熔点和硬度高、耐腐蚀性强、原子价态多变。如钨的熔点高达3400℃，是金属中熔点最高的。难熔金属的耐腐蚀性强，给分析工作带来的首要难题是如何将样品消解完全。它们的原子价态多变，增加了难熔金属的分离和分析的复杂性。稀散金属是稀有分散金属的简称，其共同特征是物理与化学性质相似，在地壳中分布非常分散，很少有独立的矿物存在。难熔和稀散金属分析既涵盖了分析化学中常见的化学分析方法与仪器分析方法，又具有很强的针对性和专业性，分

析的难度较大。

② 贵金属由于其高经济价值以及独特的物理、化学性质导致了对分析测试要求的特殊性。对贵金属的分析要求随着分析对象和金属含量的不同而有差异。高含量贵金属成分的测定除要求分析方法的选择性外，着重在于分析的准确度和精密度，可利用的方法很少，在某些情况下，还不得不采用操作冗长的重量法；而痕量和超痕量贵金属元素的分析则着重于分析方法的灵敏度和选择性。然而，有很少的化学或仪器分析方法能够满足这种要求。因此，贵金属元素的富集、分离成为分析测定的重要研究内容之一。贵金属物料的分离富集一般分为干和湿法两大类。干法又称火法，主要包括传统的铅试金法、镍锍试金法和其他如铜试金、锡试金、锑试金等。湿法富集分离主要包括化学吸附法、离子交换色谱法、溶剂萃取法和蒸馏法等。与其他有色金属分析不同，贵金属由于其良好的延展性和在样本中分布的不均匀性，因此，采样是需要十分关注的问题。

③ 重金属分析由于其对象的复杂性而具有以下特点：需要测定的元素和项目多，所测元素达 60 多种；所测元素的含量从 10^{-6}％到 99.999％，范围宽；分析对象品种多，试样复杂。试样中待测元素、共存元素的种类和含量不同，对测定的影响甚大。

④ 轻金属相对于其他有色金属而言，化学性质比较活泼。近年来，轻金属检测技术有了较大的发展，除传统的化学分析方法外，现代仪器分析方法特别是光电直读光谱法已在铝及铝合金、镁及镁合金分析中广泛采用，其他仪器分析方法，如 XRF 分析法、ICP-AES 法等也有应用。

⑤ 稀土金属由于其物理、化学性质的高度相似性，使得各稀土分量的测定一直是困扰分析工作者的难题。随着现代仪器技术的进步，如高分辨光谱与质谱的出现以及与分离富集方法的结合，使得这些难题得以逐渐解决。对于混合稀土中稀土分量的分析，XRF（X 射线荧光光谱法）是目前主要采用的分析方法。在稀土合金分析方面，常量稀土总量的测定常采用草酸盐重量法，微量稀土总量的测定采用偶氮胂Ⅲ分光光度法。稀土合金中其他合金元素的分析，经常涉及常量和半微量元素分析，电感耦合等离子体发射光谱（ICP-AES）和电感耦合等离子体质谱（ICP-MS）等先进仪器已得到应用。与一些分离富集方法相结合，ICP-AES 及 ICP-MS 分析技术在稀土氧化物等分析中已成为标准分析方法。

16.4　石油及化工产品分析

16.4.1　石油及其产品

天然石油是一种黏稠油状的可燃性液体矿物，主要是由多种烃类组成的复杂混合物。开采所得的石油称为原油，石油产品一般是指原油经过直接分馏、裂化加工获得的各种产品。

石油基本上由五种元素碳、氢、硫、氮、氧所组成（还有一些微量元素），其含量分别为：C，83％～87％；H，11％～14％；S，0.05％～8％；N，0.02％～2％；O，0.05％～2％。原油中的微量金属和非金属元素含量一般为百万分之几甚至十亿分之几，但它们对石油加工有很大的影响，必须引起充分重视。

主要石油产品有以下几种：

（1）燃料

我国的石油产品中燃料约占 80％，而其中约 60％为各种发动机燃料，所产柴油和汽油的比例约为 1.3 : 1。

按馏分组成分为：液化石油气，航空汽油，汽油，喷气燃料，煤油，柴油，重油，渣油，特种燃料。

燃料的主要成分：烃类化合物及少量的非烃类有机物和添加剂等。

（2）润滑剂及有关产品

其中包括润滑油和润滑脂，主要用于降低机件之间的摩擦和防止磨损，以减少能耗和延长机械寿命。其产量不多，仅占石油产品总量的 2% 左右，但品种达数百种之多。

（3）石油沥青

石油沥青用于道路、建筑及防水等方面，其产量约占石油产品总量的 3%。

（4）石油蜡

石油蜡属于石油中的固态烃类，是轻工、化工和食品等工业部门的原料，其产量约占石油产品总量的 1%。

（5）石油焦

石油焦可用以制作炼铝及炼钢用电极等，其产量约为石油产品总量的 2%。

（6）溶剂和化工原料

约有 10% 的石油产品是用作石油化工原料和溶剂，其中包括制取乙烯的原料（轻油），以及石油芳烃和各种溶剂油。

16.4.2　石油化工类样品的特点

石油化工类样品种类繁多、来源复杂，不同样品性质差别很大，既有液态，也有固态、气态；既有有机物，也有无机物。原油、润滑油黏度很大，而石脑油、汽油几乎如同水状，且石油样品易挥发，易燃易爆，而油矿石、催化剂、添加剂等又非常稳定。样品来源和种类的多样性，造成了样品预处理和制样方法的多样性，同时也为某些样品的处理带来一定的困难。

在石油化工领域，从原材料验收、中间生产过程的质量控制到产品出厂检验的各环节，需要和可以使用原子吸收光谱法测定微量元素的地方很多。目前从原油中鉴定出的金属与非金属元素约 30 多种，主要为 Fe、Na、Mg、Ni、V、Ca、Pb、Mo、Mn、Cr、Co、Ba、Zn、K、As、Al、B、Zr、Pd、Cd、Si 等。在石油炼制中，金属含量的多少是研究炼油工艺及其产品质量的重要指标。某些金属是石油加工过程中十分有害的杂质（如 As、Ni、V）。我国原油 V 含量多为几毫克每千克，而 Ni 含量高达几百毫克每千克。

油样中金属元素主要有三种来源：①天然存在于石油中的金属；②石油开采、加工、贮运及在石油产品使用过程中的金属污染，如设备的腐蚀、磨损，导致金属进入石油产品；③以添加剂方式进入油品中的金属成分，主要是为了改善石油产品的使用性能。如润滑油中添加有机金属化合物，可起到防腐、抗氧化、抗磨、抗压等作用；汽油中添加烷基铅化合物，可提高其抗爆性能；喷气飞机燃料油中添加有机锰化合物（甲基-环戊烷-二烯-三碳酸锰）是为了消除飞机的雾化痕迹。轻工产品中的金属基本上都来自加工原料及其加工过程。

在石油及其加工产品分析中，分析的多是有机物中的无机金属元素，且元素含量范围高低不一，差别很大。大多数金属元素不能直接溶于石油和石油样品，需要使用金属有机化合物配制样品，这为标样配制和分析结果的准确校正带来不少困难。石油及其加工产品多为易挥发、易燃和有毒物品，这也会给分析带来许多问题。

16.4.3　样品处理

根据油品的黏度、密度等性质，可将油类样品分成重油和轻油两大类。重油主要包括原油、沥青、渣油、润滑油、较重的（高于300℃的馏分）催化裂化原料油等，这类样品黏度大，胶质、沥青质多。轻油主要包括柴油、汽油、石脑油、重整原料油、溶剂油等。这类样品黏度小、馏分轻，本身金属含量较低，但在成品油加工过程中，有时需加入添加剂而引入某些金属。

用原子光谱法分析石油样品时，处理过程是决定分析速度的关键。处理方法一般包括无机化测定和有机直接进样两种手段。无机化测定应用最早、最广，优点是取样量灵活，处理过程有一定的浓缩作用，检出限比有机直接进样低；缺点是处理时间长、能耗大，在一定程度上影响仪器快速分析的要求。尽管如此，由于有机金属标准化合物标样来源受到限制，无机化测定仍是目前采用的主要分析方法。有机进样是目前分析石油样品比较快速而准确的方法，特点是样品预处理比较简单，分析快而方便。

（1）直接进样测试

直接进样测试是将油样直接或使用一定的有机溶剂混合后，直接进样于火焰或石墨炉原子化器进行测定的方法。

① 石墨炉直接进样。其优点是灵敏度高，自动化程度高，分析速度快等；缺点是控制条件苛刻，且精密度、重现性不太好，准确度较差。轻油黏度小，可直接进样于石墨炉原子化器内；重油和黏度大的油样，需用一定的溶剂（如甲基异丁基酮、四氢呋喃、二甲苯、溶剂油等）稀释。

测试时加入化学改进剂既防止被测元素在灰化分解时损失，又克服了因元素形态不同所造成的灵敏度差异。如加硝酸镁使欲测元素变成硝酸盐或金属络合物；加碘使各种烷基铅变成碘铅络合物。测试时应该正确选择干燥、灰化、原子化、清除各阶段的温度和时间及升温速度。升温速度快会造成油样的溅射损失，严重时会污染石英窗。同时要避免在原子化器内造成含碳物质的堆积和记忆效应的发生，尤其是测试易形成碳化物的元素，可选用热解涂层石墨管或难熔碳化物涂层管。

尽管石墨炉直接进样有许多不足，但由于分析速度快，仍有一定的使用价值。如在测试使用后的润滑油，以便对运转机械进行运行状态监控时，就必须用快速方法。

② 火焰法直接进样。

a.有机溶剂的选择。有些样品黏度和表面张力大，进样时雾化效率降低；有的样品含大量的不饱和烃，燃烧时火焰冒烟，造成状态不稳，易积炭，测定值变化较大，因此需用有机溶剂稀释样品。要求有机溶剂具有良好的燃烧性能，火焰稳定。适宜作为直接进样的有机溶剂应符合以下要求：良好的油溶性和稳定性；较低的密度、黏度和较低的挥发性；毒性小；廉价易得；纯度高，不含被测定元素；火焰背景吸收低。据此，经常用到的有机溶剂为二甲苯、甲基异丁基甲酮（MIBK）、甲苯和冰乙酸混合物或MIBK-冰乙酸-正戊烷混合物等。一般认为酯类和酮的效果较好，一些有机溶剂的特性见表16-1。

甲基异丁基甲酮（MIBK）是使用最广泛的有机溶剂。溶剂与油样的混合比例影响分析的灵敏度，稀释倍数太大使试液中被测元素的相对浓度降低，进而影响检出限；稀释倍数太小，灵敏度不高。一般情况下是油样含量20%时较适宜。

b.有机标准物质。直接测定中使用的有机标准溶液应该用与样品相似的基础油和有机溶

表 16-1　一些有机溶剂的特性

溶剂	油溶性		燃烧性能	
	汽油、润滑油	渣油、页岩油	空气-乙炔火焰	氧化亚氮-乙炔火焰
环己酮	优	好	优	优
二甲苯	优	一般	差	优
甲苯	优	一般	差	优
汽油和轻烃	好	差	差	好
甲基异丁基甲酮	一般	差	差	优
乙酸丙酯	一般	差	差	优
异丙醇	差	差	一般	好
乙醇	差	差	好	优

剂配制，混合比也应该相同。可以用来作标准物质的有机金属化合物应具备以下条件：稳定的符合化学计量的物质；能和有机液体混溶；能和样品中的其他物质共存；在实验室容易获得和制备。

经常用到的标准物质有以下几类：NBS 类型的有机金属标准物质；含有金属元素的石油添加剂；一些稳定的有机金属化合物，如环烷酸盐、油酸盐、二乙基二硫代氨基甲酸盐、癸酸盐等。

无机盐的水溶液也常用来作标准物质，这需要使用能与水溶液互溶的溶剂，作为水溶液与有机溶剂混溶的桥梁。目前使用的溶剂大致有醇类、有机酸、二甲基甲酸胺等，它们与有机溶剂和水按一定比例混合，即可配制成有机标准溶液。

c. 乳浊液进样。刘立行等人研究了渣油、润滑油、润滑脂和润滑油添加剂等样品中的一些金属元素的测试方法。他们用有机溶剂溶解样品，再以乳化剂将油溶液乳化成乳浊液，进而配成进样试液，吸入火焰进行测定。较传统的灰化法处理样品，该方法简便、快速准确。但所测试液及空白溶液的黏度应相同，这是本法成功的关键。其黏度调制原理为：向试液乳浊液及空白溶液中加入等量的样品中不含有的一种元素，当两种溶液的黏度完全相同时，所加入元素的吸光度必定相等。据此调整黏度改进剂加入量。

（2）无机化测定

无机化测定时样品分解方法主要有灰化法、萃取法、压力及微波消解法、高频低温灰化法等，经常用的为灰化法和萃取法。

① 灰化法。灰化法多用于处理重质油品，有时也在轻质油品中加入灰化助剂处理轻质油品，取样量大时对被测物质也起到浓缩富集的作用。常用的为高温干灰化法和低温湿灰化法。

对于原油、渣油、燃料油等重质油品，用干灰化法测定不宜挥发元素（Fe、Ni、Cu、V、K、Na、Ca、Mg 等）时，加与不加灰化助剂的结果一致；而轻质油品加灰化助剂较可靠，所加灰化助剂有浓硝酸、浓硫酸、碘、硝酸镁等。当两种方法的结果无大的差别时，用直接灰化法要简单得多。如果所测元素是易挥发元素，即使重质油品也需加灰化助剂。例如重油中的 As 直接灰化时损失高达 60%，如果加入灰化助剂硝酸镁即可解决此问题。

较黏稠的油样（如原油）中有时会含有少量水分，干灰化时如果不小心溅失样品甚至暴沸，会使分析失败。此类样品取样后，要控制电炉加热温度不要过高（一般在 $100 \sim 140℃$）；加热速度不要太快；同时样品上部可用红外灯烘烤，使样品除去水分。

② 萃取法。溶剂萃取适用于处理轻油样品（如汽油、石脑油、煤油、轻柴油等），尤其是轻油中的痕量及易挥发元素，目前在生产中有较多应用。此方法的关键是在样品中先加入有效的氧化剂使金属与碳链断裂后，再以无机酸溶液作为萃取剂分离样品中的痕量元素。本

方法简便快速，但由于油样中的金属与有机相之间存在着缔合作用而影响分离效率。同时萃取痕量元素时，玻璃器皿的污染不可忽视，需用铬酸洗液浸泡容器，必要时使用聚乙烯塑料瓶萃取。

16.4.4 分析特点

在石油炼制、石油加工生产过程中，从原材料验收、生产过程的质量控制到产品出厂检验的各环节都需要进行分析检测。涉及的分析样品种类繁多，既有液态样品，也有固态、气态样品；既有有机物，也有无机物。分析样品多为易挥发、易燃、易爆和有毒物品，不同来源的样品，性质差别很大。样品来源和种类的多样性，造成了样品预处理和制样方法的多样性，同时也为某些样品的处理带来相当大的困难。

原子光谱测定的对象多为有机物中的无机金属和非金属元素。因为大多数金属元素不能直接溶于石油和油类样品，不能像分析无机样品中金属元素那样，可用水溶液标准样品进行校正，而需要使用金属有机化合物配制标准样品，常用的有机金属标准化合物有环己烷基丁酸盐、环烷酸盐、油酸盐或二乙基二硫代氨基甲酸盐等。目前有商品出售的有机金属标准油样有美国的 CONOSTANS-21 混合标准油，含有 Ag、Al、B、Ba、Ca、Cd、Cr 、Cu、Fe、Mg 、Mn、Mo、Ni、P、Pb、Na、Si、Sn、Ti、V 和 Zn 等 21 种元素，我国有 Fe、Ni、Cu、V、Ca、Mg、Na 和 As 等元素的标准原油及各种单元素有机标准样品。但总的来说，目前有机金属化合物的来源相当有限，这就为标准样品配制和分析结果的校正带来不便和不少困难，有时甚至很难找到合适的标准样品。为解决有机金属化合物的来源困难的问题，有人采用无机金属标准，酸溶后再用某些中间"桥梁"介质（如醇类、有机酸、二甲基甲酰胺、白油等）与样品基体相近似的有机标准化合物相混合，配制成有机金属标准溶液，也取得了较好的效果。用来配制有机金属标准溶液的有机标准化合物应与中间"桥梁"介质具有良好的混溶性、稳定的化学组成及不干扰随后的光谱测定等特性。

16.5 环境分析

16.5.1 环境样品及其特点

环境样品包括水、气、土壤、固体废物等。

固体废物主要来源于人类的生产和消费活动。它的分类方法很多，按化学性质可分为有机废物和无机废物；按形状可分为固体废物和泥状废物；按危害状况可分为有害物和一般废物；按来源可分为工业固体废物、城市生活垃圾、农业废弃物和放射性固体废弃及医院废弃物等。在固体废物中，对环境影响较大的是工业有害固体废物和城市垃圾。固体废物中有害成分主要有汞、镉、砷、铬、铅、铜、锌、镍、锑、铍等。空气中污染物并不是单一状态存在，往往以多种状态（如气态和气溶胶）共存于空气中，情况比较复杂，需要采取综合采样方法，用一种方法将两种状态的物质同时采集下来。这类方法主要有浸渍试剂滤料法、泡沫塑料采样法、多层滤料法以及环形扩散管和滤料组合采样法等。不同金属元素存在于空气中的状态不尽相同，常见的汞以蒸气状态存在，而大多数是以气溶胶形式（如烟、雾、尘）分散在大气中。铅、铬、锰、锌、锑、硅、砷等的氧化物则以悬浮颗粒物形式存在而污染大气。这些金属类物质进入大气后，由于性质不同，对人体危害也不一样。

水体是河流、湖泊、水库、沼泽和陆地地下水的通称。水体水质的变化与污染物在水、水生物及底部沉积物之间的分布和迁移转化密切相关。无论作为生活饮用水、工业给水、农业用水、渔业用水，还是特殊用途等都有一定的水质要求。

环境样品的种类和成分是多样性的。就样品状态来说，有液态、气态和固态；就种类来说，有水和废水、大气和废气、气溶胶、大气颗粒物、飞灰、土壤、固体废物（危险废物）、沉积物（污泥）等。

环境样品具有以下几个特点：

① 成分复杂，干扰多。

② 被测物的浓度比较低，一般在 $10^{-6} \sim 10^{-9}$ g 的浓度水平。

③ 样品随时间与空间的变动性影响因素较多。

④ 同种元素以不同的物相和不同的价态形式存在，易受环境影响而变化、迁移。

⑤ 样品采集后，往往要加入保护剂，以防运输过程中被测物的流失和变化。

16.5.2 环境样品处理

16.5.2.1 环境样品处理的一般方法

由于大多数环境样品的基体和组成相当复杂，所以在大多数情况下处理成为环境分析中不可或缺的重要步骤。样品处理是一项费时费力的工作，有资料统计表明，样品处理在整个样品分析过程中所占有的时间比例约为 61%，其他所有步骤约只占 39%。环境样品在分析测定前是否需要处理或需要采取何种处理方法，应依样品的实际情况而定。例如，对于含较高浓度 Fe、Mn、Cu、Zn 等被测元素的较洁净的水样，可不经处理，将水样直接进行测定；对于含较低浓度 Cd、Pb、Zn、Cu 等被测元素的水样，则需进行预富集，如有机溶剂萃取，有机相直接进样或反萃取后水相进样分析。氢化物发生法测定试样中的 As、Se、Sn、Ge 等，所需的氢化物发生过程也可视为是一种样品处理的过程。样品经处理之后即成为可供直接分析的试样，所以样品处理过程也就是试样制备过程。

环境样品预处理方法：

（1）灰化法

环境样品（水、土壤、生物等）中常含有组成复杂的各种有机物，通常要将有机物分解，使之转化为无机形态，然后测定。例如水样内悬浮颗粒中存在的金属有机化合物，须经灰化分解为游离态金属离子，才便于测定。灰化法适合于水、土壤、生物等样品的处理。灰化法可分为湿法灰化法、干法灰化法和低温灰化法。

① 湿法灰化法。湿法灰化法是将样品与酸、氧化剂、催化剂等共置于回流装置或密闭装置中，加热分解或破坏有机物的方法。湿法灰化法中最常用的反应体系有 H_2SO_4-$KMnO_4$ 等。

② 干法灰化法。通常使用的干法灰化法是将水样用红外灯烘干，再转移到温度为 450～550℃ 的电炉中灰化，然后用适量的盐酸或硝酸溶解。高温灰化易造成试样中 Hg、As、Sn、Pb、Cd、Sb 等灰化损失，必要时可加入硝酸、硫酸、硝酸镁等灰化助剂以减少这类损失。

③ 低温灰化法。为了尽量减少挥发损失，提高样品处理回收率，低温灰化法已引起人们的普遍关注。它是采用高频激发产生的氧等离子体，于密封装置中，使样品在 150～200℃ 低温下进行灰化分解。

（2）萃取法

用于环境样品处理的萃取法可分为溶剂萃取法、固相萃取法和超临界萃取法。溶剂萃取法（或称液–液萃取法）是一种经典的分离浓集法，在水样中加入与水互不混溶的有机溶剂，或含有萃取剂的有机溶剂，通过传质过程使原水样中的被测组分进入有机相，而别的组分仍留在水相，从而达到分离浓集的目的。溶剂萃取的优点是设备简单、操作快速、选择性好、回收率高等。萃取有机相有时可直接进样测定。在原子吸收法环境分析中，多采用螯合萃取富集金属阳离子（如 Pb^{2+}、Cu^{2+}、Zn^{2+}、Cd^{2+} 等）。

（3）吸附法

吸附是呈离子或分子状态的吸附质在吸附剂边界层浓集的过程。吸附剂一般是固体，按照吸附质所在介质是气体或液体，可将吸附分为气–固吸附和液–固吸附。按照吸附过程发生机理将吸附分为物理吸附、化学吸附和交换吸附。物理吸附是非选择性吸附，吸附力是范德华力。在吸附过程中发生化学反应的为化学吸附，例如活性炭对金属离子的吸附。交换吸附由呈离子状态的吸附质与带异种电荷的吸附剂表面间发生静电引力而引起。交换吸附可归入离子交换作用一类。对于环境样品分析，处理对象可以是气体，也可以是液体。常用于环境样品（水样或气样）处理的吸附剂有活性炭（吸附处理金属离子或有机物）、多孔高分子聚合物（吸附处理有机物）和巯基棉（吸附处理某些金属或准金属）等。

吸附法的优点是可从大量样品中分离和富集多种微量组分，装置简单，操作迅速，试剂耗量少，很大程度上避免了分析物的损失和污染。吸附剂分为无机吸附剂和有机吸附剂。

（4）离子交换法

根据交换官能团的不同，可将离子交换树脂分为阳离子交换树脂（包括强酸性离子交换树脂和弱酸性离子交换树脂两类）、阴离子交换树脂（包括强碱性离子交换树脂和弱碱性离子交换树脂）和螯合树脂等 3 大类。该方法在环境分析中常用作痕量组分的分离和浓集。其缺点是周期较长。

（5）共沉淀法

常量组分的沉淀形态有氢氧化物、硫化物、氧化物、磷酸盐、铬酸盐和有机螯合物等。氢氧化物沉淀形态是最常用的形态。

16.5.2.2　不同环境样品处理的方法

土壤样品的处理方法根据研究目的而定。例如，调查土壤本底的情况，就要进行土壤成分的全分析，通常采用碱熔法或酸溶法。如果要了解土壤中某种元素的丰缺，或者它与作物生长的相关性，往往要测定土壤的有效成分或水溶性成分，这时就要采用相关的溶液浸提进行分析。

（1）碱熔法

最早也是用得最多的土壤矿物质元素全量测定处理方法就是碱熔法。常用的碱有碳酸钠、氢氧化钠、碳酸钾和碳酸锂等，可根据要测定的元素选择一种碱做助熔剂。样品处理如果采用碳酸钠或氢氧化钠做助熔剂就不能测定钠；如果要测定钠，可选用碳酸锂或偏硼酸锂做助熔剂。

碱熔法的主要优点是熔样完全，可用于硅、磷、铁、铝、钙、镁等常量元素的测定，也可同时用于铜、锌、锰、铬等微量元素的测定。但碱熔法必须使用价格昂贵的铂坩埚，碱熔温度高达 950℃，特别不利于易挥发元素如汞、硒、铅、砷、镉等元素的测定。另外，使用氢氧化钠等强碱熔样时对铂坩埚有腐蚀作用。

碱熔法处理土壤样品的步骤（以碳酸钠为例）：称取过 0.15mm 筛的土壤样品 0.5g 与 8g 碳酸钠在硫酸纸上混合均匀放入铂坩埚内，最好在铂坩埚底部先铺少量碳酸钠，再用少许碳酸钠清洗硫酸纸并均匀盖在样品表面。置于高温电炉内升温至 800℃，恒温 10min，再升温至 950℃恒温熔融 30min。取出冷却，用盐酸（1＋1）溶解熔块，并蒸发至干。反复用盐酸处理 2 次，使硅转化为 SiO_2 沉淀，最后用盐酸（1＋99）溶解并洗涤，定容到 100mL，过滤后作为待测溶液。同时进行空白试验。

（2）酸溶法

酸溶法处理土壤样品都采用混合酸，很少采用单一酸。常用的混合酸有 $HF-HClO_4-HCl$、$H_2SO_4-HClO_4$、$H_2SO_4-H_2O_2$ 等。至于采用哪种混合酸主要取决于土壤的限制和分析要求。例如灰钙土含大量钙，若用 $H_2SO_4-HClO_4$ 处理会产生 $CaSO_4$ 沉淀；如果要测定氮，用 $H_2SO_4-H_2O_2$ 最合适。

酸溶法处理土壤样品的步骤（以 $HF-HClO_4-HCl$ 为例）：称取过 0.15mm 筛的土壤样品 0.3～0.5g 置于铂坩埚内，加入 15mL HF、5mL $HClO_4$ 和 5mL HCl，在可调温电炉上慢慢加热（200℃左右）至微沸，并用塑料棒搅动，直至溶液变清并冒白烟为止，如果仍有土粒，可补加 5mL HF 继续消解至溶液变清，蒸至近干，最后用 10mL HCl（1＋1）溶解残渣，用去离子水定容至 50mL，摇匀，过滤后作为待测溶液。

如果土壤有机质含量高，称好试样后可先在 600℃马弗炉内灰化 4h，再加酸处理。

（3）微波溶样法

微波溶样技术的优点是溶样时间短、试剂消耗低、污染少，特别适合于易挥发元素的分析，如 As、Hg、Se、Cd 等。

微波溶样时因仪器不同，处理步骤有所差别。一般称取过 0.15mm 筛的土壤样品 0.3～0.5g 置于 100mL 消解罐中，加入 HNO_3、H_2O_2、HF 消解。

（4）浸提法

在土壤分析研究中并不总是要测定元素全量，有时要测定哪些能直接被植物吸收及与植物生长有关的元素成分，测定这些元素要根据测定目的采用不同的浸提方法。例如，测定与植物生长有密切关系的有效磷，对于中性土壤和石灰性土壤可用 0.5mol/L 碳酸氢钠溶液提取，对于酸性土壤要用 0.1mol/L 盐酸＋0.03mol/L 氟化铵溶液提取。

① 土壤交换性碱性物的测定。通常称取磨细过 2mm 筛土壤样品于塑料瓶中，加入 100mL 1mol/L 乙酸铵溶液（土水比为 1∶10），盖紧瓶盖，在 20～25℃室温下反复振荡提取 1h，过滤，滤液测定钾、钠、钙、镁含量，并计算物质的量总和。

②土壤有效微量元素的测定。土壤有效微量元素是指那些可直接被植物吸收并与植物生长有密切关系的微量成分，如有效微量元素铜、铁、锰、锌、钼、硼是农业营养诊断分析应用最多的 6 个元素。对于酸性土壤可用 0.1mol/L HCl 提取；对于中性土或石灰性土壤可用 0.05mol/L EDTA 溶液提取。土水比为 1∶10，在 20～25℃室温下反复振荡提取 1h，测定滤液成分。

16.5.2.3　水样的采集与保存

水样的采集是水质监测关键的一步，没有合理的采样设计就没有合理的分析数据。采样断面的设计必须具有代表性，再配以合理的采样方法和采样设备。

一般将水样分为以下几类：

（1）综合水样

把从不同采样点同时采集的各个瞬时水样混合起来的样品称作"综合水样"。综合水样在各点的采样时间虽然不能同步进行，但越接近越好，以便能得到可以对比的资料。综合水样是获取平均浓度的重要方式，有时需要把代表断面上的各点，或几个污水排放口的污水按相对比例流量混合，取其平均浓度。

（2）瞬时水样

对于组成比较稳定的水样，或水体组成在相当长的时间和相当大的空间范围变化不大，采集瞬时水样也具有较好的代表性。当水体组成随时间变化，则要在适当时间间隔内进行瞬时采样，分别进行分析，测出水质的变化程度、频率和周期。当水体发生空间变化时，就要在各个相应的部位采样。

（3）混合水样

在大多数情况下，混合水样是指在同一采样点上于不同时间所采集的瞬时样的混合样，也叫"时间混合样"。这在观察平均浓度时非常有用。但混合水样不适用于被测组分在贮运过程中发生明显变化的水样，如挥发酚、油类、硫化物等。

如果污染物在水中的分布随时间而变化，则必须采集"流量比例混合样"，即按一定的流量采集适当比例的水样混合而成。

（4）平均污水样

对于企业的排污口，生产的周期性直接影响着排污的规律性。为了得到具有代表性的污水水样，应根据具体的排污情况进行周期性采样。一般地说，应在一个或几个生产或排放周期内，按一定的时间间隔分别采样。对于性质稳定的污染物，可对分别采集的样品进行混合后一次测定，对于不稳定的污染物则可在分别采样、分别测定后取平均值为代表。

在污染源监测中，随污水流动的悬浮物或固体微粒，应看成污水样的一个组成部分，不应在分析前滤除。像水中的油、有机物和金属离子可能被悬浮物吸附，有的悬浮物中就含有被测组分，如选矿、冶炼废水中的重金属。

（5）其他水样

在应急水污染事故调查、洪水期或退水期水质监测中，都必须根据进入水系的位置和扩散方向布点、采样，一般采集瞬时水样。

（6）在线监测

目前已有自动在线监测装置，可以方便地采集水样即时进行实时分析监控，并通过远程传输系统将信息传往上级主管部门。

水样采集后，应尽快分析。在运输过程中，水质会因样品震荡、生物因素、化学因素、物理因素而发生变化，需妥善进行保存。一般采用冷藏或冷冻、加入化学保护剂等方法进行保存。

16.5.3　环境分析的主要方法

16.5.3.1　重量法与滴定法

重量法常用于测定硫酸盐、二氧化硅、残渣、悬浮物、油脂、飘尘和降尘等。随着称量工具的改进，重量分析法也不断发展，如近年来用压电晶体的微量测重法测定大气飘尘和空气中的汞蒸气等。

在环境污染分析中，滴定分析法应用于生化需氧量、溶解氧、化学需氧量等水污染常规分析指标分析，以及挥发酚类、甲醛、氰化物、氟化物、硫化物、六价铬、铜离子、锌离子等污染物的分析。

16.5.3.2 原子光谱分析法

环境样品中无机元素的测定一般采用原子光谱法，这些方法都是建立在水溶液检测的基础上的。大气中颗粒物中的金属污染物可以转换到溶液中，土壤和固体废物中的金属污染物也可以经过样品消解后，转换到溶液中，最后都可以采用水溶液的监测方法进行测定。目前，原子光谱法已成为环境中重金属污染物测定的主要方法之一。

等离子体原子发射光谱法及等离子体质谱法具有检出限低、选择性好、准确度和精密度高、分析速度快、线性范围宽等优点，在环境监测中获得广泛的应用。

原子吸收光谱法在环境监测中具有广泛的应用，其中火焰原子吸收光谱法（FAAS）的应用更为普遍，FAAS可直接测定水中低至 $\mu g/L$ 级的污染元素含量，测量范围在 $\mu g/L \sim mg/L$ 级。石墨炉原子吸收光谱法（GF-AAS）可测定 $10^{-10} \sim 10^{-14} g$ 的痕量元素，氢化物发生原子吸收光谱法（HG-AAS）、冷原子吸收光谱法（CV-AAS）、GF-AAS的灵敏度比FAAS高 $1 \sim 3$ 个数量级，可以测定 $\mu g/L \sim ng/L$ 级的痕量和超痕量元素。用原子吸收光谱法可测定元素周期表中70个元素，再利用某些化学反应还可间接测定一些金属有机化合物和有机化合物。

氢化物发生-原子荧光光谱法（HG-AFS）测定 Hg 与 As、Sb、Bi、Se、Te、Pb 等氢化物生成元素，有很低的检出限与良好的精密度，在环境研究、形态分析方面多有应用。

X射线荧光分析法也已广泛地应用于环境污染监测。如测定大气飘尘中痕量金属化合物，自动监测大气飘尘以及大气中二氧化硫和气溶胶吸附的硫，也适用于测定各种水体悬浮粒子中的重金属以及溶解于水中的痕量元素。

16.5.3.3 分子光谱分析法

（1）可见/紫外吸收光谱法

可见吸收光谱法可用于金属离子、非金属离子和有机污染物的测定。

紫外分光光度法在环境污染分析方面的应用主要有以下几方面：①紫外气体分析仪在大气污染分析中，用于测定臭氧、二氧化氮、氯气，也可用于分析汽车废气。气态氨在 $190 \sim 230 nm$ 波长上有几条强烈的吸收带，可用于直接测定氨气的浓度。②某些多环芳烃和苯并 [a] 芘在紫外区有强吸收峰，常用此法测定。③某些含有共轭体系的油品在紫外光区具有特征吸收峰，故可用此法测定油类污染。④此法还可用于测定食物、饮料、香烟、水质、生物、土壤等试样中可能含有的致癌物质，以及残留农药、硝酸盐和酚等。⑤此法也可与色谱分析联用，待测试样先经色谱柱，然后让色谱柱洗脱液流经紫外分光光度计的吸收槽以检测试样所含的痕量污染物。近年来迅速发展起来的高速液相色谱仪均配备有紫外检测器。

（2）红外吸收光谱法

在环境分析化学中，红外吸收光谱法主要用于 $450 \sim 1000 cm^{-1}$ 红外区有吸收的气体、液体和固体污染物。在测定大气污染时，采用多次反射长光程吸收池和傅里叶变换红外光谱仪，可测 $g/m^3 \sim mg/m^3$ 级浓度的易挥发性气体（乙炔、胺、乙烯、甲醛、氯化氢、硫化氢、甲烷、丙烯、苯、光气等）。在大气中发现的一种新化合物过氧乙酰硝酸酯，就是经过红外光谱法和质谱法的鉴别后确定的。用红外光谱法还发现了美国洛杉矶空气中有臭氧存在。用傅里叶变换红外光谱可测定水中浓度在 $1 mg/m^3$ 以下的有机污染物和农药。与质谱法相比，红外光谱法可以很容易地区分污染物的各种异构体。红外光谱法是鉴别水中石油污染的主要方法之一。红外光谱法可用于大气污染化学反应的测定。气相色谱-红外光谱联用技术可以测定低沸点、易挥发的有机污染物。由于利用了气相色谱的分辨能力，突破了红外光谱法原来只适用于纯化合物的限制，因此气相色谱-红外光谱联用也能应用于混合物的测定。

（3）荧光分析法

在环境污染分析中，荧光分析法已被广泛地应用于测定致癌物和其他毒物，如苯并 [a] 芘等多环芳烃、β-萘胺、黄曲霉毒素、农药、矿物油、硫化物、硒、硼、铍、铀、钍等。

16.5.3.4　色谱法

（1）气相色谱法

气相色谱法（GC）的特点为：①分离效率高和选择性好。适于分析复杂的多组分环境样品。②灵敏度高。可检出低达 $10^{-11} \sim 10^{-13}$ g 的样品组分，适合于环境样品中痕量毒物的测定。③分析速度快。一个分析周期通常只需几分钟至几十分钟。④应用范围广。可用以分析气体、易挥发的液体或固体以及其他经衍生作用而转化为易挥发化合物的物质。如用 GC-ECD［电子俘获检测器（electron capture detector）］方法可连续测得各种环境介质中含量低至 mg/m³ 级的有机氯农药 DDT、六六六的八种异构体和降解产物。有机磷农药如乐果、马拉硫磷、对硫磷等，用 FPD 检测也可达 mg/m³ 级。气相色谱法也是分离测定多氯联苯、多环芳烃、苯胺类、氯苯类等有机毒物，以及大气污染物如硫氧化物、氮氧化物、一氧化碳等气体常用的有效方法。对于无机化合物可先转化成挥发性化合物再用 GC 测定，如铍、铬等有毒元素转化为三氟乙酰丙酮螯合物，用 GC-ECD 可测定低至 10^{-13} g。采用将硒转化为硒二唑类化合物的方法，适用于各种环境样品中痕量硒的测定。铅、砷、汞、硒、锡等元素的毒性与它们存在的价态和形态有关。为了解这些元素在环境中的迁移转化，采用气相色谱-原子吸收联用法（GC-AAS）分离测定它们的烷基化合物是较新的有效手段。

（2）高效液相色谱法

高效液相色谱法（HPLC）可以测定高沸点、热不稳定等不宜于用气相色谱法测定的大分子量的化合物。环境中的一些致癌物质如黄曲霉毒素、多环芳烃以及除莠剂、杀虫剂等都可以用 HPLC 进行快速、灵敏的分析测定。大气飘尘的多环芳烃从两环的萘至五环的苯并 [a] 芘等 10 多种化合物，在半小时内便可分离测定。应用紫外检测器可以检测含量为 ng/m³ 级的多环芳烃。

（3）薄层色谱法

薄层色谱法（TLC）适合于大分子量有机化合物的分离测定。用薄层色谱法结合薄层扫描仪可以分离测定多环芳烃、多氯联苯、亚硝胺、农药、黄曲霉毒素等，灵敏度可达 10^{-9} 级。薄层色谱法近年来在高效分离方面也有进展。高效薄层色谱法（HPTLC）是用更细颗粒的硅胶（$5 \sim 10 \mu m$）制作薄层板，使展开距离短，重现性好，灵敏度更高，可达纳克至皮克级水平。

（4）离子色谱法

离子色谱法（IC）在环境分析中用于测定大气、降水、土壤、工业废气、废水中的阴离子颇为方便。此外，还用于测定汽车废气中的氨和胺，气溶胶中的硫酸根、硝酸根，锅炉水中的氯离子、硫酸根、亚硫酸根和磷酸根等。

（5）气相色谱-质谱联用技术

气相色谱-质谱联用技术（GC-MS）在环境分析中用于测定大气、降水、土壤、水体及其沉积物或污泥、工业废水及废气中的农药残留物、多环芳烃、卤代烷以及其他有机污染物和致癌物。此外，还用于光化学烟雾和有机污染物的迁移转化研究。

气相色谱-质谱联用技术在环境有机污染物的分析中占有极为重要的地位，这是因为环境污染物试样具有以下特点：①样品体系非常复杂，普通色谱保留数据定性方法已不够可靠，须有专门的定性工具，才能提供可靠的定性结果。②环境污染物在样品中的含量极微，一般为 $10^{-6} \sim 10^{-9}$ 数量级，分析工具必须具有极高的灵敏度。③环境样品中的污染物组分不稳定，常受样品的采集、贮存、转移、分离以及分析方法等因素的影响。为提高分析的可靠性和重现性，要求分析步骤尽可能简单、迅速，前处理过程尽可能少。气相色谱-质谱联用技术能满足环境分析的这些要求。它凭借着色谱仪的高度分离本领和质谱仪高度灵敏（10^{-11} g）的测定能力，成为痕量有机物分析的有力工具。

16.5.3.5 电化学分析法

这种方法通常是将待测试样构成化学电池的一个组成部分来进行测定的。

（1）极谱分析法

近些年来提出了许多新的极谱分析方法，其中反向溶出伏安法在环境分析中使用较多。反向溶出伏安法又称为阳极溶出法。这种方法是使被测物质在适当的条件下电解富集在微电极上，然后改变电极的电势，使富集的物质重新溶出。根据电解溶出过程所得到的极化曲线进行分析。这种方法的灵敏度很高，一般可以达到 $10^{-7} \sim 10^{-10}$ mol，可用来测定天然水、海水、生物样品中的铜、铅、镉、铟、铊、铋、砷、硒、锡等元素。

（2）电导分析法

在水质监测中，水的电导率是评价水体质量的一个重要指标。它可以反映水中电解质污染的程度，是水质监测中的常测项目。

电导分析法也可以用来测定水中的溶解氧。由于一些非电导元素或化合物可以与溶解氧反应产生离子而改变溶液的电导性，因此可通过测量水体的电导率变化来确定水中溶解氧的含量。例如金属铊与水中溶解氧反应产生 Tl^+ 和 OH^-，每增加 $0.035\mu S/cm$ 的电导率，相应为 1nL/L 的溶解氧。

大气中的二氧化硫也常用电导法测定。其原理如下：二氧化硫与水反应生成亚硫酸，其中一部分离解生成氢离子和亚硫酸根离子，呈导电性。使气体样品与具有一定导电能力的溶液以一定比例接触，通过吸收二氧化硫后溶液电导率的增加，就可以连续测定气体样品中二氧化硫的含量。此法测量范围较大，但如果气体样品中含有溶于水并会产生电导性的其他气体，则会影响测定结果的正确性。

（3）电位分析法

包括电位滴定法和直接电位法。电位滴定法可用于环境分析中工业废水的酸碱滴定、氧化还原滴定、沉淀滴定和络合滴定等。直接电位法是通过直接测量对待测试液中离子浓度产生响应的指示电极的电位，来进行定量分析的。水质监测中 pH 值和氧化还原电位的测定都采用直接电位法。

近年来由于离子选择性电极的产生和发展，直接电位法在环境监测中得到了更广泛的应用。例如，应用氟离子选择性电极测定大气、天然水和工业废水中的氟离子，具有快速、准确、方便、灵敏等优点。氰离子选择性电极、硝酸根电极、卤族离子电极和硫离子电极等也都在环境监测中得到了应用。

固态膜铅离子和镉离子选择性电极可以测定 10^{-7} mol 的铅离子和镉离子。在实验室内已开始应用于水、空气、食品、生物样品中铅和镉的测定。

（4）库仑分析法

库仑分析法在环境监测中应用较多。大气中的二氧化硫、一氧化碳、氮氧化物、臭氧和总氧化剂，水中的生化需氧量、化学需氧量、卤素、酚、氰、砷、锰、铬等都可以用此法测定。

16.5.3.6　气体分析

气体分析一般采用气体分析仪。便携式气体分析仪具有以下特点：①采用交替流动调制方式的非分光红外和化学发光法。②便携式，小巧轻便，精度高。③持续或间歇测定 NO_x，SO_2，CO_2，CO，O_2 等 5 种气体。④能检测 CH_4。

16.6　食品及饲料

16.6.1　概述

"民以食为天，食以安为先。"食品是人类最基本的生活资料，为人类提供维持生命和身体健康的营养与能量。因此，食品的品质直接关系到人类生存与生活的质量。为了保证食品的营养与安全，必须对食品的品质进行分析评价。

食品按照种类可划分为谷类、薯类、淀粉类、豆类、蔬菜、水果类、畜禽类、肉类、乳类、蛋类、菌藻与鱼虾蟹贝类、坚果、种子、油脂与调味品类。食品中含有 50 多种元素，其中碳（C）、氢（H）、氧（O）、氮（N）是构成食品中水分和有机物的基本元素。除此之外，其他的元素统称为矿物质元素，这些元素从营养学角度可分为常量元素和微量元素两类。常量元素包括钾（K）、钠（Na）、钙（Ca）、镁（Mg）、硫（S）、磷（P）、氯（Cl）7种，它们在人体内的含量一般大于体重的 0.01%，每日膳食需要量在 100mg 以上。微量元素在代谢上同样重要，但含量相对较少。微量元素按照生物学原理在体内的含量小于0.01%，每日膳食需要量以微克至毫克计。根据 FAO/WHO 国际组织的专家委员会在 1995年重新界定的必需微量元素的定义，认为维持正常人体生命活动必不可少的必需微量元素共有10 种，即铁（Fe）、锌（Zn）、铜（Cu）、锰（Mn）、钴（Co）、钼（Mo）、硒（Se）、铬（Cr）、碘（I）、氟（F）；人体可能必需的微量元素有 4 种，即硅（Si）、硼（B）、钒（V）和镍（Ni）；具有潜在的毒性但在低剂量时可能具有功能作用的微量元素有 7 种，包括铅（Pb）、镉（Cd）、汞（Hg）、砷（As）、铝（Al）、锂（Li）、锡（Sn）。目前 7 种有毒元素尚未证实对人体具有生理功能，但其中部分元素只需极小的剂量即可导致人类机体呈毒性反应，而且这类元素容易在人体内蓄积，且半衰期都很长。随着有毒元素蓄积量的增加，机体会出现各种中毒反应，如致癌、致畸甚至死亡。因此，必须严格控制这类元素在食品中的含量。

此外，微量元素的需求量也必须严格控制在一定浓度范围内，只有在这个特定范围内才能维持人体组织结构的正常功能，当其浓度低于这个范围时，组织功能就会减弱或不健全，甚至会受到损害；当其浓度高于这个范围，则可能引起不同程度的毒性反应，严重的会导致死亡。不同微量元素的浓度范围不同，有些元素比较宽，有些元素却很窄，例如硒的正常需要量和中毒量之间相差不到 10 倍。人体对硒的每日安全摄入量为 $50\sim200\mu g$，如低于 $50\mu g$会导致心肌炎、克山病等，并诱发免疫功能低下和老年性白内障；但如果摄入量在 $200\sim$$1000\mu g$ 之间则会导致中毒；如果每日摄入量超过 1mg 则可导致死亡。另外，微量元素的功能形式、化学价态与化学形态也非常重要，例如铬，$Cr(Ⅵ)$ 对人体的毒害很大，而适量的$Cr(Ⅲ)$ 对人体则是有益的。

通常，食品中的矿物质元素主要来自以下几种途径：①食品本身天然存在的矿物质元素，由地质、地理、生物种类、品种等自然条件决定。②食品生产中人为添加的营养强化剂、食品添加剂等所引入的微量元素。③在食品生产、加工、包装、贮存过程中使用各种人工合成化学品和新材料引入食品内的微量元素。④环境，包括土壤、空气、水源污染，以及农药、化肥的过量使用，通过生物链在动、植物体内富集的有毒元素。

为了保证人们的饮食安全，世界各国都制定了微量元素和有毒元素在各类食品中的限量标准，同时制定了各类卫生标准相对应的标准分析方法。我国发布了《食品安全国家标准 食品中污染物限量》（GB 2762—2017），规定了食品中 Pb、Cd、Hg、As、Cr、Al、Se、F，以及植物性食品中稀土元素的限量；GB/T 5009 系列标准规定了 K、Na、Ca、Mg、P、Fe、Mn、Zn、Cu、Pb、F、Cr、Cd、Sb、Ge、Ni、Sn、As、Al、Hg 以及植物性食品中的稀土元素的分析方法。

16.6.2 食品分析

一个完整的食品中元素的分析方法包括样品采集与处理、试样消解与制备及分析检测几个步骤。

16.6.2.1 样品的采集

样品采集要求遵循两个原则：一是采集的样品要均匀、具有代表性，能反映全部被测食品的组成、质量及卫生状况；二是采样中避免成分逸散或引入杂质，应保持原有的理化指标。

食品样品的采集要特别注意采集方法和采集数量，一般食品检验取样都是指可食部分。采样方法分为随机采样和分层采样法两种，其中用得最多的是随机取样。采集的数量应当能反映该食品的卫生质量和满足检验项目对样品量的需要。采集的样品应一式三份，分别供检验、复验、备查或仲裁。一般散装样品每份不少于 0.5kg。具体采样方法因分析对象的性质而异。

粮食和谷类样品，应自每批食品上、中、下三层中的不同部位分别采集部分样品，混合后按四分法对角取样，再进行几次混合，最后获得有代表性的样品。

蔬菜、水果类样品，体积较小的（如山楂、葡萄等），随机取若干个个体，切碎混匀，缩分到所需数量。体积大的如西瓜、南瓜、白菜等，应根据地段选取大、中、小各一个，然后按照横向或纵向切割，用四分法取约 500g，匀浆后作为分析试样。体积蓬松的叶菜类（如菠菜、小白菜等），由多个包装（一筐、一捆）分别抽取一定数量，混合后捣碎、混匀、分取，缩减到所需数量。采样时要选用合适材质的刀具，如果分析铁、铬等元素不能用钢刀，可改用铜刀、铝刀或聚乙烯塑料刀。

肉类、水产等食品应按分析项目要求，分别采取不同部位的样品或混合后采样。有时从不同部位取样，混合后代表该只动物；有时从一只或很多只动物的同一部位取样，混合后代表某一部位的情况。蛋类样品应去壳、充分混匀后，取样。水产品中的小鱼、小虾可随机取多个样品，切碎、混匀后分取缩减到所需数量；对于个体较大的鱼，可从若干个体上切割少量可食部分，切碎混匀分取，缩减到所需数量。

罐头、瓶装食品或其他小包装食品的采样，应根据批号随机取样。同一批号取样件数：250g 以上的包装不得少于 6 个，250g 以下的包装不得少于 10 个。

半固体样品（稠状，如稀奶油、动物油脂、果酱等）：这类物料不易充分混匀。启开样品包装，用采样器从上、中、下三层分别取样、混匀，分取缩减到所需数量。

液体、半流体饮食品（如植物油、鲜乳、酒或其他饮料），如用大桶或大罐盛装者，应先充分混匀后再采样。

饮用水样的采集应当选用有机材质的采样容器如聚乙烯塑料容器，以及同样材质的塞子。如果情况特殊，需用软木塞或橡胶塞时应用稳定的金属箔或聚乙烯薄膜包裹。采样前先用水样荡洗采样容器和塞子2~3次。采样时应缓缓使水流入采样瓶中，瓶口要留有1%~2%的空间。采好后立即盖好瓶塞，用纱布缠紧瓶口，最后用石蜡将瓶口严密封固。

当采集水源的表层水时，可以在河流、湖泊直接汲水的场合，用适当的容器如水桶采样。从桥上等地方采样时，可将系着绳子的桶或带有坠子的采样瓶投入水中汲水。注意不能混入漂浮于水面上的物质。在湖泊、水库等地采集具有一定深度的水时，可用直立式采水器。这类装置的原理是在下沉过程中水从采样器中流过，当达到预定深度时容器能自动闭合而汲取水样。在河水流动缓慢的情况下使用上述方法最好在采样器下系上适宜质量的坠子，当水深流急时要系上相应质量的铅鱼，并配备绞车。天然泉点的采样应避免在静滞的水池中采集，应选择尽量靠近主泉口集中冒泡处或泉的主流处，在流动而不淤急的水中采集。喷泉或自流井的采样，可在涌水处使用清洁导管将主流导出一部分作为样品。从井筒采集水样，应经一定时间抽水，大约抽出相当于井筒出水体积2~3倍的水量之后再正式采样。

对于集中式供水单位出厂水的采样，应设在出厂水进入输送管道以前。输水管网终端（用户水龙头）的采样应注意采样时间，夜间可能析出可沉渍于管道的附着物，取样时应打开龙头放水数分钟，排出沉积物。此外，集中式供水在入户前的再度贮存、加压和消毒或深度处理的水样采集，应包括水箱（或蓄水池）进水、出水以及末梢水。

对于一般金属的测定，水样的采集体积应为0.05~1L。采集后应保存于pH≤2的硝酸溶液中。用冷原子吸收法测定汞时，采样体积应为0.2L，保存在pH≤2的硝酸溶液（1+9，含重铬酸钾50g/L）中。在硝酸介质中，采集的水样可保存14天。测定时若水样混浊，必须进行过滤。

对于其他食品如掺伪食品和食物中毒的样品采集，要注意具有典型性，食物中毒的样品有时还要采集中毒者剩下的食物，或从胃里抽取的食物和呕吐物等，要根据中毒者的症状了解中毒物的性质，采集那些可能含此毒物最多的食物作为分析样本。

对于大多数样品而言，采集误差对结果的影响往往大于分析误差，有时即使是正确采集的样品，若选取不当，保存不好，也同样会严重影响测定数据的准确性。因此，食品样品的采集必须注意样品的生产日期、批号、代表性和均匀性（掺伪食品和食品中毒样品除外）。采集的数量应能反映该食品的卫生质量和满足检验项目对样品量的需要。取样后记录取样单位、地址、日期、样品批号、取样条件、包装情况及数量、检验目的等。一般样品在检验结束后，应保留一个月，以备需要时复检。保存时应加封并尽量保持原状，易变质食品不予保留。检验结果以所检验的样品计算。

16.6.2.2　样品预处理与试样制备

样品预处理的目的是将供试样品加工成试样，使被测元素转化为便于测定的形式。如果没有适宜的预处理方法，即使有了代表性的样品，有了灵敏可靠的分析测定方法，也可能因待测成分提取不完全或其他成分的干扰而无法得到准确可靠的分析测定结果，甚至无法进行分析测定。

食品中的金属离子常与蛋白质等有机物质结合，成为难溶、难离解的有机金属化合物。为了测定其中金属离子的含量，需在测定前破坏有机结合体使其释放出来。通常采用高温、或高温与强氧化剂共同作用使有机物分解，呈气态逸散，留下金属离子。

干灰化法通常可以消解除汞之外的大多数金属元素和部分非金属元素。对于含淀粉、蛋白质、糖较多的食品样品，由于在炭化时可能会迅速发泡溢出，干灰化法消解时可加几滴辛醇再进行炭化，以防止炭粒被包裹，灰化不完全。对于含磷较多的谷物及其制品，在灰化过程中磷酸盐会包裹沉淀，可加几滴硝酸或双氧水，加速炭粒氧化，蒸干后再继续灰化。酒类样品在干灰化时建议先用低温加热，挥发干部分液体之后再炭化，以防液体飞溅。含油脂成分较高的食品，如植物油、月饼等食品，在炭化时，非常容易暴沸和燃烧，一般不建议采用干灰化法。

湿消化法通常是在常压或加压的情况下，采用高温的氧化性强酸（如硝酸、硫酸等）或混酸氧化、分解有机物。一般碳水化合物在硝酸、180℃条件下即可完全消化；而脂肪、蛋白质和氨基酸在硝酸中一般消化不完全，由于硝酸在200℃下呈低氧化性，这类食品需要在高温高压下加入硫酸和高氯酸才能消化完全。对于含油脂成分较高的食品样品，如植物油、桃酥等，在加入混合酸后，由于样品浮在混酸表面上，容易形成完整的膜，加热时液面上有剧烈的反应，容易造成暴沸或飞溅，因此，建议样品称样量不高于1g（植物油最好为0.1~0.2g），同时要在消解过程中随时补加硝酸，通常可加入硝酸、高氯酸混合液15mL，放置过夜让其缓慢氧化，次日消化过程中还需要补加混合酸10mL左右。酒类样品如葡萄酒、果酒，因其含有大量的乙醇，在加混合酸消化之前一定要加热蒸发掉乙醇（注意不能干涸），待乙醇挥发完毕后，再加入酸消化。

对于液态食品中的有毒元素分析，还可以采用稀释法和水浴蒸干法。测定食醋时可直接稀释后分析测定，白酒等酒类的测定采用氮气辅助水浴蒸干法的效果较好。

16.6.2.3 食品检验方法

食品检验内容十分丰富，包括食品营养成分分析、食品中污染物质分析、食品辅助材料及食品添加剂分析、食品感官鉴定等。

食品检验的指标主要包括食品的一般成分分析、微量元素分析、农药残留分析、兽药残留分析、霉菌毒素分析、食品添加剂分析和其他有害物质的分析等。根据被检验项目的特性，每一项指标的检验对应相应的检验方法。

除传统的常规分析方法外，仪器分析方法逐渐成为食品卫生检验主要的手段，包括分光光度法、原子荧光光谱法、电化学法、原子吸收光谱法、气相色谱法、高效液相色谱法等。以上检验方法按照检验项目，大致可以分为无机成分分析方法和有机成分分析方法。

无机成分的分析检验项目主要包括微量元素中铜、铅、锌、锰、镉、钙、铁等。分析方法主要包括原子光谱法、分光光度法、电化学法、离子色谱法等。

食品中无机成分的检验在食品安全检验中占有相当重要的地位。比如汞的测定一直是一个被政府和民众特别关注的检验项目。因为汞容易在生物体中传递，可以被水体蓄积。汞进入人体内，特别是进入人脑后几乎不能够被排出，蓄积到一定程度就会引起中毒，损害中枢神经。汞的分析一般由原子吸收光谱法或原子荧光光谱法完成。有机成分的分析一般由气相色谱法或高效液相色谱法以及分子光谱法完成。相关检验中，特别是农药残留，如有机氯、苯并［a］芘、拟除虫菊酯、有机磷等的测定得到普遍的关注。

色谱法是分离混合物和鉴定化合物的一种十分有效的方法，既能鉴定化合物又能准确测定含量，操作也相对方便。具有分离效能高、分析速度快、灵敏度高、定量结果准确和易于自动化等特点，因此在有机成分的检验中得到广泛的应用。在分子光谱法中红外光谱法应用较为广泛。通常情况下，红外光谱法与拉曼光谱法等其他分析方法结合使用，可作为鉴定化合物、测定分子结构的主要手段。

食品理化检验是指应用物理的、化学的检测法来检测食品的组成成分及含量。目的是对食品的某些物理常数（密度、折射率、旋光度等）、食品的一般成分分析（水分、灰分、酸度、脂类、碳水化合物、蛋白质、维生素）、食品添加剂、食品中矿物质、食品中功能性成分及食品中有毒有害物质进行检测。

随着现代科学仪器的发展，大型分析仪器越来越得到广泛的使用，如有机质谱仪、无机质谱仪和 X 射线荧光光谱仪等的使用。其中 X 射线荧光光谱法由于是一种非破坏性分析法而得到迅速发展。联用技术的采用，实现了以前单一分析手段根本不能达到的检验效果，如气相色谱与原子吸收联用、气相色谱与质谱联用等。

仪器便携、检测现场化是一种发展趋势。例如根据农药对胆碱酯酶的抑制原理，使用便携式分光光度计测定蔬菜中有机磷类及氨基甲酸酯类农药的残留量，可以在蔬菜生产、流通、市场等环节用于蔬菜中农药残留量的现场监测。该类检验以分光光度法为基础，仪器便携，甚至可以做到如手机大小，连同所有附属设备总重量只有几千克，外出携带十分方便。该类仪器由电池供电，可以在室内外随时随地现场操作。从取样开始，约半小时即可取得测定结果。这类方法在保证了高准确度的同时，还具有检验方法固定、操作对人员要求不高的优点。

16.7　生物样品

生物样品按其前处理的难易程度可分为以下几种类型：血液、尿液、毛发、各类脏器、骨和牙齿等。由于生物组织的组成复杂，待测元素的浓度常低于 mg/L 级乃至 μg/L 级，因此生物样品的前处理过程比较复杂和困难。正确地采集和保存生物样品对于提高分析准确度至关重要。多数样品在测定之前通常都需要进行前处理，它是整个分析过程的关键环节。对生物样品前处理的基本要求是防止样品受到新的污染、被测组分的丢失和化学形态的改变。

16.7.1　生物样品的采集与贮存

16.7.1.1　样品的采集

（1）血样

血液的采集部位和采样体积取决于人的年龄、分析元素的性质及含量、样品处理方法和最终测定方法。血样的分析包括全血、血浆、血清及有形成分。血样采集一般采用毛细管血和静脉血抽血法。抽毛细管血时，用抽血针或小刀将耳朵、手指头、足指头皮肤划伤，利用血液的毛细管效应用玻璃毛细管、血球容积计抽取自然流出的血液。这种方法通常适用于超微量测定。抽静脉血时，可用干燥的注射器在肘正中静脉等处抽血。抽血部位用 70%酒精或乙基汞硫代水杨酸钠和 70%酒精充分消毒、干燥，以完全灭菌。验血用的试管无需灭菌，但必须用去离子水充分洗涤。

由于血液化学成分随时会发生变化，因此必须在抽血的同时进行各种前处理。测定全血试样时，抽血后需使用抗凝剂（如 1%肝素钠水溶液、柠檬酸或柠檬酸铵等）。加有抗凝剂的血液经离心分离掉细胞成分而得到的清液即血浆。未加抗凝剂的血液自然沉降，将清液从血液凝块中倾入离心管加以分离即可得到血清。

（2）发样

采集颈后部距发根 1cm 以上的全发 1～5g，将人发剪至长度约 2～3mm，用 3%～5%的中性洗涤剂溶液在不断搅拌下浸泡 0.5～1h，再依次用自来水和去离子水清洗多次，除尽洗涤剂，自然晾干或在烘箱内 80～100℃烘干。毛发中的元素含量与取样部位以及离发根的距离有关。采样的容器使用清洁的聚乙烯袋、塑料袋或玻璃瓶均可。

（3）尿样

尿样分析在临床上同样具有重要意义。但尿的化学成分受饮食、运动和药品影响，并随各种激素、性别、年龄、性周期及精神状态而变化。另外，每天不同时间内排出的尿量取决于尿的浓度，因此，随便采取一份尿样即进行测定是没有多大意义的。比较实用的是收集一段较短时间的尿样。采尿类型可分为清晨尿、白天尿、夜间尿、1 日尿、1 小时尿以及 1 次尿等等，要根据测定项目来决定采哪种尿样。尿的临床分析，以早晨首次排出的尿较为合适，也是各日间性质上差别最小的尿样。采尿容器最好使用能密闭的聚乙烯制品。

（4）脏器

微量元素选择性蓄积在机体的某些脏器如心、肝、肾、肺、脑等，在某些情况下尸解或手术后采取的组织样品比发样、血样更具有临床意义，因它取样量大、元素含量高、便于分析。将心、肝、肾、肺、脑等组织样品先用水洗去血等污物，然后用去离子水洗，滤纸吸干水分或在 60℃或（105±2）℃烘干至恒重，用湿法或干法消化。脏器解剖使用的全部工具及容器，均需不含待测元素，为避免外界污染，尽量少用金属制的器皿。

除上述生物组织外，骨、牙齿、指甲、胆结石及人乳、胃液、十二指肠液、胰液、胆汁、唾液等均按照临床分析要求进行采集。生物样品的取样量与样品的种类、元素的含量及最终测定方法有关。对于体液（血液或尿液）来说，无论是应用 ICP-AES 法、AAS 法，还是应用 AFS 法，所需体液的体积按类似顺序增加：Zn＞Cu、Fe＜Mn、Se＜Cr＜Mo＜Co＜V。因为用作采样用具的塑料、玻璃或金属部分均可能带进污染，尤其是不锈钢制品，由于含有高含量的铬、镍和锰，更容易污染样品。所以采样时需注意采样所用的器皿、针头等的特殊处理，防止采样污染。

16.7.1.2 样品的贮存

生物样品在存放过程中，由于内部的相互作用或降解作用，使某些元素浓度发生变化。这种现象对体液样品比较显著，组织样品相对比较稳定。

血液样品在存放过程中会发生各种反应。内部各组分的相互作用、蛋白质变性、细菌滋生、蒸发、pH 值的改变、光化学反应、元素的吸附和解吸附等都可能改变血液样品中某些元素的浓度。一般通过观测总效应，进而找出血液贮存的合适条件。血浆和血清应保存在干净的器皿中，用石蜡密封，防止试样蒸发，于冷暗处冻结或冷冻干燥保存。保存血样的容器用硬质玻璃试管、聚氯乙烯、聚乙烯和聚四氟乙烯制品较好。一般来说，这些制品在保存期间不会有杂质从中溶出。在测定之前低温下保存的样品不能在室温下慢慢溶解，而应放在25～37℃的恒温槽中短时间快速溶解，充分混匀，注意避免重复冻结和溶解，否则血液成分容易改变。因此，血液样品的贮存方法必须作为分析的重要部分加以考虑。

尿样采集后不立即进行测定，可加几滴防腐剂甲苯，尿液保存多采取冷藏法。也可将样品用硝酸酸化后冷冻保存，使用时在冰箱内解冻。如果样品中存在浮游物和沉淀物，必须用硝酸溶解后再进行处理。尿样一般贮存于经过试验证明无待测元素的通用塑料容器中。

脏器或组织取样后，如要集中检测，可以不经任何洗涤即放入干净的聚乙烯袋内，编号，密封，于 −20℃下保存。

16.7.2　生物样品前处理

生物样品分析前处理技术涉及很多方面，但主要应考虑样品的种类、被测定药物的性质和测定方法三个方面的问题。

样品的分离、纯化技术应该依据生物样品的类型而定。例如，血浆或血清需除蛋白，使药物从蛋白结合物中释出；唾液样品则主要常用离心沉淀除去黏蛋白；尿液样品常采用酸或酶水解使药物从缀合物中释出，当原型药物排泄在尿中时，可简单地用水稀释一定倍数后进行测定。

样品于测定前是否需要纯化以及纯化到什么程度均因其后采用的测定方法的不同而不同。即纯化程度与所用测定方法的专属性、分离能力、检测系统对不纯样品污染的耐受程度等密切相关。一般说来，放射免疫测定法由于具有较高的灵敏度和选择性，因此当初步除去主要干扰物质之后即可直接测定微量样品；而对灵敏度和专属性较差的紫外分光光度法，分离要求就要相应高一些；至于常用的高效液相色谱法，为防止蛋白质等杂质沉积在色谱柱上，上柱前需对生物样品进行去蛋白，有时对被测组分进行提取、制备衍生物等前处理。

（1）稀释法

有些生物样品（体液）可以直接稀释后测定。选用何种稀释剂和稀释倍数要视样品基体性质、分析成分性质和含量、选用方法以及干扰情况而定。

（2）酸提取法

用酸从样品中提取金属元素是处理样品的基本方法之一。用三氯乙酸可从血清蛋白中提取铁和其他金属元素。血浆在 2mol/L 盐酸介质中于 60℃ 加热 1h，可定量提取其中的锰，分析结果与 HNO_3-$HClO_4$ 氧化血浆法基本一致。肝中的镉、铜、锰、锌可用 1％硝酸定量提取。

（3）萃取法

生物组织的组成复杂，常含有其他共存的干扰组分，又由于某些生物体内被测的元素含量通常在 10^{-6}～10^{-9}g/L 以下，需富集后才能达到分析方法检出限的要求。萃取的目的是从大量的共存物中分离所需要的微量组分或使微量组分浓集。常用的萃取方法有有机溶剂萃取和固相萃取。在萃取前，有些富含蛋白质的生物样品需要先使蛋白质等有机物破坏或沉淀，转成无机离子后予以测定。从样品中除去蛋白质后，有利于萃取过程中减少乳化现象，使样品提取液澄清。蛋白质去除的方法有超速离心法、沉淀法，也可使用酸消化法、酶消化法及光辐射消化法等。

在实际工作中，必须根据检测样品种类，待测成分的性质、含量，测定方法等，选用简便、快速、安全、高效、回收率高、空白值低、重现性好的样品前处理方法。

16.7.3　生物样品常用测定方法

生物样品种类繁多，测定方法也势必复杂多样。用于微量元素测定的方法很多，有化学分析、光学分析、电化学分析、色谱分析等多种分析方法。目前原子吸收光谱法（AAS）、电感耦合等离子发射光谱法（ICP-AES）、氢化物发生-原子荧光光谱法（HG-AFS）、质子激发 X 射线发射光谱法（PIXE）、中子活化法（NAA）、阳极溶出伏安法（ASV）、离子选择性电极法（ISE）等都是分析微量元素的有效手段。有机成分的分析则主要采用：紫外-可见分光光度法、荧光分光光度法、色谱法、电泳法、免疫分析法等。

17 物理定理、定律及公式

17.1 质点的直线运动

17.1.1 匀变速直线运动

(1) 平均速度：$\bar{v} = \dfrac{s}{t}$（定义式）。

(2) 有用推论：$v_t^2 - v_0^2 = 2as$。

(3) 中间时刻速度：$v_{\frac{t}{2}} = \bar{v} = \dfrac{v_0 + v_t}{2}$。

(4) 末速度：$v_t = v_0 + at$。

(5) 中间位置速度：$v_{\frac{s}{2}} = \sqrt{\dfrac{v_0^2 + v_t^2}{2}}$。

(6) 位移：$s = \bar{v}t = v_0 t + \dfrac{1}{2}at^2$。

(7) 加速度：$a = \dfrac{v_t - v_0}{t}$ $\left[\,$以 v_0 为正方向，a 与 v_0 同向（加速）$a > 0$；反向则 $a < 0$$\,\right]$。

(8) 实验用推论：$\Delta s = at^2$ [Δs 为连续相邻相等时间（t）内位移之差]。

主要物理量及单位：初速度（v_0），m/s；加速度（a），m/s^2；末速度（v_t），m/s；时间（t），s；位移（s），m

注：平均速度是矢量；物体速度大，加速度不一定大；$a = \dfrac{v_t - v_0}{t}$ 只是量度式，不是决定式。

17.1.2 自由落体运动

(1) 初速度：$v_0 = 0$。

(2) 末速度：$v_t = gt$。

(3) 下落高度：$h = \dfrac{1}{2}gt^2$（从 v_0 位置向下计算）。

(4) 推论：$v_t^2 = 2gh$。

注：①自由落体运动是初速度为零的匀加速直线运动，遵循匀变速直线运动规律；②$a = g = 9.8\text{m/s}^2 \approx 10\text{m/s}^2$（重力加速度在赤道附近较小，在高山处比平地小，方向竖直向下）。

17.1.3 竖直上抛运动

(1) 位移：$s = v_0 t - \dfrac{1}{2}gt^2$。

（2）末速度：$v_t = v_0 - gt$（$g = 9.8 \text{m/s}^2 \approx 10 \text{m/s}^2$）。

（3）有用推论：$v_t^2 - v_0^2 = -2gs$。

（4）上升最大高度：$h_m = \dfrac{v_0^2}{2g}$（抛出点算起）。

（5）往返时间：$t = \dfrac{2v_0}{g}$（从抛出落回原位置的时间）。

注：①全过程处理。是匀减速直线运动，以向上为正方向，加速度取负值。②分段处理。向上为匀减速直线运动，向下为自由落体运动，具有对称性。③上升与下落过程具有对称性，如在同点速度等值反向等。

17.2 质点的曲线运动

17.2.1 平抛运动

（1）水平方向速度：$v_x = v_0$。

（2）竖直方向速度：$v_y = gt$。

（3）水平方向位移：$x = v_0 t$。

（4）竖直方向位移：$y = \dfrac{1}{2} gt^2$。

（5）运动时间：$t = \sqrt{\dfrac{2y}{g}}$（通常又表示为 $t = \sqrt{\dfrac{2h}{g}}$）。

（6）合速度：$v_t = \sqrt{v_x^2 + v_y^2} = \sqrt{v_0^2 + (gt)^2}$；合速度方向与水平夹角 β：$\tan\beta = \dfrac{v_y}{v_x} = \dfrac{gt}{v_0}$。

（7）合位移：$s = \sqrt{x^2 + y^2}$；位移方向与水平夹角 α：$\tan\alpha = \dfrac{y}{x} = \dfrac{gt}{2v_0}$。

（8）水平方向加速度：$ax = 0$；竖直方向加速度：$ay = g$。

注：①平抛运动是匀变速曲线运动，加速度为 g，通常可看作是水平方向的匀速直线运动与竖直方向的自由落体运动的合成；②运动时间由下落高度 $h(y)$ 决定，与水平抛出速度无关；③α 与 β 的关系为：$\tan\beta = 2\tan\alpha$；④做曲线运动的物体必有加速度，当速度方向与所受合力（加速度）方向不在同一直线上时，物体做曲线运动。

17.2.2 匀速圆周运动

（1）线速度：$v = \dfrac{s}{t} = \dfrac{2\pi r}{T}$。

（2）角速度：$\omega = \dfrac{\varphi}{t} = \dfrac{2\pi}{T} = 2\pi f$。

（3）向心加速度：$a = \dfrac{v^2}{r} = \omega^2 r = \left(\dfrac{2\pi}{T}\right)^2 r$。

（4）向心力：$F_n = m\dfrac{v^2}{r} = m\omega^2 r = mr\left(\dfrac{2\pi}{T}\right)^2 = m\omega v$。

（5）周期与频率：$T = \dfrac{1}{f}$。

（6）角速度与线速度的关系：$v = \omega r$。

（7）角速度与转速的关系：$\omega = 2\pi n$（此处频率与转速意义相同）。

主要物理量及单位：弧长（s），米（m）；角度（φ），弧度（rad）；频率（f），赫（Hz）；周期（T），秒（s）；转速（n），r/s；半径（r），米（m）；线速度（v），m/s；角速度（ω），rad/s；向心加速度（a），m/s^2。

注：①向心力可以由某个具体力提供，也可以由合力提供，还可以由分力提供，方向始终与速度方向垂直，指向圆心；②做匀速圆周运动的物体，其向心力等于合力，并且向心力只改变速度的方向，不改变速度的大小，因此物体的动能保持不变，向心力不做功，但动量不断改变。

17.3 力

17.3.1 常见的力

（1）重力：$G = mg$（方向竖直向下，$g = 9.8\text{m/s}^2 \approx 10\text{m/s}^2$，作用点在重心，适用于地球表面附近）。

（2）胡克定律：$F = kx$（方向沿恢复形变方向，k 为劲度系数，N/m；x 为形变量，m）。

（3）滑动摩擦力：$F = \mu F_N$（与物体相对运动方向相反，μ 为摩擦因数；F_N 为正压力，N）。

（4）静摩擦力：$0 \leqslant f_{\text{静}} \leqslant f_m$（与物体相对运动趋势方向相反，$f_m$ 为最大静摩擦力）。

（5）万有引力：$F = G\dfrac{m_1 m_2}{r^2}$（$G = 6.67 \times 10^{-11}\text{N} \cdot \text{m}^2/\text{kg}^2$，方向在它们的连线上）。

（6）静电力：$F = k\dfrac{q_1 q_2}{r^2}$（$k = 9.0 \times 10^9\text{N} \cdot \text{m}^2/\text{C}^2$，方向在它们的连线上）。

（7）电场力：$F = Eq$（E 为场强，N/C；q 为电量，C。正电荷受的电场力与场强方向相同）。

（8）安培力：$F = BIL\sin\theta$（θ 为 B 与 L 的夹角，当 $L \perp B$ 时：$F = BIL$；$B // L$ 时：$F = 0$）。其中，B 为垂直于通电导线的磁感应强度（非磁场强度）；I 为通电电流大小；L 为通电直导线在磁场中的长度。

（9）洛伦兹力：$f = qvB\sin\theta$（θ 为 B 与 v 的夹角，当 $v \perp B$ 时：$f = qvB$，$v // B$ 时：$f = 0$）。

注：①劲度系数 k 由弹簧自身决定；②摩擦因数 μ 与压力大小及接触面积大小无关，由接触面材料特性与表面状况等决定；③f_m 略大于 μF_N，一般视为 $f_m \approx \mu F_N$；④物理量符号及单位：B，磁感强度（T）；L，有效长度（m）；I，电流强度（A）；v，带电粒子速度（m/s）；q，带电粒子（带电体）电量（C）；⑤安培力与洛伦兹力方向均用左手定则判定。

17.3.2 力的合成与分解

（1）同一直线上力的合成同向：$F = F_1 + F_2$；反向：$F = F_1 - F_2$（$F_1 > F_2$）。

（2）互成角度力的合成：$F = \sqrt{F_1^2 + F_2^2 + 2F_1 F_2 \cos\alpha}$（余弦定理）。$F_1 \perp F_2$ 时：$F = \sqrt{F_1^2 + F_2^2}$。

（3）合力大小范围：$|F_1 - F_2| \leqslant F \leqslant |F_1 + F_2|$。

（4）力的正交分解：$F_x = F\cos\beta$，$F_y = F\sin\beta$（β 为合力与 x 轴之间的夹角 $\tan\beta = F_y / F_x$）。

注：①力（矢量）的合成与分解遵循平行四边形定则；②合力与分力的关系是等效替代

关系，可用合力替代分力的共同作用，反之也成立；③除公式法外，也可用作图法求解，此时要选择标度，严格作图；④F_1 与 F_2 的值一定时，F_1 与 F_2 的夹角（α 角）越大，合力越小；⑤同一直线上力的合成，可沿直线取正方向，用正负号表示力的方向，化简为代数运算。

17.4 动力学（运动和力）

① 牛顿第一运动定律（惯性定律）：物体具有惯性，总保持匀速直线运动状态或静止状态，直到有外力迫使它改变这种状态为止。

② 牛顿第二运动定律：$F_合=ma$ 或 $a=F合/m$（a 由合外力决定，与合外力方向一致）。

③ 牛顿第三运动定律：$F=-F'$（负号表示方向相反，F、F' 各自作用在对方，平衡力与作用力反作用力区别，实际应用：反冲运动）。

④ 共点力的平衡 $F_合=0$，推广（正交分解法、三力汇交原理）。

超重：$F_N>G$，失重：$F_N<G$（加速度方向向下，均失重，加速度方向向上，均超重）。

⑤ 牛顿运动定律的适用条件：适用于解决低速运动问题，适用于宏观物体，不适用于处理高速问题，不适用于微观粒子。

注：平衡状态是指物体处于静止或匀速直线状态，或者是匀速转动。

17.5 振动和波（机械振动与机械振动的传播）

（1）简谐振动：$F=-kx$（F 为回复力；k 为比例系数；x 为位移；负号表示 F 的方向与 x 始终反向）。

（2）单摆周期：$T=2\pi\sqrt{\dfrac{L}{g}}$（$L$ 为摆长，m；g 为当地重力加速度值。成立条件：摆角 $\theta<10°$；$L\gg r$）。

（3）受迫振动频率特点：$f=f_{驱动力}$。

（4）波速：$v=\dfrac{s}{t}=\lambda f=\dfrac{\lambda}{T}$（波传播过程中，一个周期向前传播一个波长；波速大小由介质本身所决定）。

（5）声波的波速（在空气中）0℃：332m/s；20℃：344m/s；30℃：349m/s；（声波是纵波）。

（6）波发生明显衍射（波绕过障碍物或孔继续传播）条件：障碍物或孔的尺寸比波长小，或者相差不大。

（7）波的干涉条件：两列波频率相同（相差恒定、振幅相近、振动方向相同）。

（8）多普勒效应：由于波源与观测者间的相互运动，导致波源发射频率与接收频率不同（相互接近，接收频率增大，反之，减小）。

注：①物体的固有频率与振幅、驱动力频率无关，取决于振动系统本身；②加强区是波峰与波峰或波谷与波谷相遇处，减弱区则是波峰与波谷相遇处；③波只是传播了振动，介质本身不随波发生迁移，是传递能量的一种方式；④干涉与衍射是波特有的；⑤振动图像与波动图像。

17.6 冲量与动量（物体的受力与动量的变化）

（1）动量：$p=mv$（p 为动量，kg/s；m 为质量，kg；v 为速度，m/s。方向与速度方向相同）。

（2）冲量：$I=Ft$（I 为冲量，N·s；F 为恒力，N；t 为力的作用时间，s。方向由 F 决定）。

（3）动量定理：$I=\Delta p$ 或 $Ft=mv_t-mv_0$。（Δp 表示动量变化，$\Delta p=mv_t-mv_0$，是矢量式）。

（4）动量守恒定律：$p_{前总}=p_{后总}$ 或 $p=p'$，也可以是 $m_1v_1+m_2v_2=m_1v_1'+m_2v_2'$。

（5）弹性碰撞：$\Delta p=0$；$\Delta E_k=0$（即系统的动量和动能均守恒）。

（6）非弹性碰撞：$\Delta p=0$；$0<\Delta E_k<\Delta E_{Km}$（$\Delta E_k$ 表示损失的动能；E_{Km} 表示损失的最大动能）。

（7）完全非弹性碰撞：$\Delta p=0$；$\Delta E_k=\Delta E_{Km}$（碰后连在一起成一整体）。

（8）物体 m_1 以 v_1 初速度与静止的物体 m_2 发生弹性正碰：
$$v_1'=(m_1-m_2)v_1/(m_1+m_2)；v_2'=2m_1v_1/(m_1+m_2)$$

注：①正碰又叫对心碰撞，速度方向在它们"中心"的连线上；②以上表达式除动能外均为矢量运算，在一维情况下可取正方向化为代数运算；③系统动量守恒的条件：合外力为零或系统不受外力，则系统动量守恒（碰撞问题、爆炸问题、反冲问题等）；④碰撞过程（时间极短，发生碰撞的物体构成的系统）视为动量守恒，原子核衰变时动量守恒；⑤爆炸过程视为动量守恒，这时化学能转化为动能，动能增加。

17.7 功和能（功是能量转化的量度）

（1）功：$W=Fs\cos\alpha$（定义式）（W 表示功，J；F 表示恒力，N；s 表示位移，m；α 表示 F、s 间的夹角）。

（2）重力做功：$W_{ab}=mgh_{ab}$ [m 表示物体的质量；$g=9.8\text{m/s}^2\approx10\text{m/s}^2$；$h_{ab}$ 表示 a 与 b 的高度差（$h_{ab}=h_a-h_b$）]。

（3）电场力做功：$W_{ab}=qU_{ab}$（q 表示电量，C；U_{ab} 表示 a 与 b 之间的电势差，V，即 $U_{ab}=\varphi_a-\varphi_b$）。

（4）电功：$W=UIt$（普适式）（U 表示电压，V；I 表示电流，A；t 表示通电时间，s）。

（5）功率：$P=W/t$（定义式）（P 表示功率，W；W 表示 t 时间内所做的功，J；t 表示做功所用时间，s）。

（6）电功率：$P=UI$（普适式）（U 表示电路电压，V；I 表示电路电流 A）。

（7）焦耳定律：$Q=I^2Rt$（Q 表示电热 J；I 表示电流强度，A；R 表示电阻值，Ω；t 表示通电时间，s）。

（8）纯电阻电路中 $I=U/R$；$P=UI=U^2/R=I^2R$；$Q=W=UIt=U^2t/R=I^2Rt$

（9）动能：$E_k=mv^2/2$（E_k 表示动能，J；m 表示物体的质量，kg；v 表示物体瞬时速度，m/s）。

（10）重力势能：$E_P=mgh$ [E_P 表示重力势能，J；g 表示重力加速度；h 表示竖直高度，m（从零势能面起）]。

（11）电势能：$E_A = q\varphi_A$ [E_A 表示带电体在 A 点的电势能，J；q 表示电量，C；φ_A 表示 A 点的电势，V（从零势能面起）]。

（12）动能定理（对物体做正功，物体的动能增加）：$W_合 = mv_t^2/2 - mv_o^2/2$ 或 $W_合 = \Delta E_K$（$W_合$ 表示外力对物体做的总功；ΔE_K 表示动能变化，$\Delta E_K = mv_t^2/2 - mv_o^2/2$）。

（13）机械能守恒定律：$\Delta E = 0$ 或 $E_{K1} + E_{P1} = E_{K2} + E_{P2}$，也可以是 $mv_1^2/2 + mgh_1 = mv_2^2/2 + mgh_2$。

（14）重力做功与重力势能的变化（重力做功等于物体重力势能增量的负值）：$W_G = -\Delta E_P$。

注：①功率大小表示做功快慢，做功多少表示能量转化多少；②$0° \leqslant \alpha < 90°$ 做正功；$90° < \alpha \leqslant 180°$ 做负功；$\alpha = 90°$ 不做功 [力的方向与位移（速度）方向垂直时该力不做功]；③重力（弹力、电场力、分子力）做正功，则重力（弹性、电、分子）势能减少；④重力做功和电场力做功均与路径无关；⑤机械能守恒成立条件：除重力（弹力）外其他力不做功，只是动能和势能之间的转化；⑥能的其他单位换算：1kW·h（度）$= 3.6 \times 10^6$ J，1eV $= 1.60 \times 10^{-19}$ J；⑦弹簧弹性势能 $E = kx^2/2$，与劲度系数和形变量有关。

17.8 分子动理论、能量守恒定律

（1）阿伏伽德罗常数 $N_A = 6.02 \times 10^{23}$ mol^{-1}；分子直径数量级 10^{-10} m。

（2）分子动理论内容：物质是由大量分子组成的；大量分子做无规则的热运动；分子间存在相互作用力。

（3）分子间的引力和斥力：

①$r < r_0$，$F_引 < F_斥$，$F_{分子力}$ 表现为斥力。

②$r = r_0$，$F_引 = F_斥$，$F_{分子力} = 0$，$E_{分子势能} = E_{min}$（最小值）。

③$r > r_0$，$F_引 > F_斥$，$F_{分子力}$ 表现为引力。

④$r > 10r_0$，$F_引 = F_斥 \approx 0$，$F_{分子力} \approx 0$，$E_{分子势能} \approx 0$。

（4）热力学第一定律 $W + Q = \Delta U$。做功和热传递这两种改变物体内能的方式，在效果上是等效的。W 表示外界对物体做的正功，J；Q 表示物体吸收的热量，J；ΔU 表示增加的内能，J。

（5）热力学第二定律

克氏表述：不可能使热量由低温物体传递到高温物体，而不引起其他变化（热传导的方向性）；

开氏表述：不可能从单一热源吸收热量并把它全部用来做功，而不引起其他变化（机械能与内能转化的方向性）

（6）热力学第三定律：热力学零度不可达到 [宇宙温度下限：$-273.15℃$（绝对零度）]。

注：①布朗粒子不是分子，布朗颗粒越小，布朗运动越明显，温度越高越剧烈；②温度是分子平均动能的标志；③分子间的引力和斥力同时存在，随分子间距离的增大而减小，但斥力减小得比引力快；④分子力做正功，分子势能减小，在 r_0 处 $F_引 = F_斥$ 且分子势能最小；⑤气体膨胀，外界对气体做负功，$W < 0$；温度升高，内能增大，$\Delta U > 0$；吸收热量，$Q > 0$；⑥物体的内能是指物体所有的分子动能和分子势能的总和，理想气体分子间作用力为零，分子势能为零；⑦r_0 为分子处于平衡状态时分子间的距离。

17.9 气体的性质

（1）气体的状态参量：

温度：宏观上，物体的冷热程度；微观上，物体内部分子无规则运动的剧烈程度的标志。

热力学温度与摄氏温度的关系：$T = t + 273$（T 表示热力学温度，K；t 表示摄氏温度，℃）。

体积 V：气体分子所能占据的空间，单位换算：$1m^3 = 10^3 L = 10^6 mL$。

压强 p：单位面积上，大量气体分子频繁撞击器壁而产生持续、均匀的压力，标准大气压：$1atm = 1.013 \times 10^5 Pa = 76cmHg$（$1Pa = 1N/m^2$）。

（2）气体分子运动的特点：分子间空隙大；除了碰撞的瞬间外，相互作用力微弱；分子运动速率很大。

（3）理想气体的状态方程：$p_1V_1/T_1 = p_2V_2/T_2$（$pV/T =$ 恒量，T 为热力学温度，K）。

注：①理想气体的内能与理想气体的体积无关，与温度和物质的量有关；②公式 $p_1V_1/T_1 = p_2V_2/T_2$ 成立的条件均为一定质量的理想气体，使用公式时要注意温度的单位，t 为摄氏温度（℃），而 T 为热力学温度（K）。

17.10 电场

（1）两种电荷、电荷守恒定律、元电荷：$e = 1.60 \times 10^{-19}C$；带电体电荷量等于元电荷的整数倍。

（2）库仑定律：$F = kQ_1Q_2/r^2$（在真空中）（F 表示点电荷间的作用力，N；k 表示静电力常量，$k = 9.0 \times 10^9 N \cdot m^2/C^2$；$Q_1$、$Q_2$ 表示两点电荷的电量，C；r 表示两点电荷间的距离，m。方向在它们的连线上，作用力与反作用力，同种电荷互相排斥，异种电荷互相吸引）。

（3）电场强度：$E = F/q$（定义式、计算式）[E 表示电场强度，N/C，是矢量（电场的叠加原理）；q 表示检验电荷的电量，C]。

（4）真空点（源）电荷形成的电场 $E = kQ/r^2$（r 表示源电荷到该位置的距离，m；Q 表示源电荷的电量）。

（5）匀强电场的场强 $E = U_{AB}/d$（U_{AB} 表示 A、B 两点间的电压，V；d 表示 A、B 两点在场强方向的距离，m）。

（6）电场力：$F = qE$（F 表示电场力，N；q 表示受到电场力的电荷的电量，C；E 表示电场强度，N/C）。

（7）电势与电势差：$U_{AB} = \varphi_A - \varphi_B$，$U_{AB} = W_{AB}/q = -\Delta E_{AB}/q$。

（8）电场力做功：$W_{AB} = qU_{AB} = Eqd$ [W_{AB} 表示带电体由 A 到 B 时电场力所做的功，J；q 表示带电量，C；U_{AB} 表示电场中 A、B 两点间的电势差，V（电场力做功与路径无关）；E 表示匀强电场强度；d 表示两点沿场强方向的距离，m]。

（9）电势能：$E_A = q\varphi_A$（E_A 表示带电体在 A 点的电势能，J；q 表示电量，C；φ_A 表示 A 点的电势，V）。

（10）电势能的变化 $\Delta E_{AB} = E_B - E_A$（带电体在电场中从 A 位置到 B 位置时电势能的差值）。

（11）电场力做功与电势能变化 $\Delta E_{AB} = -W_{AB} = -qU_{AB}$（电势能的增量等于电场力做功的负值）。

（12）电容 $C = Q/U$（定义式，计算式）$[C$ 表示电容，F；Q 表示电量，C；U 表示电压（两极板电势差），V$]$。

（13）平行板电容器的电容 $C = \varepsilon S/(4\pi kd)$（$S$ 表示两极板正对面积；d 表示两极板间的垂直距离；ε 表示介电常数）。

（14）带电粒子在电场中的加速（$v_0 = 0$）：$W = \Delta E_K$ 或 $qU = mv_t^2/2$，$v_t = \sqrt{\dfrac{2qU}{m}}$。

（15）带电粒子沿垂直电场方向以速度 v_0 进入匀强电场时的偏转（不考虑重力作用的情况下）类平抛运动。

垂直电场方向：匀速直线运动 $L = v_0 t$（在带等量异种电荷的平行极板中：$E = U/d$）。

平行电场方向：初速度为零的匀加速直线运动，$d = at^2/2$，$a = F/m = qE/m$。

注：①两个完全相同的带电金属小球接触时，电量分配规律：原带异种电荷的先中和后平分，原带同种电荷的总量平分；②电场线从正电荷出发终止于负电荷，电场线不相交，切线方向为场强方向，电场线密处场强大，顺着电场线电势越来越低，电场线与等势线垂直；③常见电场的电场线分布要求熟记；④电场强度（矢量）与电势（标量）均由电场本身决定，而电场力与电势能还与带电体带的电量多少和电荷正负有关；⑤处于静电平衡导体是个等势体，表面是个等势面，导体外表面附近的电场线垂直于导体表面，导体内部合场强为零，导体内部没有净电荷，净电荷只分布于导体外表面；⑥电容单位换算：$1F = 10^6 \mu F = 10^{12} pF$；⑦电子伏（eV）是能量的单位，$1eV = 1.60 \times 10^{-19} J$。

17.11　恒定电流

（1）电流强度：$I = q/t$（I 表示电流强度，A；q 表示在时间 t 内通过导体横截面的电量，C；t 表示时间，s）。

（2）欧姆定律：$I = U/R$（I 表示导体电流强度，A；U 表示导体两端电压，V；R 表示导体阻值，Ω）。

（3）电阻、电阻定律：$R = \rho L/S$（ρ 表示电阻率，$\Omega \cdot m$；L 表示导体的长度，m；S 表示导体横截面积，m^2）。

（4）闭合电路欧姆定律：$I = E/(r+R)$ 或 $E = Ir + IR$，也可以是 $E = U_内 + U_外$（I 表示电路中的总电流，A；E 表示电源电动势，V；R 表示外电路电阻，Ω；r 表示电源内阻，Ω）。

（5）电功与电功率：$W = UIt$，$P = UI$（W 表示电功，J；U 表示电压，V；I 表示电流，A；t 表示时间，s；P 表示电功率，W）。

（6）焦耳定律：$Q = I^2 Rt$（Q 表示电热，J；I 表示通过导体的电流，A；R 表示导体的电阻值，Ω；t 表示通电时间，s）。

（7）纯电阻电路中：由于 $I = U/R$，$W = Q$，因此 $W = Q = UIt = I^2 Rt = U^2 t/R$。

（8）电源总动率、电源输出功率、电源效率：$P_总 = IE$，$P_出 = IU$，$\eta = P_出/P_总$（I 表示电路总电流，A；E 表示电源电动势，V；U 表示路端电压，V；η 表示电源效率）。

（9）电路的串/并联。串联电路 P、U 与 R 成正比，并联电路 P、I 与 R 成反比。

电阻关系（串同并反）$R_串 = R_1 + R_2 + R_3 + \cdots$；$1/R_并 = 1/R_1 + 1/R_2 + 1/R_3 + \cdots$

电流关系 $I_串=I_1=I_2=I_3$；$I_并=I_1+I_2+I_3+\cdots$

电压关系 $U_串=U_1+U_2+U_3+\cdots$；$U_并=U_1=U_2=U_3$

功率分配 $P_串=P_1+P_2+P_3+\cdots$；$P_并=P_1+P_2+P_3+\cdots$

17.12 磁场

（1）磁感应强度是用来表示磁场的强弱和方向的物理量，与磁力线方向垂直的单位面积上通过的磁力线数目，又叫磁力线的密度，也叫磁通密度，是矢量，用 B 表示，单位：特斯拉（T）。$1T=1N/(A\cdot m)$。

（2）磁通量是通过某一截面积的磁力线总数，用 Φ 表示，单位为韦伯（Weber），符号是 Wb。通过一线圈的磁通的表达式为：$\Phi=BS$（其中，B 为磁感应强度；S 为该线圈的面积）。$1Wb=1T\cdot m$。

17.13 电磁感应

（1）感应电动势的大小计算公式：

$E=n\dfrac{\Delta\varphi}{\Delta t}$（普适公式）（法拉第电磁感应定律，$E$ 表示感应电动势，V；n 表示感应线圈匝数；$\dfrac{\Delta\varphi}{\Delta t}$ 表示磁通量的变化率）。

$E=Blv$（导体垂直切割磁感线运动）（l 表示有效长度，m）。

$E_m=nBS\omega$（交流发电机最大的感应电动势）（E_m 表示感应电动势峰值）。

$E=\dfrac{Bl^2\omega}{2}$（导体一端固定以 ω 旋转切割）（ω 表示角速度，rad/s）。

（2）安培力（左手定则），$F=BIL\sin\theta$。矢量表达式：$F=I\times BL$。其中，$L\perp B$。I 表示电流强度，A；L 表示导线长度，m；θ 表示电流方向与磁场方向间的夹角。

（3）洛伦兹力（左手定则），微观上 $F=qvB\sin\theta$，单位：牛顿（N）。矢量表达式：$F=qv\times B$。其中，$v\perp B$。q 表示带电粒子电量，C；v 表示带电粒子速度，m/s。

17.14 交变电流（正弦式交变电流）

（1）电压瞬时值 $e=E_m\sin\omega t$；电流瞬时值 $i=I_m\sin\omega t$；$\omega=2\pi f$。

（2）电动势峰值 $E_m=nBS\omega=2BLv$；电流峰值（纯电阻电路中）$I_m=E_m/R_总$。

（3）正（余）弦式交变电流有效值：$E=\dfrac{\sqrt{2}E_m}{2}$；$U=\dfrac{\sqrt{2}U_m}{2}$；$I=\dfrac{\sqrt{2}I_m}{2}$。

（4）理想变压器原副线圈中的电压与电流及功率的关系：

$$U_1/U_2=n_1/n_2;\ I_1/I_2=n_2/n_1;\ P_入=P_出$$

（5）在远距离输电中，采用高压输送电能可以减少电能在输电线上的损失。$P_损=(P/U)2R$；（$P_损$ 表示输电线上损失的功率；P 表示输送电能的总功率；U 表示输送电压；R 表示输电线电阻）。

以上公式中的物理量及单位：ω 表示角频率，rad/s；t 表示时间，s；n 表示线圈匝数；B 表示磁感强度，T；S 表示线圈的面积，m^2；U 表示输出电压，V；I 表示电流强度，A；P 表示功率，W。

注：①交变电流的变化频率与发电机中线圈的转动频率相同，即：$\omega_{电}=\omega_{线}$，$f_{电}=f_{线}$；②发电机中，线圈在中性面位置磁通量最大，感应电动势为零，过中性面电流方向就改变；③有效值是根据电流热效应定义的，没有特别说明的交流数值都指有效值；④理想变压器的匝数比一定时，输出电压由输入电压决定，输入电流由输出电流决定，输入功率等于输出功率，当负载的消耗功率增大时输入功率也增大，即 $P_{出}$ 决定 $P_{入}$。

17.15　电磁振荡和电磁波

（1）LC 振荡电路 $T=2\pi\sqrt{LC}$；$f=1/T$（f 表示频率，Hz；T 表示周期，s；L 表示电感量，H；C 表示电容量，F）。

（2）电磁波在真空中传播的速度 $c=3.00\times10^8\,m/s$，$\lambda=c/f$（λ 表示电磁波的波长，m；f 表示电磁波频率）。

注：在 LC 振荡过程中，电容器电量最大时，振荡电流为零；电容器电量为零时，振荡电流最大。

17.16　光的反射和折射（几何光学）

（1）反射定律 $\alpha=i$（α 表示反射角；i 表示入射角）。

（2）绝对折射率（光从真空中到介质）$n=\dfrac{c}{v}=\dfrac{\sin\gamma}{\sin i}$（光的色散，可见光中红光折射率小，$n$ 表示折射率；c 表示真空中的光速；v 表示介质中的光速；i 表示入射角；γ 表示折射角）。

（3）全反射：①光从介质中进入真空或空气中时发生全反射的临界角 C：$\sin C=1/n$；②全反射的条件：光密介质射入光疏介质；入射角等于或大于临界角。

注：①平面镜反射成像规律是成等大正立的虚像，像与物沿平面镜对称；②三棱镜折射成像规律是成虚像，出射光线向底边偏折，像的位置向顶角偏移；③光导纤维是光的全反射的实际应用，放大镜是凸透镜，近视眼镜是凹透镜。

17.17　光的本性（既有粒子性，又有波动性，称为光的波粒二象性）

（1）两种学说：微粒说（牛顿）、波动说（惠更斯）。

（2）光的颜色由光的频率决定，光的频率由光源决定，与介质无关，光的传播速度与介质有关，光的颜色按频率从低到高的排列顺序是：红、橙、黄、绿、蓝、靛、紫。

（3）光的衍射：光在没有障碍物的均匀介质中是沿直线传播的，在障碍物的尺寸比光的波长大得多的情况下，光的衍射现象不明显，可认为沿直线传播，反之，就不能认为光沿直线传播。

（4）光的偏振：光的偏振现象说明光是横波。

（5）光的电磁说：光的本质是一种电磁波。电磁波谱（按波长从大到小排列）：无线电波、红外线、可见光、紫外线、伦琴射线、γ 射线。

（6）光子说，一个光子的能量 $E=h\nu$（h 表示普朗克常量，6.63×10^{-34}J·s；ν 表示光的频率）。

（7）爱因斯坦光电效应方程：$E_k=h\nu-W$，其中，E_k 表示光电子初动能；h 表示普朗克常量；ν 表示入射光的频率；$h\nu$ 表示光子能量；W 表示金属的逸出功。

17.18　原子和原子核

（1）α 粒子散射试验结果：a. 大多数的 α 粒子不发生偏转；b. 少数 α 粒子发生了较大角度的偏转；c. 极少数 α 粒子出现大角度的偏转（甚至反弹回来）。

（2）原子核的大小：$10^{-15}\sim10^{-14}$ m，原子的半径约 10^{-10} m（原子的核式结构）。

（3）光子的发射与吸收：原子发生定态跃迁时，要辐射（或吸收）一定频率的光子：$h\nu=E_{初}-E_{末}$（能级跃迁）。

（4）原子核的组成：质子和中子（统称为核子）。$A=$质量数$=$质子数$+$中子数；$Z=$电荷数$=$质子数$=$核外电子数$=$原子序数。

（5）天然放射现象：α 射线（α 粒子是氦原子核）、β 射线（高速运动的电子流）、γ 射线（波长极短的电磁波）、α 衰变与 β 衰变、半衰期（有半数以上的原子核发生了衰变所用的时间）。γ 射线是伴随 α 射线和 β 射线产生的。

（6）爱因斯坦的质能方程：$E=mc^2$（E 表示能量，J；m 表示质量，kg；c 表示光在真空中的速度）。

（7）核能的计算 $\Delta E=\Delta mc^2$（当 Δm 的单位用 kg 时，ΔE 的单位为 J；当 Δm 用原子质量单位 u 时，算出的 ΔE 单位为 uc^2；$1uc^2=931.5$MeV）。

18 数学常用公式

18.1 初等数学

18.1.1 初等代数

18.1.1.1 乘法公式与因式分解

(1) $(a \pm b)^2 = a^2 \pm 2ab + b^2$

(2) $(a+b+c)^2 = a^2 + b^2 + c^2 + 2ab + 2ac + 2bc$

(3) $a^2 - b^2 = (a-b)(a+b)$

(4) $(a \pm b)^3 = a^3 \pm 3a^2b + 3ab^2 \pm b^3$

(5) $a^3 \pm b^3 = (a \pm b)(a^2 \pm ab + b^2)$

(6) $a^n - b^n = (a-b)(a^{n-1} + a^{n-2}b + a^{n-3}b^2 + \cdots + ab^{n-2} + b^{n-1})$

18.1.1.2 比例

假定 $\dfrac{a}{b} = \dfrac{c}{d}$

(1) 合比定理 $\dfrac{a+b}{b} = \dfrac{c+d}{d}$

(2) 分比定理 $\dfrac{a-b}{b} = \dfrac{c-d}{d}$

(3) 合分比定理 $\dfrac{a+b}{a-b} = \dfrac{c+d}{c-d}$

(4) 若 $\dfrac{a}{b} = \dfrac{c}{d} = \dfrac{e}{f}$，则令 $\dfrac{a}{b} = \dfrac{c}{d} = \dfrac{e}{f} = t$，于是 $\dfrac{a}{b} = \dfrac{c}{d} = \dfrac{e}{f} = \dfrac{a+c+e}{b+d+f}$

(5) 若 y 与 x 成正比，则 $y = kx$（k 为比例系数）

(6) 若 y 与 x 成反比，则 $y = k/x$（k 为比例系数）

18.1.1.3 不等式

(1) 设 $a > b > 0$，$n > 0$，则 $a^n > b^n$

(2) 设 $a > b > 0$，n 为正整数，则 $\sqrt[n]{a} > \sqrt[n]{b}$

(3) 设 $\dfrac{a}{b} < \dfrac{c}{d}$，则 $\dfrac{a}{b} < \dfrac{a+c}{b+d} < \dfrac{c}{d}$

(4) 非负数的算术平均值不小于其几何平均值，即

$$\frac{a+b}{2} \geqslant \sqrt{ab}, \qquad \frac{a+b+c}{3} \geqslant \sqrt[3]{abc}, \qquad \frac{a_1 + a_2 + a_3 \cdots + a_n}{n} \geqslant \sqrt[n]{a_1 a_2 a_3 \cdots a_n}$$

(5) 绝对值不等式

① $|a+b| \leqslant |a|+|b|$　② $|a-b| \leqslant |a|+|b|$　③ $|a-b| \geqslant |a|-|b|$　④ $-|a| \leqslant a \leqslant |a|$

18.1.1.4　二次方程

二次方程：$ax^2+bx+c=0$　$(a \neq 0)$

(1) 判别式 $\Delta = b^2-4ac$；

(2) 求根公式 $x_{1,2} = \dfrac{-b \pm \sqrt{\Delta}}{2a}$　$(\Delta \geqslant 0)$；

(3) 根与系数的关系 $\begin{cases} x_1+x_2 = -\dfrac{b}{a}, \\ x_1 x_2 = \dfrac{c}{a} \end{cases}$

18.1.1.5　指数

(1) $a^m \cdot a^n = a^{m+n}$　　(2) $a^m \div a^n = a^{m-n}$　　(3) $(a^m)^n = a^{mn}$

(4) $(ab)^m = a^m b^m$　　(5) $\left(\dfrac{a}{b}\right)^m = \dfrac{a^m}{b^m}$　　(6) $a^{-m} = \dfrac{1}{a^m}$

18.1.1.6　对数

(1) 对数恒等式 $N = a^{\log_a N}$，更常用 $N = e^{\ln N}$　(2) $\log_a(MN) = \log_a M + \log_a N$

(3) $\log_a \left(\dfrac{M}{N}\right) = \log_a M - \log_a N$　　(4) $\log_a(M^n) = n \log_a M$

(5) $\log_a \sqrt[n]{M} = \dfrac{1}{n} \log_a M$　　(6) 换底公式 $\log_a M = \dfrac{\log_b M}{\log_b a}$

(7) $\log_a 1 = 0$　　(8) $\log_a a = 1$

18.1.1.7　数列

(1) 等差数列

设：a_1 为首项，a_n 为通项；d 为公差；S_n 为前 n 项和。

① $a_n = a_1 + (n-1)d$　　② $S_n = \dfrac{a_1+a_n}{2}n = na + \dfrac{n(n-1)}{2}d$

③ 设 a, b, c 成等差数列，则等差数列中项 $b = \dfrac{1}{2}(a+c)$

(2) 等比数列

设　a_1 为首项，q 为公比，a_n 为通项，则：

① 通项 $a_n = a_1 q^{n-1}$　　② 前 n 项和 $S_n = \dfrac{a_1(1-q^n)}{1-q}$　$(q \neq 1)$

(3) 常用的几种数列的和

① $1+2+3+\cdots+n = \dfrac{1}{2}n(n+1)$

② $1^2+2^2+3^2+\cdots+n^2 = \dfrac{1}{6}n(n+1)(2n+1)$

③ $1^3+2^3+3^3+\cdots+n^3 = \left[\dfrac{1}{2}n(n+1)\right]^2$

④ $1\times2+2\times3+3\times4+\cdots+n(n+1)=\dfrac{1}{3}n(n+1)(n+2)$

⑤ $1\times2\times3+2\times3\times4+\cdots+n(n+1)(n+2)=\dfrac{1}{4}n(n+1)(n+2)(n+3)$

18.1.2 平面和立体几何

18.1.2.1 直线方程

(1) 经过原点的直线方程：$y=kx+b$，k 为斜率，b 为截距。

(2) 两点间的直线方程：若点 P_1 坐标为 (x_1,y_1)，点 P_2 坐标为 (x_2,y_2)，则：

$$k_{P_1P_2}=\dfrac{y_1-y_2}{x_1-x_2}(x_1\neq x_2)$$

18.1.2.2 图形面积

(1) 任意三角形 $S=\dfrac{1}{2}bh=\dfrac{1}{2}ab\sin C=\sqrt{s(s-a)(s-b)(s-c)}$，其中 $s=\dfrac{1}{2}(a+b+c)$，a、b、c 为边长，h 为高，C 为定点 c 的角度。

(2) 平行四边形 $S=bh=ab\sin\varphi$，其中 a、b 为相邻两边的长度，φ 为 a、b 两边的夹角

(3) 梯形 $S=$ 中位线 $\times$ 高

(4) 圆形 $S=\pi R^2$，R 为圆的半径。

(5) 扇形 $S=\dfrac{1}{2}Rl=\dfrac{1}{2}R^2\theta$，$R$ 为半径，l 为弧长，θ 为以弧度表示的圆心角。

18.1.2.3 立体几何

(1) 长方体
长宽高分别为 a、b、h，
全面积 $S_{全}=2(ah+bh+ab)$
体积 $V=abh$

(2) 球体
R 为半径，d 为直径，则：
全面积 $S_{全}=4\pi R^2$
体积 $V=\dfrac{4}{3}\pi R^3$

(3) 圆柱体
设 R 为底圆半径；H 为柱高，则
侧面积 $S_{侧}=2\pi RH$
全面积 $S_{全}=2\pi R(H+R)$
体积 $V=\pi R^2 H$

(4) 圆锥体
母线 $l=\sqrt{R^2+H^2}$
侧面积 $S_{侧}=\pi Rl$
全面积 $S_{全}=\pi R(l+R)$

体积 $V = \dfrac{1}{3}\pi R^2 H$

18.1.3 平面三角

18.1.3.1 重要三角函数

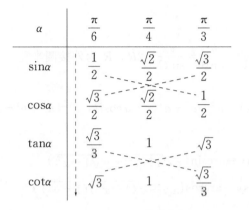

α	$\dfrac{\pi}{6}$	$\dfrac{\pi}{4}$	$\dfrac{\pi}{3}$
$\sin\alpha$	$\dfrac{1}{2}$	$\dfrac{\sqrt{2}}{2}$	$\dfrac{\sqrt{3}}{2}$
$\cos\alpha$	$\dfrac{\sqrt{3}}{2}$	$\dfrac{\sqrt{2}}{2}$	$\dfrac{1}{2}$
$\tan\alpha$	$\dfrac{\sqrt{3}}{3}$	1	$\sqrt{3}$
$\cot\alpha$	$\sqrt{3}$	1	$\dfrac{\sqrt{3}}{3}$

18.1.3.2 诱导公式

函数 ＼ 角 A	sin	cos	tan	cot
$-\alpha$	$-\sin\alpha$	$\cos\alpha$	$-\tan\alpha$	$-\cot\alpha$
$90°-\alpha$	$\cos\alpha$	$\sin\alpha$	$\cot\alpha$	$\tan\alpha$
$90°+\alpha$	$\cos\alpha$	$-\sin\alpha$	$-\cot\alpha$	$-\tan\alpha$
$180°-\alpha$	$\sin\alpha$	$-\cos\alpha$	$-\tan\alpha$	$-\cot\alpha$
$180°+\alpha$	$-\sin\alpha$	$-\cos\alpha$	$\tan\alpha$	$\cot\alpha$
$270°-\alpha$	$-\cos\alpha$	$-\sin\alpha$	$\cot\alpha$	$\tan\alpha$
$270°+\alpha$	$-\cos\alpha$	$\sin\alpha$	$-\cot\alpha$	$-\tan\alpha$
$360°-\alpha$	$-\sin\alpha$	$\cos\alpha$	$-\tan\alpha$	$-\cot\alpha$
$360°+\alpha$	$\sin\alpha$	$\cos\alpha$	$\tan\alpha$	$\cot\alpha$

18.1.3.3 同角三角函数

（1）$\sin\alpha\sec\alpha = 1$　　（2）$\cos\alpha\csc\alpha = 1$　　（3）$\tan\alpha\cot\alpha = 1$

（4）$\sin^2\alpha + \cos^2\alpha = 1$　　（5）$1 + \tan^2\alpha = \sec^2\alpha$　　（6）$1 + \cot^2\alpha = \csc^2\alpha$

（7）$\tan\alpha = \dfrac{\sin\alpha}{\cos\alpha}$　　（8）$\cot\alpha = \dfrac{\cos\alpha}{\sin\alpha}$

18.1.3.4 倍角三角函数

（1）$\sin 2\alpha = 2\sin\alpha\cos\alpha$　　（2）$\cos 2\alpha = \cos^2\alpha - \sin^2\alpha = 1 - 2\sin^2\alpha = 2\cos^2\alpha - 1$

（3）$\tan 2\alpha = \dfrac{2\tan\alpha}{1 - \tan^2\alpha}$　　（4）$\cot 2\alpha = \dfrac{1 - \cot^2\alpha}{2\cot\alpha}$　　（5）$\sin^2\alpha = \dfrac{1 - \cos 2\alpha}{2}$

（6）$\cos^2\alpha = \dfrac{1 + \cos 2\alpha}{2}$

18.1.3.5 三角函数的和差化积公式

（1）$\sin\alpha + \sin\beta = 2\sin\dfrac{\alpha+\beta}{2}\cos\dfrac{\alpha-\beta}{2}$　　（2）$\sin\alpha - \sin\beta = 2\cos\dfrac{\alpha+\beta}{2}\sin\dfrac{\alpha-\beta}{2}$

(3) $\cos\alpha + \cos\beta = 2\cos\dfrac{\alpha+\beta}{2}\cos\dfrac{\alpha-\beta}{2}$ 　　　(4) $\cos\alpha - \cos\beta = -2\sin\dfrac{\alpha+\beta}{2}\sin\dfrac{\alpha-\beta}{2}$

(5) $\sin\alpha\cos\beta = \dfrac{1}{2}\left[\sin(\alpha+\beta) + \sin(\alpha-\beta)\right]$ 　　(6) $\cos\alpha\cos\beta = \dfrac{1}{2}\left[\cos(\alpha+\beta) + \cos(\alpha-\beta)\right]$

(7) $\cos\alpha\sin\beta = \dfrac{1}{2}\left[\sin(\alpha+\beta) - \sin(\alpha-\beta)\right]$ 　　(8) $\sin\alpha\sin\beta = -\dfrac{1}{2}\left[\cos(\alpha+\beta) - \cos(\alpha-\beta)\right]$

18.1.3.6 边角关系

(1) 正弦定理：$\dfrac{a}{\sin A} = \dfrac{b}{\sin B} = \dfrac{c}{\sin C} = 2R$，$R$ 为外接圆半径

(2) 余弦定理

$a^2 = b^2 + c^2 - 2bc\cos A$，$b^2 = c^2 + a^2 - 2ca\cos B$，$c^2 = a^2 + b^2 - 2ab\cos C$

18.1.3.7 反三角函数

(1) $\arcsin x \pm \arcsin y = \arcsin\left(x\sqrt{1-y^2} \pm y\sqrt{1-x^2}\right)$

(2) $\arccos x \pm \arccos y = \arccos\left(xy \mp \sqrt{(1-x^2)(1-y^2)}\right)$

(3) $\arctan x \pm \arctan y = \arctan\left(\dfrac{x \pm y}{1 \mp xy}\right)$

(4) $\arcsin x + \arccos x = \dfrac{\pi}{2}$

(5) $\arctan x + \text{arccot}\, x = \dfrac{\pi}{2}$

18.2　高等数学

18.2.1　基本导数公式

$(a)' = 0$ 　　　　　　　　　　　　　$(ax)' = ax'$

$(x \pm y)' = x' \pm y'$ 　　　　　　　　$(xy)' = yx' + xy'$

$\left(\dfrac{x}{y}\right)' = \dfrac{yx' - xy'}{y^2}$ 　　　　　　　$(x^n)' = nx^{n-1}$

$\left(\sqrt[n]{x^m}\right)' = \dfrac{m}{n}\sqrt[n]{x^{m-n}}$ 　　　　　$\left(\dfrac{1}{x^n}\right)' = -\dfrac{n}{x^{n+1}}$

$(\sin x)' = \cos x$ 　　　　　　　　　$(\cos x)' = -\sin x$

$(\tan x)' = \sec^2 x$ 　　　　　　　　$(\cot x)' = -\csc^2 x$

$(\sec x)' = \sec x \tan x$ 　　　　　　$(\csc x)' = -\csc x \cot x$

$(\mathrm{e}^x)' = \mathrm{e}^x$ 　　　　　　　　　　$(\ln x)' = \dfrac{1}{x}$

$(a^x)' = a^x \ln a$ 　　　　　　　　　$(\log_a x)' = \dfrac{1}{x \ln a}$

$(\arctan x)' = \dfrac{1}{1+x^2}$ 　　　　　$(\text{arccot}\, x)' = -\dfrac{1}{1+x^2}$

$$(\arcsin x)' = \frac{1}{\sqrt{1-x^2}} \qquad\qquad (\arccos x)' = -\frac{1}{\sqrt{1-x^2}}$$

18.2.2 两个重要极限

$$\lim_{x \to 0} \frac{\sin x}{x} = 1 \qquad \lim_{x \to \infty}\left(1 + \frac{1}{x}\right)^x = e = 2.718281828\ldots$$

18.2.3 微分中值定理

拉格朗日中值公式：$f(b) - f(a) = f'(\xi)(b-a)$，$\xi \in (a,b)$

柯西中值公式：$\dfrac{f(b) - f(a)}{F(b) - F(a)} = \dfrac{f'(\xi)}{F'(\xi)}$，$\xi \in (a,b)$

18.2.4 积分公式

（1）基本积分公式

$$\int 0 \, dx = C \,(常数) \qquad\qquad \int k \, dx = kx + C$$

$$\int \frac{1}{x} \, dx = \ln|x| + C \qquad\qquad \int x^n \, dx = \frac{x^{n+1}}{n+1} + C$$

$$\int e^x \, dx = e^x + C \qquad\qquad \int \sin x \, dx = -\cos x + C$$

$$\int \frac{dx}{\cos^2 x} = \int \sec^2 x \, dx = \tan x + C \qquad \int \cos x \, dx = \sin x + C$$

$$\int \frac{dx}{\sin^2 x} = \int \csc^2 x \, dx = -\cot x + C \qquad \int \sec x \tan x \, dx = \sec x + C$$

$$\int \csc x \cot x \, dx = -\csc x + C \qquad \int \tan x \, dx = -\ln|\cos x| + C$$

$$\int \cot x \, dx = \ln|\sin x| + C \qquad \int \sec x \, dx = \ln|\sec x + \tan x| + C$$

$$\int \csc x \, dx = \ln|\csc x - \cot x| + C \qquad \int a^x \, dx = \frac{a^x}{\ln a} + C$$

$$\int \frac{1}{x} \, dx = \ln|x| + C \qquad \int \frac{dx}{a^2 + x^2} = \frac{1}{a} \arctan \frac{x}{a} + C$$

$$\int \frac{dx}{\sqrt{a^2 - x^2}} = \arcsin \frac{x}{a} + C \qquad \int x^\alpha \, dx = \frac{1}{\alpha+1} x^{\alpha+1} + C \,(\alpha \neq -1)$$

$$\int \frac{dx}{x^2 - a^2} = \frac{1}{2a} \ln\left|\frac{x-a}{x+a}\right| + C \qquad \int \frac{dx}{\sqrt{x^2 \pm a^2}} = \ln(x + \sqrt{x^2 \pm a^2}) + C$$

（2）牛顿-莱布尼兹公式

$$\int_a^b f(x) \, dx = F(x) \Big|_a^b = F(b) - F(a) \qquad [F'(x) = f(x)]$$

（3）两个定积分常用公式

$$\int_{-a}^a f(x) \, dx = \begin{cases} 0 & f(x) \text{ 奇} \\ 2\int_0^a f(x) \, dx & f(x) \text{ 偶} \end{cases}$$

设 $I_n = \int_0^{\frac{\pi}{2}} \sin^n x \, \mathrm{d}x = \int_0^{\frac{\pi}{2}} \cos^n x \, \mathrm{d}x$，$I_0 = \dfrac{\pi}{2}$，$I_1 = 1$

则 $I_n = \dfrac{n-1}{n} I_{n-2}$

（4）定积分应用

平面曲线的弧长：$L = \int_a^b \sqrt{1 + y'^2} \, \mathrm{d}x$

平面图形的面积：$A = \int_a^b |f(x) - g(x)| \, \mathrm{d}x$

平行截面面积为已知的立体体积：$V = \int_a^b A(x) \, \mathrm{d}x$

绕 x 轴旋转的立体体积：$V = \pi \int_a^b f^2(x) \, \mathrm{d}x$

18.3 概率统计

18.3.1 概率

18.3.1.1 常用公式

（1）随机事件 A 的概率：$P(A)$ 满足 $0 \leqslant P(A) \leqslant 1$。

（2）互斥事件的概率加法公式：

① 如果 A、B 是互斥事件，则 $P(A \cup B) = P(A) + P(B)$。

② 如果 A、B 是相互独立事件，则 $P(AB) = P(A)P(B)$。

③ 如果事件 $A_1, A_2, \cdots, A_n$ 两两相斥，则
$P(A_1 \cup A_2 \cup A_3 \cup \cdots \cup A_n) = P(A_1) + P(A_2) + \cdots + P(A_n)$。

（3）互为对立事件概率加法公式：$P(\overline{A}) + P(A) = 1$。

（4）古典概型：$P(A) = \dfrac{\text{事件 } A \text{ 包含的基本事件数}}{\text{试验的基本事件总数}}$。

（5）几何概型：$P(A) = \dfrac{\text{构成事件 } A \text{ 的区域长度（面积或体积）}}{\text{试验的全部结果所构成的区域长度（面积或体积）}}$。

18.3.1.2 离散型随机变量的分布列

（1）离散型随机变量的分布列的性质：

① $p_i \geqslant 0$，$(i = 1, 2, 3, \cdots, n)$；

② $p_1 + p_2 + \cdots + p_n = 1$。

（2）离散型随机变量 Z 服从参数为 N、M、n 的超几何分布，则

$P(Z = m) = \dfrac{c_M^m c_{N-M}^{n-m}}{c_N^n}$（$0 \leqslant m \leqslant l$），$l$ 为 n 和 M 中较小的一个。

（3）条件概率公式：$P(B|A) = \dfrac{P(A \cap B)}{P(A)}$，$P(A) > 0$。

（4）如果事件 $A_1, A_2, \cdots, A_n$ 互相独立，那么 n 这个事件都发生的概率等于每个事件发生的概率的积，即 $P(A_1 \cap A_2 \cap \cdots \cap A_n) = P(A_1) \cdot P(A_2) \cdot \cdots \cdot P(A_n)$。

（5）如果在一次试验中事件 A 发生的概率是 p，那么在 n 次独立重复试验中事件 A 恰

好发生 k 次的概率：$P_n(k)=c_n^k p^k (1-p)^{n-k} (k=0,1,2,\cdots,n)$。

（6）离散型随机变量 X 的均值或数学期望：

$E(X)=x_1 p_1 + x_2 p_2 + \cdots + x_n p_n (p_1 + p_2 + \cdots + p_n = 1)$。

特别地：

① 若 X 服从两点分布，则 $E(X)=p$

② 若 $X \sim B(n,p)$，则 $E(X)=np$

③ $E(aX+b)=aE(X)+b$

（7）离散型随机变量 X 的方差：

$D(X)=[x_1-E(Z)]^2 p_1 + [x_2-E(Z)]^2 p_2 + \cdots + [x_n-E(Z)]^2 p_n$。

特别地：

① 若 X 服从两点分布，则 $D(X)=p(1-p)$

② 若 $X \sim B(n,p)$，则 $D(X)=np(1-p)$

③ $D(aX+b)=a^2 D(X)$

（8）正态变量概率密度曲线的函数表达式：$f(x)=\dfrac{1}{\sqrt{2\pi}\sigma} e^{-\frac{(x-\mu)^2}{2\sigma^2}}$，$x \in \mathbf{R}$，

其中 μ，σ 是参数，且 $\sigma > 0$，$-\infty < \mu < +\infty$，式中 μ 和 σ 分别是正态变量的数学期望和标准差。期望为 μ，标准差为 σ 的正态分布通常记作 $N(\mu, \sigma^2)$。

当 $\mu=0$，$\sigma=1$ 时，正态总体称为标准正态分布，记作 $N(0,1)$。

标准正态分布的函数表示式是 $f(x)=\dfrac{1}{\sqrt{2\pi}} e^{-\frac{x^2}{2}}$，$x \in \mathbf{R}$。

18.3.2　统计

$$\overline{x}=\frac{1}{n}(x_1+x_2+\cdots+x_n)$$

$$S^2=\frac{1}{n}\sum_{i=1}^{n}(x_i-\overline{x})^2$$

$$S=\sqrt{\frac{1}{n}\sum_{i=1}^{n}(x_i-\overline{x})^2}，\quad \hat{b}=\frac{\sum_{i=1}^{n}x_i y_i - n\overline{x}\,\overline{y}}{\sum_{i=1}^{n}x_i^2 - n\overline{x}^2}，\quad \hat{a}=\hat{y}-\hat{b}\overline{x}$$

回归方程：

$\hat{y}=\hat{a}+\hat{b}x$

其中

$$\begin{cases} \hat{b}=\dfrac{\sum_{i=1}^{n}(x_i-\overline{x})(y_i-\overline{y})}{\sum_{i=1}^{n}(x_i-\overline{x})^2}=\dfrac{\sum_{i=1}^{n}x_i y_i - n\overline{x}\,\overline{y}}{\sum_{i=1}^{n}x_i^2 - n\overline{x}^2} \\ \hat{a}=\overline{y}-\hat{b}\overline{x} \end{cases}$$

相关系数

$$r=\frac{\sum x_i y_i - n\overline{x}\,\overline{y}}{\sqrt{\left(\sum x_i^2 - n\overline{x}^2\right)\left(\sum y_i^2 - n\overline{y}^2\right)}}$$

上述式中，$\overline{x}$ 表示平均数；S 表示标准差；S^2 表示方差；$\sum$ 表示求和符号。

19 基本常数与计量单位

19.1.1 元素中英文对照及原子量

元素中英文对照及原子量见表 19-1。

表 19-1 元素中英文对照及原子量

原子序数	元素符号	中文名称	英文名称	原子量
1	H	氢	hydrogen	1.00794(7)
2	He	氦	helium	4.002602(2)
3	Li	锂	lithium	6.941(2)
4	Be	铍	beryllium	9.012182(3)
5	B	硼	boron	10.811(7)
6	C	碳	carbon	12.0107(8)
7	N	氮	nitrogen	14.0067(2)
8	O	氧	oxygen	15.9994(3)
9	F	氟	fluorine	18.9984032(5)
10	Ne	氖	neon	20.1797(6)
11	Na	钠	sodium	22.98976928(2)
12	Mg	镁	magnesium	24.3050(6)
13	Al	铝	aluminium	26.9815386(8)
14	Si	硅	silicon	28.0855(3)
15	P	磷	phosphorus	30.973762(2)
16	S	硫	sulphur	32.065(5)
17	Cl	氯	chlorine	35.453(2)
18	Ar	氩	argon	39.948(1)
19	K	钾	potassium	39.0983(1)
20	Ca	钙	calcium	40.078(4)
21	Sc	钪	scandium	44.955912(6)
22	Ti	钛	titanium	47.867(1)
23	V	钒	vanadium	50.9415(1)
24	Cr	铬	chromium	51.9961(6)
25	Mn	锰	manganese	54.938045(5)
26	Fe	铁	iron	55.845(2)
27	Co	钴	cobalt	58.933195(5)
28	Ni	镍	nickel	58.6934(2)
29	Cu	铜	copper	63.546(3)
30	Zn	锌	zinc	65.409(4)
31	Ga	镓	gallium	69.723(1)
32	Ge	锗	germanium	72.64(1)
33	As	砷	arsenic	74.92160(2)
34	Se	硒	selenium	78.96(3)
35	Br	溴	bromine	79.904(1)

原子序数	元素符号	中文名称	英文名称	原子量
36	Kr	氪	krypton	83.798(2)
37	Rb	铷	rubidium	85.4678(3)
38	Sr	锶	strontium	87.62(1)
39	Y	钇	yttrium	88.90585(2)
40	Zr	锆	zirconium	91.224(2)
41	Nb	铌	niobium	92.90638(2)
42	Mo	钼	molybdenum	95.94(2)
43	Tc	锝	technetium	[97.9072]
44	Ru	钌	ruthenium	101.07(2)
45	Rh	铑	rhodium	102.90550(2)
46	Pd	钯	palladium	106.42(1)
47	Ag	银	silver	107.8682(2)
48	Cd	镉	cadmium	112.411(8)
49	In	铟	indium	114.818(3)
50	Sn	锡	tin	118.710(7)
51	Sb	锑	antimony	121.760(1)
52	Te	碲	tellurium	127.60(3)
53	I	碘	iodine	126.90447(3)
54	Xe	氙	xenon	131.293(6)
55	Cs	铯	cesium	132.9054519(2)
56	Ba	钡	barium	137.327(7)
57	La	镧	lanthanum	138.90547(7)
58	Ce	铈	cerium	140.116(1)
59	Pr	镨	praseodymium	140.90765(2)
60	Nd	钕	neodymium	144.242(3)
61	Pm	钷	promethium	[145]
62	Sm	钐	samarium	150.36(2)
63	Eu	铕	europium	151.964(1)
64	Gd	钆	gadolinium	157.25(3)
65	Tb	铽	terbium	158.92535(2)
66	Dy	镝	dysprosium	162.500(1)
67	Ho	钬	holmium	164.93032(2)
68	Er	铒	erbium	167.259(3)
69	Tm	铥	thulium	168.93421(2)
70	Yb	镱	ytterbium	173.04(3)
71	Lu	镥	lutetium	174.967(1)
72	Hf	铪	hafnium	178.49(2)
73	Ta	钽	tantalum	180.94788(2)
74	W	钨	tungsten	183.84(1)
75	Re	铼	rhenium	186.207(1)
76	Os	锇	osmium	190.23(3)
77	Ir	铱	iridium	192.217(3)
78	Pt	铂	platinum	195.084(9)
79	Au	金	gold	196.966569(4)
80	Hg	汞	mercury	200.59(2)
81	Tl	铊	thallium	204.3833(2)
82	Pb	铅	lead	207.2(1)
83	Bi	铋	bismuth	208.98040(1)
84	Po	钋	polonium	[208.9824]
85	At	砹	astatine	[209.9871]
86	Rn	氡	radon	[222.176]

原子序数	元素符号	中文名称	英文名称	原子量
87	Fr	钫	francium	[2230197]
88	Ra	镭	radium	[226.0254]
89	Ac	锕	actinium	[227.0278]
90	Th	钍	thorium	232.03806(2)
91	Pa	镤	protactinium	231.03588(2)
92	U	铀	uranium	238.02891(3)
93	Np	镎	neptunium	237.0482
94	Pu	钚	plutonium	[244.642]
95	Am	镅	americium	[243.0614]
96	Cm	锔	curium	[247.0704]
97	Bk	锫	berkelium	[247.0703]
98	Cf	锎	californium	[251.0796]
99	Es	锿	einsteinium	[252.0830]
100	Fm	镄	fermium	[257.0951]
101	Md	钔	mendelevium	[258.0984]
102	No	锘	nobelium	[259.1010]
103	Lr	铹	lawrencium	[262.1096]
104	Rf	𬬻	Rutherfordium	[267.1215]
105	Db	𬭊	Dubnium	[268.1255]
106	Sg	𬭳	Seaborgium	[271.1335]
107	Bh	𬭶	Bohrium	[272.1380]
108	Hs	𬭁	Hassium	[277.150]
109	Mt	鿏	Meitnerium	[276.1512]
110			(未命名)	[281.126]

注：1. 对自然界不存在的放射性元素，括号内为其最稳定同位素的质量数。

2. 本表数据引自国际同位素与原子质量委员会 2005 年公布的元素相对原子质量。

19.1.2 基本物理和化学常数

19.1.2.1 通用常数

光速（真空中）、电磁波速度 $c_0 = (2.99792458 \pm 0.000000012) \times 10^8 \text{m/s}$

真空中磁导率 $\mu_0 = 4\pi \times 10^{-7} \text{H/m （N/A}^2)$

真空中介电常数 $\varepsilon_0 = 8.854187818 \times 10^{-12} \text{F/m}$

万有引力常量 $G = 6.67259 \times 10^{-11} \text{N} \cdot \text{m}^2/\text{kg}^2$

普朗克常数 $h = (6.626176 \pm 0.000036) \times 10^{-34} \text{J} \cdot \text{s}$

重力加速度（标准） $g_a = 9.80665 \text{m/s}^2$

绝对零度 $t = -273.15 \text{℃}$

空气密度（标准条件下，干燥） $\rho = 0.001293 \text{kg/L，t/m}^3$

声速（在标准条件下空气中） $c = 331.4 \text{m/s}$

水的密度（4℃） $\rho = 0.999973 \text{kg/L，t/m}^3$

圆周率 $\pi = 3.141592654$

地球密度 $\rho = 5.517 \text{t/m}^3$

地球平均半径 $r = 6.37 \times 10^6 \text{m}$

地球与太阳平均距离 $d = 1.496 \times 10^{11} \text{m}$

地球与月球平均距离 $d = 3.84 \times 10^8$ m

地球质量 $m = 5.98 \times 10^{24}$ kg

19.1.2.2 电磁常数

基本电荷（电子电量） $e = (1.6021892 \pm 0.0000046) \times 10^{-19}$ C

量子磁通量 $\Phi_0 = 2.06783461 \times 10^{-19}$ Wb

波尔磁子 $\mu_E = 9.2740154 \times 10^{-24}$ J/T

核磁子 $\mu_N = 5.0507866 \times 10^{-27}$ J/T

19.1.2.3 物理化学常数

阿伏伽德罗常数 $L = -(6.022045 \pm 0.000031) \times 10^{23}$ mol^{-1}

原子质量常数   AMU $= 1.6605402 \times 10^{-27}$ kg

法拉第常数 $F = (9.648456 \pm 0.000027) \times 10^{4}$ C/mol

通用（普适、摩尔）气体常数 $R = 8.31441 \pm 0.00026$ J/(mol·K)

玻尔兹曼常数 $k = (1.380662 \pm 0.000044) \times 10^{-23}$ J/(K·mol)

理想气体摩尔体积（0℃，0.101MPa） $V_m = 22.41383$ L/mol

第一辐射常数 $c_1 = (3.74183 \pm 0.000020) \times 10^{-16}$ W·m^2

第二辐射常数 $c_2 = (1.438786 \pm 0.000045) \times 10^{-2}$ m·K

标准大气压 $p_0 = 0.101325$ MPa

冰点的绝对温度 $T_0 = 273.15$ K

热功当量 $J = 4.1868$ J/cal

19.1.2.4 原子常数

精细结构常数 $\alpha = 7.29735308 \times 10^{-3}$

里德伯常数 $R\infty = 1.097373177 \times 10^{7}$ m^{-1}

玻尔半径 $a_0 = (5.2917706 \pm 0.0000044) \times 10^{-11}$ m

哈特里能量 $E_h = 4.35981 \times 10^{-18}$ J

绕行量子 $3.63694807 \times 10^{-4}$ m^2/S

粒子或原子核的磁矩玻尔磁子 $\mu_B = (9.274078 \pm 0.000036) \times 10^{-24}$ A·m^2

粒子或原子核的磁矩核磁子 $\mu_N = (5.050824 \pm 0.000020) \times 10^{-27}$ A·m^2

19.1.2.5 电子常数

电子半径（经典） $r_e = (2.8179380 \pm 0.0000070) \times 10^{-15}$ m

电子静止质量 $m_e = 9.109534 \times 10^{-31}$ kg

电子荷质比 $e/m_e = -1.75881962 \times 10^{11}$ C/kg

电子康普顿波长 $2.42631058 \times 10^{-12}$ m

电子磁矩 $\mu_e = 928.47701 \times 10^{-26}$ J/T

μ 子静止质量 $\mu_m = 1.8835327 \times 10^{-28}$ kg

19.1.2.6 质子常数

质子静止质量 $m_p = 1.6726485 \times 10^{-27}$ kg

质子电子质量比 $m_p/m_e = 1836.152701$

质子的康普顿波长 $\qquad \lambda_{cp}=(1.3214099\pm0.0000022)\times10^{-15}\,\mathrm{m}$

质子磁矩 $\qquad \mu_p=1.41060761\times10^{-26}\,\mathrm{J/T}$

质子回转磁半径 $\qquad 26751.5255\times10^4\,\mathrm{rad/(S\cdot T)}$

质子的磁旋比 $\qquad \gamma=(2.6751987\pm0.0000075)\times10^8\,\mathrm{A\cdot m^2/(J\cdot s)}$

19.1.2.7 中子常数

中子静止质量 $\qquad m_n=1.6749543\times10^{-27}\,\mathrm{kg}$

中子的康普顿波长 $\qquad \lambda_{cn}=(1.3195909\pm0.0000022)\times10^{-15}\,\mathrm{m}$

19.1.3 化学中常用量和法定计量单位

化学中常用量和法定计量单位见表 19-2。国际单位制中用于构成十进倍数和分数单位的词头见表 19-3。

表 19-2 化学中常用量和法定计量单位

量的名称	量的符号	量的定义	单位名称	单位符号
相对原子质量	A_r	元素的平均原子质量与核素^{12}C原子质量1/12之比	无量纲	1
相对分子质量	M_r	物质的分子和特定单元的平均质量与核素^{12}C原子质量1/12之比	无量纲	1
分子或其他基本单元数	N	分子或其他基本单元在系统中的数目	无量纲	1
物质的量	n		摩[尔]	mol
摩尔质量	M	质量除以物质的量 $M=m/n$	千克每摩[尔] 克每摩[尔]	kg/mol g/mol
摩尔体积	V_n	体积除以物质的量 $V_n=V/n$	立方米每摩[尔] 升每摩[尔]	$\mathrm{m^3/mol}$ L/mol
密度	ρ	质量除以体积 $\rho=m/V$	千克每立方米	$\mathrm{kg/m^3}$
质量密度 体积质量 相对密度	d	$d=\rho_1/\rho_2$		$\mathrm{g/m^3}$ $\mathrm{g/m^3}$ 1
B的质量浓度	ρ_B	B的质量除以混合物的体积 $\rho_B=m_B/V$	千克每升	kg/L g/mL mg/L μg/L
B的浓度 B的物质的量浓度	c_B	B的物质的量除以混合物的体积 $c_B=n_B/V$	摩[尔]每立方米	$\mathrm{mol/m^3}$ mol/L mmol/L
溶质B的质量摩尔浓度	b_B,m_B	溶液中溶质B的物质的量除以溶剂的质量 $b_B=n_B/V_A$	摩[尔]每千克	mol/kg mol/g mmol/g
B的质量分数	w_B	B的质量与混合物的质量之比 $w_B=m_B/m$	无量纲	1 % μg/g ng/g
B的体积分数	φ_B	$\varphi_B=\chi_B V_{m,B}^* /(\sum x_A V_{m,A}^*)$ 式中，$V_{m,A}^*$是纯物质A在相同温度和压力时的摩尔体积；而Σ代表在全部物质范围求和	无量纲	1 % μL/L nL/L

量的名称	量的符号	量的定义	单位名称	单位符号
B 的摩尔分数	x_B,(y_B)	B 的物质的量与混合物的物质的量之比 $x_B = n_B/n$	无量纲	1
溶质 B 的摩尔比	r_B	溶质 B 的物质的量与溶剂的物质的量之比 $r_B = n_B/n_A$	无量纲	1
质子数 原子序数	Z	原子核中的质子数目	无量纲	1
中子数	N	原子核中的中子数目	无量纲	1
核子数 质量数	A	原子核中的核子数目	无量纲	1
离子的电荷数	z	离子电荷与元电荷之比	无量纲	1
电荷量	Q	电流对时间的积分	库[仑]	C
离子强度	I	溶液的离子强度定义为 $I = \frac{1}{2}\sum Z_i^2 m_i$,式中 $\sum$ 代表在质量摩尔浓度 m_i 的全部离子范围求和	摩[尔]每千克	mol/kg
解离度	α	解离的分子数与分子总数之比	无量纲	1
电解质电导率	κ,σ	电流密度除以电场强度 $\kappa = j/E$	西[门子]每米	S/m
摩尔电导率	Λm	电导率除以物质的量浓度 $\Lambda m = \kappa/c$	西[门子]二次方米每摩[尔]	$S \cdot m^2/mol$
质量热容 比热容	c	热容除以质量	焦[耳]每千克开[尔文]	$J/(kg \cdot K)$
热容	C	当一系统由于加给一微小的热量 δQ 而温度升高 dT 时,$\delta Q/dT$ 这个量即是热容	焦[耳]每开[尔文]	J/K
热导率(导热系数)	$\lambda,(k)$	面积热流量除以温度梯度	瓦[特]每米开[尔文]	$W/(m \cdot K)$
[放射性]活度	A	在给定时刻,处于特定能态的一定量放射性核素在 dt 时间内发生自发核跃迁数的期望值除以 dt	贝可[勒尔]	Bq
质量活度 比活度	a	样品的放射性活度除以该样品的总质量	贝可[勒尔]每千克	Bq/kg
介电常数	ε	$\varepsilon = D/E$ E 为电场强度	[法]拉每米	F/m
热量	Q		焦[耳]	J
电导	G	$G = 1/R$	西[门子]	S
波数	σ	$\sigma = 1/\lambda$	每米	m^{-1}
波长	λ	在周期波传播方向上,同一瞬间两相邻同相位点之间的距离	米	m
(化学反应) 亲和势	A	$A = -\sum \nu_B \mu_B$	焦[耳]每摩[尔]	J/mol
热导率	λ	面积热流量除以温度梯度	瓦[特]每米开[尔文]	$W/(m \cdot K)$
比热比	γ	$\gamma = c_p/c_V$	无量纲	1
熵	S		焦[耳]每开[尔文]	J/K
焓	H	$H = U + pV$	焦[耳]	J
吉布斯自由能	G	$G = U + pV - TS$	焦[耳]	J

表 19-3　国际单位制中用于构成十进倍数和分数单位的词头（SI 词头）

所表示的因数	词头符号	词头中文名称	词头英文名称	注
10^{24}	Y	尧[它]	yotta	
10^{21}	Z	泽[它]	zetta	
10^{18}	E	艾[可萨]	exa	
10^{15}	P	拍[它]	peta	
10^{12}	T	太[拉]	tera	
10^{9}	G	吉[咖]	giga	
10^{6}	M	兆	mega	
10^{3}	k	千	kilo	
10^{2}	h	百	hecto	
10	da	十	deca(deka)	
10^{-1}	d	分	deci	
10^{-2}	c	厘	centi	
10^{-3}	m	毫	milli	
10^{-6}	μ	微	micro	ppm(part per million)
10^{-9}	n	纳[诺]	nano	ppb(part per billion)
10^{-12}	p	皮[可]	pico	ppt(part per trillion)
10^{-15}	f	飞[母托]	femto	
10^{-18}	a	阿[托]	atto	
10^{-21}	z	仄[普托]	zepto	
10^{-24}	y	幺[科托]	yocto	

参考文献

[1] 李冰，陆文伟. ATC017 电感耦合等离子体质谱分析技术. 北京：中国质检出版社，中国标准出版社，2017.

[2] 汪正范主编. ATC 011 液相色谱分析技术. 北京：中国标准出版社，中国质检出版社，2016.

[3] 郑国经. 分析化学手册：3A. 原子光谱分析. 北京：化学工业出版社，2016.

[4] 符斌主编. ATC 020 重量分析法. 北京：中国标准出版社，中国质检出版社，2013.

[5] 符斌，李华昌编著. 分析化学实验室手册. 北京：化学工业出版社，2012.

[6] 高宏斌. ATC002 火花源/电弧原子发射光谱分析技术. 北京：中国质检出版社，中国标准出版社，2012.

[7] 张锦茂主编. ATC005 原子荧光光谱分析技术. 北京：中国标准出版社，2011.

[8] 周春山，符斌主编. 分析化学简明手册. 北京：化学工业出版社，2010.

[9] 杨根元. 实用仪器分析. 第 4 版. 北京：北京大学出版社，2010.

[10] 李华昌，符斌主编. 简明溶剂手册. 北京：化学工业出版社，2008.

[11] 汪正范. 色谱定性与定量. 第 2 版. 北京：化学工业出版社，2006.

[12] 李华昌，符斌主编. 实用化学手册. 北京：化学工业出版社，2006.

[13] 李华昌，符斌主编. 化验师技术问答. 北京：冶金工业出版社，2006.

[14] 傅若农. 色谱分析概论. 第 2 版. 北京：化学工业出版社，2005.

[15] 清华大学. 数学手册. 北京：高等教育出版社，2006.

[16] 王泽伟. 化验员新技术与操作规范化实用大全. 天津：天津电子出版社，2005.

[17] 刘珍. 化验员读本. 北京：化学工业出版社，2004.

[18] 夏玉宇主编. 化验员实用手册. 北京：化学工业出版社，1999.

[19] 柯以侃，董慧茹主编. 分析化学手册. 第 2 版. 第三分册：光谱分析. 北京：化学工业出版社，1998.

[20] 福州市数学学会/福州市中学数学校际教研组. 中学数学手册. 福州：福建人民出版社，1978.